獣医学・応用動物科学系学生のための

野生動物学

村田浩一　坪田敏男　編

文永堂出版

◇表紙デザイン◇
中山康子（㈱ワイクリエイティブ）

序　文

　本書は，野生動物の生体機構を深く理解しながら，生態系バランスや生物多様性を保全し健康で健全な環境を維持するための理論や技術を，遺伝子レベルから生態系レベルまで多面的な観点で学習するための教科書である。そのタイトルを「獣医・応用動物科学系学生のための野生動物学」としたのは，近年，獣医学と応用動物科学のカリキュラムの中で野生動物の医学・生物学分野が重要視されるようになり，大学院生や学生からの需要が高まりをみせ，その要望に応えたことによるものである。とくに，全国獣医系大学の教員により進められている獣医学のコア・カリキュラムに掲載されている科目「野生動物学」という名称を重視し，そして，これまでに出版された関連書物（「野生動物の医学」や「野生動物学概論」など）との違いを明瞭にすることも意識した。本書を出版するねらいは，獣医師あるいは野生動物研究者（保護管理者を含む）として最低限身につけておくべき，野生動物に関する知識を習得してもらうことにある。

　近年，日本でも"保全医学"と呼ばれる学問領域が展開されつつあり，生態系の健全化を目的とした医学および獣医学研究を結びつける場となっている。その究極目標は，人と動物と生態系の健全な関係性を持続的に維持することにある。つまり，"One Health"という言葉に象徴されるように，それぞれが単独にではなく，1つの括りの中で総合的に求められるべきであるとの考えに基づいている。本書においても，この考え方が重要な位置を占めており，多くの項目が保全医学と関わっている。一方，野生動物学は，大学によっては応用動物科学系コースでも開講されており，とくに野生動物の保護管理や人と野生動物の関わりに興味をもつ学生が多いことから，これらの分野をも網羅するよう配慮されている。本書が，獣医系および応用動物科学系大学で開講される野生動物学の教科書として広く使われることを期待したい。

　なお，本文で使われている動物名や学名については可能な限り統一を図ったが，各章を担当された執筆者の意図や考えによって差異がみられる点はご容赦願いたい。もちろん科学的な記載の誤りではなく，複数の表現法があることに起因したものである。本書が改訂される毎に，最新の情報が取り込まれるとともに言葉の統一が図られ，より洗練された教科書になっていくことと思う。それは，"野生動物学"が学問として日本に定着していくことの証でもある。

　わが国の獣医学および応用獣医科学界に野生動物学を定着させ，野生動物や生態に関する最低限知っておくべき知識や技術を提供することが，われわれ野生動物学および野生動物医学に携わる教員・研究者の責務と考えている。最後に，本書が野生動物の初学者にとって有益な情報をもたらし，将来，多くの野生動物専門家がこの国で活躍することを願っている。

2013年1月

村田　浩一
坪田　敏男

編 集 (五十音順・敬称略)　[ ]内は編集担当箇所

村田浩一	日本大学生物資源科学部／よこはま動物園ズーラシア	[1章〜4章，7章，9章，10章]
坪田敏男	北海道大学大学院獣医学研究科	[5章，6章，8章，11章〜14章]

執筆者 (五十音順・敬称略)　[ ]内は執筆担当箇所

浅川満彦	酪農学園大学獣医学群	[7章 寄生虫]
淺野　玄	岐阜大学応用生物科学部	[1章]
池中良徳	北海道大学大学院獣医学研究科	[8章]
石塚真由美	北海道大学大学院獣医学研究科	[8章]
宇根有美	麻布大学獣医学部	[7章 鳥類の病理]
遠藤秀紀	東京大学総合研究博物館	[3章 外部形態と機能]
大沼　学	独立行政法人国立環境研究所生物・生態系環境研究センター	[11章]
小倉　剛	元 琉球大学農学部（故人）	[13章]
押田龍夫	帯広畜産大学畜産生命科学研究部門	[2章 分類学]
片山敦司	株式会社野生動物保護管理事務所	[5章]
岸本真弓	株式会社野生動物保護管理事務所	[6章 捕獲]
齊藤慶輔	猛禽類医学研究所	[9章 鳥類]
佐々木基樹	帯広畜産大学基礎獣医学研究部門	[2章 脊椎動物の系統進化]
進藤順治	北里大学獣医学部	[3章 環境適応と組織]
鈴木正嗣	岐阜大学応用生物科学部	[12章]
髙見一利	大阪市天王寺動植物公園事務所	[10章]
坪田敏男	前掲	[4章，7章付録]
濱崎伸一郎	株式会社野生動物保護管理事務所	[6章 不動化]
羽山伸一	日本獣医生命科学大学獣医学部	[14章]
福井大祐	特定非営利活動法人EnVision環境保全事務所	[9章 哺乳類]
村田浩一	前掲	[序章]
柳井徳磨	岐阜大学応用生物科学部	[7章 哺乳類の病理]
山口剛士	鳥取大学農学部	[7章 ウイルス・細菌]

目　次

序　章 ……………………………………… 1
  1.　はじめに ………………………………… 1
  2.　野生動物学と野生動物 ………………… 1
  3.　保護と保全 ……………………………… 3

第1章　生物多様性 ……………………… 7
  1.　はじめに ………………………………… 7
  2.　生態系の成り立ち ……………………… 7
  3.　生態学の基礎−進化 …………………… 11
  4.　生物多様性 ……………………………… 13
  5.　おわりに ………………………………… 21

第2章　野生動物の系統進化と分類 …… 23
脊椎動物の系統進化 ……………………… 23
  1.　生命誕生の歴史 ………………………… 23
  2.　多細胞動物の誕生とカンブリア大爆発
     ……………… 24
  3.　脊椎動物の誕生 ………………………… 25
  4.　顎の出現と魚類の進化 ………………… 26
  5.　脊椎動物の陸への挑戦 ………………… 29
  6.　飛んだ恐竜 ……………………………… 32
  7.　哺乳類の出現 …………………………… 33
  8.　新生代真獣類の適応放散 ……………… 35
  9.　進化する進化論 ………………………… 37
分類学 ……………………………………… 37
  1.　分類学とは何か ………………………… 38
  2.　分類の方法 ……………………………… 39
  3.　現世哺乳類の分類体系 ………………… 41
  4.　動物地理と地理的変異 ………………… 41
  5.　日本の野生動物相の特徴 ……………… 46
  6.　おわりに ………………………………… 50

第3章　野生動物の形態 ………………… 55
外部形態と機能 …………………………… 55
  1.　マクロ機能形態学の沿革 ……………… 55
  2.　形態学における表現型把握 …………… 55
  3.　体幹運動を見る進化学的視点 ………… 56
  4.　四肢の構造と機能 ……………………… 58
  5.　運動器の解析における疑似物理学的視点
     ……………… 59
  6.　遺体科学的アプローチ ………………… 61
  7.　マクロ形態学の実際 …………………… 62
  8.　マクロ形態学の真の発展のために …… 64
環境適応と組織 …………………………… 64
  1.　組織の構造と機能 ……………………… 64
  2.　外部環境と組織適応 …………………… 65
  3.　循環器官 ………………………………… 68
  4.　呼吸器官 ………………………………… 69
  5.　消化器官 ………………………………… 71
  6.　泌尿器官 ………………………………… 76
  7.　生殖器官 ………………………………… 77

第4章　野生動物の生理と行動 ………… 81
  1.　生　理 …………………………………… 81
  2.　行　動 …………………………………… 94

第5章　野生動物の生態と生息環境 … 101
  1.　はじめに ……………………………… 101
  2.　生態学に関する概念 ………………… 101
  3.　主要な野生動物の生態と生息環境 … 108

第6章　野生動物の捕獲と不動化 …… 123
捕　獲 …………………………………… 123
  1.　はじめに ……………………………… 123
  2.　捕獲器具の種類 ……………………… 125
  3.　主な中・大型哺乳類の捕獲方法 …… 130
不動化 …………………………………… 131
  1.　不動化の分類 ………………………… 131
  2.　物理的不動化（物理的保定） ……… 132

  3. 化学的不動化 ………………………… 133
  4. 主な中・大型哺乳類の化学的不動化 … 136
  5. 留意点と補助具 …………………………… 139
  6. 安楽殺処分の方法と指針 ……………… 141

第7章 野生動物の疾病と病理 ……… 143

ウイルス・細菌 ……………………………… 143
  1. 感染症の発生要因 ……………………… 143
  2. 野生動物に対する感染症の影響 …… 144
  3. 野生動物と人獣共通感染症 ………… 144
  4. 野生動物の取扱い ……………………… 145
  5. 感染症の制御 …………………………… 145
  6. 感染症の監視 …………………………… 146
  7. 国内で問題となる
    主な野生動物の感染症 ……………… 146

寄生虫 ……………………………………… 149
  1. 序 …………………………………………… 149
  2. 寄生虫学は動物学か,それとも病理学か
    ………… 151
  3. 野生動物寄生虫学(仮称)の特殊性 … 152
  4. 結 論 ……………………………………… 157

哺乳類の病理 ………………………………… 158
  1. 対象とする動物 ………………………… 158
  2. 野生動物学における病理検査の意義
    ………… 158
  3. 解剖の実際 ……………………………… 162
  4. 日本産哺乳類において認められる
    病理学的変化 …………………… 169
  5. わが国で問題になる可能性のある
    野生動物感染症 ………………… 173

鳥類の病理 ………………………………… 174
  1. 病理学的検査の実際 …………………… 174
  2. 死体の取扱いに関する注意点 ……… 178
  3. 大量死事例 ……………………………… 181
  4. 鳥類の代表的感染症の病理学的所見
    ………… 182
  5. その他,鳥類の疾患の病理学的所見
    ………… 185

■付表 …………………………………………… 189

第8章 野生動物と環境汚染 ………… 191

  1. 環境汚染物質の環境動態と生物濃縮
    ………… 191
  2. 野生動物の環境汚染 …………………… 193
  3. 環境汚染物質に対する野生動物の
    生体防御 ………………………… 198
  4. 野生動物の化学物質感受性 ………… 200
  5. 野生動物の生息汚染環境下への適応
    ………… 202

第9章 野生動物のリハビリテーション
    ………… 205

哺乳類 ……………………………………… 205
  1. 傷病野生動物のリハビリテーション
    ………… 205
  2. リハビリテーションのための環境整備
    ………… 206
  3. 救護される動物種と原因 …………… 207
  4. 救護対象となる動物種 ……………… 209
  5. 救護個体の取扱い上の諸注意 ……… 210
  6. 救護個体の保護収容とファーストエイド
    ………… 212
  7. 入院中の管理 …………………………… 213
  8. 野生動物の福祉と安楽殺 …………… 213
  9. 野生復帰 ………………………………… 213
  10. 野生復帰不能個体の有効活用 …… 215
  11. おわりに ……………………………… 216

鳥 類 ……………………………………… 217
  1. 傷病野生動物(鳥類)の救護に対する
    基本的な考え方 ………………… 217
  2. 救護活動の意義 ………………………… 219
  3. 救護活動を行う上での配慮事項 …… 220
  4. 救護活動の現状 ………………………… 220
  5. 問題点と整理すべき課題 …………… 221
  6. 重要な傷病原因と救護事例 ………… 223

第10章 動物園・水族館学 …………… 231

  1. 動物園・水族館とは …………………… 231
  2. 動物園・水族館の機能と役割 ……… 231

3. 動物園・水族館で取り扱う動物種 … 234
4. 飼育下個体群としての管理 ………… 235
5. 個体ごとの管理 ……………………… 238
6. 栄養管理 ……………………………… 241
7. 行動管理 ……………………………… 244
8. 施設管理 ……………………………… 247
9. 専門的な施設としての
    動物園・水族館の課題 …………… 250

第 11 章　絶滅危惧種の保全 …………… 253

1. 絶滅危惧種とは何か ………………… 253
2. 野生動物が絶滅危惧種となる原因 … 256
3. 絶滅危惧種の保全方法 ……………… 263
4. 絶滅危惧種を絶滅させないためには
    何個体を維持する必要があるのか… 268

第 12 章　野生動物の管理 ……………… 273

1. 野生動物管理とは …………………… 273
2. 管理の 3 本柱 ………………………… 274
3. 野生動物管理における科学性と計画性
    ………… 280

第 13 章　外来生物 ……………………… 287

1. 外来種とは …………………………… 287
2. 外来生物法 …………………………… 288
3. 外来種が及ぼす影響 ………………… 288
4. 日本の外来哺乳類対策 ……………… 293
5. 外来種問題にかかわる課題 ………… 307

第 14 章　野生動物の法制度と政策論… 313

1. はじめに ……………………………… 313
2. 規制的手法による保護政策 ………… 313
3. 賢明な利用と保全へ ………………… 316
4. 生物多様性の時代 …………………… 318
5. 順応的管理と生態系の復元 ………… 320
6. 外来動物問題と動物福祉 …………… 323
7. 新興感染症の拡大と One Health …… 326
8. 共存のための体制整備と人材育成 … 328

日本語索引 ……………………………… 331
外国語索引 ……………………………… 340

序 章

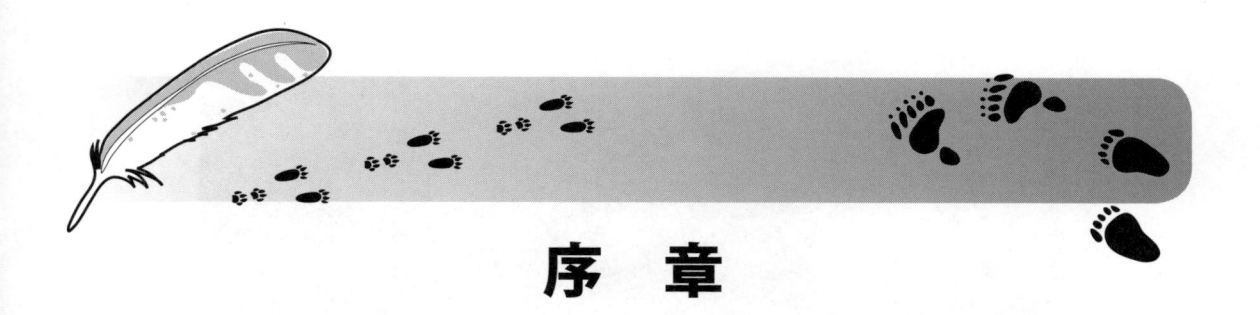

1. はじめに

　本書(『獣医学・応用動物科学系学生のための野生動物学』)は,ミクロからマクロに至るまでの幅広い視点で野生動物について学ぶことを目的として編集されている。そして,野生動物が生態系の微妙なバランスの下で生存していることを理解し,健全な環境を維持することの重要性を認識してもらうことをも期待して出版された。その健全な環境は,人類の将来にとっても必須なのは言うまでもない。

　野生動物の生息環境は,悪化の一途を辿っている。その要因の多くが人間活動と関連していることに疑念を挟む余地はない。また,生息環境の悪化に伴い,絶滅の危機に瀕している野生動物の種や個体群の減少が止まる例は極めて少ない。そのような状況に置かれた多くの野生動物たちの生存を保障するために,特定種やその生息環境の保全が国や地方自治体によって計画立案され,一部についてはすでに実施され成果を上げつつある。すなわち,現存の環境を単に維持するだけではなく,積極的に人間が関与してより良い環境の復元や失われた環境の再生を図ること,さらに野生動物を本来の生息場所から動物園・水族館や繁殖施設等の人工環境下へ移した域外保全(*ex situ* conservation)を行うことが我々の世代の重要課題となっている(Fa et al. 2011)。

　以上のように野生動物の保全が時代の要請であるにしても,保全対象となる個々の野生動物種に関する知見や情報が曖昧もしくは皆無であれば,具体的な対応策の検討が困難または不可能になる。つまり,野生動物の基礎を学び理解し,それを応用して種保全へ実践的に生かすことが大切である。冒頭に記した本書執筆の目的は,このことを意味するものであり,第1章から第14章にわたる本書の項目内容も,野生動物に関する基礎から応用までを網羅している。だが,限られた紙数で全ての項目で細部に至るまで解説を加えるには無理がある。本書を読んで内容に興味を持たれた読者は,各章毎に掲載されている参考図書や文献に目を通して,さらに知識を深めてもらいたい。

　以下では,野生動物学の背景を理解して本書をより有効に活用していただくために,野生動物に関する基礎的な用語や情報のいくつかを解説する。

2. 野生動物学と野生動物

1) 野生動物学とは

　野生動物学とは,どのような学問分野なのだろうか。そもそも,『野生動物学』という学問分野は存在するのだろうか。

　学問という用語を『広辞苑第五版』(新村1998)で調べると,「一定の理論に基づいて体系化された知識と方法」という説明がなされている。一方,野生動物学に最も近い分野と考えられる動物学に対する同国語辞書の説明を見ると「動物について分類・形態・発生・生理・生態・遺伝・進化などを研究する学問」とある。この動物を野生動物に読み替えれば,野生動物学の概念はある程度理解されよう。しかし,学問として成立するために必須の体系(システム),つまり秩序づけた知識の統一化については,現今において未だ確立されていない。例えば,科学研究費助成事業,い

図1 ケニアのサバンナに生息するアフリカゾウ
一般的に抱かれる野生動物のイメージは，このような光景の中の動物たちかもしれない。
（撮影：白井妙生）

わゆる科研費の「系・分野・分科・細目表」の中に野生動物学の名は見当たらない。平成25年度本事業では，生物系，農学分野，畜産学・獣医学分科，応用動物科学もしくは応用獣医学の細目に『野生動物』がキーワードとして組み入れられている程度である。

中原（2002）による畜産学の体系は，「狭義の畜産学領域と，獣医学における家畜臨床学領域に大別」され，そのうち「狭義の畜産学は家畜を合理的に飼育，改良して，生産部門，利用加工部門，畜産の経営・経済部門を体系づけるもの」とされている。また，「生産部門は，動物学を基盤として形態学，生理学，内分泌学，分子生物学，遺伝子操作学，家畜育種学，家畜衛生学，家畜管理学等に区分され」，また「動物の化学を基盤として家畜栄養学，家畜飼育学等に区分され，さらに植物学を基盤として飼料生産学，草地学等に区分される」としている。さらに，「その他の部門には利用加工部門，畜産の経営・経済部門等がある」と紹介している。残念ながら，野生動物学に関してこれほど明確に体系づけて紹介されている例を知らない。

このような状況の中で野生動物学を学習するには，国語辞書にも掲載されていた既存の学問である生物学，生理学，生態学，行動学，さらには農学や獣医学などの切り口からアプローチする必要がある。例えば家畜繁殖学からのアプローチとしては，生殖器の解剖学的特徴に対象野生動物の生態や行動との関係などを絡め，新たに学びの道筋を組み立てることが考えられる。

2）野生動物とは

上記で野生動物学の体系について説明を加えたが，では本学問領域が対象とする野生動物という用語から，どのような動物を思い浮かべるだろうか。アフリカ大陸のサバンナで攻防を繰り返しているアフリカゾウ（*Loxodonta africana*）やグレビーシマウマ（*Equus grevyi*）やライオン（*Panthera leo*）だろうか（図1）。南米のジャングルで木にぶら下がっているホフマンナマケモノ（*Choloepus hoffmani*）やそれを地上から狙っているジャガー（*Panthera onca*）だろうか。それとも，北海道の雪の中で優雅なダンスを繰り返すタンチョウ（*Grus japonensis*）の姿だろうか。

野生動物は，文字どおり野生でくらす動物たちの意であり，英語では wild animal もしくは

表 1　国際獣疫事務局（OIE）が監視対象としている野生動物の定義
家畜種であっても，人間の管理下から離れ自立可能な生き方をしていれば野生動物として扱われる．

		人為選択による表現形の変異 (phenotype selected by humans)	
		有（yes）	無（no）
人間の監督下および管理下にある動物 (animals live under human supervision or control)	有 (yes)	家畜（a） (domestic animals)	飼育下の野生動物（c） (captive wild animals)
	無 (no)	野生化した家畜（b） (feral domestic animals)	本来の野生動物（d） (wild animals)

"Wildlife" = (c) + (d) (+ b)

wildlife と記される．後者を英英辞書で引くと，「栽培されたり家畜化されたりしている生物ではなく，自然環境の中で生存している生きものを指す．野生生物は植物相を指すこともあるが，一般的には動物相（動物）のことを表す．改めて説明するまでもなく，野生生物は多様な生態系に属す生物に対して用いられる一般的用語である」と解説されている．つまり，家畜以外の動物で，自然環境に生息し，生態系の一部を成している生物という定義である．

このような辞書的な定義であれば，最初に示した野生動物のイメージは，あながち間違いではない．しかし，法律や指針の中には本来は家畜種であっても，人間の管理下にない野生で自立して生活している動物を野生動物と定義づける場合がある．例えば，鳥獣保護法（鳥獣の保護及び狩猟の適正化に関する法律）の施行規則では，狩猟鳥獣を記載した別表に野生化している犬や猫をノイヌ（Canis lupus familiaris）もしくはノネコ（Felis silvestris catus）として含めている．また，世界的な動物衛生や福祉の向上を目的として設置されている国際獣疫事務局（OIE）は，野生動物をさらに広義に捉え，家畜であっても人間の監督下および管理下になければ野生動物と見なし，各種感染症の対象種としている（表1）．意味合いは少し異なるが，意図的もしくは非意図的に移入された外来生物のうち，移入先の生態系に大きな影響を与えている「世界の侵略的外来種ワースト 100（100 of the World's Worst Invasive Alien Species）」（Invasive Species Specialist Group (ISSG) of the IUCN Species Survival Commission）では，野生化した家畜のノヤギ（Capra hircus），ノネコ，ノブタ（Sus scrofa）が選定されている．ちなみに，法律においても各種指針においても，野生動物名はスウェーデンの学者である Carl von Linné が体系づけた二命名法によって学名が併記されるのが通常である．

以上のように，野生動物は感覚的にイメージされる存在ではなく，広義であれ狭義であれ時として具体的に定義される生物であることを知っておくべきである．

3. 保護と保全

1）保全の意味

保護や保存や保全という用語が，厳密に使い分けられている例は少ない．環境保護と環境保全，野生動物保護と野生動物保全，種保存と種保全の違いを明確に示すことのできる人は多くないだろう．

一般的に preservation は保存もしくは保護，conservation は保全と訳される．英和辞書で前者の意味を調べると，「手付かずの状態で守る」という説明がなされており，例として保護区や禁猟区の用語が付け加えられている．preservation の動詞形である preserve は，ラテン語の prae- と servare に由来し，それぞれ before（以前に）と protect（保護）とを意味している．つまり保存とは，人間が手を加えずに以前のままの状態を保

つことであるといえる。細胞やDNAの冷凍保存，原生林の保護といった使い方が好例である。一方，conservationの動詞形はcon-とservareの合成語で，前者はtogether（共に）を意味している。つまり，保全とは人間が関与して能動的に守ることを意味している。

保護の類語に愛護がある。その意味は，「可愛がって庇護すること」で，感情的なニュアンスが大きい。保護と保全が主に種や個体群，さらに生態系や景観といった全体を対象とするのに対し，愛護は個体を対象として使用される。そのため，種の愛護や生態系の愛護といった使い方はされない。科学的な保全を行う上では，時として個に対する憐憫の情を排除すべき機会に遭遇することも理解しておくべきである。例えば，生態系の攪乱要因となっている動物種の個体数調整や捕殺が，野生動物管理（wildlife management）を計画する際には必要とされる場合がある（Bookhout 1994）。

保全を冠した学問に保全生態学（conservation ecology）または保全生物学（conservation biology）がある。1970年代の高度経済成長期に環境悪化が急激に進行し，多くの希少生物種や個体群が絶滅もしくは減少した時，危機感を抱いた生物学者たちが創設した学問領域である（Primack 1995）。理論よりも実践的な研究の必要性を感じたが故である。すなわち，絶滅寸前の種や崩壊寸前の環境を単に保護したり保存したりするのではなく，より積極的に復元もしくは再生させるための技術や手法の開発を目指したのである。カリフォルニアコンドル（*Gymnogyps californianus*）やゴールデンライオンタマリン（*Leontopithecus rosalia*）など絶滅危惧種の再導入（reintroduction）は，本学問領域における試みの好例である（Hosey et al. 2009）（図2）。

2）保全医学

保全生態学の一分野とも言える学問領域に保全医学（conservation medicine）がある。保全医学の用語が使われ始めたのは1990年代後半から

図2 動物園内の非公開施設で野生復帰訓練中のカリフォルニアコンドル。動物園は希少種の域外保全における重要な基地と位置付けられている（ロスアンジェルス動物園）。

で，実践的な生態学的健康に関する会議の報告書（"Conservation Medicine: Ecological Health in Practice"）が最初である（Alonso et al., 2002）。本書の出版で保全医学の存在が世界的に広く知られるようになった。この書物に記されている保全医学の定義は，「人の健康，動物の健康および生態系の健康に関わる研究分野を統合する学問領域」である。これまで概して単独に研究される傾向にあった健康や医療に関係する学問領域を連携させ，生態学的健康（ecological healthもしくはecohealth）を維持するための学際的で実践的な研究を目標に据えている。ここで留意すべきは，生態学的健康が決して病気のない無菌状態を意味するものではないことである。自明の理だが，微生物の存在なくして健全な生態系は成立しない。

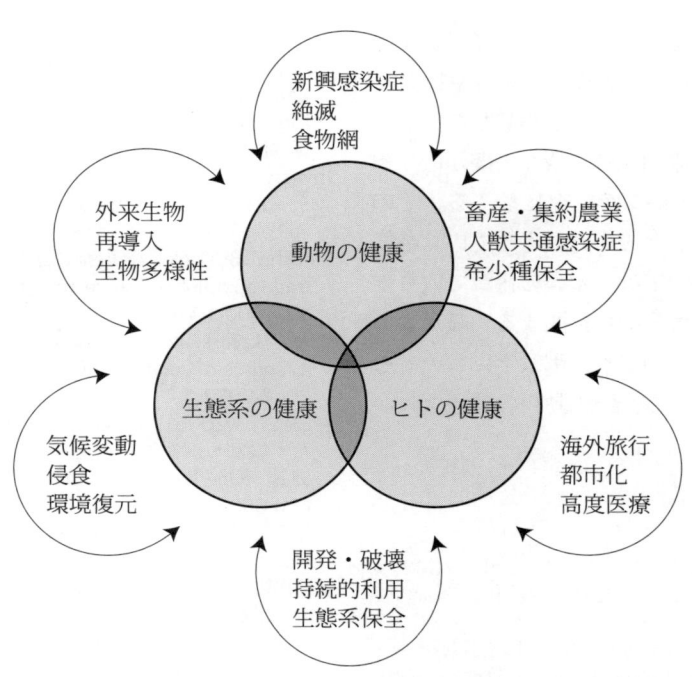

図3 保全医学が目標とするのは，医学のみならず経済学や政治学や社会学などの学際的協力の下で総合的に達成される生態学的健康（ecological health）である。

人や動物に影響を与える病原微生物の全てを撲滅するのは不可能である。そうであるならば，病原体と宿主を取り巻く有機的および無機的環境の相互関係をよく理解し，それらの微妙なバランスで成り立っている生態系を考慮した感染症対策を講ずるべきである。

家畜に感染する病原体の70%以上が家畜以外の動物をも宿主としている（Karesh et al. 2005）。また人に感染する1,415種の病原体のうち約60%が動物からも検出されている（Kruse et al. 2004）。1980年から2003年の間に35種の新たな感染症が人の間で流行しており，その新興感染症（emerging diseases）の75%が人と動物の共通感染症すなわちズーノーシス（zoonosis）と考えられている。新興感染症は，野生動物生息地への人の侵入，開発による野生動物生息環境の改変，さらに気候変動等による野生動物生息環境の悪化と関係している（Schrag & Wiener 1995）。そのため，対症療法的な感染症対策だけでは新たな発生を予防することが困難である。つまり，人の健康を維持するためには，家畜を含む動物の健康，ひいては生態系そのものの健全化を，獣医学や医学のみならず経済学や政治学や社会学などの学際的協力の下で総合的に図る必要性がある（図3）。

このように動物と人と生態系を包括的に捉えた新たな健康概念は，"One World, One Health"もしくは"One Health"という標語で表されることがある。すなわち，人や家畜や野生動物を区別した健康ではなく，それらの関係性の中で維持される単一かつ根源的な健康という考え方だ。"One Health"の基礎や概念は，1900年代初頭においてすでに築かれている。例えば，比較病理学や比較微生物学の分野では，生物界に存在する病気や病原体が広く研究対象として扱われてきた（村田 2009）。しかし研究対象はしだいに細分化され，研究者や研究組織間が交流する機会も稀になった。異分野の学問領域間で研究内容の共通性を

探る試みはさらに少ない。高病原性鳥インフルエンザ（HPAI）や口蹄疫（FMD）が経済や社会や政治に与える影響が大きいことを経験したことから，現代において健康問題は，我々人間が取り組むべき最重要課題の1つであると考える。そのためにも，保全医学を今後も発展させていく必要がある。その発展過程では，本書の各章で取り上げられている多様な野生動物に関する知識が大いに役立つに違いない。つまり，獣医学においても応用動物科学においても，野生動物の情報は欠かせないものになっている。

引用文献

Alonso,A.A., Ostfeld,R.S., Tabor,G.M. et al. (2002)：Conservation Medicine: Ecological Health in Practice, 432, Oxford University Press.
Bookhout,T.A. (1994)：Research and Management Techniques for Wildlife and Habitats 5th ed., 740, Wildlife Society〔大泰司紀之，丸山直樹，渡邊邦夫 監修（2001）：野生動物の研究と管理技術，文永堂出版〕.
Fa,J.E., Funk,S.M. & O'Connell, D. (2011)：Zoo Conservation Biology（Ecology, Biodiversity and Conservation）, 348, Cambridge University Press.
Hosey,G., Melfi,V. & Pankhurst,S. (2009)：Zoo animals：Behaviour, Management, and Welfare, 661, Oxford University Press〔村田浩一，楠田哲士 監訳（2011）：動物園学，文永堂出版〕.
Invasive Species Specialist Group (ISSG) of the IUCN Species Survival Commission. (http://www.issg.org/database/species/search.asp?st=100ss)
Karesh,W.B., Cook,R.A., Bennett,E.L. et al. (2005)：Wildlife trade and global disease emergence, Emerg. Infect. Dis., 11, 1000-1002.
Kruse, H., Kirkemo, A. M., Handeland, K. (2004)：Wildlife as source of zoonotic infections, Emerg. Infect. Dis., 10, 2067-2072.
村田浩一（2009）：保全医学への取り組みと獣医師の果たす役割～獣医学から見た『ひとつの世界，ひとつの健康（One World, One Health）』～，日獣会誌，62, 666-669.
中原達夫（2002）：畜産学および家畜臨床繁殖学領域の体系，家畜繁殖誌，48, 15-19.
新村出編（1998）：広辞苑第五版, 2996, 岩波書店.
Primack,R.B. (1995)：A Primer of Conservation Biology, 277, Sinauer Associates Inc〔小堀洋美（1997）：保全生物学のすすめ－生物多様性のたねのニューサエンス－，文一総合出版〕.
Schrag,S.J. & Wiener,P. (1995)：Emerging infectious disease：what are the relative roles of ecology and evolution?, *Trends Ecol. Evol.*, 10, 319-324.

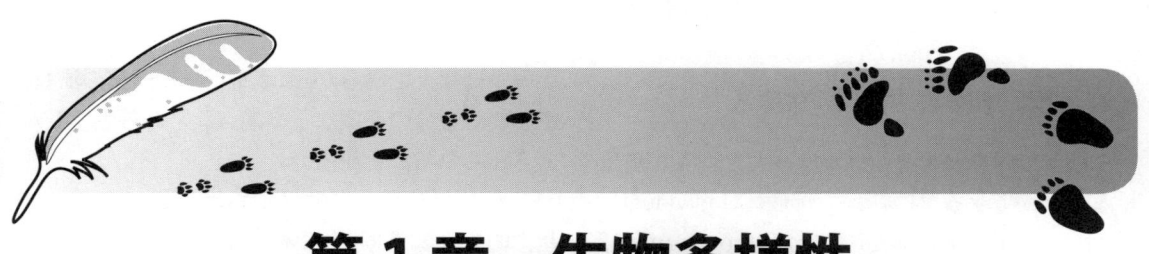

第1章　生物多様性

1. はじめに

　野生動物は生態系の構成要素の1つであり，それらを取りまく他の様々な構成要素との関係なくしては生きることはできない。そのため，将来専門家として野生動物を取り扱う可能性がある獣医学や応用動物科学系の学生には，生態系の成り立ちなどの生態学に関する知識は不可欠であろう。取り扱う対象が野外で生活している動物ではなく，動物園・水族館動物やエキゾチックの愛玩動物であっても，生態学的な知識やそれに基づいた技術なくして，適切な取扱い（調査研究，保護管理，治療・リハビリテーションなど）は不可能といっても過言ではない。

　第1章では，地球規模での保全への取り組みが急務となっている生物多様性を取り上げる。生物進化の所産である生物多様性とは何かを理解し，生物多様性の保全に必要な概念を修得することが本章のねらいである。学生の到達目標として，①生物多様性を理解する上で不可欠な生態学の重要な基本事項の理解，②生物多様性の保全にむけた国際的な取り組みである生物多様性条約，およびそれを推進するわが国の生物多様性国家戦略の理解の2つを掲げている。

　そこで本章では，まず生態学の基本的な事項として，生態系の成り立ちや進化・遺伝について記載した。そして，生物多様性の概念と保全のための取り組みなどについて概説している。なお，生態学の基本事項や生物多様性保全に関して本章で取り扱った項目は，それらのごく一部分で解説も入門者向けに配慮した記載となっている。学問分野として古くから確立されている生態学および近年その重要性が認知されている生物多様性に関しては，和書や洋書含めて優れた書籍がこれまでにも数多く刊行されている。生態学や生物多様性についてさらに学び理解を深めたいという学生には，これらの書籍も紐解くことを勧めたい。

2. 生態系の成り立ち

1）生態学の定義

　生態学（ecology）という語は，ギリシャ語の"家庭"や"家"を意味する oikos と"学"を意味する logos に由来し，ドイツの生物学者 Haeckel, E. によって1866年に提唱された。つまり，生態学を一言で表現すると，「生物とそれが生活する場（環境）の関係（相互作用）について研究する学問」といえるだろう。また，『生態学辞典』（日本生態学会編）によれば，生態学とは「個体もしくはそれ以上のレベルでの生命現象におもな関心を寄せる生物学」とも定義されている。

　生態学でいうところの「環境」には，2つの異なる要素がある。すなわち，「物理的環境」と「生物的環境」である。物理的環境には，光，温度，土壌，水，気象，海流などがあり，生物的環境は，ある生物に対する他の生物の全ての影響を意味し，競争，捕食，寄生，協同などがこれに含まれる。このように，生態学は生物とその環境との関係を対象とする極めて幅の広い学問分野であることがわかるだろう。そのため，取り組む問題や研究方法によって，行動生態学，個体群生態学，群集生態学，生理生態学，進化生態学，数理生態学，分子生態学などの多くの分野に細分化されている。

2）個体，個体群，群集，生態系

生態学で対象とするレベルは，大きく4つに分けることができる。すなわち，①個体（individual），②個体群（population），③群集（community），④生態系（ecosystem）である。この分類は，生態学を学ぶ上で最も基本的かつ重要な用語であるので，正しく意味を理解しておく必要がある。以下に，それぞれについて概説する。

（1）個体

一般には，生命の単位あるいは独立・分離した組織をもつ繁殖と死亡の単位などと定義される。しかし，個体には様々な発生段階があり，例えば哺乳類では，受精卵という単細胞から発生を繰り返して多細胞の個体が生まれる。このように，受精卵や種子，胞子などの単細胞の段階を生活史に有する生物では，単細胞が個体の誕生であるとも考えることができる。発育段階のどの時期で個体を定義しているのかは，それぞれの研究や調査の目的でも異なるだろう。また，生物の中にはサンゴなどのように栄養繁殖によっても個体数を増やすモジュール生物では，個体の定義はより複雑となる。

（2）個体群

同じ空間（範囲）に生息している同種の個体の集合であり，遺伝的にも相互作用の面でも交流がある集団と定義される。遺伝学では，populationに集団という用語が用いられることがあるので，混同してはならない。

（3）群集

ある時間と空間を共有する様々な種の個体群の集まりを意味する。取り扱う動物種の個体群の集まりを動物群集，同様に植物種の個体群の集まりと植物群集などと定義して使われることがある。

（4）生態系

一定の空間に生息している様々な生物（植物や動物）の集合である生物群集と，それら生物群集の活動に影響をおよぼす非生物的な環境要素で構成される複雑なシステムのことを生態系と呼ぶ。目的に応じ，取り扱う対象となる生態系の空間スケールは様々であるが，エネルギーや炭素の流れ，あるいは養分の循環などの観点などから生態系がとらえられることが多い。

しかしながら，生態学におけるこれら4つの基本的な分類である「個体」，「個体群」，「群集」，「生態系」は，画一的に定義あるいは区分して取り扱うことは難しい。例えば，ある個体群に着目した場合，近接する同種の個体群との境界を明瞭に区別することは一般的には容易ではなく，個体群の境界が生態学者によって便宜的に決められることも少なくない。また，個体群や群集を，それらが生存する物理的環境から切り離して生態学的な研究をすることは不可能である。よって，「個体」，「個体群」，「群集」，「生態系」という概念や定義の違いはしっかりと理解すべきではあるが，4つのカテゴリー分類がしばしば不明瞭とならざるを得ない場合があることも理解しておくと良いだろう。

3）生態系の栄養構造－生産者・消費者・分解者

生態系はエネルギーや物質の固定，生物体の再生産，物質の生産・循環・分解を基本とする様々な生態系機能を有する。われわれ人間は，この生態系機能から受ける様々なサービスを資源として利用しなければ生存していくことはできない。

生態系機能をシステムとして維持するために必要な構成要素として，生物をエネルギーの流れ，すなわち，栄養動態という視点でとらえてみよう。すると生物は，無機物から有機物を生産することができる「独立栄養生物（autotroph）」と，独立栄養生物が生産したエネルギーに依存する「従属栄養生物（heterotroph）」とに大別することができる。

（1）独立栄養生物

無機資源を同化して蛋白質や炭素化合物などの有機分子を作り出す生物を独立栄養生物という。独立栄養生物の多くは太陽の光エネルギーを利用（光合成）しているが，光エネルギーではなく化学反応エネルギーを利用する生物もいる。独立栄養生物には，緑色植物や藻類のほか，一部のバクテリアが含まれる。

（2）従属栄養生物

従属栄養生物とは，エネルギー源を，体外から取り入れた有機物に依存している生物である。従属栄養生物には，動物，クロロフィルをもたない植物，多くの細菌が含まれる。

また，生態系の栄養動態における生物の役割を次の3つに分類することもできる。すなわち，無機化合物から有機物を合成する「生産者（producer）」，生産者を摂食する「消費者（consumer）」，そして，生産者や消費者の遺骸や排出物などの有機物を分解する「分解者（decomposer）」である。多くの学生にとって，生物の役割によるこれらの分類はなじみ深いものであろう。

（3）生産者

陸上生態系での主な生産者は植物で，大洋では植物プランクトンが重要な役割をはたしている。植物も植物プランクトンも無機物から有機物をつくるのに，太陽の放射エネルギーまたは無機物質の酸化によって得られたエネルギーを利用している。つまり，生産者は独立栄養生物である。

（4）消費者

植物，藻類，植物プランクトンを食べる生物は一次消費者と呼ばれる。一次消費者には，多くの昆虫，草食の哺乳類や鳥類，動物プランクトンなどが含まれる。これらの一次消費者を食べる動物を二次消費者と呼ぶ。植食昆虫を食べるクモ，カマキリ，カエル，昆虫食の鳥類や肉食哺乳類，動物プランクトンを餌とする魚類などが含まれる。二次消費者を食べる動物を三次消費者，同様に三次消費者を食べる四次消費者などと，栄養段階が形成されて「食う－食われる」の関係が成立する。この栄養段階間の繋がりを「食物連鎖（food chain）」と呼ぶ。通常，生態系における食物連鎖は，いくつもの食物連鎖が複雑な網の目のような関係を構築しており，これを「食物網（food web）」とよんでいる。一般に，栄養段階における生物体量は，段階が低い生物よりも高い生物の方が少ない。この生態系の食物連鎖に沿って，低次の生物の上により高次の生物を連続的に積み上げて栄養段階の関係を模式化したものが「生態ピラミッド（ecological pyramid）」である。生態ピラミッドにはいくつかのタイプがあり，個体数，生物体量，エネルギーなどを基にして図示される。

われわれ人間は，植物（生産者）も草食の家畜（一次消費者）も食物として利用している。つまり，植物を食べる一次消費者でもあり，家畜を食べる二次消費者でもある。このように，生態系においては，同一の種であっても複数の栄養段階としての役割をはたしている場合が多い。また，発育段階によって，栄養段階が異なる生物も少なくない。

（5）分解者

死亡した動物の体や排泄物，枯死した植物や落葉などの有機物を資源として利用する従属栄養生物を分解者と呼ぶ。分解者のはたらきによって，生態系で生物体を構成する有機物は再循環し，分解されて最終的には植物が利用しうる無機的環境にもどる。

4）生物間相互作用

あらゆる生物は資源を利用して他の生物との相互作用を通じて生存と繁殖を繰り返して生きている。よって，生物間でみられる相互作用は，生態系を理解する上での基本的な概念といえる。この生物間相互作用を理解する前に，話題提供としてエゾシカ（*Cervus nippon yesoensis*）とショウジョウバエの事例を紹介しよう。

エゾシカは明治初期には多くが狩猟され，海外に肉・毛皮・角が輸出されており，当時のわが国の貿易経済上極めて重要な野生動物であった。1870年代には，年間で6万頭から13万頭が捕獲されていたといわれている。しかし，やがてエゾシカは乱獲や豪雪などが原因で絶滅の危機に瀕したため，一時的に狩猟が禁止されて保護政策がとられたことがある。さらに，エゾシカの自然天敵であったエゾオオカミ（*Canis lupus hattai*）の絶滅，林地や牧草地開発などに伴う餌場や越冬地の増大などが要因となり，1900年代後期になるとエゾシカの個体数は急激に増加するようになった。近年，北海道では，エゾシカによる農林業被

害のみならず森林・湿地などの生態系への食害，交通事故などが大きな社会的問題となっている。

　北海道で一時的に絶滅に瀕したエゾシカにおける個体数変動の事例のように，生物はある環境条件が整えば個体数を爆発的に増加しうる能力を有していることがわかる。しかし，実際には地球において生物の個体数が無限に増加していないのはなぜであろうか。

　次に，1922年にPearlらによって示されたショウジョウバエの飼育実験データ（Pearl & Parker 1992）を紹介しよう。彼は，ある大きさの飼育ケースに繁殖可能な少数のショウジョウバエを一定量の餌と共に入れ，ショウジョウバエの生存や繁殖，さらには餌を腐敗せずに維持できる適切な環境条件下で飼育した。ショウジョウバエは，最初のうちは低率で個体数が増加したが，やがて急激に数を増やした後，ある一定の数以上には増えずに個体数が安定化するという現象が観察された。これは，飼育ケースの餌，空間が制限要因となり，ショウジョウバエの増加率が0に近づいたことを意味している。つまり，ある有限な環境条件の下では，生物は無限に増えることはなく，増加を抑制する作用によって"適度"な個体数に維持されることが実験的に示された例である。ショウジョウバエの実験でみられるような，個体数増加に与える負の効果は密度効果と呼ばれる。

　エゾシカやショウジョウバエの例では，1種類の生物の個体数について着目したが，生態系では生物が1種類のみで生きているのではない。生物は食物や空間などの資源を，時には重複しながら利用しており，この過程で生ずる生物どうしの相互作用のことを生態学では「生物間相互作用」と呼ぶことは先にも述べた。生物間相互作用にはいくつかの分類法があるが，作用が生じている対象に着目すると2つに大別することができる。すなわち，同種内にみられる「種内相互作用」と異なる種の間にみられる「種間相互作用」に分類される。ショウジョウバエの飼育実験では，ケースの中の有限の餌や空間の利用において，同種の個体間での競争，すなわち種内相互作用が生じたことが，個体数安定化の要因と考えられる。また，エゾオオカミとエゾシカとの間に見られるような，捕食-被捕食の関係などは，種間相互作用の代表といえるだろう。一方，生物間相互作用は，着目する作用に基づいて分類することもできる。すなわち，競争，捕食，寄生，共生などである。以下に，これら作用に基づいた分類により，それぞれの生物間相互作用の概要と関連事項について説明する。

（1）競　争

　自然界では，一般的に生物は限られた資源（食物や空間など）を利用して生きている。同種の個体間だけではなく，異なる種間であっても利用する資源が同じであれば，その有限の資源をめぐって競争関係が生じることになる。「競争（competition）」とは，同じ資源を利用する同種（種内競争），異種間（種間競争）でみられる相互作用であり，いずれも結果として互いに「適応度」（説明は後述）が低下する方向にはたらく。ある種が，生存して個体群を維持していくために必要な環境の要因や食物などの生活資源の範囲をニッチ（生態学的地位）という。種間競争は，異なる種どうしで互いにニッチが重なりあうところで生じる。ニッチの重複度が大きければ大きいほど，一般に競争は激しくなる。種内競争は，要求する資源が個体間で極めて類似しているため，種間競争よりも激しい効果をもたらすことが多い。種内競争は繁殖や生存に影響を及ぼし（密度効果），個体群の大きさを決定する主な要因となりうる。また，なわばりや分散などの行動的適応も種内競争の結果として理解されている。

（2）捕　食

　「捕食（predation）」とは，ある動物（捕食者，predator）が他種の動物（被食者，prey）を捕らえて消費することと定義される。同種の他個体を殺して一部または全部を捕食することは共食い（cannibalism）と呼ばれる。捕食には，被食者を襲ってすぐに殺して食べるという真の捕食行動から，被食者の一部分だけを食べる行動（被食者を

殺さないこともある）も含まれることがある。多くの動物が，ある種に対しては捕食者であり，別の種に対しては被食者であるという機能をもつことが，生物界では広く知られており，生態系を維持するために極めて重要な生物間相互作用である。捕食行動は，捕食者と被食者の個体数の変動に影響を及ぼすことが知られている。MacLulich（1973）は，ウサギを重要な食物として捕食するカナダオオヤマネコ（*Lynx canadensis*）とカンジキウサギ（*Lepus americanus*）について，カナダで捕獲された両種の毛皮数の変化を調べた。その結果，ピークはウサギの方がオオヤマネコより1年から数年早いものの，およそ10年周期で同じように振動（共振動）していることを示した。捕食者であるオオヤマネコの個体数が，被食者であるウサギの個体数の増減に影響を受けた結果であると考察されている。しかし，オオヤマネコが生息しない地域のウサギにおいても，個体数に周期性がみられる例が知られており，オオヤマネコとの捕食 - 被食の関係以外にも周期性をもたらす原因があるとされている。

(3) 寄 生

「寄生（parasitism）」は一般的には異なる種間でみられる相互作用であり，まれに種内での寄生関係がみられることもある。また，寄生を捕食の1つとして分類する研究者もいる。寄生は，寄主（host）が一方的に不利となる関係であり，寄生者（parasite）は次の2つのタイプに分類される。すなわち，寄主の体内や体表で増殖する小型寄生者と，寄主の体内や体表で成長はするが増殖はしない大型寄生者である。小型寄生者には，ウイルス，細菌，菌類などが含まれ，大型寄生者には蠕虫類，ノミ・シラミ類，ダニ類などが含まれる。寄生者は，寄主に対して感染症伝播の媒介者となったり，免疫応答（寄主の防御機構）を引き起こす要因となることがある。寄生者に対する寄主の免疫の獲得率や免疫応答の程度は，寄生者が原因となる伝染性疾患の発生率（寄主の罹患率）に大きく影響する。つまり，感染症の原因となる寄生者に対して免疫を獲得している寄主が多い場合には，寄生は成立しにくいために感染症の発生率は小さいが，獲得率が減少してくると寄生者が増殖，蔓延して発生率が大きくなる。冬季間にインフルエンザ（寄生者）が人（寄主）で大流行した後にやがて終息するという一連の過程は，寄生種と寄主との争いの結果とみることができる。寄生種と寄主は，長い歴史の中で互いに共存しうるような方向に進化していくことも多い。このような進化的な相互作用は共進化と呼ばれる。

(4) 共 生

生物には他種と物理的に緊密に強く結びついて繁殖や成長をしている種がある。このように，異種の生物が密接な関係をもって一緒に（共に）生活することを「共生（symbiosis）」という。共生関係にある場合でも，異種の生物が相手の存在によって生存や繁殖の上で互いに利益を得る関係を「相利共生（mutualism）」と呼ぶ。これに対して，利益を得るのが一方だけである関係の場合は「偏（片）利共生（commensalism）」と呼ばれる。

3. 生態学の基礎 − 進化

1）進 化

地球が形成されたのは，今から46億年ほど前であると考えられている。誕生したばかりの地球は非常に高温で，水，酸素，二酸化炭素といった物質もおよそ現存する生物が生きていける状態では存在していなかったはずである。

その後，奇跡的ともいえる様々な偶然が重なり，生命の起源となるアミノ酸や糖，核酸塩基などの素材が生まれ，シアノバクテリアなどの原核生物が誕生したとされる。現在，最古の生物の化石として知られているのは，約35億年前の地層から発見された細菌である。さらに，酸素を生成するシアノバクテリアのはたらきにより，大気中の酸素濃度が上昇し，真核生物（単細胞の藻類）が出現するのは，今から20億年ほど前であったと考えられている。10億年から6億年前の間には多細胞生物が出現したと考えられており，その後は

爆発的に生物の多様性が増加し，魚類や陸上植物の出現，両生類，爬虫類，そして鳥類，哺乳類が誕生していった。

このように，地球はその長い歴史において，生物の多様性，形態，生理，行動における変異をも育んできた。これらは全て，その生物が生活する環境との相互作用を通して自然選択を受けながら進化（evolution）してきた適応の結果である。それゆえ，環境と生物との相互作用を研究する生態学における科学的な疑問は，自然選択による適応進化の視点なくしては理解することができないのである。そこで，進化を理解する上で重要な，突然変異，適応，自然選択について以下に概要を整理しておこう。

2）遺伝子と表現型

生物を構成するほとんどの細胞には核酸があり，生物の遺伝情報は，この核酸に記されている。核酸にはDNA（デオキシリボ核酸）とRNA（リボ核酸）があり，それぞれ4種類の塩基が一列に並んだ高分子である。DNAは，アデニン（A），チミン（T），グアニン（G），シトシン（C）の4塩基で構成されるが，RNAではチミンの代わりにウラシル（U）となっている。DNAは通常2本が対になった二重らせん構造をしており，アデニンとチミン，グアニンとシトシンが対をなす。DNAに刻まれた塩基配列の情報はRNAに転写されてアミノ酸に翻訳される。このようにして翻訳された20種類のアミノ酸が結合して作られた高分子が蛋白質である。DNAに刻まれた遺伝情報は，最終的には蛋白質に置き換わることになる。そして，この蛋白質が生命現象の大部分を担っているのである。

RNAを介した転写・翻訳は一定の単位で行われ，このまとまりを「遺伝子」と呼び，遺伝子が存在する染色体の位置を「遺伝子座」と呼ぶ。ある1つの遺伝子座に複数の遺伝子配列があるとき，それぞれを「対立遺伝子」と呼び，人を含む二倍体生物では，父親と母親から1つずつの対立遺伝子が子に引き継がれる。1つの遺伝子座に位置する2つの対立遺伝子の組み合わせが「遺伝子型」である。それぞれの個体がもつ遺伝子型とその個体が環境から受ける相互作用による産物が，個体の性質つまり「表現型」となる。

3）突然変異

有性生殖をする生物では，個体の遺伝的性質は両親から引き継ぐ対立遺伝子によって決定される。つまり，個体群の中にどのような遺伝子がどのような割合で存在しているかによって，次世代の個体の遺伝的性質は大きく影響を受けることになる。ところで，このような親から子への対立遺伝子の引き継ぎの過程では，一定の割合で"誤り"が生じることが分かっている。この誤り，つまり「突然変異（mutation）」はDNA塩基配列の複製ミスに由来し，塩基座位あたり10^{-9}から10^{-10}の確率で生じるとされている。様々なレベルでのランダムな突然変異によってもたらされる多様な遺伝的変異が，生物の進化を生み出す基礎なのである。

4）適応と適応度

個体群中の個体は，繁殖を通じて次世代に遺伝子を伝えていく。この過程で，繁殖に有利な何らかの遺伝性の形質（生理，形態，行動など）をもっている個体は，そうでない個体よりも多くの子孫を作ることができるだろう。つまり，繁殖に有利な遺伝性の形質は，そうでない形質に比べると，次世代の個体群の中に残る確率が高くなる。繁殖だけではなく成長や生存などにおいても同様に，環境により適合した遺伝性の形質は，次世代に引き継がれる確率が高くなると考えられる。このようにして，繁殖や生存に有利にはたらく遺伝性の形質が，個体群の中である選択を受けながら固定され，生物はさらに環境と適合するようになる。このような適合のことを生態学では「適応（adaptation）」と呼ぶ。適応は「自然選択」（説明は後述）の結果なのである。

「適応度（fitness）」とは，ある個体の繁殖成功（次世代に残す繁殖可能な子孫の数）の期待値のこと

で，次世代にどの程度寄与するかを表す尺度となる。適応度の差が生じる要因には，個体がもつ遺伝子型の差，生息する環境から受ける影響などがある。

5）自然選択（自然淘汰）と進化

生物の繁殖の過程では，生殖細胞にある頻度で突然変異が生じることは先に述べた。その結果，新たな対立遺伝子をもつ配偶子が偶然に生じ，それを受け取った個体が成長して子孫を残すことができれば，個体群の中に新たな個体変異が追加されることになる。この新たな変異をもつ個体が，他の個体と全く等しく生存や繁殖をするのであれば，理論上は個体群の中で対立遺伝子の種類が無限に増え続けることになる。しかし実際には，同じ環境で生活していても，異なる対立遺伝子をもった個体の生存率や繁殖率は全く等しくはならない。このような生存率や繁殖率における不同一性によって，個体の生存や繁殖に不利にはたらく対立遺伝子は取り除かれ，あるいは，有利にはたらく対立遺伝子はより多く残るために，対立遺伝子の種類が無限には増えることがない。この淘汰のプロセスのことを「自然選択（自然淘汰）（natural selection）」と呼ぶ。

自然選択による進化的な変化は，①1つの個体群を構成する個体間で形態，大きさ，発育速度などの個体の形質に違いがみられる，②これらの形質の差と個体の適応度の間に相関がみられ，その適応度の差はランダムに生じる差よりも大きい，③個体の形質の差を生み出している要因が，少なくとも一部が遺伝性で次世代に引き継がれていく，といった条件が重なって生じると考えられている。

4. 生物多様性

1）環境問題への関心の高まり

世界の人口は紀元0年には3億人ほどであったと推測されている。しかし，1800年には約10億人となり，その後の100年で2倍に，さらにその後の100年で約60億人となり，近年になって爆発的に増加している。個体数の多さや増加率，生息範囲の広さ，環境へ与える負荷の大きさなどを考慮すると，われわれ人間は地球に生息する生物としては極めて特異な優占種になったといえる。人間活動による生態系への影響は，他種の生物によるそれとは比べものにならないほど大きく，過度の狩猟や採集による多くの生物種の絶滅のみならず，生息環境の破壊，侵略的外来種の持ち込み，化学物質による環境汚染などによって，人類は地球生態系に極めて深刻な悪影響を与え続けてきたことはまぎれもない事実である。

人間中心主義による自然環境の悪化に疑問を投げかけた最初の学者の1人が，米国ウィスコンシン大学の教授のAldo Leopold（1887～1948）である。彼は，劣化した生態系をかつての健全な状態に再生させようとする思想を唱え（Leopold 1949），自然保護の歴史が大きな転換点を迎えるきっかけとなった。やがて，地球環境問題への関心は，人類社会の持続可能性を確保するために国際的規模での取り組みが必要であるという認識に発展していった。人類による生態系への負荷が，人間自体の持続的な存続も危惧させる状態になっていることの証であろう。

そこで，地球環境の保全戦略として重要な生物多様性の概念，国際的な取り組みとしての生物多様性条約，わが国の取り組みや関連法規などについて以下に概要を解説する。また，生物多様性条約や生物多様性基本法などの全文については，環境省自然局の生物多様性センターのウェブサイト（http://www.biodic.go.jp/）からリンクで閲覧することができるので，是非利用していただきたい。

2）生物多様性－3つのレベル

「生物多様性（biodiversity）」とは「生物学的多様性（biological diversity）」を意味する言葉として，1986年に米国で開催された生物多様性フォーラムで生まれた造語である。このフォーラムの報告書である『Biodiversity』（Wilson 1988）

という書籍名によって広く世界に知られて注目されることになった。生物多様性の定義は必ずしも一義的ではないが，一般的には「種の多様性」,「遺伝子の多様性」，そして「生態系の多様性」という3つのレベルの多様性を包括する概念として理解されている。

(1) 種の多様性

種の多様性とは，生息・生育している動物や植物，微生物などの生物種の豊富さの指標とされる。種とは，互いに交配可能で，かつ他の集団と生殖的に隔離されている集団を指しており，生物分類のもっとも基本的な単位である。地球全体の生物種数は3,000万種などと推測されているが，正確な種数は現在でも明らかではない。これまでに命名された生物種はわずかに約141万3,000種であり，うちわけは，75万種以上の記載がある昆虫が最多で，植物24万8,000種，昆虫以外の節足動物12万3,000種，軟体動物5万種，真菌類4万7,000種などと続き，鳥類は9,000種，哺乳類は4,000種である。これら地球上に生息している生物種は均等に分布しているのではなく，気候や環境に応じて異なり，一般に熱帯雨林は種数が多く，極地ほど種数が減少する傾向にある。生息する生物種数が多いことは多様性の1つの指標ではあるが，種数だけではなく生息している生物種間の相互作用をも考慮して種の多様性を評価することが重要である。

(2) 遺伝子の多様性

生物の生殖過程で生じる遺伝情報のランダムな突然変異によってもたらさせる多様な遺伝的変異が，生物の進化をもたらす基礎であることは先に述べた。遺伝子の多様性を考える上で，この遺伝的変異を個体群内と個体群間の変異に分けて考えてみよう。

外見上は一様に見える個体で構成される個体群内でも，個体ごとに遺伝子の組み合わせは少しずつ異なり，全く同一の遺伝子をもつ個体は存在しない。すなわち，1つの個体群内にも多様な遺伝的変異が存在している。一方，同種の個体群間であっても，互いが地理的に隔離されるなどして個体群としての遺伝的な構成に変異（地理的変異）が生じていれば，これらの個体群間においても遺伝的な変異が存在するといえる。このように，個体群内あるいは個体群間で遺伝的な変異がある，すなわち遺伝子の多様性が豊かであるとは，将来にわたって多様な遺伝子の組み合わせの可能性が保たれていることを意味する。遺伝子の多様性が，進化において重要となることは先に述べたとおりである。しかし，進化という長いスパンだけではなく，特定の病気の流行や気候変動などの突然あるいはランダムな環境変化に対しても，それらに抵抗しうる特異な遺伝子を有している個体や個体群が存在していれば，抵抗性の低い個体や個体群が滅びても種として存続しうる可能性を持っていることになる。

同種内での遺伝的な差異である遺伝的多様性は，外見などの目に見える変化としては現れにくいために，保全を考える上で種の多様性や個体数の増減などに比べると一般的には意識されにくい。しかし近年，種や個体群の存続可能性を予測する評価においては，個体数や生息地の状況などに加えて，環境変化に耐えうる可能性の指標となる遺伝的多様性も重要な評価項目とみなされている。

(3) 生態系の多様性

生態系とは，一定空間に生息する多種の生物の集合である生物群集と，それら生物群集の活動に影響をおよぼす非生物的な環境要素（水や光など）で構成される複雑なシステムである。地球には様々な気候的特性に応じた生物群系（バイオーム）が広がっている。例えば，山地，ツンドラ，亜寒帯林，温帯林，熱帯林，サバンナ，砂漠，海洋などが挙げられ，それぞれに適応した多種の生物が生息して多様な生態系を形作っている。これらの生態系には明確な境界線はなく連続しており，複数の生態系やバイオームを往来している生物も少なくない。一般に，熱帯林に比べると気温や降雨条件が厳しいツンドラや高山，砂漠などの生態系は単純で生息しうる生物種数は少ない。しかし，このような特殊な生態系には，その環境に適応し

てそこでしか生息できない固有の生物が見られることも多く，地球全体としての生態系の多様性の維持に貢献している。その点では，むしろ，このような固有種が生息している生態系こそ優先して保全すべきとも考えられる。多様な生態系が健全な状態で維持されることが，生物多様性の保全に重要であることは容易に理解できるだろう。

(4) 景観や文化の多様性

生物多様性の概念として，種，遺伝子，生態系という3つのレベルでの多様性について解説したが，さらに人間との繋がりを含めた景観や文化の多様性という観点を含めて，生物多様性を考慮することもある。例えば，水田，畑，用水路，溜池，雑木林，河畔林などの多様な景観を含んだ日本の里山には，人間活動と密接に関連して他種の動植物が生息・生育しており，わが国の生態系の多様性を維持してきたことが明らかになっている。このように，社会文化的な要素を含む景観や文化の多様性も，生物多様性を保全する視点としては無視できない要素といえるだろう。

3) 生態系サービスとミレニアム生態系評価

われわれ人類は，生態系から様々な恩恵を受けて生活している。生態系から受ける恩恵は「生態系サービス」と呼ばれる。生態系サービスには，食糧や水，原材料やエネルギー資源の提供といった「供給サービス」，気候調整や洪水制御，疾病制御，水や廃棄物の浄化といった「調整サービス」，レクリエーション，エコツーリズムなど知識，教育や精神などを高めてくれる「文化的サービス」がある。さらに，これらのサービスを維持している，栄養循環，土壌形成，一次生産，資源利用の確保などの「基盤サービス」がある。

2001年から2005年にかけて，これら生態系サービスの24項目について地球規模での生態系の評価となる「ミレニアム生態系評価」が行われた。その結果，20のサービスで人間による利用が増加し続けており，15のサービスで状態の低下あるいは持続的利用が困難となっていることが示された。また，世界の生態系の構造と機能が20世紀後半に人類の歴史上かつてない速さで変化し，人間が根本的に地球上の生物多様性を変えつつあることも示された。さらに，このような現状について，解決の努力をしなければ将来世代が得る利益は大幅に減少し，政策・制度・慣行の大幅な見直しや転換が必要であると警鐘を鳴らしている。

4) 生物多様性条約

人類の誕生は46億年の地球の歴史からすれば，ごくごく最近の出来事である。先にも述べたとおり，人類は地球生態系の一員として他の生物と共存し，食糧や医療や科学などの面で幅広く生物を利用している。その一方で，人類は多くの野生生物種を過去にない速度で絶滅させるなど，非可逆的なレベルでの生態系破壊に対する懸念が深刻なものとなっていた。このような状況を背景に，特定の地域や生物種の保全を目的としたラムサール条約，ワシントン条約，ボン条約，世界遺産条約などの既存の国際環境条約だけではなく，より包括的に生物の多様性を保全し，生物資源の持続可能な利用を行うための国際的な枠組みを設ける必要性が国連等において議論されてきた。そして，1992年にリオデジャネイロで開催された国連環境開発会議（地球サミット）において，「気候変動に関する国際連合枠組条約」（気候変動枠組条約）と共に「生物の多様性に関する条約（Convention on Biological Diversity）」（生物多様性条約）が採択された。この条約の18番目の締約国である日本を含めて，2012年2月現在で192か国と欧州連合（EU）がこれを締結している。生物多様性条約では，目的として①生物多様性の保全，②生物多様性の構成要素の持続可能な利用，③遺伝資源の利用から生ずる利益の公正かつ衡平な配分，の3つを掲げている。1993年の条約発行後，これら3つの目的を達成するための様々な戦略が，定期的に開催される締約国会議において議論されている。その第10回目となる締約国会議（COP10）が，2010年にアジアで初めて愛知県で開催され，生物多様性保全に関する認

5）生物多様性国家戦略

「生物多様性条約」では，条約を実効性のあるものにするために，締約国に対して国際法上の国家責任のもとで果たされるべき様々な規定を定めている。条約第6条では，『締約国は生物の多様性の保全及び持続可能な利用を目的とする国家的な戦略若しくは計画を作成し，又は当該目的のため，既存の戦略若しくは計画を調整し，特にこの条約に規定する措置で当該締約国に関連するものを考慮したものとなるようにすること』と記載されている。つまり，締約国には生物多様性国家戦略の策定が求められているのである。日本も条約締結を受け，関係閣僚会議において1995年10月に最初の「生物多様性国家戦略」を策定している。その後，見直しがなされて2002年には「新・生物多様性国家戦略」を，2007年には「第三次生物多様性国家戦略」を，そして2010年にはCOP10の開催に合わせて「生物多様性国家戦略2010」へと改正がなされてきた。このCOP10では，生物多様性の損失速度を2010年までに顕著に減少させるとしてCOP6（2002 オランダ）で設定された「2010年目標」が失敗したことを踏まえ，2050年までに「自然と共生する世界」（a world of "Living in harmony with nature"）を実現するために今後10年間に国際社会が取るべき戦略計画として「愛知目標」が採択されている。この「愛知目標」の達成に向けたわが国のロードマップとして，2012年9月に閣議決定された「生物多様性国家戦略2012－2020」が日本の最新の国家戦略である。

わが国で初の「生物多様性国家戦略」は，生物多様性条約に素早く対応した画期的なものではあったが，各省の施策が並列的に記述されて施策レベルの連携が弱く，生態系の現状の分析や目標に向けた施策提案の具体性も不十分であるという課題があった。これらを踏まえて「新・生物多様性国家戦略」では，日本のトータルプランとして国家戦略を位置付け，わが国の生物多様性の危機の構造を「3つの危機」として整理し，生物多様性の保全と持続可能な利用のための「5つの理念」，具体的施策として「7つの主要テーマ」を掲げるなどの改正がなされた。さらにその後，国内外の状況変化に対応した具体的な取組について，長期的な目標や指標なども盛り込んだ行動計画を含む「第三次生物多様性国家戦略」が策定されるなど，戦略の内容についての改正が図られてきた。「生物多様性国家戦略2010」は，国の義務として国家戦略の策定を定めた「生物多様性基本法」（2008年施行）に基づいて初めて策定され，生物多様性保全と持続的利用に関する法的効力のある最初の国家戦略であることが特筆すべき点の1つとなっている。「生物多様性国家戦略2012－2020」も同様に生物多様性基本法に基づいて策定されたものである。

さて，最新の国家戦略である「生物多様性国家戦略2012－2020」の概要については図1-1に示したが，少し詳しく見てみよう。「生物多様性国家戦略2012－2020」は3部構成で，第1部が戦略，第2部が「愛知目標」の達成に向けたロードマップ，第3部が行動計画となっている。第1部では，生物多様性の重要性と自然共生社会の実現に向けた理念，生物多様性の現状と課題，生物多様性の保全および持続可能な利用の目標や基本方針が記されている。生物多様性を脅かす「4つの危機」の構造が，「開発など人間活動による危機」，「自然に対する働きかけの縮小による危機」，「人間により持ち込まれたものによる危機」，「地球環境の変化による危機」に整理されている（説明は後述）。さらに，生物多様性に関する5つの課題をあげ，短期（2020年）・長期（2050年）目標を設定して，100年先を見通した国土のグランドデザインなどの視点も提示されている。また，2020年度までの重点施策として5つの基本戦略を明記している。第2部では，COP10で採択された「愛知目標」の達成を実現するためのロードマップとして，わが国の13の国別目標，48の主要行動目標および81の関連指標が記されて

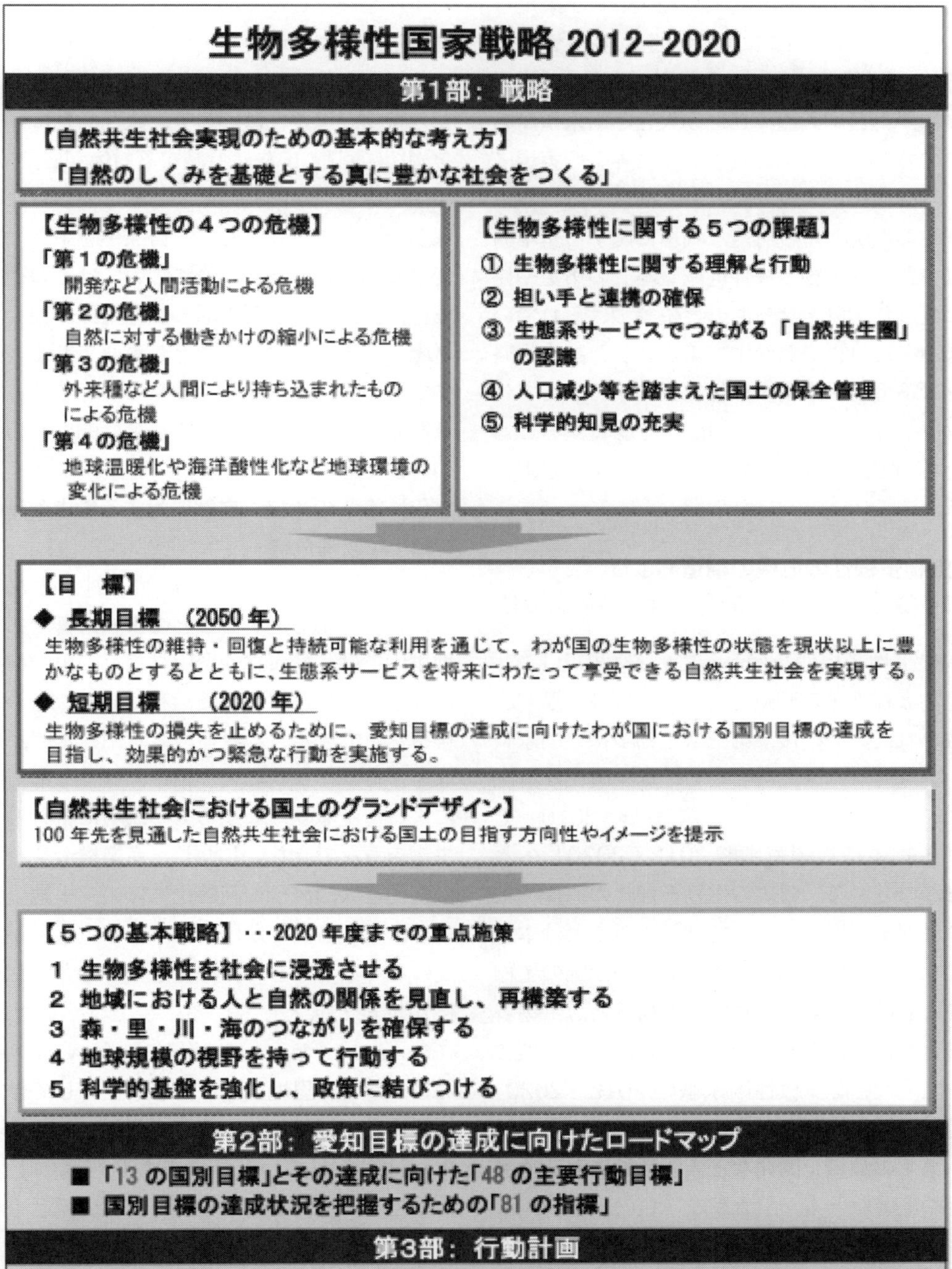

生物多様性国家戦略 2012-2020

第1部：戦略

【自然共生社会実現のための基本的な考え方】
「自然のしくみを基礎とする真に豊かな社会をつくる」

【生物多様性の4つの危機】
「第1の危機」
　開発など人間活動による危機
「第2の危機」
　自然に対する働きかけの縮小による危機
「第3の危機」
　外来種など人間により持ち込まれたものによる危機
「第4の危機」
　地球温暖化や海洋酸性化など地球環境の変化による危機

【生物多様性に関する5つの課題】
① 生物多様性に関する理解と行動
② 担い手と連携の確保
③ 生態系サービスでつながる「自然共生圏」の認識
④ 人口減少等を踏まえた国土の保全管理
⑤ 科学的知見の充実

【目　標】
◆ 長期目標　（2050年）
生物多様性の維持・回復と持続可能な利用を通じて、わが国の生物多様性の状態を現状以上に豊かなものとするとともに、生態系サービスを将来にわたって享受できる自然共生社会を実現する。

◆ 短期目標　（2020年）
生物多様性の損失を止めるために、愛知目標の達成に向けたわが国における国別目標の達成を目指し、効果的かつ緊急な行動を実施する。

【自然共生社会における国土のグランドデザイン】
100年先を見通した自然共生社会における国土の目指す方向性やイメージを提示

【5つの基本戦略】…2020年度までの重点施策
1　生物多様性を社会に浸透させる
2　地域における人と自然の関係を見直し、再構築する
3　森・里・川・海のつながりを確保する
4　地球規模の視野を持って行動する
5　科学的基盤を強化し、政策に結びつける

第2部：愛知目標の達成に向けたロードマップ
■「13の国別目標」とその達成に向けた「48の主要行動目標」
■ 国別目標の達成状況を把握するための「81の指標」

第3部：行動計画
■ 約700の具体的施策　　■ 50の数値目標

図1-1　生物多様性国家戦略2012-2020の概要（環境省生物多様性ホームページより引用）

いる。第3部では、おおむね今後5年間の政府の行動計画として、第2部で示した「愛知目標の達成に向けたロードマップ」の実現をはじめ、生物多様性の保全と持続可能な利用を実現するための約700の具体的施策と50の数値目標を体系的に網羅して記述している。

「生物多様性国家戦略2012-2020」が策定された背景には，COP10における生物多様性に関する今後10年間の世界目標（愛知目標）の採択のほかに，東日本大震災という大きな出来事がある。この戦略は「自然と共生する世界」の実現に向けた方向性を示す役割をもち，地域における生物多様性の保全と持続可能な利用に関する基本的な計画である「生物多様性地域戦略」の策定や見直しに向けた指針となるものと位置づけられている。なお，これまでわが国で策定された国家戦略の全文は環境省・生物多様性センターのウェブサイト（http://www.biodic.go.jp/）で閲覧することができるので，詳細はそちらを参考にするとよいだろう。

6）生物多様性の危機の構造および生物多様性の保全と持続可能な利用の重要性

日本の生物多様性を脅かしているものとして，新・生物多様性国家戦略で「3つの危機」が初めて記載された。その後，第三次生物多様性国家戦略の中で考慮すべき危機として地球温暖化が追記され，これらは「生物多様性国家戦略2010」そして「生物多様性国家戦略2012-2020」へと引き継がれている。日本の生物多様性の危機や生物多様性保全の理念について理解することは本章の重要な学習目標である。そこで，わが国の生物多様性における「4つの危機」の構造と，生物多様性の重要性と自然共生社会の実現に向けた理念について，「生物多様性国家戦略2012-2020」を引用しながら概説する。

（1）第1の危機：開発など人間活動による危機

開発や乱獲など人が引き起こす負の影響要因による生物多様性への影響である。沿岸域の埋め立てなどの開発や森林の他用途への転用などの土地利用の変化は，多くの生物にとって生息・生育環境の破壊と悪化をもたらし，個体の乱獲，盗掘，過剰な採取などの直接的な生物の採取は，個体数の減少をもたらした。中でも，干潟や湿地などはその多くが開発によって失われた。また，河川の直線化・固定化やダム・堰などの整備，経済性や効率性を優先した農地や水路の整備は，野生動植物の生息・生育環境を劣化させ，生物多様性に大きな影響を与えた。これらの問題に対しては，対象の特性，重要性に応じて，人間活動に伴う影響を適切に回避，または低減する対応が必要である。原生的な自然が開発などによって失われないよう保全を強化するとともに，自然生態系を大きく改変するおそれのある行為についてはその行為の必要性，災害防止など生活の安全確保や社会状況を考慮して十分検討することが重要である。さらに，すでに消失，劣化した生態系については，科学的な知見に基づいてその再生を積極的に進めることが必要である。

（2）第2の危機：自然に対する働きかけの縮小による危機

第1の危機とは逆に，自然に対する人間の働きかけが縮小撤退することによる影響である。里地里山では，薪炭林や農用林などの里山林，採草地などの二次草原が経済活動に必要なものとして維持されてきた。これらに，水田，水路，ため池などがモザイク状に入り組み，様々な形での人間による攪乱を受けながらその環境に特有の多様な生物を育んできた。しかし，産業構造や資源利用の変化と人口減少や高齢化に伴い，里地里山では自然に対する働きかけが縮小して生態系が攪乱を受けなくなることで多様性を失ってきており，危機が継続・拡大している。今では，コウノトリ（*Ciconia boyciana*）やメダカ（*Oryzias latipes*）など，かつて里地里山に生息・生育してきた動植物が絶滅危惧種として数多く選定されている。日本には知られているだけでも9万種以上の動植物が生息・生育しているが，2,700種近くが絶滅危惧種となっており，そのおよそ5割が里地里山に生息している。

また，人工林についても林業の採算性低下や生産活動の停滞から森林整備が十分に行われず，森林の持つ水源涵養や土砂流出防止などの機能や，生物の生息・生育環境としての質の低下が懸念されている。一方では，ニホンジカ（*Cervus nippon*），ニホンザル（*Macaca fuscata*），ニホン

イノシシ（*Sus scrofa leucomystax*）などの中・大型哺乳類は著しく個体数を増加し分布域を拡大させている。この要因として，中山間地域の過疎化や農林業の担い手の減少・高齢化により放棄された耕作地や里山林などを，これらの種が好適な環境として利用していることに加え，狩猟者の減少・高齢化による狩猟圧の低下などが考えられており，深刻な農林業被害や生態系への悪影響，人身事故をもたらしている。

これらの問題に対しては，現在の社会経済状況のもとで，対象地域の自然的・社会的特性に応じた，より効果的な保全・管理手法の検討を行うとともに，地域住民以外の多様な主体の連携による保全活用の仕組みづくりを進めていく必要がある。

(3) 第3の危機：人間により持ち込まれたものによる危機

外来種や化学物質など人間が近代的な生活を送るようになったことにより持ち込まれたものによる危機である。外来種については，フイリマングース（*Herpestes auropunctatus*），アライグマ（*Procyon lotor*），オオクチバス（*Micropterus salmoides*），オオハンゴンソウ（*Rudbeckia laciniata*）など，野生生物の本来の移動能力を越えて人為によって意図的・非意図的に国外や国内の他の地域から導入された生物が，地域固有の生物相や生態系を改変して大きな脅威となっている。また，家畜やペットが野外に定着して生態系に影響を与えている例もある。特に，他の地域と隔てられ，固有種が多く生息・生育する島嶼の生態系などでは，こうした外来種による影響を強く受ける。外来種問題については，2005年6月に施行された「特定外来生物による生態系等に係る被害の防止に関する法律（外来生物法）」に基づき特定外来生物等の輸入・飼養等が規制されているが，すでに国内に定着した外来種の防除には多大な時間と労力が必要で容易ではない。また，国外から輸入される資材や他の生物に付着して意図せずに導入される生物や，国内の他地域から保全上重要な地域や島嶼へ導入される生物などは，「外来生物法」による規制が難しく，これらの生物も大きな脅威となっている。外来種の問題については，①侵入の予防，②侵入の初期段階での発見と迅速な対応，③定着した外来種の長期的な防除や封じ込め管理の各段階に応じた対策を強化する必要がある。また，わが国から非意図的に運ばれた生物が海外で外来種として問題となっている場合もあり，こうした影響についても留意が必要である。

化学物質については，20世紀に入って急速に開発・普及が進み，現在，生態系が多くの化学物質に長期間暴露されるという状況が生じている。化学物質の利用は人間生活に大きな利便性をもたらしてきた一方で，中には生物への有害性を有するとともに環境中に広く存在するものがあり，生態系への影響が指摘されている。例えば，殺虫剤として用いられたDDTによる鳥類への影響や，船底塗料として用いられたトリブチルスズ化合物の一部による貝類への影響などの事例があり，これらの化学物質は生態系に大きな影響を与えることから現在では製造・使用が禁止されている。また，1950～1970年代にかけて急速に利用が拡大した農薬や化学肥料については，不適切な使用によって生物多様性に大きな影響を与えてきたと考えられている。1990年代以降は農薬全体の製造量は低下し，農薬の安全性も高まってきているものの，生物多様性に与える影響については未だに懸念されている。このため，野生生物の変化やその前兆をとらえる努力を積極的に行うとともに，化学物質による生態系への影響について適切なリスク評価とリスク管理を行うことが必要である。また，これから導入する可能性がある外来種や化学物質については，「予防原則（precautionary principle）」にのっとってリスク評価を行い，被害を未然に防ぐことが重要である。

(4) 第4の危機：地球環境の変化による危機

地球温暖化など地球環境の変化による生物多様性への影響である。地球温暖化のほか，強い台風の頻度が増すことや降水量の変化などの気候変動，海洋の一次生産の減少および酸性化などの地

球環境の変化は，生物多様性に深刻な影響を与える可能性があり，その影響は完全に避けることはできないと考えられている。さらに，地球環境の変化に伴う生物多様性の変化は，人間生活や社会経済へも大きな影響を及ぼすことが予測されている。国際的な専門家で組織された「気候変動に関する政府間パネル（IPCC）」の第4次評価報告書（2007）では，20世紀半ば以降に観測された世界平均気温の上昇のほとんどは，人間活動に伴う温室効果ガス濃度の増加によってもたらされた可能性が非常に高いとしている。この点から，世界平均気温の上昇は人間活動による影響としてとらえることもできるが，生物多様性への影響の直接的な原因者を特定するのが困難なこと，影響がグローバルな広がりを持つこと，必ずしも人間活動の影響とは断定できない地球環境の変化による影響の可能性もあることなどから第4の危機として整理している。これらの危機に対しては，地球環境の変化による生物多様性への影響の把握に努め，地球環境の変化の緩和と影響への適応策を検討していくことが必要である。

（5）生物多様性の重要性と自然共生社会の実現に向けた理念

「生物多様性国家戦略2012-2020」では，わが国の生物多様性の保全と持続可能な利用の重要性を4つに整理している。すなわち，①多様な生態系はすべての生命が存立する基礎となる，②生物多様性は人間にとって有用な価値を有している，③生物多様性は精神の基盤となり文化の多様性を支える根源となっている，④自然と人の利用のバランスを健全に保つことは将来にわたる暮らしの安全性を保証する，の4つである。地球の環境とそれを支える生物多様性は，人間も含む多様な生命の長い歴史の中でつくられたかけがえのないものであり，それ自体に大きな価値がある。生物多様性は，地域固有の財産として，それぞれの地域における独自の文化の多様性をも支え，生活と文化の基礎である。「愛知目標」が目指す人と自然の共生した世界を実現するためには，すべての人が生物多様性の保全と持続可能な利用に関する重要性を理解して行動することが必要である。自然を次の世代に受け継ぐ資産としてとらえ，その価値を的確に認識して，自然を損なわない，持続的な経済を考えていくことが求められる。

7）生物多様性基本法とその他の法制度

（1）生物多様性基本法

わが国の生物多様性保全に関する施策などにおける基本的な考え方を示す法律として，2008年6月に「生物多様性基本法」が施行された。この基本法は，生物多様性の保全と持続可能な利用を総合的・計画的に推進することで，豊かな生物多様性を保全し，その恵みを将来にわたり享受しうる自然と共生する社会の実現を目的としている。また，この基本法では，「生物多様性条約」に基づいた生物多様性国家戦略の策定が明確に国の義務として規定され，生物多様性の保全と利用に関する基本原則，年次報告書などの国会提出，国が講ずるべき13の基本的施策など，生物多様性施策を進めるうえでの基本的な考え方が示されている。先にも述べたとおり，この「生物多様性基本法」に基づいて初めて制定された国家戦略が「生物多様性国家戦略2010」である。「生物多様性基本法」では，国だけではなく地方公共団体，事業者，国民などの責務も盛り込まれ，地方自治体（都道府県や市町村）においても「生物多様性地域戦略」の策定に努めるように規定している。このように，この「生物多様性基本法」は，日本の生物多様性保全および持続可能な利用に関する個別法に対して，それらの上位法となる極めて重要な法律となっていることを理解しておきたい。

（2）その他の法制度

日本の生物多様性や野生生物保護に関わる法令は少なくない。ここでは，わが国の環境法体系を概説する。記載した法令の名称には通称も含まれており，各法令の詳細については，14章や専門書を参照してもらいたい。また，「生物多様性国家戦略2012-2020」では，生物多様性の保全および持続可能な利用に係る制度の概要や生物多様性に関する主な法律の一覧が記載されており，

こちらも参考になるであろう。

　日本の最高法規である日本国憲法の下には，各省の基本法が定められている。環境省においては，日本の環境計画の根幹を定める基本法として「環境基本法」（1993）がある。さらにその下位法として「循環型社会形成推進基本法」（2000）と，先に解説した「生物多様性基本法」（2008）が定められている。「循環型社会形成推進基本法」の下には，「資源有効利用促進法」，「廃棄物処理法」，「グリーン購入法」，「家電リサイクル法」などの個別法が制定されている。一方，「生物多様性基本法」の下位法としては，「自然環境保全法」（1972），「自然公園法」（1957），「種の保存法」（1992），「鳥獣保護法」（2001），「外来生物法」（2004），「カルタヘナ法」（2003），「自然再生法」（2004），「エコツーリズム推進法」（2007）などが定められている。

　野生生物の保護だけを考えても，対象種そのものに加えて，生息地の保全や利用などに関しての取り組みのためには，環境省だけではなく多くの省庁にまたがった計画が必要になることが分かる。そのため，各省庁が作る生物多様性の保全や持続可能な利用に関連した計画については，生物多様性国家戦略を基本とするとされている。つまり，生物多様性国家戦略が「自然と共生する社会」実現のための政府全体のトータルプランという位置づけになっている。

5．おわりに

　本章では，生物多様性とは何かを理解して生物多様性の保全に必要な概念を修得することを目標とした。「生物多様性」という言葉自体は広く知られるようになってきた。しかし，生物多様性の概念を正しく理解するためには，生物の形態，生理，行動などに豊かな変異をもたらせた進化や遺伝学の観点から理解される生態学の基礎知識が不可欠である。さらに，生物多様性保全の意義や実践においては，生態学や生物学的な視点のみならず，社会，経済，倫理，文化，法律などを含む多面的な視点も求められることを理解してもらえたであろう。本章では，生態系の1構成要素である生物の，さらにその一部である野生動物について学ぶ学生のために，生物多様性を理解する上での基本的項目の概要を記載しているに過ぎない。さらに広く深く学びたい学生には，本書のみならず多くの優れたテキストも参考にしてもらいたい。

引用文献

Begon,M., Harper,J.L., Townsend,C.R.（2003）：生態学－個体・個体群・群集の科学－（堀　道雄 監訳），京都大学学術出版.

羽山伸一，三浦慎悟，梶 光一ほか編（2012）：野生動物管理－理論と技術－．文永堂出版．

日高敏隆 編（2005）：生物多様性はなぜ大切か？，昭和堂．

樋口広芳 編（1996）：保全生物学，東京大学出版会．

池谷仙之，北里　洋（2004）：地球生物学　地球と生命の進化，東京大学出版会．

巌佐　庸，菊沢喜八郎，松本忠夫ほか編（2003）：生態学事典，共立出版．

McNeely,J.A., Miller,K.R., Reid,W.V. et al.（1991）：世界の生物の多様性を守る（池田周平，吉田正人 訳），財団法人日本自然保護協会．

環境省自然環境局 編（2010）：いのちは支え合う　生物多様性国家戦略2010，環境省自然環境局．

草刈秀紀（2010）：知らなきゃヤバイ！生物多様性の基礎知識－いきものと人が暮らす生態系を守ろう，日刊工業新聞社．

Leopold,A.（1949）：A Sand Country Almanac, Oxford University Press.

Mackenzie,A., Virdee,S.R., Ball,A.S.（2001）：生態学キーノート（岩城英夫 訳），シュプリンガーフェアラーク東京．

MacLulich,D.A.（1937）：Fluctuations in the numbers of varying hare (*Lepus americanus*), University of Toronto Studies Biological Series 43, University of Tronto Press.

松田裕之（2004）：ゼロからわかる生態学－環境・進化・持続可能性の科学－，共立出版．

盛山正仁（2010）：生物多様性100問，木楽舎．

日本生態学会 編（2004）：生態学入門，東京化学同人．

Odum,E.P.（1991）：基礎生態学（三島次郎 訳），培風館．

Pearl,R., Parker,S.L.（1922）：On the influence of density of population upon the rate of reproduction in *Drosophia*, Proc. Natl. Acad. Sci. USA, 8, 212-219.

Primack,R.P., 小堀洋美（1997）：保全生物学のすすめ　生物多様性保全のためのニューサイエンス，文一総合出版．

生物多様性政策研究会 編（2002）：生物多様性キーワード事典，中央法規出版．

世界資源研究所，IUCN，国際自然保護連合ほか編（1993）：生物の多様性保全戦略－地球の豊かな生命を未来につなげる行動指針（佐藤大七郎 訳），中央法規出版．

高槻成紀（1998）：哺乳類の生物学⑤ 生態，東京大学出版会.
鷲谷いずみ（1999）：新・生態学への招待 生物保全の生態学，共立出版株式会社.
鷲谷いずみ（2001）：生態系を蘇らせる，日本放送出版協会.
鷲谷いずみ，武内和彦，西田 睦（2005）：生態系へのまなざし，東京大学出版会.
鷲谷いずみ，矢原徹一（1996）：保全生態学入門 遺伝子から景観まで，文一総合出版.
Wilson,E.O. ed.（1988）：Biodiversity, National Academy Press.
山田文雄，池田 透，小倉 剛（2011）：日本の外来哺乳類 管理戦略と生態系保全，東京大学出版会.
財団法人日本自然保護協会 編（2010）：改訂 生態学からみた野生生物の保護と法律 生物多様性保全のために，講談社.

第2章 野生動物の系統進化と分類

脊椎動物の系統進化

1. 生命誕生の歴史

1) 地球の誕生

約46億年前，宇宙空間のガスと塵によって構成された分子雲（星間雲の密度が高い領域）が自らの重力によって凝縮することで，その中心部に高温，高圧の原始太陽が形成され，さらにその周囲には円盤状に回転する原始惑星系円盤が形成された。原始惑星系円盤内では，引力によって塵や氷の粒子から生じた微惑星は，衝突や合体を繰り返すことによって原始惑星，さらに惑星へと成長していった。このようにして形成された岩石と金属を主成分とした惑星は地球型惑星とよばれ，水星・金星・地球・火星がこれに属している。

このようにして誕生した原始地球には，初め酸素や有機物は存在していなかった。原始大気は，最初主にヘリウムや水素によって構成されていたが，原始太陽の太陽風（太陽からの電離した粒子の風）によって吹き飛ばされてしまい，その後，原始大気は，原始地球の発達に伴う火山噴火によって地殻から放出された二酸化炭素，水蒸気，窒素，アンモニアそしてメタンなどによって占められるようになった。

このような組成の原始大気に，放射線や雷の放電などが原因で化学進化が起こり，アミノ酸や糖，さらには核酸や蛋白質といった有機物が形成されたと考えられている。一方で，隕石にアミノ酸などの有機物を含むものが確認されたことから，アミノ酸などは地球外からもたらされたとする見解もある。

地球表面温度が下がることによって大気中の水蒸気が雨となって地表に降り注ぎ原始海洋が形成されたと考えられており，堆積性ジルコン鉱物の解析によって約44〜43億年前にはすでに原始海洋が形成されていたと推測されている（Wilde et al. 2001, Mojzisis et al. 2001）。そして，この原始海洋の中で有機物から生命が誕生した。生命誕生の起源に関しては未だに議論されているが，生命痕跡（同位体化石）の解析からおよそ38億5,000万年前（Mojzsis et al. 1996），また遅くとも37億年前（Rosing 1999）には生命が存在していたと考えられている（図2-1）。

2) 最古の生命

最初に誕生した生命に関しては諸説あるが，海底熱水鉱床のような過酷な環境でも生息することのできる好熱性の古細菌のような生物であったであろうと考えられている（上野 2003）。実際の信憑性のある生命体の最古の化石としては，2011年に西オーストラリアの約34億前のStrelley Pool 累層から硫黄を代謝していたと思われる微生物化石の発見が報告されている（Wacey et al. 2011）。また，同じ西オーストラリアの地層から発見された層状構造物であるストロマトライト（stromatolite）が，生物起源の真正ストロマトライトであるという報告がなされたことで（Allwood et al. 2006），この時代に光合成細菌のような生命体が存在した可能性が高まってきた。その後，酸素発生型光合成生物であるシアノバクテリア（藍藻または藍色細菌）が約27億年前

累代	代	紀	世	
顕生代	新生代	第四期	完新世	0.0117
			更新世	2.588
		新第三紀	鮮新世	5.332
			中新世	23.03
		古第三紀	漸進世	33.9
			始新世	55.8
			暁新世	65.5
	中生代	白亜紀	後期	99.6
			前期	145.5
		ジュラ紀	後期	161.2
			中期	175.6
			前期	199.6
		三畳紀	後期	228.7
			中期	245.9
			前期	251.0
	古生代	ペルム紀		299.0
		石炭紀		359.2
		デボン紀	省略	416.0
		シルル紀		443.7
		オルドビス紀		488.3
		カンブリア紀		542
先カンブリア時代	原生代	新原生代	省略	省略
		中原生代		
		古原生代		2,500
	始生代	新始生代		
		中始生代		
		古始生代		
		暁始生代		4,000

図 2-1　地質年代区分（単位：100 万年）

（化学化石）であるステランの存在によって約 27 億年前にはすでに存在していたのではないかと推測されている（Brocks et al. 1999）。また，真核生物の最古の体化石としては，約 21 億年前（19 億年前とする見解もある）の原生代前期の古原生代の地層から肉眼視できる大きさの *Grypania spiralis* という生物化石が発見されている（Han and Runnegar, 1992）。

2. 多細胞動物の誕生とカンブリア大爆発

単細胞性真核生物の出現後，それらは多様化しその中から多細胞生物が生じたと考えられている。そして，最終的に菌界，植物界，動物界などに分類される数々の多細胞生物へと多様な進化を遂げていった。多細胞生物と考えられる最古の化石としては，近年約 21 億年前のアフリカガボンの古原生代の地層から多細胞生物と推測される大型の生物群が発見された（Albani et al. 2010）。これら個体群に関しては類縁関係など含めて今後さらなる議論がなされていくことであろう。また，約 15 億年前の地層から *Horodyskia moniliformis* の化石が報告されているが（Fedonkin, 2003），この化石は後生動物ではなく原生動物のコロニーであるという見解もある。その後，中原生代後期から新原生代前期にかけての地層からも多細胞動物と思われる化石が発見されているが，信憑性のある多細胞動物の出現を裏付けるものとしては，7 億 1,300 万年前から 6 億 3,500 万年前の新原生代の地層から認められた海綿のバイオマーカーである 24-イソプロピルコレスタンの存在（Love et al. 2009），6 億 3,500 万年前から 5 億 5,500 万年前の中国南部の陡山沱（ドウシャンツオ）累層から発見された動物胚の微小化石（e.g. Chen et al. 2000，Yin et al. 2007），そして 5 億 7,500 万年前から 5 億 4,300 万年前の世界各地の地層で確認されたエディアカラ生物（動物）群の多種多様な生物化石などがあげられる。エディアカラ生物群の動物は 30 以上の属が分類されており，それらの多くが表面にキルト構造をもち軟体性で，

の始生代の終わりに誕生し（Brocks et al. 1999, Eigenbrode and Freeman 2006），原生代に入りそれが顕著な増加を示したことにより大気中に大量の酸素が供給されたと考えられている。その結果として，大型化した多彩な真核生物が進化していくに十分な環境が出来上がっていった。

真核生物の出現に関しては，バイオマーカー

葉状，袋状，ドーム状，円盤状など現生の動物にはない形態をしていた。そのため，これら動物群と現生の動物との系統関係は未だに議論されている。先カンブリア時代の終わりエディアカラ紀に出現したこれら動物群は，一部の種を残しカンブリア紀に入るまでにほとんどが絶滅してしまった。また，エディアカラ紀の約5億5,000万年前にはナマカラトゥス（*Namacalathus*）やクラウディナ（*Cloudina*）といった硬い石灰質の殻をもった動物が出現し，続くカンブリア紀の初期の地層からも海綿動物，軟体動物，腕足動物，節足動物，棘皮動物に同定することができる微小有殻化石が多数見つかっている。この硬い石灰質の殻（骨格）の獲得は，筋に付着部位を与え，さらに体を支持することで大型化や運動の多様化をもたらし，その結果，海生無脊椎動物の適応放散に重要な役割を果たしたのではと考えられている。この骨格の獲得だけが要因ではないであろうが，古生代のカンブリア紀（5億4,200万年前～）に入るとカンブリア大爆発と称される無脊椎動物の爆発的多様化が生じた。

カンブリア紀の動物化石群には，約5億3,000万年前の澄江（チェンジャン）動物群（中国雲南省）や約5億500万年前のバージェス頁岩動物群（カナダ）が知られている。これらの動物群では，現存種を残す海綿動物門，有爪動物門，鰓曳動物門，有櫛動物門，環形動物門，節足動物門，刺胞動物門，軟体動物門，腕足動物門，半索動物門，脊索動物門（Chordata）に属する動物や現存種を残さず絶滅してしまった分類群の動物などが確認されている。例えば，アノマロカリス（*Anomalocaris*），オパビニア（*Opabinia*），三葉虫類などがこの時代に生息していた。また，注目すべき出来事は，すでにこの時代に脊索動物門頭索動物亜門（Cephalochordata）の動物に加えて，より高等な脊椎動物亜門（Vertebrata）の動物も誕生したことである。約7億万年前の普通海綿類を巨視サイズの多細胞動物の出現と仮定するならば，2億年ほどで脊椎動物のボディープランが出来上がったことになる。

3. 脊椎動物の誕生

近年の分類体系では，脊索動物門は頭索動物亜門，尾索動物亜門（Urochordata），そして脊椎動物亜門の大きく3亜門に分類されている。さらに，頭索動物亜門ではナメクジウオ綱（Leptocardia）が，尾索動物亜門ではホヤ綱（Ascidiacea），タリア綱（Thaliacea），オタマボヤ綱（Appendiculata/Larvacea）の3綱が細分されている。これまで頭索動物亜門と脊椎動物亜門が近縁で，尾索動物亜門が最も原始的な脊索動物であると考えられてきた。しかし近年の分子系統学的解析によって，頭索動物亜門が脊索動物門の中で最も祖先的な動物群であることが確認された（Delsuc et al. 2006）。この結果は，脊椎動物の誕生と進化を考える上で留意すべき報告である。

脊椎動物亜門の分類に関しては，近年の分子系統学的解析による新見地なども考慮され，それは多岐に及んでいる。脊椎動物亜門の分類は，顎をもたない脊椎動物を無顎上綱（無顎口上綱）（Agnatha）に，もつものを顎口上綱（Gnathostomata）に大別し，そして無顎上綱にヌタウナギ（メクラウナギ）綱（Myxini），頭甲綱（Cephalaspidomorphi）そして翼甲綱（Pteraspidomorphi†）（†：絶滅群，属以下の絶滅群には記載していない），顎口上綱に棘魚綱（Acanthodii†），板皮綱（Placodermi†），軟骨魚綱（Chondrichthyes），肉鰭綱（Sarcopterygii），条鰭綱（Actinopterygii），両生綱（Amphibia），爬虫綱（Reptilia），鳥綱（Aves），哺乳綱（Mammalia）を分類したものが現在一般である。Nelson (2006) は，系統関係を考慮して上記の分類体系の肉鰭綱を，四足動物がシーラカンスよりも肺魚に近縁という分子系統学的報告（Brinkmann et al. 2004）を考慮してか，肉鰭綱を肺魚四足動物亜綱（Dipnotetrapodomorpha）とシーラカンス亜綱（輻鰭亜綱）（Coelacanthimorpha/Actinistia）の2亜綱に分類している。さらに近年，鳥類が爬虫類（獣脚類の恐竜）から進化したという形

態学的および分子遺伝学的数々の研究報告から（e.g., Kumazawa and Nishida 1999, Xu et al. 2003, Schweitze et al. 2005），鳥綱を爬虫綱に含めて鳥下綱（Infraclass Aves）として下位の階級に下げ，ワニ目（Crocodylia），竜盤目（Saurischia†），そして鳥盤目（Ornithischia†）などを含む主竜形下綱（Archosauromorpha）と姉妹関係とした分類体系も報告されている。しかし，遺伝的系統関係を考慮して忠実に分類していくと，数多くのランクを必要とする複雑な分類体系となり混乱を生じるため，本章では従来の分類法に従って話をすすめていきたい。以後場合によって，例えば肉鰭綱を肉鰭類と表現する場合があるので留意頂きたい。

　脊索動物の出現に関しては，澄江動物群で頭索動物亜門に属するカサイミラス（Cathaymyrus）が，バージェス頁岩動物群で同じく頭索動物亜門のピカイア（Pikaia）が発見されている。また，さらに驚くべきことは，澄江動物群から頭索動物の最古の化石だけでなく，ミロクンミンギア（Myllokunmingia）やハイコウイクチス（Haikouichthys）といった2種の最古の脊椎動物の化石までが見つかっていることである（Shu et al. 1999）。これらの動物は体長2〜3cmほどの最古の魚類であり，現生のヌタウナギ（メクラウナギ）やヤツメウナギなどと同じ無顎類に属すると考えられている。カンブリア紀に続くオルドビス紀の地層からは，サカバンバスピス（Sacabambaspis）やアランダスピス（Arandaspis）といった無顎類の化石が見つかっている。これらは明瞭な骨格を保有した最も古い脊椎動物（魚類）の化石であると考えられる。これらの無顎類の魚類は，骨板といった皮骨によって形成された外骨格を身にまとっており，分類学的な名称とは別に一般に甲皮類（甲冑魚）（Ostracoderm）と呼ばれている。これらの魚類は対鰭を保有しておらず泳ぎが下手であったと考えられている。また甲皮類では，一部の種を除いて椎骨要素をもつものはまれであった（Kardong 2002）。オルドビス紀に続くシルル紀そしてデボン紀に甲皮類は独自の進化

をとげていったが，デボン紀が終わるまでに全てが絶滅してしまった。シルル紀やデボン紀になって頭甲鋼骨甲目（Osteostraci†）のアテレアスピス（Ateleaspis）などのように無顎類の中には対の胸鰭をもつものが現れはじめたが，このような対鰭は現生無顎類のヌタウナギやヤツメウナギには認められていない。

　ヌタウナギとヤツメウナギは形態的に骨性の骨格はもたず，骨格は軟骨によってのみ構成される。両種とも軟骨性の神経頭蓋を保有するが，ヤツメウナギでは脊柱の椎体を欠き，脊索の背側に軟骨性の神経弓の小片を配列するだけである。また，ヌタウナギには椎体に加えて小片状の神経弓すらなく，円筒状の脊索のみが存在するだけである。このように現生の無顎類は脊椎動物としてはとても原始的な特徴を示しており，ことにヌタウナギが脊椎を保有していないということから，無顎類の単系統性が議論されてきた。しかし，近年の分子遺伝学的解析から，無顎類が多系統ではなく従来どおり単系統であることが支持され（Stock and Whitt 1992, Kuraku and Kuratani 2006），さらに，最近ヌタウナギに軟骨性の椎骨類似構造が確認されたことから，形態学的にも無顎類の単系統性が支持された（Ota et al. 2011）。

4．顎の出現と魚類の進化

　古生代シルル紀に入ると魚類に革命的変化が生じた。それは顎の誕生である。顎はこれまで前列の鰓弓が変化して形成されたと考えられてきた（Romer 1933, Colbert et al. 2004）（図2-2）。しかし，近年の分子生物学的研究では，鰓弓の変形で顎が進化したのではなく，特定の遺伝子が異なる領域の細胞群に発現することによるヘテロトピー（発生パターンの異所性変化）によって新たな構造（進化的新規形態）である顎が進化したという報告がなされている（Shigetani et al. 2002, Takio et al. 2004）。この魚類における顎の獲得は，結果として採食方法を多様化し，様々な環境に魚類を適応放散させていったと考えられる。そして，

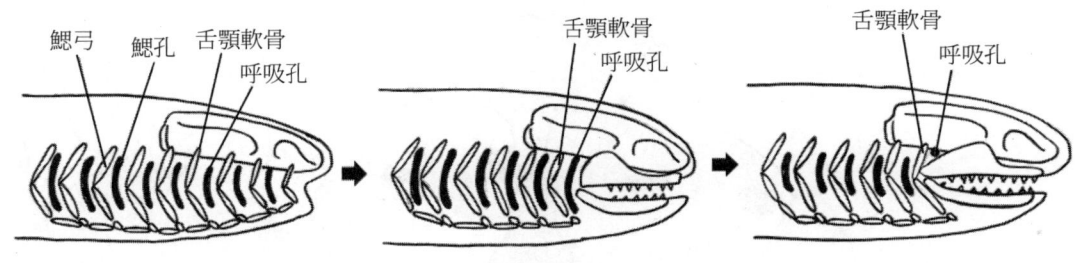

図2-2 顎の発生の古典的仮説（連続仮説）（右側観）
（Romer 1933を改変）

A：原始的無顎類　　B：無顎類と有顎類の移行状態　　C：原始的有顎類

このシルル紀に，棘魚類，板皮類，軟骨魚類，条鰭類そして肉鰭類といった顎をもった，いわゆる顎口類に属する魚類全てのグループが地球上に出現したと考えられる（Märss 2001，矢部 2006，Botella et al. 2007，Zhu et al. 2009）。この中で軟骨魚類，条鰭類そして肉鰭類は現生まで生き残っているが，板皮類は石炭紀に，棘魚類はペルム紀に全てが絶滅してしまった。

板皮類は，デボン紀に体長約30cmの胴甲目（Antiarchiformes†）のボスリオレピス（*Bothriolepis*）といったようなものから体長6mにもなる節頸目（Arthrodiriformes†）のダンクルオステウス（*Dunkleosteus*）のようなものまで，デボン紀の短い期間にその多様性を広げていった。板皮類は一般に，体の前方1/3から半分ほどが皮骨の重い板（甲冑板）に被われていた。もう1つの絶滅したグループである棘魚類は，鰭の前縁に大形で丈夫な棘条がありそれらを支えていた。また，体表は菱形をした骨鱗によって覆われ，眼窩は大きく，顎には強固な歯を備えていた。また，ほとんどの棘魚類やある板皮類の脊柱は，脊索の背側と腹側の骨化した神経弓と血管弓によって構成されていた（Kardong 2002）。

現生種を残す軟骨魚類は，一般的なサメやエイが属する板鰓亜綱（Elasmobranchii）と現生種ではギンザメ類だけを残す全頭亜綱（Holocephali）の2亜綱に分けられる。共に脊椎を含む骨格は軟骨によって構成されるが，デボン紀のクラドセラケ類（*Cladoselache*）など初期の原始的な軟骨魚類では，脊柱に椎体をもたず神経弓や血管弓といった椎弓によって構成されていた。現生種を含むより進化した軟骨魚類では脊索を取り囲むように椎弓を伴った軟骨性の椎体が形成されるようになる（Kardong 2002）。ただし全頭類では脊柱に椎体構造はみられない。全頭類には鱗は存在しないが，板鰓類では楯鱗とよばれる鱗をもっている。軟骨魚類では，上顎と下顎はそれぞれ，口蓋方形軟骨とメッケル軟骨（下顎軟骨）によって構成されている。

条鰭類の完全な化石としてはデボン期のケイロレピス（*Cheirolepis*）が知られている。条鰭類の対鰭では，鰭条は射出骨によって肩帯（前肢帯）や腰帯（後肢帯）に関節する。原始的な条鰭類であるチョウザメなどの脊柱では，椎体は形成されず脊索が支持しているが，軟骨性の神経弓や血管弓などは存在している。より進化した条鰭類になると，椎体を含む骨化した椎骨が形成されるようになり，脊索は消失する。また，一般に条鰭類には浮袋が存在しており，消化管の背側部分から膨出する。現生の条鰭類のポリプテルスや肉鰭類の肺魚は，空気呼吸器官としての浮袋が食道の腹側から分岐している。以前，肺は魚類の浮力調節機能をもった浮袋から進化したと考えられていたが，現在では空気呼吸機能をもった浮袋（肺）からその機能が失われ，新たに浮力調節機能をもった浮袋が二次的に発生したと考えられている。

条鰭類の顎の基本構成は，皮骨要素が加わり軟骨魚類とは大きく異なっている。条鰭類の上顎

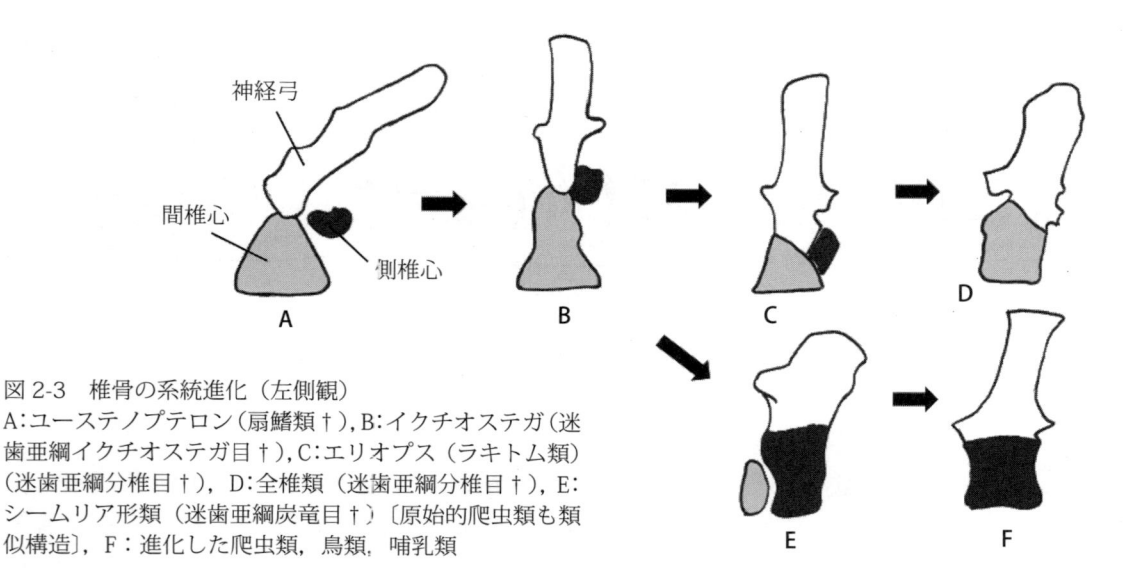

図2-3　椎骨の系統進化（左側観）
A：ユーステノプテロン（扇鰭類†），B：イクチオステガ（迷歯亜綱イクチオステガ目†），C：エリオプス（ラキトム類）（迷歯亜綱分椎目†），D：全椎類（迷歯亜綱分椎目†），E：シームリア形類（迷歯亜綱炭竜目†）〔原始的爬虫類も類似構造〕，F：進化した爬虫類，鳥類，哺乳類

の骨は，前上顎骨，上顎骨（主上顎骨），上上顎骨（上主上顎骨）によって構成され，下顎は，歯骨，角骨そして後関節骨といった骨によって構成される。また神経頭蓋から顎弓〔顎骨弓〕を吊るす懸垂骨と総称される数々の骨が存在している（Kardong 2002，岸本 2006）。

肉鰭綱の魚類には，現在シーラカンス亜綱（Coelacanthimorpha）と肺魚亜綱（Dipnoi）が存在する。以前はシーラカンス類と絶滅してしまったオステオレピス（Osteolepis）などの扇鰭類（Rhipidistia）の仲間とをあわせて総鰭類（Crossopterygii）として分類していたが，シーラカンス類が扇鰭類と肺魚の共通祖先と姉妹関係をもつということが一般に支持され，総鰭類の単系統性に疑問が生じたことから，この分類表現は現在では使用されていない。ここではシーラカンス亜綱と肺魚亜綱以外の絶滅した肉鰭類魚類を扇鰭類として話をすすめていきたい。

シーラカンス類の頭蓋では，主上顎骨が存在しておらず歯骨は退化している。また，肺魚類では前上顎骨と歯骨を欠いている。さらに，シーラカンス類や肺魚には，扇鰭類や四足動物が持つような内鼻孔の存在は認められない。現在，四足動物（原始的両生類）は，シーラカンス類や肺魚類から進化したのではなく，絶滅した扇鰭類のある一群からが進化したと考えられている。扇鰭類になると，脊柱の主構成要素が脊索ということは他の肉鰭類と変わらないが，椎骨要素の主体が軟骨から骨に変わり，椎骨は，椎弓（神経弓）や強固な脊索をリング状に取り囲む間椎心（間椎体），そして神経弓下に配置された側椎心（側椎体）などによって構成されている（Kardong 2002）（図2-3）。この構造は，原始的両生類である迷歯亜綱（Labyrinthodontia†）のラキトム型の椎骨構造に大変に類似していた。しかし，扇鰭類に見られる脊柱の構造は，まだ重力に対して体軸を支えるまでには至っていなかったと考えられる。また，扇鰭類になると対鰭に大きな変化が生じた。それは，肩帯や腰帯に続いて，四足動物の上腕骨，橈骨・尺骨といった前肢骨，そして大腿骨，脛骨・腓骨といった後肢骨に相当する一連の骨格の出現である。しかし，これら扇鰭類には四足動物のような明瞭な指（趾）骨格は認められなかった。扇鰭類の胸鰭は，軟骨性骨の肩甲烏口骨と，皮骨要素である鎖骨，擬鎖骨（上鎖骨），後擬鎖骨（後上鎖骨），上擬鎖骨（上上鎖骨），後側頭骨といった一連の肩帯によって支持されているが，扇鰭類になって初めて肩帯に皮骨性の間鎖骨が加わり，この間鎖骨は四足動物にも引き継がれている（Kardong 2002）（図2-4）。さらに，扇鰭類には四足動物

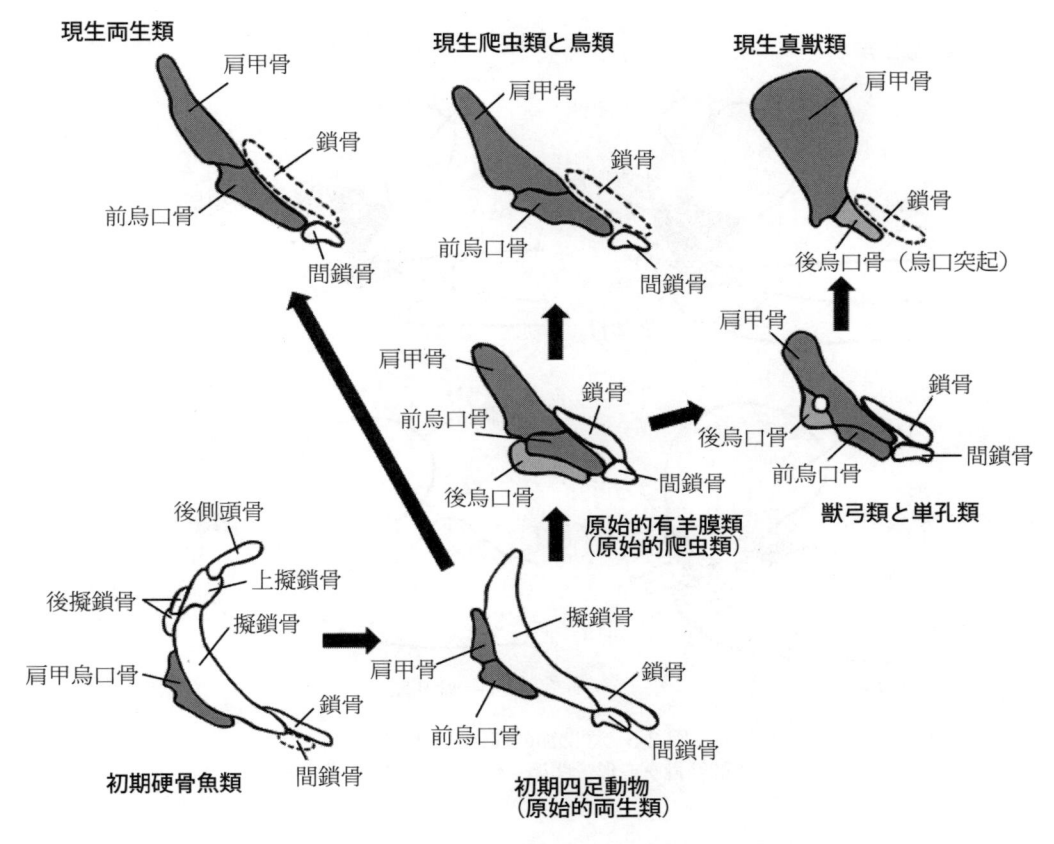

図 2-4 脊椎動物肩帯（前肢帯）の系統進化（右側観）
灰色は軟骨性骨，白は膜性骨を示す．破線は存在する種としない種が認められる．（Kardong, 2002 を改変）

と同様に内鼻孔が認められ，また，初期両生類の迷歯類と同じく側面のエナメル質が複雑に入り組んだ鋭い単錐歯（迷歯）を保有していた．

　扇鰭類には，約 3 億 8,500 万年前のデボン紀中期と後期の移行期に生息していたユーステノプテロン（*Eusthenopteron*）やこれとほぼ同じころに生息し，四足動物により近縁なエルピストステゲ類（Elpistostegalia†）のパンデリクティス（*Panderichthys*）などが良く知られている．さらに，2004 年に約 3 億 7,500 万年前のデボン紀後期の地層からティクターリク（*Tiktaalik*）というエルピストステゲ類の中では最も四足動物に近い特徴をもった化石が発見された（Daeschler et al. 2006, Shubin et al. 2006）．ティクターリクは，長くて平たい頭蓋をもち一見ワニのようで，可動性をもった頸部や機能的な手関節，そして頭蓋と肩帯をつなぐ骨の欠損など他のエルピストステゲ類には見られない四足動物に類似した特徴を兼ね備えていた．

5．脊椎動物の陸への挑戦

　パンデリクティスやティクターリクなどエルピストステゲ類が発見された時代より少し後の約 3 億 6,500 万年前のデボン紀後期のグリーンランドの地層から，両生綱迷歯亜綱に分類されるアカントステガ（*Acanthostega*）やイクチオステガ（*Ichthyostega*）といった四足動物の化石が発見された．これら原始的四足動物は現生両生類と同様に指（趾）をもった四肢構造を兼ね備えていた．また，両生類では舌顎骨は顎の懸垂に関与しなくなり，新たに生じた中耳の中でアブミ骨（耳小柱）

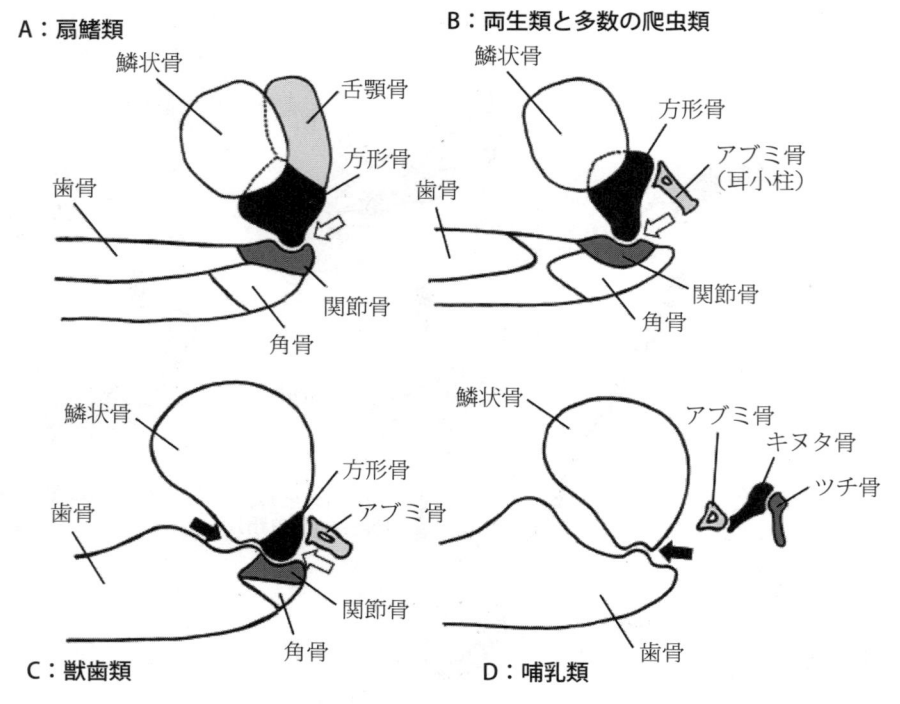

図 2-5　顎関節の進化（左側観）
⇨：関節骨－方形骨関節，➡：歯骨－鱗状骨関節
（松井 2006 を改変）

として聴覚に関わるようになる（図2-5）。しかし初期の両生類ではそれはまだ大きく懸垂骨としての機能を残していた。また，あるものでは頭蓋骨後部に耳切痕（鼓室切痕）を発達させ，ここに鼓膜を張っていたと推測される。また，魚類で見られた鰓蓋骨や外肩甲骨，そして後擬鎖骨，後側頭骨，上擬鎖骨といった肩帯の一部が消失し，これに伴い肩帯は頭蓋骨後部との付着を失い，頭部の可動性は増加し，さらに頭部への振動は減弱したと推測される（図2-4）。現生の両生類ではさらに肩帯から擬鎖骨が消失し，軟骨性骨の肩甲骨と前烏口骨が主要な肩帯の構成要素となる（図2-4）。

これまでにアカントステガやイクチオステガが最も古い四足動物（両生類）と考えられてきたが，近年では約3億7,500万年前のデボン紀後期の地層から発見されたエルギネルペトン（Elginerpeton）など幾つかの種が，アカントステガやイクチオステガよりも古い両生類とされている。また，約3億9,500万年前のデボン紀中期の地層から四足動物の足跡の化石が発見され，これが最古の扇鰭類の化石より古い時代であったことから四足動物の分岐年代の再検討が主張されている（Niedźwiedzki et al. 2010）。

両生類は，一般に迷歯亜綱，空椎亜綱（Lepospondyli †），そして現生種を残す平滑亜綱（Lissamphibia）に分類される。しかし，この分類は系統関係を反映していない多系統要素を含むと考えられ，有羊膜類を進化させた系統である爬虫形類（Reptiliomorph）と両生類の主系統である蛙形類（Batrachomorph）に大きく二分する分類体系が提唱されている（Benton 2000）。

デボン紀から石炭紀に入ると両生類の多様化は進み，迷歯類の分椎目（切椎類）（Temnospondyli †）や空椎類に属する数々の両生類が適応放散していった。またこの

石炭紀に，爬虫類に近縁な，爬虫形類の炭竜目（Anthracosauria†）やディアデクテス形類（Diadectomorpha†）などの四足動物が出現するようになった。そして，約3億4,000万年前の石炭紀前期の地層からウエストロティアーナ（*Westlothiana*）（Smithson 1989）やカシネリア（*Casineria*）（Paton et al. 1999）といった最初期の有羊膜類と考えられる四足動物の化石が発見されている。石炭紀後期になると，無弓亜綱（Anapsida†）のカプトリヌス形目（Captorhinomorpha†）に属するヒロノムス（*Hylonomus*），単弓亜綱（Synapsida†）盤竜目（Pelycosauria†）のアーケオシリス（*Archaeothyris*），双弓亜綱（Diapsida）の細脚亜目（Araeoscelidia†）のペトロラコサウル（*Petrolacosaurus*）など各分類群で最古と思われる爬虫類の化石が発見されている（van Tuinen and Hadly 2004）。そして，続くペルム期以降数多くの爬虫類が陸上で適応放散していった。

爬虫類は，側頭部に空いた孔（側頭窓）の数によって無弓亜綱，双弓亜綱そして単弓亜綱に分類される（図2-6）。このような形態学的分類では，カメは側頭部に側頭窓をもたないことから無弓類に分類されることがあった。しかし，系統遺伝学的解析から，現在では現生爬虫類の全てが属する双弓類に分類するのが一般的である（Iwabe et al. 2005）。また，双弓類では側頭窓の数を二次的に1つに減らす個体なども出現する。

爬虫類になると，耳切痕や耳切痕上部の骨であった間側頭骨は消失し，上側頭骨や板状骨などは退縮していった。肩帯の擬鎖骨は通常退化消失し，原始有羊膜類では認められた前烏口骨と後烏口骨は現生爬虫類や鳥類では前烏口骨だけとなる（図2-4）。さらに足根骨では，距骨と踵骨の違いが生じるようになった。また，椎骨では側椎心が発達し間椎心が退縮するようになり，進化した爬虫類や鳥類そして哺乳類では間椎心は消失し，側椎心だけが椎体を形成するようになる（図2-3）。

石炭紀後期に出現した双弓類はその後，鱗竜形下綱（Lepidosauromorpha），主竜形下綱，カメ下綱（Testudinata），広弓下綱（Euryapsida†），そして魚鰭下綱（Ichthyopterygia†）に属する爬虫類を系統的に進化させていった（松井 2006）。鱗竜形類ではムカシトカゲ目（Sphenodontia）やトカゲやヘビの仲間を含む有鱗目（Squamata）などが分類され，主竜形類には例えばワニ目（Crocodylia）や翼竜目（Pterosauria†），そして竜盤目や鳥盤目といったいわゆる恐竜が分類されている。竜盤目では恥骨が前方に，そして鳥盤目では鳥類と同様に後方に向かう特徴をもっている（図2-7）。鳥盤目の名前の由来は，鳥類に似た寛骨（骨盤）の構造からきているが，実際の鳥類は竜盤目の獣脚亜目（Theropoda†）から進化したと考えられている。

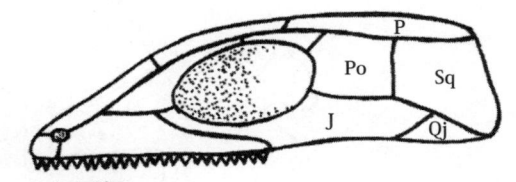

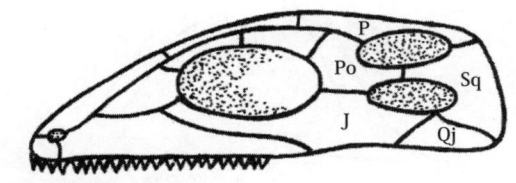

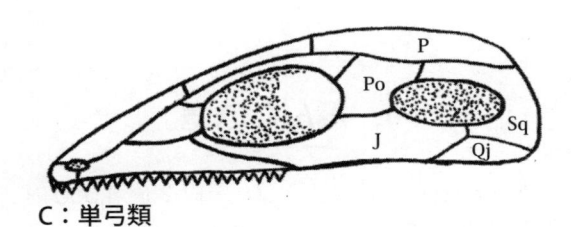

図2-6 頭蓋の側頭窓（左側観）
J：頬骨，P：頭頂骨，Po：後眼窩骨，Sq：鱗状骨，Qj：方形頬骨

（Romer and Parsons 1977を改変）

A：無弓類
B：双弓類
C：単弓類

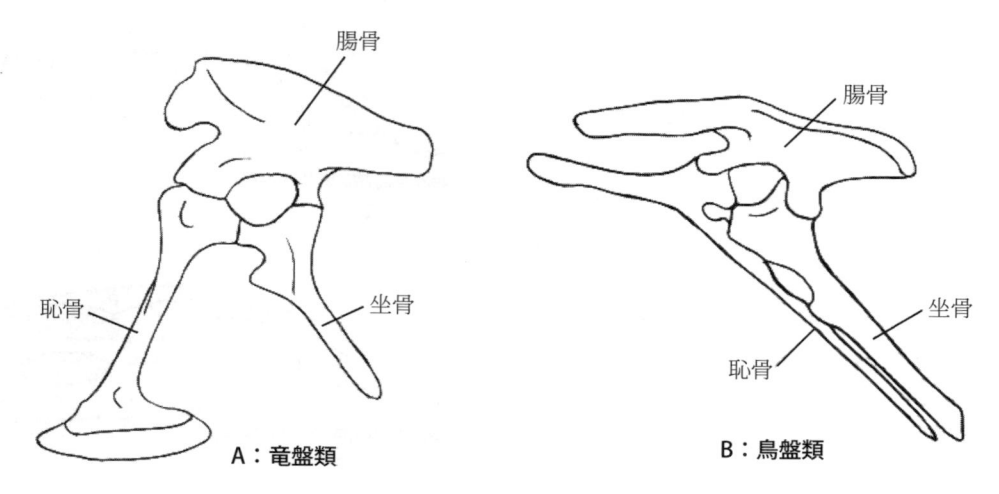

図2-7　恐竜の寛骨形態の違い（左側観）

A：竜盤類　　　B：鳥盤類

6. 飛んだ恐竜

恐竜（Dinosauria†）は、約2億4,000万年前三畳紀中期に存在していたアジリサウルス（Asilisaurus）や三畳紀後期のシレサウルス（Silesaurus）が属するシレサウルス科（Silesauridae†）と共通の祖先である恐竜形類（Dinosauriformes†）の爬虫類から進化したと考えられている（Nesbitt et al. 2010）。恐竜の出現は約2億2,800万年前の三畳紀後期に認められ、それらは竜盤目竜脚形類（Sauropodomorpha†）（以前は獣脚類に分類）のエオラプトル（Eoraptor）、竜盤目獣脚類に属するエオドロマエウス（Eodromaeus）（Martinez et al. 2011）やヘレラサウルス（Herrerasaurus）、そして鳥盤目のピサノサウルス（Pisanosaurus）など小型の恐竜たちであった。最近、ペルム期直後の約2億5,100万年前の三畳紀前期の地層から恐竜形類のプロロトダクティルス（Prorctodactylus）のものと思われる足跡の化石が見つかっている（Brusatte et al. 2010）。この発見は、恐竜の出現が三畳紀後期よりも前であった可能性を十分に示唆させるものである。

このように三畳紀に出現した恐竜は、続くジュラ紀、白亜紀に多種多様に繁栄していった。例えば、良く知られている鳥盤目担楯亜目（Thyreophora†）のステゴサウルス（Stegosaurus）はジュラ紀後期から白亜紀前期に、また竜盤目獣脚類のティラノサウルス（Tyrannosaurus）などは白亜紀後期に繁栄していた。恐竜は他の爬虫類とは異なり、鳥類と同様に胴体の真下に後肢を配置し、基本的には二足歩行を行っていた。恐竜の中には四足歩行を行うものも存在したが、これは恐竜の巨大化に伴う二次的適応と考えられている。恐竜は、鳥類と同様に寛骨臼孔や球形の大腿骨頭、さらに癒合した距骨と脛骨をもっている。さらに、恐竜は仙椎を3個以上保有しそれが癒合するといったように、仙椎数が基本2個である他の爬虫類とは異なった特徴をもっている。

恐竜の系統進化といえば、鳥類の誕生を説明する必要があるだろう。本章では鳥類を便宜上鳥綱として話を進めているが、前述のように系統的には爬虫綱の中の下位の分類群に入ってしまうのは間違いない。これまで最も古い鳥類の化石と考えられているのが、約1億5,000万年前のジュラ紀後期の地層から発見された始祖鳥（Archaeopteryx）である。現生の鳥類は全てが歯をもたないが、始祖鳥は20本以上の円錐形の歯を兼ね備え、長い翼（前肢）と尾をもち、さらに前肢には鉤爪のある3本の指と後肢には第一趾が後方を向いた4本の趾をもっていた。胸骨は

存在していたが胸骨稜（竜骨突起）を発達させていなかった。また，始祖鳥には非対称性の風切羽や羽毛が確認されている。鳥類は続く白亜紀に入って多様化し，ヤノルニス（*Yanornis*）など現生鳥類が属する新鳥類（Neornithes）もこの時代に出現した。

これまで，羽毛は鳥類の共有派生形質と考えられていた。しかし，1995年に初めてシノサウロプテリクス（*Sinosauropteryx*）（Ji and Ji 1996）と命名された羽毛恐竜が発見されて以降，現在までに，例えばミクロラプトル（*Microraptor*）（Xu et al. 2003）など多数の羽毛恐竜が白亜紀から発見され，さらには始祖鳥よりも古いジュラ紀中期と後期の境界の地層からもほぼ完全なアンキオルニス（*Anchiornis*）（Hu et al. 2009）という羽毛恐竜の化石が発見されたことから，鳥類が羽毛をもたない獣脚類から突然ではなく羽毛恐竜の段階をへて進化してきたということが一般に信じられるようになった。この獣脚類の羽毛は，当初は飛翔ではなく保温目的のために生じたのではないかと考えられている。

また，獣脚類のコエルロサウルス下目（Coelurosauria†）に属する恐竜の前肢には，第一指から第三指までの3本に数を減らした細長い指が存在していた。鳥類の前肢の指の数はこれらの恐竜同様に3指であったが，それは第一指と第五指が退化した中央の第二指から第四指と考えられてきた。しかし，発生学的研究から鳥類の指は獣脚類の3指と同様に第一指から第三指であることが証明され，恐竜から鳥類への進化を結ぶ1つの矛盾が解決された（Tamura et al. 2011）。

恐竜は，ジュラ紀から白亜紀と地球上で繁栄を続けたが，白亜紀終わりの約6,500万年前に獣脚類から進化した鳥類を残して全てが絶滅してしまった。恐竜絶滅の理由には諸説あるが，希少元素であるイリジウムの豊富な地層の存在によって小惑星の地球への衝突が原因とする見解が現在有力視されている。

7．哺乳類の出現

1）爬虫類から哺乳類への道

石炭期後期には盤竜目のアーケオシリスのような単弓類の爬虫類が出現したことは前述したが，続くペルム期以降も多くの単弓類が出現した。ペルム期前期には，盤竜目スフェナコドン科（Sphenacodontidae†）に属し，伸長した脊椎神経棘の間に帆を張り，異型歯を兼ね備えたディメトロドン（*Dimetrodon*）などが出現した。そして，このペルム期前期にこのスフェナコドン類やもしくはスフェナコドン類と共通の祖先から，哺乳類につながる獣弓目（Therapsida†）が進化していったと考えられている。最も初期の獣弓類としては，テトラケラトプス（*Tetraceratops*）が考えられている（Amson and Laurin 2011）。

ペルム期後期には獣弓類の多様化が進み，哺乳類を生みだしたと考えられている獣歯亜目（Theriodontia†）の獣弓類もこの時期に出現した。しかし，約2億5,100万年前のペルム期末期に，これまで多様化してきた地球上の生物の約90％が絶滅するという大きな出来事が起こった。この大量絶滅の理由として，同時期に起こったシベリアでの史上最大級の火山噴火による温室効果やメタンの増加による酸素濃度の減少などが挙げられている。しかし，このペルム期後期の大量絶滅を生き残った一部の獣歯類は，ペルム期と三畳紀の移行期に再び多様化し，キノドン類（Cynodontia†）を派生させた（Botha et al. 2007）。

このキノドン類は，形態学的特徴において哺乳類と多くの共通点をもっていた。両生類や典型的な爬虫類の顎関節は，鱗状骨（側頭骨鱗状部に相当）と関節した方形骨が下顎の関節骨と関節して形成される（関節骨－方形骨関節）（図2-5）。一方哺乳類では，これまで存在していたアブミ骨（耳小柱）と共に方形骨はキヌタ骨として関節骨はツチ骨として中耳内に収まり，顎関節は鱗状骨と歯

骨によって構成されるようになる（歯骨－鱗状骨関節）（図2-5）。また，哺乳類の下顎骨は，歯骨だけで構成される。キノドン類では，この中間的な関節骨－方形骨関節と歯骨－鱗状骨関節の両方をもった二重関節を兼ね備えていたが，機能的主体は爬虫類様の顎関節であった。また，キノドン類では咬頭を発達させた異型歯や完全な骨性二次口蓋，張りだした頬骨弓，そして広い側頭窓を保有していた。また，2つの後頭顆をもつものも現れ，脳頭蓋（脳函）の発達も見られた。さらに，キノドン類では，腰椎の肋骨（腰肋）と頸椎の肋骨（頸肋）は縮小し，四肢の半直立歩行を獲得していた。

　三畳紀後期になると，キノドン類よりもさらに哺乳類に近い特徴をもったものが現れた。以前これらの動物は哺乳類（広義）の初期の一群としていたが，現在では哺乳形類（ママリアフォルムス）（Mammaliaformes）という狭義の哺乳類（Mammalia）を含めた上位の分類群内に配置している。最古の哺乳形類は，約2億2,500万年前の三畳紀後期のアデロバシレウス（*Adelobasileus*）である（Lucas and Luo 1993）。その後も三畳紀後期からジュラ紀前期に存在していたエオゾストロドン（*Eozostrodon*）などのモルガヌコドン目（Morganucodonta†）や三畳紀後期から白亜紀にかけて繁栄した梁歯目（Docodonta†）など，様々な哺乳形類が出現した。哺乳形類では，顎関節が哺乳類と同様に歯骨－鱗状骨関節となった（図2-5）。しかし，キノドン類で顎関節に存在していた関節骨や方形骨はまだ顎に付着しており，これらの骨はまだ耳小骨として中耳に組み込まれていなかった。約1億9,500万年前のジュラ紀前期のハドロコディウム（*Hadrocodium*）は，爬虫類型の顎関節を消失し哺乳類に匹敵する脳容積をもっていた。しかし，古い顎関節が中耳の構造に関与していたかは不明であり，系統的には最も哺乳類に近縁な哺乳形類とされている（Luo et al. 2001）。

2）中生代哺乳類の進化

　哺乳綱（狭義の哺乳類）は，トリコノドン目（三錐歯目，正三錐歯目）（Triconodonta†）の一群，そして単孔目（Monotremata）によって構成される原獣亜綱（Prototheria），多丘歯目（Multituberculata†）によって構成される異獣亜綱（Allotheria），そして真獣亜綱（Theria）に分類される。真獣亜綱は，絶滅した相称歯目（Symmetrodonta†）や真全獣目（Eupantotheria†）によって構成される全獣下綱（Pantotheria†），有袋類（Marspials）と一般に呼ばれる後獣下綱（Metatheria），そして有胎盤類（Placentalia）である正獣下綱（Eutheria）に細分される。正獣類は真獣類（真獣下綱）とよばれることがあり，上位のクレードである全獣類や後獣類を含めた真獣亜綱と混乱が生じる可能性があるので注意が必要である。Eutheriaが真獣下綱（真獣類）と表記された場合は，Theriaは獣亜綱（獣類）とされる。今回は，真獣亜綱（真獣類）と正獣下綱（正獣類）の用語を用いて進めていく。これら哺乳類達は，白亜紀終わり（K-T境界）の恐竜の絶滅以後その空いたニッチ（生態的地位）に急速に適応放散していった。

　カモノハシ科（Ornithorhynchidae）やハリモグラ科（Tachyglossidae）など現生種を残す原獣類いわゆる単孔類の最初期の化石は，白亜紀前期のテイノロフォス（*Teinolophos*）（Rowe et al. 2008）やステロポドン（*Steropodon*）（Archer et al. 1985）などが知られている。これらは全てカモノハシ科のもので，ハリモグラ科の最古の化石は中新世後期の地層から初めて発見される。近年，分子遺伝学的研究によって，約2億3,100万年から2億1,700万年前の三畳紀の中期から後期の間に単孔類（原獣類）が分岐し，一方の系統は約1億9,300万年から1億8,600万年前のジュラ紀前期に後獣類と正獣類に分岐したとする報告がなされている（van Rheede et al. 2006）。単孔類は，卵生でありながら哺乳を行う唯一の現生哺乳類で，前肢帯には前烏口骨，後烏口骨，そ

して間鎖骨を発達させ（図2-4），また肩甲骨には肩甲棘をもたず，後肢帯には雌雄共に恥骨の頭側に一対の発達した前恥骨（上恥骨）を保有している。

トリコノドン類は，ジュラ紀中期から白亜紀後期にかけて繁栄した絶滅哺乳類で，夜行性の食虫性小型哺乳類と考えられている。臼歯には一直線に配列する3つの咬頭が存在し，中央の咬頭が大きく発達していた。このトリコノドン類は，哺乳形類のモルガヌコドン類を起源として進化した可能性が示唆されている。

多丘歯類（異獣類）は，ジュラ紀後期に出現し新生代漸新世前期まで長期間繁栄し多様化した草食哺乳類の一群である。正獣類の齧歯類のように下顎に大きな切歯が一対存在している。また，臼歯には，低い咬頭が複数列前後方向に多数連なっており，これが名前の由来にもなっている。

全獣類の相称歯類や真全獣類は，ジュラ紀から白亜紀にかけて多様化した真獣類で，新生代を前に全てが絶滅してしまった。相称歯類では，臼歯の咬頭が三角形を呈し，この咬頭の配置が左右相称を示すことからこの名前がついている。真全獣類は，正獣類や後獣類に見られるトリボスフェニックス型臼歯をもち，さらに後肢帯に単孔類や有袋類に認められる前恥骨を有していたことなどから後獣類や正獣類との系統的近縁関係が示唆されている。

正獣類に関しては，1億2,500万年前の白亜紀前期の中国遼寧省の地層から，エオマイア・スカンソリア（*Eomaia scansoria*）と名付けられた化石が発見されている（Ji et al. 2002）。この種は正獣類に分類されているが，通常正獣類にはなく単孔類や有袋類がもっている前恥骨が認められた。これまで，このエオマイアが最も古い正獣類化石とされていたが，2011年に1億6,000万年前のジュラ紀後期の中国遼寧省の地層から，ジュラマイア・シネンシス（*Juramaia sinensis*）と名付けられた正獣類の化石が報告された（Luo et al. 2011）。分子時計による正獣類と後獣類の分岐が，前述のように約1億9,300万年から1億8,600万年前のジュラ紀前期ということであれば，化石の発見がそれに近づいたといえよう。また，後獣類（有袋類）に関しては，エオマイアと同じ中国遼寧省の1億2,500万年前の白亜紀前期の地層から，シノデルフィス・スザライイ（*Sinodelphys szalayi*）という最古の化石が発見されている（Luo et al. 2003）。この後獣類最古の化石の発見によって，これまで支持されてきた後獣類の北米起源説に加え，アジア起源説も有力視されるようになってきた。

8. 新生代真獣類の適応放散

1）南米における真獣類の変遷

白亜紀前期に一度完全に他の大陸と分離した南米大陸は，白亜紀後期に北米大陸と一時的につながった。この時期に正獣類の顆節目（Condylarthra†）や有袋類が南米大陸へ移動してきたと考えられている。南米大陸に移住した哺乳類は，大陸の再分離によって，その後外敵のいない環境で多様な進化を遂げていった。有袋類ではボルヒエナ形目（Borhyaenimorphia†），ケノレステス目（Paucituberculata†），ミクロビオテリウム目（Microbiotheria†）などが繁栄し，正獣類では顆節目の子孫と考えられる南蹄目（Notoungulata†），滑距目（Litopterna†），雷獣目（Astrapotheria†），三角柱目（Trigonostylopia†），火獣目（Pyrotheria†），異蹄目（Xenungulata†）など多くの南米特有の有蹄類が栄華を極めた。しかし，北米大陸やヨーロッパに生息していた有袋類は多様化した肉食性正獣類による捕食や生存競争によって中新世までに全てが絶滅してしまった。同じことが約300万年前の鮮新世の南米大陸でも起こった。この時代に南米大陸が北米大陸と再び地続きになったことで肉食性正獣類が南米大陸に大挙して侵入し，南米特有の有蹄類は更新世までに全てが絶滅し，有袋類も一部の有袋類を残してほとんどが絶滅してしまった。また，後述する異節上目（南米獣類）（Xenarthra）の多くの

哺乳類もこの影響を多大に受けた。しかし，異節類のアルマジロや有袋類のオポッサムなどのように逆に北米大陸に分布を拡大していったものもいた。

現生有袋類のオーストラリア大陸への移動経路であるが，始新世後期の南極大陸の地層から有袋類の化石が発見されたことで，南米大陸と陸続きであった南極大陸を経由してオーストラリア大陸に移動したと推測されている（Woodburne and Zinsmeister 1984）。その後，オーストラリア大陸は肉食性正獣類が移入する前に南極大陸と分断されることで，オーストラリア大陸の有袋類は正獣類との収斂を見せながら多彩に進化していった。

2）正獣類の適応放散

正獣類は近年の分子生物学的解析によって，北方獣上目（Boreoeutheria），異節上目，アフリカ獣上目（Afrotheria）の3つのグループに大きく分けられることが報告されている（例 Murphy et al. 2001, Nishihara et al. 2006）。しかし，この3のグループの系統関係はいまだ解決されておらず現在も議論されている。近年，この正獣類の3つのグループが約1億2,000万年前の白亜紀前期に生じたローラシア大陸，アフリカ大陸，南米大陸の同時期の分断に伴って非常に短期間に共通の祖先から分岐したとする報告がなされている（Nishihara et al. 2009）。しかし，ジュラ紀前期の中国で発見された最古の正獣類ジュラマイアとこの現生正獣類3グループの共通の祖先との関係はよく分かっていない。また，北方獣類は，ローラシア獣類（Laurasiatheria）と真主齧類（ユーアルコントグリレス類）（Euarchontoglires）の2つのグループによる単系統群を形成している。そして，正獣類は白亜紀そして古第三紀暁新世からはじまる新生代において，適応放散によって陸海問わず地球の各地に5,000種以上の多くの有胎盤哺乳類現生種を残すに至った（Wilson and Reeder 2005）。現在，現生正獣類の約2,200種が齧歯目（Rodentia），約1100種が翼手目（Chiroptera）である。

現生のアフリカ獣類には，アフリカトガリネズミ目（Afrosoricida），マクロスケリデス目（Macroscelidea），管歯目（Tubulidentata），長鼻目（Proboscidea），海牛目（Sirenia），そして岩狸目（Hyracoidea）が分類され，異節類には，アルマジロを含む被甲目（Cingulata）とナマケモノやアリクイを含む有毛目（Pilosa）が分類されている。さらに北方獣類であるローラシア獣類には，鯨偶蹄目（Cetartiodactyla），奇蹄目（Perissodactyla），食肉目（Carnivora），有鱗目（Pholidota），翼手目，ハリネズミ（形）目（Erinaceomorpha），トガリネズミ（形）目（Soricomorpha）が，真主齧類には，登攀目（Scandentia），霊長目（Primates），皮翼目（Dermoptera），兎目（Lagomorpha），齧歯目が分類されている。近年の分子遺伝子学的解析において，多くの新見地が得られ上記の分類にも反映されている。例えば，鯨目（Cetacea）と偶蹄目（Artiodactyla）が近縁で，特に系統的に偶蹄目の中のカバ科に最も近く，この2つの分類群を異なった目として区分することが難しいということから，近年では鯨偶蹄目と1つの目として扱うのが一般的になってきている（Shimamura et al. 1997, Nikaido et al. 1999）。さらに，ロドセタス（Rodhocetus）などの鯨類の祖先の距骨に偶蹄類の共有派生形質であるとされていた二重滑車が認められたことから，形態学的にも鯨類と偶蹄類の近縁関係が強く主張される（Gingerich et al. 2001）。

現生種の分子遺伝子学的解析から，哺乳類の系統関係と分子時計による分岐の年代はおおよそ把握されてきたが，哺乳類がどこで進化しどのように分布を拡大していったかは，まだ多くの謎を残している。この解明には分子遺伝子学的解析に加えて，化石の地質年代と分布の解析や大陸の移動といった地理学的解析（歴史動物地理学）などを総合的に判断していく必要があるであろう。

9. 進化する進化論

　これまでに，地球上に生命が誕生してからの生物の系統進化の歴史を，脊椎動物を中心に話を進めてきた。では，このような進化がどのような過程を経て起こってきたのだろうか。よく知られる進化論に DarwinとWallaceによって提唱された自然選択説（自然淘汰説）がある。自然選択説は，生物個体群の中で選択圧に対して生存（生存競争）に優位な変異を起こした個体が生き残り，その変異をもった子孫が増えるというプロセスが長い間繰り返されることによって，環境に適応した形態的変化が漸進的に生じるというものである。また，Darwinは，自然選択説とは別に性選択説（性淘汰説）を報告している。性淘汰には，同性内淘汰と異性間淘汰の２つがあり，同性内淘汰ではシカの角のように同性間での繁殖競争の結果進化してきたと考えられる。また，異性間淘汰では雄のクジャクの飾り羽のように配偶者が異性を選択する際に特異形質個体を選択する結果進化が生じたと考えられている。いずれの場合も結果として性的二形（雌と雄の形態的違い）を生じるようになる。これら性淘汰の概念は，生殖に不利な形質の個体が淘汰されて漸進的に形態的変化が生じるという意味では自然選択の概念の範疇に収まるのかもしれない。

　自然選択説の発表よりも後になって，遺伝物質（遺伝子）の突然変異によって形態の異なる個体が突然集団内に生じるという突然変異説が提唱された。これによって，形態的変化が漸進的に生じるのではなく突然変異によって短期間に生じ，その変異が自然選択によって個体群内に固定していくという考えが支持されるようになってきた。また，この考えにメンデル遺伝学に基礎をおき，集団内で突然変異がどのように広がって行くかを解析する集団遺伝学などの概念が加わり，総合進化説として発展していった。

　しかし，遺伝子に起こる突然変異は実際には有利なものが少なく，有利な突然変異が大規模な進化を引き起こすという考えに疑問が生じた。そんな中，その疑問を解決する中立進化説という新たな考えが1968年木村資生によって提唱された。中立進化説は，不利にも有利にも働かない中立的突然変異が，遺伝的浮動（偶然による遺伝子頻度の変化）によって選択圧とは無関係に集団内に蓄積・固定して進化が起こるというもので，その変異は個体群が小さいほど集団内に急速に広まる（ライト効果）。しかし，その進化の方向は全く偶然的でかつ多様である。例えば，前述した白亜紀終わりの恐竜の絶滅後の哺乳類の急速な多様化のように，その空いたニッチにそれまで小集団であった個体群が進出し，短期間に変異を蓄積して様々な方向性の種を生み出だし，さらにそれら種や個体数の増加に伴って数々の選択圧が生じ，これに適応できた個体群だけが生き残るという一連の進化のストーリーを成立させることができる。また，この中立進化説は自然選択というものを否定したものではない。さらに，この中立進化説と，進化は漸進的ではなく多くの種が出現する時期と静止，安定した時期とが交互に見られるという断続平衡説との間に，視点こそ異なるが共通性を見いだせる。

　さらに，進化を考える上では，正獣類における胎盤形成に関与するレトロトランスポゾンといったレトロウイルス由来と考えられる遺伝子（内在性レトロウイルス）の存在（Mi et al. 2000）などから，ウイルス進化説などを含めた遺伝子変異の様々な可能性を考慮していく必要性があるだろう。今後，進化論自身も進化し続けることであろうが，理論と実際の進化の足跡が整合性をもって矛盾なく説明される日を期待したい。

分類学

　本項では，哺乳類を題材として"分類学"についてまず簡単な解説を行い，さらに分類された動物の地理的分布を考えるための"動物地理学"について概略を述べる。昨今の野生動物学の中では

決して派手な学問分野ではないが，野生動物の名前が何か，どこに分布しているか，という最も基本的かつ重要な情報を私達に提供してくれる領域である．分類学とは何か，そして動物地理学とは何か，について概要を把握し，その上で応用野生動物学を試みることによってさらなる発展があるものと私は信じて止まない次第である．

1. 分類学とは何か

　分類学とは何であろうか？読者諸氏は驚くかもしれないが，本項を記している私自身実は分類学の専門家ではない．しかしながら，分類に少しだけ携わる様な研究を細々と続けている．私のような半分素人の分類研究者が本章を記さなければならない程，分類学のみを専門とする野生動物研究者の数は現在少なく，まさに絶滅寸前の状態である（要するに人気のない学術分野である）．本項を通して，これから野生動物学を志そうと考えている若い学生諸氏に少しでも分類学の地味なイメージを払拭して頂き，その大切さを理解して頂くことができればとまずは願う次第である．

　さて，私達は今日多くの野生動物の情報を既製の図鑑や学術論文から簡単に入手することができる．これらを眺めてみると，すでに発見されている野生動物全てには，種としての名前が付けられ，さらにそれらは，属や科，そして目などのグループの中に整理整頓されていることに気が付くであろう．この"名前を付けること"そして"グループ分けをすること"（これには"グループとして一緒にすること"と"グループから外すこと"の相反する２つの作業が存在する）がまず分類学の大切な命題である．このために必要となるのが"既存情報の整理およびその検討"である．これまでに野生動物に関する一切の情報が存在しないのであれば情報の整理・検討は無論必要ない．しかしながら，私達はこれまでに報告された膨大な情報の存在をすでによく知っている．これまでに名前が付けられた野生動物の情報を具に眺めてみると，同じ種類であるにもかかわらず異なった名前が付いていたり（"同物異名"），あるいは異なる種類であるにもかかわらず同じ名前が付いていたり（"異物同名"）する紛らわしい問題が山積している．沢山の野生動物が発見されて名前を付けられていた時代（19世紀などはまさに新種発見の時代であった）の情報収集活動および生物標本の比較検討作業にはまだ多くの技術的そして政治的・経済的制約があったと考えられ，このために命名上の複雑な問題・齟齬が様々な局面で生じてしまったのであろう．これらの分類上の問題点を詳らかに拾い上げ，現状でもっとも妥当な種名を準備し，そしてその分類学的な位置を考えることが現代の野生動物分類学の大きな課題となっている．もちろんこのような分類の再検討だけではなく，新たに発見される種（新種）の新規記載も分類学の大切な使命であるが，昆虫類などと比較した場合，野生哺乳類での新種発見記載件数は極めて少ない．

　読者諸氏の中には，野生動物の分類体系が今後変更の余地のないすでに出来上がったものであって，分類学とはこの体系を踏襲するだけの古くさい学問であると思われている方もおられるかと思う．しかし実際の野生動物の分類体系は完成からはまだまだ程遠く，これから様々な分類群の再検討をしなければならない未完成な代物である．私達は当然のことながら，ある種の生物学的特徴に基づいて分類という作業を行う訳であるが，その生物学的特徴を得るための技術も時代の流れに伴って大きく変化・進展する．以前の分類学は，全て形態的な特徴に基づいて実施されていた．しかしながら現在では，形態的な特徴のみならず，例えば染色体数や核型，酵素蛋白質，そしてDNAの塩基配列なども分類の指標として用いられるようになり，分類学に関する認識が大きく様変わりしている．すなわち，科学の発達に伴ってその対象種に対する情報が増加すれば，分類体系もその新しい情報に基づいて常に再検討そして再構築され続けなければならないのである．すなわち分類とは普遍的・絶対的なものではなく，常に流動的な要素を孕んでおり，現在私達が認識している

分類体系は今後変化することが予想される一時の"仮説"に過ぎないという理解（Corbet 1990）が最も適切であろう。この考え方に立脚すれば，分類は古くさいものどころか常に最新の技術・情報等を加味して考え続けなければならない極めて進歩的なそして終わりのない瑞々しい自然科学であると捉えることができる。

2. 分類の方法

分類を考えるためのステップであるが，大きく3つのことに留意して頂きたい。第一に，自分が分類をしようと考える対象に関するこれまでの分類学的研究結果の総整理である。分類学以外の様々な情報（例えば形態学・生態学等の生物学的研究結果）についても適宜調べてみることは大切である。様々な過去の文献資料を読みあさり，自分でその内容を咀嚼・整理することが分類を行う際の最初の課題である。特にその対象が過去においてすでに記載報告されていた場合，その記載時に書かれた論文（原記載論文）を確認し，その時の命名の根拠や背景を押さえておくことが肝要である。第二に，自分が分類をしようとする対象に対する生物学的な観察・分析である。これには形態学的手法，分子生物学的手法，細胞遺伝学的手法などがあり，分類を行う際にもっとも適当な形質を取捨選択することが大切である。第三に，分類学的研究を行った結果の報告である。種名を変更するような報告であるならば，誰もが納得できる十分な証拠の提出，そして種名変更のための説得力ある説明が求められる。これらを学術論文に発表することによって分類学的研究結果ははじめて生きた情報として認識されることになる。そしてこの際に気をつけなければならないこととして，分類学的記載にはルールがあるということである。誰もが勝手に種名を付けてしまっては世界中で大混乱が起こってしまう。このルールに則った分類学的報告が分類学者の大切な仕事の1つなのである。このため，現在"国際動物命名規約（International Code of Zoological Nomenclature：ICZN)"が定められており，動物の学名を命名する基準とされている。本規約の最新版は1999年に改訂された第4版であるが，本項では頁数の都合上その詳細については記さない（興味がある読者は原版を確認して頂きたい）。しかしながら，以下に動物種命名に関する主なルールについて説明をしよう。

1）階層的な分類体系の構築

全ての生物種は階層的なまとまりの中に入れられ分類学的に表現される。階層の名称は分類単位（階級）と呼ばれ，大きなものから順に"界・門・亜門・上綱・綱・亜綱・下綱・区・上目・目・亜目・下目・上科・科・亜科・族・亜族・属・亜属・種・亜種"となっており，種が幾つかまとまって属が形成され，さらに属が幾つかまとまると科が作られるという流れである。ここでは筆者が研究を続けているエゾリスを例にしてその表現をしてみよう。エゾリスに付いている分類学的階層の名称は大きな単位から順に以下の通りとなる（勿論この仰々しい名称を常に全て使用しなければならない訳ではないので御安心頂きたい）。

動物界－脊索動物門－脊椎動物亜門－四肢動物上綱－哺乳綱－真獣亜綱－真獣下綱－正主齧歯類上目－グリレス大目－齧歯目－リス亜目－リス上科－リス科－リス亜科－リス族－リス属－キタリス（種名）－エゾリス（亜種名）

既述の全階層名称の中で，下目や亜属などに該当するものはエゾリスの場合存在しない。階層パターンの原則は同じであるが，このように動物種によって階層の設置の必然性が異なることに注意して頂きたい。

階層的な分類表記の中では，上層ほどその分類の根拠となる基準が大雑把となる。例えば動物界に含まれる生物の特徴は，多細胞かつ従属栄養であり酸素呼吸をするという簡単な条件で説明され，これに該当する全ての生物はまず動物界に入れられることになる。しかしながら，その下層の脊椎動物亜門の中に入るためには，多細胞・従属栄養・酸素呼吸という条件を満たした上で，さ

らに脊椎および有髄神経を持ち，左右対称性の体制を示すというやや細かいレベルでの基準に該当しなければならない。このように共通する特徴を徐々に細かく増加させる（グループに入れるための制約・条件を厳しくする）ことによって，最初に動物界という大きなグループに入れられた莫大な数の生物達は，逐次小さなグループの中へ区分整理されて行く。そして，最後に共通する特徴がなくなり1つだけのグループとなったものが"種"であり，哺乳類の分類では，この種内に見られる亜種および種内における多型・変異等が学術的問題として頻繁に取り上げられている。この種の定義（species concept）については様々な視点からこれまでに多くの議論がなされており，生物学的種概念，進化学的種概念，生態学的種概念など様々な考え方が提唱されているが，種とは何かを明確に定義することは事実上困難である。ここでは種の定義に関する議論は頁の都合から割愛させて頂きたい。

2）種の命名について

種の命名はスウェーデンの植物学者Linnéによって提唱された"2名法（または2命名法）"が現在でも使用されており，種名はラテン語を用いて"属名"と"種小名"を並べることで表現される（Linneus 1758）。ラテン語であるため論文などではイタリック体で記述される。この属名＋種小名で種を表現することができるが，正式に記載する時には，種小名の後にその種の"命名者の名前"およびその"記載年"が付けられる。例えばキタリスの場合，"*Sciurus vulgaris* Linnaeus, 1758"そしてムササビでは"*Petaurista leucogenys* (Temminck, 1827)"と表記される。ムササビでは命名者と記載年が括弧で括られているが，これはかつて本種が別属として分類されており，これが後に変更されたことを意味する表記である（*Petaurista*属はかつて*Sciurus*属として分類されていた）。亜種名については，種小名の次にさらに亜種名を連記する"3名法（または3命名法）"が用いられる。キタリスの1亜種であるエゾリスの学名は"*Sciurus vulgaris orientis*"と表記される。

さて，種名を付けるにあたって分類学者が行わなければならない2つのことがある。1つは基準標本（タイプ標本）の指定，そしてもう1つは基準標本を明記した記載論文の作成・公表である。基準標本とは，種の記載者が記載論文を作成する時に使用そして指定した標本を意味する。哺乳類の場合，長期間の保存が可能である仮剥製標本・液浸標本（アルコールおよびホルマリン固定されたもの）および骨標本などが一般に作製され，主に博物館などで保存されている。基準標本には幾つかの種類がある。原記載論文中に使用された全ての標本を"基準系列（タイプシリーズ）"と呼ぶが，この中で，著者が種を命名する目的のために指定した1個体の標本を"正基準標本（ホロタイプ）"と呼称する。また，正基準標本が指定された後の残りの標本を"副基準標本（パラタイプ）"と呼ぶ。原記載論文中で，正基準標本が指定されず複数の標本が利用されていた場合，それらは全て"等価基準標本（シンタイプ）"と呼ばれる。後に新たに基準系列の中から正基準標本の役割を担う標本を指定した場合は，この標本を"後基準標本（レクトタイプ）"と呼ぶ。そして，等価基準標本の中からこの選定基準標本が決められた場合，残りの全ての標本は"副後基準標本（パラレクトタイプ）"と名称が変更される。さらに，原記載に用いた全ての基準標本が消失してしまった場合，限定された条件のもとに新たに他の標本を基準標本として指定することができる。この場合の標本を"新基準標本（ネオタイプ）"と呼称する。さて，基準標本が用いられた原記載論文であるが，論文の内容には標本の採集場所等の採集地情報，およびその動物種の特徴の記述やこれと類似する動物種との相違点等を明確に説明することが重要である。この一連のプロセスを経ることによって，対象とする動物種が新規記載種として世界的に認識されることになる。なお基準標本も含め，あらゆる動物標本には，種名，性別，成獣・亜成獣の別，採集場所，採集年月日，採集者，そ

の他（全長，頭胴長，尾長，後足長，耳長，体重，繁殖状態）などの情報を記したラベルを付けることを忘れてはならない。これらの情報によって標本ははじめて学術的価値を持つことになる。

3. 現世哺乳類の分類体系

Wilson and Reeder（2005）によって編纂された『Mammal Species of the World : A Taxonomic and Geographic References』の改訂第3版では，実に5,416種の哺乳類がリストされている（2011年現在，実際の哺乳類種数はさらに多くなっているに違いない）。この多くの現生哺乳類はどのように分類されているのであろうか。DNA塩基配列を用いた長谷川（2011）などの分子系統学的研究結果に基づく哺乳類の"亜目階層以上"の分類学的解釈に関する最新の知見を表2-1に記す（紙幅の都合上これより下の階層については本書では記さない）。哺乳類（哺乳綱）は，原獣亜綱，真獣亜綱の後獣下綱および真獣下綱の3つの大きなグループに大別される。後獣下綱の哺乳類は，以前は"有袋目"に一括して分類されていたが，現在では目よりもさらに上の階層に位置付けられ，有袋哺乳類が目レベルで細分化されている。また，複数の目を大きく括るアフリカ獣上目，異節上目，ローラシア獣上目，正主齧歯類上目という"上目"が提示され（Murphy et al.（2001）の系統樹参照），さらにその下層には真主獣大目などの"大目"が置かれている。皮翼目が霊長目に一番近縁であること（Janečka et al. 2007）から，両者は同じ大目に入れられている。目レベルで見てみると，かつての"食虫目"という大きなグループが解体され，アフリカトガリネズミ目，ハリネズミ目，トガリネズミ目に分かれている。さらに，かつての"貧歯目"も被甲目と有毛目に区分されている（Delsuc et al. 2001）。また，このような細分化だけでなく，かつて"偶蹄目"と"鯨目"と別々であった2つの大きなグループがまとめられ，鯨偶蹄目となっている〔Nikaido et al.（1999）は分子系統学的解析から鯨類はカバに近縁であることを示した〕。この大きな分類学的解釈の変更は驚いたことにわずかここ10年前後の出来事なのである（分類学がいかに新鮮な学問であるかご理解頂けたであろうか）。

DNA塩基配列等の分子を用いた解析結果のみを安易に分類に当てはめ，これのみで分類を再構築することには注意を要する。"分子系統樹"で出現する解析対象種（あるいは属・科でもよい）のまとまり（クレードやクラスター）をどのような分類学的階層に位置付けるべきであるかについては，形態学的特徴などを含め広い生物学的視野から慎重に検討を行うべきであろう。ここでは表1で記した哺乳類の分類体系を敢えて最新の情報に基づいた"改変仮説"と呼称しておこう。しかしながらこの改変仮説の出現は，研究の進展に伴って分類体系が大きく変更される可能性があることを示す象徴的な例であろう。哺乳類の分類学的研究は今後も継続されねばならない大きな科学的命題なのである。

4. 動物地理と地理的変異

1）動物地理とは

"動物地理学（zoogeography）"とは，その動物種または複数の動物種が何故そしてどのような過程を経て現在の分布を示すに至ったのか，さらに動物相（特定の地域および環境に生息する動物群の全種類を意味し，"ファウナ"と呼称される）が何故地域によって異なるのかを研究する学問分野である。動物地理学の先駆者ウォレスは，様々な動物の分布パターン（ファウナの相違）に従って世界を6つの"生物地理区"に分けた（Wallace 1876，図2-8）。旧北区（ユーラシア），エチオピア区（アフリカ），東洋区（インド〜東南アジア），オーストラリア区（オーストラリアおよびニューギニア），新北区（北米），および新熱帯区（中〜南米）である。世界中のあらゆる地域・環境に分布している哺乳類種（人は除く）は存在しない。アカギツネ（*Vulpes vulpes*）のように北

表 2-1 現生哺乳類目の分類体系

	属数	種数	主な種
■哺乳綱（Mammalia）	1,229	5,416	
【原獣亜綱（Prototheria）】			
単孔目（Monotremata）	3	5	カモノハシ，ハリモグラ
【真獣亜綱（Theria）】			
【後獣下綱（Metatheria）】			
オポッサム目（Didelphimorphia）	17	87	ミズオポッサム，ピグミーオポッサム
ケノレステス目（Paucituberculata）	3	6	ハイバラケノレステス，インカケノレステス
ミクロビオテリウム目（Microbiotheria）	1	1	チロエオポッサム
フクロモグラ形目（Notoryctemorphia）	1	2	ミナミフクロモグラ
ダシウルス形目（Dasyuromorphia）	22	71	オグロフクロネコ，フクロアリクイ
バンディクート形目（Peramelemorphia）	8	21	ミミナガバンディクート，ハナナガバンディクート
ディプロトドン目（Diprotodontia）	39	143	
ウォンバット亜目（Vombatiformes）	3	4	ヒメウォンバット
クスクス亜目（Phalangeriformes）	20	63	ヤマクスクス，キタフクロギツネ，フクロムササビ
カンガルー亜目（Macropodiforms）	12	31	アカネズミカンガルー，アカカンガルー
【真獣下綱（Eutheria）】			
アフリカ獣上目（Afrotheria）			
アフリカトガリネズミ目（Afrosoricida）	19	51	
テンレック亜目（Tenrecomorpha）	10	30	オブトテンレック
キンモグラ亜目（Chrysochloridea）	9	21	ケープキンモグラ
ハネジネズミ目（Macroscelidea）	4	15	ケープハネジネズミ
管歯目（Tubulidentana）	1	1	ツチブタ
イワダヌキ目（Hyracoidea）	3	4	ミナミキノボリハイラックス，イワダヌキ
長鼻目（Proboscidea）	2	3	アフリカゾウ
海牛目（Sirenia）	3	5	ジュゴン
異節上目（Xenarthra）			
被甲目（Cingulata）	9	21	ムリタアルマジロ
有毛目（Pilosa）	5	10	
ナマケモノ亜目（Folivora）	2	6	ピグミーミユビナマケモノ，フタユビナマケモノ
アリクイ亜目（Vermilingua）	3	4	オオアリクイ
正主齧歯類上目（Euarchontoglires）			
真主獣大目（Euarchonta）			
ツパイ目（Scandentia）	5	20	コモンツパイ
皮翼目（Dermoptera）	2	2	マレーヒヨケザル
霊長目（Primates）	69	376	
曲鼻猿亜目（Strepsirrhini）	23	88	ワオキツネザル，アイアイ
真鼻猿亜目（Haplorrhini）	46	288	リスザル，ニホンザル，オランウータン

表 2-1 つづき

	属数	種数	主な種
【真獣下綱（Eutheria）】			
グリレス大目（Glires）			
齧歯目（Rodentia）	481	2,777	
リス亜目（Sciuromorpha）	61	307	キタリス，ニホンヤマネ
ビーバー亜目（Castorimorpha）	13	102	アメリカビーバー
ネズミ亜目（Myomorpha）	326	1,569	シロアシマウス，アカネズミ
ウロコオリス亜目（Anomaluromorpha）	4	9	オオウロコオリス
ヤマアラシ亜目（Hystricomorpha）	77	290	マレーヤマアラシ
ウサギ目（Lagomorpha）	13	92	ヤブノウサギ，キタナキウサギ
ローラシア獣上目（Laurasiatheria）			
ハリネズミ目（Erinaceomorpha）	10	24	ナミハリネズミ
トガリネズミ目 Soricomorpha	45	428	オオアシトガリネズミ
翼手目（Chiroptera）	202	1,116	クビワオオコウモリ，アブラコウモリ
有鱗目（Pholidota）	1	8	ミミセンザンコウ
食肉目（Carnivora）	126	286	
ネコ亜目（Feliformia）	54	121	トラ，ハイエナ，マングース
イヌ亜目（Caniformia）	72	165	イヌ，クマ，アザラシ
奇蹄目（Perissodactyla）	6	17	シロサイ，ウマ
鯨偶蹄目（Cetartiodactyla）	129	324	
核脚亜目（Tylopoda）	3	4	フタコブラクダ
猪豚亜目（Suina）	8	22	イノシシ，イボイノシシ
反芻亜目（Ruminantia）	76	212	アメリカバイソン，キリン，ジャワマメジカ
鯨亜目（Cetruminantia）	40	84	ザトウクジラ，バンドウイルカ
カバ亜目（Ancodonta）	2	2	カバ

半球一帯に広汎な分布域を持つ種もいれば，本州・四国・九州にのみ見られるニホンヤマネ（*Glirulus japonicus*）のように局所的分布を示す種もいる．このように種によってその分布域に大きな違いが見られるが，いずれにせよその範囲は必ず限定されている．そして既述の分類階層の上層レベルにおいても，大きなスケールで眺めた場合，特定の地域に固有哺乳類種群の分布パターン，すなわち固有の動物地理区が認められるのである．これらの区を分ける境界線の中で有名なのが，真獣下綱と後獣下綱・原獣亜綱の分布を分ける"ウォレス線"であろう（Wallace 1863，図2-8）．ウォレスは，鳥類の分布の違いに基づいて，東洋区とオーストラリア区の境界（ウォレス線）をスンダ列島の上（バリ島―ロンボク島間の海峡から北上し，ボルネオ島―スラウェシ島間のマカッサル海峡を通り，ミンダナオ島の南から東にかけて引かれた生物分布境界線）に設けたが，この境界線についてはその後幾つかの修正案が提示され議論が続いた．後にライデッカーがニューギニア島を含めたオーストラリア大陸の大陸棚に沿ってオーストラリア区動物の分布境界線（図2-8）を設けたが（Lydekker 1894），ウォレス線とこの"ライデッカー線"の間に含まれる島々には東洋区とオーストラリア区の双方の動物種が見られるため，現在ではこの地域を境界線で明瞭に仕切るのではなく，両区の移行地帯（"ウォレシア"と呼ぶ）として扱うという考え方が趨勢である（Mayr 1944，Simpson 1977）．ウォレスが提唱した動物地理区は現在でも認められているが，さらに世

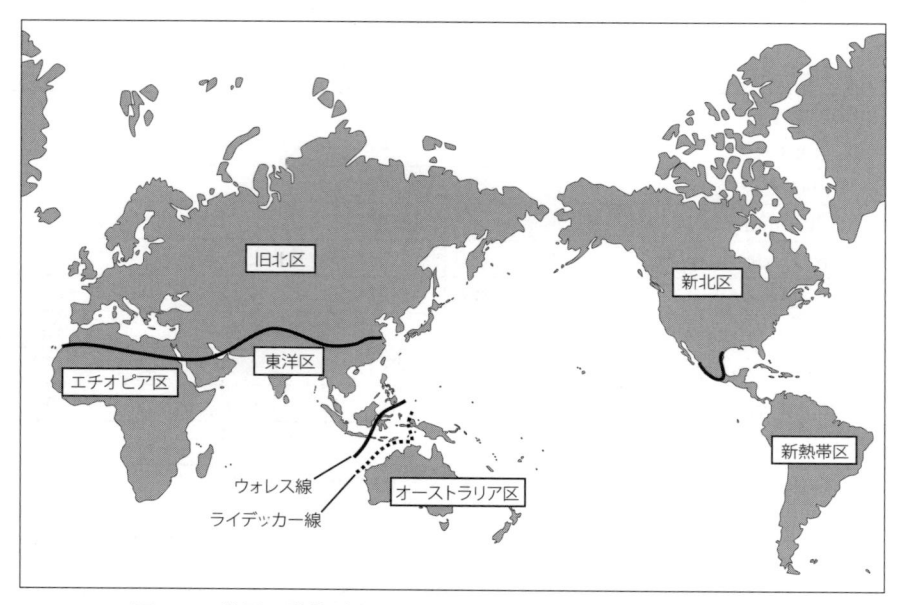

図 2-8 世界の動物地理区（Cox and Moore 2005 に基づいた）
実線は Wallace,A.R.（1876）による地理区の境界を示し，点線は Lydekker,R.（1894）によって示されたライデッカー線を示す。

界の様々な地域において細かな生物分布境界線が発見されている。これについては次の項目で日本の野生哺乳類を題材に具体的な例を記すこととしよう。

さて，ここではこの動物地理学における2つの視点について論じておこう。動物の地理的分布の研究は，"歴史的動物地理学" と "生態的動物地理学" に大きく分けて考えることができる。歴史的動物地理学では，まずその対象動物種（あるいは動物種群）の系統関係の把握が重要な課題となる。化石などの古生物学的証拠および分子・形態などを指標とした系統学的証拠からその種の過去の分布や進化の過程を明らかにし，これらの特徴を大陸移動や島嶼化などの地史的イベントによる結果として主に解釈することになる。これに対して生態的動物地理学では，対象動物種の生態的特徴（行動圏，利用資源，繁殖パターンなど），好適な生息環境の分布パターン，他種との相互作用などを明らかにし，これらの生態学的な要因によって現在の地理的分布の説明を試みる。例えばライオン（*Panthera leo*）の分布を例に考えてみ

よう。現在アフリカの中部〜南部にかけてのサバンナがその主な分布域であるが，インド北西部のギル国立公園内に 300 頭以下レベルの小集団が見られる。しかしながら，かつては砂漠地帯を除くほぼアフリカ全土，ヨーロッパの一部，そして西南アジアからインドにまで広く分布していたことが壁画などの古代資料から知られている。そして化石証拠から，更新世にはカナダからペルーにかけて新世界にも広く分布していたことが明らかになっている。歴史的動物地理学ではこの絶滅した地域（特に新世界）を含めて，なぜこのような広い分布をライオンが有していたのか？を考えるために大陸間の結合・隔離などの要因を考えることになる。加えてなぜ新世界では絶滅してしまったのか？について，環境の変遷などを絡めて考察を展開するわけである。一方，生態的動物地理学の視点からは，現在のアフリカとインドにおける分布の偏りなどを考えることになる。サバンナ環境に適応したライオンにとってインドの森林環境は好ましくなかったのではないだろうか。そして，他種との関係などを考えた場合，インドにはライ

オンとほぼ同じ大きさで森林環境に適応した捕食者であるトラ（Panthera tigris）が存在し，このトラとの競争によって数が減ったのではないか？といった議論を構築することになる。ヨーロッパや西南アジアにおける近年の絶滅については人為的影響を生態的要因として含めることもできるであろう。歴史的動物地理学と生態的動物地理学は独立には考えられない。ライオンの例でも，歴史的動物地理学から本種が明らかに大陸を越えて分布を広げた広域分布種であったことを明確化し，その上で氷期などの影響によって変化したと予測される環境に関して，現在の生息環境と比較しながら生態的動物地理学に関する考察が展開されることになる。このように両方の視点から現在の動物種の地理的分布を考察することによって，動物地理学的な解釈がより精度を増し，その実像に近付くことができるわけである。

2）地理的変異

動物地理学は動物の分布を研究する学問であるが，分布の中身については考えなくてもよいのであろうか。広い分布域を持つある種の動物が，その分布域の中で，集団レベルで異なった形質（毛色，大きさ，そしてDNA塩基配列など）を示すことが広く知られている。このような特徴を大雑把に"変異"と呼び，それが明確な地理的分布パターンを示す場合，"地理的変異"と呼称する。種内で地理的に分化した変異集団同士の分布パターンには，相互交配が起こりうる狭い境界線（交雑帯）に沿って接する場合（"側所的分布"）と完全に地理的に分離している場合（"異所的分布"）がある。そして，この地理的変異を持った集団に対して，本当の種ではない"地理的な種"すなわち"亜種"という言葉が使用される。

地理的変異はどのように創出されたのであろうか？その過程は種ごとに様々であったと考えられており，単一の答えを提示することは困難であるが，"分散"と"地理的隔離"はその大きな要因であると考えられている。ここで用いる分散という用語は，ある動物種が別の分布域に移住することである（生態学における分散は，動物個体が生まれた場所あるいはすでに生息している場所から移動して散らばることの意味で使用されるので注意して頂きたい）。分散後の環境に適応しその集団が特有の形質を有するに至った場合，あるいは分散した集団が本来の形質を維持しているにもかかわらず母集団の形質が変化を遂げた場合などに地理的変異が見られることになる。分散によって，隣接するあるいは比較的近隣の地域に生息する変異集団の分布は説明できるであろう。特に移動能力の高い鳥類では，大陸からやや離れた島嶼部へ飛来した少数個体がその場所で特異的な集団として進化するような場合を想定できる。しかしながら，分散のみで地理的変異を全て説明することは困難である。ここでもう1つの機構である地理的隔離が重要になってくる。地理的隔離は大陸移動や海水面の上昇による島嶼化などの地史的変化によって惹起される。これら以外にも氷期において寒冷な環境を避けるために幾つかの狭小生息地（"避難域＝レフュジア"）に分かれて分布していた隔離集団，山脈や河川など地理的障壁により隔離された集団などが報告されており，地理的変異集団の創出機構のみではなく，種分化の創出機構としても大切な要因と考えてよい。分散と地理的隔離は決して対立する仮説ではない。分散が生じた後に地理的隔離が起こった場合，これは地理的変異を生み出す相乗効果となるかもしれない。ここで私が長年研究しているタイリクモモンガ（Pteromys volans）の例を紹介しておこう。本種はユーラシア大陸北部一帯に広く分布するが，北海道にその一亜種"エゾモモンガ（P. volans orii）"が生息する。大陸からサハリン経由で北海道へ分散（移動）した集団がエゾモモンガの起源であると考えられ，その後，北海道が島として地理的に隔離されたため，タイリクモモンガ全体の中で特異的な遺伝的形質（大陸のものとは異なるミトコンドリアDNAチトクロム b 遺伝子塩基配列）を持つ集団となったと考えられている（Oshida et al. 2005）。

広域に分布する種に関しては特に集団が隔離

されていない状態でも連続的に異なった形質が見られる場合が存在する。緯度などに沿った種の形質の漸次的変化は"クライン"と呼ばれる。クラインは種の分布域全体にわたって見られる場合があり，例えば北米のオジロジカ（*Odocoileus virginianus*）では緯度が高くなるに従って大型になる〔これは"ベルグマンの規則"に従うとされるが，餌資源や個体群密度の影響が近年示唆されている（Wolverton et al. 2009）〕。またクラインには，広く分布する2つのタイプの間に急激に認められるものもあり，これは"ステップクライン"と呼ばれる。ステップクラインの例として，ヨーロッパに分布するハツカネズミ（*Mus musculus*）において，地中海沿岸地域と西ヨーロッパ内陸部地域の集団間に急激な臼歯サイズの違いがあることが報告されている（Cassaing et al. 2011）。

さて，ここでもう一度地理的変異創出の機構に話を戻そう。分散や地理的隔離によって動物集団の隔離が生じることは，まずその最初のステップであろう。そしてその隔離後の集団内に突然変異が生じ，これが"遺伝的浮動"あるいは"自然選択"（第1章および本章の「脊椎動物の系統進化」を参照）を経て集団内に固定されることにより，異なった形質そしてその形質を司る遺伝情報を持った固有の地理的集団が出来上がったというシナリオが現在一般的である。クラインが認められる広域分布性種では，分布域の地域的な環境に"適応"する形で地理的変異が見られるのかもしれない。また，その広い分布域内に山脈，河川等の地理的障壁があった場合，これを挟んで対峙する形で分布する集団間では地理的変異が作り出される場合がある〔Oshida et al.（2006）は，ミトコンドリアDNAのコントロール領域塩基配列を用いて台湾全土に分布するクリハラリス（*Callosciurus erythraeus*）が山脈によって隔離されていることを示している〕。このように地理的変異の創出機構には，分散，地理的隔離，遺伝的浮動，自然選択などのステップがあり（これら以外にもまだ様々な機構が存在するがここでは説明を省く），これらの影響は種や地域によって様々である。地理的変異の創出機構を考えるためには，対象とする種の生物学的特徴そしてその分布域の環境および地史などを総合的に考え，シナリオを構築・推敲して行くことが重要であろう。

5. 日本の野生動物相の特徴

さて，本項の最後で日本の野生動物相の特徴を説明しておこう。本章のこれまでの部分で説明を行った用語や理論が骨子となっているので，適宜参照して頂きたい。

日本列島は南北に長く（3,000kmに及ぶ），亜寒帯域～亜熱帯域にかけての幅広い気候帯に位置している。高山が多く存在し，多くの島嶼から成り立つという世界的にも珍しい地勢的特徴を持つ。この特徴に伴って複雑な植生が形成されており，亜熱帯性植生，温帯性常緑広葉樹林，温帯性落葉広葉樹林，温帯性針葉樹林，亜寒帯性針葉樹林，亜寒帯性植生などを緯度や標高に沿って眺望することができる。さらに，ユーラシア大陸の東端付近に位置するため，氷河期における海水面の上下変動によって，大陸との地理的接続および隔離が繰り返されてきた。大陸のみならず，日本列島の島嶼間でもこのような反復があったことが知られている。このような地勢的そして地史的特徴から日本列島には極めて多様な哺乳類相（ファウナ）が認められ，哺乳類の分類・系統に関する格好の実験室であると私は考えている。ただし，雨量が多い日本では草原環境は発達せず，草原に適応を遂げた哺乳類種はほとんど見られない。"森林性哺乳類"の分類・系統実験室という絞った表現が妥当であろう。

日本列島には現在117種の陸生哺乳類種が生息している。このうち固有種は49種（41.9％）を占め，特に小型哺乳類の固有性が高く，トガリネズミ目では70.0％，齧歯目では48.1％，ウサギ目では50.0％，さらに翼手目では40.5％が固有種である。これに対して中型・大型の哺乳類では固有性が低くなり，食肉目では8.0％に過ぎな

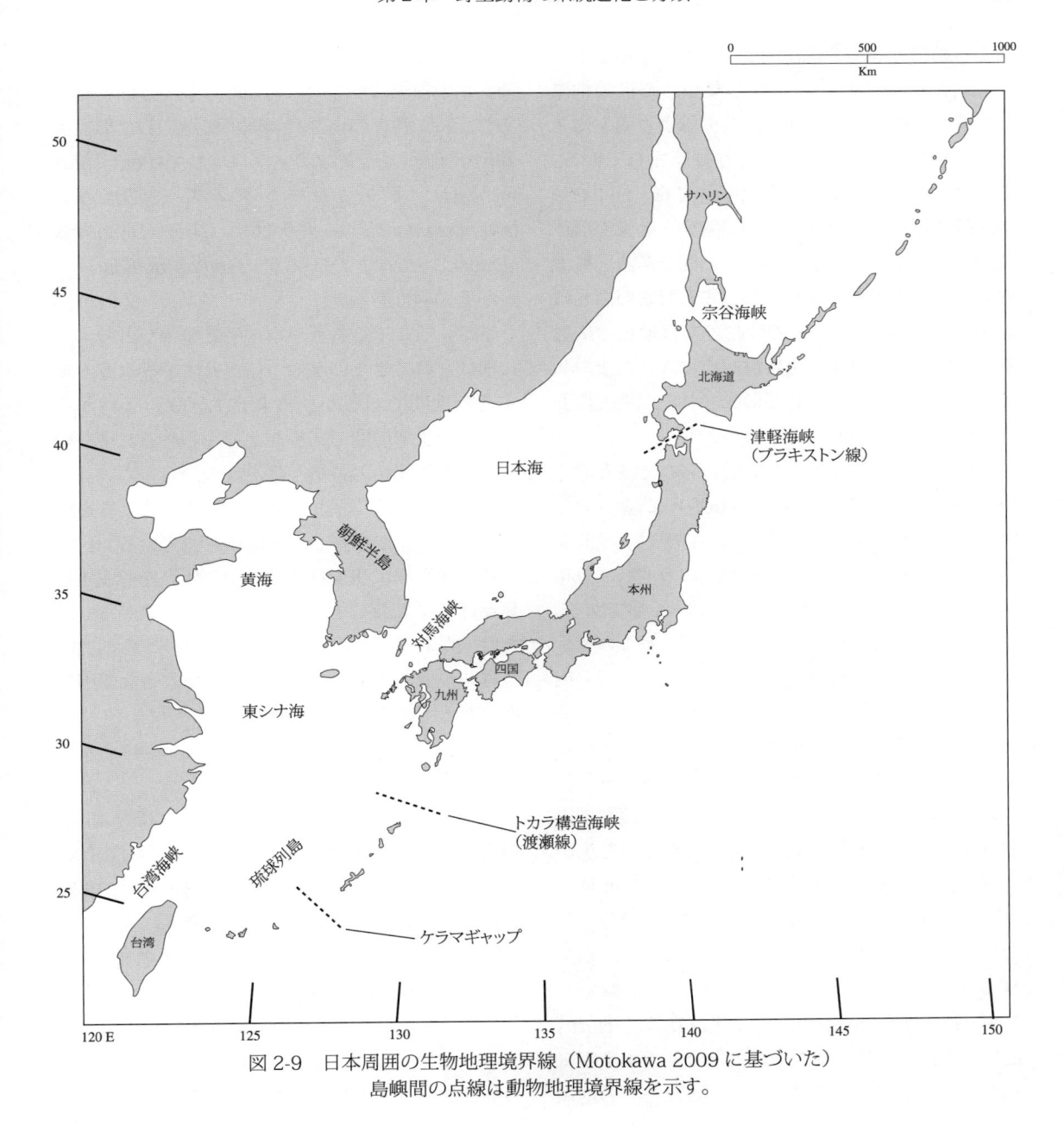

図 2-9　日本周囲の生物地理境界線（Motokawa 2009 に基づいた）
島嶼間の点線は動物地理境界線を示す。

い（Motokawa 2009）。

　日本列島が南北に長いという地勢的特徴故に日本の哺乳類は 2 つの世界的な動物地理区にまたがる形で分布する（図 2-9）。1 つは旧北区であり，トカラ列島以北の地域が全て含まれ，温帯および寒帯に起源を持つ種が主に見られる。この日本列島の多くを占める地域に分布する哺乳類は，さらに北海道と本州の間の津軽海峡上に引かれた"ブラキストン線"（鳥類学者のブラキストンに由来する動物地理境界線，図 2-9）を境に大きく異なっている（Blakiston 1883）。もう 1 つの動物地理区は奄美諸島以南の南西諸島を含む東洋区で，亜熱帯および熱帯に起源を持つ種が分布する。この両動物地理区の厳密な境界は，トカラ諸島南部の悪石島と小宝島の間のトカラ構造海峡上に引かれた"渡瀬線"（動物学者渡瀬庄三郎に由

来する動物地理境界線，図2-9）として知られている（Watase 1912）。しかしながら脊椎動物に関する最近の研究結果から，渡瀬線より南方にもう1つ境界線を設ける考え方が提唱されている。これは"ケラマギャップ"と呼称され（図2-9），中部琉球列島（奄美諸島・沖縄諸島）と南部琉球列島（宮古諸島・八重山諸島）の間である。渡瀬線およびケラマギャップが位置する海底の深さは1,000mに及び，海水面の変動等では地続きになることは考えられず，更新世初めに大陸と接続していたものの，その後島が形成されて以来長期間隔離が続いたものと考えられる。

次に，これら動物境界線で区切られた各々の地域の哺乳類相をMotokawa（2009）に基づいて眺めてみよう。まずはブラキストン線以北（北海道とその近隣の島々）であるが，この地域に分布する陸生哺乳類（鰭脚類を除く）は44種である。しかしながら固有種は全く見られず，多くの種はユーラシア大陸にも見られるものである。この内20種〔エゾヒグマ（*Ursus arctos yesoensis*），キタナキウサギ（*Ochotona hyperborea*），タイリクモモンガ，キタリスなど〕はブラキストン線以南には分布しない。ブラキストン線以南〜渡瀬線以北（本州・四国・九州およびその属島を含む広い地域）には，62種が分布するが，この内38種が本州，四国，九州で見られる（北海道には分布しない）。カモシカ（*Capricornis crispus*），ニホンザル（*Macaca fuscata*），ムササビ，ニホンモモンガ（*Pteromys momonga*），ニホンリス（*Sciurus lis*）などがその代表的なものであり，日本産固有種の多くはこの地域に見られる。また，この地域の中でも対馬は特有の動物相を示し，ツシマヤマネコ（*Prionailurus bengalensis euptilurus*），アジアコジネズミ（*Crocidura shantungensis*），シベリアイタチ（*Mustela sibirica*）などの朝鮮半島由来の哺乳類種によって特徴づけられる。ブラキストン線で区切られた両地域の間で24種〔ニホンジカ（*Cervus nippon*），アカギツネなど〕が共通に見られ，これらの種においては，この境界線の地理的隔離効果がなかったあるいは弱かったこ

とがうかがわれる。最後に渡瀬線以南であるが，哺乳類の種数は少ないもののその多くは固有種であり，特に各々の小型島嶼環境に適応した形で特殊化が進行した。アマミノクロウサギ（*Pentalagus furnessi*），トクノシマトゲネズミ（*Tokudaia tokunoshimensis*），ケナガネズミ（*Diplothrix legata*），センカクモグラ（*Mogera uchidai*）などがその例である。

さて，ここでこれら日本の哺乳類相がどのように形成されてきたのかについて考えてみよう。まずその期間であるが，およそ1,000万年前から1万年前までの間であったと考えられる。現在の日本の哺乳類相の特徴から，大陸から日本列島への哺乳類の移動には，経路や時期が異なる幾つかのパターンが存在したと解釈されている。日本の周囲は海洋に囲まれているが，列島を形成する島々は各々異なったパターンで大陸と繋がっていた時期があり，この各々の接続パターンの地史的違いが異なる動物相を生み出した大きな要因であったと考えられている。

1）北海道の哺乳類相の成立

北海道・サハリン間の宗谷海峡（水深約45m）およびサハリン・大陸間の間宮海峡（水深10m以下）は浅く，最終氷期（約8万年〜1万年前）を通して海峡は陸地化していたと考えられている（大陸の一部であったと考えられている）。ユキウサギ（*Lepus timidus*），タイリクモモンガ，キタリス，ヒグマなどの大陸に分布する哺乳類と共通の種が北海道に多く見られることは，最近まで移動経路が確保されていたためであると考えられる。しかしながら，近年の分子系統学的研究から，これらの中でも早期に大陸集団と隔離されていた種があったことが示されている。前述のタイリクモモンガ（Oshida et al. 2005）およびバイカルトガリネズミ（*Sorex caecutiens*）（Ohdachi et al. 2005）の系統集団はその典型例であり，大陸と地続きであったにもかかわらず，これらの種では北海道集団の隔離が継続していたと解釈せざるを得ない。この理由については不明であるが，タ

イリクモモンガについては，滑空性であるという特異な形質から，森林環境の発達の程度によって移動が制約されたのかもしれないと私は考えており，現在生態的動物地理学の視点から研究を継続中である。

北海道に生息する哺乳類種には，イイズナ（*Mustela nivalis*），オコジョ（*Mustela erminea*），アカギツネ，タヌキ（*Nyctereutes procyonoides*），ニホンジカなど本州および大陸に広く分布するもの，そしてヒメネズミ（*Apodemus argenteus*），アカネズミ（*Apodemus speciosus*），コキクガシラコウモリ（*Rhinolophus cornutus*）など本州・四国・九州などにのみ共通の種が分布するもの（これらは日本の固有種である）も見られる。津軽海峡の水深は約 140m であり，最終氷期において陸化しなかったと考えられている。北海道とこれ以南の哺乳類集団が互いに移動することができたのは，それ以前の更新世中期の氷期であったと考えられ，同種ではあるものの，両地域の集団はブラキストン線を挟んで10数万年間隔離されていることが予測される。しかしながら，近年分子系統学的に解析されたニホンジカ集団では，最終氷期に津軽海峡上に形成された"氷橋"を経由しての南下が示唆されており（永田 2005），哺乳類種の移動能力も含めた更なる議論展開が課題となっている。加えて，ブラキストン線を挟んで対峙する近縁種の関係を見てみるとグループによって分化の程度が大きく異なることに気が付く。例えばバイカルトガリネズミとシントウトガリネズミ（*Sorex shinto*），タイリクモモンガとニホンモモンガの様に明瞭な種分化を示すものもあれば，イイズナとニホンイイズナ（*M. nivalis namiyei*）のように亜種レベルの分化を示すものもある。同様の地史的イベントを経験しながらなぜこのような極端な違いが生じたのかについても興味深い研究課題である。各々の種に関して，生態的動物地理学の範疇から研究が進行すればその原因が明らかになるかもしれない。

2) 本州・四国・九州の哺乳類相の成立

中新世の中期〜後期において，本州・四国・九州は南西諸島を含め，中国大陸南部と地続きであったと考えられている。その後大陸から隔離されたものの，本州・四国・九州の間の水深は浅く1つの島であったと考えられ，3島に分布する哺乳類種には島間で大きな分化は見られない。朝鮮半島と九州の間に位置する対馬海峡（西水道および東水道を含め水深約 90〜100m）は，津軽海峡と同様，最終氷期には陸化しなかったと考えられ，大陸と本州・四国・九州の哺乳類集団が互いに移動することができたのは，それ以前の更新世中期の氷期であったと考えられている（10数万年間にわたる地理的隔離が予測される）。

本州・四国・九州に生息する哺乳類の類縁種の世界的分布には地理的偏向が見られ，そのパターンから起源を推測することができる。シントウトガリネズミ，ニホンリスなどは類縁種が北部ユーラシアに分布する。本州・四国・九州地域では東日本を中心に生息し，中国地方では個体数が極めて少なく，九州には分布しない（ニホンリスについては，かつて九州に生息していたものの絶滅した可能性が示唆されているが，結論に至っていない）。アカネズミ，ニホンイノシシ（*Sus scrofa*）などでは類縁種がユーラシア大陸温帯域に広く分布する。カモシカ，ムササビ，カワネズミ（*Chimarrogale platycephala*）などの類縁種の分布はヒマラヤ〜中国南部・東南アジアにかけての南方に偏っている。このように類縁種の分布パターンに違いが見られることから，本州・四国・九州地域へは複数回の哺乳類の渡来があったと考えられ，経路も津軽海峡経由，対馬海峡経由，そして黄海経由など複数であったと考えられている。化石記録から判断すると，中期更新世の中頃にはアカネズミ，シントウトガリネズミ，ヒミズ（*Urotrichus talpoides*）などはこの地域に生息しており（河村 1989）固有種となっていた。このことから，本州・四国・九州に分布する哺乳類種の歴史は古く，更新世における地史的イベン

トのみによってその動物地理学的解釈をすることは困難である。特にヤマネ属，ヒミズ属，ヒメヒミズ属（*Dymecodon*）などは属レベルで"固有属"であり，これらの類縁種はヨーロッパの第三紀中新世から化石として報告されている（第三紀哺乳類の"遺残的"種群と考えられている）。また，近年報告された幾つかの種の分子系統地理学的解析結果では，この地域に分布する集団で類似したパターンが報告されている。ムササビ（Oshida et al. 2009），ニホンザル（Kawamoto et al. 2007），カワネズミ（Iwasa and Abe 2006）などでは，東日本域一帯にかけて遺伝的変異がほとんど見られず，単一の系統的グループが分布している。これに対して西日本域ではこれらの種に遺伝的変異が認められるのである。これは東日本に分布していた集団が，氷期における温帯性森林の南下退行に伴って分布域を縮小（氷期避難所を形成）し，氷期終了後に温帯性森林の北上が起こった際，比較的短期間で東日本一帯へ分布域を拡張したためであると考えられる。

以上の特徴をまとめて解釈してみると，本州・四国・九州の動物相は，第三紀哺乳類の遺残的種群を含むグループとその後更新世に生じた海峡の陸化によって渡来したグループによって構成されており，これらはさらに更新世における氷期・間氷期の反復によって，日本列島内で分布域の変動などを繰り返したと結論づけることができるであろう。

3）南西諸島の哺乳類相の成立

中期〜後期中新世において，中国大陸南部から南西諸島さらに本州・四国・九州は地続きであったと考えられており，属レベルで固有であるアマミノクロウサギ，トゲネズミ類などはこの頃からの古い起源を有する種であると解釈される。南西諸島の中部琉球列島（ケラマギャップ以北）ではこのように長期間隔離されたと考えられる古い種群が見られるが，南部琉球列島（ケラマギャップ以南）では様相が異なる。最近の分子系統学的知見から考えるとイリオモテヤマネコ（*Prionailurus bengalensis iriomotensis*）は大陸に分布するベンガルヤマネコ（*P. bengalensis*）の一亜種であり古い種ではない（Masuda et al., 1994）。また，この地域の最終氷期化石群からはヨシハタネズミ（*Microtus fortis*），ツンドラハタネズミ（*Microtus oeconomus*）などの大陸系哺乳類種が発見されている（Kaneko and Hasegawa 1995）ことから，最終氷期において南部琉球列島と大陸の間には陸橋が存在していたと考えられている。

6. おわりに

哺乳類の分類学と動物地理学についてその概要を述べてみた。本章で分類学と動物地理学を万全に解説することは頁の都合上残念ながら不可能であり，また半分素人の私には荷が重い仕事である。読者諸氏には本章を入門的内容として捉えて頂き，興味がおありの方には，専門の類書・論文などをさらに読んで頂ければと思う。

近年野生動物学を志す若い方々の目標は"環境保全"に大きく傾いている。"ヒトと野生動物の関係"は最も注目されている学術テーマの1つであると言っても過言ではない。さらに，"人と愛玩動物・動物園動物の関係"にまで踏み込んだアニマルセラピー・動物福祉なども注視されている。鳥インフルエンザのような野生動物から家畜・ヒトへの感染症問題も重要な社会的課題であり，"野生動物医学"は今後益々必要とされる学術分野になるであろう。このような人主体の実学的な応用野生動物学が隆興を極める中，分類学・動物地理学は何の役にも立たない古くさい学問として扱われることが多く，脚光を浴びる場面はほとんどない。マスメディア等で注目される機会があるとすれば，それは新種の哺乳類・鳥類などが発見された時くらいであろう。そして切実な問題として，この分野での就職はかなり厳しく，後継者がなかなか育たないのが現状である。しかしながら，上記の応用野生動物学が成立するためには，分類学・動物地理学はなくてはならない存在なのである。環境保全の目的である多様性の維持を考えるため

には，まずその多様性の実態を把握しなければならない。どのような種が存在するのか（種多様性）を把握するためには，分類学的知見に基づいた種同定が必須である。動物園動物に関しても，既述の通り目のレベルで分類体系が改変されることがあるため，最新の分類学的知見に基づいた展示解説などが大切であろう。野生動物からの感染症を考える場合もその動物がどのような分布を示すのか？に関する知見がなければ対策を講じる範囲も決定できない。これには動物地理学的情報が必要不可欠である。このように，分類学・動物地理学は応用野生動物学の発展に欠かせない土台となる内容を含んだ学問分野である。そして同時にそれ自体学術的価値を持ち，遺伝子などを用いた新しい手法・情報によって今後大きく発展する可能性を秘めた分野なのである。半分素人の私がこれ以上これらの分野のお話をすることは適切ではないかもしれない。しかしながら，本章を通して分類学・動物地理学に対して少しでもご理解頂ければ幸甚である。

最後に，本章の「分類学」の執筆に当たり，京都大学総合博物館の本川雅治准教授，帯広畜産大学畜産生命科学研究部門の岩佐光啓教授には貴重な御意見を頂いた。この場を借りて深く感謝の意を表したい。

引用文献

Allwood,A.C., Walter,M.R., Kamber,B.S. et al. (2006): Stromatolite reef from the Early Archaean era of Australia, *Nature*, 441, 714-718.

Amson,E & Laurin,M. (2011): On the affinities of Tetraceratops insignis, an Early Permian synapsid, *Acta Palaeontol. Pol.* 56, 301-312.

Archer,M., Flannery,T.F., Molnar,R.E. et al. (1985): First Mesozoic mammal from Australia an early Cretaceous monotreme, *Nature*, 318, 363-366.

Benton,M.J. (2000): Vertebrate Paleontology and Evolution, Unwin Hyman.

Blakistone,T.W. (1883): Zoological identification of ancient connection of the Japan islands with the continents, *Trans. Asiat. Soc. Jpn.*,11, 126-140.

Botella,H., Blom,H., Dorka,M. et al. (2007): Jaws and teeth of the earliest bony fishes, *Nature*, 448, 583-586.

Botha,J., Abdala,F. & Smith,R. (2007): The oldest cynodont: new clues on the origin and early diversification of the Cynodontia, *Zool. J. Linn. Soc.*, 149, 477-492.

Brinkmann,H., Venkatesh,B., Brenner,S. et al. (2004): Nuclear protein-coding genes support lungfish and not the coelacanth as the closest living relatives of land vertebrates. *Proc. Natl. Acad. Sci. USA*, 101, 4900-4905.

Brocks,J.J., Logan,G.A., Buick,R. et al. (1999): Archean molecular fossils and the early rise of eukaryotes, *Science*, 285, 1033-1036.

Brusatte,L.S., Niedźwiedzki,G., Butler, J.R. (2010): Footprints pull origin and diversification of dinosaur stem lineage deep into Early Triassic, *Proc. Biol. Sci.*, 278, 1107-1113.

Cassaing,J., Senegas,F., Claude,J. et al. (2011): A spatio-temporal decrease in molar size in the Western European house mouse, *Mamm. Biol.*, 76, 51-57.

Chen,J.-Y., Oliveri,P., Li,C. et al. (2000): Precambrian animal diversity: Putative phosphatized embryos from the Doushantuo Formation of China, *Proc. Natl. Acad. Sci. USA*, 97, 4457-4462.

Chen,P.-J., Dong,Z.-M. & Zhen,S.-N. (1998): An exceptionally well-preserved theropod dinosaur from the Yixian Formation of China. *Nature*, 391, 147-152.

Colbert,H.E., Morales, M., Minkoff,C.E. (2004): Colbert's Evolution of the Vertebrates 5th ed., John Wiley & Sons.

Corbet,G.B. (1990) The relevance of material, chromosomal and allozyme variation to the systematics of the genus Mus, *Biol. J. Linnean Soc.* 41, 5-12.

Cox,C.B. & Moore,P.D. (2005): Biogeography: An Ecological and Evolutionary Approach 7th ed., Blackwell Publishing.

Daeschler,B.E, Shubin,N.H. & Jenkins,A.F. (2006): A Devonian tetrapod-like fish and the evolution of the tetrapod body plan, *Nature*, 440, 757-763.

Delsuc,F., Catzeflis,F.M., Stanhope,M.J. et al. (2001): The evolution of armadillos, anteaters and sloths depicted by nuclear and mitochondrial phylogenies: implications for the status of the enigmatic fossil eurotamandua, *Proc. Roy. Soc. Biol. Sci. Ser. B*, 268, 1605-1615.

Delsuc,F., Brinkmann,H., Chourrout,D. et al. (2006): Tunicates and not cephalochordates are the closest living relatives of vertebrates, *Nature*, 439, 965-968.

Eigenbrode,J.L. & Freeman,K.H. (2006): Late Archean rise of aerobic microbial ecosystems, *Proc. Natl. Acad. Sci. USA*, 103, 15759-15764.

El Albani,A., Bengtson,S., Canfield,D.E. et al. (2010): Large colonial organisms with coordinated growth in oxygenated environments 2.1 Gyr ago, *Nature*, 466, 100-104.

Fedonkin,M.A. (2003): The origin of the Metazoa in the light of the Proterozoic fossil record, *Paleont. Res.*, 7, 941.

Gingerich,D.P., ul Huq,M., Zalmout,S.L. et al. (2001): Origin of Whales from Early Artiodactyls: Hands and Feet of Eocene Protocetidae from Pakistan. *Science*, 293, 2239-2242.

Han,T.M. & Runnegar,B. (1992): Megascopic eukaryotic

algae from the 2.1-billion-year-old negaunee iron-formation, Michigan, *Science*, 257, 232-235.

長谷川政美（2011）：新図説動物の起源と進化 - 書きかえられた系統樹, 八坂書房.

Hu,D., Hou,L., Zhang,L. et al. (2009)：A pre-Archaeopteryx troodontid theropod from China with long feathers on the metatarsus, *Nature*, 461, 640-643.

Iwabe,N., Hara,Y. Kumazawa,Y. et al. (2005)：Sister Group Relationship of Turtles to the Bird-Crocodilian Clade Revealed by Nuclear DNACoded Proteins, *Mol. Biol. Evol.*, 22, 810-813.

Iwasa,M.A. & Abe,H. (2006)：Colonization history of the Japanese water shrew chimarrogale platycephala, in the Japanese islands, *Acta Theriol.*, 51, 29-38.

Janečka,J.E., Miller,W., Pringle,T.H. et al. (2007)：Molecular and genome data identify the closest living relatives of primates, *Science*, 318, 729-794.

Ji,Q. & Ji,S. (1996)：On the discovery of the earliest fossil bird on China (*Sinosauropteryx* gen. nov.) and the origin of birds, *Chinese Geol.* 233, 30-33.

Ji,Q., Luo,Z.-X., Yuan,C.-X. et al. (2002)：The earliest known eutherian mammal, *Nature*, 416, 816-822.

Kaneko,Y. & Hasegawa,Y. (1995) Some Fossil Arvicolid Rodents from the Pinza-Abu Cave, Miyako Island, the Ryukyu Islands, Japan, *Bull. Biogeo. Soc. Jpn.*, 50, 23-37.

Kardong,V.K. (2002)：Vertebrates Comparative Anatomy, Function, Evolution 3rd ed., McGraw-Hill Higher Education.

Kawamoto,Y., Shotake,T., Nozawa,K. et al. (2007)：Postglacial population expansion of Japanese macaques (*Macaca fuscata*) inferred from mitochondrial DNA phylogeny, *Primates*, 48, 27-40.

河村善也, 亀井節夫, 樽野博幸（1989）：日本の中・後期更新世の哺乳動物相, 第四紀研究, 28, 317-326.

岸本浩和（2006）：骨格の名称と分類, 魚類学実習テキスト, 東海大学出版会.

Kumazawa,Y. & Nishida,M. (1999)：Complete mitochondrial DNA sequences of the green turtle and blue-tailed mole skink：Statistical evidence for Archosaurian affinity of turtles, *Mol. Biol. Evol.*, 16, 784-792.

Kuraku,S. & Kuratani,S. (2006)：Time scale for cyclostome evolution inferred with a phylogenetic diagnosis of hagfish and lamprey cDNA sequences, *Zool. Sci.*, 23, 1053-1064.

Linnaei (=Linne),C. (1758)：Systema Nature. Tomus 1. (Regnum Animale) 10th ed., Laurentii Salvii (Reprinted in 1956 by British Museum, London).

Love,G.D. (2009)：Fossil steroids record the appearance of Demospongiae during the Cryogenian period, *Nature*, 457, 718-721.

Lucas,G.S. & Lou, Z. (1993)：Adelcbasileus from the upper Triassic of west Texas：the oldest mammal, *J. Vert. Paleont.* 13, 309-334.

Luo,Z.-X., Chen,P., Li,G. et al. (2001)：A new eutriconodont mammal and evolutionary development early mammals, *Nature*, 446, 288-293.

Luo,Z.-X., Ji,Q., Wible,R.J. et al. (2003)：An early Cretaceous tribosphenic mammal and metatherian evolution, *Science*, 302, 1934-1940.

Luo,Z.-X., Yuan,C.-X., Meng,Q.-J, et al. (2011)：A Jurassic eutherian mammal and divergence marsupial and placentals, *Nature*, 476, 442-445.

Lydekker,R. (1894)：The Royal Natural History, Vol. 2 and 3, Frederick Warne.

Märss,T. (2001)：Andreolepis (*Actinopterygii*): in the Upper Silurian of northern Eurasia, *Proc. Estonian Acad. Sci. Geol.*, 50, 174189.

Martinez,N.R., Sereno,C.P., Alcober,A.O. et al. (2011)：A basal dinosaur from the dawn of the dinosaur Era in southwestern Pangaea, *Science*, 331, 206-210.

Masuda,R., Yoshida,M.C., Shinyashiki,F. et al. (1994)：Molecular phylogenetic status of the iriomote cat felis iriomotensis, Inferred from mitochondrial DNA sequences analysis, *Zool. Sci.*, 11, 597-604.

松井正文（2006）：爬虫類分類表, 脊椎動物の多様性と系統, 裳華房.

Mayr,E. (1944)：Wallaces's line in the light of recent zoogeographic studies, *Quart. Rev. Biol.*, 19, 1-14.

Mi,S., Lee,X., Li,X. et al. (2000)：Syncytin is a captive retroviral envelope protein involved in human placental morphogenesis, *Nature*, 403, 785-789.

Mojzsis,S.J., Harrison,T.M. & Pidgeon,R.T. (2001)：Oxygen-isotope evidence from ancient zircons for liquid water at the Earth's surface 4,300 Myr ago, *Nature*, 409, 178-181.

Mojzsis,S.J., Arrhenius,G, McKeegan,K.D. et al. (1996)：Evidence for life on Earth before 3,800 million years ago, *Nature*, 384, 55-59.

Motokawa,M. (2009)：Distribution Patterns and Zoogeography of Japanese Mammals,The Wild Mammals of Japan (Ohdachi,S.D., Ishibashi,Y., Iwasa,M.A. et al. eds.), Shoukadoh Book Sellers.

Murphy,W.J., Eizirik, E., O'Brien,S.J. et al. (2001)：Resolution of the early placental mammal radiation using bayesian phylogenetics, *Science*, 294, 2348-2352.

Murphy,J.W., Eizirik,E., O'Brien,J.S. et al. (2001)：Resolution of the early placental mammal radiation using Bayesian phylogenetics, *Science*, 291, 2348-2351.

永田純子（2005）：DNAに刻まれたニホンジカの歴史, 動物地理の自然史：分化と多様性の進化学（増田隆一, 阿部 永編）, 32-44, 北海道大学図書刊行会.

Nelson,J.S. (2006)：Fishes of the World 4th ed.. John Wiley & Sons.

Nesbitt,J.S., Sidor,A.C., Irmis,B.R. et al. (2010)：Ecologically distinct dinosaurian sister group shows early diversification of Ornithodira, *Nature*, 464, 9598.

Niedźwiedzki,G., Szrek,P., Narkiewicz,K. et al. (2010)：Tetrapod trackways from the early Middle Devonian period of Poland, *Nature*, 463, 43-48.

Nikaido,M., Rooney,P.A., Okada,N. et al. (1999)：Phylogenetic relationships among cetaritodactyls based on insertions of short and long interspersed elements: Hippopotamuses are the closest extant relatives of whales, *Proc. Natl. Acad. Sci.* 96, 10261-10266.

Nishihara,H., Hasegawa,M., Okada,N. et al. (2006)：

Pegasoferae, an unexpected mammalian clade revealed by tracking ancient retroposon insertions, *Proc. Natl. Acad. Sci.* 103, 9929-9934.

Nishihara,H., Maruyama,S. & Okada,N. (2009): Retroposon analysis and recent geological data suggest near-simultaneous divergence of the three superorders of mammals, *Proc. Natl. Acad. Sci.* 106, 5235-5240.

Ohdachi,S., Dokuchaev,N.E., Hasegawa,M. et al. (2001): Intraspecific phylogeny and geographic variation of six species of Northeastern Asiatic *Sorex* shrews based on the mitochondrial cytochrome b sequences, *Mol. Ecol.*, 10, 2199-2213.

Oshida,T., Abramov,A., Yanagawa,H. et al. (2005): Phylogeography of the Russian flying squirrel (*Pteromys volans*): implication of refugia theory in arboreal small mammals of Eurasia, *Mol. Ecol.*, 14, 1191-1196.

Oshida,T., Lee,J-K., Lin,L-K. et al. (2006): Phylogeography of Pallas's squirrel in Taiwan: geographical isolation in an arboreal small mammals, *J. Mammal.*, 87, 247-254.

Oshida,T., Masuda,R. & Ikeda,K. (2009): Phylogeography of the Japanese giant flying squirrel, *Petaurista leucogenys* (rodentia: sciuridae): implication of glacial refugia in an arboreal small mammals in the Japanese islands, *Biol. J. Linnean Soc.*, 98, 47-60.

Ota,G.K., Fujimoto,S, Oisi,Y. et al. (2011): Identification of vertebra-like elements and their possible differentiation from sclerotomes in the hagfish, *Nature Commun.*, 2:373, doi:10.1038/ncomms1355.

Paton,L.R., Smithson,R.T. & Clack,A.J. (1999): An amniote-like skeleton from the Early Carboniferous of Scotland, *Nature*, 398, 508-509.

Romer,A.S. (1933): Vertebrate Paleontology, Univ. Chicago Press.

Rosing,M.T. (1999): ^{13}C-depleted carbon microparticles in >3700-Ma sea-floor sedimentary rocks from West Greenland, *Science*, 283, 674-676.

Rowe,T., Rich, H.T., Vickers-Rich,P. et al. (2008): The oldest platypus and its bearing on divergence timing of the platypus and echidna clades, *Proc. Natl. Acad. Sci.* 105, 1238-1242.

Schweitzer,M.H., Wittmeyer,J.L. & Horner,J.R. (2005): Gender-specific reproductive tissue in ratites and *Tyrannosaurus rex*, *Science*, 308, 1456-1460.

Shigetani,Y., Sugahara F, Kawakami Y. et al. (2002): Heterotopic shift of epithelial-mesenchymal interactions in vertebrate jaw evolution, *Science*, 296:1316-1319.

Shimamura,M., Yasue,H., Ohshima,K. et al. (1997): Molecular evidence from retroposons that whales form a clade within even-toed ungulates, *Nature*, 388, 666-670.

Shu,D.-G., Luo,H.-L., Conway Morris,S. et al. (1999): Lower Cambrian vertebrates from South China, *Nature*, 402, 42-46.

Shubin,N.H., Daeschler,B.E. & Jenkins,A.F. (2006): The pectoral fin of *Tiktaalik roseae* and the origin of the tetrapod limb, *Nature*, 440, 764-771.

Simpson,G.G. (1977): Too many lines: the limits of the Oriental and Australian zoogeographic regions, *Proc. Amer, Philosphic. Soc.*, 121, 107-120.

Smithson,R.T. (1989): The earliest known reptile, *Nature*, 342, 676678.

Stock,W.G. & Whitt,G.S. (1992): Evidence from 18S ribosomal RNA sequences that lampreys and hagfishes form a natural group, *Science*, 257, 787-789.

Takio,Y., Pasqualetti,M., Kuraku,S. et al. (2004): Evolutionary biology: Lamprey *Hox* genes and the evolution of jaws, *Nature*, 429, doi: 10.1038/nature02616.

Tamura,K., Nomura,N., Seki,R. et al. (2011): Embryological evidence identifies wing digits in birds as digits 1, 2, and 3, *Science*, 331, 753-757.

上野雄一郎（2006）：西オーストラリア，スノーポール地域に産する熱水性岩脈中ケロジェンの炭素同位体組成－35億年前の海底下熱水系における生物圏，地学雑誌，112, 208-217.

van Rheede,T., Bastiaans,T., Boone,N.D. et al. (2006): The platypus is in its place：Nuclear genes and indels confirm the sister group relation of monotremes and Therians, *Mol. Biol. Evol.*, 2006, 23：587-597.

van Tuinen,M. & Hadly,A.E. (2004): Error in estimation of rate and time inferred from the early amniote fossil record and avian molecular clocks, *J. Mol. Evol.*, 59, 267-276.

Wacey,D., Kilburn,R.M., Saunders,M. et al. (2011): Microfossils of sulphur-metabolizing cells in 3.4-billion-year-old rocks of Western Australia, *Nature Geoscience*, 4, 689-702.

Wallace,A.R. (1863): On the physical geography of the Malay Archipelago, *J. Royal Geographic. Soc.*, 33, 217-234.

Wallace,A.R. (1876): The Geographical Distribution of Animals, Vol. 1 and 2, Harper Publ. (Reprinted in 1962 by Harper Publ., New York)

Wilde,S.A., Valley,J.W., Peck,W.H. et al. (2001): Evidence from detrital zircons for the existence of continental crust and oceans on the Earth 4.4 Gyr ago, *Nature*, 409, 175-178.

Wilson,E.D. & Reederm M.D. (2005): Mammal Species of the World 3rd ed. , Johns Hopkins University Press, Baltimore.

Wolverton,S., Huston,M.A., Kennedy,J.H. et al. (2009): Conformation to Bergmann's rule in white-tailed deer can be explained by food availability, *Am. Midl. Nat.*, 162, 403-417.

Woodburne,M.O. & Zinsmeister,J.W. (1984): The first land mammal from Antarctica and its biogeographic implications, *J. Paleont.*, 58, 913-948.

Xu,X., Zhou,Z., Wang,X. et al. (2003): Four-winged dinosaurs from China, *Nature*, 421, 335-340.

Yin,L., Zhu,M., Knoll,A. et al. (2007): Doushantuo embryos preserved inside diapause egg cysts, *Nature*, 446, 661-663.

Zhu,M., Zhao,W., Jia,L. et al. (2009): The oldest articulated osteichthyan reveals mosaic gnathostome characters, *Nature*, 458, 469-474.

第3章 野生動物の形態

外部形態と機能

1. マクロ機能形態学の沿革

　わが国の野生動物医学におけるマクロ機能形態学の積み重ねの歴史は事実上皆無に等しい。現状で携わる筆者にとってもそれは深刻な自己分析であるが，避けて通るべきではない事実といってよいだろう。そもそも日本の基礎動物学は，Zoology 全般において健全に発展したものではなく，還元主義科学哲学における生理学，そして分子生物学，細胞生物学を1世紀前の帝国大学が独り「動物学」と呼ぶようにして，その歴史の序盤を経過したものだ（内田 1977，磯野 1988・1989，木村 1989，遠藤 1997a・b・1999・2001，遠藤・林 2000）。欧米で19世紀以来，還元論の精神性が確立されてきた（Bernard 1865）ことに影響を受けたものと見ることができるが，わが国に限定的な矮小な科学思想上の偏向（柴谷 1960，立花・利根川 1990）が存在したことは明らかである。比較総合，マクロ生物学を推進すべく農学，畜産学，獣医学がその欠損を補ったとしても，その意識は欧米に比して格段に低くあり続けた（遠藤 2007）。形態学の存在しない理学と，形態学はいつでも改廃できると漠然と考えた農学の間で，本節の主人公であるマクロ機能形態学は，学者らしい学者を，分野らしい分野を各時代に築くことなく推移してきたといえる。

　時移り21世紀を迎えると，日本の狭小なアカデミズムは，実学，市場原理，安全保障を掲げて，不可逆的な構造破壊に走った。低質な構造変革の末，おそらく獣医学や動物の医学は，基礎生物学やナチュラルヒストリーから自らを隔離し，野生動物医学という看板の下で，時に鎖国と呼べるほどに，自己閉鎖，自己完結に収束したといえるかもしれない。実学として命脈を保つことを宣言する国家的多様性保全，人畜共通公衆衛生，食糧安全保障などに攪乱されて，日本の野生動物医学は，学者と社会の学術文化の実現の場というよりは，限られた原資の奪い合いとセンスに貧しい生き残り方策の羅列に追い込まれてきたといってもよい。

　この構図の中で，野生動物医学においてももともと純粋な基礎生物学を展開しなければならないマクロ形態学は，尋常な理念では存在を認められなくなっていると判断できる。同構図は研究のみならず教育の水準と内容に影響を与え，次世代のマクロ形態学への意識の浅さとして増幅されることとなる。事実上，野生動物医学においては，密接に関連する獣医学と共に，長くマクロ形態学を軽視する風潮が広まった。とりわけ過去一世代においては，野生動物医学，獣医学における形態学は学としての体をなさず，単に還元主義哲学・分子生物学と獣医学の実学的生存理念のために拡張の場を提供するスクラップ資源に終始したと，批判することができる。

2. 形態学における表現型把握

　表現型を独占する実体としてのかたちを研究するというマクロ形態学の責務は，解剖学において視覚や触覚や圧覚を使った死体との対峙を楽しむ

という，極めて人間臭い研究の理念と現実を保障しない限り，達成することの難しい世界である。引き続き述べるが，外部形態を追い，内部構造を解析しようとする形態学者は，単にデータの再現性高い解析を楽しむのみで，この学問を打ち立てているわけではない。ただ研究を成果の量的生産を旨とする場であるととらえる昨今の標準的価値観では，マクロ形態学の未来を支えることはできないと銘記すべきである（遠藤 1992）。

分子生物学に代表される還元主義科学哲学がどうしても克服できない謎が，表現型の直接的議論である。特に絶対サイズをもった肉眼的に大きな研究対象に対する表現型の解析は，分子生物学が極度に遠ざけてきた研究内容である。そのことは同時に，日本のこの分野が他の先進国と比較して極めて狭小であることを意味している。

機能形態学は，表現型を独占する実体としてのかたちを，直接その果たす役割から解析するほとんど唯一の学問である。後の節で語られる組織，細胞レベルの機能形態学は，分子細胞生物学との直接的交流をもち得るが，本節のマクロ機能形態学においては，認識される現象のサイズからしても，かたちの認識のほとんどの場面は人間の裸眼が対応する縮尺での論議となる。

外部形態であれ内部機構であれ，かつては，このように肉眼や用手による把握に完全に依存すること自体が，マクロ形態学の客観性の欠如として批判されることがあった。そのことはもちろんデータの信憑性や，議論の定量性に大きな悪影響を及ぼすことであるので，重要な問題点であり続けている。しかし他方で今日の自然科学において，視覚や触覚などの五感を利用して一次データの存在を感知する研究体系は珍しく，むしろそのことこそ，一定程度の研究者の熱狂と，学問体系にとってもっとも重要な，研究における職業人としての悦楽を生み出す本質となっている。したがってマクロ形態学の世界で研究することの動機と熱意は，データのプライオリティを客観性をもって競うという点に収束しているのではなく，五感を動員した発見の場を喜びとするところから生まれている。形態学が客観性において優れているか否かという議論とはまったく別に，形態学は発見のきっかけが，人間の五感とセンスを直接揺さぶっているという事実があることを，本質にすえて論議していかなければならない。

例えば，マクロ形態学で野生動物医学が頼れる成書は，現在でも加藤嘉太郎の「比較解剖図説」（加藤 1957-1961）である。その後いかに多くの書が臨床獣医学や応用解剖学から翻訳をもって産み出されたとしても，結局のところ，進化史を語りつつマクロ形態学の熱意を万人に伝えられる書は，半世紀を経ても同書のみといってよい。残念ながらマクロ形態学の書物を新たに出版する可能性は閉塞した獣医学には無く，この後も世に送られる動物のマクロ形態学の本の大半は，資格取得カリキュラムを意識した分担翻訳の冊子程度のようなものに落ち着くであろう。獣医学の教育課程からマクロ形態学を世界観をもって提示できる著作が作られる可能性はまずない。野生動物医学に携わる諸氏は，欧米のマクロ形態学を個別に学ぶ，そして，理学領域の数少ない形態学者を頼る，最新の形態学書を自らなすなど，自己の努力を大切にすることが，マクロ形態学を発展させる数少ない道となる。

3. 体幹運動を見る進化学的視点

野生動物医学が研究する「野生動物」は九割方脊椎動物である。そういう若干乱暴な視点に立てば，脊椎動物という系統が，すでに私たちの見方を特定の枠にはめてきているといえる。

外部形態も実際には内部構造も，脊椎動物においては，つねに体幹から学ぶことに意義があろう。例えば脊椎動物は，派生した形質として脊椎とその周囲の体幹系の骨格筋がからだの軸を作っているという実態がある。体幹の骨格筋は，脊椎の水平面の背側か腹側かで，それぞれ軸上筋，軸下筋と大ざっぱに呼ばれている。水中を遊泳している原始的脊椎動物の基本設計としては体軸（脊椎）に対して両外側，背側，腹側にほぼ均筆に配

置されていることが基本の形としてあり得るといえる。しかし実際には脊椎動物のボディプラン（バウプラン）は腹側領域に体腔を要求し、仮に頭蓋近傍を除いたとしても、心臓、消化管、肝臓などに体積を確実に奪われ、軸下筋はどうしても体幹運動の駆動体としての能力を、軸上筋と比較して限定されてしまうといえる。基本体制から逆に考えれば、魚類までの脊椎動物においてすでに、軸上筋に偏った筋力の配分がなされていることが普通だ。

軸上筋の優位性は脊椎動物の上陸、陸上生活の展開と共に、さらなる偏在を起こすようになる（図3-1）。重力を直接受けるようになる体幹は体幹運動装置のほとんどを軸上筋に委ねる。体軸の腹側は事実上、臓器の能力を飛躍的に向上させるための体積として用いられることになり、軸下筋は巨大な体腔と内臓を外界から隔てるためだけの単純な壁としてしか存在し得なくなる。両棲類を

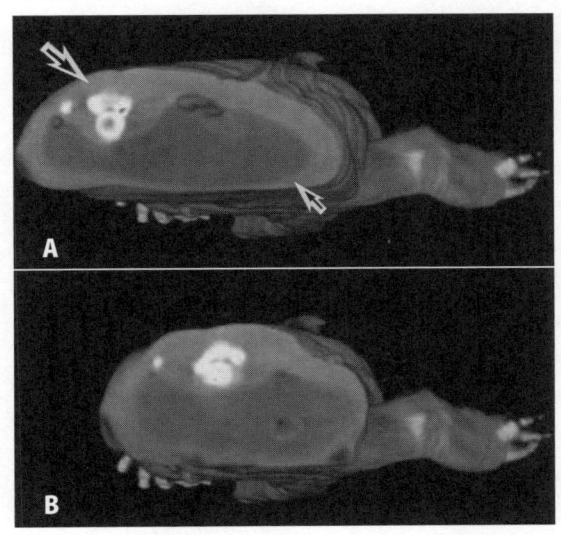

図3-1　オオサンショウウオ（Andrias japonicus）の体幹の横断面
CTスキャンによる断層撮影をもとに三次元復構し、断面を切り出した。軸上筋（大矢印）、軸下筋（小矢印）の配置が分かる。上陸と共に軸上筋が明らかに優位となり、軸下筋は体腔の隔壁程度に落ち着くこととなる。体幹の運動機能は進化史を通じて軸上筋が担ったことを示唆する像である。本図は両棲類の体幹を側方に屈曲させるロコモーションを再現した三次元像で、AとBを比較すると分かるように、体幹を大きく左右にくねらせている。（恩賜上野動物園より国立科学博物館に寄贈された個体で撮影）

共通祖先に、爬虫類側の系統でも哺乳類側の系統でも、派生するにつれ軸下筋は固有の運動装置としての機能を減縮し、腹腔の壁に変化していく。ほとんど体積を失った腹壁が二次的な機能を果している例を挙げる（Endo et al. 2003）が、これこそ、軸下筋が進化史的に行きついた姿といってよいだろう。いずれにせよ、体幹部の運動機能を高等脊椎動物で見ている限りは、脊椎の運動性を実現するのは現実には椎体の背側ないし外側に配置されている軸上筋の系列の議論で満たされることが多い。

体軸運動の基本である体軸筋は、軸上筋軸下筋の配置転換に見られるように、上陸史による変化を大きく受ける。にもかかわらず、魚類の時代と両棲類の時代で、体軸の基本運動は、側方に屈曲と伸展をくり返すという点では類似している。扁平な体幹を側方左右にくねらせることで水中での推進力を得ていたからだ、体重を支える以上に革新的な機構をもたない四肢を添えられたところで、陸上での運動も魚類同様に体幹を側方に曲げることで実現していたといえる。初期のあるいは祖先的な両棲類の陸上でのロコモーションは魚類と同等で、単に四肢を補助的な地面をかきまわす支柱として備えているに過ぎない。系統としての両棲類は、高度に特殊化しない以上は、脊椎を側方に振り回すという魚類の推進装置をほぼそのまま陸上ロコモーションに移行させたものである。この段階であるうちは実際には上陸を終えたに過ぎない体制であると考えることができ、陸域での生態学的、適応的多様性は限定的である。

他方、化石群で見れば両棲類でも爬虫類でも四肢機構の高度化が起こったことが明らかであり、それが現生の哺乳類と鳥類における陸棲ロコモーションの高度化として認めることができる。哺乳類側の高度化としては、単弓類で明確になる形質が注目される。すなわち、哺乳類では四肢が体幹腹方へ垂直に伸長するように進化を遂げたといえる。他方、爬虫類側の系統では、中生代の主竜類における四肢運動の高度化が著しい。むしろ現生の限られた両棲類や有鱗類のような小型で地味な

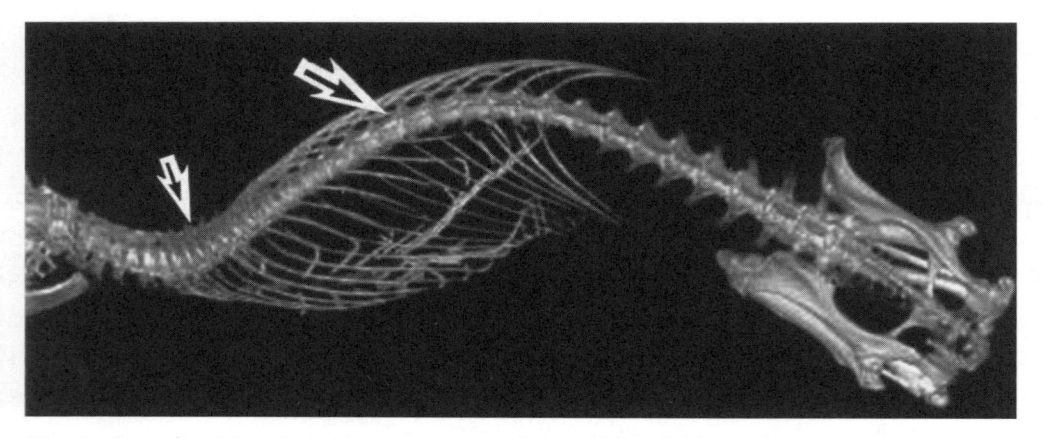

図 3-2 ケープハイラックス（*Procavia capensis*）の脊椎を左背側より見た。CT スキャンによる断層撮影をもとに三次元復構したもの。死体のシミュレーションであるが、背腹方向への大きな屈曲が可能なうえ、正中軸を回転軸としたねじり（大矢印）や、側方への屈曲（小矢印）も行いやすいことを示す。前肢は画像処理により除去済み。

生き残りのグループにおいて、祖先的な水平面内での脊椎運動が残されたといえるのである。

高度化した単弓類や主竜類の脊椎動物は、脊椎の伸展と屈曲を背腹方向に行うことで完成されていく。側方への屈曲運動によって前方へ推進するには明らかに無駄な動作の挿入を必要とし、推進方向とは無関係に頭部や腰部を左右に振動させなければならないことになる。それに比べて垂直方向に脊椎を屈曲させれば、無駄な左右動を縮減し、スタンスの確保や跳躍運動の挿入によって、四肢による陸棲ロコモーションの高度化を実現できる。現実には下筆脊椎動物以外の、野生動物医学会がかなりの部分を扱うであろう現生の陸棲哺乳類のロコモーション機構は、脊椎を背腹方向に運動させる仕組みによって完成されている（図3-2）。

4. 四肢の構造と機能

対鰭から進化する四肢について、その構築の意味を論じておこう。総鰭類魚類の対鰭、つまり胸鰭と腹鰭がそれぞれ四肢を発生させる。よく知られているように、骨性の支柱に部厚い筋肉を配した総鰭類の対鰭が四肢の起原である。野生動物医学の場合、運動器はかなり多くの場合に診断や治療の対象となろうから、この部位の進化学的歴史性をよく知ることはとりわけ重要である。

祖先的形質として肩帯をもっていた前肢と、後肢帯による脊椎との連結が若干派生的に思われる後肢とは同列に論じるべきではないが、いずれにせよ前後肢とも何らかの接続を脊椎に対して新たに備えながら、祖先魚類の肉鰭を陸上歩行装置として確立したということができる。近位部でいえば、肩甲骨、烏口骨、鎖骨などで構成される前肢帯と、恥骨、坐骨、腸骨などでつくられる後肢帯が、脊椎との直接の接続部である（図 3-3, 3-4）。単純で機能性の高い哺乳類の同部位は、神経や血管をいかに四肢に導くかという問題も、かなり巧みに解決されている印象がある。

上腕骨に対する大腿骨、橈骨・尺骨に対する脛骨・腓骨、中手骨と中足骨、さらに遠位部に至るまで、前後肢のセグメントは対応関係としてとらえられてきた。前肢後肢の表現型としての対比は、観念論も含めて、現在に至るまで進化史的視点として継続しているものであろう。実際には前肢後肢の対応は、獣医学的にはある種の便利さから一定の理論として運用されているというのが本当のところで、前後肢の表現型の対応性の意味は、分子発生学からも別の議論を継続していかなければならない。逆に四肢の機能論で語るなら、後述す

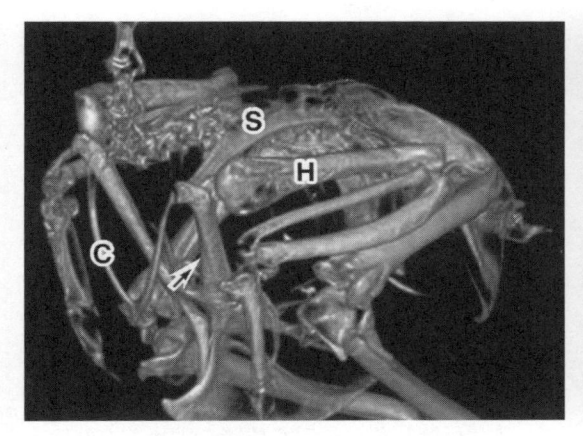

第3章　野生動物の形態

図 3-3　鶏を例に前肢の骨格を左前方より観察した。CT スキャンによる断層撮影をもとに三次元復構したもの。哺乳類では退化した骨要素を使って作られている。鎖骨（C）や肩甲骨（S）が貧弱なのに比べて、烏口骨（矢印）の発達がよい。H は上腕骨。

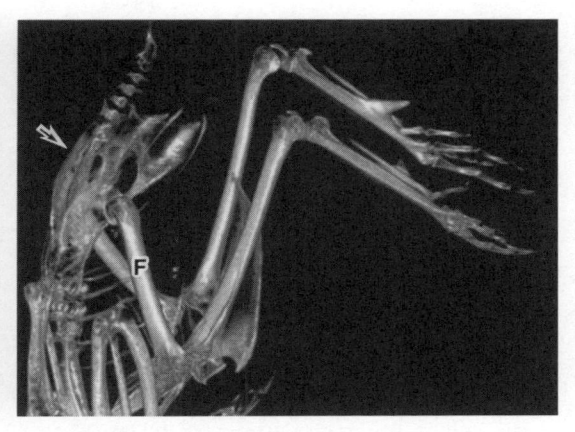

図 3-4　鶏の後肢骨格を左側面より観察した。写真上方が尾側。CT スキャンによる断層撮影をもとに三次元復構したもの。後位胸椎まで取り込んだ腰仙骨（矢印）に大腿骨（F）が関節している。

る物理学的な見方がもっとも大切にされる部位であることも確かだ。

　四肢は、野生動物医学の実際的場面では運動機能のもっとも精巧なシステムとして語られることがあろう。すでに述べたとおり、よく扱う哺乳類においては非常に単純化され、屈曲・伸展、内転・外転、回内・回外といった概念的な動きを実現する機構をシステムとして備えている。もちろんこうした動きの数々はそれぞれの関節で約束されていたわけではない。ここでは原始性の強い両棲類の四肢機構をとらえて、その実際をご覧いただくことにしたい（図 3-5）。他方で、進歩した四肢

マクロ機構の詳細については、機能性や臨床的意義を踏まえた獣医学と医学の成書があるので、参考にしていただきたい（Kahle et al. 1979, Dyce et al. 2010）。

5. 運動器の解析における疑似物理学的視点

　述べてきたように、対象が生き物である以上、野生動物の形態は歴史科学として進化学的視点から比較と総合のまないたの上に乗る。他方それは運動する機能を有する以上、必ず物理学の運動の記述に近似されるはずである。しかし、これまで

図 3-5　オオサンショウウオの前後肢を見る。CT スキャンによる断層撮影をもとに三次元復構し、背腹方向に軟部を透過させた像。遊泳時の機能性は高いが、体重を支えたとしても体幹を持ち上げるほどの大きな構造ではない。

のところ形態学も野生動物医学も，その責任を果たしてきたとはいいがたい。その理由の大きな部分は，動物のかたちと運動が複雑すぎて，単純な運動に近似できないからである。運動の疑似物理学的検討を旨とする領域には例えばバイオメカニズム，生物工学，人間工学といった名称が与えられ，活発な討議の場となってきた。少なくとも分子細胞生物学しか議論しない獣医学研究の場よりもはるかに有意義な足跡を残している。

　これらの領域に一貫する視点は，剛体の力学である。通常そのモデルは単純で，筋肉が物体（骨）を引っぱって動かすという構図で描かれる。概念的であるが，筋肉を f，骨の質量を m として f = ma で全てを語るのが，この視点だ。ただし先述のように，現実の筋肉も，現実の骨格も，現実の関節も，そして現実の生体全体が，運動方程式の集合体として描くにはあまりにも複雑過ぎる。その難しさを少しでも克服するために，筋肉のデータ収集には様々な手法が試みられてきた。もっとも簡便なのは，例えば筋重量を測定して筋力の指標とするもので，たいへんよく用いられる。その場で側定される筋肉の重さという最大限にあいまいな概念から，インキュベーターで 1 週間乾燥させるといった乱暴ながら多少なりとも再現性を確保しようとする研究手法まで様々工夫が講じられてきた。

　通常筋肉のスペックの定量化には，生理学的筋断面積（physiological cross sectional area：PCSA）の概念を導入することが行われる。PCSA の基本は，筋力が筋肉の断面積に比例して決まることから，測定した筋重量を，同じく実測により求めた筋束長で割ることから算出される。

　問題は筋束の方向性は無限に複雑であるため，不定形で柔軟な構造である骨格筋を対象に筋長を直線に当てはめ計測することを強いられることである（図 3-6）。筋が紡錘形に近ければともかく，羽状や多裂状であったり，空間的に煩雑な走行をとるとすれば，筋長の測定部位の選択は困難を極める。現実には PCSA の算出に高い再現性を求めることは困難で，常にある程度の人為的な誤差を含む概念である。

　他方，動かされる対象である骨は標本から質量を求めることが普通に行われてきた。現実の生体は骨のみを運動させる訳ではないのだが，研究の困難さから生体の部分（セグメント）質量を丸ごと算出することはほとんど行われてきていない。だが，骨やセグメントの重心は，現在では三次元計測により近似的に求めることができる。X線CT により CT 値をもった位置ベクトル情報を骨体や生体セグメントごとに得ることができるため，条件付けしながら重心位置を求めることは容易である。後で述べる関節の可動域や抵抗性を除けば，PCSA と三次元形状データにより，動物の運動を剛体の運動として数値化する目標に達することができる。こうしたマクロ機能形態学の手法は，獣医学よりも人類学や霊長類学，バイオメカニズムで発展を見ているので参考にされたい（荻原・工内・中務 2006，荻原 2008）。

　他方，関節の形状も定量化の難しい研究対象である。最も単純な場合に，関節面の形状から回転の中心を設定し，円運動に近似する手法が用いられる。また明らかに適合しやすい場合には，使いやすい数学的に単純な曲面を導入して近似することもできる。このように，筋力，剛体，そして関節の可動性・抵抗性を考慮して，機能形態学は生体の運動を定量化することに挑戦しているといえ

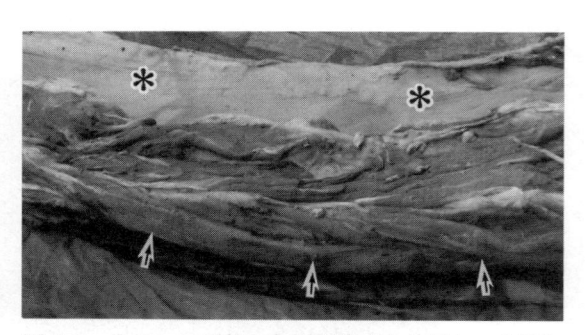

図 3-6　キリンの頸部を左側面後方から見た。中層から深層にかけての骨格筋が観察される（矢印）。これだけ複雑な構造をとる骨格筋の筋力性能を物理学的に単純に記述するのは困難が伴う。しかも背側には分厚い項靱帯が張っている（アステリスク）。このような構造体の運動モデルを記述することは今後も不可能に近い。（浜松市動物園より東京大学総合研究博物館に寄贈された個体で撮影）

る。

　一方でまったく逆の視点として，そもそも運動自体を三次元で入力してしまい，スペックを力学的に要素還元しないという考え方もとられてきた。今日，X線による三次元入力技術の発達がそれを可能にしているといえる。この手法を採る場合，骨の質量や重心，筋肉の収縮力や形状，関節の抵抗性や可動域を議論することは後まわしにしたうえで，単純に運動を三次元データとして丸ごと記録するというアイデアに立っている（Keefe et al. 2008, Brainerd et al. 2010）。

　X線の動画カメラを使うことで，動物の運動能力は，連続透視像として入力される。それを多軸化（二軸化）することで運動をかなりの精度で三次元化できると考えられ，他方でCTスキャナーなどで入力された骨格をその三次元空間に挿入することで，骨格や筋肉の運動スペックが何ら把握されていなくても，現象としての運動が丸ごと三次元的に記述されることになる。筋と骨の推定スペックから作られる運動モデルでは，所詮は現実的な解析結果は得られないと断じる立場からは，この多軸X線カメラによる三次元透視動画の集積は，むしろ優先してとりかかるべき運動機能解析の手法だと考えられることがある。

　なお，野生動物医学は哺乳類や鳥類を対象とすることが多いと思われ，その点からは咀嚼運動の基礎的解析は今後も注目を集めるだろう。極限の進化学的適応を見ておくことは無意味ではないと思うが，回転軸を90°傾けるまで進化したオオアリクイの咀嚼機構の解析の例を報告しているので参照されることを期待する（Endo et al. 2007）。そのほか哺乳類の運動器のマクロ機能形態学については成書（遠藤2002a）を参照されたい。

6. 遺体科学的アプローチ

　マクロ形態学の健全な発展のために，本節では筆者の提唱してきた「遺体科学」の理念と実践を紹介しておきたい（遠藤2006）。

　生物学は，研究対象を遺伝子に還元して扱うものではないのだが，現実の日本のいわゆる動物学が分子生物学のみになってしまっているゆえ，機能形態学のデータとなる動物死体がまったくといっていいほど学界から重要視されなくなってしまっている。そのことは，動物学や獣医学における解剖学と形態学の不在と表裏一体である。今日獣医学における解剖学は発見と理論創成の場としては存在せず，国家試験受験カリキュラムの遂行というサイエンスとは離れたところに置かれてしまっている。そこには動物死体を研究対象として見る好奇心はまったく存在を許されず，実習カリキュラム用にビーグル犬の購入代金が予算化されているかどうかが全てとなってしまった。

　しかし，時代の如何を問わず，マクロ機能形態学の発展のために必須の施策は，動物遺体の無制限無目的収集である。もちろん純粋な収集のみであれば，それは体系との間に距離をもちすぎる可能性もある。当然収集の後には，解剖と探究がともなっていなければならない。見方を変えれば，動物園や水族館などの社会教育機関は，動物遺体に関しては，発案次第でいろいろなアプローチを採り得る可能性をもっている。

　例えばルーチンで病理検査・剖検を行っているとして，少し発想を変えるだけで新しい研究を開始することさえ可能だ。気づかれた読者もいようが，マクロ研究は外部形態でも内部構造でも，事前に研究が計画化され得るとは限らない。むしろ生じている死体に対して，研究する人物がいかに有能にふるまうかが問われているともいえる。形態学の研究である限り，冒頭に語った通りの五感を用いるという特徴に加えて，この「死体を前にしてその場でいかに豊かな新しい研究が構想できるか」という点が，この分野の研究の成否を決める。予想さえしていなかったような死体の出現状況に対して自らがいかに執着心をもって行動するかが，問われている研究の能力に等しいのである。

　先に「無制限無目的収集」と書いた。これは解剖体の種や性別や年齢や状況を期待したところで，研究者がそれを決められるものではないという事実と裏腹である。明確にいうと，解剖学にお

いて，特定の種の専門家や特定の部位の専門家というのはあってはならない。なぜならそれは死体を事前に取捨選択していることを意味するからである。解剖する当事者に得意不得意はあろうし，地の利や状況の多様さもあろうが，死体群に対して企図してそれを選択しているようでは野生動物の解剖学を担うことはできない。

いかなる状況，いかなる遺体に対しても最高度のマクロ形態学を進めるべきであるという姿勢は，実際の現場では解剖する人間とその体系全体が，死体を生じている社会といかに真剣に融け合うかという責務を語ることに等しい。野生個体であれ，動物園飼育個体であれ，研究者の古典的な誤りの1つに，死体を生じる社会を自らの収奪の場だと考えて政策化することがあげられる。突然現れた大学教授が，国政プロジェクトの中に社会教育が取り込まれていて，動物園飼育個体があたかも科学技術界の生物資源として徴用されるべきという主張を展開する様に出会ったことはないだろうか。けっしてそのような材料収奪概念を許してはならない。形態学に限らず，動物遺体はつねに現場からのボトムアップによって行く末を決められるべき社会共有の宝なのである。

さて収集される遺体であるが，外部形態としての検討も内部メカニズムの解析も一定程度遺体の保存という行為が伴ってこそ，研究環境の向上につながる，現実には，骨格の徹底的収蔵はマクロ形態学のつねなる基本といえる。骨さらしの基本手法は成書（八谷・大泰司 1994，遠藤 2003）に記されている通りだが，今日の日本で骨制作を日常の当然の仕事として認められている組織は少ない。理念的にも標本収蔵は評価されず，標本に関連したインフラ整備や，教育研究の手当てがなされることは極めてまれであろう。しかし，現実にできる範囲で標本を収蔵し，マクロ形態学研究の基盤に据えない以上，形態学研究は発展しないと銘記するべきである。一度に巨大なコレクション収蔵に取り組むような無理をするのではなく，小規模で長期的に継続できる収集収蔵体制を築くことが肝要だろう。骨制作においては，最低限で

も生じる廃棄物や，一部の人間に迷惑とされる臭気の問題も解決していかねばならない。これも組織，機関としての収蔵活動への理解が進まない場合は，時に解決困難な案件として浮上しよう。しかし，標本収蔵を是としない組織にマクロ形態学を背負う能力はない。マイナスの歴史を歩んでしまう前に，標本収蔵への根本的理解を生起，確立させることの方が，研究機関にとってはるかに有意義なことであると断言しておく。また内蔵など軟部構造の保管に伴う固定試薬の管理などが無意味に煩雑化している事態も大いに問題である。標本を1つ残すのにその20倍の枚数の書類が必要であると揶揄される近年の表層的リスク管理，文書主義，形式的ルール盲従は，現場の人間の手で打破しなければならない課題だ。

7. マクロ形態学の実際

マクロ形態学の具体的手法は，検討対象が軟らかいか硬いかによって大ざっぱには二分されるといえる。本論の前半でその概略を脊椎動物の体構造の把握という観点から述べたところであるので再度読み直して頂きたい。ここではさらに具体性を高めて手法として考えておきたい。

まず硬組織の場合，計測が第一にあげられてきた。古典的にはスケールやノギスが用いられ，昨今ではCTやレーザーなどのスキャナーにより三次元計測される，例えばであるが，骨計測には計測に用いるランドマークを定めた成書がある（Duerst 1926，斎藤 1963，Driesch 1976）。

三次元計測の場合には，実際には例えばCTの場合にはボクセルデータをその後どのようにコンピューター上で扱っていけばよいかという，古典的計測法とはまったく異なる問題を抱え込むことになる。三次元的な観察データとして見るだけであれば，Virtual Place（株式会社AZE，東京）という，CTにかなりのシェアで附属される臨床診断ソフトの画像表現力と操作性が大いに頼りになることがある。こうしたソフトウエアによって，CTのデータは硬組織のみならず，例えば皮膚構

造や耳管憩室など，三次元化が長らく難しかった軟部立体構造の検索にも利用される幅が広がったといえる（Endo et al. 2009a・b）。

しかし臨床に用いられる診断のためのソフトでは，実際には計測や解析には不十分である。それ以上の基礎的な仕事は，ボクセルデータから多面体の，いわゆるポリゴンデータに変換して作業することとなろう。因みにポリゴンは多面体各面の法線ベクトルを主体としたデータで，この段階まで持ち込めば，動物の形は立体幾何学の世界で取り扱うことが可能となる。

18世紀以来久しく，マクロ軟部構造は基本的に非計測学的な文章により記載される対象である。そのことは筋肉，内蔵，脈管，神経などの軟部構造が，なかなか客観的で再現性の高い観察対象になり得なかったことを意味する。しかし，形態学はその状況を手をこまねいてみている訳ではなく，充実した記載論文，著作を数知れず生み出してきた。

軟部構造は軟らかいがゆえに記載に用いる言葉も安定しないが，それでも詳細な記述と適切な図の描画で，その課題を克服してきた。なかでも図の発展は著しく，解剖図はいわゆる博物画の一領域として美術界を牽引する役割すら担った。動物の外部形態の描画がデッサンの基本教材になり得るのは周知の通りである（Ellenberger et al. 1949, Seton 2006）。また運動の連続写真も芸術と形態学の基礎資料であり続けている（Muybridge 1957）。

軟部組織の形や機能を論じるにあたっては，とりわけ，脊椎動物の進化史上において，それぞれの構造がどのような歴史を歩んできたか，一通りの理解を頭に入れておくことは必須である。古典的な書物も含め，野生動物医学としてマクロ形態学を扱うのなら，ぜひ読まれることをお勧めする（西 1935, Romer & Persons 1986, Kardong 1995）。

軟部構造を扱うときに，しばしば神経や脈管は実質臓器や主要器官本体よりも歴史性に対して豊富な情報を具備している。以下に考え方の1例を紹介しよう（図3-7）。

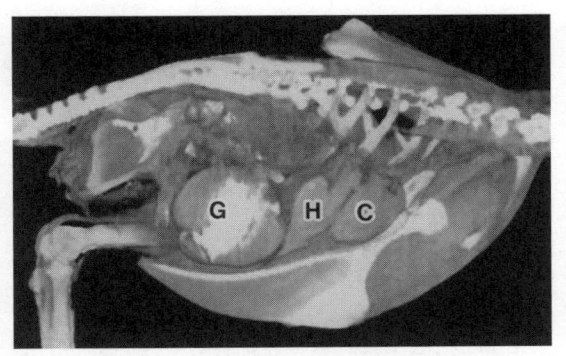

図3-7 鶏の体腔内を，右少し後方腹側から見た。写真上方が背側。CTスキャンからの三次元復構像を再度切削したもの。心臓（C）の後ろに肝臓（H）が見え，その後ろはX線吸収の大きい内容物を残した筋胃（G）が見える。ここに見えている心臓から腹壁にかけては，胎生期に卵黄静脈が存在した領域と考えることができる。卵黄静脈は発生する肝臓によって遮られるが，一部は肝門脈としてその跡をとどめることが，この体腔の構築から理解できる。

鳥や獣の腹壁を開けると肝臓が目に入り，手をさし入れるだけで後大静脈と肝門脈が観察できよう。基礎的知識があれば，肝臓の辺縁にときに痕跡として残る肝円索が臍帯の名残りであることは知っていよう。そして，それを含む肝門脈は，卵黄静脈の成れの果てであることも理解されよう。卵黄静脈は，間違いなく脊椎動物の最古の腹側血流路であるに違いない。おそらくは5億年前の原始的頭索類にすら，それは存在したはずだ。そして，それは心臓が現在のように特殊化する以前は，きっと体腔上皮に薄皮1枚で覆われただけの心臓の一部であったということができる。この巨大で最古の血管は，偶然その後に発達する肝臓によって心臓との間をさえぎられているだけで，現実には心臓の一部なのかもしれない。そして同じ考えに立てば卵黄静脈の基部から背側へ立ち上がっているキュヴィエ管は，哺乳類では前方に傾き，前大静脈に化けている。これもまた心臓の一部かもしれない。

このように歴史性をもって推察していくのが，軟部構造のマクロ形態学のストーリー展開である。鳥の翼が人の前肢と同じものであることを知

るという当たり前の知識の運用は，このように肝円索を見て心臓の数奇な運命を語ることができるのと等しい。マクロ形態学が軟部を扱うとき，観察者はいつもこうした時空を超えた思考をもって，表現型と相対する必要がある。

8. マクロ形態学の真の発展のために

マクロ形態学は教科書と称して少ない紙面にまとめられるような単純明快な作業とは本質的に異なっている。論理性と手法を並べてその日から模倣できる領域と異なり，現実に取り組んでいる人物の人生を包含した日々の営みであるということができる。仮に教科書と呼ばれるとしても，各論の羅列には大きな意味はないと考え，本論を概念論でまとめた。本論ではすぐに援用されるような個別の論点を問うたつもりはなく，データ解析の実務を通りいっぺんに触れて終わったつもりもない。ここでは，マクロ形態学がもつ歴史科学としての属性が読者に感じられれば幸いである。またその属性に触れたことで多くの読者がこの領域で活躍する動機を高めることを期待する。

環境適応と組織

野生動物は温度，水，空気や太陽光線など地球上の様々な環境条件に適応し生存しているが，それぞれの適応は細胞レベルでの機能が基本になっている。

動物の細胞は $10 \sim 20 \mu m$ の大きさで，細胞質と核からなり，細胞質の中にはエネルギーの生産場所となるミトコンドリア，物質の合成・分解や分泌に関係する小胞体，ゴルジ体，リボソームなどの細胞小器官が存在する。1つ1つの細胞は様々な機能を持ち，同じ機能を持つ細胞が集まり組織を形成する。組織は上皮組織，結合組織，筋組織，神経組織に大きく分かれ，これら組織が組み合わさり一定の構造と機能を持ったものが器官となる。器官には，体の支持と運動を行う運動器系，ガス交換に関係した呼吸器系，栄養の吸収と貯蔵の消化器系，排泄と繁殖に関係した泌尿生殖器系，血液の循環により栄養素と酸素，また老廃物を運搬する循環器系，ホルモンに関係した内分泌系，脳・脊髄など伝達系の神経系，眼・鼻・耳・味覚と触覚などの感覚器系に区分される（大泰司 1998，Ross 2006）。

1. 組織の構造と機能

1）上皮組織

上皮組織は体表や体腔内の内面を覆い，体と環境との境界に存在し，その構造や機能は環境適応に重要な働きをする。上皮の機能には分泌，吸収，輸送，保護，外部刺激の受容体機能などがある。上皮組織の分類は，単層の細胞層の単層上皮と2層以上の細胞層からなる重層上皮からなり，構成する細胞形態によって，扁平，立方，円柱に分かれる。また，特殊な上皮組織に多列上皮と移行上皮がある。多列上皮は，一部の細胞が表面に達していないが全ての細胞が基底膜に接し，一見重層上皮に見えるが単層上皮である。移行上皮は拡張することが可能な重層上皮である。

上皮組織は細胞の組み合わせにより単層扁平上皮，単層立方上皮，単層円柱上皮，多列上皮，重層扁平上皮，重層立方上皮，重層円柱上皮，移行上皮が存在する（森川 1999，Ross 2006）（図3-8）。

2）結合組織

結合組織は，組織と組織の間に存在し，細胞間の結びつきや，物質の生産，水分や栄養分の供給，脂肪の貯蔵，食作用や抗体産生など特異な機能を有する。細胞間物質の中では，軟骨，骨，血液など特殊化した結合組織もある。通常の結合組織は疎性結合組織と緻密性結合組織の2つのタイプがあり，疎性結合組織はコラーゲン線維，弾性線維，細網線維，線維芽細胞が含まれ広く体内に分布し，組織や器官の間に入り間隙を埋め相互の接

	種類	主な存在部位と機能
	単層扁平上皮	血管系内皮。体腔中皮。障壁と物質交換
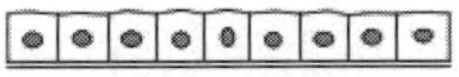	単層立方上皮	外分泌腺の導管。障壁と分泌・吸収
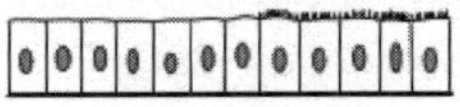	単層円柱上皮（刷子縁）	消化管上皮。吸収と分泌
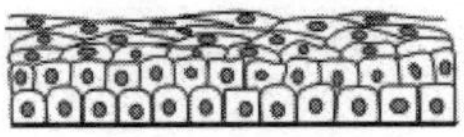	重層扁平上皮	表皮，口腔，肛門。保護
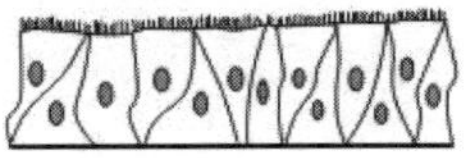	多列（線毛）上皮	気管・気管支
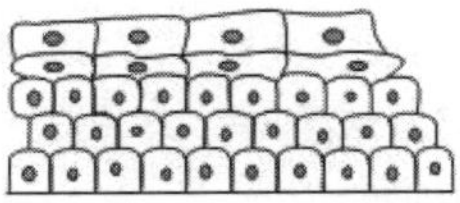	移行上皮	腎杯，膀胱，尿道。拡張可能な上皮

図 3-8　上組織の種類

着に作用する。緻密性結合組織はコラーゲン線維が多く詰まっており，細胞数が少ない組織の支持を担う。骨組織は器官を支持する組織であり，頭蓋は脳，胸郭は胸部臓器，脊椎は脊髄を保護する。また骨と骨は付着する筋肉の収縮により関節が可動する。骨質にはカルシウムとリンが含まれ，血中のカルシウム濃度を調節し，また骨髄には造血機能がある（和栗 1999，Ross 2006）。鳥類の長骨は中空で含気骨となる。

3）筋組織

筋組織は，収縮性蛋白質であるアクチンとミオシンを持ち，それぞれの細胞は特有の配列をとり筋肉の運動を可能にする。筋肉は，骨格筋，平滑筋と心筋が存在し，細胞の形状や配列が異なる。骨格筋は横紋筋とも呼ばれる随意筋であり，平滑筋は消化器官，呼吸器，泌尿器生殖器など管腔臓器に内在する筋肉で，長細い紡錘型の細胞からなり，ゆっくりとした持続性の運動に特化した筋肉である。心筋は心臓を形成する筋肉で横紋を有し基本的には骨格筋と類似しているが，核が細胞の中央にあり，自発的な規律収縮（拍動）を行う。心臓の内膜下には特殊心筋があり，心筋よりも太くグリコーゲンを豊富に含みプルキンエ線維やヒス束など心臓の刺激伝導を行う（鈴木 1999）。

4）神経組織

神経組織は外部環境や内部環境の変化に対して体が対応できるようにするための情報伝達システムである。神経組織にはシナプスを介して情報を伝達する神経細胞（ニューロン）とこれを支持し栄養を供給する神経膠細胞（グリア細胞）からなる。神経細胞は細胞体とそこから突起した神経線維からなり，神経線維は樹状突起と 1 本の軸索からなる。神経系には，脳，脊髄の中枢神経系と中枢神経系以外で 12 対からなる脳神経，脊髄神経などからなる末梢神経系がある。末梢神経の末端には自由に終わるものと終末装置で終わるものがある（Ross 2006）。

2. 外部環境と組織適応

1）体表および付属器官

体表は外部環境と接する部位であり，その最も重要な機能は物理的・化学的な曝露からの体の保護と環境の刺激を察知するセンサーの働きである。体表には皮膚と被毛と皮膚腺が存在し，特殊化した皮膚には爪や角がある（Romer 1977，大泰司 1998）。皮膚は表皮と真皮からなり，表皮

は基底層，有棘層，顆粒層，角質層の4層からなる重層扁平上皮で構成されている。真皮は，表皮に指状に入り込む真皮乳頭を形成し，表皮と密接に接合する。物理的な力を受ける部位では，より深く入り込み密着を増している（Hofmann 1952・1954）。真皮は乳頭層と網状層からなる。乳頭層は表面に近い層で疎性結合組織からなり，網状層は乳頭層の下層に位置し太いコラーゲン繊維や弾性繊維からなる。網状層の下層には脂肪層が存在し，エネルギーの貯蔵や断熱効果を示す。寒冷地の動物や水棲動物では防寒として皮下脂肪を蓄えている。特に鯨類の皮下には，哺乳類の皮下脂肪と異なり筋肉や結合組織が入り込んだ弾力性がある脂皮（blubber）と呼ばれる厚い脂肪層があり，断熱作用やエネルギー源，また浮力に関係している（Romer 1977，大泰司 1998，遠藤 2002b）。

動物の皮膚は一般に背中側が厚く，腹側が薄くなる。体の大きなゾウやサイなどは特に皮膚が厚く，厚皮動物と呼ばれる。また，アルマジロやセンザンコウでは鱗状に角質化した硬い皮膚が全身を覆い，アルマジロは表皮鱗と真皮にある骨質板が結合し鎧のような皮膚となる（Romer 1977，大泰氏 1998）。

四肢の先端部には皮膚が特殊化した肉球，爪や蹄がある。肉球は角質層が肥厚し肉球皮下組織を形成し，走行時の衝撃吸収のクッションの働きを持つ。爪は指先の背側の皮膚が角質化したもので，平爪，鉤爪，蹄がある（図3-9）。

2）環境の刺激を察知するセンサー

皮膚には様々な種類の感覚器官が存在し，受容体には自由神経終末と被覆終末装置の知覚神経終末がある。自由神経終末の多くは皮膚の基底層に終わり，触覚や熱感，冷感などを感じる。被覆終末装置にはグランドリー小体，クラウゼ終板，パチニ小体，マイスナー小体，メルケル円盤，鳥ではメルケル小体，ヘルベス小体などがある。いずれも機械的な刺激の受容体となる（図3-10）。

3）皮膚の付属器官（被毛・腺）

皮膚の付属器官として，被毛，汗腺，脂腺などがある。被毛は哺乳類だけに存在する表皮の角質

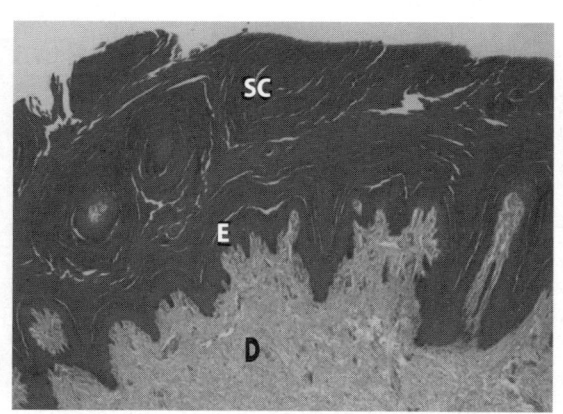

図3-9　キツネ（*Vulpes vulpes*）の肉球
HE染色，100倍，SC：角質層，E：表皮，D：真皮

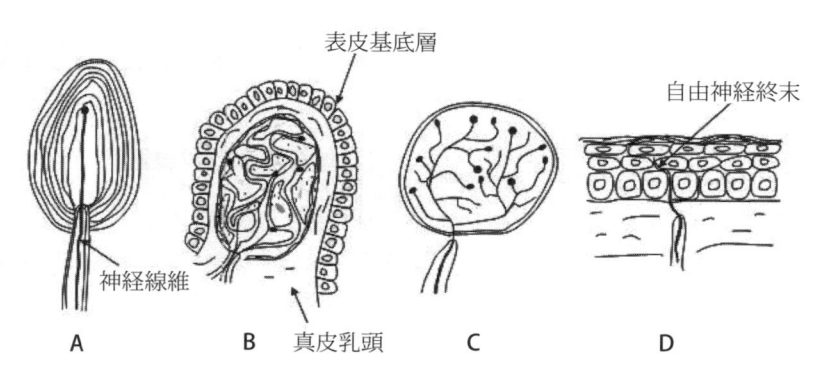

図3-10　神経終末装置
A：パチニ小体，B：マイスナー小体，C：クラウゼ終板，D：自由神経終末

層が変化したもので，体表のほとんどの部位に見られるが，肉球，唇，生殖器の周囲にはない。構造は毛の中心部の髄質，髄質周辺部の皮質，毛の外側に存在する扁平な細胞の毛小皮の3層からなる。毛小皮は鱗状に並び動物種によって配列や形が異なっている（Dyce 2002）。

被毛は形態により3種類に分けられ，①太い髄質と薄い皮質を持ち通常タテガミと呼ばれる第一上毛，②細い髄質と厚い皮質を持ち体表に生える，③髄質を欠き細く密に生える下毛（綿毛）がある。体毛は第二上毛（主毛）が軸となりそのまわりに下毛が生える毛群を形成し，空気の層を作り断熱性を高める。被毛は全ての哺乳類に存在するわけではなく，地中の安定した温度の環境下で生活するハダカデバネズミ（*Heterocephalus glaber*）や水中生活に適応した鯨類では被毛が消失している。また，ヤマアラシ，ハリモグラやハリネズミの仲間の被毛は大きく針のように角質化しており，防御としての役割を持っている（黒田1963）（図3-11）。動物には被毛とは別に触毛がある。特にネコ科では著明であり，口唇のまわりや眼窩の上下，オトガイなどにある。触毛の毛根部には末梢神経が分布し敏感な触覚器官である。また，動物の被毛は，通常第二上毛と下毛が春と秋に生え換わる換毛が行われ，冬毛では下毛が多く主毛も長くなる。

4）汗腺と脂腺

皮膚には汗腺と脂腺があり，汗腺にはエクリン腺とアポクリン腺がある。エクリン腺は，盲端の単純なコイル状の管で，塩化ナトリウムや尿酸，アンモニアなどを含む低張性の低蛋白質の汗を分泌する。エクリン腺は，人で全身に分布し，体表に分泌された汗の蒸発により体を冷やし体温を調節するが，動物では犬の肉球や馬の蹄叉など一部に限局する。アポクリン腺は毛胞に開口するコイル状の管状腺で，エクリン腺よりも太く分泌物を管状に溜めておく。分泌部は単層上皮で構成され筋上皮細胞の収縮により分泌物を放出する。動物では全身に分布し，フェロモンを含む蛋白質の分泌物は，なわばりや繁殖，社会行動に重要な働きをする。

脂腺は皮脂の分泌を行う腺で，皮膚や毛をコーティングし防水性を高める。動物の中には特定の部位で発達した脂腺（変形腺）を持ち，なわばりや繁殖に関係した個体間や種間でのコミュニケーションに作用する。変形腺には，ネコ科Felidaeの口唇にある口周囲腺，発情期の雄の山羊の角腺，ゾウやウシ科（Bovidae）で見られる眼窩下洞腺，イノシシ（*Sus scrofa*）の手根腺，カモシカ（*Capricornis crispus*）の趾間洞腺，食肉類の尾腺，肛門周囲腺，肛門傍洞腺などがある。肛門傍洞腺はスカンクやイタチの仲間では特殊化し危険が迫るとそこから強烈な臭いのある分泌物を放出し身を守る（黒田1963，Dyce 2002）。

アポクリン腺が変形した腺に乳腺がある。乳腺は結合組織と共に乳房を形成し，動物種によって乳房の数は様々である。食肉目や齧歯目の多産の動物では胸部から腹部にかけて多く見られるが，牛では腹部に2対，ゾウやマナティーでは脇下に1対，山羊では腹部に1対となっている。また水中生活に適した体形を有する鯨類では，通常，乳頭は生殖溝の外側にある溝の中に収まっているが，哺乳時には溝から突出する（伊藤2008）。

鳥類には，尾端背側に位置し，羽つくろいの油として水鳥で特に発達している尾脂腺がある。尾

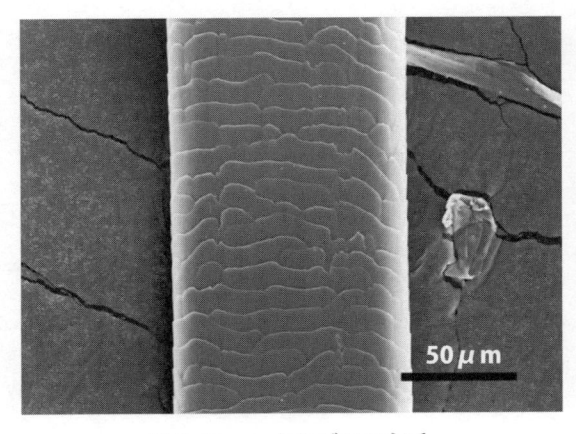

図3-11　ハタネズミの主毛
鱗状に並ぶ毛小皮が見られる。

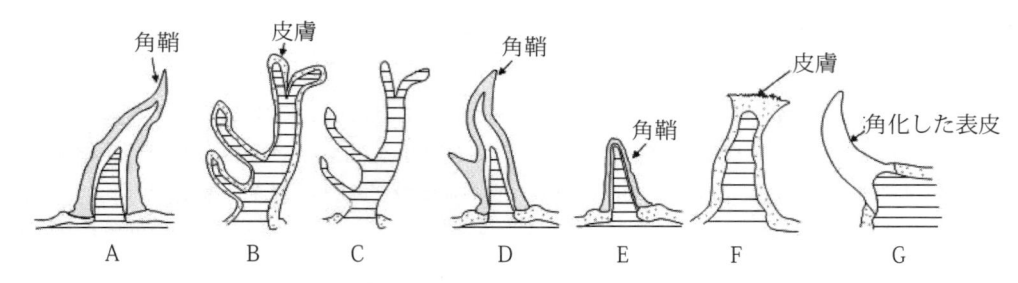

図3-12 いろいろな角の断面図
A：洞角，B：枝角（袋角），C：枝角（枯角），D：プロングホーンの骨角，E：プロングホーンの落角後，F：キリン，G：サイの表皮角
≡：骨質
〔Romer, A.S. & Parsons, T.S.，(1977)：The Vertebrate Body, 5ed の図を改変〕

脂腺は皮膚が盛り上がった尾腺乳頭を形成し，先端が後方を向く，腺は左右一対からなり尾腺乳頭に開口する。

5) 角

有蹄類には武器やディスプレイのために角があり，洞角，枝角，とそれ以外の角に区分される。洞角は前頭骨の角突起を角化した角上皮（角鞘）が包んだもの，ウシ科の動物にあり，雄雌両方に存在する。角は夏に成長し，冬に停滞するため角輪が形成され，角輪を数えることにより年齢を推定することができる。

枝角はシカ科特有で，マメジカなど原始的なシカでは枝分かれしていない1尖の角を持ち，ニホンジカ（*Cervus nippon*）では4尖，トナカイ（*Rangifer tarandus*）では複数に枝分かれする。例外があるものの，一般には雄に見られる。枝角は毎年生え換わり，繁殖期には大きくなった角を武器に闘争を行う。枝角の生え換わりは血中テストステロン値が低下する春に落角が起こる。落角は破骨細胞によって前頭骨角突起の起部が吸収されることにより起こるが，角はその後，造骨細胞によって再び形成される。角は発育時に皮膚に覆われた袋角を形成し，発情期が近づき血中テストステロン値がピークを迎えると袋角の血行が止まり皮膚の脱落が始まり骨質の角が露出する（高槻2006）。

その他，プロングホーン（*Antilocapra americana*）の角は，構造は洞角と類似しているが，角鞘が枝分かれし脱落し毎年生え換わり，キリンやオカピ（*Okapia johnstoni*）の角は角突起が角上皮でなく皮膚で覆われる。洞角や枝角とは異なる構造にサイの角がある。サイの角は骨質の角突起はなく，角化した表皮からできた角で表皮角と呼ばれる（Romer 1977）（図3-12）。

3．循環器官

循環器系は心臓と血液循環路である血管からなる。心臓から動脈系に押し出された血液は，全身の組織に張り巡らされている毛細血管に運ばれ，組織に酸素や栄養素を供給し，組織から二酸化炭素や代謝産物を受け取り，静脈系にて再び心臓にもどる。血管は内膜，中膜，外膜の3層からなり，内膜は単層の内皮上皮細胞，中膜は輪状の平滑筋線維と弾性線維および結合組織，外膜は弾性線維と結合組織からなる。大きな動脈は筋繊維が少なく，弾性線維が多くなる。静脈は筋繊維や弾性線維が薄く，内壁には静脈弁があり，血液の逆流を防ぐ働きをする。

全身組織に分布する毛細血管は，末梢で毛細血管網を形成し，最も細い細動脈は毛細血管網に入る血液の流入を調節する。細動脈に続く毛細血管網や毛細血管後細動脈によって，組織の微小循環が形成される。静脈は毛細血管後静脈から始まり，微小循環から血液を集めて心臓に運ぶ。

微小循環には血液が流れる毛細血管と毛細血管を通らない短絡系の動静脈吻合があり，皮膚にお

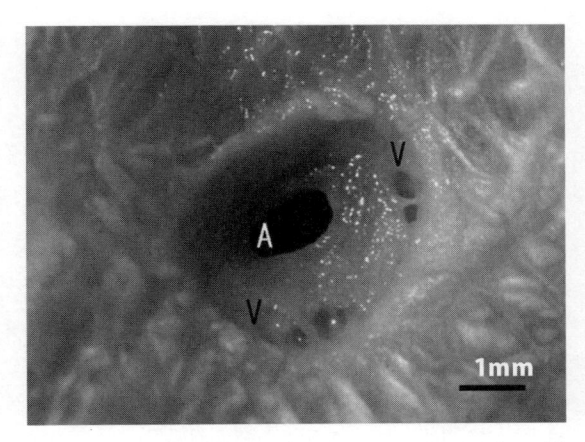

図3-13 ネズミイルカ（*Phocoena phocoena*）の尾鰭の動脈（A）を取り囲むように位置する静脈（V）。

いては熱放散の調節に機能している。短絡系の細動脈は厚い平滑筋層を持ち，平滑筋が収縮すると毛細血管に血液が流れ，弛緩すると短絡系の吻合を通り静脈に血液が流れる。短絡系を閉じ毛細血管への血液の流入を多くすると熱の放散が増え，反対に，短絡系を開くことによって毛細血管への流入量が減少すると体温が保持される。体温調節は皮膚の汗腺や保温効果のある皮下脂肪のほか，皮膚に分布する動静脈吻合によっても行われる（村上 1999）。

特に鯨類では脂肪層がない前肢や尾鰭で，動脈を囲む静脈網が発達し，末梢へ流れる温かい動脈血が末梢から戻る冷えた静脈血と熱交換をするため，動脈血は冷えた状態で末梢に向かい熱放散を少なくする対交流熱交換システムによって体温の調節を行っている（伊藤 2008）（図3-13）。

4．呼吸器官

動物は体表または呼吸器官で酸素を取り入れ二酸化炭素を放出する呼吸を行う。多くの動物は肺呼吸によりガス交換を行うが，魚類では鰓呼吸を行い，両生類では肺と湿り気のある毛細血管が発達した皮膚を通じガス交換を行う。呼吸器官ではガス交換のほか，吸気の清浄，嗅覚，免疫反応にも関与する。また呼吸によって放熱や水分の喪失が起こる。

1）哺乳類の呼吸

哺乳類の呼吸は，吸息運動と呼息運動によって行われる。吸息運動は横隔膜の沈下と外肋間筋による胸郭の挙上によって起こり，呼息運動は内肋間筋による胸郭の沈下，横隔膜の上に挙げることにより起こる。呼吸運動は肺自体の収縮ではなく，呼吸中枢によって自動的に調節される。

呼吸器官は外鼻腔，鼻腔，咽頭の気道上部と喉頭，気管支，肺の気道下部に分かれ，ガス交換は気道下部の呼吸細気管支，肺胞管，肺胞嚢，肺胞で行われる。

動物の空気の出入り口となる外鼻腔は吻部にあり，外鼻腔に続く鼻腔は臭いを感知するだけでなく，冷たく乾燥した空気の加湿加温と物質の除去が行われる。

鼻腔は鼻中隔で左右に仕切られ，前庭，呼吸部，嗅覚に分かれる。前庭は前方で外気と連絡し顔面皮膚と連続した重層扁平上皮に覆われ鼻毛が生え，鼻毛は呼吸による鼻腔内への粉塵が侵入を防ぐ。呼吸部は多列線毛円柱上皮で覆われ，鼻甲介によって表面積が増し，加湿加温の機能が増大する。嗅部の内面は嗅粘膜に覆われ，嗅上皮と漿液性の嗅腺がある。嗅腺からの分泌液はにおい物質を捕捉し，上皮表面から物質を洗い流す。

咽頭は鼻腔と口腔を喉頭と食道へ連絡する部位であり，空気と食物の通路となる。喉頭は咽頭から気管につなぎ，喉頭蓋により食べ物と空気を仕分ける。また発声に関与する声門がある。

気管は空気を通す管として喉頭から胸の中央に達し，2本の気管支に分岐し肺に入る。気管は前後に連なったC字型の気管軟骨が支持し，呼息時に気管内腔の虚脱を防止する。粘膜上皮は多列線毛上皮からなる（山本 1999）。

気管は左右に分かれ一次気管支（主気管支）となり肺に入り，葉気管支に分かれる。肺は左右数個の葉に分かれ，反芻類では左側に3葉，右側に5葉の8葉，馬では左側に2葉，右側に3葉の5葉，犬，豚，猫，ウサギでは左側に3葉，右側に4葉の7葉，ハムスターやラットな

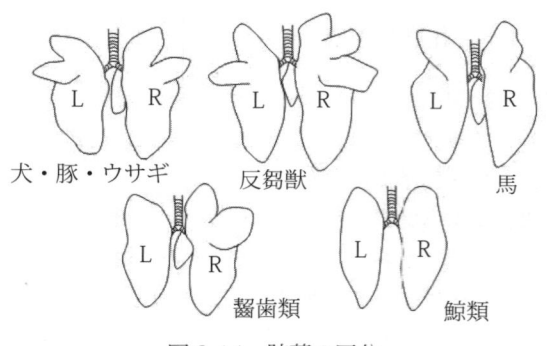

図3-14 肺葉の区分
L：左肺，R：右肺

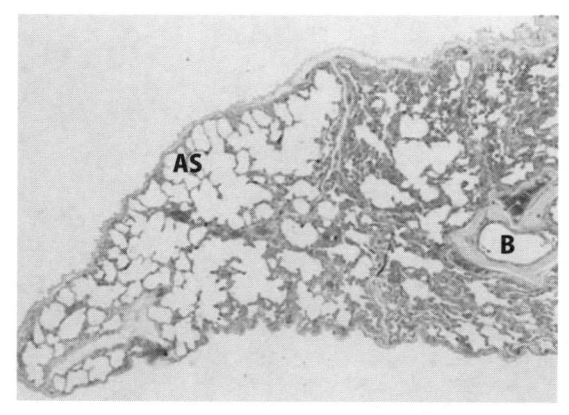

図3-15 タヌキの肺の組織像
HE染色，40倍，AS：肺胞，B：気管支

どのネズミ類は左に1葉，右に4葉の5葉，鯨類は左右1葉と動物種によって肺葉の数が異なる（黒田1963，加藤1979b，岩井1990，Dyce 2002）（図3-14）。

それぞれの肺葉に入る葉気管支はさらに区域気管支に分かれ，この区域気管支の支配領域が肺区域となる。肺区域はさらに肺小葉に分かれ，1本の細気管支が入る。小葉は結合組織によって隣接の小葉と区画される。肺小葉はさらに肺細葉となり，1本の終末細気管支とガス交換を行う呼吸細気管支と肺胞からなる。

細気管支は軟骨片を欠く線毛円柱上皮で覆われた1mm以下の細い気管である。呼吸細気管支は線毛のない単層立方上皮細胞からなり上皮内には炭末や色素を摂取する無線毛性の肺胞食細胞やクララ細胞がみられ，ガス交換と通気の両方を行う。肺胞は隣接する肺胞壁によって構成され，肺胞の95％を覆うⅠ型肺胞細胞（扁平上皮細胞），Ⅱ型肺胞細胞（立方上皮細胞），わずかに散在する刷子細胞（微繊毛上皮細胞）およびクララ細胞が存在し，肺胞を取り囲む毛細血管網との間で空気-血液関門が存在しガス交換が行われる（鈴木1999，Ross 2006）（図3-15）。

2）水中生活への適応した呼吸器官

水中で生活する鯨類の呼吸器官には，いくつか形態的な特徴がみられている。まず1つとして，外鼻孔の位置である。通常の哺乳類は吻先に左右一対の孔として存在するが，鯨類では背側頭部にあり，噴気孔とも呼ばれる。外鼻孔はハクジラ類（*Odontceti*）では1個，ヒゲクジラ類（*Mysticeti*）では2個ある。

通常気道は外鼻孔，鼻腔に続き喉頭に至るが，鯨類の喉頭は哺乳類のように咽頭と連続する事がなく，アヒル嘴と呼ばれる軟骨で構成された喉頭蓋が，食道の入り口付近で食道を貫き，鼻腔に入り込む。気管は比較的短く太く，呼吸時間，気道抵抗，気管内の死腔を減らす。気管支は左右に分かれるが，右の主気管支は右副気管支に分かれる。その後終末細気管支，呼吸細気管支，肺胞と続くが，肺胞直前まで気管支は軟骨片を有する。肺胞入口には括約筋があり，潜水時の圧縮に対し肺胞内の空気の出し入れを調節する。またガス交換が行われない気管支へ空気を移動させ，肺胞でのガス病の原因となる窒素ガスの交換を防ぎ，肺胞壁は他の動物より厚く外圧に対して抵抗性を有している（岩井・林1990，伊藤2008）。

3）鳥類の呼吸器官

鳥類の呼吸器官は，鼻孔，喉頭，気管，鳴管，肺と気嚢からなる。鼻孔は上嘴の根元にあり，口蓋裂の後鼻孔で口腔へつながる。口腔底には喉頭口があり，そこから気管となる。気管は完全な気管軟骨が取り囲み，発声を担う鳴管が気管支の分岐部にある。肺は肋骨に付着し固定され，主気管支から傍気管支さらに細気管支に連なり，細気管

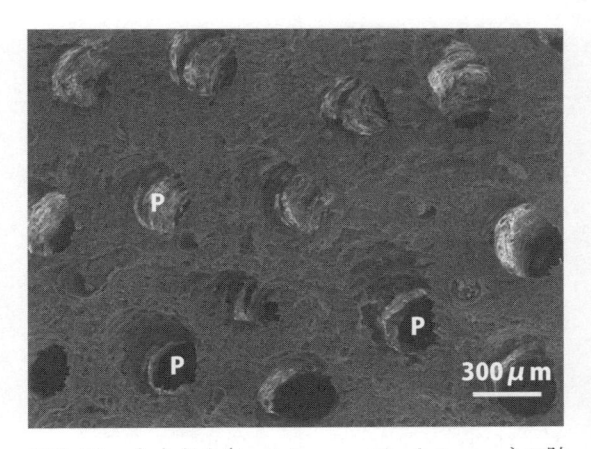

図3-16 オオタカ(*Accipiter gentilis fujiyamae*)の肺のSEM像
規則的に並ぶ傍気管支(P)に空気は一方向に流れる。

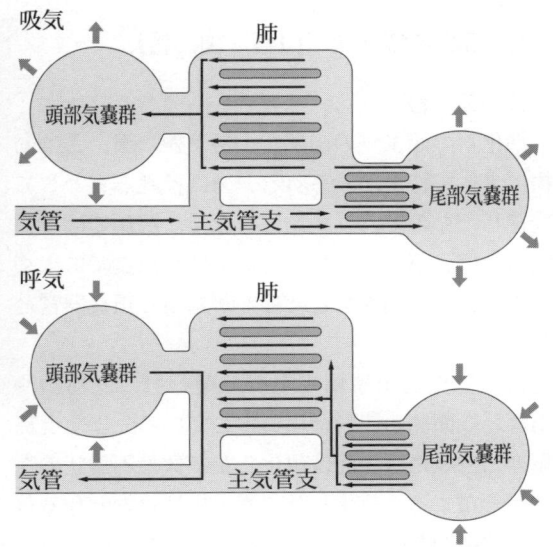

図3-17 鳥類の呼吸における空気の流れ
気嚢の収縮で起こる2回の呼吸周期により換気が行われる。〔Victoria, A., Melanie, R. (2007)：鳥類，わかりやすい獣医解剖生理学（浅利昌男 監訳）の図を改変〕

支は盲端で終わらず細気管支の末端と末端は連続する（図3-16）。体腔内には肺と連続した薄い膜の気嚢が存在する。気嚢は，頸気嚢，鎖骨間気嚢，前胸気嚢，後胸気嚢と腹気嚢が存在し種類によって数と分布域が若干異なる。コウノトリ(*Ciconia boyciana*)は後気嚢が2つに分かれ，鳴禽類では前胸気嚢は鎖骨間気嚢と癒合し1つの大きな気嚢となる。また気嚢は含気骨である上腕骨や大腿骨の憩室と連絡する (Coles 2007)。

鳥類の呼吸は哺乳類とは異なり，体壁の筋肉を収縮弛緩させることによって，肺とつながる気嚢の内圧が増減し空気の換気が行われる。気嚢による換気は，頸気嚢，鎖骨間気嚢および前胸気嚢の頭部気嚢群と後胸気嚢と腹気嚢の尾部気嚢群による2つの呼吸周期によって行われる。

換気は1回目の吸息により尾部気嚢群へ空気が流入する。この時，頭部気嚢群への外気の流入は起こらない。次の呼息により尾部呼吸群の空気は肺に流入する。2回目の吸息により肺の空気は頭部気嚢群に流入し，呼息により外部に排出される。つまり，一度吸い込んだ吸気は，外に出るまで2回の呼吸が必要となる (Bretz & Schmidt-Nielsen 1972, Schmidt-Nielsen 1997)。呼吸による空気の流れは一方向性で，気管支を取り囲む血管は空気の流れに対して横切るような複雑なネットワークを形成している。厳密な対交流交換システムとは異なるが，効率的にガス交換率を行う仕組みとなっている。また，鳥類の気嚢は換気機能だけでなく，飛翔運動によって上昇する体温の冷却に機能しているとも考えられている (Reece 1997, Aspinall & Reilly 2004)（図3-17）。

5. 消化器官

消化器官は栄養素を摂取する器官であり，肉食，草食，雑食などの食性に適応した形態をしている。消化管は，食道から肛門までの中空の管であり，基本的にどの部位においても粘膜，粘膜下組織，筋層および漿膜の4つの層からできている。粘膜は上皮とその下の粘膜固有層，粘膜筋板から構成され，粘膜下組織は不規則性緻密結合組織からなる。筋層は2層の平滑筋からなり，管の外側には単層扁平上皮の漿膜によって構成される。粘膜の構造は食道，胃，腸の機能によって違いが見られる。

1）口腔内の構造（口唇，歯，舌）

(1) 口　唇

　消化管の始まりの口部，上唇下唇，歯，舌は動物によって特徴がみられる。唇は授乳器官として発達したもので，単孔類にはなく，鯨類では可動性はない。草食性の動物では上唇が摂食時によく動き，ゾウやバクなどは鼻部が延長し摂食器官となる。

　唇の上皮は重層扁平上皮で覆われ，反芻類や馬など顔面側の口唇は角質化している。また反芻類の口唇縁には表面は角化した多数の円錐状の乳頭が分布する。角化した口唇上皮は食物となる草木の機械的な刺激から口唇を保護するものである（大泰司 1998）。

(2) 歯

　歯は口腔内の下顎骨と上顎骨の歯槽の間に存在し食物の消化過程の初めに使用する器官である。歯は切歯（門歯），犬歯，前臼歯と臼歯からなり，それぞれ噛み切り，噛み砕き，すりつぶし機能がある。哺乳類の歯の原型として噛み切りと噛み砕きの両方に機能を備えたトリボスフェニックス型臼歯があり，食虫類で多くみられる。切歯，犬歯，前臼歯や臼歯は動物種によって数が異なり，これらは歯式によって表わされる。歯式の表示は，乳歯の場合は小文字，永久歯の場合は大文字で，切歯（Incisivei）を I，犬歯（Canini）を C，前臼歯（Premolar）を P そして臼歯（Molar）を M として表す。豚やミズラモグラ（*Euroscaptor mizura*）の歯式は哺乳類の原型とされ

$$\frac{3I\ 1C\ 4P\ 3M}{3I\ 1C\ 4P\ 3M}$$

と表わされる。また，反芻類は上顎に切歯がなく，その代わりに切歯部表面に角質化した弾力性のある歯床板をもつ（表3-1）。歯の構造はエナメル質，象牙質，セメント質の3つの組織からなる。エナメル質は歯冠を覆う鉱質組織で，体の中で最も硬く，象牙質はエナメル質とセメント質の間の歯の中心部にあり，セメント質は歯槽内の歯の表面の薄層構造物である。セメント質と歯槽骨との間には膠原線維によって接合している。象牙質やセメント質は萌出後も発達し続けるが，冬季に成長が滞るため年輪が形成される。年輪を数えることにより年齢査定が行われる（加藤 1979，大泰司 1986・1998）。

　歯の形状は食性によって異なり，肉食動物の歯は捕殺と噛み切り機能を持った切歯と犬歯，噛み砕きとすりつぶし機能を持った臼歯に分かれ，特に上顎第4前臼歯と下顎第1臼歯の切り裂きが強化された歯を裂肉歯と言う。肉食動物の中でも，純肉食，雑食傾向のある肉食，魚食性で違いがみられ，純肉食性のネコ科では，前臼歯の数が減少し，捕殺用の犬歯と後臼歯で切断機能の裂肉歯が特に発達する。雑食に適応した一部のクマの裂肉歯は臼状になり，すりつぶし機能が発達した形となる。魚食性の鯨類のハクジラでは，切歯，犬歯，臼歯の区別がなくいずれも円錐状の単根歯からなるが，ヒゲクジラには歯がなく，咀嚼装置のクジラヒゲがある。同じ魚食性のアザラシやアシカの鰭脚類では，切歯，犬歯，臼歯の異歯型が残る（大泰司 1986・1998）。

　草食動物の臼歯はエナメル質と象牙質とセメント質が交互に入り込んでおり，硬い植物を細かくすり潰すのに適している。反芻類では歯の磨滅により咬合面が三日月に並んだ形の月状歯型となる。また馬の臼歯は高冠歯で伸び続け，エナメル質が板状に5〜6層入り込んだ稜縁歯型となる。

　ゾウの臼歯は，咬合面に凹凸があるワラジのような形をし，下顎を前後に動かし臼歯で食物をすりつぶすように咀嚼する。臼歯は片側に乳臼歯3本と臼歯3本の6本と2本の切歯（牙）（上下合計26本）であるが，実際見ることができるのは上下左右に1本ずつ4本しかない。前位にある臼歯は摩耗によって小さくなると，後方の臼歯から押し出され交換される。一般に哺乳類の歯の生え換わりは垂直交換であるが，ゾウの場合は水平に移動し脱落することから水平交換と言われる（図3-18）。齧歯類の切歯は唇側と両側にのみエナメル質に覆われ，歯根を持たず生涯伸び続ける。齧歯類には犬歯はなく，臼歯の舌側面にはヒダが

第 3 章　野生動物の形態

表 3-1　おもな野生動物の歯式

和名 / 学名	歯式（上／下）	計	和名 / 学名	歯式（上／下）	計
イノシシ Sus scrofa	3I 1C 4P 3M / 3I 1C 4P 3M	44	ツキノワグマ Ursus thibetanus	3I 1C 4P 2M / 3I 1C 4P 3M	42
カモシカ Capricornis crispus	0I 0C 3P 3M / 3I 1C 3P 3M	32	ニホンイタチ Mustela itatsi	3I 1C 3P 1M / 3I 1C 3P 2M	34
ニホンジカ Cervus nippon	0I 0C 3P 3M / 3I 1C 3P 3M	32	テン Martes melampus	3I 1C 4P 1M / 3I 1C 4P 2M	28
ニホンザル Macaca fuscata	2I 1C 2P 3M / 2I 1C 2P 3M	32	アカネズミ Apodemus speciosus	1I 0C 0P 3M / 1I 0C 0P 3M	16
タヌキ Nyctereutes procyonoides	3I 1C 4P 3M / 3I 1C 4P 3M	42	ニホンリス Sciurus lis	1I 0C 2P 3M / 1I 0C 1P 3M	22
キツネ Vulpes vulpes	3I 1C 4P 2M / 3I 1C 4P 3M	42	ノウサギ Lepus brachyurus	2I 0C 3P 3M / 1I 0C 2P 3M	28
アナグマ Meles anakuma	3I 1C 3-4P 1M / 3I 1C 3-4P 2M	34〜38	ミズラモグラ Euroscaptor mizura	3I 1C 4P 2M / 3I 1C 4P 3M	44
ハクビシン Pagum larvata	3I 1C 4P 2M / 3I 1C 4P 2M	40	アズマモグラ Mogera imaizumii	3I 1C 4P 2M / 2I 1C 4P 3M	42
アライグマ Procyon lotor	3I 1C 4P 2M / 3I 1C 4P 2M	40	シントウトガリネズミ Sorex shinto	3I 1C 3P 3M / 1I 1C 1P 3M	32
トド Eumetopias jubatus	3I 1C 4P 1M / 2I 1C 4P 1M	34	オウギハクジラ Mesoplodon stejnegeri	0 / 1	2
ゴマフアザラシ Phoca largha	3I 1C 4P 1M / 2I 1C 4P 1M	34	ハシナガイルカ Stenella longirostris	40-66 / 40-66	16〜254

Ohdachi, et al.（2009）: The Wild Mammals of Japan より

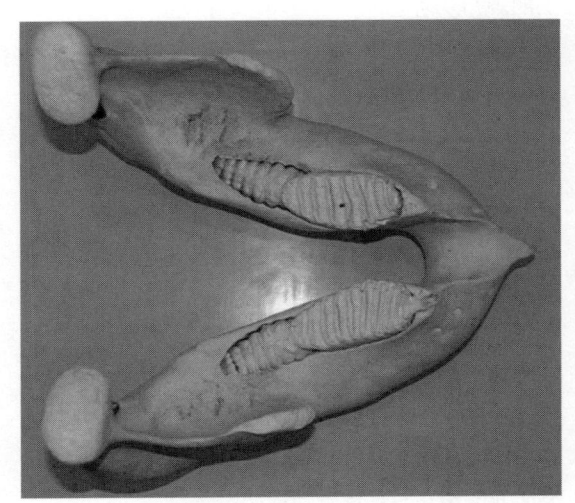

図 3-18　アジアゾウ（Elephas maximus）の下顎わらじ状をした臼歯と後方に待機する臼歯。

あり，咬合面にはエナメル咬合尖がある。雑食性のブタや人の臼歯は，エナメル質の厚いまるい突起からなる咬合面の丘状歯型をしている（大泰司

1986・1998）。

（3）舌

　舌は口腔底から隆起した筋性器官で，横紋筋からなる舌筋の筋繊維の配列によって巧みな舌の動きが可能となり，消化作用，嚥下や反芻類の反芻に重要な役割をなす。舌背表面には糸状乳頭，茸状乳頭，有郭乳頭および葉状乳頭の 4 つの舌乳頭が存在する（Dyce 2002）。

　糸状乳頭は，舌背表面全域に観察され，動物種により形態が異なるが，一般的には円錐状の細長い突起で表面は厚い角質した重層扁平上皮で覆われている。糸状乳頭の上皮には味蕾がなく，主に機械的な役割をする。茸状乳頭はキノコ状に突出した乳頭で舌全域に分布するが，舌の先端近くに多く分布する。茸状乳頭は重層扁平上皮で覆われているが，乳頭頂上の上皮内に味蕾が存在する。有郭乳頭は舌後部にドーム上の形をなし，外側に

は輪状郭によって囲まれた輪状溝がある。上皮は重層扁平上皮で覆われ，輪状溝の乳頭壁には多数の味蕾が存在する。溝の深部には漿液を分泌するエブネル腺の導管が開口する。有郭乳頭の数は動物種によって様々で，ラット，マウスやハタネズミ（Microtus montebelli）などの齧歯類では1個，豚や馬では2個，反芻類では十数個から30個近くある動物もいる。葉状乳頭は，舌後部外側に平行な深い溝として分布し，溝の内壁には味蕾が分布する。反芻類では欠き，食肉類ではあまり発達していない（佐田 1960，小林 1992）。

2）口腔内から食道

口腔内では，口の中に入った食物を歯により細かく噛み砕き唾液と混ぜる咀嚼を行う。咀嚼は咀嚼筋（側頭筋，咬筋，外側翼突筋，内側翼突筋）と舌骨に付着する筋群によって行われる。口腔内には唾液腺（耳下腺，下顎腺，舌下腺）が開口し，消化酵素を含んだ唾液を分泌し，食物に水分を与え飲み込みやすくするだけではなく，消化酵素でデンプンを分解する。咀嚼により噛み砕かれ，唾液と混ざりあった食塊は嚥下運動によって咽頭を経て食道に送り込まれる。

食道は咽頭から胃に食物を通過させる筋性の管であり，食道の長さは動物によって様々である。食道の内腔は縦にヒダが走り，食物が通過する時は拡張し粘膜を傷つけることがない。内腔を覆う粘膜は角化性の重層扁平上皮で，硬い食物の摂取に対応している。粘液腺（食道腺）は粘膜および粘膜下組織に存在し，食道内腔に分泌する。一般に外筋層は他の消化管と異なり上部3分の1が横紋筋，中部3分の1が横紋筋と平滑筋が混在し，下部3分の1は平滑筋により構成されているが，ヌートリア（Myocastor coypus），タヌキ（Nyctereutes procyonoides），アライグマ（Procyon lotor），テン（Martes melampus）の食道は横紋筋から，ハクビシン（Paguma larvata），ニホンザル（Macaca fuscata），バンドウイルカ（Tursiops truncatus gilli）は横紋筋と平滑筋の両方から構成されている（Shiina et al. 2005）。

3）胃と腸

(1) 胃と腸の構造

食道から続く袋状の器官として胃があり，通常腹部前方の左側に位置する。胃の構造は，胃粘膜，粘膜下織，筋層，漿膜からなり，胃粘膜には，粘膜上皮の構造から，噴門部，胃体（底）部，幽門部に分けることができる。

胃全体の胃粘膜には円柱上皮細胞からなる粘液細胞が分布し，粘液とアルカリ性の重炭酸イオンを分泌し胃酸の中和と胃粘膜を保護する。

胃粘膜に分布する胃腺は単一分岐管状腺で，主な細胞として頸部粘液細胞，主細胞，壁細胞からなる。頸部粘液細胞は表面粘膜細胞が非可溶性の粘液に対し，可溶性の粘液を分泌し，ビタミンB_{12}の吸収に必須な内因子やガストリンやホルモンの分泌も行う。主細胞は消化酵素であるペプシンの前駆体物質であるペプシノーゲンを分泌する。壁細胞は塩酸を分泌する細胞で，内因子も分泌する。噴門には粘液分泌細胞からなる噴門腺が限局し，胃の逆流から食道粘膜上皮を保護するのを助けている。幽門の上皮には粘液細胞からなる幽門腺がある。

小腸は十二指腸，空腸，回腸に区分される。小腸は消化物を吸収する機能を持ち腸絨毛が発達し，その粘膜上皮は単層円柱上皮からなり杯細胞や内分泌細胞が混在する。大腸は水分の吸収と排泄や電解質の吸収を行い，基本構造は小腸と類似しているが，腸絨毛は存在せず上皮に多数の杯細胞が見られる。

(2) 前胃動物（前胃で発酵する動物）

動物の消化器官は食性によって特徴が見られ，特に植物繊維を発酵してエネルギーを得る草食動物では，前胃を発酵槽とした前胃動物と盲腸や結腸を発酵槽とした後腸動物がいる。

前胃動物の代表である反芻類は，胃が第一胃から四胃と4つの部屋に分かれる。第一胃は食道から発生した拡張部とされ，胃内に細菌や原虫などルーメンと唾液が混ざった食物を発酵させる最大の部屋である。胃粘膜表面は半球状または葉状

の乳頭が分布する。第二胃は小室からなり，第一・二胃口から第二胃・三胃口までの間に2本の長い筋性にヒダによって第二胃溝が形成され，幼獣では流動食の採食時に一時的に管状になる。第三胃は葉状の第三胃ヒダが形成される重層扁平上皮で覆われる。葉状ヒダは食塊をはさみ，圧をかけ脱水を行う。第一胃から三胃の粘膜上皮はいずれも角質層を持つ重層扁平上皮で覆われている。第四胃は真の胃の機能を持ち，噴門部，胃底部，幽門部からなる（北村 1999）。反芻類の中でも，マメジカ類（Agungpriyono et al. 1992）は第三胃が不完全で，ラクダなどの核脚類（Wang et al. 2000）は第三胃と第四胃の胃粘膜に両方の構造を備えている（図3-19）。反芻類以外の草食性哺乳類も食物線維の消化は微生物によって行われる。カンガルーやワラビー（Gemmell 1977）は4つに胃が区分され，消化作用のある胃より前の部分で微生物の発酵を行い（Kinnear 1975），ラングール（Bauchop 1968）やミツユビナマケモノ（*Choloepus hoffmanni*）（Grasse 1955, Denis et al. 1967）は反芻胃を思わせる形態をしている。また，イノシシ，馬やネズミの胃内腔の噴門部付近には重層扁平上皮で覆われた胃憩室があり，消化できない植物性の食塊が入っている（Schmidt-Nielsen 1997）。

草食性ではないが鯨類の胃は，反芻類のように3つの部屋に区分されている〔アカボウクジラ科（Ziphiidae）は2つ〕。鯨類の第一胃（前胃）は胃壁が厚く消化酵素の分泌はなく，主として食糧貯蔵の役割をする。2番目の主胃は胃腺が発達し消化酵素の分泌を行い，幽門胃はいくつかのヒダで仕切られ，粘膜には幽門腺が分布する（岩井・林 1990，伊藤 2008）（図3-20）。

（3）後腸動物（盲腸や結腸で発酵する動物）

草食適応をした動物の中で前胃の巨大な発酵槽を持たない奇蹄類の馬やシロサイ（*Ceratotherium simum*）（Endo 1999）は結腸を，ウサギや草食性齧歯類は盲腸を発酵槽としている（遠藤 2002）。いずれも，植物繊維の分解により発生した揮発性脂肪酸を腸管から血中に吸収しエネルギーとする。また，後腸で発酵する動物は，糞として排泄される時間が短いため栄養の十分な吸収が行われない。その不利益を回避するため，食糞を行う動物がいる。糞食の代表種のウサギは，盲腸で作られた軟らかい糞を再摂取し消化排泄された糞を完全に利用する。糞は咀嚼や他の食物と混ざることなく，通常の食物と隔てられた胃底部に一定時間詰め込まれ，反芻類のルーメンに類似し胃内で発酵が起こる（Greiffiths 1963, Schmidt-Nielsen 1997）。

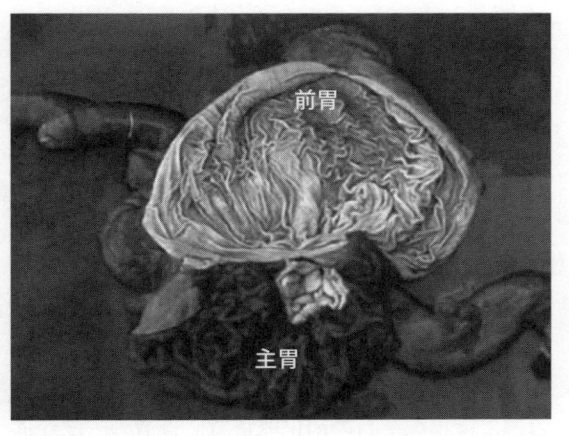

図3-20 カマイルカ（*Lagenorhynchus obliquidens*）の胃
食道から続く広い空間の前胃は食糧貯蔵の役割をする。主胃は胃腺が発達し消化酵素を分泌する。

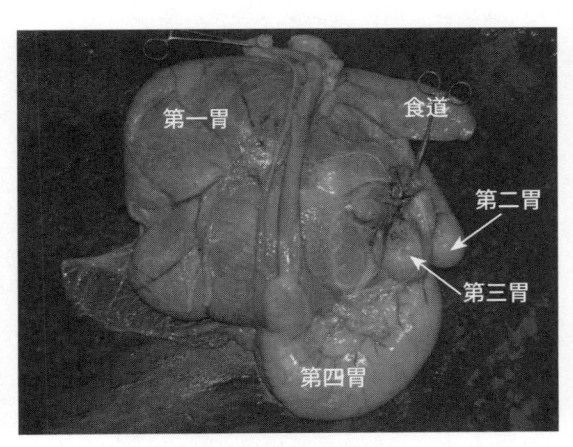

図3-19 牛の第一胃～第四胃
第一胃は巨大な発酵槽となる。

4) 鳥類の消化器官

鳥類は歯を欠き多様なくちばしを有している。くちばしの形は食性と密接に関係しており、植物の種子を食べるフィンチ類では、種子の種類や大きさによって嘴の形態が異なる。口腔内には舌が存在するが、可動性があまり見られないが、オウム類は筋肉質で可動性がある（Orosz 1997）。舌表面も哺乳類のような舌乳頭はなく、角質化した大型の円錐乳頭が舌後方に分布する。口腔に続く食道には鳥類特有の消化器官で、食道の一部が拡張したそ嚢がある。そ嚢は食道との移行部に粘液腺が存在するが通常食道と同じ構造を持ち、消化機能を持つことはない。全ての鳥類にそ嚢が存在せず、カモメ類やペンギン類（Orosz 1997）などは食道全体を貯蔵部位とし、オオハシやカモ類には存在しない（Golse 2007）。また、ハトの仲間ではそ嚢乳を分泌しヒナに与える。そ嚢乳は哺乳類のミルクに栄養成分が類似しているが、カルシウムと炭水化物を欠く。またフラミンゴ類やコウテイペンギン（*Aptenodytes forsteri*）では、ヒナに吐きもどしを与えるが、吐きもどしと共に栄養液をあたえる。栄養液はハトやコウテイペンギンでは上皮の落屑によるが、フラミンゴでは食道のメロクリン腺によって分泌される（Golse 2007）。

鳥類の胃は大きく腺胃と筋胃の2つ構造からなり、腺胃は紡錘状の器官で、その内面は縦にヒダが走り粘膜上皮は円柱上皮細胞からなる。粘膜固有層に前胃腺があり、胃粘膜表面に開口する。前胃腺は哺乳類の胃底腺に相当し、ペプシノーゲンと塩酸が分泌される。

筋胃は腺胃に続き存在し、砂嚢や砂肝とも呼ばれる。厚い筋肉に覆われ強い収縮運動を行う。内面にはケラチン様物質（クチクラ）が存在し、筋胃腺より分泌され塩酸によってpHが低下すると硬化し、胃粘膜内面を覆うクチクラ層を形成する。草食、果実、穀物食の鳥類は、砂や小石または砂礫（グリット）を飲み込み、食物を腺胃から分泌された消化液と共に筋胃の収縮運動によって

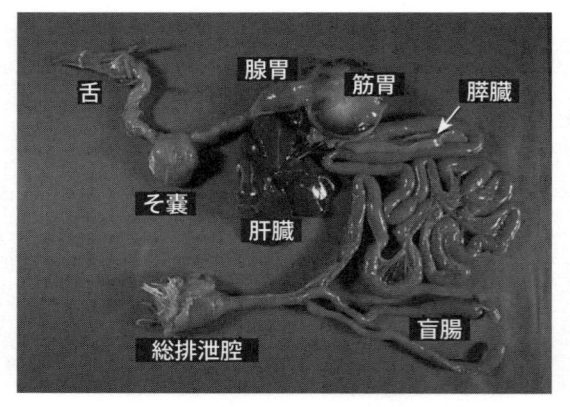

図3-21　鶏の消化器官

撹拌・摩砕し消化吸収を助ける。筋胃表面を覆うクチクラ層はそのような働きから粘膜を保護するものである。

草食性の鳥類の胃は紡錘型の腺胃と食物の撹拌摩砕のため筋肉のよく発達した筋胃が明瞭に区分され、クチクラ層も厚く丈夫であるが、肉食性の胃は食物を摩砕する必要がないため、外見的に腺胃と筋胃に区別が見られない単純な形態を呈し、クチクラははっきりせず、薄く柔らかい傾向がある。

小腸は、十二指腸、空腸、回腸に区分され、筋胃に続く十二指腸はいったん直線的に下行し上行する。腸管の間には膵臓が存在し、膵管が内腔に開口する。内腔へは肝臓からの総胆管や肝管も開口する。空腸は、十二指腸からメッケル憩室までで、これより後部から結合部までを回腸とする。大腸は、結合部から総排泄腔までで、結腸となる。鳥類では回腸と直腸の接合部に非常に発達した一対の盲腸が存在するが、種によって発達は異なる（Golse 2007）（図3-21）。

6. 泌尿器官

泌尿器系は腎臓、尿管、膀胱、尿道からなる。哺乳類の腎臓は腹腔背側に左右一対の暗褐色の臓器で、血管と密接な構造を形成し、水分や体に必要な電解質と代謝産物を保持し、代謝老排産物を取り除き尿を生成する。また血中の酸素濃度の低

下に反応し，赤血球形成を促すエリスロポエチンの生成と分泌や血圧の調整にはたらくレニンの生成と分泌などを行う器官である。生成された尿には窒素代謝産物として，魚類ではアンモニア，哺乳類，両生類では尿素，爬虫類，鳥類では尿酸が排泄される。

　一般的な腎臓の形態はソラマメ型を呈し，内側縁の中央に腎動静脈と尿管の出入する腎門があり，腎門の深部には腎洞，ここに脂肪組織と尿管が扇状に広がった腎盂がある。腎盂の先端に十数個の腎杯を形成し，その中に腎乳頭がある。腎臓内部は皮質と髄質からなり，皮質には腎小体（糸球体とボーマン嚢）と曲・直尿細管，集合細管，集合管および血管網がある。腎小体と尿細管系からなるネフロンは，牛で400万個，犬で180〜380万個，人で約200万個ある（見上 2005）（図3-22）。髄質は直尿細管と集合管からなり，腎乳頭に向かって多数の線条が走り，腎盂に向かうピラミッド状の腎錐体を形成する。

　外形は動物種によって異なり，各腎小葉が癒合した単腎と独立した多数の腎小葉からなる葉状腎に分かれる。単腎は多くの哺乳類に見られるソラマメ型であるが，葉状腎は腎小葉がそれぞれ独立，またはいくつか集まり房状の腎臓を形成する。葉状腎は哺乳類の胎子や牛やスイギュウ（Bubalus arnee），パンダ（Ailuropoda melanoleuca）（Davis 1964），ホッキョクグマ（Ursus maritimus）などのクマ科と鯨類や鰭脚類などの水棲動物で見られる。牛は左右それぞれ50個，スイギュウは25〜30個（Makita at al. 1988），ホッキョクグマでは70〜80個（牧野 1998），鯨類（Beucht 2002）では300個以上の腎小葉からなっている（図3-23）。

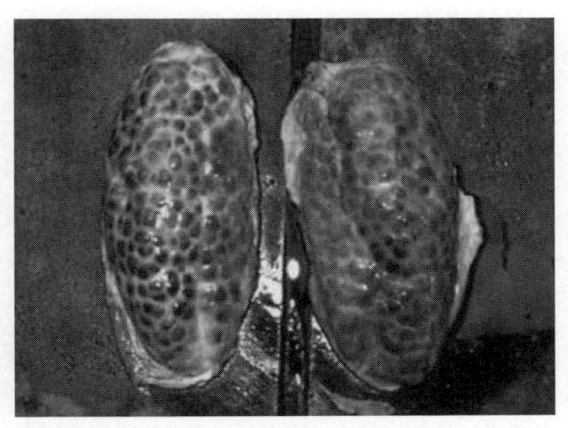

図3-23　バンドウイルカの多数の腎小葉が集まった腎臓

　腎臓表面は線維性被膜で覆われ，腎臓表面を覆う脂肪組織膜は栄養状態によって変動する。多くの動物は腹腔背側から漿膜によって固定されているが，反芻類の左の腎臓は可動性のある遊走腎となる。これは，第一胃の発酵による収縮弛緩の動きに対応したものである。

　腎臓で生成された尿は，尿管を通り，膀胱に至る。膀胱は尿を溜める器官で移行上皮と疎性結合組織からなり，尿量によって大きさや膀胱壁の厚さが変化する。膀胱に溜まった尿は，尿道を通り排泄される。尿道は雄と雌で長さが異なり，雄は長く全体的にS字状に迂曲する。粘膜上皮は膀胱付近で移行上皮であるが，中央部では重層または多列上皮となり，陰茎内では重層扁平上皮となる。

7. 生殖器官

1）雄の生殖器

　雄の生殖器系は精巣，精巣上体，精管，副生殖

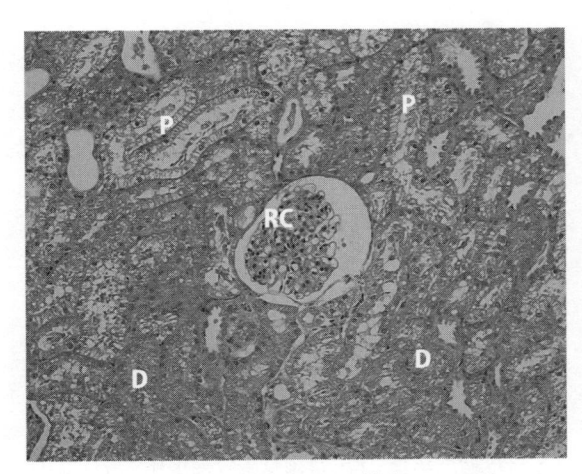

図3-22　タヌキの腎臓　HE染色，400倍
RC：糸球体，P：近位尿細管，D：遠尿細管

腺（前立腺，精嚢腺，尿道球腺）からなり，その機能は精子の生産と性ホルモンの合成である。性ホルモンのうち，主要なホルモンであるテストステロンは精子形成や雄の形態的または行動的な性徴に関係している。

精子形成は，精巣内の精細管の管腔内にある精子形成細胞の有糸分裂と減数分裂によって行われる。精巣は体外にある陰嚢内に精索によって吊り下げられているため，精巣内の温度は体温と比較し約4℃ほど低い。精巣機能は温度が低いことにより活性化する。精巣が体内に位置するゾウや鯨類は，体内深部の高温度による精巣機能の低下を防ぐための，精巣に入る精巣動脈叢と体表から戻る冷えた静脈血が流れる静脈叢を対向させる対交流熱交換システムがある。特に保温機能の優れた鯨類では，脂肪層のない鰭を通る冷えた静脈血を精巣動脈と対向させることのより，精巣に入る動脈血温度を下げ精巣の機能低下を防いでいる（Rommel et al. 1992）。

精巣で作られた精子は精巣上体下端から精巣にそって上行する精管で輸送され，膀胱の背面で精管膨大部に貯蔵後，尿道・陰茎を通り射精される。陰茎は動物種によって長さや大きさは様々であるが，特に亀頭の形状は，偶蹄類では細いやり状，サイ類は先端に翼をもち，オポッサム（Didelphidae）は二又に分かれ，食虫類では尖ったへら状など，多様な形態が見られ，それぞれの形は繁殖戦略に適している（三浦 1997b）。また，食肉類の陰茎には陰茎骨があり，陰茎を硬くするのに役立つ。副生殖腺には，精嚢腺，前立腺，尿道球腺があり，食肉類の前立腺は大きい。一部の齧歯類の精嚢腺と前立腺の分泌物は，交尾後に腟内で凝固する腟栓を形成する。

2）雌の生殖器

雌の生殖器官は卵巣，卵管，子宮，腟からなる。卵巣より排卵された卵は，卵管の卵管采に受け止められ下行する。卵管上皮は線毛上皮細胞で覆われ線毛の働きで卵を子宮内に移行する。哺乳類の子宮は有袋類と有盤類に分かれる。有袋類の子宮は，発生の段階で尿管が将来子宮を形成するミュラー管の内側を通るため，左右の子宮や腟が合体することなく左右に分かれる。有袋類の中でも子宮は一度相接するオポッサムのV字型，左右が相接した部位より盲嚢が下に行くウオンバット型，さらにこの盲嚢が腟に開き，左右と中央の3本の管となるカンガルーの3列型がある（黒田 1963）。有袋類では左右の子宮や腟が分離しているため産道が狭く，小さなサイズの胎子しか産道を通ることができない。そのため，出産後の小さな子供は有袋類特有の育子嚢で保育が続けられる（三浦 1997a）。

有盤類の子宮は，子宮の癒合の仕方によって重複子宮，両分子宮，双角子宮，単一子宮の4つの形態がある。齧歯類やウサギに見られる重複子宮は左右の子宮がそれぞれ腟に開口し，牛の両分子宮は左右の子宮が結合するが，上部が分離し内腔に中隔が存在する。双角子宮で中隔がなくなり，霊長類などは左右の子宮が完全に結合した単一子宮である（加藤 1979，見上 2005）（図3-24）。

哺乳類の中で，ハリモグラやカモノハシ（Ornithorhynchus anatinus）などの単孔類は卵を産むが，それ以外の哺乳類は胎盤を形成する。胎盤は母体と胚の連絡器であり，血液はまじりあうことはない。母体から酸素や栄養素の栄養補給と胚側から老廃物の排泄行う両方の機能を兼ねている。有袋類では胎盤は卵黄嚢が変化した卵黄嚢胎盤なり，多くの哺乳類では尿漿膜が変化した漿尿膜胎盤を形成し，動物種により散在胎盤，胚状

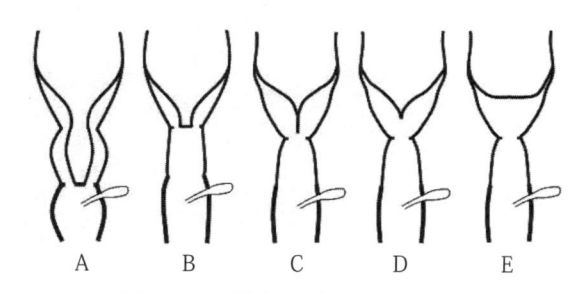

図3-24 哺乳類の生殖器の模式図
A：有袋類の子宮，B：重複子宮（齧歯類），C：両分子宮（反芻類），D：双角子宮（食肉類），E：単一子宮（霊長類）

胎盤，帯状胎盤がある．

引用文献

Agungpriyono,S., Yamamoto,Y., Kitamura,N. et al. (1992)：Morphological study on the stomach of the Lesser Mouse Deer (*Tragulus javanicus*) with special reference to the internal surface, *J. Vet. Med. Sci.,* 54, 1063-1069.

Aspinall.V. & Reilly,M.O., (2004)：Introduction to veterinary Anatomy and Physiology, Elseier〔Aspinall.V., Reilly,M.O., (2007)：13 鳥類，わかりやすい獣医解剖生理学（浅利昌男 監訳），155-169，文永堂出版〕．

Bauchop,T., Marfucci,R.W. (1968)：Rumirantlike digestion of the langur Monkey, *Science,* 161, 698-700.

Bernard,C. (1865)：Introduction à l'Étude de la Médecine Expérimentale, Baillière.

Beucht,C.A., (2002)：Kidney, Structure and Function, Encyclopedia of Marine Mammals, (Perrin,W.F., Wursig,B., Thewissen,J.G.M. eds), 666-669, Acadenic Press.

Brainerd,E.L., Baier,D.B., Gatesy,S.M. et al. (2010)：X-ray reconstruction of moving morphology (XROMM)：precision, accuracy and applications in comparative biomechanics research, *J. Exp. Zool. A.* 313A, 262-279.

Bretz,W.L. & Schmite-Nielsen,K. (1972)：Movement of gas in the respiratiory system of the duck, *J. Exp. Biol.,* 56, 57-65.

Coles,B.H. (2007)：Diversity in anatomy and physiology, Essentials of Avian Medicine and Surgery 3rd, 1-21, Blackwell.

Davis,D.D. (1964)：The giant panda, Fieldiana Zoology memoirs., 3, 219-228.

Denis,G., Jeuriaux,C.H., Gerebtzoff.M.A. et al. (1967)：La digestion stomacale chez un paresseux, L'unau Choloepus hoffmanni peters, *Ann. Soc. R. Zool. Belg.,* 97, 9-29.

von den Driesch,A. (1976)：A Guide to the Measurement of Animal Bones from Archaeological Sites, Peabody Museum of Archaeology and Ethnology, Harvard University.

Duerst,J.U. (1926)：Vergleichnde Untersuchungsmethoden am Skelett bei Säugern, Urban & Schwarzenberg.

Dyce,K.M., Sack.W.O. & Wensing,C.J.G. (2002)：The common integument, Textbook of Veterinary Anatomy 3rd, 347-365, Sanders.

Dyce,K.M., Sack,W.O., Wensing,C.J.G. (2010)：Textbook of Veterinary Anatomy, 4th ed., Saunders.

Ellenberger,W., Dittrich,H., Baum,H. (1949)：An Atlas of Animal Anatomy for Artists, Dover.

遠藤秀紀（1992）：比較解剖学は今，生物科学，44，52-54．

遠藤秀紀（1997a）：大学博物館は Museum になり得るか，生物科学，49，49-51．

遠藤秀紀（1997b）：日本の生物学の光と陰，学問のアルケオロジー（東京大学編），490-495，東京大学．

遠藤秀紀（1999）：自然誌博物館の未来．*UP*, 324, 20-24.

遠藤秀紀（2001）：いまなぜ、アニマルサイエンスか？－農学がもつべきZoologyの未来像－．*UP*, 349, 24-29.

遠藤秀紀（2002a）：哺乳類の進化，東京大学出版会．

遠藤秀紀（2002b）：内臓からの生き様へ，哺乳類の進化，221-290，東京大学出版．

遠藤秀紀（2003）：四足動物，標本学（松浦啓一 編），98-106，東海大学出版会．

遠藤秀紀（2006）：遺体科学の挑戦，東京大学出版会．

遠藤秀紀（2007）：動物学と医学の関係史，二十一世紀の動物科学 1．（毛利秀雄，八杉貞雄 編），198-200，培風館．

遠藤秀紀，林 良博（2000）：博物館を背負う力．生物科学，52，99-106．

Endo,H., Kobayashi,H., Koyabu,D. et al. (2009b)：The morphological basis of the armor-like folded skin of the greater Indian rhinoceros as a thermoregulator, *Mammal Study* 34, 195-200.

Endo,H., Morigaki,T., Fujisawa,M. et al. (1999)：Morphology of the intestine tract in the white rhinoceros (*Ceratotherium simum*), *Anat. Hist. Embryol.,* 28, 303-305.

Endo,H., Niizawa,N., Komiya,T. et al. (2007)：Three-dimensional CT examinations of the mastication system in the giant anteater, *Zool. Sci.,* 24, 1005-1011.

Endo,H., Okanoya,K., Matsubayashi,H. et al. (2003)：Three-dimensional image analysis of the thin abdominal wall in the naked mole-rat and the lesser mouse deer. *Jpn. J. Zoo Wildl. Med.,* 8, 69-73.

Endo,H., Taru,H., Hayashida,A. et al. (2009a)：Absence of the guttural pouch in a newborn Indian rhinoceros demonstrated by three-dimensional image observations. *Mammal Study* 34, 7-11.

Gemmell,R.T. & Engelhardt,W.V. (1977)：The structure of the cells lining the stomach of the tammar wallaby (*Macropus eugenii*). *J. Anat.,* 123, 723-733.

Grasse,P.P. (1955)：Traite de zoologiei Anatomie, *Systematique Biologie*.Vol 17, fasc. 2; Mammiferes, 1173-2300, Parisi. Masson

Greiffiths,M. & Davies,D. (1963)：The role of the soft pellets in the production of lactic acid in the rabbit stomach, *J. Nutr.,* 80, 171-180.

八谷 昇，大泰司紀之（1994）：骨格標本作製法，北海道大学図書刊行会．

Horstmann,V.E. (1952)：Uber den papillarkorper der menchlichen haut und seine regionalen unterschiede, *Acta Anat,* 14, 23-42.

Horstmann,V.E. (1954)：Morphlogie und morphogenese des papillarkorpers der schleimhaute in der mundhdle des menschen, *Zeitschrift fur zellforschung Bd,* 39, 479-514.

磯野直秀（1988）：箕作佳吉，近代日本生物化学小伝（木原 均，篠遠喜人，磯野直秀 監修），100-106，平河出版社．

磯野直秀（1989）：日本ではなぜ博物学が育たなかったか，採集と飼育，51，315-318．

伊藤春香（2008）：クジラの形態，鯨類学（村山司 編著），78-133，東海大出版．

岩井 保, 林 勇夫 (1990): 哺乳綱, 基礎水産動物学, 246-262, 厚星社厚生閣.
Kahle,W., Leonhardt,H., Platzer,W. (1979) Taschenatlas der Anatomie für Studium und Praxis, 3 vols., Georg Thieme.
Kardong, K. V. (1995): Vertebrates, Comparative Anatomy, Function, Evolution, Wm. C. Brown.
加藤嘉太郎 (1957-1961): 家畜比較解剖図説 (上・下), 養賢堂.
加藤嘉太郎 (1979a): 家畜比較解剖図説, 上巻, 養賢堂.
加藤嘉太郎 (1979b): 家畜比較解剖図説, 下巻, 養賢堂.
Keefe,D.M., O'Brien,T.M., Baier,D.B. et al. (2008): Exploratory visualization of animal kinematics using instantaneous helical axes, Comp. Graph, Forum, 27, 863-870.
木村陽二郎 (1989): 英米と比べた日本の博物館. 採集と飼育, 51, 360-363.
Kinnear,J.E. & Main,A.R. (1975): The recycling of urea nitrogen by the wild tammar wallaby (Macropus eugenii), "ruminat-like" marsupial, Comp. Biochem Physiol, 51A, 793-810.
北村延夫, 山田純三 (1999): 胃, 獣医組織学 (日本獣医解剖学会), 193-198, 学窓社.
小林 寛 (1992): 舌の比較解剖学的研究―舌乳頭とその結合織芯を中心にして―, 歯学, 80, 661-678.
黒田長久 (1963): 形態 動物系統分類学10 下脊椎動物 (IV) 第6綱哺乳類 (内田 亨 監修), 5-50, 中山書店.
Makita,T., Asahina,T., Ichimura,H. et al. (1988): Body and organ weights and length of intestine of African and Asiatic water Buffalo, Yamaguchi. J. Vet. Med., 15, 61-82.
牧野登之, 郡山尚紀, 難波泰治ほか (1998): 雄のホッキョクグマの葉状腎の解剖学記録, 日本野生動物医学会誌, 3, 78-82.
牧田登之 (1999): 細胞と組織, 獣医組織学 (日本獣医解剖学会), 1-26, 学窓社.
見上晋一, 武藤顕一郎 (2005): 家畜比較解剖学, 学総社.
三浦慎吾 (1997a): 繁殖, 哺乳類の生態学, 12-45, 東京大学出版.
三浦慎吾 (1997b): 性選択, 哺乳類の生態学, 121-157, 東京大学出版.
森川嘉夫 (1999): 上皮, 獣医組織学 (日本獣医解剖学会), 33-39, 学窓社.
村上隆之 (1999): 脈管系, 獣医組織学 (日本獣医解剖学会), 149-159, 学窓社.
Muybridge,E. (1957): Animals in Motion, Dover.
西 成甫 (1935): 比較解剖学, 岩波書店.
荻原直道, 工内毅郎, 中務真人 (2006): チンパンジーの手部構造の解剖学的精密筋骨格モデル. バイオメカニズム, 18, 35-44.
荻原直道 (2008): 初期人類の二足歩行運動の生体力学的復元: 現状と課題. 人類学雑誌, 48, 99-113.
Ohdachi,S.D., Ishibashi,Y., Iwasa,M.A. et al. eds (2009): The Wild Mammals of Japan, Shoukadoh.
大泰司紀之 (1986): 哺乳類の歯 概説, 偶蹄目, 歯の比較解剖学 (後藤仁敏, 大泰司紀之 編), 123-134, 191-197, 医歯薬出版.
大泰司紀之 (1998): 哺乳類の生物学, 形態, 東京大学出版.
Orosz,S.E., (1997): The gastrointestinal tract Anatomy of the digestive system, Avian Medcine and Surgey (Robert,B.A. ed.), 412-415, WB Saunders.
Reece,W.O. (1997): Function Anatomy and Physiology of Domestic Animals 3ed., Lippincott Williams &Wilkins. [Reecs,W.O. (2006): 鳥類の呼吸, 哺乳類と鳥類の生理学 第3版 (鈴木勝士, 徳力幹彦 監修), 258-262, 学窓社.]
Romer,A.S. & Parsons,T.S. (1986): The Vertebrate Body, 6th ed., Saunders.
Rommel,S.A., Pabst,D.A., Mclellan,W.A. et al. (1992): Anatomical evidence for a countercurrent heat exchanger associated with dolphin testes. Anat. Rec., 232, 150-156.
Romer,A.S. & Parsons,T.S. (1977): The Vertebrate Body 5th ed., W.B.Sunders. [Romer,A.S. & Parsons,T.S.(1983): 第6章 皮膚, 117-132, 第12章消化器系, 306-325, 第13章泌尿・生殖系, 326-364, 脊椎動物のからだ―その比較解剖学 (平光厲司 訳), 法政大学出版.]
Ross,M.H. & Pawlin.W. (2006): Histology a Text and Atlas 5th ed., Lippincott Williamz and Wilkins. [Ross,M.H. & Pawlin.W. (2010): Ross組織学, 第5版, (内山安男, 相磯貞和 監訳), 南江堂.]
Seton,E.T. (2006): Art Anatomy of Animals, Dover.
斎藤弘吉 (1963): 犬科動物骨格計測法, 私版.
柴谷篤弘 (1960): 生物学の革命, みすず書房.
佐田 喬 (1960): 各種動物の舌乳頭並びに味蕾の神経分布に関する比較組織学的研究, 九州歯科誌, 14, 640-661.
Schmidt-Nielsen, K. (1997): Animal Physiology – adaptation and Environment 5th ed., Cambridge University Press. [Schmidt-Nielsen, K. (2007): 鳥の呼吸 37-44, 消化 127-140, 動物生理学 環境への適応 (沼田英治, 中嶋康裕 監訳), 37-44, 東京大学出版.]
Shiina,T., Shimizu,Y., Izumi,N. et al. (2005): A comparative Histological study on the distribution of striated and smooth muscles and glands in the esophagus of wild birds and mammals, J. Vet. Med. Sci., 67, 115-117.
鈴木 惇 (1999): 筋組織, 獣医組織学 (日本獣医解剖学会), 99-126, 学窓社.
鈴木義孝 (1999): 肺, 獣医組織学 (日本獣医解剖学会) 230-237, 学窓社.
立花 隆, 利根川 進 (1990): 精神と物質, 文藝春秋.
高槻成紀 (2006): 第3章 角, シカの生態学, 30-46, 東京大学出版.
内田 亨 (1977): 昭和年間における本邦の動物学, 国立科学博物館百年史 (木原 均, 篠遠喜人, 磯野直秀 監修), 664-668, 平河出版社.
Wang,J.L., Lan,G., Wang,G.X. et al. (2000): Anatomical subdivisions of the stomach of the Bactrian Camel (Camelus bactrianus), J. Morphol., 245, 161-167.
山本欣郎 (1999): 呼吸器系, 獣医組織学 (日本獣医解剖学会), 223-230, 学窓社.
和栗秀一 (1999): 結合組織, 獣医組織学 (日本獣医解剖学会), 49-58, 学窓社.

第4章　野生動物の生理と行動

1. 生 理

1) 生理メカニズムとは

　野生動物の行動や生態を統御しているのは，個体毎に内在する遺伝子であり，分子であり，さらには生理機構である。例えば，ニホンザル（*Macaca fuscata*）が群れで移動する場合，ある採食地から次の採食地に場所を変える（図 4-1）。個々の採食行動は，空腹感がもたらす中枢系の制御によって行われ，さらに脂肪や消化管による調節も受けている。脳では，視床下部外側部にある"摂食中枢"と視床下部内側部にある"満腹中枢"が重要な役割をはたしている。また，脳内におけるグルコース利用も摂食・満腹に関係していることが知られている。次に脂肪のはたらきがある。脂肪細胞から分泌されるレプチンという蛋白質（167個のアミノ酸からなる）は，視床下部に作用して摂食を減少させ，エネルギー消費を増加させる。すなわちレプチンは，体脂肪の蓄積量を液性シグナルとして脳に伝達し，摂食を調節するフィードバック機構の一部を担っている。次に胃のはたらきがある。胃から分泌されるグレリンというポリペプチド（28個のアミノ酸からなる）は，末梢組織由来の食欲調節（促進性）因子として作用している。すなわち，血中グレリンレベルは摂食すると減少し，空腹になると増加する。さらに，摂食抑制にはたらく他の消化管ホルモンとしてペプチド YY（PYY），GRP，グルカゴン，ソマトスタチン，コレシストキニン（CCK）などがある。その他にも，寒冷暴露，匂い，視覚さらには経験といった因子も摂食に関与している。一方，群れはボス（アルファ雄）によって統率されている。ボスには力が強く統率力のある雄が位するが，生まれつきプログラムされた本能により他の雄と闘い，そのために必要なたくましい筋肉をつける遺伝子や分子が働いている。以上のように，各器官において様々な遺伝子や分子が摂食や群れ行動に関わっており，総体としての生理メカニズムが摂食行動（この場合群れでの採食地移動）に向かわせている。このように，野生動物の生態や行動を深く理解するためには，個々の動物に組み込まれた遺伝子や分子の動きと，その統合としての生理メカニズムを理解する必要がある。

2) 繁殖生理

（1）視床下部－脳下垂体－性腺軸

　動物の究極の目標ともいえる繁殖行動は，複雑な生理メカニズムの上に成り立っている。視床下部，脳下垂体，性腺，副生殖器，外生殖器，脂肪，

図 4-1　ニホンザルの群れ

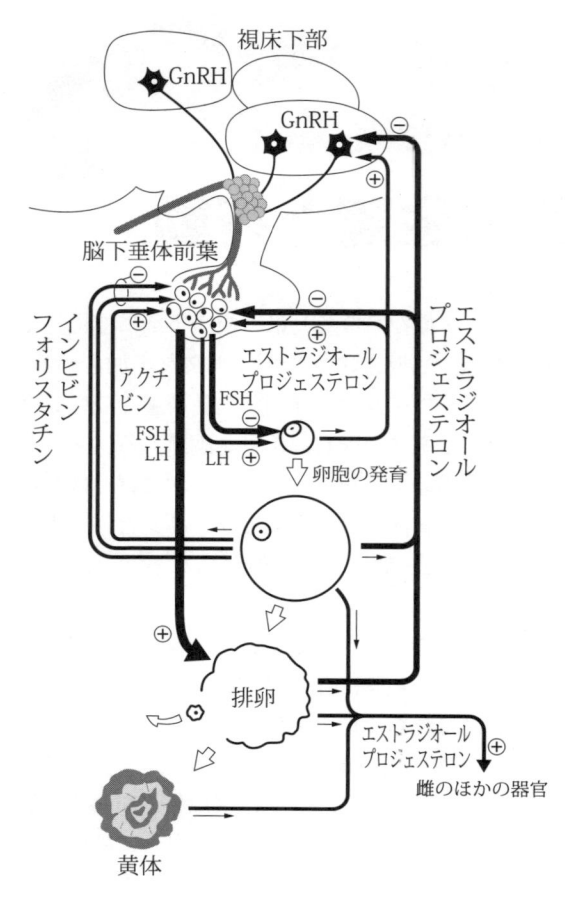

図4-2 視床下部-脳下垂体-性腺軸による生殖系調節メカニズム　　　　　　　　　　（坪田 1998）

副腎などが繁殖生理と関係している。最も重要なのは視床下部－脳下垂体－性腺軸と呼ばれる3器官の連動である（図4-2）。視床下部から性腺刺激ホルモン放出ホルモン（GnRH）が分泌され，脳下垂体からの性腺刺激ホルモンの分泌を調節している。性腺刺激ホルモンにはFSH，LHおよびプロラクチンがあり，全て脳下垂体前葉で生合成されている。GnRHは，視床下部の近傍部位（GnRHパルスジェネレーター）で発せられる電気パルスの調節を受け拍動性の分泌をするので，その下位にある性腺刺激ホルモンおよび性ステロイドホルモン（アンドロジェン，エストロジェンおよびプロジェステロンなど）もまた拍動性の分泌パターンを示す。雄では，性腺刺激ホルモンは精巣に働いて，主に精子形成と精巣内ステロイド合成を調節する。精巣では，主にアンドロジェンとインヒビンが合成され，前者は精子形成，副生殖器の発達，二次性徴などを促す。後者はフィードバック調節に関与し，脳下垂体前葉からのFSH分泌を抑制する。雌では，性腺刺激ホルモンは卵巣に働いて，主に卵胞発育，排卵，黄体形成・維持，ならびに卵巣内ステロイド合成を調節する。卵巣では，主にエストロジェン，プロジェステロンおよびインヒビンが合成され，エストロジェンは発情誘起と卵胞成熟，プロジェステロンは妊娠維持，インヒビンはフィードバック調節により脳下垂体前葉からのFSH分泌を抑制する。性腺から性ステロイドホルモンが分泌されると，一部は視床下部や脳下垂体に対して負のフィードバック作用を示す。以上のように，視床下部，脳下垂体および性腺は，お互いに関連して生殖系を調節統御する（浜名ら 2006）。

(2) 性成熟

性成熟とは，性的な機能が発達し，十分に子孫を産生できる状態になることをいう。雄では精子形成，雌では排卵をもって春機発動に達したとされ，この後さらに栄養状態や社会環境などの諸条件がそろい子孫を残せる状態になったときに，はじめて性成熟に達したといえる。すなわち，雄では交尾相手を確保し受胎可能な精液を射出することができることを，雌では排卵，受精，着床，妊娠，分娩および哺育までを全うできる状態になったときをいう。しかし，野生では性成熟に達しても社会的な原因（優劣関係）で繁殖に参加できないものもいる。とくに雄において，生理的な性成熟年齢と行動上の性成熟年齢との間に開きがあることが多い。

実際的には，捕殺個体から精巣と卵巣を採取し，組織標本を作製して，性成熟の判定を行う（坪田 1998）。精巣では，精細管内で精子までの分裂像（図4-3）がみられれば性成熟に達したと判定する。また，卵巣では，黄体もしくはその退縮物である白体（図4-4）の存在をもって性成熟に達したと判定される。性成熟に伴って性腺からのホルモン分泌が活発となり，副生殖器や外生殖器の発達も

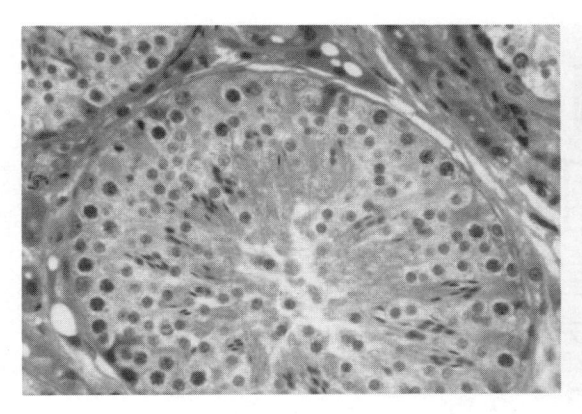

図 4-3　精子形成像

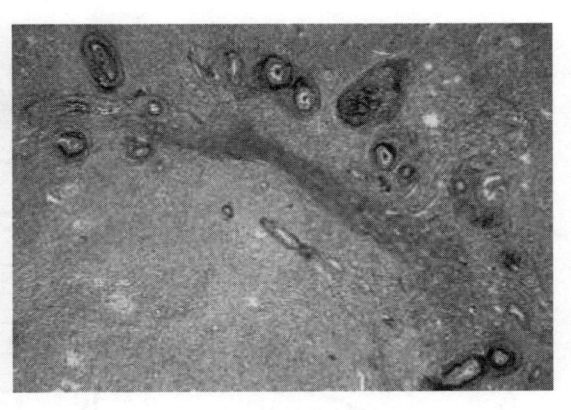

図 4-4　白体の顕微鏡写真

表 4-1　各種哺乳類の性成熟年齢

動物種	初産年齢	備考
ニホンザル	5〜6歳	栄養状態による。最も早い例は4歳
カモシカ	3〜4	
ニホンジカ	2〜3	栄養状態による。最も早い例は4歳
ツキノワグマ	4〜5	
エゾヒグマ	4〜5	
キツネ	1	
タヌキ	1	
ハクビシン	2〜3	
ホンドリス		
エゾリス	1	
シマリス		
ムササビ	1	
ヤマネ		
ノウサギ	1	
アザラシ類	4〜5	

（田名部ら 1995）

みられるようになる。これまでに判定された各動物種での性成熟年齢を表4-1に示す。

（3）季節繁殖性

繁殖生理の中で、野生動物が人や家畜と大きく異なる点は季節繁殖性を示すことである。季節繁殖性も視床下部―脳下垂体―性腺軸が基本となって制御されている（図4-5）。とくに季節性を捉えるのは最も上位の中枢レベルで、視覚から光の受容がその制御因子となっている。すなわち、光刺激を視覚的に捉え、視交叉上核を経て松果体にそのシグナルが伝えられ、物理的情報が内分泌情報に切り換えられる。松果体は、光という物理的シグナルを液性シグナル（メラトニン）に変換するインターフェースの役割をはたしている。光量が低下する暗期にメラトニンの分泌量が増加し、逆に明期にはメラトニンの分泌量が低下する。高緯度地域では、季節が移ると日長が変化するので、その結果メラトニンの分泌量が増減することになる。その先のメカニズムについては未解明な部分があるが、脳下垂体前葉からのプロラクチン分泌量は日長の変化に応じて変化することがわかっている。すなわち、日長が長くなると分泌量が増え、短くなると減るといったパターンである（図4-6）。ほぼ全ての動物（哺乳類）で同じようなプロラクチン分泌パターンが見られる。

（4）発情と交尾

交尾期になると、GnRHの分泌パルス頻度が高まり、FSHとLHの分泌も同調する。これが刺激となって雌では卵巣活動が活発になり、発情がおとずれ雄を受け容れるようになる。一方、雄も雌と同様に視床下部―脳下垂体―性腺軸の機能は活性化し、精子形成や性行動が活発になる。季節繁殖動物を大別すると、交尾期が春〜初夏（長日期）にみられるのと晩夏〜秋（短日期）にみられる動物がいる。前者は長日性季節繁殖動物、後者は短日性季節繁殖動物と呼ばれる。

交尾は、発情した雌が十分に生殖能力をもった雄を受け容れることによって成立する。雌が発

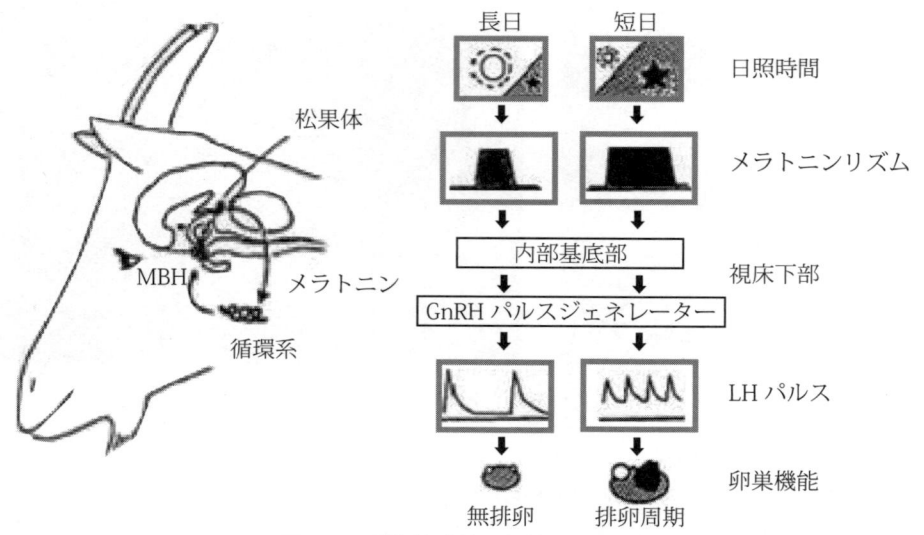

図 4-5　季節繁殖性の調節メカニズム（坪田 1998）

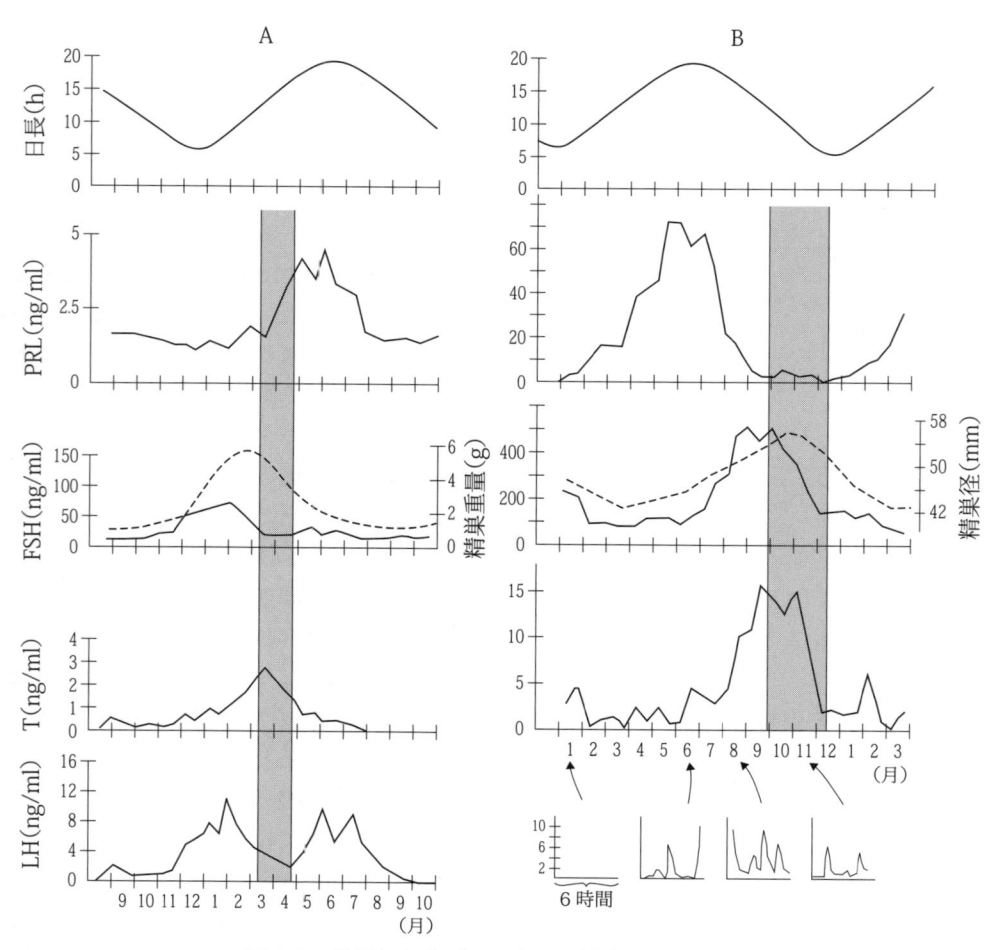

図 4-6　日長と血中プロラクチン濃度変化の関係

情するためには，性成熟に達していることと成熟卵胞の発育がみられることが必須条件となる。卵胞の発育と共にそこからエストロジェンが分泌され，正のフィードバックによってますます発育が進み，最後には成熟（グラーフ）卵胞にまで達する。エストロジェンの分泌量はピークに達し，そのエストロジェンの作用によって雌に発情がもたらされる。発情した雌からはフェロモンと呼ばれる化学物質が分泌され，雄では鋤鼻器や副嗅球でこれを受容し，雌雄間で種特有の化学コミュニケーションが行われる。雌では，交尾刺激またはLHサージによって卵巣内で排卵が起こり，卵管で上行してくる精子を待つ。精子が卵子に到達すると1個の精子のみが卵子に入り受精が起こる。基本的には妊娠が成立すると発情は起こらないが，黄体期に卵胞（発育）波（ウェーブ）がみられる動物（シカ類やカモシカ類）では，主席卵胞の発育に伴って発情様行動が起こることがある。

（5）妊　娠

妊娠が成立すると，卵巣内には黄体が形成され，その黄体を形成する黄体細胞でプロジェステロンが合成・分泌される。卵管内の受精卵は胚に分化を進めながら子宮角に下降する。そこで着床（子宮への接着）を待つ。あるタイミングで胚（胚盤胞 blastocyst）が子宮に接着すると，胎子としての発育を開始する。胚内部にあった栄養膜細胞（trophoblast）から胎盤が分化し，母体の子宮と共同して胎子への物質輸送と老廃物排泄のためのパイプ役として機能する。胎盤の形態としては，散在性胎盤，宮阜性胎盤（多胎盤），帯状胎盤および盤状胎盤があり（図4-7），胎子側の侵襲度に応じて上皮絨毛性，結合織絨毛性，内皮絨毛性および血絨毛性がある（図4-8）。卵巣からのプロジェステロン，胎盤（一部卵巣）からのエストロジェンといった性ステロイドホルモンが妊娠を維持するが，他の多くの因子（胎盤性性腺刺激ホルモンや胎盤性ラクトジェンなど）も妊娠を支える。動物種毎に固有の期間で胎子の発育は完了し，分娩のタイミングをはかる。

一般的には妊娠中の黄体数は胎子数と一致する

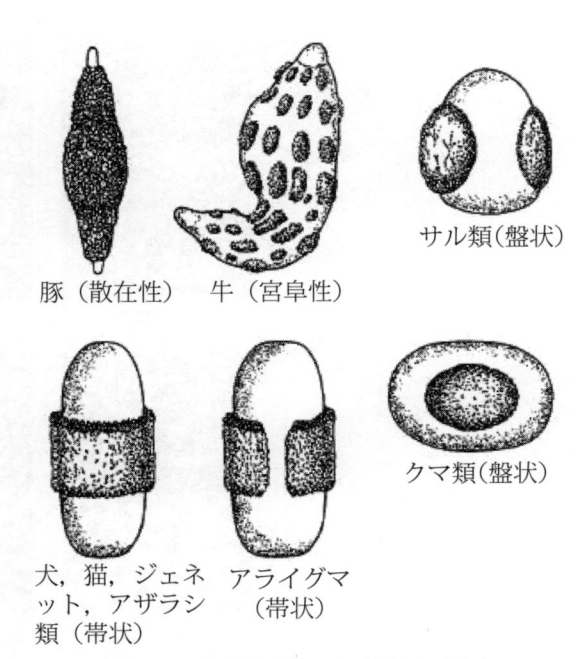

豚（散在性）　牛（宮阜性）

サル類（盤状）

クマ類（盤状）

犬，猫，ジェネット，アザラシ類（帯状）　アライグマ（帯状）

図4-7　肉眼的観察による胎盤の区分

が，例外といえる動物も存在する。シカでは，多くの妊娠個体（約80%）に2つの黄体がみられる（図4-9）（Suzuki et al. 1992）。その由来については不明であるが，どちらも機能的な黄体であることには間違いない。胎子は1頭のことが多いので，通常排卵数は1であると考えられる。したがって，発情に伴う排卵時に1つ目の黄体が形成され，2つ目の黄体（副黄体）がその後何らかのタイミングで形成される。

種々の野生動物において胎子の発育曲線が描かれている。クマ類では数か月の着床遅延期間の後約2か月で胎子発育は完了する。図4-10のように，血中プロジェステロン濃度が顕著に上昇する分娩前60日を発育起点として，S字状カーブを描くようにして胎子は発育する（Tsubota et al. 1987）。カモシカ（*Capricornis crispus*）では，12月から3月までの間に捕獲されたカモシカから得られた261例の胎子について発育曲線が描かれている（図4-11）（Kita et al. 1983）。シカでは図4-12のように，妊娠30日目から胎子の発育が始まり，

$$\sqrt[3]{W} = 0.091T - 2.730$$

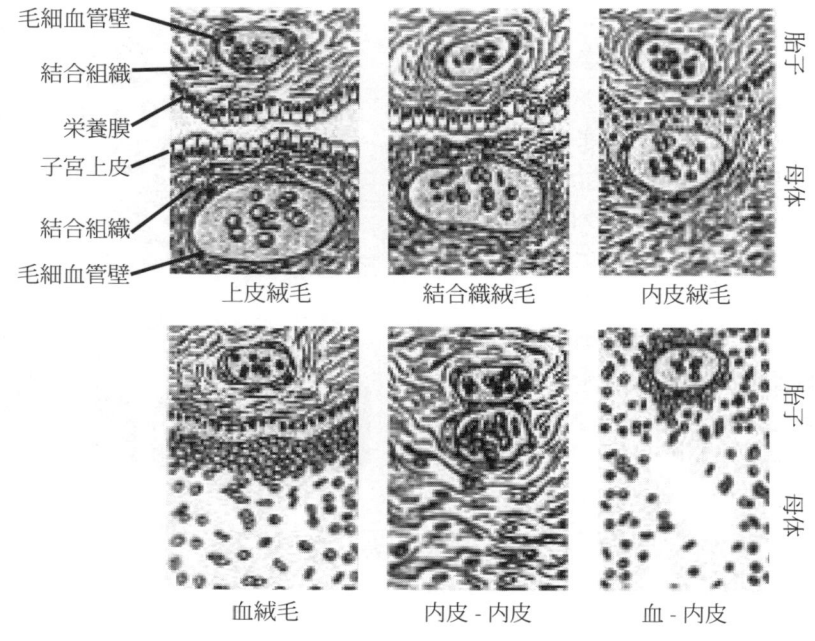

毛細血管壁				胎子
結合組織				
栄養膜				
子宮上皮				母体
結合組織				
毛細血管壁	上皮絨毛	結合織絨毛	内皮絨毛	

血絨毛　　　内皮-内皮　　　血-内皮

図4-8　組織学的観察による胎盤の区分

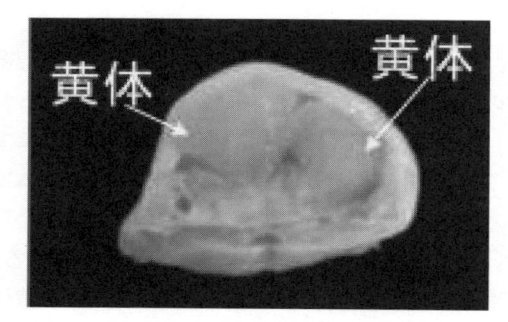

図4-9　ニホンジカ卵巣にみられる2つの黄体（片方が副黄体）　　　（柳川洋一郎博士提供）

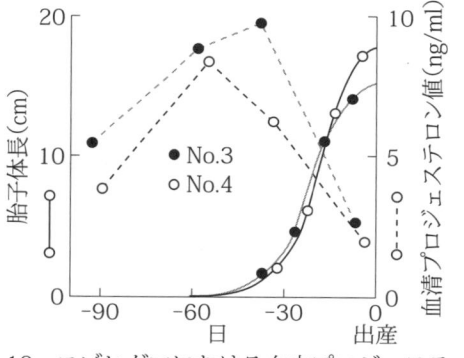

図4-10　エゾヒグマにおける血中プロジェステロン濃度と胎子発育

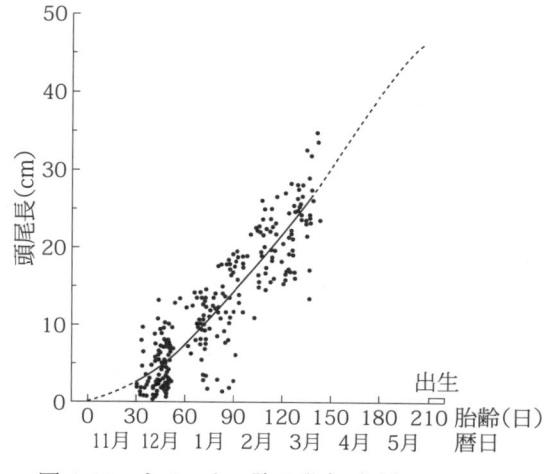

図4-11　カモシカの胎子発育（浜名ら 2006）

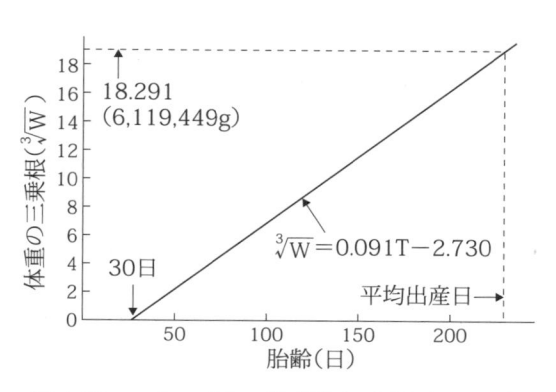

図4-12　ニホンジカの胎子発育（浜名ら 2006）

$\sqrt[3]{W} = 0.091T - 2.730$

18.291 (6,119,449g)

という式に沿って胎子が発育する（Suzuki et al. 1996）。

(6) 分娩・哺育

分娩は，胎子副腎から分泌される副腎皮質ホルモン（コルチゾル）が母体卵巣でのプロジェステロン合成を阻止することによって誘導される。卵巣からのプロスタグランジンやリラキシンが産道を緩め，胎子が産道に誘導されることで陣痛が起こる。陣痛の間隔が徐々に狭くなり，分娩に至る。胎子，胎膜および後産（胎盤）が排出され，分娩が完了する。分娩が完了すると，すぐにオキシトシン（脳下垂体後葉で生合成）とプロラクチンの刺激により母動物は乳汁を出すようになる。子は，乳汁を飲んで母体から抗体や栄養素を受け取ることになる。とくに分娩直後の乳汁は初乳と呼ばれ，多くの動物で抗体（免疫グロブリン：Ig）が子に付与される。Igの主体は動物種によって異なり，例えば有蹄類ではIgG，人やウサギ類ではIgA，犬，モルモット，ネズミ類ではその両方である。この他にIgMがほとんどの種で含まれる。

一般に，草食動物より肉食動物の方がカロリーの高い乳汁を与える傾向があり，そのほか環境要因によって乳汁成分が異なる。例えば，水中生活者のアザラシ類やクジラ類などは，高脂肪で高カロリーの乳汁を与え，少ない授乳頻度でも十分に栄養が与えられるようなしくみになっている。また，極域や砂漠あるいは水中で生活するある種の動物は，高脂肪の乳汁を子に与える。犬，猫，クマ類およびクジラ類の乳汁中蛋白質含量は高く，7～12％を占める。また，食肉類は一般に高脂肪の乳汁を分泌するが，とくに多いのはホッキョクグマ（*Ursus maritimus*）で30％もの脂肪を含んでいる。

(7) 着床遅延

一部の哺乳類では，交尾（受精）後着床までに数か月の時間を要するものがいる。これらの動物では，妊娠の中で着床までの期間を調節（延長）することで交尾と出産をより適切な時期に行うことを選択した動物たちである。このような現象を着床遅延と呼び，適応機構の1つと考えられている。着床遅延には2つのタイプがある。1つは条件付きの着床遅延で，泌乳といった条件のもとで着床遅延が起こる場合である。もう1つは必然的な着床遅延で，ある決まった時期になると必ず着床遅延が起こる場合である。前者にはマウス，ラット，一部の有袋類などが含まれ，吸乳（泌乳）刺激により脳下垂体前葉よりプロラクチンが分泌されて着床が抑制される。したがって，泌乳を終えると共に着床が誘発され，胎子としての発育を開始する。後者にはイタチ類，クマ類，アザラシ類，一部の有袋類などが含まれ，ある決まった期間着床遅延が続き，日長や気温あるいは他の環境要因により着床が誘起される。したがって，毎年同じ環境にある限り決まった時期に着床が誘起され，胎子の発育が開始することになる。交尾期にある程度の幅があるのに対して出産期が限定されるのはこのためである。

必然的な着床遅延の場合，環境要因を受けて生体内で最終的に着床遅延を終了させる，すなわち着床を誘起するトリガーは動物種によって異なる。イタチ類やアメリカミンク（*Mustela vison*）では，プロラクチンがトリガーであることが判明しており，着床遅延中に人為的にプロラクチンを投与すると着床を誘起できることが実証されている（Mead 1993）。一部のカンガルー類では，逆にプロラクチンが着床を抑制しており，脳下垂体前葉を除去すると着床を引き起こすことができる。アルマジロは独特で，卵巣を除去すると着床を誘起することができることから，卵巣内に何か着床を抑制する因子が含まれていると考えられる。草食獣では唯一着床遅延をするノロジカ（*Capreolus capreolus*）は，シカ類の中では比較的体サイズが小さい。したがって，他の草食獣ほど胎子発育期間は長くなく，約6か月である。そのため着床遅延によって妊娠期間を調節することになったようである。その他，コウモリ類の中には着床ではなく排卵（受精）を遅延させるものがいる。すなわち，冬眠前に交尾をするが雌は排卵しないので，雄から提供される精子は一冬を越して生存し続けることになる（精子が冬眠）。翌春，

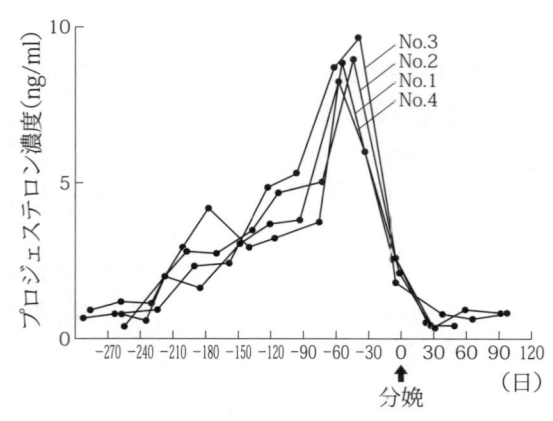

図4-13 エゾヒグマにおける妊娠時の血中プロジェステロン濃度変化　　　　　　　　（坪田 1998）

雌の体内では排卵が起こり，生存し続けた精子との間で受精が成立する。

着床遅延の内分泌調節としては，通常の妊娠の場合と同様でプロジェステロンが主体となる。着床遅延中には，通常の妊娠時ほど血中プロジェステロン濃度が高くなく，数 ng/ml で推移する（例えば，Sato et al. 2001）。このプロジェステロンの分泌源は黄体である。そして，着床に合わせて血中プロジェステロン濃度が顕著に上昇する。このような濃度変化は，着床遅延をする動物に共通してみられる現象である（図4-13）。なお，クマ類の着床遅延については，坪田・山崎（2011）に詳しい。

3）栄養生理

（1）消化と吸収

野生動物は，個体維持と個体繁殖に必要なエネルギーと栄養を摂食によって得ている。すなわち，主に草食獣は植物から，肉食獣は動物から得ることになる。その際，各動物は食物に見合った消化吸収機構を有し，必要な栄養を摂取している。主な栄養素としては蛋白質，脂肪および炭水化物（糖）である。

口から摂取した食物は，口腔，咽喉などで処理され，飲み込まれる。この際，唾液腺から唾液が分泌され，食物片を滑らかに包んで飲み込みやすくする。唾液にはアミラーゼと呼ばれる酵素が含まれ，デンプンを分解するはたらきがある。食道は，食物塊を咽喉から胃へと蠕動によって送り込む。胃は，唾液と共に送られてくる食物に塩酸とペプシンを加えながら混ぜ合わせ，消化の第1段階を行う場所である。食肉類の胃では，肉や骨を粉々に砕くための強力な筋肉が発達している。胃には胃底腺とよばれる腺が存在し，3種類の細胞（主細胞，壁細胞および副細胞）が存在する。主細胞からはペプシノーゲンが分泌され，その後ペプシンとなって消化を助ける。壁細胞は塩酸を分泌する。小腸は十二指腸，空腸および回腸からなり，消化と吸収が行われている。食物は，小腸粘膜の分泌物，膵液ならびに胆汁とよく混合され，口腔で始まった消化は小腸内で終了する。その消化物は，水分，塩類およびビタミンと共に吸収される。大腸は，盲腸，結腸および直腸よりなり，その主な機能は水分，ナトリウムおよびその他の塩類の吸収である。また，ビタミンのあるものは，多数の大腸内細菌により合成され，大腸壁より吸収される。

肝臓は，消化管の上皮に由来する腺で，胆汁を分泌するので消化器官として取り扱われる。肝臓に流入する血液の約70％は腸管から吸収された物質を運ぶ門脈に由来するので，吸収されたほとんどの物質は肝臓を通ることになる。この門脈中の血糖値が正常の範囲を超えると，余分なブドウ糖を取り込む。この取り込まれたブドウ糖はグリコーゲンに変換されて肝臓に貯蔵される。一方，逆に血糖値が下がると，貯蔵グリコーゲンがブドウ糖に換えられて血中に放出される。胆汁は，肝細胞で造られ，胆管を通って十二指腸に分泌される。胆管の十二指腸への出口がふだんは閉じているので分泌されないが，食物を摂取すると出口が開き，十二指腸に分泌される。胆汁酸塩は，脂質と結合して水溶性のミセルを作り，脂質の吸収を容易にする。

膵臓は，トリプシノーゲン，キモトリプシノーゲン，リパーゼ，アミラーゼなどの消化酵素を分泌する外分泌腺であると同時に，インスリン，グルカゴン，ソマトスタチンといったホルモンを分

泌する内分泌腺でもある。外分泌を調節しているのは，反射と消化管ホルモンである。このホルモンは，小腸粘膜が分泌するセクレチンとコレシストキニンである。外分泌によって分泌される酵素は，膵管を通って十二指腸乳頭において腸内腔に放出される。内分泌腺としてはランゲルハンス島がある。島細胞にはA細胞，B細胞およびD細胞があり，各々A細胞はグルカゴンを，B細胞はインスリンを分泌し，この2つのホルモンが血糖値の調節を行っている。D細胞はソマトスタチンを分泌し，傍分泌様式により島細胞からのホルモン分泌を調節している。インスリンは，筋，脂肪および結合組織におけるブドウ糖の細胞内への取り込みを促進し，血糖値を下げるはたらきがある。一方，グルカゴンは，肝臓のグリコーゲンを分解して血液中に放出し，血糖値を上げるはたらきがある。

以下に，主要な栄養素について消化と吸収機構を説明する。

① 炭水化物

食物中の主な炭水化物は多糖類，二糖類および単糖類である。多糖類であるデンプンは唾液中のアミラーゼの作用を受ける。しかし，この酵素の至適pHは6.7で，食物が胃に入ると酸性の胃酸によってその作用は阻止される。小腸では，さらに強力な膵液中アミラーゼによって分解される。最終的には，腸液のマルターゼによってブドウ糖に分解されて，小腸粘膜上皮より吸収される。

② 蛋白質

蛋白質の消化は胃で始まり，ペプシンが蛋白質のペプチド結合を一部切り離しアミノ酸に分解する。ペプシンの至適pHは1.6〜3.2であるから，胃内容物が十二指腸と空腸に入りアルカリ性の膵液と混ざると，ペプシンの作用は止む。胃内での消化活動の結果生じたポリペプチドは，小腸で膵液と小腸粘膜の強力な蛋白質分解酵素によりさらに消化される。すなわち，小腸上皮細胞刷子縁内のアミノペプチダーゼやジペプチダーゼなどの酵素によって粘膜表面でアミノ酸に加水分解され，その後吸収される。アミノ酸の吸収は，十二指腸および空腸では速やかであるが，回腸では遅い。

③ 脂 肪

脂肪の消化の大部分は十二指腸で始まり，もっとも重要な酵素は膵リパーゼである。この酵素は，トリグリセリドを速やかに加水分解する。また，リパーゼは乳化状態にある脂肪に作用する。脂肪は，十二指腸で胆汁によって乳化される。食物中のコレステロールの大部分はコレステロールエステルのかたちであり，コレステロールエステル加水分解酵素が小腸内腔でこれらエステルを加水分解する。モノグリセリド，コレステロール，脂肪酸は，拡散によって小腸粘膜上皮細胞に入る。脂肪の吸収は，小腸の上部でもっとも著しいが，回腸でもかなり吸収される。

(2) 反芻類の消化

一般的に，動物は植物の細胞壁を構成するセルロースを消化することができないので，草食動物は微生物（原虫フローラ）のはたらきを借りる。中でも反芻類と呼ばれる動物群は，胃の中に原虫フローラを容れて食物を消化している。とくに第一胃と呼ばれる，最も前方にある胃（前胃）の容積を大きくして，貯留タンクとしての機能をもたせている。すなわち，貯留タンク内には大量の微生物が生存しており，そのはたらきでセルロースを消化し内容物を発酵させる。発酵を促進するために，反芻により採食物を細かく噛み砕く作業も行われている。その発酵産物の酢酸，酪酸およびプロピオン酸は，反芻獣のエネルギー源となる。この貯留兼発酵タンク（第一胃）以外にも，内腔表面を蜂の巣状の襞が被っている第二胃や，膜状の襞が何枚も並んでいて小袋に区切られている第三胃でも，表面積を大きくして消化を高めている。最後に，他の単胃動物での胃に匹敵する第四胃では，胃酸が分泌され通常の消化が行われると共に，第一〜三胃で働いていた微生物を殺して，これも蛋白源として利用する。

(3) 反芻類以外の草食獣の消化

反芻をしなくても，胃を大きくして貯留と発酵を促している草食動物がいる。ナマケモノ類や一部の有袋類は反芻動物ではないが，複雑で大きい

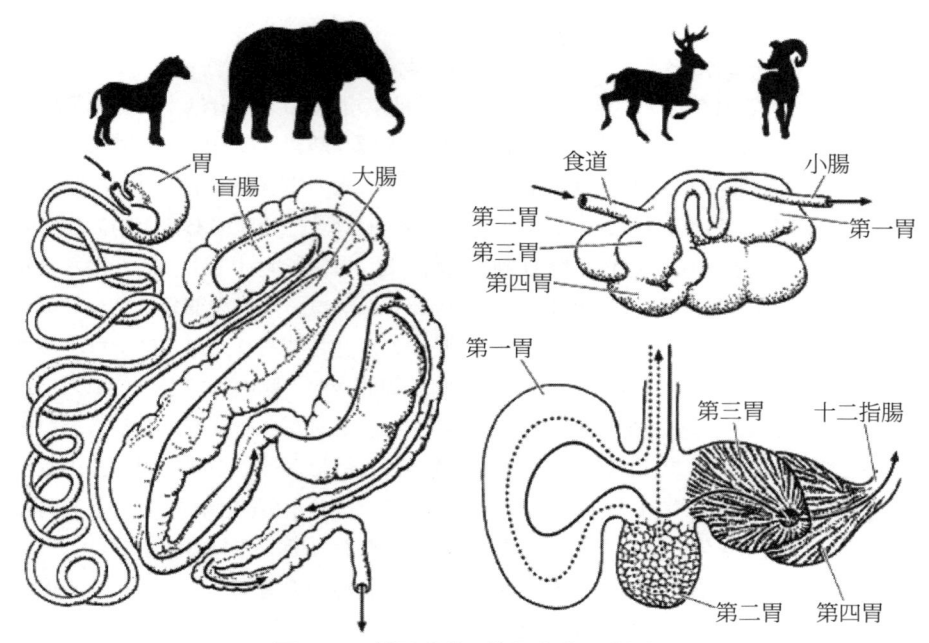

図 4-14　前胃発酵と後腸発酵の消化管

胃袋を兼ね備えている。その胃袋の中には微生物が大量に存在し，セルロースを消化している。一方，胃以外の器官で発酵を行っている動物としてウサギ類や馬がいる（図 4-14）。彼らは盲腸や大腸を使って発酵を行っている。前胃発酵動物との違いは，反芻できないことである。すなわち，いったん胃に収めたものを再度口腔ですりつぶし消化しやすい形にするという作業を行い得ない。したがって，馬の糞と牛の糞を比べると，明らかに牛の糞の方が，草が細かく砕かれているのがわかる。後腸発酵をする動物は哺乳類に限らない。鳥類ではライチョウ類，爬虫類ではイグアナ類などでも後腸で微生物発酵して消化を助けている。

（4）エネルギー貯蔵物質

動物はエネルギー摂取と消費のバランスをとって生活している。摂取を消費が上回ると，蓄えた貯蔵エネルギーを使わなければならないし，逆に摂取が消費を上回った場合には余剰を貯蔵することになる。この時の貯蔵方法として脂肪かグリコーゲンのいずれかが選択される。その違いとしては，脂肪の方がグリコーゲンに比べて重量が軽いことがあげられる。また，単位重量当たりのカロリーが高いので，効率よくエネルギーを得ることができる。グリコーゲンは水に溶けるので，実際グリコーゲンが肝臓や筋肉に蓄えられる時には水分を伴っている。その結果，およそ10倍の重量を伴って貯蔵されている。一方，貯蔵物質としてのグリコーゲンの利点は，①炭水化物の代謝は非常に速くエネルギーを供給できること，②無機的環境でもエネルギーを供給できることである。

（5）蓄積脂肪の季節変化

自然の中にある餌資源は季節に応じて質量共に変化する。とくに高緯度になるほど環境は厳しくなるので，より季節変化が明瞭になる。それに伴って動物の代謝機構や甲状腺ホルモンなどの内分泌が変化し，その結果，栄養状態に季節性がみられることになる。動物の体内にそのような体重変化の生物リズムが備わってしまう。先に書いたように，ほとんどの動物は過剰な栄養を脂肪として体内に蓄える。したがって，栄養状態の季節変化の指標としては体脂肪蓄積量が最も適当である。古くから体脂肪の蓄積に関する研究が行われ，日本でもツキノワグマ（*Ursus thibetanus*），エゾシカ（*Cervus nippon yesoensis*），ニホンザルなど

で研究がある。以下にツキノワグマとエゾシカの例を示す。

① ク マ

近年，有害捕獲されたツキノワグマを用いて，大腿骨骨髄内脂肪（FMF），腎周囲脂肪係数（KFI）および皮下脂肪厚（ASF）の3つの体脂肪指標を使って栄養状態の指標について研究されてきた（Yamanaka et al. 2011）。その結果，全ての体脂肪指標において当歳クラスの値は他の年齢クラス（2歳以上）より低いこと，晩秋期（11～12月）のKFIおよびASFは夏期（7～9月）に比べて高いこと，雌のASFは雄よりも低いことが判明した。また，3指標間の相対関係を調べた結果，FMFの低下は著しい栄養状態の低下を示すものであることが示唆された。この知見をもとに，2005～2007年の夏期に岐阜県および福島県で捕獲されたツキノワグマの栄養状態の年次変動を評価した結果，大量出没がみられた2006年の栄養状態が最もよかった。このことは，人里にツキノワグマが出没するのに栄養状態の低下は必須条件ではないことを物語っている。

② シ カ

これまでに，北海道のエゾシカにおいて体脂肪の1つ，腎周囲脂肪の季節変化が調べられた（Yokoyama et al. 2001）。一般的に腎周囲脂肪は腎臓の大きさ（体サイズの大きさ）にしたがって増減し，腎重量は季節変動が小さいので，腎重量に対する腎周囲脂肪量の比，すなわち腎周囲脂肪係数（KFI）が使われる。しかしながら，シカの場合，腎重量に顕著な季節変化がみられるので，KFIよりむしろ腎周囲脂肪量（KFM）を使う方がよい。エゾシカ208頭（雄76頭，雌132頭）のKFMを調べたところ，良好な生息環境下においてもKFMの季節変化は著しく，秋に蓄積した脂肪量のうち雄で97％，雌で76％晩冬期までに消費していた。このように，冬期の食物の質と量の不足を克服するために，雌雄共に夏秋期に体脂肪を蓄積し，そのほとんどを冬期に消費するという季節変化を示していた。

4）冬眠生理

（1）冬眠とは

哺乳類の中には餌資源が極端に少なくなる冬期を眠ってやり過ごす動物種がいる。すなわち冬眠という適応機構を獲得した動物である。シマリス，ジリス，ヤマネ，ハムスター，コウモリ類，クマ類などがそうである（川道・近藤・森田 2000）。ハチドリやアマツバメ（*Apus pacificus*）など冬眠する鳥類も存在する。この中で小型哺乳類は，冬眠するとおよそ外気温まで体温を低下させ，バウト（眠り）と中途覚醒を繰り返す。一方クマ類は，中途覚醒することなく，冬期間を通じて間断なく眠り続ける。冬眠中は，体温，心拍数，呼吸数など代謝全体を低下させ（表4-2），できるだけエネルギーの損失を防いでいる。シマリスでは活動時のおよそ5％にまで代謝を下げることがわかっている。この時に使われるエネルギーは主に蓄えた体脂肪を燃焼することによって得られる。

冬眠する哺乳類は，量に差こそあれ冬眠前時期に体脂肪を蓄積する。とくに極端に体脂肪を蓄積するのがクマ類である。ふつう冬眠する小型哺乳類は，いったん冬眠に入っても数日間隔で中途覚醒するので，その際に貯留した餌（どんぐり等）を食べて栄養を賄うが，クマ類の場合は中途覚醒をいっさいしないので冬眠前に冬眠期間中に使う全てのエネルギーと栄養を体脂肪として蓄えておかなければならない。およそ30～40％の体重が変化する程体脂肪を蓄えることがわかってい

表4-2 冬眠中の代謝低下（シベリアシマリスの例）

	体温 （℃）	心拍数 （拍動数/分）	呼吸数 （回/分）	代謝速度 （cal/g/min）	エネルギー消費 （％）
活動期	37	400	200	0.2	100
冬眠期	5	<10	1～5	0.002	13

（川道ら 2000）

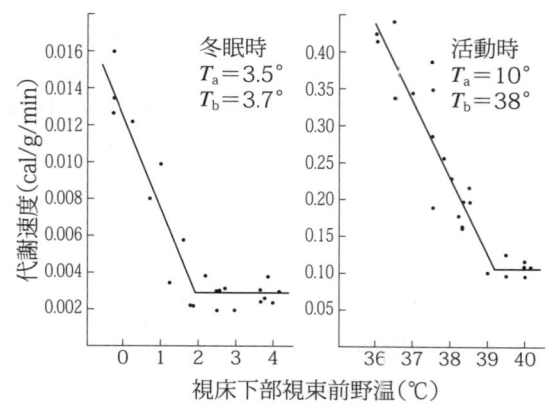

図 4-15　ジリスでの体温の調節機構（活動時と冬眠時）　　　　　　　　　　　　　　（川道ら 2000）

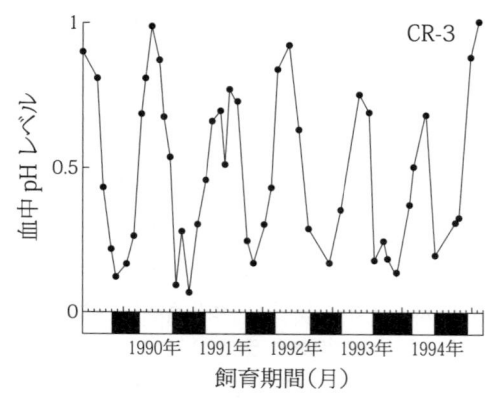

図 4-16　シマリスにおける冬眠特異的蛋白の血中濃度変化　　　　　　　　　　　　（川道ら 2000）

る。

　哺乳類の冬眠は受動的に外気温付近に体温を低下させるのではなく，能動的に新たな温度に体温を再設定する調節機構がはたらいている。図4-15にみられるように，ジリス類では，産熱反応が起きる視床下部の閾温度は活動時が39℃であるのに対して，冬眠時には2℃になる。このことから，体内のサーモスタットの設定点を2℃に再設定した結果生じた低体温状態であることがわかる。

（2）冬眠への誘導

　冬眠への誘導因子については未解明の部分もあるが，いくつかの因子が関わっていることがわかっている。まず十分に体脂肪を蓄えること。冬眠前になると摂食量が増えたり代謝が変化したりして肥満状態になる。これは1つの必要条件である。次に外気温が低下すること。冬期になり寒冷に暴露されることも必要条件の1つである。3番目に降雪があること。これについては，雪のない地域でも冬眠する動物がいることから絶対条件とはいえないが，雪が冬眠入りの刺激の1つになっているのは間違いないことである。最後に餌が枯渇すること。それまで豊富にあった餌がなくなり摂食できなくなることが冬眠への誘導を行う。あとは自らの体を横たえるだけのスペースを備えた冬眠穴が確保されれば冬眠に入る。

　これまで冬眠物質の発見が注目され続けてきた

が，近年になって冬眠特異的蛋白がシマリスで発見された（Kondo et al. 2006）。この蛋白質は肝臓で合成され，冬眠中に血中濃度が低下し，活動時に増加する（図4-16）。また，この蛋白質が低下しているシマリスを低温に曝すとすぐに冬眠状態になることがわかっている。

（3）冬眠中の生理

　冬眠中は，持続的冬眠（bout）と中途覚醒（periodic arousal）を交互に繰り返す（クマは例外）（図4-17）。リチャードソンジリス（*Urocitellus richardsonii*）を例にとると，持続的冬眠の長さは，冬眠開始直後には短いが，時間経過と共に徐々に長くなり，安定状態を維持した後，再度短くなって冬眠を終了する。一方の中途覚醒は，周期的覚醒とも呼ばれ，急激に（数時間）体温が上昇する

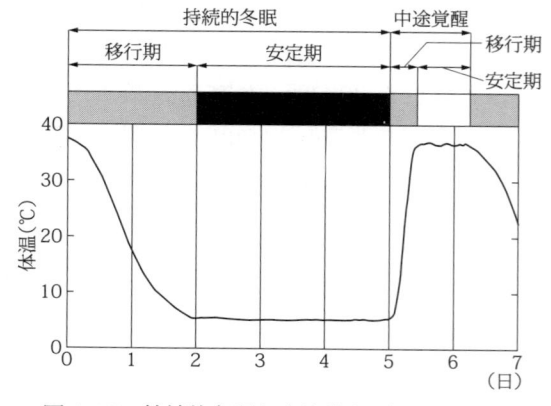

図 4-17　持続的冬眠と中途覚醒（川道ら 2000）

ことで引き起こされる。この時の急激な体温上昇は，褐色脂肪組織による非ふるえ産熱か，骨格筋の不随意的収縮によるふるえ産熱がもたらす。

冬眠中は，多くの種で体温が0℃付近まで低下する。冬眠時の最低体温はホッキョクジリス（Spermophilus parryii）の－2.9℃からアメリカクロクマ（Ursus americanus）の32.3℃まで大きな幅がある。37種類の哺乳類および鳥類での冬眠時の最低体温は，平均5.8℃〔アナグマ（Meles meles）とアメリカクロクマを除くと4.4℃〕である。

冬眠中のエネルギー源として，冬眠前に体内の白色脂肪組織に蓄積した脂肪を用いる脂肪蓄積型と，冬眠巣中に貯めた食物を利用する貯食型がある。しかし実際には，貯食型の動物でもある程度の脂肪蓄積はみられるようである。冬眠中の動物の呼吸商を測定することにより，エネルギー源として何を消費しているかがわかる。すなわち，炭水化物のみをエネルギー源とした場合呼吸商は1.00となり，脂肪のみでは0.70となる。冬眠中の動物の呼吸商を測定してみると約0.7であることから，冬眠中のエネルギー源は主に脂肪であることがわかっている。

(4) 冬眠からの覚醒

冬眠からの覚醒は，外気温，積雪量，生物リズムなどが関与しているようであるが，決定的な因子については不明である。春になり気温が上がり雪解けが進み始めると冬眠から醒めて活動を開始する。

クマ類の場合，春になり気温が上昇すると冬眠から覚醒する。ただし，冬眠から覚醒してもしばらくの間は冬眠穴の周辺から大きく移動することはない。移動のための準備期間ではないかと考えられていたが，最近になって冬眠中のクマ類の体温と代謝（O_2消費量）を測定してみたところ，冬眠覚醒に近づくと体温は平常温にまで上昇するが，代謝はその後2〜3週間低下した状態が続いていた（Tøien et al. 2011）。このことは，冬眠覚醒後しばらく大きな移動はしないで冬眠穴周辺で過ごしていることを裏付けている。

動物によっては繁殖活動の高まりと共に冬眠から覚醒するものがいる。ハムスターやクマ類がそうで，毎年冬眠中に精子形成が再開される。すなわち，精巣の精細管内で何らかのトリガーにより精粗細胞の分裂が始まり，順次精母細胞，精娘細胞，精子細胞および精子が造られていく。この初期段階が冬眠中にみられる。この時ライディッヒ細胞からのテストステロン分泌が盛んになり，これが血中に出て中枢系に働くことにより冬眠の覚醒が促される。

(5) クマ類の冬眠

最後に，他の冬眠性哺乳類とは異なる生理機構を示すクマ類の冬眠（図4-18）について解説する。クマ類の冬眠の特徴は，①体温の降下度が小さい（約4〜6℃），②冬期間中ほぼ間断なく眠り続ける（中途覚醒がない），③いっさいの摂食飲水，排泄排尿がない，④雌では出産するものがいる。また，冬眠中のクマの血中尿素／クレアチニン濃度比が10以下に低下する。冬眠中のクマ類では，蛋白質異化作用によって通常生成される窒素化合物の蓄積はいっさいない。これは，冬眠中に血中および尿中の最終的な蛋白質代謝産物（尿素，尿酸，アンモニアなど）濃度に変化がみられないことを意味する。冬眠中のクマ類で尿素産生が行われているが，その産生量が減少するのである。わずかに産生される尿素は，冬眠中つねに二酸化炭素とアンモニアに加水分解される。冬眠中のクマ類における蛋白質再生機構として2つのルー

図4-18 冬眠中のアメリカクロクマ

トが考えられている。1つは，グリセロールを骨格として窒素を結合させることによって，アラニンとセリンを産生する過程である。もう1つは，尿素からのアミノ酸合成である。おもしろいのはホッキョクグマで，"歩く冬眠動物"として知られている。すなわち，冬期には餌となるアザラシ類を豊富に摂食できるので問題ないが，夏の間は氷がなく食料が不足する（アザラシ狩りができない）。ホッキョクグマは，季節に関係なく食物が不足すると，数日以内にクロクマでいう冬眠のような状態になることができるのである（Derocher et al. 1990）。

2. 行　動

1) 動物行動学の基本

(1) 生得的行動と解発要因

　動物行動学では生得的解発機構という考え方がある。生得的というのは，生まれながらにしてという意味であり，学習や練習を必要とせず，他個体からの模倣によらず，さらには環境からの影響も受けずに発現することをさす。すなわち，動物の行動の多くは生まれながら獲得されているもので，この生得的解発機構によってもたらされる。そうした生得的な行動の組み合わせにより動物の行動は成り立っている。Tinbergen（1951）によると，生得的な行動が起こるためには鍵刺激と呼ばれる外界からの感覚刺激が必要であり，この鍵刺激を含む解発因（リリーサー）が受け取られることによって，各動物種に特異的な行動が，生得的解発機構と呼ばれるメカニズムを介して引き起こされる。

　動物の行動は，2つの要因によって解発される。すなわち，至近要因と究極要因である。動物の行動が"なぜ"，"どのように"生じるのか，という問いかけの前者が究極要因であり，後者が至近要因である。進化という長い時間をかけて環境への適応機構として行動が組み込まれるので，一定の時期に一定の場所で同じ行動が起こる。毎年同じ時期になると渡り鳥がやってきて繁殖行動を行うなどはその一例である。それは，その動物にとって何か有利な理由があるのは間違いなく，この理由がいわゆる究極要因である。一方，表現型として行動が表れるためには，体内の様々な器官を駆使して生理的メカニズムが働く必要がある。繁殖行動が行われるための生殖系のメカニズムはその典型例である。この生理メカニズムが至近要因に相当する。それ以外に，「行動の発達」と「行動の進化」が行動学研究の4分野とされている。

(2) 適応度

　動物行動学の重要な基本的概念の1つに適応度（包括適応度という概念もある）がある。これは生涯繁殖成功度ともいわれ，数値で表す場合には，ある動物の生み出した子どもの数（産子数）と，その子どもたちが繁殖年齢に到達するまでの生存率として表される。動物はこの適応度を高くするようにふるまい，進化の中で適応度の低い行動（遺伝子）は淘汰され，その結果として現代に生きる動物の適応度は全て高いものになっている。このように適応度を高めるための方法（戦略）には多様性があり，例えば1回に産み落とす卵を多くして子育てにはあまり投資しない（生き残りを偶然性にまかせる）タイプや，逆に，少数の子を産んでそれを大事に育てるタイプまで様々である。採食行動についても然りで，草食性から肉食性まで雑多な食物を効率よく摂取して，自らの適応度を上げている。また，単独で行動するのか，群れで行動するのか，群れの場合，集団内の社会性をどのように保つのか，こういった側面でも適応的な行動が維持されている。この適応度を高める原動力は，他個体との競争であり，競争に勝って"自己の遺伝子セットを次の世代に伝える"ことである。これをDokins（1976）は利己的な遺伝子と呼んだ。淘汰は，決して種の保存や群集の保全のためにはたらくわけではない。

(3) 利他行動

　自然界には他個体の適応力を高めるための行動，すなわち利他行動がみられる場合がある。このような行動をよく観察してみると，血縁関係に

あるグループ内での行動である場合が多い。例えば，野生イヌはグループで狩りや子育てをするが，育子にあたるのは姉であったり叔母であったりする。すなわち自らの適応度を高めることはなくても血縁関係にある個体の（遺伝子の）適応度を高めるのに貢献する。すなわち，包括的にみて自分と共有する遺伝子（姉では50%の遺伝子を共有）を残せればいいという考え方である。これが包括適応度の概念である。一方，このような血縁関係にない個体同士でも利他行動がみられることがある。それは，将来的に利他行動に対する見返りがほぼ間違いなくもたらされる見通しがある場合に起こる。例としてはチスイコウモリ（*Desmodus rotundus*）が挙げられる。彼らは，夜になると，巣を離れて牛などの家畜から血（食物）を吸って，明け方巣に戻ってくる。戻ってきた時に，その日の"稼ぎ"が少ない個体に対して，"稼ぎ"のあった個体は血を分け与えてやるのである。これは明らかに利他行動である。この血をやりとりする個体間に血縁関係はなく，純粋な（自らの適応度を上げない）利他行動であることがわかっている。彼らはその日の"稼ぎ"が悪かった時には，いつかの"貸し"が返されるという確約をもって，集団で互恵的な行動をみせるのである。

2）採食（摂食）行動

　動物は，エネルギーと栄養・ビタミン・ミネラル・水などを得るために植物や動物を摂取する。この行動を採食（摂食）行動という。基本的に野生動物は個体維持と個体繁殖のために多くのエネルギーを必要とするので，多くの時間を採食に費やすことになる。肉食動物であれば，採食には捕食という行動を伴う。すなわち，草食動物などの被捕食動物を追跡または急襲し，死に至らしめた後その肉を食べる。一方，草食動物であれば，基本的には移動しない植物を，その栄養価や捕食者との関係で最も適切な場所でかつ適切な時期に食べることになる。したがって，採食にかけるエネルギー投資は，その対象とする物の存在量，得られやすさ，ならびに対捕食者との関係にかかって

いる。以下に，多様な採食行動が生まれる背景について解説する。

(1) どのくらい食べるのか

　動物の1日の採食量を決める要因としては，体重，活動量，体温および餌の種類と栄養含量がある。前3者は動物の体の中に内在する因子であり，後者は体の外から影響する因子である。この中で，とくに体重は最も重要な因子と考えられ，古くから研究の対象になってきた。その結果，代謝エネルギーは体重の3/4乗に比例するという法則が見いだされた（図4-19）。これをクライバーの規則という。これを式で表すと，

$M = 70W^{3/4}$　（Mは基礎代謝量，Wは体重を表す）

となる。基礎代謝量とは，完全な肉体的・精神的な安静状態での代謝量のことである。さらに，この式を変換させて，単位体重当たり必要とされるエネルギー量（M/W）は，

$M/W = 70W^{-1/4}$

で求められる。この式から，体重の大きな個体ほど体重当たりの代謝エネルギー量は少ないことがわかる。すなわち，大型の動物は，小型の動物に比べ，同じ栄養含量の餌ならば，単位体重当たり少ない量しか食べなくてもよい。言い換えれば，同じ量の餌を食べるのであれば，質の低い餌を食べてもやっていけることを意味している。実際，アフリカ草原に生息する草食獣の採食物をみてみると，大型草食獣の方が，小型草食獣より質素な（栄養価の低い）食物を食べている。

(2) 何を食べるのか

　ここでは草食動物と肉食動物に分けて採食行動をみてみる。まず草食動物は，栄養価の低い食物を多量に食べて大きな体を維持する。そのために採食したものを入れる貯留タンクを備えた。草食動物の中には，この貯留タンクに収めた内容物の消化を助けるために，いったん口に吐き戻して咀嚼（反芻）した後再度貯留タンクに戻すものがいる。これらの動物は反芻動物と呼ばれる。一方，肉食動物では，グループまたは単独で狩りを行い，その結果，草食獣などを捕食する。例えば，犬や猫のある種のグループでは，血縁関係に

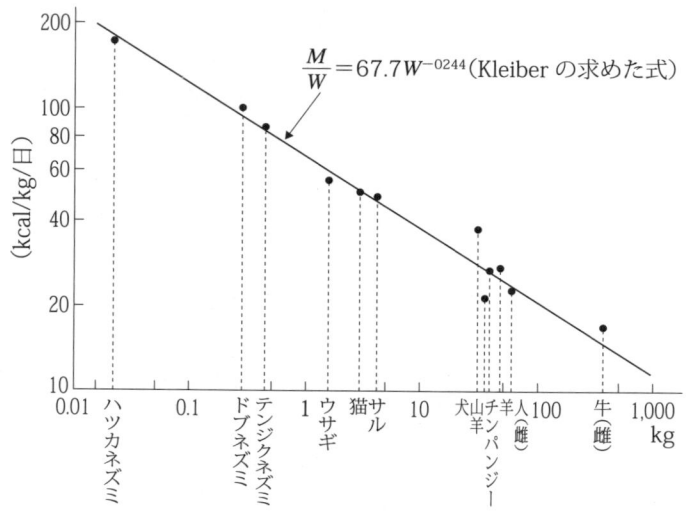

図4-19　各種動物での体重と基礎代謝率との関係（クライバーの規則）
（高槻 1998）

$\frac{M}{W} = 67.7W^{-0.244}$（Kleiberの求めた式）

あるグループを形成し，集団で協力して狩りをする。捕まえた獲物は，順位に従って順番に食べられる。肉食動物の消化機構は単純なつくりになっており，胃は1つ（単胃）で，腸の長さは短い。ただし，歯の形態に特徴があり，いわゆる裂肉歯（上顎第3前臼歯と下顎第1後臼歯）が発達し，臼歯は鋭く尖った形をしている。犬歯も一般的に発達している。彼らは，これらの歯を使って獲物を狩り，肉を咬みちぎったり引き裂いたりしながら食べる。草食動物と肉食動物の中間にあるのが雑食動物である。すなわち，日常的には草本や果実などを採食するが，機会があれば小哺乳類や昆虫も食する。例えば，タヌキ類やアナグマなどがそうである。胃腸管および歯の形態はいずれも肉食動物に似るが，肉食動物ほど特殊化していない。

(3) 食 糞

後腸発酵動物では，反芻できない不利益を独特の方法で回避している動物がいる。それが食糞と呼ばれるもので，ネズミ類やウサギ類でみられる。盲腸の内容物から特別な糞（柔らかくて未消化）を作り，その糞を排泄した直後に再度口から摂取して，もう一度消化管を通過させる（図4-20）。その後排泄される糞は通常の糞と同じで固くて黒っぽい。胃の中では通常の採食物と再摂取された

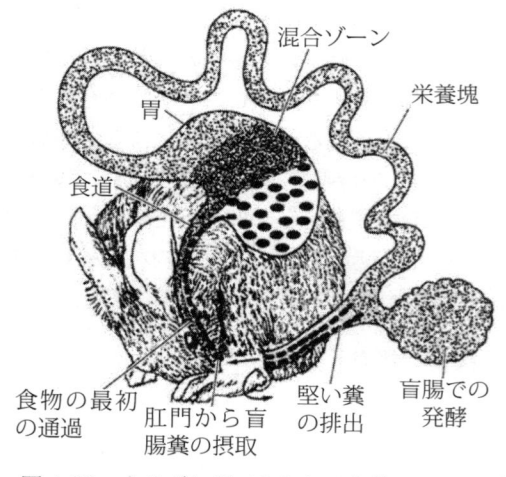

図4-20　ウサギなどでみられる食糞のメカニズム

糞とが混じり合うことはない。この食糞が妨げられると，栄養，とくにビタミンが不足して（消化能力も低下）成長が遅れたり，痩せ衰えたりする。

(4) 草食獣の採食行動

草食獣の採食には2つのタイプがある。1つはブラウザータイプで，もう1つはグレーザータイプである。クライバーの規則に従い，小型草食獣の方が大型草食獣より質の高い食物を摂取する傾向にある。すなわち，小型草食獣ではより栄養価の高い果実や葉を食べるのに対して，大

型草食獣は草や茎など栄養価の低いものを食べる。セレンゲティなどの草原では季節によって出現する動物種が入れ替わるのが観察されている。すなわち，乾季になると最初にアフリカスイギュウ（Syncerus caffer）が現れ，その後シマウマ類，トピ（Damaliscus korrigum），オグロヌー（Connochaetes taurinus），そしてトムソンガゼル（Gazella thomsonii）の順で現れては離れて行く。このように，利用場所を時間的にずらすことによって競合を小さくし，採食状況が時間的に変化していく。このことを採食遷移という。さらに，各々の食物を観察すると，シマウマ類が丈の高い草を採食，次いでオグロヌーが下層に生えているイネ科草本を利用し，最後にトムソンガゼルが残った地表の草本を食べる，といったように，次に移動してくる動物に採食しやすい環境を与えている。この現象を促進効果と呼んでいる。

3）生殖行動

(1) 性行動

性行動は，数日から数週間にわたり特定のペアで見られたり，あるいは婚姻形態によって複数の個体との組み合わせで見られたりする。性行動としての乗駕が起こると，雄は勃起した陰茎を雌の腟に挿入する（図4-21）。数度の腰の突き（thrust）の後射精に至る。交尾時間は種によって様々であるが，肉食動物の方が草食動物より長い傾向にある。元々雄と雌が離れて単独で生活していた場合，ペアを形成することが難しい。何らかの手段を使って雄は発情している雌を的確に見つけ出さなければならない。この時，フェロモンと呼ばれる化学物質の受け渡しが雌雄間で行われている。馬や山羊の雄が雌の陰部や尿を嗅いだ後に，上唇を巻き上げ，歯を剥き出して，笑っているような表情（フレーメン）を示すのは，フェロモンを鋤鼻器と呼ばれる器官に受け渡しているからである。フェロモンを鋤鼻器で受け取った雄は，脳内の生殖系中枢神経シナプスが電気生理的に興奮し，生殖系ホルモンの分泌が盛んになる。発情を見極めた雄は，求愛行動や他の雄との闘争や競争に専心する。最終的に，雌の選り好みや競争の勝敗により配偶者が決まる。

雌では，交尾期になると（雄のフェロモンによる刺激もある）性腺刺激ホルモン（FSHおよびLH）の増加と共に卵胞が発育し，そこからエストロジェンが分泌され発情が起こる。発情した雌動物は雄を受け容れ，交尾に至る。ちょうど精子と卵子とが会合できるように排卵のタイミングが決められ，受精が成立するしくみとなっている。動物種毎に固定的な期間妊娠が続き，胎子が十分に発育した時点で出産となる。この際，捕食の機会に合いやすい草食動物は，十分に成熟した新生子を産む。すなわち，生後すぐに立ち上がって歩けるくらいに成熟している。一方，肉食動物は，とくに捕食の心配がないから，未熟なままで産み落とす。その後濃厚な乳汁によって新生子を哺育する。哺育期間は動物種によってまちまちであるが，とくに長いのは霊長類である。

(2) 配偶システム

次に生殖行動と関連の深い配偶システムについて説明しておく。野生動物の配偶システムは，動物種によって様々な形態があるが，大きく分けると次の4つである。

①一夫一妻制

雄1に対して雌1の組み合わせ。すなわち，雄と雌が共同して子育てを行う。鳥類では多くみられるが，哺乳類では一部のイヌ科動物を除いてあまり一般的ではない。

図4-21　ヒグマ（Ursus arctos）の交尾

② 一夫多妻制

雄1に対して複数の雌の組み合わせ。すなわち，ハーレムのように，競争（闘争）に勝った優位な雄が，複数の雌を他の雄から防衛する。ゾウアザラシやセイウチなどがその代表で，シカ類，馬，ヒヒなどでもみられる。

③ 一妻多夫制

雌1に対して複数の雄の組み合わせ。すなわち，1頭の繁殖雌を中心に昆虫でみられるような真社会性生活をする動物でみられる。ハダカデバネズミ（*Heterocephalus glaber*）がその代表である。

④ 多夫多妻（乱婚）制

決まった組み合わせがなく，ランダムに交尾相手を選択する。チンパンジー（*Pan troglodytes*）など霊長類にみられ，表面的な闘争がない代わりに，精子間競争が存在する（精巣が相対的に大きい）。

(3) 性淘汰

野生動物は有性生殖によって繁殖するが，雄と雌とで繁殖に対するエネルギーの投資のしかたに差がみられる。元々，繁殖の基本である受精に対して，雄と雌がそれぞれ提供する配偶子の大きさに相当な差がある。すなわち，雌は栄養（卵黄）を貯えた大型の配偶子（卵子）を提供するのに対して，雄は栄養を貯えない代わりに運動能力のある小型の配偶子（精子）を提供する。卵子は月・年に数個しか提供されないが，精子は1回に数千万〜1億数千万もの数が放たれる。その結果，配偶子により多くの投資をする雌は繁殖に対して保守的になり，その卵子を次の世代の繁殖個体にまで育てることに懸命になる。一方，偶然に期待してより多くの配偶子を提供する雄は，その後の子育てには関心がなく，早く次の繁殖相手を見つけることに精を出す。ここに雄と雌とで繁殖に関わる数の食い違いが生じ，その結果雄が余ってくる。そうなると，雌をめぐって雄同士の闘争が生まれることになり，雄はエネルギーを闘争に使う武器や雌の興味をひく飾り羽などに投資するようになる。こうして雌雄間での体格の違いや表現型（飾り羽，角など）の違いが現れる。これを性的二型と呼んでいる。雌は適応度の高い雄を選ぼうとするし，雄は交尾相手を獲得するために闘争に挑む。闘いや争いに勝った雄は複数の雌を独占し，他の雄から防衛する（配偶者ガード）。また，クジャクに代表されるように，雌の選り好みによって配偶雄が決まる場合もある。雄は尾羽にある目玉模様をできるだけ鮮やかに雌に見せて自分をアピールする。このような派手な飾り羽が何故進化してきたのかは，優良遺伝子説やランナウェイ仮説があるが，詳細は他書に譲る。このように，性をめぐってより適応度の高い雄が生き残るよう競争がはたらくことを性淘汰と呼んでいる。

4) 社会行動

(1) 群 れ

野生動物の中には群れ生活を送るものがいる。例えば，サル類，シカ類，オットセイ類，ライオン類，バッファロー類，シマウマ類などがそうで，鳥類にもツル類，ムクドリ類，カモ類，ガン類などがいる。群れには社会構造がみられることが多く，中に最も優位なボス（アルファ雄）がいて，その周りを次に強い雄や繁殖雌が取り囲むという構図がみられる。

一方，単独あるいは小グループで生活する動物（オオカミ類，カモシカ類，トラ類，ライオン類など）は，なわばりをもつことが多い。なわばりは各個体の行動圏が重複しないか，わずかしか重複しない場合であり，自らの行動圏に他者が侵入すると排他的な行動がみられる。

群れをつくるか，単独で生活するかは，各々の動物種の採食や配偶者防衛のしかたによる。群れをつくる動物には次のようなメリットがある。まずは，狩りをグループで行えば獲物を捕らえる確率が高まるであろうし，敵から身を守るという意味では集団でいれば警戒に漏れがなくなるので有利となる。さらに，群れの中で交尾相手を見つけられるということもあるだろう。逆にデメリットとしては，捕食者に見つけられやすいとか，集団内での餌を巡っての競合が生じるなどが考えられる。一方，単独生活をする動物は，そのメリット，

デメリット共に反対の内容となるが，速く走って獲物を捕えるとか，木に登って敵から逃れるなど，うまくデメリットを克服している。

(2) 社会性

社会性の高い動物種では，優劣順位が明瞭である。その中心に最も優位なアルファ雄が位し，その周りを次に力のある雄や繁殖雌が取り囲む。さらに，その外側に劣位の雄や未熟な雌が存在する。これらの優劣は正直な闘争によって明確に力の差が表れることもあれば，闘うことなく体の大きさやからだの一部（角，歯，鼻）の大きさや態度（威嚇）だけで優劣が決してしまう場合も少なくない。また，正直でない闘争と呼べるような手段を選ぶ雄が現れることがある。スニーカーと呼ばれ，サケ・マスなどの雄でみられる行動で，ペアの雌雄が配偶子を出し合うタイミングを見計らって，横からすっとやってきて自分の精子を放出する行動である。全うな闘いをあきらめて，少しでも自分の遺伝子を残すための戦略を選んだ動物である。

順位を巡っての闘争は，結果的に繁殖を巡る闘争となる。この場合，闘争するのはほとんど雄である。おそらく胎子期あるいは新生子期に脳が発達する時に，雄にはこのような性質が組み込まれるのであろう。そして，成熟後には，交尾期に向けて精巣からのアンドロジェンの分泌が高まる。このアンドロジェンが脳に働いて攻撃行動を発現すると考えられている。

引用文献

Dawkins,R.（1989）：The Selfish Gene New Edition, Oxford University Press.
Derocher,A.E., Nelson,R.A., Stirling,I. et al.（1990）：Effects of fasting and feeding on serum urea and serum creatinine levels in polar bears, *Marine Mamm. Sci.* 6, 196-203.
浜名克己，中尾敏彦，津曲茂久編（2006）：獣医繁殖学第3版，文永堂出版.
川道武男，近藤宣昭，森田哲夫 編（2000）：冬眠する哺乳類，東京大学出版会.
Kita,I., Sugimura,M., Suzuki,Y. et al.（1983）：Reproduction of wild Japanese serows based on the morphology of ovaries and fetuses, *Proc. Vth. World Conf. Anim. Product (Tokyo)*, 2, 243-244.
Kondo,N., Sekijima,T., Kondo,J. et al.（2006）：Circannual control of hibernation by HP complex in the brain, *Cell* 125, 161-172.
Mead,R.A.（1993）：Embryonic diapause in vertebrates, *J. Exp. Zool.* 266, 629-641.
Sato,M., Tsubota,T., Komatsu,T.（2001）：Changes in sex steroids, gonadotropins, prolactin and inhibin in pregnant and nonpregnant black bears（*Ursus thibetanus japonicus*）, *Biol. Reprod.* 65, 1006-1013.
Suzuki,M., Koizumi,K. & Kobayashi,M.（1992）：Reproductive characteristics and occurrence of accessory corpora lutea in sika deer *Cervus nippon centralis* in Hyogo prefecture, Japan, *J. Mamm. Soc. Jpn* 17, 11-18.
Suzuki,M., Kaji,K., Yamanaka,M. et al.（1996）：Gestational age determination, variation of conception date, and external fetal development of sika deer（*Cervus nippon yesoensis* Heude, 1884）in eastern Hokkaido, *J. Vet. Med. Sci.* 58, 505-509.
田名部雄一，和 秀雄，藤巻裕蔵ほか（1995）：野生動物学概論，朝倉書店.
Tinbergen,L.（1951）：The Study of Instinct, Oxford University Press.
Tøien,O., Blake,J., Edgar,D.M. et al.（2011）：Hibernation in black bears: Independence of metabolic suppression from body temperature, *Science* 331, 906-909.
坪田敏男（1998）：哺乳類の生物学③生理，東京大学出版会.
Tsubota,T., Takahashi,Y. & Kanagawa,H.（1987）：Changes in serum progesterone levels and growth of fetuses in Hokkaido brown bears, *Int. Conf. Bear Res. Manage.* 7, 355-358.
坪田敏男，山崎晃司編（2011）：日本のクマーヒグマとツキノワグマの生物学ー，東京大学出版会.
Yamanaka,A., Asano,M., Suzuki,M. et al.（2011）：Evaluation of stored body fat of nuisance-killed Japanese black bears（*Ursus thibetanus japonicus*）, *Zool. Sci.* 28, 105-111.
Yokoyama,M., Onuma,M., Suzuki,M. et al.（2001）：Seasonal fluctuations of body condition in northern sika deer on Hokkaido Island, Japan, *Acta Theriologica* 46, 419-428.

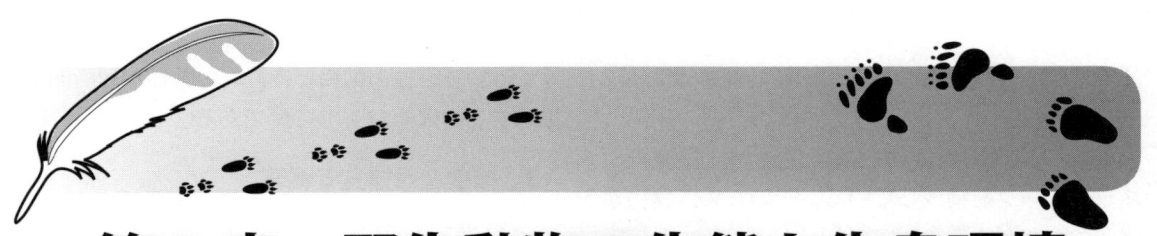

第5章　野生動物の生態と生息環境

1. はじめに

　生物は，環境の影響を受けるだけではなく，生命活動を通じて環境に影響を与え，その変化に応じて自らの生態を変化させている。生態学（ecology）は，そのような生物と生物をとりまく環境の相互作用を研究する分野である。

　生態学の対象となる現象には様々な段階がある。1つは生物の個体間に関する段階で，これを種内の社会関係から捉えるアプローチがある。

　1種類の生物が集合した個体群（population）や複数の種間における相互関係も生態学のテーマの1つである。さらに，一定の場所における動植物の集合としての群集（community），非生物的な環境を含めた生態系（ecosystem）という包括的な概念からのアプローチもある。これらの階層とは別に，生物の社会生活の進化と行動を研究する分野として行動生態学がある。さらに，種の繁殖様式，生存様式の違いから競争・捕食・共生関係などの進化を研究する分野として進化生態学があり，各階層・分科における研究は相互に深く関連している（嶋田ら 2009）。

　野生動物は，自らをとりまく様々な環境との相互作用の中で命をつないでいる。野生動物の保全と利用を学ぶ上で生態学的な視点は不可欠である。

　本章では，はじめに野生動物の生態と生息環境について，生態学の分野で重要とされる概念を解説する。次に日本に生息する特徴的な種をとりあげ，その生態と生息環境を概観する。

2. 生態学に関する概念

1）食物連鎖

　野生動物の個体数や行動は，個体をとりまく生態系の多様な要素に影響を受けながら変化する。例えば，他種の個体群増加率や適応度を変化させる作用は種間相互作用と呼ばれる。動物が種子と一緒に果実を食べ，種子を遠隔地に運ぶ種子撒布は，動物が植物の増加率に影響を与える種間相互作用の1つである。

　捕食すなわち「食う」－「食われる」という関係における種間相互作用に関わる生物は，生産・消費・分解という3つの栄養段階に区分される。第一次栄養段階を生産者，第二次栄養段階を一次消費者，第三次栄養段階を二次消費者，生物の死体などを分解するものを分解者という。これらの栄養段階のつながりを食物連鎖（food chain）と呼ぶ。

　一般に栄養段階が低次であるほど生物のサイズは小さく，数が多い。食物連鎖に関わる生物の個体数を栄養段階順に積上げるとピラミッド状とな

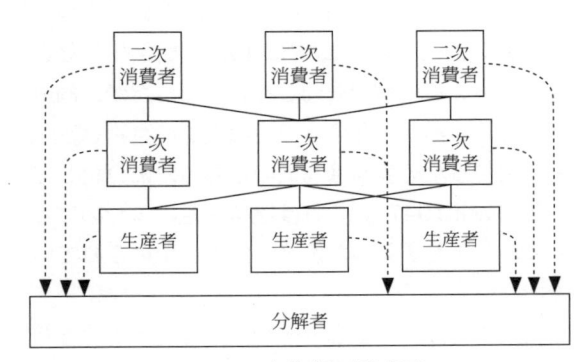

図 5-1　食物網の模式図

ることからこれを生態ピラミッド（食物ピラミッド）と呼ぶ。

実際の捕食関係は他種類の生物が食物連鎖のネットワークを構成している。そのため，食物連鎖間のつながりを食物網（food network）と表現することもある。

同じ食物資源を同様の摂食様式で採食するグループをギルドと呼び，同じギルドに属する種の一方が捕食者に，他方が被食者になることをギルド内捕食という。捕食による相互作用は栄養段階内のみならず，栄養段階間にも存在する。

2）生態的地位

生物が生態系の中で占める位置を生態的地位（ニッチ＝niche）と呼ぶ。同じ生態学的要求を持つ複数の種が同所的に存在すると，必ず競争によって一方が排除されるため，他の環境要因などがない場合は安定的に共存することはない（競争排除説）。

ニッチの類似性が高いほど，競争が激しくなるため，競合する種は生息場所を変えることで棲み分けを行うか，食物を変えることで食い分けを行う。種間競争が激しい状態の中で共存可能なニッチの重複が少なくなる問題をニッチの類似限界説と呼び，種の影響とは無関係に種が生存・繁殖できる空間を基本ニッチ，他種との相互作用を受ける空間を実現ニッチという。

形質置換（character displacement）は，同所的に生息する生物の形態が分化し，ニッチの分化が生ずることを言う。ガラパゴス諸島に生息する*Geospiza*属の地上フィンチ（アトリ類）の嘴高を比較したところ，島内に1種しか存在しない場合は異なる種類でも同じ高さであったが，同所的に複数の種が存在する場合は異なる食物（種子）を利用するため嘴高は高低のどちらかに分化していた（Lack 1947）。これは競争を避けるために互いにニッチをずらした例としてよく用いられている。

ニッチの分化は生息場所や形態を変化させるだけではなく，時間を変えることでも実現する。食性が近い昼行性の動物と夜行性の動物が同所的に生息するのはその1つの例である。

3）捕食と対捕食者戦略

捕食（predation）は，捕食する側とされる側の種間関係の中で捕食および対捕食者戦略を発展させ，そこで双方に共進化（coevolution）を生み出す。例えば自らを目立ちにくくする隠ぺい色は，捕食者と被捕食者の双方が獲得しうる形質である。

目立つことにより捕食者からの攻撃を避ける警告色は，昆虫や両生類・爬虫類で多く見られる。他種に似せることにより捕食を回避し，あるいは捕食のための攻撃を容易にする擬態（mimicry）は，色彩のみならず形態や行動を似せるものである。

同種個体の集団である群れ（group）の形成も対捕食者戦略として効果がある。捕食者の接近に対する発見効率を高め，お互いに警告を発すること，集団を作ることで捕食者に対抗する防御能力を高めることは捕食の回避に役立つ。捕食する側にも群れによるハンティングにより捕食効率を高めようとする例は多い。

群れの形成は有利な面がある一方，群れサイズは適正でないと，資源の分配量の減少など不利な条件を生み出す可能性がある。

4）アンブレラ種とキーストーン種

食物連鎖の上位にある種は，その個体群を維持するために広い生息地（habitat）を必要とする。保全生物学の分野ではこれらの種をアンブレラ種（umbrella species）と呼び，陸上生態系ではクマ類などの食肉目に属する大型の哺乳類が，鳥類では猛禽類が代表的なアンブレラ種である。

これに対して，少ない生物量でありながら生物群集に与える影響が大きい生物種をキーストーン種（keystone species）と言う（鷲谷，矢原1996）。

キーストーン種の役割を示す例として，アラスカ西部に生息するラッコ（*Enhydra lutris*）の例

第5章　野生動物の生態と生息環境　　103

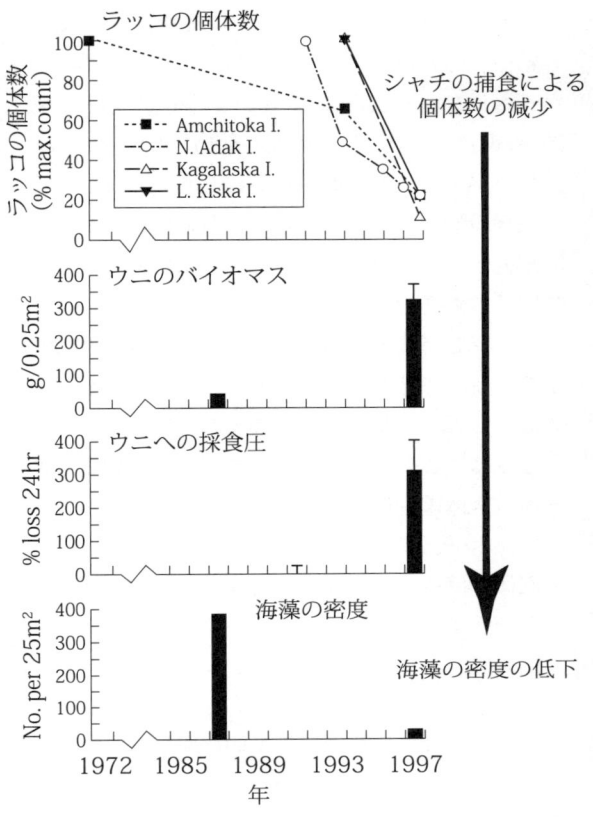

図5-2　ラッコがアラスカの生態系でキーストーン種の役割を果たした例（Estes et al. 1998 より改変）

個体数を縦軸に，時間の経過を横軸にとり，個対数の変化を時間で追うと，個体数の変化はロジスティック曲線にあてはまる。増加率が0となり，個体数が一定になったところがその環境に生息しうる個体数の最大値である。このように，ある環境に生息しうる個体数の上限を環境収容力（carring capacity）と呼ぶ。

環境収容力の大きさは食物連鎖の段階により異なり，下位にある階層のバイオマスによって変動する。また，環境の変化の影響を受けた生物の応答そのものによっても変化する。例えば，島嶼などの閉鎖的な空間で高密度による環境劣化にさらされた場合，シカ類の一部は小型化することで多数の個体が生息しうる条件を生み出す。

栄養段階の上位者が下位者の個体数や現存量を制限する効果をトップダウン効果と呼ぶ。肉食動物による捕食が草食動物の個体数の増加を抑えているのがその例である。その逆により低い階層のものが上位の階層のものに影響を与える場合もある（ボトムアップ効果）。環境収容力は物質循環における様々な制限要因の影響を受けて変化し，個体群のプロセスと状態に影響を与える（図5-3）。

がある。いくつかの島嶼に生息するラッコの生息数を長期間のデータで比較したところ，ラッコの個体数がシャチ（Orcinus orca）などの捕食により減少した結果，ウニ（sea urchin）のバイオマスが急増し，ウニの食物となるケルプ（海藻の一種）の生息密度が減少したことが示された（Estes et al. 1998）。これはラッコがこの海域のキーストーン種としての役割を果たしていたことを示す事例である（図5-2）。

5）個体群動態と環境収容力

ある個体群が低密度の状態から成長する場合，初めは高い増加率を示す。しかし，個体数の増加と共に利用可能な資源は減少し，環境の劣化と共に産子数や生存率が減少する。このような増加率の減少効果（環境抵抗）の発生を密度効果（density effect）という（嶋田ら 2009）。

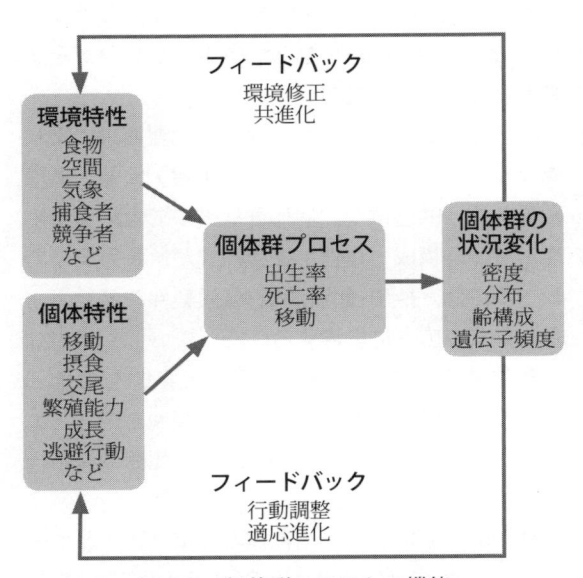

図5-3　個体群システムの機能
Berryman（1981）より改変

6）生息地への適応

生物の生活場所を生息地（habitat）と言い，食物・水・カバー（隠れ家）などを基本的な要素とする。生物は生存に必要な資源を生息地から得ると共に，資源の増減に応じて利用する地域を変え，生息地に適した生態を獲得している。

生息地は必ずしも一様な環境からなるものではなく，多くはモザイク状に散在した生息地に局所個体群が配置する。局所個体群の間はまれに行われる個体の移動や分散で結ばれる。このような緩やかな交流で結ばれた個体群の全体はメタ個体群と呼ばれる。

生息地への適応は形態の変化からも見られる。例えば有蹄類の分布は積雪の状態と脚の長さや蹄にかかる負荷など形態による適応性によって決まる。その1例として，高緯度地方に生息するトナカイ（*Rangifer tarandus*）は積雪地において雪を除去して採食するために雌雄共に角を持ち，雪に沈みこまないように広い蹄を持つ。

7）ホームレンジ（行動圏）

動物が採餌・交尾・子育てなどを行う生活空間，あるいは動物がある時間内に動く空間をホームレンジ（home range ＝行動圏）と言う。ニホンザル（*Macaca fuscata*）などではホームレンジを遊動域と呼ぶこともある。

ホームレンジの広さは，動物の代謝要求により異なる。個体レベルでは，性・年齢・繁殖・血縁関係・社会的地位が，個体群レベルでは，生息密度・個体群構成・食性・採食様式が，生息環境のレベルでは，植生・餌資源量・気候条件などがホームレンジの広さに影響する。

陸生哺乳類では一般に体重の大きいものほどホームレンジは大きくなる。体重が大きいほどエネルギーの要求が大きくなり，広い範囲で採食行動を行うためである。

McNab（1963）は，哺乳類の体重（W）とホームレンジ面積（R）の間に $R=aW^k$ の関係があることを示した（a および k は係数）。この関係について，動物を「穀類・果実食の動物」と「葉食の動物」に分けると，それぞれの体重（対数）とホームレンジの広さ（対数）は直線関係を示し，「穀類・果実食の動物」は「葉食の動物」より広いホームレンジを持つことを明らかにした。

栄養段階が高い生物ほど，栄養価が高い代わりに密度が低い生物を採食することになる。肉食動物は草食動物を採食して生活するために広いホームレンジを必要とするのに対して，草食動物は動かない資源である植物が十分にあれば，採食のために広いホームレンジは必要としない。

しかし，この理論は，一般則を示すものではあるが，個体差や環境の違いがあまり考慮されていない。ホームレンジの大きさは，先に示したように個体や個体群の属性と生息環境によって大きな違いを示す場合も多い。

例えば，クマ類のホームレンジの大きさは年による堅果類の資源量の変動に応じて大きく変化する。また，食物の資源量の多い場所では食物を求めて大きく移動する必要がなく，ホームレンジの広さは狭くなる。食物の分布が局在的である場合は，ある地域が集中的に利用されることになる。そうしたホームレンジの中で利用頻度の高い場所はコアエリアと呼ばれる（図5-4）。

8）なわばり

なわばり（territory）は，「直接的な防衛行動または間接的な防衛行動により防衛される空間」と定義される。防衛は個体または群れが行うものである。防衛の目的からなわばりは，採食・繁殖およびこれらを兼ねた複合なわばりに分けられる。嶋田ら（2009）は，なわばりの大きさや防衛の対象によってなわばりの種類を6つの類型に細分化した（表5-1）。

採食なわばりは，両性の成獣が年間を通じて防衛行動を行うが，一般に攻撃性は弱く，頻度も低い。繁殖なわばりは成雄が同性を対象として防衛行動を行うもので，攻撃性が強く，攻撃対象が排除されるまで高頻度に行われる。

なわばりの間接的な防衛行動として，マーキン

表5-1 なわばりの類型

型	内容
A型	隠れ場所・求愛・交尾・造巣・大部分の餌集めを行う大きな防衛地域 例）シジュウカラ，イヌワシ，ライオン
B型	全ての繁殖活動を行い，ある程度の餌を採る大きな防衛地域 例）スズメ，ムクドリ
C型	巣とそのまわりの小さな防衛地域 例）カモメ類，ツバメ，ネズミ類の雌
D型	求愛と交尾のための防衛地域 例）ライチョウ，トカゲの一部など
E型	防衛される休息場所と隠れ場所 例）冬になわばりを造る鳥
F型	繁殖と無関係に食物を保証する防衛地域 例）ハチドリ

嶋田ら（2009）より作成

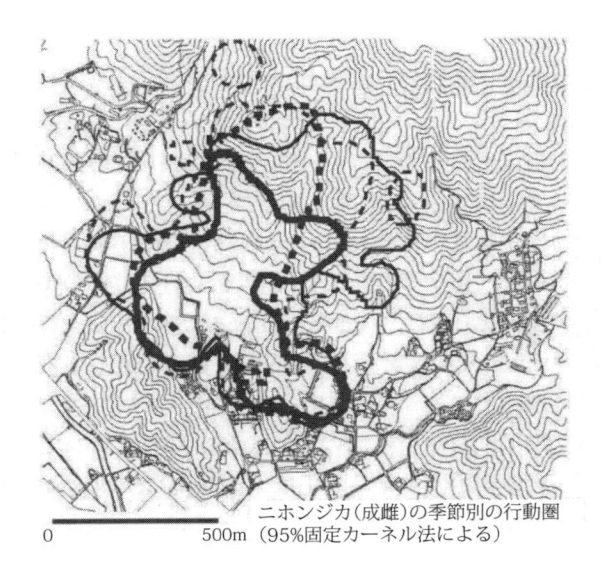

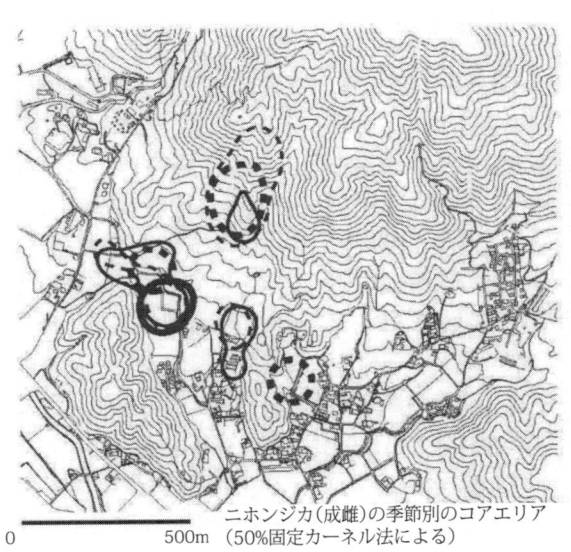

図5-4 大阪府におけるニホンジカの行動圏とコアエリア（石塚ら2007から改変）
細破線：春，太破線：夏，太実線：秋，細実線：冬

グや音声によるなわばりの誇示が挙げられる。鳥類ではさえずりによるなわばりの防衛が行われる。ソングポストに止まる，ディスプレイ飛行を行うなど，自らの存在を誇示すると同時に視覚的になわばりの存在を示す種もある。

哺乳類の行うマーキングは，眼窩下洞腺，肛門腺などの臭腺からの分泌物，尿によるsprayingによる臭いづけがある。マーキングが行われる地点をサインポストと言い，特定のサインポストに反復してマーキングが行われる。

なわばりとホームレンジは一致する場合があるが，ホームレンジに含まれる内側の一部であることが多い。

9）移動・回遊と分散

ホームレンジの中で，動物が季節的に移動（migration）を行うことがある。移動を行う生物は昆虫類から哺乳類まで多種類に及ぶ。

水生哺乳類の移動は回遊という。鯨類は高度回遊性であり，移動距離は北または南半球の極域から低緯度地域にわたる。鯨類の回遊は目的により繁殖回遊と索餌回遊に分けられる。

生息地を移動することを「渡り」と表現することもある。渡りは鳥類など飛翔能力のある動物の季節的移動を示す言葉として用いられることが多い。渡りの特徴で鳥類を分類する方法を候鳥区分といい低緯度の地域から繁殖のために移動してくる鳥を夏鳥，高緯度の地域から越冬のため移動してくる鳥を冬鳥と言う。また，高緯度で繁殖し，低緯度で越冬するため，移動の際に地域に立ち寄る鳥を旅鳥と表現する。

繁殖のための出生地からの一方向性の移動を分散（dispersal）という。集団に留まり，同じ群れで繁殖を行う傾向は定留性（philoparty）という。

哺乳類には雄が分散するタイプ，両性が分散す

るタイプ，雌が分散するタイプがある。大部分の哺乳類は雄が分散する。

子別れによる子の分散は，分布域の拡大に貢献する。クマ類は1年半の後独立するが，雄の子グマは母グマの行動圏から離れ，雌の子グマは母グマの行動圏の近くに残ることが多い。

10）食　性

動物の食性は肉食・草食・雑食に分けられる。食性は，動物の形態・生態に密接に関連する。

肉食性の哺乳類は，獲物を捕獲するための爪や歯などを発達させ，群れによるハンティングを行う種は，相互のコミュニケーション能力を身につけている。

草食性の哺乳類は，植物の消化のため，臼歯から腸に至る消化器官を発達させている。特に反芻獣では大きな発酵胃を持つ。奇蹄類・霊長類など結腸・盲腸で発酵を行うものもある。

草食獣は採食形態により，ブラウザー・中間型・グレーザーに分類される。グレーザーは大型の草食獣で，繊維質の多いイネ科植物を食べ，発達した第一胃など質の低い植物の分解に適した消化器官をもつ。ブラウザーは，比較的単純な消化器官を持つ小型の草食獣で，良質な木本の葉（browse）を採食する。

採食生態の違いによる資源利用上の棲み分けの例として，セレンゲティ草原（タンザニア）に生息する草食獣の例が挙げられる。この草原に生息する草食獣は，グレーザーからブラウザーの順で草地を利用し，乾期になり，それぞれの種の利用に適した資源がなくなると移動していく。その順番は草原に生育する植物を効率的に利用するものとして採食遷移（grazing succession）と呼ばれる。

草食獣の体重と採食生態や食物の質に関しての一定の傾向は「ジャーマン・ベル原理」と呼ばれる。体重あたりに必要なエネルギー量は体重が大きいほど少なく，大きいものほど消化率の低い食物を大量に摂取する。同様の傾向は反芻獣だけでなく，霊長類やネズミ類にも見られる。

代謝量と体重の関係については，「クライバーの規則」という一般則がある。クライバーの規則によると，基礎代謝量は体重の4分の3乗に比例する。

金華山のニホンジカ（*Cervus nippon*）の研究によると，同所的に生息する雄・雌・子ジカの食物は，体重の重い雄ではシバの稈や鞘がよく食べられ，軽い子ジカでは果実や双子葉植物の葉などが選択され，体重あたりのエネルギー要求量は体重が重いほど小さいことが示唆された（高槻 1998）。

雄より雌が栄養価の高い食物を採食するなどの資源利用の性差は，生態学的二型（ecological dimorphism）と呼ばれる。

11）生息環境

生態系は，その動物を含む生物と，非生物的な環境要因（水，土壌，空気，温度，光など）から構成される。生態系を大きく分類すると，森林，草地，農地などの陸上生態系，河川や湖沼などの内水生態系，海域からなる海洋生態系に分けられる。動物は時に各生態系において，より生息に適した環境を選択する。哺乳類では利用環境が単一の環境要素からなることは少なく，多くの種では多様な環境要素を横断的に利用する。以下，主要な環境要素と生態的な役割を概説する。

（1）森　林

わが国に生息する陸生動物の生息環境の中で森林の占める割合は大きい。森林は，食物資源を提供する場所であると同時に，繁殖場所，隠れ場所として利用される。

森林の構造は，構成要素・階層構造・発達段階によって示すことができる。野生動物は種によって環境選択性が異なり，選好する樹種も多様であるが，針葉樹林より広葉樹林を選好する種が多く，鳥類の種数を葉層構成で調べた例では階層構造が複雑な森林であるほど多様度が高い。

森林の発達段階によっても野生動物の生息状況は異なる。森林の発達段階別にコウモリ類の確認種数を調べた調査によると，種数は落葉広葉樹林では老齢林・壮齢林・若齢林の順に多かった。コ

図5-5 林道上に出現したヤクシマザル（屋久島）林道の両脇は林縁を形成し，日当たりも良く，動物の利用頻度の高い空間となる。

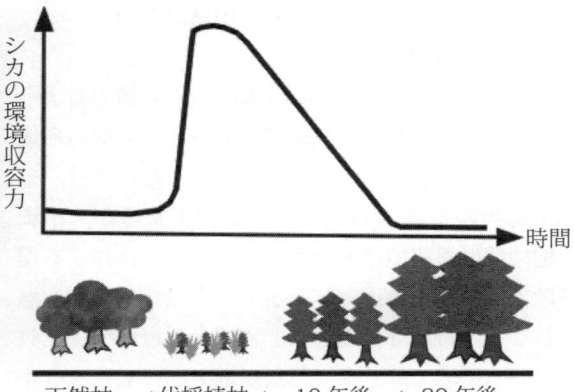

図5-6 森林伐採による森林構造とシカの環境収容力の変化（羽山(2001)を一部改変）

ウモリ類は樹洞を利用することから樹洞の多い老齢林が選好されることがその理由と考えられた（日本野生生物研究センター1991）。

森林の中でも林縁（edge）は森林と草地などの環境が隣接する環境で，森林内部と比較して日射量，気温，湿度，風の強さなどの微気候が大きく変化する。その影響をエッジ効果（edge effect）と言う。エッジ効果により，植物の生育が盛んになり資源量が豊かになる場合には，林縁部は動物にとって利用価値の高い環境となる。

林冠が形成された極相林において樹木の枯死などにより生じた空間（gap）も生産性の高い環境となる。また，人為的に伐採された跡地も同様に動物にとって利用頻度の高い場所となる。

人為による森林構造の改変は，わが国において，人と動物との間に様々な問題を生じさせている。山林における高度な人工林化とその後の森林の変化によるニホンジカの個体数の増加や農林業被害の拡大はその1例である。

わが国では，戦後の住宅建設による木材需要などから，1950年代中頃から天然林を人工林に置き換える拡大造林政策が推進された。そのため，ニホンジカの生息する森林が大規模に伐採され，新植造林地となった。伐採地は日照が良く，食物の生育条件が良いことからニホンジカの食物資源量が増大し，個体数が増加した。その後，人工林の生長と共に日照条件が悪くなり，林床における食物資源量が減少した結果，増加したニホンジカの行動圏が食物の多い農地などに移ったことで農業被害が拡大したと考えられている（図5-6）。

(2) 草　地

草地は木本の生育がなく，草本類から成り立つ環境で，森林化するまでの遷移相としての草地や湿性草地，人為的に草地化された牧草地や農地，高山や海岸において木本の生育が環境要因により阻害されるために生ずる草地が含まれる。

高山域などでニホンジカの生息数が増えた結果，食圧によって木本の生育が阻害され，森林が草地化する例もある。

草地は森林と比較して日照条件が良いが保水力が低く，気象変化の影響を受けやすい。ただし，わが国の平野部や丘陵地に発達する草地の多くは，農地や牧草地として人の利用目的で作られ，人為的に管理されている。農地は高い生産性を持つために野生動物が採食の場として利用することが多く，農作物の食害など被害問題が発生している。

(3) 湿　地

湿地は淡水や海水で冠水する沼沢地，湿原，泥炭地または水域で浅海域を含む環境である。湿地には多様な小動物が生息し，これを食物とする渡り鳥の中継地としても重要であることから，保全

(4) 市街地

市街地（urban area）は人の生活に適するように人為的に改変された環境である。市街地の形成により，自然環境の縮小・分断などが起こり，野生動物の生息地としての質は低下するが，市街地の間に農耕地や林地がモザイク状に存在する環境では，市街地近郊であっても多様な生物が生息しうる。特に寺社周辺など古くから緑地が保たれている環境では，孤立した緑地であってもタヌキ（*Nyctereutes procyonoides*）などの中型の哺乳類の生息が認められる。夏鳥として日本に飛来するアオバズク（*Ninox scutulata*）も市街地内の緑地での繁殖例が多い。

市街地とその周辺域において生息数を増やしている動物も多く，野生動物の生息環境としての市街地域のあり方は保全生態学上の重要な検討課題と言える。

12）生息環境への影響

動物が環境に対して与える影響は，他種の生物にとって利益となる場合と不利益となる場合がある。栄養段階の下位に位置する植物は，採食により個体数が減少する一方，採食の影響を受けない植物は生息条件が改善され，個体数が増加する。例えば，シカ類の生息密度の高い地域ではシカ類が好む植物（嗜好性植物）が衰退し，嗜好性のない植物（忌避植物）の増加が見られる。忌避植物の存在は，採食圧に対する防衛適応の結果でもある。

動物による採食を防ぐ手段として植物が進化させた防衛法として物理防衛と化学防衛が挙げられる。物理防衛の手段としては，棘の発達や，体内の珪酸の量の増加により強度を増す方法がある。

化学防衛の手段には，体内に毒物や苦み物質などを生産し，動物による採食を忌避させる方法がとられる。これらの防衛に対して，動物の側にも解毒の能力を身につけるなどの適応が見られる。

採食されることで逆に繁殖効率を高める戦略をとる植物もある。種子撒布（seed dispersal）は植物と動物の共進化により生み出された植物の繁殖戦略である。種子撒布には被食型と付着型があり，被食型では動物の糞として種子の撒布が行われる。撒布者には鳥類が多いが，哺乳類の果たす役割も大きい。種子撒布には鳥類や齧歯類などが行う貯食（hoarding）も役割を果たす。

採食は植物に傷を与えるが，上層の植物の除去が下層の植物の生育にプラスになる場合や，再生力の強い植物の生産力を高める場合がある。このように採食によるマイナスを超えて生産力が高まる現象を過剰補完と呼び，動物の存在が植物にとっては必ずしもマイナスばかりではないことを示している。

野生動物をとりまく生態系は，特定の地域の生物間の相互作用だけではなく，地球規模の環境の変化により大きな影響を受ける。地球温暖化による地球全体の平均気温の上昇は生物の多様性に大きな影響を与えていると言われる。気候変動に関する政府間パネル（IPCC）第四次評価報告書によると，「世界平均気温の上昇が 1.5～2.5℃を超えた場合，これまで評価された植物及び動物種の約 20～30％は，絶滅するリスクが増す可能性が高い」とされ，さらに温暖化が進むと地球規模での重大な絶滅が発生すると予測される。野生動物の生存基盤である生息環境と，動物が持つ生態を切り離して考えることはできない。

3. 主要な野生動物の生態と生息環境

「生物多様性条約」においては，「生息地とは，生物の個体若しくは個体群が自然に生息し若しくは生育している場所又はその類型」と定義される。さらに，生息域内状況は「遺伝資源が生態系及び自然の生息地において存在している状況をいい，飼育種又は栽培種については，当該飼育種又は栽培種が特有の性質を得た環境において存在している状況」を言い，生物多様性の保全の原則を生息域内保全としている。

野生動物の保全と適正な保護管理を行うためには野生動物の生息する生息地と生態を理解する必

要がある．本項では，わが国における在来の主要な野生動物のうち，アンブレラ種として重要なもの，生物多様性の保全または野生動物の保護管理の上で重要な種および分類群をいくつかとりあげてそれらの生態について概説する．

1) クマ類の生態と生息環境

わが国に生息するクマ科はエゾヒグマ (*Ursus arctos yesoensis*) とツキノワグマ (*Ursus thibetanus japonicus*) の2種である．

エゾヒグマは北海道にのみ生息し，体重は雄で150〜300kg，雌で100〜200kgに達する．

ツキノワグマは本州以西に生息し，体重は雄で70〜150kg，雌で50〜100kgである．クマ類の体重は季節により大きく変動する．特に冬眠前後における体重の変化は著しく，ツキノワグマの飼育個体の体重変化を調べた研究結果によると，冬眠開始時期（12月）と冬眠終了時期（5月）の比較では約30％の体重減少がみられた (Hashimoto, Yasutake 1999)．

クマ類は寒冷地に適応した生理機構として冬眠を行うことが知られている．クマ類の冬眠は体温の降下が4〜6℃程度で，刺激により覚醒する．

冬眠期間中に平均2頭の子を産み，エゾヒグマでは1年半〜2年半，ツキノワグマでは1年半の期間，親子が行動を共にする．

食性は，植物食を主体とした雑食性であり，季節により採食物は変化する．エゾヒグマでは春から晩夏にかけては双子葉草本類を，秋には液果類や堅果類などの果実類を主に利用する（佐藤 2011）．ツキノワグマにおいても食性の傾向は同様である（図5-7）．まれにニホンジカなどの大型獣を捕食するが，冬眠明け時期に冬季に死亡した動物の死体を採食する例も少なくない．

クマ類は繁殖期と子育ての時期を除き，単独で行動する．ホームレンジの大きさは，一般に雄が広く，雌は狭い．なわばりはなく，行動圏は複数の個体で重複する．ヒグマの年間行動圏の面積は雄で25.3〜495.8km^2，雌で3.2〜43.1km^2，との報告がある（佐藤 2006）．ツキノワグマの行動圏も個体差や地域差は大きいが，雄の年間行動圏の広さの平均は約70km^{2}であるのに対して雌は約40km^{2}である．

クマ類のホームレンジの大きさは生息環境と食物資源量の変化により大きく異なり，年次的・季節的変化があることが知られている．

生息地に高標高の山岳地を含む地域では，夏季において森林限界を越えた亜高山帯上部や高山帯に移動する．移動の目的やより豊富な食物を得るためである．北アルプスのツキノワグマの例では，初夏において高山帯域でセリ科 (*Umbelliferae* spp.) やイネ科 (*Gramineae* spp., *Cyperaceae*

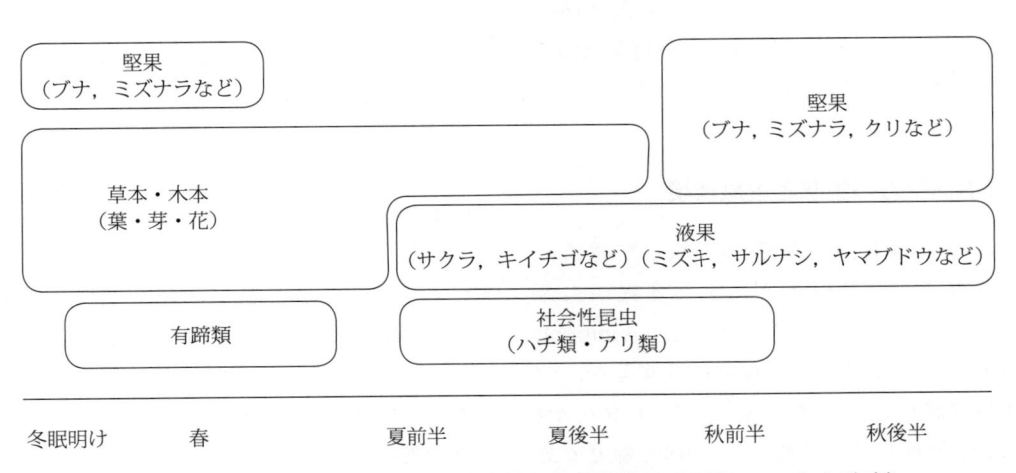

図5-7 ツキノワグマの食性の季節変化を示す模式図（小池 2011から改変）

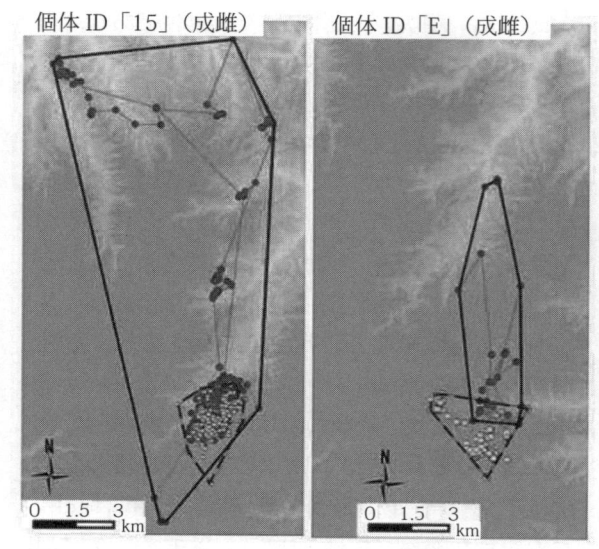

図5-8 同一個体（ツキノワグマ，成雌）における豊作年と凶作年の行動圏の比較（横山2011から改変）最外郭法（MCP）による行動圏と測定点。
破線：凶作年，実線：豊作年

図5-9 市街地内に進入したツキノワグマ
大量出没年に住宅地に入り込み，通常は採食しないイチョウ（街路樹）の実を採食している個体。

spp.）などの草本類や果実を利用し，秋季になるとミズナラを主体とする落葉広葉樹の生育する比較的標高の低い地域を利用することが示されている（泉山2011）。

近年，日本では秋季のブナ科堅果類の不作年に里山や人の生活圏に多くツキノワグマが出没し，クマの大量出没として社会的にも問題となる年が数年間隔で続いている。北海道でもエゾヒグマが市街地に侵入して問題となる例が毎年のように発生しているが，その理由の1つに天然林における食物資源量が少ない場合は，食物を求めて行動圏を大きく広げる傾向があるためである（図5-8）。

2）ニホンジカの生態と生息環境

ニホンジカは北海道から南日本の島嶼まで広く分布する。体格は地域による変異が大きく，北海道に生息するエゾシカ（*Cervus nippon yesoensis*）は雄の体重が130kgに達するが，沖縄の慶良間諸島の生息するケラマジカ（*Cervus nippon keramae*）は雄でも30～40kg程度である。

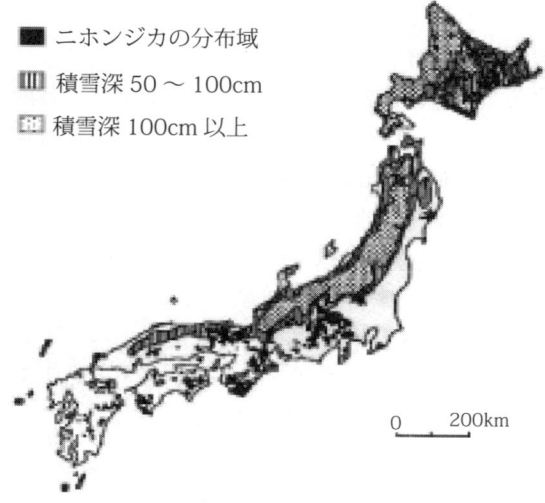

図5-10 日本列島における積雪深とニホンジカの分布（Takatsuki 1992から改変）

ニホンジカの分布域は積雪量が制限要因とされる。本州以南に生息するホンシュウジカは，50cm以上積雪深が20日以上の地域にはほとんど分布が見られない。体格の大きいエゾシカは積雪に対する耐性が強く，60cm以上積雪深80日以上が制限要因となっている。また，分布域においても積雪量が多く生息条件が悪化する時期には積雪量の少ない越冬地へ季節移動を行う。越冬地適地が限られた地域にある場合，一時的にサイズの大きい群れを形成することがある。

近年，温暖化に伴う積雪の減少と共にニホンジカの分布域は拡大する傾向にある。それと共に従来は分布情報の少なかった高山帯域へ進出する個体も増えている。南アルプスにおいては夏季に標高 2,400 ～ 2,700m の亜高山帯上部のダケカンバ帯や 2,500m 以上のハイマツ帯に進出する個体が見られ，秋季に越冬のために標高 1,500m まで移動する例がある。

北海道などの多雪地域では，積雪量の少ない越冬地への季節移動が見られる。移動様式は積雪量の勾配に従っており，積雪量の少ない地域ほど定住性が強く，積雪量の多い地域ほど季節移動を行う個体の割合が高い。

シカ類の繁殖期は秋季にある。ニホンジカの繁殖期は地域により異なるが，8 月下旬頃から 11 月頃まで続く。シカ類の雌は成雌とその娘たちによるクラスター（かたまり）を形成する。成雄は単独で行動するか独自の群れをつくり，繁殖期に雌と合流する。ニホンジカの繁殖システムは，交尾なわばり型の一夫多妻である。雄は繁殖期になわばりをつくり，雌のグループを囲い込む。あるいはレック（集団求愛場）型として，雄のレックに雌が訪問する。

繁殖期には雌を獲得するために雄同士の闘争が行われる。奈良公園でのシカの観察によると発情期における 3 歳以上の雄の負傷は，角を使った激しい闘争によるもので，角のサイズと相互作用での勝率の間には正の相関があった。繁殖期に雄が費やすコストは大きく，なわばりを持つ雄の行動はハーレムを維持するために費やされる。その結果，発情期の終わりには体重の 10 ～ 15％が消失する（三浦 1997）。

雄の繁殖期における遠吠え（long-distance call または rutting call）は，間置き行動として，なわばりを宣言するものである。雌には声によるなわばり行動は見られないが，警戒音を発した後，前足を踏んで威嚇するスタンピングという行動をとることがある。この行動は自身の存在を外敵に示すもので，血縁関係のある個体を守る利他的な行動と考えられている。

ニホンジカは約 230 日の妊娠期間を経て 6 月前後に出産する。出生体重はホンシュウジカで 5kg 前後，エゾシカで 6kg 前後と推定される（鈴木 1994）。雄の子は 2 歳ほどで母親のホームレンジを離れて分散する。一方，雌の子は母親のホームレンジ内に留まる。

ニホンジカの食性は，生息地の環境によって異なる。落葉広葉樹を主とする環境では，イネ科草本類を主体に低質の食物を大量に摂取するが，照葉樹林を主とする環境では木本の葉，種子，果実などの比較的栄養価が高い食物を採食する。

生息密度が高まり，採食圧が強くなった環境では，嗜好性の高い植物が食べつくされ，下層植生が失われると共にシカの採食可能な高さにまで木本類の枝葉が食べられ，ディアラインが形成される。ニホンジカの採食を免れた植物は，不嗜好性の植物（忌避植物）であり，有毒な物質や棘などを発達させることでシカの嗜好を失わせている。

採食圧により生息環境が劣化した地域では，シカの栄養状態が悪化し，妊娠率の低下や幼獣の初期死亡率の上昇が見られる。洞爺湖の中島（北海道）や金華山島（宮城県）などの島嶼では，冬季に個体群の多くが死亡する大量死も発生した。

高密度地域ではシカの個体群の保全上の問題のみならず，過剰な採食圧による生態系の破壊も問

図 5-11　ディアラインが形成された木に立ちあがって枝葉を折り取るニホンジカ

3）カモシカの生態と生息環境

カモシカ（*Capricornis crispus*）は偶蹄目ウシ科カモシカ属に属する。体重は35～40kgで，形態的な性差（性的二型）はほとんどない。

カモシカは単独性であり，定住性が強く，約0.1～0.2km^{2}のホームレンジを持つ。ホームレンジの広さは雄がやや広いが，雌雄で顕著な差はない。雌雄のホームレンジには重なりが見られるが，同性間においては防衛行動を示すなわばりがあり，行動圏を隣接する雄同士または雌同士が遭遇した場合に激しく追いかける行動が見られる。異性間が出会っても防衛行動は示されることはない。隣接する雌雄のホームレンジは共有されるが，共同で防衛行動を行うわけではない（落合2008）。ただし，繁殖期には雌雄が行動を共にする。このような配偶形態を「偶発的な一夫一妻」と言い，偶蹄類の中ではカモシカの繁殖期にのみ見られる。

カモシカは眼窩下洞腺からの分泌物を木の幹や枝葉こすりつけ行動を行う。こすりつけ行動は成雌より成雄が頻繁に行い，繁殖期に頻度が増すことからなわばり性を示す行動と見られている。

雌は2.5歳，雄は2.5～3歳で性成熟する。繁殖期は10～11月で，215日前後の妊娠期間を経て5～6月に通常1子を出産する。初産年齢は3歳である。母子は生後1年間，行動を共にするが，離乳時期となる12月前後には別行動をとる機会が多くなる。2～4歳になると，雌雄に関わらず，母親のホームレンジを離れ，分散する。分散の時期は4～8月の頻度が高い。分散時の年齢は雌雄共に3歳前後で性差は見られない（落合2008）。

カモシカの採食形態はブラウザー型である。地域や季節によって異なるが，採食植物は年間を通じて木本類の割合が最も高い。次に多いのが広葉草本で，グラミノイド（イネ科，カヤツリグサ科の植物）の占める割合は少ない。定住性が高く，積雪期においても移動を行わないことから，多雪地帯における冬季の採食植物は木本類のうち，落葉広葉樹の枝先と冬芽の割合が高い。

このような採食形態は，なわばり性と密着に関係し，狭い行動圏において安定的に良質の食物を確保するための行動と考えられる。

カモシカが生態や形態においてニホンジカと比較して性差をもたないことは歯の摩耗の速度にも反映される。ニホンジカでは雄の歯は雌よりも早く摩滅するのに対して，採食形態において性的二型を示さないカモシカでは摩滅の性差はほとんどない（Miura, Yasui 1985）。

4）イノシシの生態と生息環境

イノシシ（*Sus scorfa*）は，ユーラシア大陸とアジアの島嶼およびアフリカ北部に広く分布し，日本では本州，四国，九州にニホンイノシシ（*S. scrofa leucomystax*），南西諸島にリュウキュウイノシシ（*S. scrofa riukiuanus*）の2亜種が生息している。

体重はリュウキュウイノシシで40kgまで，ニホンイノシシでは100kgほどになるが，体重は季節や生息環境の条件によって大きく変わると考えられる。

ニホンイノシシの繁殖期は1月から3月頃である。約114日の妊娠期間を経て4月から6月

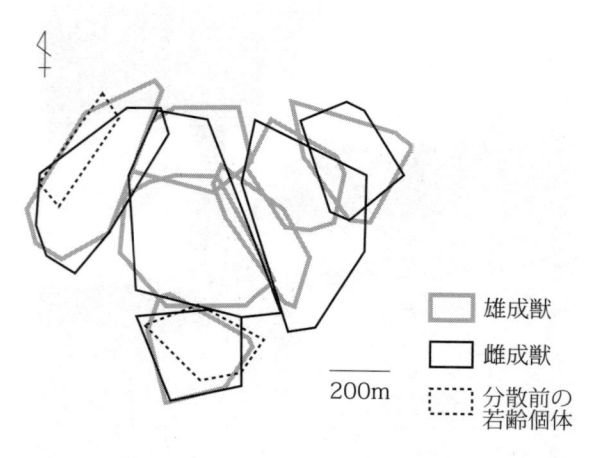

図5-12 カモシカの行動圏の配置例
落合（1997）から青森県下北半島における1991年～1992年の行動圏の配置を参考に作図

に2〜8頭の子を出産する。リュウキュウイノシシでは年に2回繁殖期があり，ニホンイノシシでも春に繁殖を失敗した個体が秋に2度目の繁殖を行うことがあると言われる。

　イノシシの雌は出産のたびに母子グループを形成する。血縁関係のある複数の母子グループが十数頭の集団を作ることもある。親からの独立時には同腹の子によるグループが一時的に形成されるが，いずれのグループも長期間維持されることはない。雄は繁殖期に雌とつがいを形成する時期以外は基本的に単独で行動する（仲谷2001）。

　食性は植物食に偏った雑食性で，草本類，堅果類，根，塊茎，小動物など多様な食物を採取する。堅果類を好むことから，秋季のブナ科の堅果の豊作時には地上に落ちた堅果を多く利用する。

　イノシシは四肢が短く，積雪地での行動に適さないことから，西日本を中心とした比較的温暖な里山に多く分布している。行動圏が人間の生活圏に近くにあることから，古くから農耕地において作物の食害を引き起こしてきた。その一方で，食肉としての利用価値が高く，狩猟の対象として積極的に捕獲されてきた。現在，中山間地域における過疎・高齢化と狩猟者の減少など社会構造の変化や温暖化の影響により，イノシシの分布は拡大する方向にある。イノシシは大型の哺乳類としては多産であり，人との軋轢の回避のためには適切な管理が必要とされている。

5）ニホンザルの生態と生息環境

　ニホンザル〔*Macaca fuscata*，ホンドザル（*Macaca fuscata fuscata*）〕は，本州以南の落葉広葉樹林と常緑広葉樹林に分布し，下北半島に生息するニホンザルは最も高緯度に分布する霊長目として知られる。分布の南限である屋久島には亜種のヤクシマザル（*M. f. yakui*）が生息する。体重は成雄で10〜15kg，成雌で7〜13kgだが，生息する環境条件によって体のサイズは異なり，餌づけされている群れではより大きな個体が存在する。

　ニホンザルの社会は，成雄および成雌とその子から構成される群れと，単独または小グループを構成する若い個体以上の雄から成り立つ。雄の子は，4〜5歳で性成熟する頃から遅くとも10歳になるまでに群れから離脱し，やがて他の群れに加入する。雄の離脱は近親交配を回避するための行動と考えられる。

　ニホンザルは昼行性で，日の出から日没までが活動時間帯となる。群れは栄養の要求量をバランス良く満たすまで移動と採食を続ける。1日の移動距離は1〜2kmであるが，群れの大きさ，食物量が移動距離を規定する（中川1994）。すなわち，群れが大きいほど広い遊動域（行動圏）面積を必要とし，生息環境の質が高い地域では広い遊動域を必要としない。

　Takasaki（1981）は，全国の32群のニホンザ

図5-13　道路の法面に出現したニホンイノシシ

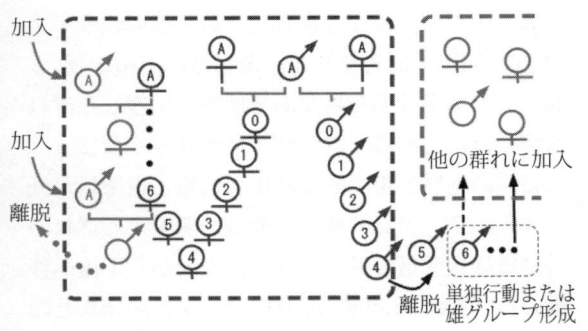

図5-14　サルの社会構造（模式図）
A：成獣，数字は年齢を示す。

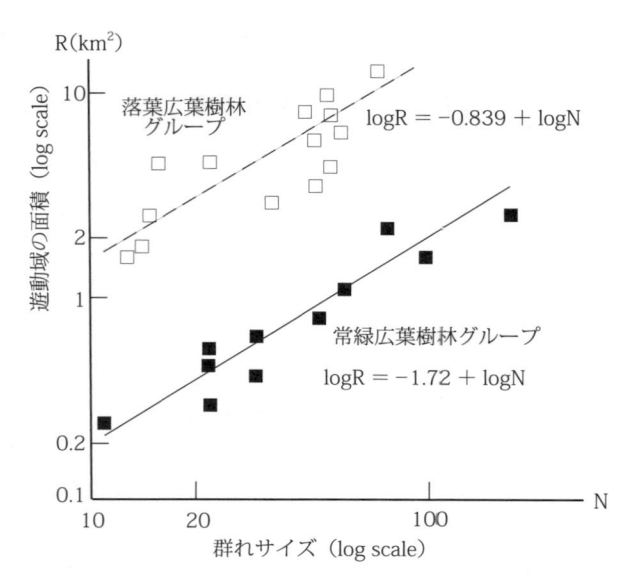

図5-15 ニホンザルの群れの大きさと遊動面積の関係（Takasaki 1981から改変）

落葉広葉樹林グループ： $\log R = -0.839 + \log N$

常緑広葉樹林グループ： $\log R = -1.72 + \log N$

ルを生息環境によって落葉広葉樹林グループと常緑広葉樹林グループに分け、遊動域の広さと群れサイズの両対数の間に直線関係があり、落葉広葉樹林帯と照葉樹林帯では1頭あたりの遊動域面積に大きな違いがあることを示した（図5-15）。

実際のニホンザルの生息環境の中には人工林や農耕地などの人為的な環境が含まれる。スギやヒノキなどの人工林ではニホンザルの食物となる資源が少なく、人工林を含む生息環境では、遊動域は広くなる。逆に、侵入防止柵などがない農耕地では、高栄養の食物を摂取できるので、遊動域は狭くなる。

高崎山など、餌づけされた群れでは群れサイズが200頭以上にもなるが、遊動域の面積は狭い。農地など高栄養の食物がある地域に定着した群れも餌づけ群と同様、群れサイズが大きくなる。

特定の地域が集中的に利用されると資源量が低下する。下北半島の興部川流域に配置する群れの遊動域は資源量の低下に伴い、上流から下流へ移動した（Watanuki et al. 1994）。ダム開発などの環境の変化に伴い、遊動域が変化する例もある。

遊動域は、単に食物の現存量に規定されるわけではなく、周辺に配置する群れとの種内競争によっても変化する。優勢な群れの遊動域の変化により、隣接群の遊動域が圧迫され、シフトすることもある。

生息環境の質は繁殖にも影響を与える。栃木県日光のいろは坂A、B群の研究では、成雌の子持ち率と積雪日数を比較した結果、豪雪年の翌年に子持ち率が減少することが示唆された（Koganezawa, Imaki 1999）。これは豪雪に伴う栄養状態の悪化がサルの繁殖に影響を与えることを示すものである。

気候の寒暖はニホンザルの繁殖期にも影響している。日本各地のニホンザルの地域集団の平均出産日は緯度が低いほど遅く、高緯度では早い（Fooden, Aimi 2003）。ただし、屋久島と下北半島は例外で、屋久島は低緯度にも関わらず出産が早く、下北半島では高緯度であるが出産が遅い。

ニホンザルの生態は、生息環境の違いによって大きく異なる。そうした生態的多様性はニホンザルの高い順応力によって得られたものであるが、分布を広げる中で長い時間をかけて適応を果たしてきた結果でもある。近年、各地でニホンザルによる農業被害・生活被害が拡大し、適切な保護管理が求められているところであるが、地域におけるニホンザルの保護管理には多様性を熟慮した方向づけが望まれる。

6）主な在来の中型哺乳類の生態

わが国に生息する在来の中型哺乳類には食肉目に属するネコ科（Felidae）、イヌ科（Canidae）、イタチ科（Mustelidae）、ウサギ目に属するウサギ科（Leporidae）、ナキウサギ科（Ochotonidae）、齧歯目に属するリス科（Sciuridae）などに分類される。

中型の哺乳類の中にはニホンカワウソ〔北海道亜種（*Lutra lutra whiteleyi*）、本州以南亜種（*Lutra lutra nippon*）〕のように環境省が2012年に絶滅種に指定したものや、イリオモテヤマネコ（*Prionailurus bengalensis iriomotensis*）のように希少性が強く認識されながらも、生息環境の悪

化，交通事故の増加，外来種による悪影響などの保全上の脅威にさらされている種もある。

その一方，タヌキやキツネ（Vulpes vulpes）のように比較的個体数が多く，環境の変化に対する順応性が高い種も多く存在する。そのような種は，森林地帯から都市部まで広く分布する中で，農作物や家畜・家禽の食害，家屋への侵入などによる生活被害の発生など管理面での課題を抱えているほか，キタキツネ（V. v. schrencki）が媒介するエキノコックス症など公衆衛生上の問題を抱えているものがある。

また，交通事故や幼獣の保護など，傷病鳥獣救護の対象となる種も多く，治療から野生復帰に至る各段階において適切に対処するためには対象種の生態に対する知識が必要である。

表5-2に生息数が比較的体サイズが大きく，生息数が多い3種の中型哺乳類の生態を示した。

中型哺乳類の多くは大型の哺乳類と比較して行動圏のサイズは小さい。生息環境によっても大きく異なるが，里山環境でのタヌキの行動圏のサイズは平均2.8 km^2（Saeki et al. 2007）と比較的大きいが，イタチ（Mustela itatsi）の雌では0.01～0.02 km^{2}に過ぎない（佐々木 1996）。そのため，行動圏内で生息環境が変化した場合の影響は大きい。

在来の中型哺乳類のなかには外来種であるアライグマ（Procyon lotor）やハクビシン（Paguma larvata）などと食物や生息地が競合するため，種間競争により地域的に個体数が減少しているものがある。その一方で北海道・佐渡島のホンテン（Martes masclus melampus），三宅島のニホンイタチ（Mustela itatsi）など国内移入種として人為的に持ち込まれ，地域の生態系への悪影響が懸念される例も少なくない。

7）水生哺乳類の生態

水域に生息する動物は水環境に適応した形態や生態を持つ。なかでも水生哺乳類は，陸上におい

表5-2 キツネ，タヌキ，アナグマの生態

	イヌ科		イタチ科
種名 （亜種）	キツネ Vulpes vulpes （ホンドギツネ V. v. japonica） （キタキツネ V. v. schrencki）	タヌキ Nyctereutes procyonoides （ホンドタヌキ N. p. viverrinus） （エゾタヌキ N. p. albus）	ニホンアナグマ Meles anakuma
体重	2.5～10 kg	4～8 kg	5.2～13.8 kg
繁殖期	12～2月	2～4月	4～8月
妊娠期間	52日前後	59～64日	308～328日 着床遅延あり 晩秋から初夏までの穴ごもり期間中に着床
出産期			4～7月
産子数	2～7	1～8（通常4～5）	1～4
分散	生後6～8か月	秋季 分散後に共有ねぐらに戻る例あり	春季に母親から離れる
性成熟	約10か月	9～12か月	
食性	動物食を主とする雑食	雑食性（果実・草本・種子などの植物食中心）	動物食を主とする雑食
社会構造	一夫一妻制・母系社会 雄は繁殖の前半のみ関与 ヘルパーによる繁殖（育子）協力	一夫一妻制・固定的な繁殖ペア 家族間でねぐらを共有	母親を中心とした単独性社会 血縁による群居性 繁殖期は集団に単独行動の雄を含む

池田（1996），中園（1996），浦口（1996），芝田（1996），佐伯（1996），金子（1996）〔いずれも日本動物大百科 哺乳類I（川道編）を参考に作成〕。

て進化した哺乳類が適応放散の結果として，再び水域に回帰し，それぞれの環境に適応した形質を獲得したものである。このような水環境への適応を水生適応と言い，高度に水域に適応した哺乳類では収斂進化の結果，ニッチを同じくする異系統の動物と類似した形態を呈するものもある。

水域に適応した哺乳類にはビーバー科（Castoridae）のように生活史の多くを水辺環境で過ごすものもあるが，ここでは生活史のほぼ全てを水域で過ごす鯨類，鰭脚類，海牛類を狭義の水生哺乳類に属するものとしてその生態を概説する。

（1）鯨　類

鯨類の多くは高度回遊性で，高緯度の冷水域から低緯度の暖水域にまたがる広域の移動を行う。鯨類にはハクジラ亜目（Odontoceti）とヒゲクジラ亜目（Mysticeti）が存在する。ヒゲクジラ類は胎生期に歯があるが，成長するに従い，クジラヒゲが生え，歯はなくなる。クジラヒゲは小型甲殻類や群集性小型魚を大量に摂取するための食物濾過板の役割を果たし，そのためヒゲクジラ類の多くは大型化している。

ヒゲクジラ類は回遊性の高いものが多く，採食を目的とした索餌回遊と繁殖を目的とした繁殖回遊を繰返す。わが国の近海に生息するクジラには，冬季に低緯度の海域へ繁殖回遊を，夏季に高緯度の海域に索餌回遊を行うパターンが見られる。

ヒゲクジラ類には性差によるハビタットの分離（habitat segregation）も見られる。雌はシャチなどの天敵回避を目的に，出産と保育期を高緯度の海域で過ごすのに対して，雄は資源の豊富な赤道海域で生活する。

こうした大きな回遊によりヒゲクジラ類は季節的に栄養状態が変化している。この栄養状態の変化により，耳垢栓の中心部に形成されている成長層に暗帯と明帯がつくられる。成長層のカウントはヒゲクジラ類の年齢推定に用いられる（図5-16）。

ハクジラ類は，口腔内に咀嚼機能のない犬歯状の歯列を有する。形態は多様性に富み，大型のマッコウクジラから全長1mあまりの小型のイルカや淡水性のカワイルカ類を含む。

鯨類は音声により相互にコミュニケーションを行っていることで知られる。イルカ類は鼻道の弁の振動，クジラ類では地面や水面をたたくことによる音の発生も行う。クジラ類の声は水中で数十kmも到達する。イルカ類などハクジラ類では頭部にメロンと呼ばれる脂肪組織があり，これをエ

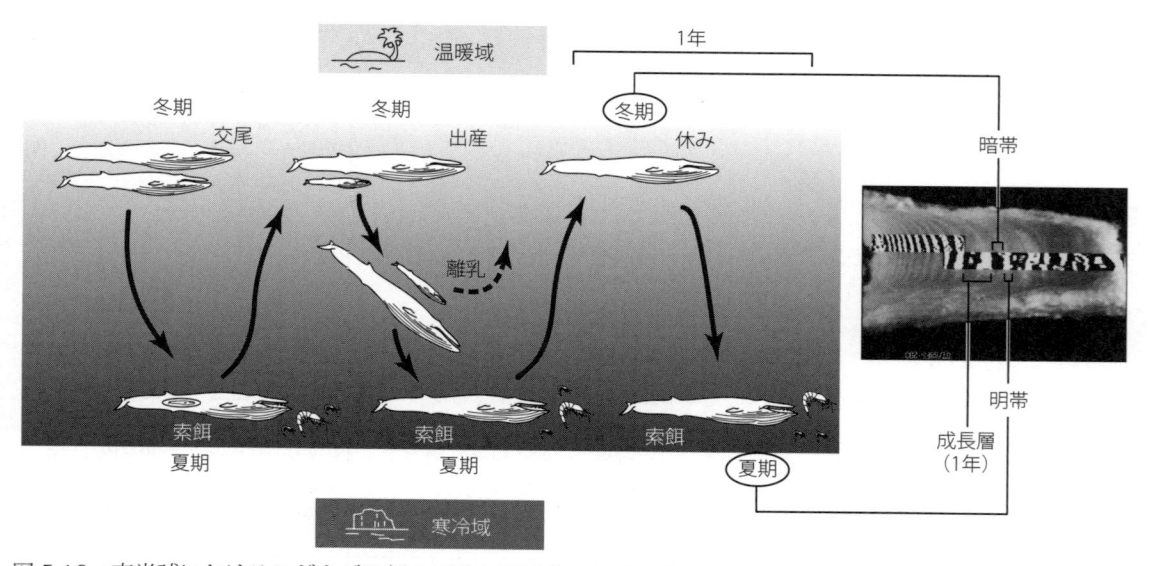

図5-16　南半球におけるヒゲクジラ類の回遊と耳垢栓における成長層の形成（加藤 秀弘・中村 玄，鯨類海産哺乳類学 第2版，2012，生物研究社より）

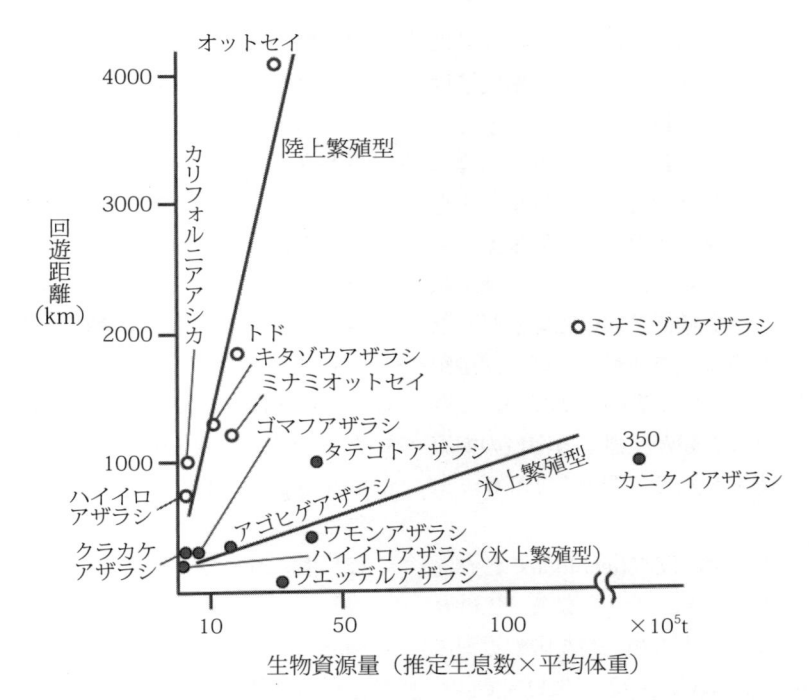

図5-17 回遊距離と生物資源量の関係（羽山 1986 から改変）

コーロケーション（反響定位）に用いている。こうした能力の発達により小型鯨類では群れを形成してコミュニケーションをとることができる。

鯨類は広大な海洋において生活し，寿命も長いことからその生活史に関して知られる情報はまだ限られている。近年はホエールウオッチングやドルフィンスイムなどで鯨類を観光資源として利用する地域が増加しているが，人間の接近や船舶が発生する音が与えるストレスやコミュニケーションへの影響については未知のことが多い。

大型の鯨類の適切な管理は，種の保全のみならず水産資源の持続的な利用を図る上で重要な課題でもある。有効に管理を進めるためには，海洋生態系における食物連鎖の中で鯨類が果たす役割をさらに明らかにする必要がある。

(2) 鰭脚類

鰭脚類は，食肉目に属するアシカ科（Otariidae）・アザラシ科（Phocidae）・セイウチ科（Odobenidae）に分類される水生生物の総称で，鰭状に変化した四肢を持つことが特徴である。アシカ科には外耳殻があり，後肢を前方に曲げることができる。アザラシ科は外耳殻がなく，後肢を前に曲げることができない。セイウチ科は後肢を前に曲げることができるが，外耳殻がない。

鰭脚類は繁殖期にハーレムを形成するものがあり，オットセイ亜科（Arctocephalinae）の2種やセイウチ（Odobenus rosmarus）は大きな繁殖コロニーを形成する。一方，ゴマフアザラシ（Phoca largha）やタテゴトアザラシ（Phoca groenlandica）はペア（一雄一雌）型の配偶システムを持つ。ペア型の雄と雌には性差はあまりない。鰭脚類では，ハーレムサイズと性的二型の程度は相関関係が見られ，ハーレムサイズが大きい種の雄の体重は雌の数倍にもなる。

アザラシ類は3～4か月の着床遅延を含む約1年の妊娠期間を経て陸上または氷上で出産する。岩礁の割れ目に出産する種類の子は小型であるが，流氷上に出産する種類の子は大型である。わが国で見られるゴマフアザラシは氷上繁殖型，ゼニガタアザラシ（Phoca vitulina）は岩礁繁殖型である。

鰭脚類にとって上陸は陸生の動物に捕食される

危険を多く含む行動である。そのため，出産時に分娩に要する時間は10分程度と短く，新生子は誕生の直後から移動能力を持っている。

回遊はより多くの餌を獲得するために発達した行動である。鰭脚類の回遊と生物資源量（生息数×平均体重）の関係を見ると，陸上繁殖型と氷上繁殖型で異なる回帰を示し，それぞれの型において生物資源量が大きい種ほど回遊距離が長くなる。また，同じ生物資源量で比較した時の回遊距離は氷上繁殖型で短く，陸上繁殖型で長い。これは氷上繁殖型のアザラシ類が生息する海域の餌資源量が多いためと考えられる（羽山ら 1986）。

(3) 海牛類

海牛類はマナティー科（Trichechidae）とジュゴン科（Dugongidae）の2科からなる。2科とも淡水域や沿岸域に生息するが，わが国の近海にはジュゴン（*Dugong dugon*）のみが生息する。

ジュゴンは体長3m，体重250〜400kgの草食性の水生哺乳類である。主要な食物はアマモやアンフィボリス等の海産顕花植物（海草）である。採食痕は「ジュゴントレンチ」と呼ばれる浅い溝状の跡となり，ジュゴンの存在確認や摂餌海草を特定する調査に利用されている。

ジュゴンは年平均水温が19℃以上の沿岸の浅海域を主たる生息地とする。これらの海域は人為的な環境の改変による影響を受けやすく，餌場であるアマモなど海草藻場の喪失は，種の保全上の問題である。

8) 鳥類の生態

地上性の走鳥類を除く大部分の鳥類の食性は動物食または種子・果実食である。その理由は消化器官を軽量化すると同時に，飛翔のために高カロリーの食物を必要とするためである。したがって，鳥類の多くの食物連鎖の栄養段階は高次に位置し，特に猛禽類はアンブレラ種の位置を占める。

日本で繁殖が確認された野鳥は18目55科で史種数は250種を超える。しかし，鳥類は移動性が高いため，日本固有の繁殖鳥類は17種に限られる。

(1) 繁　殖

中〜高緯度の地域で繁殖する鳥類の多くは，長日による光周性（photoperiodicity）を持ち，日照時間が長くなる春に繁殖期を迎える。多くの鳥は一夫一妻の交配システムをとり，繁殖ペアが共同で育雛を行うことが多い。

鳥類では視覚と聴覚信号によるコミュニケーションが発達し，特に繁殖期に鮮やかな生殖羽を用いたディスプレイを行う種もある。ディスプレイの手段としては，羽ばたきやくちばしを用いたドラミング（drumming）やクラッタリング（clattering），急降下，急上昇，ホバリングなどの特殊な飛行法が用いられることがある。

(2) 渡　り

鳥類の渡りの多くは春に高緯度に向かい，秋に低緯度に向かう。春の移動は繁殖を目的としたもの，秋の移動は越冬を目的としたもので，いずれもより多くの食物資源を求めて渡りが行われる。

鳥類による季節移動の中には地球規模の移動を行うものがある。キョクアジサシ（*Sterna paradisaea*）は北極圏で繁殖し，非繁殖期には南極周辺へ移動する。極間で移動を行うため，繁殖期と非繁殖期はそれぞれの半球の夏にあたる。

渡りを行う鳥類にとって遠距離を隔てた繁殖地と越冬地の環境が良好に保たれている必要がある。また，渡りの中継地となる地域の環境も重要である。

猛禽類のサシバ（*Butastur indicus*）は東南アジアから夏鳥として飛来し，日本の里山的環境において繁殖する。主要な食物は水田，畑，草地，伐採地など開放的環境に生息する両生類，爬虫類，齧歯類，昆虫類である。近年，サシバの個体数は減少しており，餌場として好適な環境となる水田と樹林がセットになった環境が失われたことがその原因と考えられている。

夏鳥の飛来数の減少を調査した例では，サンコウチョウ（*Terpsiphone atrocaudata*）など夏鳥の越冬地となる東南アジアにおける熱帯雨林の伐採による環境破壊の時期と夏鳥の飛来数の時期の一致が指摘された（樋口ら 1999）。

日本で50種以上が記録されているシギ科（Scolopacidae）の多くは北極圏を含む高緯度地方で繁殖し，赤道付近や南半球で越冬する。日本列島はその渡りのルート途上に位置し，沿岸や河口部にある干潟や湿地は餌となる底生生物（ベントス）が豊富であることから中継地として重要である。

日本を越冬地とする冬鳥として飛来する種のうちカモ科（Anatidae）の鳥類（ガン，ハクチョウ類を含む）の多くは秋季から初冬季に飛来し，湖沼・水田などにおいて越冬する。宮城県北部の伊豆沼に飛来するマガン（*Anser albifrons frontalis*）の個体数は1970年代以降増加しており，1990年代以降は増加の割合が高まっている。一方，飛来する時期と飛び去る時期は年代と共に早くなり，日本での越冬期間が短くなる傾向がある。その理由として地球の温暖化により繁殖地の雪解けが早まり，繁殖成功率が高まったこと，温暖化により長期間越冬地に留まる必要がなくなったことが挙げられる（呉地 2008）。

ツル科（Gruidae）のナベヅル（*Grus monacha*）や，マナヅル（*Grus vipio*）はロシアの極東地域や中国東北部などの平地の湿原を繁殖地とする大型の鳥類である。日本には冬鳥として渡来し，日本各地の水田や湿地で越冬する。鹿児島県の出水平野では明治時代の中期よりツルの保護が始まり，人為的な給餌が進められたことから，給餌地域を中心とした地域に高密度に集中飛来するようになった。周辺地域における農業被害やツルにとっての自然環境の悪化，感染症発生時のリスクなどが問題視され，越冬地を分散させるための調査が進められている。

9）爬虫類・両生類の生態

わが国の在来の爬虫類，両生類の多くは体サイズが小さく，ウミガメ科（Cheloniidae）やオオサンショウウオ（*Andrias japonicus*）のような大型の種を除いては，食物連鎖の中では第一次消費者または第二次消費者といった比較的低次の階層に位置づけられる。その一方，普通種においては生物資源量が豊かであることから春季から秋季においては哺乳類や鳥類の重要な餌資源となっている。

また，両生類や多くの爬虫類は水域と陸域の境界部に生息することから，乾燥や水質の変化などの影響を受けやすく，環境の質を示す指標種としても重要である。

日本に生息する両生類・爬虫類は，急峻な山地や島嶼部において地理的隔離により分化したものを多く含み，地域性が高いことも特徴の1つである。そのため，固有の形質を維持するためには，在来種の人為的移動による遺伝的な攪乱や外来種の移入による生態的な攪乱に対して脆弱である。

在来の爬虫類はカメ目（Testudines）と有鱗目（Squamata）に属するトカゲ亜目（Lacertilia），ヘビ亜目（Serpentes）で構成される。爬虫類の体表は表皮の変形した鱗でおおわれ，4本の脚と尾，乾燥に強い卵（有羊膜卵）などが特徴である。また蛋白質の代謝によって発生するアンモニアは両生類や哺乳類のような尿素ではなく，水に不溶である尿酸に代謝し，糞と共に総排泄腔から排泄する。これも乾燥に対する重要な適応の1つである。

カメ目のうち，ウミガメ類は産卵を陸上で行うほかは外洋で索餌回遊を行い，数年に一度，出生地へ向けた繁殖回遊を行う。日本の沿岸部は北太平洋で最大のアカウミガメ（*Caretta caretta*）の上陸地であるため，産卵に適した海岸線（砂浜）の保全が必要とされている。

両生類は，四足動物として最初に出現した動物群で，水生環境に適応し，生息環境として水域は重要な位置を占めている。日本に生息するのは有尾（サンショウウオ）目（Urodela）と無尾（カエル）目（Anura）の2目である。

有尾目は，冷涼な環境に生息するものが多く，サンショウウオ科（Hynobiidae）では産卵する場所の環境から，カスミサンショウウオ（*Hynobius nebulosus*）などの止水産卵性のグループと，オオダイガハラサンショウウオ（*Hynobius boulengeri*）などの流水産卵性のグループに分け

られる。止水産卵性のサンショウウオ類は池沼や湿地・水たまりなどに小型の卵を多数産卵する。ふ化直後の幼生は，バランサー（平衡桿）と比較的小さな卵黄をもつ。

流水性のサンショウウオ類の産卵数は少ないが，卵は大型で強い卵嚢外皮に覆われる。幼生にはバランサーは未発達であるが，卵黄は大きく，遊泳力がつくまで流れが緩やかな場所で卵黄を消費して成長する。

日本産のサンショウウオ類の多くは固有種であり，分布域も狭い。成長時には上陸して林床において小動物を採食する種も多く，繁殖と成長には安定した水環境と森林環境がセットとなって存在することが不可欠である。

カエル目は，成体が尾を欠き，後肢が発達して強い跳躍力を持つことが特徴である。寒冷地を除き，世界に広く分布するが，低緯度地方であるほど多様性は高く，日本では本土に17種，南西諸島に21種が分布する。国内ではヒキガエル科（Bufonidae），アマガエル科（Hylidae），アカガエル科（Ranidae），アオガエル科（Ranidae），ヒメアマガエル科（Microhylidae）の5科が生息する。

山地で生息するナガレヒキガエル（*Bufo torrenticola*）やナガレタゴガエル（*Rana sakuraii*）など一部の種は渓流に産卵するが，それ以外の種は湿地，湖沼などの止水において産卵する。孵化した幼生は水中で成長し，成体に変態すると共に陸上生活に移行するものが多い。

日本は稲作のための水田面積が広く，止水環境を好む多くのカエルが生息地や産卵場所として水田を利用している。水田は湿地システムとしての機能を持ち，人の生活圏において生物多様性を維持するための重要な役割を果たしている。カエルは小動物の捕食者，高次消費者の餌として生物の多様性を維持する上で重要な役割を果たしている。

10）野生動物と生息環境の問題

わが国在来の野生動物は，人間活動に伴う生息環境の変化により，多様性の危機にさらされている。問題の内容と程度は動物の種と地域により異なるが，本項では，野生動物と生息環境の問題の例をとりあげる。

(1) 哺乳類の生息環境

山林において人間の生産活動が活発な時代には，自然環境の破壊が哺乳類の生息地を縮小させていた。中国山地でカモシカの分布域の空白が認められ，九州ではツキノワグマの確実な生息情報が失われるなど，西日本において大型の哺乳類の分布域が連続性を欠くことはその例である。

一方，近年においては，中山間地域における人口の減少が進み，耕作放棄地が増加しつつある。耕作放棄地は，植生遷移により草地から森林へ移行し，哺乳類の生息可能な地域の拡大につながっている。環境省が2003年に全国を対象に実施した自然環境保全基礎調査によると，重点調査種となった中・大型哺乳類9種のうち，ニホンアナグマを除く8種の哺乳類（ニホンジカ，カモシカ，ニホンザル等）の分布区画は，1978年との比較で増加が見られた。

生息環境の改善は，個体数の少ない種の保全にはプラスの側面が見られるが，繁殖能力が高く，元々の個体数が多い種にとっては急激な個体数の増加，分布域の拡大によるマイナスの側面も大きい。前述のように，ニホンジカが高密度化した地域では，採食圧により自然植生が衰退し，生物の多様性の低下が他の哺乳類の生息条件に与える影響も危惧される。

(2) 鳥類と生息環境

① 猛禽類と生息環境

鳥類の中で食物連鎖の上位種とされるグループに猛禽類がある。その中でもイヌワシ（*Aquila chrysaetos japonica*）は雄全長約81.5cm，雌全長約89cm，翼開長が2m前後に達する最大級の猛禽であり，陸域生態系のアンブレラ種である。

営巣時に持ち込まれた餌から見た食物は，生息環境と時期により異なるが，ノウサギ（*Lepus brachyurus* ssp.），ヤマドリ（*Syrmaticus soemmerringi*），ヘビ類などが多い。そのほか中

型哺乳類，爬虫類，鳥類を中心に多様な動物が食物となる。カモシカの幼獣やニホンザルが採食されることもある。

生息地は低山から高山に至る山地帯で，営巣地の周辺の約2～6km^{2}を排他的なテリトリーとし，ホームレンジの大きさは40～80km^{2}という報告がある。

イヌワシは2月頃に平均2個の卵を産むが，巣立ちに至るのはほとんどの場合1羽である。1980年代からのイヌワシの繁殖成功率を調べた調査によると，成功率は当初の50％台から減少を続け，2000年代以降は20％前後で推移している。繁殖成功率の低下は，生息地の環境の悪化と餌となる動物の減少であると考えられている（日本イヌワシ研究会 2012）。

猛禽類の多くは，繁殖期において警戒心が高まり，特に造巣期から巣内育雛期にかけての時期は過敏となる。そのため，この時期に営巣地が攪乱されると，抱卵中の卵や育雛中の雛と共に巣が放棄されるおそれがある。猛禽類の繁殖地における工事等の開発行為もその個体数減少の一因となる。

その一方で，環境変化に柔軟に対応し，都市化された環境に適応しようとする行動の変化が認められる種もある。自然下では断崖の岩棚などに営巣するハヤブサ（*Falco peregrinus japonensis*）やチョウゲンボウ（*Falco tinnunculus interstinctus*）がビルなどの人工の建造物に営巣する例もその1つである。

② カワウと河川環境

カワウ（*Phalacrocorax carbo*）は全長80～90cm，翼開長130～150cmのペリカン目（Pelecaniformes）に属する魚食性の水鳥である。水辺の森林にねぐらまたはコロニー（繁殖営巣地）を形成し，沿岸部や湖沼，河川を採食地としている。

滋賀県の竹生島では，1980年代初頭に繁殖が確認されて以来，カワウの個体数が急増し，営巣

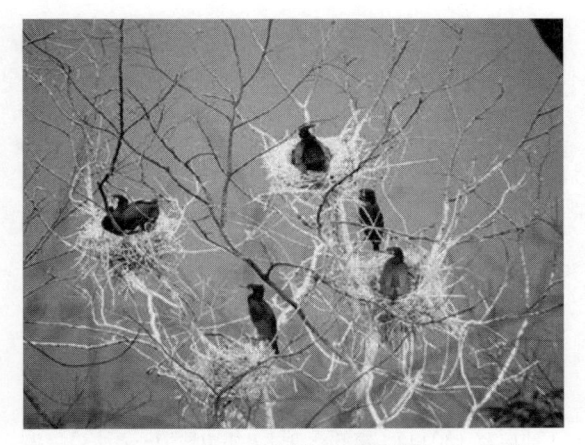

図5-18　カワウの営巣地（写真提供：加藤洋）

密度の高い森林において大規模に樹木の枯死が発生している。

森林被害，景観被害を低減するため，営巣地における繁殖の妨害や捕獲が進められているが，島の対岸にコロニーが形成されるなど，対策は十分な効果を得られるに至っていない。コロニーの形成による環境の悪化と，カワウの採食による漁業被害は日本の各地に広がっている。

カワウの個体数の増加の背景には，河川における養殖アユの放流数の増加，河川改修により魚類を採食しやすい環境が生まれたことなど，生息環境の変化が指摘されている。

参考文献

Berryman,A.（1981）：Population systems: a general introduction, Plenum Press.

Estes,J.A., Tinker,M.T., Williams,T.M., Doak,D.F.（1998）：Killer Whale Predation on Sea Otters Linking Oceanic and Nearshore Ecosystems, *Science* 282, 473.

Fooden,J., Aimi,M.（2003）：Birth-season variation in Japanese macaques, Macaca fuscata, *Primates* 44(2), 109-117.

Hashimoto,Y., Yasutake,A.（1999）：Seasonal change in body weight of female Asiatic black bears under captivity, *Mammal Study* 24, 1-6.

羽山伸一（2001）：野生動物問題，地人書館．

羽山伸一，宇野裕之，和田一雄（1986）：ゼニガタアザラシの回遊様式，ゼニガタアザラシの生態と保護（和田一雄，伊藤徹魯，新妻昭夫，羽山伸一，鈴木正嗣 編），140-157，東海大学出版．

樋口広芳，森下英美子，宮崎久恵（1999）：アンケート調査からみた夏鳥の減少，夏鳥の減少実態研究報告，東

京大学渡り鳥研究グループ.
石塚 譲,川井裕史,大谷新太郎,石井 亘,山本隆彦,八丈幸太郎,片山敦司,松下美郎(2007):季節,時刻および植生が大阪のニホンジカ (*Cervus nippon*) の行動圏に及ぼす影響,哺乳類科学, 47(1), 1-9.
泉山茂之(2011):第7章高山帯・亜高山帯の利用－北アルプスに生息するツキノワグマの生態, 日本のクマーヒグマとツキノワグマの生物学(坪田敏男,山崎晃司 編), 209-238, 東京大学出版会.
加藤秀弘,中村 玄(2012):増補鯨類海産哺乳類学 第2版, 生物研究社.
Koganezawa,M, Imaki,H. (1999): The effects of food sources on Japanese monkey home range size and location, and population dynamics, *Primates* 40(1), 177-185..
小池伸介(2011):第5章食性と生息環境－とくに果実の利用に注目して－, 日本のクマーヒグマとツキノワグマの生物学(坪田敏男,山崎晃司 編), 155-181, 東京大学出版会.
呉地正行(2008):ガン類の越冬地の北上と急増する個体数, 温暖化と生物多様性(岩槻邦男, 堂本暁子 編), 131-148, 築地書館.
Lack,D. (1947): Darwin's finches, Cambridge University Press.
McNab,B.K. (1963): Bioenergetics and the Determination of Home Range Size, The American Naturalist 97(894), 133-140.
Miura,S. & Yasui,K. (1985): Validity of tooth eruption-wear patterns as age criteria in the Japanese serow *Capricornis crispus*, The Journal of the Mammalogical Society of Japan 10(4), 169-178.
三浦慎悟(1997):第5章性選択－繁殖をめぐる性の競争－, 哺乳類の生態学(土肥昭夫, 岩本俊孝, 三浦慎悟, 池田 啓 編), 121-157, 東京大学出版会
仲谷 淳(2001):第7章知られざるイノシシの生態と社会, 200-220, イノシシと人間－共に生きる(高橋春成 編), 古今書院.
日本イヌワシ研究会(2012):日本イヌワシ研究会リーフレット http://srge.info/wpcontent/uploads/downloads/2012/12/srge_leaflet_01.pdf.
日本野生生物研究センター(1991):生態系保全に着目した計画策定手法に関する研究調査報告書.
落合啓二(1997):カモシカ生息頭数既知の場所における区画法の精度検討, 哺乳類科学, 36, 175-185.
落合啓二(2008):第6章社会構造と密度変動 ニホンカモシカ, 日本の哺乳類学(2)中大型哺乳類・霊長類(高槻成紀, 山極寿一 編), 172-199, 東京大学出版会.
Saeki,M., Johnson,P. & Macdonald,D.W. (2007): Movements and habitat selection of raccoon dog in a mosaic landscape, Journal of Mammalogy 88, 1098-1111.
佐々木浩(1996):ニホンイタチとチョウセンイタチ, 日本動物大百科(1)哺乳類Ⅰ(川道武男編), 128-131, 平凡社.
佐藤喜和(2007):第1章ヒグマの生態, ヒグマ学入門－自然史・文化・現代社会－(天野哲也, 増田隆一, 間野 勉 編), 3-16, 北海道大学出版会.
佐藤喜和(2011):第1章 採食生態－環境の変化への柔軟な対応, 日本のクマーヒグマとツキノワグマの生物学－(坪田敏男,山崎晃司 編), 37-58, 東京大学出版会.
嶋田正和, 山村則男, 粕谷英一, 伊藤嘉昭(2009):動物生態学 新版, 海游舎.
Takasaki,H. (1981): Troop size, habitat quality and home range area in Japanese macaques, Behaviral Ecology and Sociobiology 9, 277-281.
Takatsuki,S. (1992): Foot morphology and distribution of Sika deer in relation to snow depth in Japan, Ecological Research 7(1), 19-23.
高槻成紀(1998):哺乳類の生物学(5)生態, 東京大学出版会.
鷲谷いづみ, 矢原徹一(1996):保全生態学入門―遺伝子から景観まで, 63-69, 文一総合出版.
Watanuki,Y., Nakayama,Y., Azuma,S. & Ashizawa,S.(1994): Foraging on buds and bark of mulberry trees by Japanse monkeys and their range utilization, Primates 35(1), 15-24.
横山真弓, 斎田栄里奈, 江藤公俊, 中村幸子, 森光由樹(2011):兵庫県におけるツキノワグマの行動圏の変異とその要因,「兵庫県におけるツキノワグマの保護管理の現状と課題」, 兵庫ワイルドライフモノグラフ3号, 59-70, 兵庫県森林動物研究センター.

第6章　野生動物の捕獲と不動化

捕　獲

1．はじめに

捕獲は，野生動物に直接触れ，彼らを知る特別な機会を与えてくれる。しかし，野生動物はそれを望んでいないどころか，死あるいは尊厳の喪失の恐怖を味わう最悪の事態である。

われわれ野生動物に関わる科学者が捕獲を実施する際，最も重要なことは，捕獲に関わる全ての生命（対象および作業員）とそれをとりまく環境（＝生態系）が安全（＝健全）であることである。

なお，野生動物の捕獲は法律で規制されている。対象となる種が狩猟鳥獣や希少鳥獣，あるいは特定外来生物などのいずれに指定されているかによって必要な許可が異なるため，適切な法的手続きを行わなければならない。

1）捕獲の心構え

野生動物は飼育動物とは全く異なる生物であり，現在でもさらに進化をとげつつ生態系を構成していることに畏敬の念を持つことが野生動物捕獲の心構えの基本であり，捕獲にあたっては目的の明確化と研究設計，情報の収集，方法の選択，入念な準備が必要である（岸本 2002）。

野生動物を捕獲することで，捕獲個体やその周辺の個体の生命や行動，そしてその他の生活活動に何らかの悪しき影響を及ぼすことは避けられない。捕獲された個体は，ワナや麻酔薬投与による物理的損傷を受け（第一次損傷），拘束されることにより飢餓や自傷を起こし（第二次損傷），さらにストレスや恐怖などの心理的影響をうける（第三次損傷）。ワナにかかったり野外で不動化されることによって競合関係にある種や捕食者からの攻撃を受ける場合（被攻撃的損傷）もあり，拘束により養育の必要な個体が放置されたり，繁殖機会を消失する可能性もある（副次的損傷）。また，作業者による不必要な投薬による汚染，感染症の伝搬なども，生態系への影響として看過できない。

そのような悪影響を完全に排除できない捕獲を実施するにあたっては，「個体の安全」，「作業員の安全」，「周辺環境への最低限の影響」の捕獲の三原則（濱崎 1998）を絶対条件として，そこから得られる成果を最大限にすることを心がけなければならない。

2）捕獲計画

捕獲計画には 5W1H が必要である。すなわち，Why（なぜ），Who（誰が），What（何を），When（いつ），Where（どこで），How（どのように）の6項目を検討，決定していかなくてはならない。その中でも最も重要で最初に明確にしなければならないのは『Why なぜ＝目的』である。

（1）WHY なぜ：目的の明確化と目的達成のための計画

上述のとおり，野生動物にとって捕獲は避けるべきもの以外のなにものでもない。それを承知で捕獲を実施するためには，それ相応の目的が必要である。捕獲の価値判断には cost-benefit analysis（費用対効果分析）を行うことも助けになるが，常に cost は野生動物と自然界にあり，科学的興味を満足させるというだけでは benefit が人間側にのみあることを認識すべきである。捕

獲によって得られた情報により野生動物や自然への理解を深め，それを生態系保全に役立て自然界へ還元するbenefitなしで捕獲を行う正当な理由はない。

目的は「何を知りたいのか」を明確にすることである。そのためには現段階でわかっていることとわかっていないことを整理する。そして，例えば漠然と「この地域でシカがどのような行動をとるのかを知りたい」というところから，「雄と雌で差があるのか」，「季節によって変化するのか」，「狩猟の影響があるのか」といった具体的な疑問点，明らかにするべき点をはっきりと整理すれば，以下に述べる捕獲場所，捕獲個体の性・年齢，頭数などを決定することができる。

(2) WHO 誰が：責任者の明確化と役割

誰が捕獲を実施するのか，それは責任の明確化である。複数の目的を持った科学者が協力して捕獲を実施する際にも，その最も頂点に立つ責任者を決めておくことが必要である。それは，現場では勇気ある撤退や中断を判断する場が少なからず発生することや，計画立案から成果の公表，還元までに責任を持ち捕獲調査が完成するまで関係者全員を導く必要があるからである。

捕獲チームは，熟練者からはじめて捕獲にかかわる初心者まで様々な経験度の調査員が関わる場合が多い。各人の果たすべき役割を全うすることは当然のことながら，全員が全体の流れを理解し，必要に応じて補い合うチームワークが求められる。責任者は，現場において統制のとれたチームワークを作りだし，調査終了まで全員の士気を鼓舞する役割を担う。

(3) What 何を：対象の種，年齢，性，数

おそらく種については，最初から決定していることが多い。しかし，年齢や性，さらに数となるとあいまいなまま捕獲が実行されていることも少なくない。

目的が具体的であり，得られた結果から行う解析もシミュレーションできていれば，性や年齢をそろえるべきか，あるいはランダムにすべきかなどは自ずと決まってくる。

最も頭を悩ますのは数である。サンプル数は多ければ多いほどよいように思いがちだが，先に述べたように不要な負担を動物や生態系に与えることは避けなければならないことから，統計的な解析にも十分耐えうる必要最低限にしておくべきだ。しかし，少なくしすぎたために後人の追加調査を必要としてしまうならば，一度の調査でだれもが納得する結果を得る方がcostは少なくてすむ。

ワナによる捕獲の場合は目的外の種，年齢，性の個体が捕獲されることも想定し，それらの目的外個体が捕獲された際の放獣手段についても準備しておく必要がある。それぞれの動物に応じた不動化薬と投与に必要な吹き矢や麻酔銃などもそうである。

(4) When いつ：捕獲時期と期間

自然状態では問題なく健康に生活している個体であっても，ワナによって物理的に拘束されたり，麻酔薬によって不動化された状態では気象条件が生命や健康に害を及ぼすことがある。さらに，その個体がケアする幼獣に影響を及ぼす可能性があるため，捕獲時期については気温や風雨雪といった環境要因だけでなく繁殖行動や移動等の生活史も考慮して選択する必要がある。

また，狩猟や登山，山菜採りやキノコ狩りといった人間の活動や，錯誤捕獲されやすい種の活動が高い地点を避ける必要もある。中型食肉獣を捕獲する場合には放し飼いの犬や猟犬，サル追い犬などの飼い犬の錯誤捕獲を避けるために事前の調査や地域への周知が必要である。

ワナを用いた捕獲の場合は，ワナ設置期間についてもあらかじめ決めておくことが重要である。その期間内に目標頭数の捕獲ができなかった場合は，いったん中断し，計画を練り直すことで，多くの場合その後の捕獲効率は向上する。

(5) Where どこで：調査対象地の選定

地域レベルでは対象地をある程度設定している場合が多いが，捕獲ワナの設置地点などは，動物の特性や捕獲のしやすさ，ワナ管理の利便性などを考慮して選定することが多い。

ワナを設置する場合，最初に行わなければならないことは，その土地の所有者に承諾を得ることである。山野の土地所有者の確認方法や，国有林，保全地区等における立ち入りおよび土地の改変行為に該当すると判断されるワナの設置の許可申請の方法など諸注意については，担当部署や既存の資料が参考になる。

(6) How どのように：捕獲手法

大きくわけてワナ捕獲と吹き矢・麻酔銃捕獲がある。ワナには，一個体を捕獲するためのものと複数頭捕獲（集団捕獲）することのできるタイプとがある。どのような手法を用いるかは，目的と捕獲環境に応じて選択することとなる。

2. 捕獲器具の種類

1) ワ ナ

(1) 箱ワナ

餌に寄せられた動物が箱の奥の踏み板を踏むか寄せ餌を引くと，入り口の扉が閉まり，脱出できなくなる仕掛けのワナである（図6-1）。動物が中から押しても開かないようになっているものが多い。大きさ，素材，トリガーの仕組みは様々で，対象に応じたものを用いる。タヌキ（Nyctereutes procyonoides）やイタチ科動物といった中型肉食獣では，スチール製の箱ワナ（カゴワナ）がよく用いられており，ニホンザル（Macaca fuscata）やイノシシ（Sus scrofa），時にはニホンジカ（Cervus nippon）といった大型の哺乳類では，少なくとも四方には堅牢な鉄の柱をもった箱ワナが用いられる。クマ類の生体捕獲では，歯を痛めないバレルトラップが推奨される（次項詳述）。ネズミ類の生体捕獲の際はアルミ製のシャーマントラップを用いる。いずれも動物が中で暴れても壊れず，脱出できず，また動物もけがを負わない構造が求められる。

箱ワナに限らないが，ワナ捕獲においては捕獲が完了してから不動化までの時間が短ければ短いほど捕獲個体の安全が保たれることから，見回りの頻度が最も重要な要素である。ワナに近づくことで捕獲効率の著しい低下が懸念される場合や，ワナ設置場所が広範囲に及び十分な頻度で目視による確認が困難である場合には，ワナの作動の有無を電波などで確認するワナ用発信器の利用を検討すべきである。また，ネズミ類の場合は夜間に捕獲されてから見回りまでの間の餌と，冬季には防寒対策となる敷わらなどを入れておかなければ死亡してしまう確率が高い。

(2) バレルトラップ

脱出を試みる捕獲個体の歯牙や爪の保護のため，および捕獲個体の不動化を行う作業員の安全のためにドラム缶を2個または3個連結したト

図6-1 箱ワナ（写真はスチール製のカゴワナ）
　　　手前：引き式　奥：踏み板式

図6-2 バレルトラップ

ラップである（図 6-2）。箱ワナと同様に，中に入れる寄せ餌を引くか，寄せ餌の手前の踏み板を踏むとトリガーが作動し扉が落ちて閉まる。箱ワナと違い扉に返しがついていないものが多い。これは中に子グマが入った場合に，母親が外からワナを倒すと自然と扉が開いて子グマが脱出できるようにするためである。扉を鉄板にすることで，中からは開けることができないようになっている場合が多い。ただし，夏期の通気性ならびに不動化薬を投与するために挿入口と明かり取りとして最低限の穴が開けられているものが良い。

（3）ソフトキャッチ®（生体捕獲用トラバサミ）

動物が真ん中の踏み板を踏むと，バネの力でゴムパットのついた歯が閉じ，足を捉える（図6-3）。歯に鋸はないだけでなく，一般的なトラバサミと異なりそれぞれ片側 3.5mm，合計 7mmの隙間が開いており，そこをゴムでカバーしてある（図 6-4）。蹠球のある動物の場合は，最終的には指球（趾球）と掌球（足底球）の間に歯が収まり筋肉への強い圧迫を与えることが少ない。ワナに付属するチェーンには，動物が脚を強く引いた際の衝撃や三次元的な動きが引き起こす無理な姿勢を軽減するためにスプリングと 360 度回転可能な可動式ねじがついており，そこにチェーンやワイヤーをさらにとりつけ木などに固定する。固定用のチェーンは長すぎると捕獲された個体が大きく行動し脱臼や体の巻き付けなどを起こしやすいことから，周囲の環境に応じて適切な長さにすると共に，大型のノイヌなどが錯誤捕獲された場合でも噛み切られない程度の強度を持つ必要がある。

見回り頻度を適切に行い，動物が長時間拘束されることのないよう配慮すれば，四肢を損傷することはほとんどない。

なお，旧来狩猟等に用いられてきたトラバサミは鋸がなくとも鉄の歯そのもので足を挟むため動物が足を痛めやすく動物福祉上好ましくないことから，平成 19 年 4 月から法定猟法（狩猟に用いることができる猟法）から除かれた。

（4）くくりワナ

くくりワナは針金などで輪をつくり，動物の足首など体の一部がその輪の中に入ると輪がしまって動物をとらえる仕掛けのワナである。輪がしまるしかけには様々あり，市販品も多くある（図6-5）。通常は誘引餌を必要とはせず，動物の移動経路に設置するため，仕掛ける地点の選択には経験を必要とする。

平成 19 年 4 月から狩猟においては，輪の直径が 12cm を超えるもの，締め付け防止金具の装着がないくくりワナは禁止されており，イノシシおよびニホンジカの捕獲においてはよりもどしが装着されていないもの，ワイヤーの太さが 4mm 未満のものも禁止されている。クマを目的とした狩猟では，ワナを用いた捕獲そのものが禁止されている。また，イノシシなどの大型獣を吊り上げられるほど強力な吊り上げ式くくりワナは禁止されている他，胴を捕らえる胴くくりワナの使用を制

図 6-3　ソフトキャッチ®

図 6-4　ソフトキャッチ®の歯の部分
下側はゴムパットをはずしたところ

キャプチャーミオパチーは，捕獲時などの激しい運動に起因する骨格筋や心筋などの障害を特徴とする症候群であり，運動で生じる乳酸や熱，循環障害などが原因と考えられている（鈴木1999）。急性症状では捕獲作業中あるいは直後に死亡するほか，慢性経過をたどった場合でも1ヶ月以内に死亡する例が多い。筋肉への過剰な負担が原因であるため，他の捕獲方法でも発症の可能性があるが，特にくくりワナにおいては発症の予測と対策が必要である。

(5) 囲いワナ（捕獲柵）

上面（天井）がなく，周囲が囲まれていて動物を囲い込む捕獲装置を囲いワナといい，最近では捕獲柵と称されることも多い。寄せ餌を引く，あるいは柵内のセンサーに触れることによって扉が閉まるものや，遠隔監視や遠隔操作により人が扉を落とす仕組みのものも開発されている。捕獲柵は複数を捕獲することが可能なものが多く，数頭を捕獲する中型のものから十数頭あるいは数十頭の捕獲が可能な大型のものまである（図6-6）。基本的に誘引餌を用いるため，事前の誘引，ワナへの慣らし期間が必要である場合が多い。最近は柱に立木を利用するなどして設置や移設が容易なものが開発・検討されているが，大型捕獲柵の多くは常設的である。

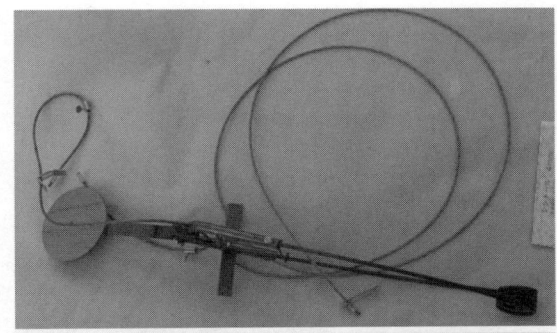

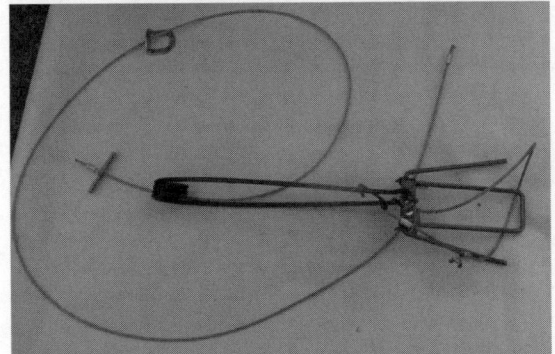

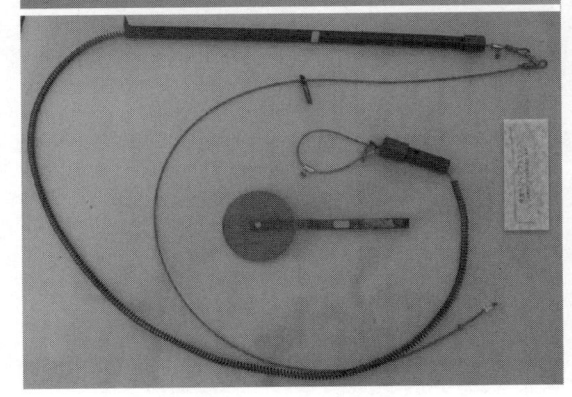

図6-5 くくりワナ（市販品）

限している地域もある。

このようにくくりワナに関して多くの制限事項が付加されている理由として，ソフトキャッチ®よりも大型の動物の捕獲を可能とすることから錯誤捕獲の危険性がより高いことと，捕獲個体への影響が大きいことがあげられる。適切な設置と管理によって安全に捕獲を完了することも可能であるが，作業員が接近した際に激しく暴れることによるキャプチャーミオパチー（capture myopathy）の発症の危険性も高いことから，放獣後も心配の種がつきない捕獲方法である。

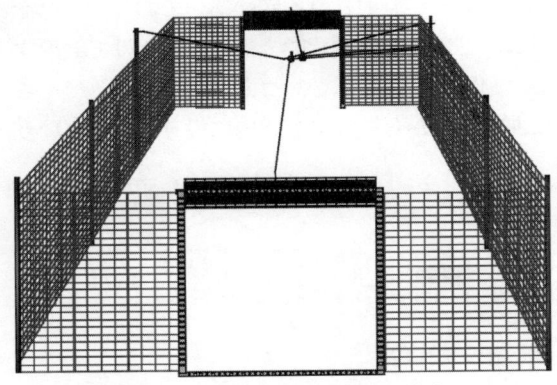

図6-6 囲いワナの構造図（例）

(6) ドロップネット

ドロップネットはキャノンネットやロケットガンなどと共にネットワナに分類されるものであり，上部からネットを落として動物，主にシカ類

をからめとるように捕獲する。ドロップネットの形には，周囲に囲いがなく中央に1本の大きな柱をたてる笠形のタイプと，側面の囲いがあり屋根部分が落ちてくるタイプのものがある。前者はシカが大きな警戒をせず捕獲圏内に入る可能性が高いが，ネットが落下した際に逃走してしまう危険性がより高い。逆に側面の囲いのあるタイプは逃走の可能性は低いが，シカが警戒して捕獲圏内に入らない，あるいは入るのに時間がかかる場合が多い。

ドロップネットでは，ネットによってシカの動きをある程度拘束するが，完全に拘束するわけではないので，ネット落下から不動化あるいは殺処分までに時間がかかるとネットの下でシカが暴れ，精神的にも肉体的にも大きな負担を与える。したがって，速やかに捕獲後の処理を実施することが重要である。

2) 吹き矢・麻酔銃

(1) 吹き矢

不動化薬注入用の投薬器を筒内に装填し，筒の片側から息を吹き込み，その空気圧によって投薬器を発射する。投薬器は2室に分かれ，前部に薬品を注入し，後部に空気またはライターガスなどを高圧に注入する。針は先端がふさがっており，途中に薬液が発射される穴があいており，これをゴムなどでふさいだ状態で動物にめがけて発射する。動物に命中すると，ゴムがスライドしてそこにあった穴から薬液が筋肉内に投与されるという

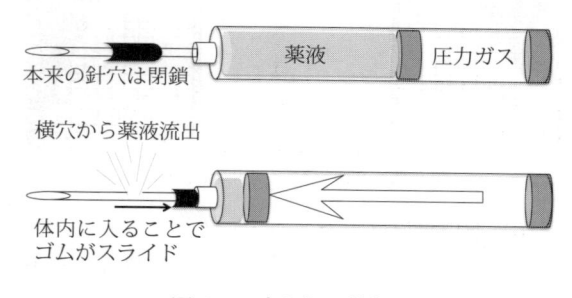

図6-7 吹き矢の仕組み
上段：セットした状態，下段：動物に命中した状態

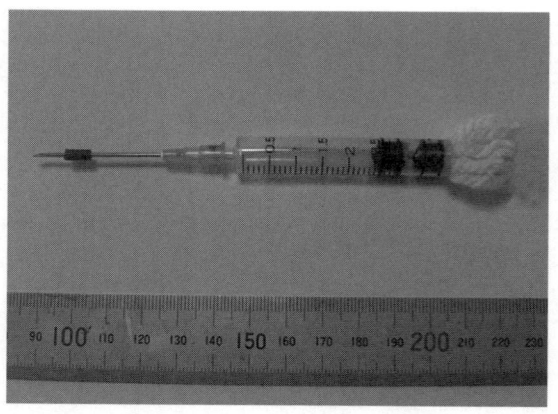

図6-8 プラスチックシリンジで作成した吹き矢

仕組みである（図6-7）。投薬器は国内外のメーカーで市販されているが，プラスチックシリンジを利用して作製することもできる（図6-8）。投薬器を発射する筒は投薬器の外径にあった太さのものを使用する。使用する筒の長さが長いほど投薬器の射出速度は増すが，動物との距離が1m以内の距離であれば1m程度の長さのもので十分である。

特定のカテゴリー（性，年齢等）の動物を捕獲できることが利点だが，後述の麻酔銃と比較して射程距離が極端に短いためフリーレンジの個体の捕獲にはあまり用いられない。餌付けなどにより人に著しく慣れたキツネ（*Vulpes vulpes*）やノイヌ（*Canis lupus familiaris*），餌場のニホンザル，樹上や室内などに追い詰められた動物などで用いられた実績がある。

また，吹き矢は危険猟法に指定されていることから，吹き矢による捕獲を行う場合は許可を得る必要がある。

(2) 麻酔銃

不動化薬注入用の投薬器を用いる銃である。発射方法によって装薬銃（火薬式）と空気銃（図6-9）がある。装薬銃の方が一般に射程距離は長いが，日本に生息する動物は体サイズがさほど大きくないため，確実に当てられる距離は30～40mが限界であることから，ほとんどの場合は空気銃で対応できる。投薬器も用量に応じた製品が市販されているが（図6-10），容量の大きいも

第6章　野生動物の捕獲と不動化

図6-9　エア式麻酔銃
上段：Dan-Inject Model CO₂PI，中段：Telinject 4V，
下段：Dan-Inject Model JM Special

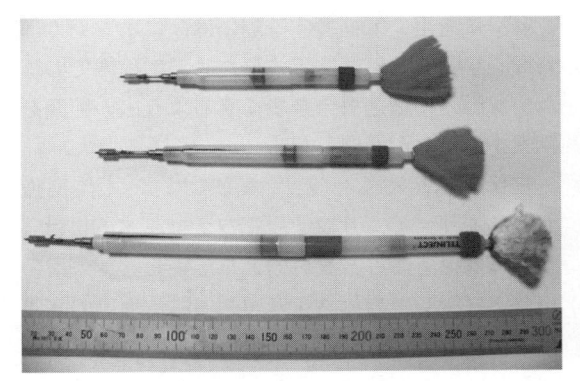

図6-10：麻酔銃用投薬器
上段：1.5ml 用，中段：3.0ml 用，下段：5.0ml 用

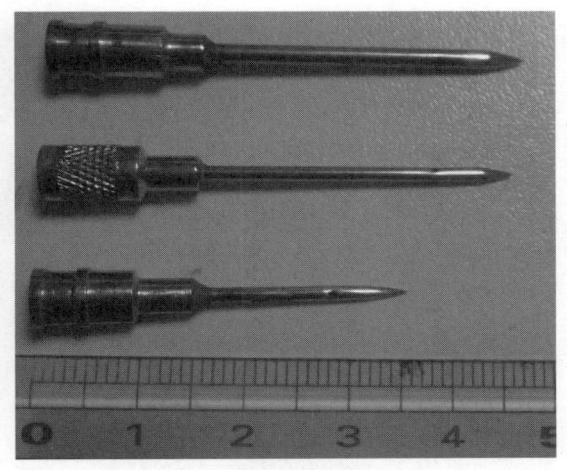

図6-11　麻酔銃用投薬器の針
上段：径 2.0mm 長さ 30mm
中段：径 1.5mm 長さ 30mm
下段：径 1.5mm 長さ 20mm

ど，遠方からでなければ投与できない場合には，飛距離を得るために発射圧力を高めなければならないことから，動物に命中したと同時に反発力で即時に投薬器がはね飛ばされてしまうことがある。それを防ぐためには反しが有用である。なお，反しはあっても骨に刺さらず筋肉内に刺さっていれば多くの場合動物が逃走している間に抜け落ちる。反しの形には，トゲ型，襟型，丸型などがある（図6-12）。射程距離が長く，反発力の強い筋のは投薬時の衝撃が強まり，損傷の可能性が高まるため，不動化薬の選択，濃度調整などによりできるだけ投薬用量を抑え，小型の投薬器を使った方がよい。

　針の長さや直径には様々なものがあり対象動物によって選定する（図6-11）。大型で筋肉量の多い動物ほど太く長い針が必要とされ，小型で筋肉量の少ない動物では細く短い針が必要である。また，針が筋肉内にささってから不動化薬が完全に注入されるにはおよそ1秒程度は必要であるため，その間針先が筋肉内に留まっている必要がある。そのためには，反しが必要であることが多い。特にフリーレンジあるいは大型捕獲柵での捕獲な

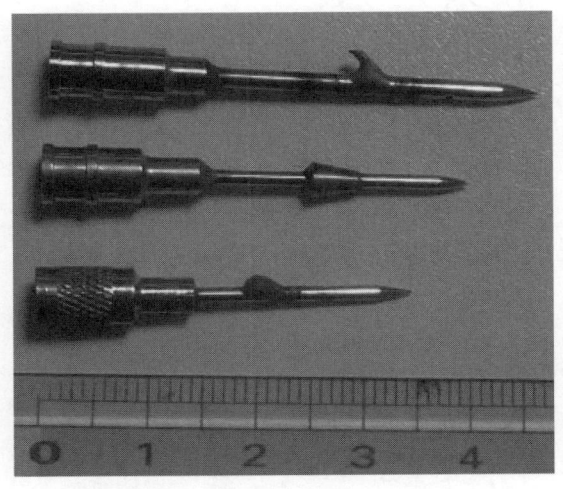

図6-12　麻酔銃用投薬器の針につけられた反し
上段：トゲ型　中段：襟型　下段：丸型（自作品）

肉を持つシカではトゲ型を用いることが多く，射程距離が短く筋肉量の少ないサルでは襟型や丸型を用いることが多い。

フリーレンジの個体を麻酔銃で捕獲する場合，投薬器が当たった瞬間に動物は逃走するが，複雑な地形ややぶの多い環境では個体を見失ってしまうこともある。このような場合には，トランスミッターダーツ（発信器付きの投薬器）（図6-13）を使用すると回収率を向上できる。

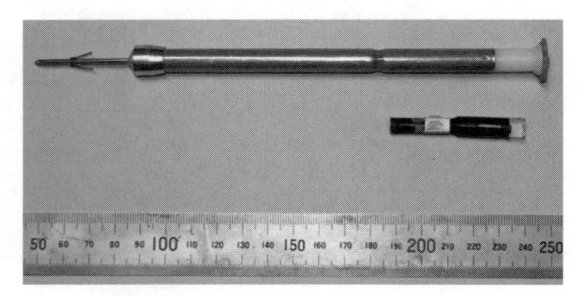

図6-13 トランスミッターダーツ
投薬器の下にある黒い筒状のものが発信器。投薬器の後部気室に発信器を挿入して使用する。

なお，麻酔銃を所持するためには警察の銃砲所持許可が必要である。

3. 主な中・大型哺乳類の捕獲方法

1）ツキノワグマ

放獣を前提とした生体捕獲を行う際には，バレルトラップが用いられる。過去に狩猟や有害捕獲を目的として使用されていた鉄格子の箱ワナでは，クマが鉄格子を噛み付き歯牙を損傷することが多い。現在でもイノシシ捕獲用の鉄格子の箱ワナに錯誤捕獲されたクマ類では，歯牙の損傷が認められることが多く，下顎が骨折したり，歯槽ごと下顎から遊離してしまっている場合もある。したがって，ツキノワグマ（Ursus thibetanus）の捕獲を目的とする場合には，バレルトラップの両面の扉は通気性や歯牙の損傷防止といった動物の安全，また捕獲個体の確認や麻酔薬投与の観点から，歯牙のかかりにくい目の細かいパンチングメタルなどが推奨される。あるいは，捕獲時には鉄板で，不動化時には鉄格子になる二重扉型も有用である。

クマが捕獲されていなくても近くに潜んでいる場合や，コグマが捕獲されて母グマが檻外にいる場合もあるので，見回り時にはクマ撃退スプレーなどの防御道具を携行し，檻周辺の状態に気を配ることが重要である。

2）ニホンジカ

ニホンジカの捕獲方法は様々ある。まずは麻酔銃による方法と，ワナを用いる方法に分けられ，ワナを用いる方法でも1頭ずつ捕獲する方法と複数頭を目的とした方法がある。

麻酔銃を用いて捕獲する際には，ニホンジカは警戒心が強く一気に逃走するため，射程内でのニホンジカとの遭遇機会を多くするよう広い範囲を探索することが必要となる。

ワナには，くくりワナ，箱ワナ，中大型捕獲柵があるが，くくりワナと箱ワナは基本的には1頭ずつ捕獲することを目的としている。シカ用の箱ワナは，シカの体高を考慮してある程度の高さが確保されているものの，中で助走をつけて走り回らないよう面積は小さなものが多い。材質は木製，ネット製，金網製などがある。

中大型捕獲柵は，複数の個体を一度に捕獲することを目的としており，設置場所や目標捕獲頭数によってその大きさは様々である。原型はEn-TRAP（遠藤ら 2000）やコラル式トラップ（高橋ら 2004），アルパインキャプチャー（高橋ら 2002）などであるが，トリガーの仕組みや捕獲個体の確認などに各地で年々改良が加えられている。

3）カモシカ

なわばりを持っているカモシカ（Capricornis crispus）は，シカのように多数を一度に捕獲することはできない。1頭ずつを捕獲する方法は，シカの場合と同様に箱ワナあるいはくくりワナ，麻酔銃による捕獲である。カモシカはなわばりか

ら出ることがないため，森林内のカモシカを根気強く追跡し，射程内に入った時に麻酔銃で捕獲するという方法が効率的である。

4）ニホンイノシシ

箱ワナまたはくくりワナを用いることが多い。イノシシ用の箱ワナは狩猟でも用いられているため様々なタイプが市販されている。いずれも大型のイノシシが捕獲された場合にでも破壊されない堅牢さが特徴である。その強度を保つため壁面は格子状のワイヤーメッシュであることが多いが，捕獲されたニホンイノシシが脱出を試みて激しく吻部を激突させることがあり，捕獲個体の鼻梁に擦過傷が生じていることがよくある。

5）ニホンザル

1頭ずつ捕獲する箱ワナには，ニホンザル専用のものもあるが，野犬捕獲用箱ワナもよく代用される。サルに用いる際には捕獲後に扉を開けられないような反しやロックの仕組みが必要である。

複数頭を捕獲するためには，囲っただけの囲いワナではサルが網や柵を上って逃亡するため，上面をきちんと閉鎖された箱ワナでなければならない。

麻酔銃での捕獲は，サルを追跡あるいは待ち伏せして，射程内まで接近できた場合に投薬する。いずれもサルの行動特性を熟知し，また根気強く射程内にサルが入るのを待つことが必要である。

6）その他中型哺乳類

アナグマ（*Meles meles*），アライグマ（*Procyon lotor*），タヌキ，チョウセンイタチ（*Mustela sibirica*），テン（*Martes melampus*），ニホンイタチ（*Mustela itatsi*），ノイヌ，ノネコ（*Felis silvestris catus*），マングース類では箱ワナによる捕獲の安全性が高く，キツネはソフトキャッチ®やくくり罠，KNWER式ワナ（九州自然研究所で開発された選定捕獲用の装置）で実績があることが報告されている（金子・岸本 2004）。ソフトキャッチ®による捕獲はタヌキでは効率がよい。

いずれにしても中型の捕獲においてはワナを用いる場合がほとんどであり，同時に全ての動物の錯誤捕獲が考えられるため，錯誤捕獲を想定した放獣，不動化薬およびその投与の準備をしておく必要がある。

不動化

野生動物の捕獲は，生体サンプルの採材，生態調査のための標識や電波発信器の装着，クマなど農業および人身被害対策のための有害個体の捕獲，さらには外来種対策など種々の目的で実施される。いずれの場合でも捕獲後には様々な処置が必要であるが，家畜のように馴化された動物でない限り，例外なく保定およびハンドリングから逃避する行動をとる。避けようとする度合いは，動物種，性別，生理的状態および個体の気質によって異なるが，対象個体への不適切な接近，ハンドリングは作業者のみならず動物へも深刻なダメージを与える可能性が極めて高い。したがって，捕獲された野生動物と作業者の安全のためには適切な方法で不動化する必要がある。

本節では，日本に生息する中・大型哺乳類の不動化の方法について解説する。動物園動物など飼育下の野生動物の取扱いについては，多くの文献，書籍が刊行されているので，それらを参照されたい。

1．不動化の分類

不動化は，薬物を用いずに様々な器具を利用して動物の行動を制御する物理的不動化（物理的保定）と薬物により動物を鎮静状態あるいは麻酔状態にする化学的不動化に分類できる。どちらの手段を用いて不動化するかは，対象とする動物種，性別，年齢，馴化の度合い，必要な拘束時間，処置の内容などによって判断する必要がある。

不動化の手段を決定する際には，まず，①作業者にとって安全か，②動物にとって身体的か

つ精神的なストレスが最小限に抑えられるか，③意図した処置を遂行できるか，④処置の終了後に物理的あるいは化学的影響から回復するまでに動物を継続して観察し，注意を払うことができるか，の4つの要因が考慮されるべきである（竹内 1984）。

2. 物理的不動化（物理的保定）

物理的不動化（物理的保定）は，捕獲した野生動物に様々な処置をするために行動を制御するほか，箱ワナや捕獲柵などで行動が制限された状態など特殊な条件下で化学的不動化の補助的な手段としても用いられる。

現在，化学的不動化で頻用されている薬物は安全性の高いものが多いが，薬物には必ず副作用があるため，物理的不動化で処置が可能と考えられる作業の場合には，積極的に検討すべきである。ただし，興奮しやすい種，精神的なストレスを受けやすい種または個体は，長時間の保定によりショックやキャプチャーミオパチーなど重篤な障害を起こし，致死する危険性もある。

1）用手保定法

コンパニオンアニマルや家畜など馴化された動物では頻繁に用いられる方法であり，動物の安全性を確保するには適した方法である。しかし，野生動物では，体サイズの小さい中型哺乳類でも適用できるケースはほとんどない。攻撃性の低い幼獣など特定のケースに限定される。不慮の事故を避けるには，革手袋などの防具の使用を検討すべきである。

2）ロープを用いた保定

ロープは家畜などの保定に古くから様々な方法で使用されている。野生動物でも檻などによって捕獲された個体の四肢にロープをかけて保定することがある。しかし，馴化されていない野生動物では装着に高度の熟練を要するため，動物および作業者の安全確保の面から推奨される方法ではない。

3）スネア

箱ワナやくくりワナなど一次的な捕獲器具によって拘束された動物を保定する際に使用する。また，化学的不動化が不確実な場合に，作業者の安全を確保するために使用することもある。スネアは，専門用具として市販されてもいるが，中型の哺乳類程度であれば自作したものでも十分に役割を果たすことができる（図6-14）。

輪の部分を首にかけて押さえつけることにより，標識の装着など簡単な処置を実施することが可能であるが，外部計測や行動調査用のテレメトリー首輪などの装着には，化学的不動化が必要である。

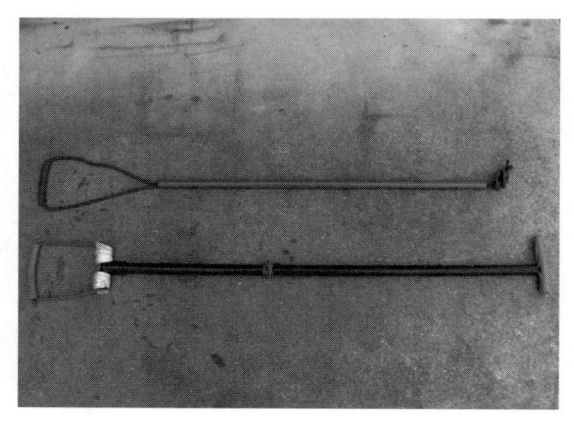

図6-14 自作した保定用スネア

4）ネット

スネアと同様に一次的な捕獲器具によって捕獲された動物に処置を施すために使用する。また，運動能力の低い幼獣などの捕獲にも用いることができる。箱ワナや捕獲柵で捕獲された個体は帯状のネットやたも網（図6-15，図6-16）で保定することがある。保定後の麻酔薬等の投与も容易であるが，安全を確保するには作業者間の連携が重要である。

5）その他

大型の捕獲柵などで捕獲された動物に化学的不動化を行ったり，動物を保定箱に格納する場合に

図 6-15　たも網

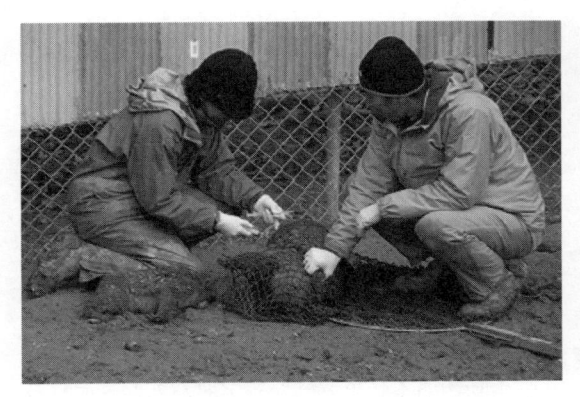

図 6-16　たも網によるサルの保定

は，動物が単独で通れる程度の狭い通路上の空間（シュート）に追い込み，仕切り板で閉じ込めることによって行動を制御することがある。この場合，スクイズケージで使われるような可動性の間仕切り板を付設しておけば，動物の制御が容易となる。動物の損傷を防ぐためには，パッドを利用するなど施設の材質には配慮すべきである。

3. 化学的不動化

化学的不動化は，薬物によって動物を鎮静状態あるいは麻酔状態にして行動を制御する方法である。不動化に用いられる薬剤（不動化薬）には，全身麻酔薬，鎮静催眠薬，向精神薬などがあるが，対象動物の種類，不動化の目的，作業時間などに応じて適切な薬剤および投与量を選択する必要がある。

また，単一の薬物では期待する効果が得られない場合には2種類以上の薬を併用（あるいは混合投与）することが必要になる。混合する薬剤によっては，それぞれの作用が増強する場合もあり，投与量を減じることができる。全ての薬剤には何らかの副作用が付随するため，薬剤の併用に効果が認められている場合には，副作用の発現を抑制するためにも積極的な適用が望まれる。

1）不動化薬に求められる要素

不動化薬は，その他の薬剤と同様に特有の薬理作用，動態を持っていることから，使用に際してはそれぞれの特性を十分に理解しておかなければならない。また，動物種差，齢クラスによる効果の差，妊娠などに与える影響などが大きい薬物もあるため，対象動物ごとに適切な選択をする必要がある。

① 確実な効果が得られること：作業の安全を確保するため，目的とする効果が確実に得られる薬剤，用量を選択しなければならない。

② 副作用が少ないこと：一般的な薬剤と同様に副作用が少ないことが求められる。

③ 安全域が広いこと：野生動物への薬剤の投与にあたっては，事前に体重を計測することが困難な場合がほとんどである。必然的に推定体重に基づいて投与することが多くなるため，体重を過大に評価した場合には動物に不要なストレスを与えるばかりでなく死亡させることもある。したがって，できるだけ安全域の広い薬剤を選択すべきである。

④ 投与による身体的，精神的ストレスが少ないこと：不動化薬にはそれぞれの薬剤に特有の副作用が付随するが，動物にとって不要なストレスが生じないように配慮すべきである。このことはアニマルウェルフェア（動物福祉）の観点からも重要である。例えば，スキサメトニウム（サクシニルコリン）は効果的な筋弛緩薬としてかつて汎用されていたが，意識と痛覚を低下させないため精神的なストレスが強いこと，安全域が狭く呼吸

停止に即座に対応しにくい野外での作業に向かないことから，現在はほとんど使用されない。

⑤濃度調整が可能で容量の調節ができること：クマ類やシカなどの大型哺乳類では，不動化に比較的高用量の投与が必要とされる。また，野生動物に対する投与方法は吹き矢や麻酔銃などに限定される場合が多く，少ない容量で必要な用量を投与しなければならない。したがって，高濃度の調整が必須の条件となる場合がある。

⑥拮抗薬が存在することあるいは覚醒がスムーズであること：不動化によるストレスからの早期の開放，放獣後の動物の安全の確保および作業時間の短縮などのため，麻酔あるいは鎮静状態からできるだけスムーズに覚醒させる必要がある。したがって，できるだけ拮抗作用を持つ薬物（拮抗薬）が存在する不動化薬を選択すべきである。また，拮抗薬が存在しない場合には，できるだけ代謝，排出の時間が早くスムーズな覚醒が得られる薬剤を選択する必要がある。

⑦法的規制など使用に際しての制限が少ないこと

⑧国内で流通しており入手しやすいこと

2）野生動物の不動化に用いられる主な薬剤の種類と特性

わが国で野生動物の不動化に用いられる主な薬剤に下記のものがある。

（1）鎮静薬

鎮静催眠薬は抑制性神経伝達物質の受容体への作用などにより睡眠状態への導入あるいは動物の攻撃性を低下させ静穏にする薬剤である。

①塩酸キシラジン

α_2 アドレナリン受容体に作用して，鎮静，鎮痛，筋弛緩を起こす。容量の増加は効果の持続時間を延長する。広い安全域を持つが，ほとんどの動物で徐脈，持続的な心拍出量の減少と血圧の低下および呼吸数の低下が見られる。ケタミンとの併用により良好な不動化が得られるため，野生動物の不動化に頻用される。特にシカとカモシカには効果が高く，ワナなどによって捕獲された個体には単独投与でも鎮静効果が得られる。

キシラジンの効果は α_2 アドレナリン受容体拮抗薬であるトラゾリン，アチパメゾールおよびヨヒンビンによって拮抗され，ケタミンとの混合麻酔でも比較的スムーズな覚醒が得られる。

②塩酸メデトミジン

キシラジンより強力な α_2 受容体作動薬であり，鎮静，鎮痛および筋弛緩のいずれの作用もキシラジンより強い。キシラジンと同様にケタミンとの併用が野生動物の不動化に有効であるが，血圧，心拍数，呼吸数の低下がキシラジンよりも強い傾向がある。

特異的拮抗薬としてアチパメゾールがあり，覚醒には非常に有効である。

③ベンゾジアゼピン誘導体

ベンゾジアゼピン誘導体は $GABA_A$ 受容体に作用し，GABA の作用を増強する。鎮静，筋弛緩作用を持つが，高用量では呼吸抑制，血圧降下が生じる。単独で用いることは少なく，少量で麻酔薬量の減量，中等量以上で鎮静作用がある。鎮痛作用はほとんどない。

野生動物の不動化では，ジアゼパムとミダゾラムが麻酔前投薬として用いられる。

（2）注射用麻酔薬

注射用麻酔薬にはペントバルビタール，チオペンタールなどのバルビツール酸誘導体，ケタミンに代表されるフェンサイクリジン系麻酔薬などがあるが，安全域が広く，筋肉内注射が可能なことから野生動物の不動化にはフェンサイクリジン系麻酔薬の使用頻度が高い。

①塩酸ケタミン

安全域が広く，様々な動物への効果が期待できる。特にネコ属およびサル類で安全性が高く，本剤単独でも不動化に使用される。麻酔下の動物は目を開いたまま四肢が硬直するカタレプシー状態になるのが特徴である。作用時間が短く，筋弛緩作用や鎮痛作用が弱いため，ベンゾジアゼピン誘導体やキシラジン，メデトミジンなどと併用して作用を補うことが多い。本剤の投与により多量の流涎が見られることがあるが，アトロピンの前投

与によって抑制することができる。

2007年に麻薬指定されたため，麻薬施用者などの免許を取得しなければ使用できない。

②塩酸チレタミンと塩酸ゾラゼパム

チレタミンはケタミンと同じくフェンサイクリジン系麻酔薬である。ベンゾジアゼピン誘導体のゾラゼパムを混合したZoletil®またはTelazol®が海外で野生動物の不動化に広く使用されている。

麻酔状態への導入は速やかであるが拮抗薬がないため，メデトミジンとの併用によって投与量を減らし，アチパメゾールによって覚醒を図る使用例が多い。また，本剤は粉末で供給されるため，高濃度の調整が可能であることから，容量が制限される麻酔銃による投与が必要な場面で重宝される不動化薬である。

(3) 吸入麻酔薬

適切な吸入麻酔薬の使用，麻酔の維持には相応の設備が必要なため，野外での使用は少ない。揮発性が高いジエチルエーテルは，箱ワナなどで捕獲された小・中型哺乳類を一時的に不動化するために使用されることがある。

(4) 拮抗薬

①塩酸アチパメゾール

選択的で強力なα_2アドレナリン受容体拮抗薬であり，メデトミジンの特異的拮抗薬として市販されているが，他のα_2アドレナリン受容体作動薬（キシラジン）の薬理作用にも拮抗する。α_2アドレナリン受容体作動薬により鎮静状態となっている動物に投与すると，心拍数・呼吸数が増加し，5〜15分でほぼ正常な状態に回復する。しかし，ケタミンなどとの混合投与時に麻酔薬の投与量が多いと，回復が遅延すると共に，過度の興奮，頭部の横振り運動の継続，統合運動の失調などが見られることがある。

②塩酸トラゾリン

アチパメゾールと同様にα_2アドレナリン受容体拮抗薬である。メデトミジンとアチパメゾールが流通する以前は，キシラジンの拮抗薬としてシカやカモシカなどに注射剤が使用されていた。

③ヨヒンビン

アチパメゾールと同様にα_2アドレナリン受容体拮抗薬である。メデトミジンとアチパメゾールが流通する以前は，キシラジンの拮抗薬としてクマ類などに使用されていた。わが国で注射剤としての流通はない。

(5) 蘇生薬

①ドキサプラム

全身麻酔薬の過剰投与あるいは副作用として生じた呼吸抑制の回復に用いる，いわゆる蘇生薬である。呼吸中枢に作用して反射的に呼吸を促進するが，興奮作用が強く組織の酸素要求量を増加させるため，投与には注意が必要である。

(6) その他

①硫酸アトロピン

抗コリン薬で，ケタミン麻酔などで生じる多量の流涎の防止，キシラジンで見られる徐脈や不整脈の予防のために麻酔前投与薬として用いられる（商品名：硫酸アトロピン注射液タナベ，田辺製薬株式会社など。劇薬）。ただし，メデトミジン使用時の併用は禁忌である。本剤との併用により徐脈や房室ブロックは改善されるが，頻脈，血圧上昇や心室性期外収縮を引き起こすことがあるので併用してはならない。

3) 不動化薬の投与法

(1) シリンジ

最も確実な薬物の投与方法であるが，馴化されていない野生動物では使用できる状況がかなり限定される。使用できるケースとしては，たも網などのネットにより捕獲され動きが制限されている場合，スネアなどで動きが制御できている場合，スクイズケージなど動物が動くスペースを変えることができ，檻の側面に動物の体を押しつけられる場合などである。

(2) スティックシリンジ（ジャブスティック）

金属製の柄の先にシリンジが装着された，いわゆる突き槍型の投薬器である。国内外のメーカーから市販されている。飼育下の馴化された動物には有効であるが，動きを抑制しにくい野生動物で

（3）吹き矢

箱ワナに捕獲された中・大型哺乳類など，野生動物への不動化薬の投与で最も使用頻度の高い方法である。投薬部位は臀部，大腿部など筋肉の多い部位が望ましい。また，投薬までに時間がかかり，動物を過度に興奮させると不動化が不十分となる可能性が高まるため，2名体制で一方が動物の注意を引き，他方で速やかに投与する（図6-17）ことが肝要である。

（4）麻酔銃

フリーレンジの動物（主にシカ，カモシカ，サルなど）を捕獲する場合や，くくりワナや捕獲柵で捕獲された動物で接近が困難な場合（クマ，イノシシなど）に使用される（図6-18，図6-19）。

図6-17 吹き矢によるツキノワグマへの投薬
2名体制で，1名がクマの注意を引いている（手前）間にもう1名が速やかに投薬する（奥）。

図6-18 くくりワナで捕獲されたクマへの麻酔銃による投薬

図6-19 麻酔銃により投薬されたクマ

4. 主な中・大型哺乳類の化学的不動化

野生動物の化学的不動化には，様々な薬品あるいは薬品の組み合わせが使われ，現在も新たな薬品が試されている。ここでは，国内の中・大型哺乳類の化学的不動化において使われる主な薬品と投与量を紹介する（表6-1）。なお，国内外の野生動物に使用される不動化薬については，『Handbook of Wildlife Chemical Immobilization. Third Edition..』（Kreeger & Arnemo 2007）に多くの事例が記載されている。

1）エゾヒグマ（*Ursus arctos*）・ツキノワグマ

キシラジン1.0mg/kg，ケタミン15mg/kgで良好な不動化が得られるが，メデトミジンが市販されるようになって，キシラジンの代わりにメデトミジンの使用頻度が増している。また，麻薬指定されているケタミンの代替薬として試験研究用に輸入できるZoletil®も使用されている。家屋に侵入した個体，ワナから逃走の可能性がある個体など複数回の投与が困難な個体では，高濃度の調整が可能なZoletil®の単独投与が有効である。

メデトミジンとケタミン，メデトミジンとZoletil®の組み合わせでは，拮抗薬としてアチパメゾールが有効である。

表 6-1 主な中・大型哺乳類の化学的不動化に用いる投薬量

種	捕獲方法	不動化薬*（mg/kg）	拮抗薬**（mg/kg）
エゾヒグマ	フリーレンジ・ワナ	ZT：4〜8	―
	箱ワナ・くくりワナ	M：0.05 + ZT：2.5	A：0.25
	箱ワナ・くくりワナ	X：2 + ZT：3	A：0.2
	箱ワナ・くくりワナ	X：1 + K：15	Y：0.15
	箱ワナ・くくりワナ	X：2 + K：5〜10	Y：0.15〜0.2
ツキノワグマ	フリーレンジ・ワナ	ZT：4〜8	―
	箱ワナ・くくりワナ	M：0.06〜0.08 + ZT：2.5〜3	A：0.3〜0.4
	箱ワナ・くくりワナ	M：0.06〜0.08 + K：5〜8	A：0.3〜0.4
	箱ワナ・くくりワナ	X：1 + K：15	Y：0.15
	箱ワナ・くくりワナ	X：2 + K：5〜10	Y：0.15〜0.2
ニホンジカ	囲いワナ，くくりワナなど	X：2 + K：2	A：0.2 または T：2
	フリーレンジ	X：3〜5 + K：3〜5	A：0.3〜0.5 または T：3〜5
	フリーレンジ	M：0.04〜0.07 + K：3〜5	A：0.2〜0.35
	フリーレンジ	ZT：5	
カモシカ	くくりワナ	X：2〜3	T：2〜3
	フリーレンジ	X：3〜4 + K：3〜4	T：2〜4
ニホンイノシシ	箱ワナ，くくりワナ	X：2 + K：10	A：0.4
		M：0.08 + K：10	A：0.4
		M：0.2 + K：5	A：0.5
		M：0.1 + ZT：5	A：0.5
ニホンザル	箱ワナ	X：1 + K：5	
	箱ワナ	M：1 + K：5	A：0.5
	箱ワナ	M：1 + ZT：1.5〜2	A：0.5
	フリーレンジ	K：20〜25	
	フリーレンジ	X：1 + K：15，X：2 + K：10	
	フリーレンジ	M：0.08〜0.1 + K：10	A：0.4〜0.5
	フリーレンジ	M：0.08〜0.1 + ZT：3	A：0.4〜0.5
キツネ	スチールトラップ，箱ワナ	X：1 + K：10〜15	
		K：20〜25	
タヌキ	スチールトラップ，箱ワナ	X：1 + K：10	
テン	スチールトラップ，箱ワナ	X：1〜5 + K：10〜25	
	スチールトラップ，箱ワナ	M：0.2 + K：10	A：1
	箱ワナ	エーテル + K：10〜15	
イタチ	箱ワナ	X：5 + K：25	
	箱ワナ	エーテル + K：10〜15	
アナグマ	スチールトラップ，箱ワナ	K：10〜25	
	スチールトラップ，箱ワナ	M：0.2 + K：10	A：1
アライグマ	スチールトラップ，箱ワナ	K：10〜40	
	スチールトラップ，箱ワナ	M：0.08 + K：5〜20	A：0.4
ハクビシン	スチールトラップ，箱ワナ	X：3 + K：30	
	スチールトラップ，箱ワナ	D：0.1 + K：15〜20	
マングース	箱ワナ	X：6〜7 + K：6〜7	
	箱ワナ	K：45	
	箱ワナ	ZT：5〜6	

*K：ケタミン，X：キシラジン，M：メデトミジン，ZT：ゾレティル（またはティラゾール），D：ドロレプタン
**A：アチパメゾール，T：トラゾリン，Y：ヨヒンビン

§投与方法

バレルトラップの場合，吹き矢を用いて麻酔薬を投与する方法が一般的である。

ドラム缶の中は暗いため，ライトを用いて中を照らし，確実に筋肉内に投薬器を命中させる必要がある。しかし，光を投射するとクマがそちらを向いてしまうため，投与者の反対側でもう1名がクマをひきつけておくと良い。

保護管理の現場において，クマを捕獲目的としていない捕獲器具にクマが錯誤捕獲され，不動化して放獣しなければならない場面がある。堅牢なイノシシ用箱ワナに捕獲されている場合には，吹き矢での不動化が可能であるが，クマによって破壊の恐れのある脆弱な箱ワナや，可動範囲が広くなるイノシシやサルを目的とした大型捕獲柵，くくりワナなどの場合は，作業者の安全を考え，麻酔銃を用いることが推奨される。どのような場合も，クマが作業者に突進してくることを想定して，クマ撃退スプレーなどの防御道具を十分に備えた上で実施すべきである。

2）ニホンジカ

キシラジンとケタミンあるいはメデトミジンとケタミンの混合投与が有効である。囲いワナやくくりワナなど捕獲器具等により拘束されている場合の不動化と比較してフリーレンジの個体では2倍近い投与量が必要である。海外ではZoletil®の単独投与あるいはメデトミジンとの混合投与も有効とされているが，Zoletil®の投与量が多い場合には，覚醒時に起立困難，歩行困難が見られることがある。

キシラジンの拮抗薬として，かつてはトラゾリンが使用されていたが，現在はメデトミジンに対してだけでなくキシラジンに対してもアチパメゾールが使用されており，投与後10分程度で起立，歩行が可能となる。

§投与方法

スクイジングスペースや小さな箱ワナに追い込んだ場合には吹き矢での麻酔薬投与も可能であるが，シカが動きまわる場合には速やかな不動化のために麻酔銃を用いることが望ましい。くくりワナや，中大型捕獲柵ではシカが可動範囲を走り回り，キャプチャーミオパチーを発症する可能性があるため，シカを刺激しないよう少し離れた遠方から麻酔銃によって麻酔薬を投与することが推奨される。

3）カモシカ

カモシカはキシラジンに対する感受性が高く，くくりワナ等で拘束されている場合にはキシラジンの単独投与のみで不動化が可能である。フリーレンジの個体では，キシラジンとケタミンの混合投与が有効である。拮抗薬としてはトラゾリンが有効であり，速やかな覚醒が得られる。

§投与方法

シカと同様に実施する。

4）ニホンイノシシ

キシラジンとケタミンあるいはメデトミジンとケタミンの混合投与が有効である。通常，箱ワナあるいはくくりワナで拘束された個体が対象となるが，クマ類と同様に完全な不動化には比較的高用量の投薬が必要である。海外ではメデトミジンとZoletil®の適用も報告されているが，いずれの場合にも拮抗薬にはアチパメゾールが有効である。

§投与方法

イノシシの皮膚は厚く硬いため，成獣個体の場合，吹き矢で筋肉内に麻酔薬を投与するためには相当な肺活量が必要とされる。不安がある場合には麻酔銃を用いた方がよい。

5）ニホンザル

箱ワナで捕獲された個体には，キシラジンとケタミン，メデトミジンとケタミンあるいはメデトミジンとZoletil®が使用される。フリーレンジの個体を麻酔銃で捕獲する場合には，ケタミンの単独投与が行われるほか，箱ワナ捕獲の場合と同様の組み合わせで不動化が可能であるが，より高用量の投与が必要である。拮抗薬としては，キ

シラジン，メデトミジンのいずれにもアチパメゾールが有効であるが，覚醒には30分〜2時間程度を要する。

§投与方法

1個体を捕獲する小型の箱ワナであれば，吹き矢で麻酔薬を投与することができる。複数頭を捕獲するような中・大型捕獲柵では，その大きさによっては麻酔銃が必要になる場合もある。

6) 中型哺乳類

ほとんどの種で，ケタミン単独，キシラジンとケタミンあるいはメデトミジンとケタミンの混合投与が有効である。キシラジン，メデトミジンの拮抗薬としてはアチパメゾールが用いられる。イタチやテンなどでは，箱ワナで捕獲された場合に，エーテルを含ませた脱脂綿を入れたビニール袋の中に箱ワナごと入れ，一時的な不動化を得た後に注射麻酔を施すこともある。

§投与方法

ほとんどの場合が吹き矢による投与か，物理的保定を行ったあとシリンジを用いて投与するかである。

5. 留意点と補助具

1) 化学的不動化時の留意点

(1) 体重確認と体重の推定

速やかな不動化のため，あるいは不動化薬の過剰投与を避けるためには事前の体重確認が必要であるが，野生動物では困難な場合が多い。また，フリーレンジ個体の麻酔銃による不動化の場合には，動物を発見してからの用量調整が現実的ではなく，あらかじめ決定した用量の投薬器を準備しておく必要がある。したがって，投薬にあたっては対象とする地域個体群の平均的な体重を事前に調査し，平均的な用量と範囲を確認しておくことが重要である。また，できるだけ正確な体重推定ができるように普段から訓練しておく必要がある。

(2) 健康状態の評価

観察による健康状態の評価には限界があるが，人への反応，削痩の状態，外傷の有無などを確認し，必要に応じて投薬量を調整する。また，ワナに捕獲された個体では，捕獲後の経過時間，日数を聞き取りにより確認し，気象等の情報とあわせて脱水の程度を推定することも必要である。

(3) 興奮の回避

投薬前後に動物を興奮させると，速やかかつ十分な不動化を得られないことが多く，導入に必要な用量が増加する。したがって，不動化前後にはできるだけ安静を図れる状況を作ることに留意し，投薬も短時間で実行できるように配慮すべきである。また，不動化後にも視覚や聴覚への刺激を減ずるため，アイマスクなど適切な器具の利用が推奨される。

(4) 導入，麻酔深度の確認

麻酔状態への導入と麻酔深度は，眼球の動き，視覚や聴覚への刺激に対する反応の確認に加え，痛覚の消失と十分な筋弛緩が得られているかを頭部や四肢への刺激で確認する。また，定期的な体温，心拍数，呼吸数のモニタリングを行うべきである。

(5) ストレスの軽減

不動化中の体位は，動物への負担が大きい仰臥位を避け，側臥位あるいは腹臥位にするのが望ましい。また麻酔中は体温調節機能が低下するため，低温時には保温に努め，高温時には日陰で風通しの良い環境で作業を行うべきである。また，高体温時には腋下や鼠径部に氷嚢等を当てるなどして体温の低下に努める必要がある。

2) 化学的不動化の補助具

野生動物の化学的不動化では，様々な投与法を用いるため，確実な投薬を確認できない場合がある。また，薬剤の代謝速度には個体差もあるため，予想以上に早い覚醒が見られる場合がある。したがって，化学的不動化においても，適切な保定の補助具を使用して事故を未然に防ぐ必要がある。

(1) 保定ロープ

覚醒兆候の現れた個体の四肢の動きを制御するため、保定ロープを使用する（図6-20, 図6-21）。また、サルなどではビニールテープを巻いて代用することもある（図6-22）。

(2) バイトブロック

野生動物では、歯牙の萌出や摩滅の程度により個体の年齢を推定することが多い。この場合、覚醒兆候の発現と重なると、咬筋の緊張により歯牙の確認が困難になるほか、不意の収縮により手指を咬まれることもある。特にクマ類など鋭い犬歯

図6-20　ロープによるクマの四肢の保定

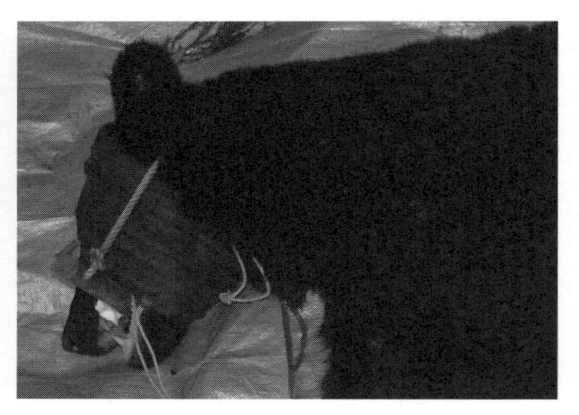

図6-23　クマに装着したバイトブロック

図6-21　ロープによるシカの四肢の保定

図6-24　クマに装着したアイマスク

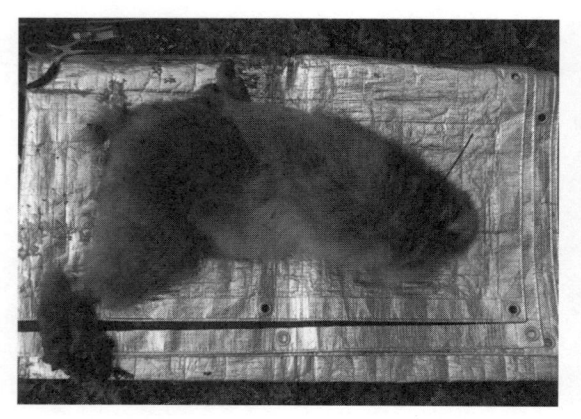

図6-22　ビニールテープを使ったサルの四肢の保定

図6-25　シカに装着したアイマスク

を持つ動物では，事故防止のためにバイトブロック（図6-23）の使用が推奨される。

（3）アイマスク（目隠し）

不動化中の視覚刺激を低下させるのに，アイマスク（図6-24，図6-25）が有効である。また，不動化中にも眼瞼が開いたままであることが多いため，アイマスクは角膜など眼球の保護にも役立つ。さらに，大きめのアイマスクで耳介を含めて覆うことにより，聴覚刺激も抑制することができる。

3）覚醒・放獣時の留意事項

化学的に不動化した動物は，正常に近い状態まで回復するのを待って放獣するのが望ましい。しかし，野外では不完全な覚醒状態での放獣を余儀なくされる場合も多いため，覚醒・放獣時には以下の点に留意する必要がある。

（1）体温管理

完全な覚醒に至るまでは体温の調節機能が不十分であるため，夏期は冷暗所に置き，逆に冬期は毛布や新聞紙等を利用して保温に努める必要がある。

（2）放獣地の地形・水系の存在

放獣地点周辺に流量の多い河川や水深のある水系が存在する場合，放獣個体が水系に侵入あるいは水没し，場合によっては溺死する可能性がある。また，崖地のような急峻な地形では転落する可能性があるため，放獣地の選択に十分配慮すべきである。

（3）道路・人家等の存在

放獣後の動物は，覚醒が不十分であったり，過度に興奮する場合が多いため，正常な判断ができない。したがって，人家，道路，登山道など人や車との接触の可能性がある場所での放獣は避けなければならない。特にクマ類の放獣時には，周辺の人の存在に十分注意すべきである。

（4）放獣個体との距離

放獣個体と作業者の距離が近いと，覚醒後の動物を不安にさせる。その結果，作業者への攻撃や急激な動作による損傷を起こすことがあるため，放獣の観察時には動物との距離を十分に取るべきである。

6. 安楽殺処分の方法と指針

野生動物管理の現場では，捕獲時の損傷等により予後不良と判断された個体の安楽殺処分だけでなく，野生動物と人の軋轢の増大にともなって，有害獣として捕獲された動物の安楽殺処分の事例が増加している。また，「特定外来生物による生態系等に係る被害の防止に関する法律（平成十六年六月二日法律第七十八号）」（外来生物法）の施行により，アライグマ，マングースなど"特定外来生物"の防除対策が各地で実施されはじめ，安楽殺処分の事例が飛躍的に増加している。

わが国の動物の適正な取扱いについては，「動物の愛護及び管理に関する法律（昭和四十八年十月一日法律第百五号）」で定められており，動物の殺処分に関しては，「動物の殺処分方法に関する指針（平成19年11月12日環境省告示第105号）」で基準が示されている。同法の対象動物は，"家庭動物，展示動物，産業動物（畜産動物），実験動物等の人の飼養に係る動物"とされているが，上記指針では，"対象動物以外の動物を殺処分する場合においても，殺処分に当たる者は，この指針の趣旨に沿って配慮するよう努めること"と示されている。したがって，野生動物も同指針に則った取扱いに配慮しなければならない。

殺処分にあたっては，アニマルウェルフェア（動物福祉）への配慮が必要である。すなわち，対象動物の意識を消失させるなど，できる限り苦痛を与えない方法を用いた安楽殺処分が求められる。なお，動物の安楽殺処分の指針と方法については，"動物の処分方法に関する指針の解説"（動物処分方法関係専門委員会 1996）に詳しく解説されている。

1）二段階麻酔

通常の化学的不動化により意識を消失させた後，バルビツール系麻酔薬等の投与により致死さ

せる方法である。バルビツール系麻酔薬は静脈内投与により数秒で意識を消失し，投与を継続すると呼吸停止，心停止に至る。野生動物では物理的に不動化しても静脈内投与が困難であるため，塩酸ケタミンなどの筋肉内投与により不動化した後，バルビツール系麻酔薬を投与する。バルビツール系麻酔薬としてはペントバルビタールが使用されることが多い。

2）吸入薬剤による処置

吸入薬剤による処置は，安楽殺処分で多用されている方法である。野生動物においても外来生物であるアライグマなど小型・中型哺乳類の安楽殺処分に用いられている。吸入薬剤としては炭酸ガス，あるいはイソフルランと炭酸ガスの併用が主に用いられる。

野外の事例としては，アライグマの安楽殺処分において，捕獲用箱ワナが入る大きさの密閉容器（図6-26）と炭酸ガスボンベおよび圧力調整器を組み合わせた簡易的な処分器が考案され，普及しはじめている。炭酸ガスは高濃度の吸入で麻酔効果があり，30～40％の濃度で1～2分で鎮静状態が得られ，数分で死に至る。急激な炭酸ガス分圧の上昇は動物に苦痛をもたらすので，ガス濃度の上昇速度には注意しなければならない。

3）感電法

電気ショック法，電気的スタニングとも呼ばれる方法である。豚などのと殺において意識を消失させる手段として使われるが，野生動物でもワナで捕獲されたニホンジカやイノシシの止め刺し（殺処分）の一部に携行可能な装置が考案され応用されはじめている。

図6-26　アライグマ用の炭酸ガス処分容器
捕獲用の箱ワナが入る大きさで，フタには内部の様子を観察するための窓が設けてある。自作品。

参考・引用文献

動物処分方法関係専門医委員会 編（1996）：動物の処分方法に関する指針の解説（内閣総理大臣官房管理室監修），日本獣医師会，東京．

遠藤 晃，土肥昭夫，伊澤雅子ほか（2000）：シカ用生け捕りワナEN-TRAPの試作・適用，哺乳類科学，40，145-153．

濱崎伸一郎（1998）：野生動物の捕獲と化学的不動化－中・大型哺乳類の捕獲法－，獣畜新報，51，69-73．

伊藤勝昭，伊藤茂男，尾崎博ほか 編（2010）：新獣医薬理学 第3版，近代出版，東京．

金子弥生，岸本真弓（2004）：食肉目調査にかかわる捕獲技術，哺乳類科学，44（2），173-188．

岸本真弓，金子弥生（2005）：食肉目調査にかかわる保定技術，哺乳類科学，45，237-250．

小寺祐二（1997）：電気的スタニング（Electrical stunning）による野生動物の殺処分について，Technical Report of Wildlife Intelligence Service，No.6，1-4．

Kreeger,T.J. & Arnemo,J.M.（2007）：Handbook of Wildlife Chemical Immobilization 3rd ed., Wildlife Pharmaceuticals, Inc.

中川志郎 監訳（2007）：野生動物の医学，文永堂出版．

日本獣医師会（2007）：日本獣医師会小動物臨床部会野生動物委員会報告－外来生物に対する対策の考え方－，日本獣医師会．

日本野生動物医学会，野生生物保護学会監修，鈴木正嗣編訳（2001）：野生動物の研究と管理技術，文永堂出版．

鈴木正嗣（1999）：捕獲性筋疾患（capture myopathy）に関する総説－さらに安全な捕獲作業のために－，哺乳類科学，39，1-8．

武部正美 訳（2007）：獣医療における動物の保定，文永堂出版．

高橋裕史，梶 光一，吉田光男ほか（2002）：シカ捕獲ワナ アルパインキャプチャーシステムの改良，哺乳類科学，44，45-51．

高橋裕史，梶 光一，田中純平ほか（2004）：囲いワナを用いたニホンジカの大量捕獲，哺乳類科学，44，1-15．

竹内正彦（2004）：食肉目研究における法的手続き，哺乳類科学，44，59-73．

釣賀一二三（1997）：野生動物の捕獲と化学的不動化－総論と大型肉食獣（クマ）の捕獲－，獣畜新報，50，1054-1058．

野生動物救護ハンドブック編集委員会編（1996）：野生動物救護ハンドブック－日本産野生動物の取り扱い－，文永堂出版．

竹内 啓 訳（1984）：保定・制御．野生動物の獣医学（北昂，朝倉繁春 監訳），pp.35-52，文永堂出版．

第7章　野生動物の疾病と病理

ウイルス・細菌

　野生動物は，自然環境における病原体存続に宿主として重要な役割を担っており，病原体と安定した宿主-寄生体関係にある動物種は，その感染で個体群維持に深刻な影響を受けることはない。しかし，ある病原体が新たな動物種へと宿主域を拡大した場合，新興感染症の発生により時に希少種を含む個体群の大量死など，保全生物学上深刻な問題となる。また，野生動物と安定した宿主-寄生体関係にある病原体が人や家畜・伴侶動物へと宿主域を拡大した場合，公衆衛生上あるいは動物衛生上重大な問題となることがある。このように野生動物を巡る感染症の問題は，人や家畜・伴侶動物の健康や生態系の健全性とも深く関連し，その影響は多岐にわたる。

1. 感染症の発生要因

　感染症は，感受性宿主，病原体およびこれらを結ぶ感染経路の存在により発生する。野生動物が関与する感染症，特に新興感染症発生の背景には，野生動物生息域への人や家畜・伴侶動物の侵入や移入，あるいは家畜・伴侶動物を含む人生活圏への野生動物の侵入や移入の他，ベクターとなる節足動物の移入による野生動物と人や家畜・伴侶動物間の感染経路形成などがある。

　人や家畜・伴侶動物の野生動物生息域への侵入は，人口増加や開発による人の生活圏拡大とこれに伴う家畜・伴侶動物の移動や移入，国際取引による動物や畜産物の流通といった人の活動の他，気候変動による野生動物の生息域変化など様々な理由により生じる。その結果，人や家畜・伴侶動物から野生動物あるいは野生動物から人や家畜・伴侶動物への感染症伝播の危険性が増大する。1997年～1999年にマレーシアで発生したニパウイルス感染症では，ウイルスに不顕性感染したオオコウモリ（*Pteropus*属）生息地の開発と豚の導入が発生の発端と考えられ，オオコウモリから豚に感染したウイルスが豚で増殖後，人へと感染を拡大したことが推定されている。この結果，105名が死亡し，100万頭以上の豚が殺処分となった。

　人口増加により人の生活圏が拡大する一方，国内では農村部の過疎化により人の管理下にあった里山や田畑が放棄され，一部の野生動物は生息域を拡大している。都市部では，生活ゴミや景観整備のための植樹などが一部の野生動物に意図せず好適な生息環境を提供し，結果的に野生動物を人の生活圏へと招き入れる要因ともなっている。この他にも，野生動物への餌付けや給餌，救護といった活動や野生動物のペット化もまた新たな感染症発生の契機となる。2008年～2009年にかけ北海道で発生したサルモネラ症によるスズメ（*Passer montanus*）の集団死では，人が設置した餌台からの感染拡大の可能性が指摘されている。

　餌付けや給餌は，感染症発生の背景となる野生動物と人との接触機会を増やすだけでなく，限られた場所への野生動物の集中化を招く。感受性宿主の密度は，ある地域における感染症の拡大や存続と密接に関係している。生息密度が低い場合，感染動物と感受性動物との遭遇機会は減少し，結果的に感染拡大の速度は遅くなり時に終息する。一方，生息密度が高い場合，次の感受性動物へ

と容易に伝播し感染が地域内で維持あるいは拡大する。このため，餌付けや給餌以外にも開発や気候変動による生息域の縮小，捕食動物の減少による被食動物の増加あるいは保護活動による特定動物種の過度な生息数増加による過密化などは，感染症発生の危険性を増大させる。2008年に，青森，秋田および北海道のオオハクチョウ（*Cygnus cygnus*）で高病原性鳥インフルエンザウイルス感染が認められた際には，ハクチョウの大量死や野鳥間での伝播および家禽や人への感染拡大を防止するため，ハクチョウへの餌付けが各地で中止された。

ベクター媒介性の感染症では，吸血昆虫や節足動物の分布が感染症の分布に影響する。このため温暖化等の環境変化の他，人や物品の移動に伴うベクター動物の移動や移入は，結果として感染症の分布を大きく変化させることがある。1800年代後半にあったハワイ諸島での禽痘ウイルス感染による一部固有種の絶滅には，禽痘ウイルスおよびベクターとなるネッタイイエカ（*Culex quiquefasciatus*）の外部からの持ち込みの関与が指摘されている。

2. 野生動物に対する感染症の影響

2010年の「IUCN Red List of Threatened Species. Version 2010.4」では，脊椎動物6,714種が絶滅危惧種としてあげられている。野生動物における感染症の発生は，時に個体群の絶滅や生息数の壊滅的減少の原因となる。このような事例の多くは，個体群における新興感染症の発生による。コンゴ共和国では，2002〜2004年に発生した2度のエボラウイルス感染症の流行で，その地域に生息するローランドゴリラ（*Gorilla gorilla*）の2/3が死滅した。この背景には人為的な環境の改変や狩猟による人と霊長類の接近があると考えられている（Le Gouar et al. 2009）。また，1999年に米国ニューヨーク州で確認されたウエストナイルウイルスは，その後速やかに全米へと拡大，ウエストナイルウイルス感染により少なくとも7鳥種の生息数が著しく減少した。特にアメリカガラス（*Corvus brachyrhynchos*）では，ウエストナイルウイルス侵入後最大で推定45％まで生息数が減少した（LaDeau, Kilpatrick and Marra 2007）。この他にも，後述する高病原性鳥インフルエンザウイルス感染や犬ジステンパーウイルス感染症など，多くの感染症が野生動物個体群に深刻な影響を与えている。

3. 野生動物と人獣共通感染症

人の感染症は半数以上が動物を起源とし，主要な動物由来感染症は野生動物に由来すると考えられている（Wolfe, Dunavan, and Diamond 2007）。海外では，狂犬病，ウエストナイル熱，重症急性呼吸器症候群（SARS），エボラ出血熱，ニパウイルス感染症，ラッサ熱など，人に致死的感染を起こす野生動物由来の感染症が数多く存在する。人や動物の世界規模での移動や流通が日常化している現在，これらが輸入感染症として国内に持ち込まれる危険は常に存在する。国内では，後述する輸入検疫により，このような病原体の侵入を防いでいる。2002年には，米国から野兎病に感染した疑いのあるプレーリードッグ（*Cynomys*属）が輸入され，一部が国内のペット販売店で扱われていたことが明らかになった。幸い人および動物への健康被害は認められなかったが，プレーリードッグはペスト感染の危険もあり，その後輸入禁止となった。国内でも，Q熱，ライム病，レプトスピラ症，オウム病，E型肝炎，腎症候性出血熱など，野生動物から感染するおそれのある疾病が数多く存在する。2008年には，ノウサギ（*Lepus brachyurus*）死亡個体の病理解剖や解体等による野兎病の発生があった。また，ニホンイノシシ（*Sus scrofa leucomystax*）やニホンジカ（*Cervus nippon*）の肉やレバーの生食によるE型肝炎では，死亡例も報告されている。

4. 野生動物の取扱い

　野生動物の感染症が注目されるなか，獣医師が野生動物の衰弱あるいは死亡個体を取り扱う機会が増加している。野生動物は，同じ病原体による感染症であっても家畜や家禽あるいは一般的な伴侶動物とは臨床症状が著しく異なることがある。また，家畜伝染病や人獣共通感染症の原因となる病原体や未知の病原微生物を保有する可能性もあり，野生動物を扱う施設等では，施設への傷病あるいは死亡個体導入にあたっては，施設内への病原体の持ち込みや拡大に対する十分な予防措置を講ずる必要がある。また，死亡個体の解剖や検査材料の採取にあたっては，野生動物が保有する可能性のある動物感染症および人獣共通感染症の病原体を理解し，作業者や周囲への安全確保に努めなければならない。

5. 感染症の制御

　野生動物の感染症制御は，家畜と同様，感染経路対策，感受性宿主対策および病原体対策からなる。しかし，野生動物における感染症発生には，野生動物の生息環境変化や人の活動，地球環境の変化等が密接に関連しており，効果的な感染症制御には個々の感染症対策の他，複雑な背景を総合的に捉えた生態系の健全性確保への配慮が求められる。

1) 感染経路対策

　野生動物生息環境の保全に努め，生息環境への人や家畜・伴侶動物の侵入を制限する。また，野生動物の安易な飼育を避け，人と野生動物の健全な棲み分けを行う。この他，生息域内における個体群密度の過度な上昇や集中の原因となる無計画な餌付けや給餌は避けることが望ましい。農場などでは，防鳥ネットや放牧場周辺への牧柵の設置等により，家畜・家禽と野生動物との接触を遮断することも重要である。吸血昆虫などにより媒介される感染症の制御には，ベクターとなる吸血昆虫や節足動物の生息環境への移入や増殖にも注意を払う必要がある。国際的には，輸入検疫や輸入規制により感染症の侵入を防ぐ。国内では，「家畜伝染病予防法」，「狂犬病予防法」および「感染症の予防及び感染症の患者に対する医療に関する法律」（感染症予防法）で，動物の検疫や輸入規制が定められている。「家畜伝染病予防法」では，偶蹄類動物，馬，家禽類，犬，ウサギおよびミツバチ等が，「狂犬病予防法」では，犬，猫，アライグマ，キツネおよびスカンクが検疫対象動物に指定されている。また，「感染症予防法」では，イタチ，アナグマ，コウモリ，サル，タヌキ，ハクビシン，プレーリードッグおよびヤワゲネズミが感染症を人に感染させるおそれが高い動物として，輸入規制の対象動物に指定されている。

2) 感受性宿主対策

　ワクチン接種は，感受性宿主対策のための有効な手段の1つである。野生動物における狂犬病制御のため，ヨーロッパ各国や北米では生ワクチンを埋め込んだ餌の散布による野生動物への経口ワクチン接種が行われ，スイス，イタリア，ドイツ，フランスなどでは狂犬病の発生件数が減少している。また，ドイツ，ロシアおよびフランスなどでは，野生イノシシの豚コレラ制御のため，経口ワクチンの投与が実施されている。野生動物へのワクチン接種は有効だが，家畜や伴侶動物と異なり動物種が多様で自然環境下にある野生動物を対象とするワクチン接種では，ワクチンの安全性や生態系に与える影響について細心の注意を払う必要がある。特に生ワクチンは，感染性を持つ微生物であり，家畜・家禽・伴侶動物に対する安全性が確認されていても，種の異なる野生動物や展示動物への安全性は不明である。使用にあたっては対象動物や他の動物種への影響，環境への残留を含む安全性評価など，事前の十分な検証が必須である。

　感受性宿主対策にはワクチン接種の他，宿主動物の個体数コントロールがある。これは，感

受性動物および感染動物の生息密度を下げ，野生動物間での感染症の存続と家畜等への伝播の機会を減少させることを目的としている．英国では牛結核制御のため保菌動物であるアナグマ（*Meles meles*）を，フランス，ドイツおよびイタリアでは豚コレラ制御のため野生イノシシを対象とした生息数コントロールが実施されている．また，対象動物の避妊処理による生息数コントロールなども試みられている．

3）病原体対策

家畜では，病原体対策に消毒薬が広く用いられている．しかし，野生動物の生息環境における消毒薬の使用は，環境汚染や目的外の微生物相への影響など野生動物の生息環境を著しく悪化させる可能性がある．使用にあたっては，薬剤の種類や使用場所，環境への残留性などについて十分考慮する必要がある．野生動物の健康状態が監視可能な保護区などでは，感染症による斃死あるいは衰弱が疑われる個体の早期発見に努め，感染動物を環境中から速やかに回収・排除することも有効である．これにより，捕食などによる他の野生動物への伝播あるいは水や土壌など環境への病原体の拡散や残留を最小限とすることが期待される．

6. 感染症の監視

野生動物は，国境などに拘束されることなく生息域内あるいは生息域間を自由に移動し，自然環境における病原微生物の存続や拡散に疫学上重要な役割を果たしている．このため，人や家畜のみを対象とした疾病の監視体制では，病原体のグローバルな動きを十分に捕らえることができない．そこで，国際獣疫事務局（OIE）では野生動物における感染症の発生や病原微生物保有状況の国際的監視体制の構築を推進している．2010 年には，野生動物における監視対象とする感染症としてリスト疾病から 84，リスト疾病以外から 52 の感染症が示された（2012 年に改訂：http://www.oie.int/animal-health-in-the-world/oie-listed-diseases-2012/）．このようにして集められた野生動物を含む動物感染症に関する情報はインターネット上に公開され，国際的な疾病制御や新興・再興感染症発生への迅速な対応に活用されている．

7. 国内で問題となる主な野生動物の感染症

1）鳥インフルエンザウイルス感染症

Orthomyxoviridae，*Influenzavirus A* 属のインフルエンザ A ウイルスによる．HA 亜型が 1〜16，NA 亜型が 1〜9 までであり，HA 亜型 5 または 7 が高病原性鳥インフルエンザ（HPAI）の主な原因となる．カモ等の野生水禽からは全ての亜型が検出され，インフルエンザウイルスの自然宿主と考えられている．高病原性鳥インフルエンザウイルス（HPAIV）は，水禽類が保有する病原性のない H5 あるいは H7 亜型鳥インフルエンザウイルスを起源とし，鶏など家禽での偶発的継代により病原性を獲得したことが推察されている．HPAIV は，鶏を含む家禽だけでなく多様な鳥種に致死的病原性を示すが，自然宿主であるカモ類は一般に抵抗性を示すことが多い．野鳥の多くは死後発見されるが，衰弱個体として発見・保護される場合にも短時間で死亡することが多い．甚急性の場合，突然死のみで臨床症状が認められないことも多いが，衰弱個体では神経症状を示すことがある．2012 年 8 月現在，環境省からの「野鳥における高病原性鳥インフルエンザに係わる対応技術マニュアル」を基に各都道府県で，対応レベルに応じ 8 目 10 科の鳥種を対象とした死亡野鳥の検査や野鳥糞便を対象としたサーベイランスが実施されている．国内では，2004 年〜2011 年 4 月までに 36 件の HPAI が家禽で発生している．野鳥では，2004 年にハシブトガラス（*Corvus macrorhynchos japonensis*），2007 年にクマタカ（*Spizaetus nipalensis orientalis*），2008 年にはオオハクチョウの発生例がある．2010 年秋〜2011 年春にかけては，キンクロハジロ（*Aythya fuligula*) やオシドリ (*Aix galericulata*) などの水禽類やハヤブサ (*Falco peregrinus japonensis*) などの猛禽類，天然記念物であるナベヅル (*Grus monacha*) など，16道府県15鳥種60個体からウイルスが分離された。これまで国内では，HPAIV感染による野鳥の大量死は報告されていないが，国外では，2005年に中国の青海湖でオオズグロカモメ (*Larus ichthyaetus*) やインドガン (*Anser indicus*) など6,000羽を超える大量死が報告されている。HPAIVは人への感染のおそれもある。国外では，HPAIV感染で死亡したオオハクチョウから感染した人の死亡例もあり，衰弱個体や死亡個体の捕獲や回収の際には，作業者への感染にも注意しなければならない。鳥類以外にも国内では，アライグマ (*Procyon lotor*) からのH5N1亜型ウイルスに対する抗体検出が報告され，感染野鳥の捕食による感染が疑われている。この他国外では，犬，猫，ミンク，ネコ科の大型哺乳類など，多くの哺乳類でH5N1亜型HPAIVの感染例がある。

2) 口蹄疫

Picornavirales, *Picornaviridae*, *Aphthovirus* 属の口蹄疫ウイルスによる。7つの血清型 (O，A，C，Asia 1，SAT1，SAT2，およびSAT3) がある。感染した動物は，口腔内，舌，鼻鏡および蹄部の水疱形成や顕著な流涎が認められる。水疱液には多量の感染性ウイルスを含み，感染源となる。偶蹄類の家畜 (牛，豚，山羊，羊，水牛など) やイノシシ，シカ (*Cervus elaphus*, *C. unicolor*, *C. nippon*)，ゾウ (*Loxodonta africana*, *Elephas maximus*)，キリン (*Giraffa camelopardalis*)，ヤマアラシ (*Hystrix galeata*)，バク (*Tapirus terrestris*, *T. indicus*) など多くの哺乳類が感染し，60〜70種の動物が口蹄疫ウイルスに感受性を持つことが自然感染あるいは実験感染により示されている (Pinto 2004)。動物園の飼育動物では，インドヤギュウ (*Bos gaurus*)，バイソン (*B. americanus*)，シカなどの偶蹄類の他，クマ類 (*Ursus horribilis*, *U. thibetanus*, *U. arctos*) など

での感染例もある。家畜では摘発淘汰が基本である。2001年の英国およびオランダでの発生時には，防疫措置として野生および飼育下のシカも殺処分された。宿主動物種により症状は多様で，同じシカ科の動物でも病態は不顕性から重篤まで多様，感染ウイルスの量や病原性によっても病態は一定しない。野生動物に感染が広がった場合，その地域からのウイルス排除は困難であり，家畜から野生動物さらに家畜へと伝播する可能性が指摘されている。英国での発生では，ナミハリネズミ (*Erinaceus europaeus*) での感染例が認められている。国内ではこれまで，2000年および2010年に北海道および宮崎県において家畜での発生があったが，現在まで野生動物への感染拡大は確認されていない。

3) 禽痘 (鳥ポックス) ウイルス感染症

Poxviridae, *Chordopoxvirinae*, *Avipoxvirus* 属の鶏痘ウイルス，カナリア痘ウイルス，ハト痘ウイルス，スズメ痘ウイルス等，各種禽痘ウイルスによる。これまでに約230鳥類で報告され，国内でもオジロワシ (*Haliaeetus albicilla*)，ライチョウ (*Lagopus muta japonica*)，ハシブトガラスなど多様な鳥種で感染が確認されている。一般に致死率は低い。発痘部位により皮膚型および粘膜型があり，野鳥では外観から目視で確認可能な皮膚型が多く知られる。鳥種によらず特徴的な発痘が眼瞼周囲や嘴の蝋膜，趾などの無毛部に多く認められる。ウイルスは外傷や粘膜から感染し，吸血昆虫などによる機械的伝播がある。ハワイ諸島では，最近150年間での禽痘ウイルスの持ち込みが推定されており，1800年代後半にあった一部固有種の絶滅における本ウイルスの関与が指摘されている。また，この地域に持ち込まれた鳥マラリアとの混合感染による病原性の増強が示唆されている。人への感染はない。鶏では生ワクチンが広く利用されている。

4) パラポックスウイルス感染症

Poxviridae, *Chordopoxvirinae*, *Parapoxvirus*

属の牛丘疹性口炎ウイルス，偽牛痘ウイルス，オーフウイルス，アカシカパラポックスウイルス等の感染による。家畜では牛，羊，山羊など反芻動物で感染が認められる。海外では，トナカイ（*Rangifer tarandus*），オオツノヒツジ（*Ovis canadensis*），シロイワヤギ（*Oreamnos americanus*）などで，国内ではカモシカ（*Capricornis crispus*）での感染例がある。カモシカでの発生は，1976年に秋田県で確認後，青森，岩手，山形など東北地方を中心に報告され，その後，岐阜，新潟，富山，長野などでも認められた。発症したカモシカでは，口唇や口腔，耳介，乳房などに結節性の膿疱病変が形成される。重篤な場合には採食に支障を来たし衰弱後死に至る場合もある。ニュージーランドおよびイタリアでは，アカシカ（*Cervus elaphus*）にウイルス感染が認められているが，国内のニホンジカに感染は認められていない。パラポックスウイルスの感染は，この他にもゴマフアザラシ（*Phoca largha*）やバンドウイルカ（*Tursiops truncatus*）など海獣類でも認められている。いずれのパラポックスウイルス感染症も人獣共通感染症である。

5）猫免疫不全ウイルス感染症

Retroviridae, *Orthoretrovirinae*, *Lentivirus* 属の猫免疫不全ウイルス（FIV）による。A〜Eまで5つのサブタイプがある。感染後慢性に経過し，発症した場合には免疫不全，免疫抑制などの免疫異常とこれに伴う慢性感染症などが認められる。FIVの自然宿主はイエネコと考えられている。1999年に野生のツシマヤマネコ（*Prionailurus bengalensis euptilurus*）での感染が報告され，サブタイプDのFIVが分離された。分離ウイルスの性状解析により，野生のツシマヤマネコがイエネコからFIVに感染したことが示された（Nishimura et al. 1999）。1996年から2006年に採取したツシマヤマネコ血清の抗体調査では，3%から抗体が検出されている（Hayama et al. 2010）。イリオモテヤマネコ（*Prionailurus bengalensis iriomotensis*）では，平成16〜19年に実態調査が実施されたが，FIVの感染例は確認されていない。ネコ科の野生動物であるピューマ（*Puma concolor*）やライオン（*Panthera leo*）からもFIVに近縁なレンチウイルスが検出されているが，イエネコから分離されるFIVとは遺伝的に異なり，これらは各ネコ科動物に固有のレンチウイルスと考えられている。

6）犬ジステンパーウイルス感染症

Paramyxoviridae, *Paramyxovirinae*, *Morbillivirus* 属の犬ジステンパーウイルスによる。発熱，鼻汁漏出など呼吸器症状，食欲不振，下痢などの消化器症状の他，痙攣など神経症状を示すことがある。犬を含む食肉目に広く感染する。タンザニアのセレンゲッティ国立公園では，セグロジャッカル（*Canis mesomelas*），オオミミギツネ（*Otocyon megalotis*），リカオン（*Lycaon pictus*）での流行例がある。1994年にはライオンでの流行も確認され，その後ケニアのマサイマラ国立保護区にも拡大した。血清疫学調査では，85%のライオンから抗体が検出されている。セレンゲッティ一帯では，ライオンの推定生息数が流行の前後で約1,000頭減少した（Roelke-Parker et al. 1996）。この他，アザラシの大量死も報告されており，2000年4〜5月にはカスピ海に生息するカスピカイアザラシ（*P. caspica*）が推定10,000頭以上死亡した（Kennedy et al. 2000）。国内では，アライグマ，ホンドタヌキ（*Nyctereutes procyonoides viverrinus*），ハクビシン（*Paguma larvata*），アナグマ（*Meles meles anakuma*）での感染例が報告されている。1991年に確認されたホンドタヌキでの発生例では，200頭を超える死亡が推定されている（Machida et al. 1993）。ウイルスの起源は飼い犬と推察されるが，現在では野生動物間で感染が維持されていると考えられている。

7）サルモネラ症

Salmonella enterica の感染による。血清型が多様で，血清型により宿主動物種や病原性が異な

る。感受性宿主は哺乳類，鳥類，爬虫類など多様。不顕性感染も多く，爬虫類では常在的に感染している。国内での調査で，ミシシッピアカミミガメ（*Trachemys scripta elegans*）における高率なサルモネラ菌保有状況が示されている。鳥類では血清型により致死的感染を示すことがあり，2005年12月〜2006年7月までに北海道で確認された1,517例のスズメの死亡例では，道内の複数の地点で見つかった15例から *S. enterica serovatr* Typhimurium ファージ型DT40が検出された（Une et al. 2008）。2008〜2009年にかけての発生事例では，餌台を含む8か所の餌付け環境のうち，6か所から *S.* Typhimuriumu が検出され，感染拡大における餌台の関与が示された。その後，2006年には本州でもスズメの死亡個体から同菌が分離された。死亡例は認められていないが，ナベヅルおよびマナヅル（*Grus vipio*）が越冬する鹿児島県出水市で行われたツルの糞便調査で，*S. enterica* が15.9%から検出され，分離株の92%が *S.* Typhimuriumだったことが報告されている（Kitadai et al. 2010）。海外でもフィンチ類でサルモネラ症による大量死がある。血清型によっては，人や家畜に広く病原性を示すため，公衆衛生上および動物衛生上の問題ともなる。菌は感染動物の糞便中に排出され，感染源となる。

8) 野兎病

Francisella tularensis の主に2亜種，*tularensis*（type A）および *holarctica*（type B）の感染による。type Aが北米，type Bが北米およびヨーロッパからアジアの北緯30度以北に分布する。哺乳類190種，鳥類23種など多様な動物が感受性を示すが，ノウサギが他の動物に比較し特に感受性が高い。野生動物は，死亡または瀕死の状態で発見されることが多い。ノウサギでは，元気消失，沈鬱，跛行などが認められ，通常2〜10日程度で死亡する。2008年に青森県で発見されたノウサギの例では，剖検時に脾臓および頚部リンパ節の高度な腫大が認められた。人獣共通感染症で，感染症予防法で四類感染症に定められている。ノウサギでは，ダニが主な感染源と考えられている。人では，発熱や頭痛などインフルエンザ様症状を呈し，多くはリンパ節の腫脹を伴う。国内での人の感染は，東北地方および関東地方北部などで地方病的に発生し，これまでに1,400例ほどの報告がある。人への感染は，感染動物から吸血したダニやアブなどの吸血節足動物による経皮感染の他，感染動物の喫食による経口感染，感染動物解体時の飛沫吸入による経気道感染や接触感染などによる。大部分がノウサギに関連して発生している。通常人から人への感染はない。近年では，2008年に千葉，福島，青森および和歌山の4県で5名の患者が報告されている。

寄生虫

1. 序

寄生虫を対象にした保全医学（定義後述；別添CD 浅川論文も参照）の研究をする場合，心得るべき事象について概観することが本項の目的である。なお，注目される寄生虫は多様多岐にわたるため，詳細に触れる余裕はない。別添CDに希少あるいは動物園飼育鳥のマラリア，野生クマ類で見つかったヘパトゾーンなどの原虫症，各種外来動物の蠕虫症，保全医学拠点における寄生虫病の体系的疫学調査などが紹介されている。また，『新版獣医臨床寄生虫学（産業動物・小動物 両編）』（文永堂出版）では野生動物や動物園・水族館動物，エキゾチック・ペットについても紙幅を割いている。また，『野生動物の医学』（文永堂出版）にも豊富な寄生虫症例が記載されている。

1) 寄生とは

2種生物間で寄生体が宿主から一方的にその食料を得て宿主に害を与える栄養供給関係のことを寄生という。一方，共生としては，生理学で学んだように反芻家畜のルーメン原虫（繊毛虫）が知

られるように，双方の種にとってその生存に不可欠な関係をいう。野生動物においても，後腸発酵型のゾウ，ウサギ，有袋類などでも，よく発達した盲腸内に多様な共生原虫が生息する。したがって，原虫性疾患を治療する目的で投与された抗原虫剤（サルファ剤やメトロニダゾール製剤）投与では，これら原虫に注意をしなければならない。なお，寄生と区別される現象に片利共生がある。これは片方の種にとって宿主は不可欠だが，宿主にとって病原性を示さないもので，例えば，クジラ類体表に見られるフジツボ類などが水族医学で注目される事例がある（浅川2006）。すなわち，何らかの原因で遊泳速度が減ずると，このような共生体が増加することがイルカ類で知られ，健康管理の指標に応用される。また，イルカ類の呼気には繊毛虫が普通に混じ，担当の水族館獣医師を心配させているが，おそらく祖先動物（反芻類）からの片利共生に由来するという考えもある。

2) 寄生虫とは

本章前部には他寄生体であるウイルスと細菌について記載されている。生物として見なされないウイルスは除外されるとして，細菌と単細胞の寄生虫である原虫との差異は明確にしたい。細菌は原核細胞，原虫は真核細胞で構成されるので，両者は単細胞であるものの，細胞自体の成り立ちが全く異なる。どのように異なるのか。生物進化の有力な学説"細胞共生説"に従うならば，真核細胞は嫌気性細菌を母屋に好気性細菌や化学合成細菌などが住み着いた寄り合い所帯であると解される。生理学あるいは組織学などでは細胞呼吸として細胞質で嫌気的，ミトコンドリアで好気的と学んだはずであるが，その違いはその起源となる細菌の質にまで遡ることができる。このようなことから，細菌と原虫とは，系統分類学的に界（Kingdom）として異なり（細菌＝モネラ界，原虫＝プロテイスタ界），なかでも寄生生活に特化したものが寄生原虫である。

原虫を祖先として多細胞化が生じ，動物界の各動物群が誕生した。さらに，異なった動物群間で宿主 - 寄生体関係が生じた。これが多細胞性の寄生虫の起源で，外観と体内外寄生の違いで2つに分かれる。

① 外見上脚を欠くミミズ状の動物で扁形動物門（単生類含む吸虫や条虫）・線形動物門（線虫）・類線形動物門（ハリガネムシ）・鉤頭動物門（コウトウチュウ）・環形動物門（ヒル）・一部節足動物門に属す舌虫や体内に寄生する各種ウジムシ類などの蠕虫と総称されるもの。

② ダニ・昆虫（水族医学あるいは魚病領域では寄生性甲殻類含）など脚が明瞭に観察される大多数の節足動物で，多くは体外に寄生するもの。

ここでは動物学，特に，系統分類に関する専門用語が登場したが，これらについては，本書第2章および大学教養レベルの生物進化に関する教科書のほか，朝倉書店『生物の事典』の「動物の病気と診断」などを参照して欲しい。ちなみに，獣医学領域の用語解説書としては，2008年に出版された『新獣医学辞典』〔緑書房（チクサン出版社）〕が，野生動物医学も含むので網羅的である。

3)"寄生虫病学"と"寄生虫学"

学問分野名称としては，あまり注意が払われることがないが，"寄生虫病学"と"寄生虫学"とは，異なるものとして扱われている。例えば『平成23年度版 獣医学教育モデル・コア・カリキュラム』でも，両者は併記され，それぞれの中身を明確に規定している。すなわち，前者が宿主の疾病を扱う臨床・病理学で，後者は寄生虫の生物学・動物学である。

しかし，ここでは"寄生虫学"の一語で両学問分野を意味するとしたい。理由は，科学，特に，医学・獣医学・保全生態学の学際新興分野"保全医学"では，両分野の境界を決め難い場面にたびたび遭遇するためである。日本野生動物医学会の会誌「Japanese Journal of Zoo and Wildlife Medicine」投稿規定の審査分野名称を決める場でも，原案として日本獣医学会に準じ"寄生虫病学"が提案されたが，上述背景から（ただし，当時は保全医学という名称はなかったが）"病"を除い

たもので決定された。

4）寄生虫学を構成する3分野

ここで最も理解して頂きたいことは、"寄生虫"とは生物としての起源（系統発生）も、また、その後の進化過程も、一元的に統べることができない生物群である。したがって、それらを一体化して扱う寄生虫学は対象生物群ごとに
① 寄生原虫学
② 寄生蠕虫学
③ 衛生動物学・医動物学（非寄生性の不快動物、病原体媒介脊椎動物などを含む）

と分けられる。教育システム（講義・実習）や講座（研究室・教室・ユニットなど）もこれに準じ、例えば、酪農学園大学獣医学部では、従来、同学部寄生虫病学教室（現・同学ユニット）の教員が全ての内容を教えていたが、2007年度から教員の研究業績（主著原著論文）に基づき、寄生原虫学については実験動物学教室の教員（野生齧歯および肉食獣の血液原虫類分子疫学）が担当することになった。この改変は、研究を基盤にした教育を行う大学の使命を貫徹したと評価されている。

2. 寄生虫学は動物学か, それとも病理学か

1）動物学・生態学の一環としての"寄生虫学"

応用動物学系の畜産学や野生動物管理学などの環境系、さらに獣医・動物看護学などでは専門基礎教育に生態学が準備されていることが普通である。さすれば、想定される本書読者は寄生虫学の総論で学ぶ事項、すなわち寄生虫の分類、生活環（生活史）、発育、生殖などの基本事象などはすでに十分理解しているはずである。

もし、自信がなくても問題はない。寄生虫学は、元来、奇妙な生き物を対象にした欧米流博物学・動物学の一翼から発展し、今日では、寄生・共生現象や寄生生活をする多様な生物群の生活、さらには寄生虫を宿すことにより生ずる宿主側の生殖戦略・個体群動態など保全生態学ではホットな話題として、世界中の生態学者を惹き付けている。そのようなことだから、動物生態学のテキストには、先に紹介した程度の用語解説は完備している。だから、それら良書を選び独習することができるのである。

2）病理学・感染症学の一環とした"寄生虫病学"

明治期、欧米の寄生虫学を導入したのが東京帝国大学の動物学者、小泉 丹と飯島 魁であった。2人とも日本に近代動物園・水族館の設立に尽力した点で、野生動物学の歴史上、重要な人物でもある。しかし、当時の寄生虫は人畜に疾病を起こす病原体として恐れられていた。特に、戦前まで、日本ではマラリア、日本住血吸虫症、蛔虫症など寄生虫病が全土に蔓延していた。そのため、寄生虫学は、当初から、ユニークな動物学的対象ではなく、制圧すべき国民の敵を駆逐する応用科学として見なされていた。

したがって、まず医学、次いで獣医学で寄生虫（病）学が病理学（診断）、内科学（治療）あるいは公衆衛生学（予防）の一分野として勃興した。また、人と家畜とで、共通の寄生虫が宿ることが多かったことから、医学と獣医学とは非常によく連携し、医学部講座スタッフに獣医学を学んだ者が勤務するなど、ほかの分野ではあまり考えられない人事交流が連綿として続いている。ごく最近でも、宮崎大学大学院では、医学と獣医学とが連携した博士課程が誕生したが、これも、その延長と解されている。

このように、寄生虫学は猖獗を極めた病との真っ向勝負する実学で、これは現在も同じである。獣医学部教育の正規課程では、病態獣医学分野で"寄生虫（病）学"の講義と実習が必須科目として課せられている（学部2年～4年生の間で習得）。

しかし、終戦直後までの状況と比べ、あるいは現在のほかの感染症と比べ、日本の寄生虫学の勢いは明らかに低下した。これは世界的にも同様である（付表参照）。

3）野生動物の寄生虫学研究動向

だが，保全医学あるいは野生動物医学の世界を眺めると，これが一変する。もし，可能ならば，ここ数年開催された日本野生動物医学会年次大会（1995年〜現在まで）の要旨集を一瞥してもらいたい。野生動物（動物園水族館動物やエキゾチック・ペット動物などを含む）の病理や感染症などのテーマが多く，特に，新たな寄生虫（症）の症例（診断，治療，予防）や新発見例などが大きく占める。研究者の中には，「希少種絶滅はその固有寄生虫も巻き添えにしている。希少種の保護はその寄生虫の保護も目指さなければ無意味」と主張される方もいる。寄生虫には複雑な自然生態系や食物網が基盤となって感染を維持しているものが少なくない。したがって，こういった感染の成立が担保できる生態系の保全を目指せということなのであろう。保全医学らしい見解である。このようなことに触発され，多くの学生がこの分野に興味を持つことが多い。しかし，獣医学部ですら大学によっては寄生虫（病）学を前面に押した名称の講座がないことがある。でも，どうか諦めないで欲しい。講座の看板とは無関係に研究テーマで寄生虫を扱っている大学教員に多い。もし，卒業論文や大学院進学などで野生動物の寄生虫を極めたいと考えるのなら，自校教員の研究業績を見定め，その講座の門をたたいて欲しい。自校で見つからなくても，他の大学の教員が必ず相談に乗る。保全医学を基盤に置いた寄生虫学は，融通無碍。いくらでも，どのようにでもアプローチできる。

以上のように，保全医学という学問名称が誕生した2006年，あるいは，その直接的な母胎となる野生動物医学が根付く遙か以前から，医および獣医寄生虫学はその学問にすでに適応していた。かつて人気を博した進化理論に"前適応"というものがあったが，まさに，寄生虫学が，その後に花開く保全医学に前適応していたといえる。

3. 野生動物寄生虫学（仮称）の特殊性

1）保全医学における寄生虫学の基盤は日々の学習から

さて，寄生虫学が保全医学領域と親和性の高いことが分かったが，この新興分野での寄生虫学であってもその基本は，従来の医あるいは獣医寄生虫学である。獣医学部の学生であれば，日々の学習を蔑ろにしてはいけない。まず，獣医師国家試験のレベルを目標とする。同試験で獣医寄生虫学のみならず，病理学，臨床各科目，動物・公衆衛生学，実験動物学，魚病学でも出題される。また，駆虫薬では薬理学，衛生動物，さらに，農薬・殺鼠剤中毒も関わるので環境衛生学・毒性学まで含む。

また，寄生虫の生活史の記憶は苦痛と思う方がいらっしゃるかもしれないが，中間宿主や待機宿主で関わる多くは野生動物で，表向きは野生動物（医）学としての出題は課せられていないものの，現状ですら保全医学と密接に関わっている。

実際，2005年度から日本野生動物医学会認定専門医制度を発足させているが，その試験における感染・病理での寄生虫学関連の問題は，獣医師国家試験をマイナーチェンジさせて作成されたものが大部分である。繰り返すが，もし，保全医学の専門家を目指すのなら，まず，大学で行われる寄生虫学の授業を大切にして欲しい。

非獣医系に属し寄生虫学の授業を受けないものは，獣医学部で使用される同科目名の数多ある獣医寄生虫学の成書あるいは畜産学の教科書〔『動物の衛生』（文永堂出版）の寄生虫病の項目など〕などを丹念に読み込み，もし，分からないことがあったら，身近にいる寄生虫学の教員を捕まえ質問攻めにしよう。授業に潜り込んでも良い。ほかの大学ならE-mailを送ってもよい。ただし，最低の礼儀をわきまえよう。どのような形でも，野生動物を扱いたいと望むなら，良好な人間関係が基本であるから。また，教員は授業を行うのが義

務であり，学生は授業を受ける権利がある。厳しい出席チェックのため，この自明な関係が奇妙なことになって久しいが，優秀な保全医学の専門家を目指すのなら，知識の吸収に，まず，貪欲になろう。

2）なぜ仮称か

しかし，保全医学の主要なターゲットとなる野生動物（動物園水族館動物やエキゾチック・ペット動物などを含む）の寄生虫については，その生息環境や生態などの特殊性が関わるので，家畜・家禽を対象にした獣医寄生虫（病）学では考えられないような留意点や問題点があり，時にこれが診療や防疫などを台無しにする落とし穴（ピットホール）となる。このような無数の落とし穴となる問題点を体系的に整理，そして一定の理論構築（帰納）し，さらにこの理論から予測・対策（演繹）することができれば，応用科学「野生動物寄生虫学」が誕生する。しかし，現状はその緒についたばかりで，その事例集めに膨大なエネルギーが注がれている。そのようなことで，"仮称"とした。それではどのような落とし穴があるのだろう。以下に実例を紹介したい。

3）重篤な寄生虫病の多くは
　　"出会い頭の交通事故"

自然下で生活していた野生動物の死体を解剖した者は，その体内外に多種多様な寄生虫を見出したはずである。多くの場合，寄生虫が直接死因ではないばかりか，寄生された組織もほぼ正常に見える。よって，寄生虫は野生動物の中でただいるだけの存在と見なされる。概ね正しい（普遍的な寄生虫の存在）。

が，もちろん，寄生虫が主要な要因で致死を含む重篤な疾病発生を招くことがある。例えば，アライグマ蛔虫（別添CD佐藤論文参照）は非好適宿主（後述）体内での重篤な幼虫移行症を起こす。この疾病は，好適宿主がアライグマで，その小腸管内で成虫になるが，人，家畜，アライグマ以外の野生動物（哺乳類・鳥類）に含幼虫卵が取り込まれた場合，体内で孵化した蛔虫幼虫が中枢神経に侵入し，時に致死的な疾病を惹起する。症状としては，中枢神経が破壊されるので，アライグマが生息する米国では小児では致死に至らなくても，知能障害などの後遺症が生じ，深刻な社会問題になっている。リス類など野生動物では体幹を半弓したり，旋回をしたりなど異常行動を呈する。このような疾病は，個体レベルでの疾病発生機序・診断（症状，バイオプシー，血清抗体反応，線虫幼虫の形態・遺伝子診断など），治療（イベルメクチンなどのマクロライド系製剤投与，外科的切除など），予防（虫卵摂取の防止）が医および獣医寄生虫学の中心課題となる。すなわち，至近要因とされる宿主と当該蛔虫，そして両者の宿主-寄生体関係の形態・生理・免疫・生化学的な性質が標的になる。

4）疾病発生阻止には動物の系統や
　　生息地の生物地理の理解不可欠

しかし，自然生態系の保全施策，動物園での検疫・防疫や珍奇動物を収集・販売する産業の法的規制などを考慮する場合，生態・進化・生物地理学など究極要因を理解しなければ，この疾病の有効な検疫・防疫対策が打ち出せない。

アライグマの祖先とこの蛔虫の祖先は，進化的に長い時間をかけて，現在の穏やかな関係に落ち着いた。寄生虫学の教科書で，ほとんど定義されない"好適宿主"とは，そのような動物である。また，このような動物（宿主）と寄生虫との相互進化を共進化と称する。花粉媒介性のチョウやハチとその特殊な花との見事に呼応した相互関係の生態学で，共進化という語が用いられるが，このような寄生虫学でも用いられる。もちろん，動物と寄生虫とが直接接する部分では，極めて複雑で微視的な至近要因が生じているが，そのような関係構築には，究極要因がなければ生じ得なかったし，維持もされなかった。至近要因と究極要因とは表裏一体であり，生物科学が解明する現象の全ては両要因から解析される。無論，獣医学も然りである。

偶発寄生による希少種斃死の防止，動物園での検疫，珍奇動物を取り扱う業者への法的規制などを有効に実施するには，動物の系統や生物地理学（長谷川・浅川 1999）などを理解する必要がある。例えば，南米原産キンカジュー（*Poton flavus*）は温和しい花の蜜を吸い取る中型獣で，園館では人気の高い動物であるが，これがアライグマに系統的に近いため（アライグマ科），アライグマ蛔虫を宿す。したがって，もし，アライグマ蛔虫の有効な検疫・防疫対策を志向するのなら，ピンポイント的にアライグマ1種をターゲットに絞ることは危険で，系統発生的に近いものも疑う必要がある。

概して，生物地理や生息環境が異なる寄生虫と動物の遭遇は，危険であると想像を巡らしておいて対処することが，効果的な予防に繋がるかもしれない。おそらく，旧世界の陸上肉食獣と餌動物との間で進化したトキソプラズマ原虫が，オーストラリア大陸の有袋類や新世界サル類に，あるいは，都市排水により米国海外に住むラッコ（*Enhydra lutris*）に，それぞれ感染した場合，高い病原性を示すが，そのようなことも，進化や生態を背景に考察すれば，容易に納得できるし，標的を絞った有効な予防策も講ぜられよう。

5）寄生虫の宿主域は共進化よりも宿主転換が普通

誤解をされる前に急いで追加するが，前述の"共進化"には"ある程度の"という形容詞が付く。例えば，線虫は自由生活をする種が極めて多く，そのうちのいくつかのグループが脊椎動物に寄生するようになった。それなら，爬虫類から哺乳類に至るまで，一緒に寄生線虫も付かず離れずのように同じ系統を辿ったかというと，そうではない。宿主動物の生息域の変化や個体群の急減などにより，せっかく寄生した線虫も種として絶滅したであろう。また，その動物が新たな生息地で，3）で述べたような「出会い頭」的に新しい線虫に寄生され，徐々に適応をしていき，新たな寄生線虫になるという宿主転換（シフト，スイッチング）

を繰り返してきたものと想像される（浅川 2002, 2005, 2010）。

例えば，蟯虫類もそのような線虫で，人を含む類人猿に寄生するのは分かるとしても，馬やウサギ・ネズミ類，爬虫類のリクガメ類，さらには無脊椎動物の甲虫類にまで蟯虫類は寄生するが，このような変わった宿主域も，宿主転換を繰り返した結果である。ところで，蟯虫類に関しては保全医学的に忘れてはならないトピックがある。国内動物園で人（飼育担当者か入園客）から類人猿へ人蟯虫が濃厚感染し，致死的な蟯虫症を起こした記録がある。このように人獣共通感染症という観点では，人が野生動物から感染を受ける被害者の視点のみ重視されるが，加害者にもなることも気づかせてくれる。

ところで，ペットショップでは，狭溢な飼育環境からリクガメ類の蟯虫類が水生のナガクビガメ類やヌマガメ類に偶発寄生するが，特に，病原性は示してはいないようである。蟯虫類の偶発寄生であっても，必ずしも疾病とはならないようである。爬虫類の寄生虫症については，2007年刊『季刊VEC（*Veterinary Medicine in Exotic Companions*）』5巻1号の特集号が最新かつ網羅的なので参照を薦めるし，浅川（2002）の生態学者向けに書いた解説も有用であろう。

6）野生動物の食肉利用において注意すべき寄生虫とその対応試案

人獣共通感染症について，日本の深刻な"野生動物問題"としての関連で，駆除個体の食肉利用について考察したい。

家畜は食肉として流通される前，「屠場法」（「食肉衛生法」の特別法）で規定された厳しい食肉衛生検査が課せられる。だが，不思議なことに，ジビエとして人気の高い野獣肉については，特用家畜を含め，国の法規制がなく，各地方自治体の自主的検査に委ねられている。

現在，個体群管理のため大量に狩猟されるニホンジカ・ニホンイノシシについては，その食肉利用が推奨されるが，そのような筋肉あるいは他臓

器から次のような寄生虫が見つかるような場合，家畜の牛・豚に対して実施される処置がその検査基準として，今後，援用されるかもしれない。試案として以下に記す。① 全廃棄：原虫のピロプラズマ・トリパノソーマ・トキソプラズマ，線虫の旋毛虫，条虫の有鉤囊虫。② 全身に蔓延時全廃棄，それ以外は寄生部分の廃棄：条虫の無鉤囊虫。③ 寄生部分の廃棄：吸虫の肝蛭・肺吸虫・日本住血吸虫・膵吸虫（＝膵蛭），条虫の包虫（エキノコックス），線虫の豚肺虫・豚腎虫・豚腸結節虫。まず，ニホンイノシシでは"豚"と付く全ての線虫群とウエステルマンおよび宮崎肺吸虫が報告されている。肺吸虫の終宿主はイタチ類などの肉食獣で，ニホンイノシシは待機宿主として筋肉に未成熟虫が寄生するので，人・犬（猟犬へのご褒美で与える）がこれを生肉と伴に食した場合，感染するので注意したい。

また，同じく生食での感染が知られるのはシカ肝臓刺身による肝蛭未成熟虫の感染である。牛での肝蛭感染の寄生率は低下しつつあるが，ニホンジカでの感染は高く，例えば，国の天然記念物である奈良公園のニホンジカではここ30年，ほぼ100%の寄生率を維持していたことが判明した。また，南米原産の齧歯類で日本では外来種化したヌートリアでも肝蛭（さらに，この動物は人と動物の共通寄生虫症の原因虫・肝毛細頭虫とヌートリア糞線虫も宿す）が見つかり，感染域増大が懸念される。

さらに，旋毛虫も生肉の経口摂取で感染することがよく知られ，日本ではエゾヒグマ（Ursus arctos yesoensis）やツキノワグマ（U. thibetanus japonicus）の肉を食べた人の感染事例はあまりにも有名であるが，タヌキ・キツネでも寄生し，最近ではアライグマでも発見された（別添CD浅川論文参照）。これら中型食肉獣の生肉を嗜好することは少ないと思われたが，アライグマ肉の燻製を食べる人もいるようで，衛生教育の普及を望みたい。

家禽である鶏については，「食鳥検査法」（「食肉衛生法」の特別法）で検査義務があるが，野鳥や特用家畜であるダチョウやアイガモでは前述同様である。

なお，これら野生鳥獣の寄生虫に関する報告は，酪農学園大学野生動物医学センターから刊行されているので直接連絡いただきたい。また，『動物の衛生』（文永堂出版）の「寄生虫病」と「野生動物の管理衛生」も参照されたい。さらに，一部東北でも見出されるが，基本的に北海道での風土病である多包（条）虫については，『動物の衛生学』の「解説 キタキツネとエキノコックス」を，まず一読されたい。

7) 生態系への影響を鑑みた疥癬タヌキ救護個体の治療

札幌市郊外に年間約100万人の訪問者が訪れる野幌森林公園（面積約2,000ha）がある。酪農学園大学野生動物医学センターには，疥癬に罹患したタヌキが時折救護される。2006年にはアライグマでもヒゼンダニに罹患した個体が見つかったが，いずれにせよ脱毛した状態での越冬は凍死が不可避となる。したがって，イベルメクチンあるいはミルベマイシン投与による治療が試みられる。が，この投与が自然生態系への影響を与える可能性があるということにも，思いをはせたい。

マクロライド系製剤のイベルメクチンは線虫に駆虫効果があるが，ダニやノミなど節足動物にも効果がある。その薬理機序は薬理学の成書に譲るが，この薬物が標的とする線形動物と節足動物の神経系が似通っているためで，これは土壌中で自由生活をする同系統の動物にも同じように殺滅作用を生ぜしめる。イベルメクチンは体外に排泄されても分解されにくく，救護個体をリリースしてもなお，この薬剤を散布してしまう可能性がある。また，散布により寄生虫幼虫にこの薬剤への耐性が生ずる可能性がある。イベルメクチンは放線菌から分離した抗生物質であり，抗生物質耐性菌出現のような問題は寄生虫でも知られる。

オーストラリアでは，かつて，放牧牛群に寄生虫病の予防として，イベルメクチンを投与していたが，そのまま排泄されたため，糞食性の昆虫な

どが死滅し，糞の残留が問題となった。また，毛様線虫類ではイベルメクチンに耐性のものが出現したという。野生動物医学の花形，救護活動が（第9章），実は，自然生態系にとって悪影響を与えていたということがないように注意をしたい。また，イベルメクチンは動物医薬品として開発され，現在では，人の医薬にも転用され，オンコセルカ症や糞線虫症などの撲滅にこの薬剤に大きく貢献した。したがって，人の健康増進のためにも，行動制御が困難な野生動物への安易な投与は，絶対に避けるべきである。

8）副作用や投与方法への注意

寄生虫病の治療は，このような駆虫薬の効果的な投与が鍵になるのは，基本的に家畜と同じである。しかし，対象動物の生態を知っておくと，より省力的な対象が可能となる。鳥類は上尾筒の基部に尾脂腺があり，ここから分泌される油脂分を嘴にとり，全身の羽毛に塗る。したがって，ハジラミやシラミバエなどを駆除するための薬剤をこの部に塗布することにより，自ら駆虫をさせる方法を用いる。

イベルメクチンなどのマクロライド系製剤はリクガメ類には重篤な副作用を示すので禁忌であるように，家畜で安全であっても野生動物では必ずしもそうではない。さらに，薬剤投与法においても，爬虫類では腎門脈系が発達するので，体の後半部に皮下・筋肉内あるいは静脈注射を行った場合，全身循環せず排泄されやすいなどの落とし穴がある。典型的な獣医学の個体診療術は，哺乳類（それもごく一部）を中心に展開するが，それが全てに応用できるものではないことも，野生動物医学が教えるところである。なお，寄生性扁形動物にはプラジカンテル，ビチオノール製剤が使われるのは野生動物でも同じであるが，水族館では自由生活の扁形動物が展示されるので注意したい。

9）予防のためのモニタリングおよびその基盤である同定技術，それは診断にも重要

園館動物や特用家畜では個体診療が中心となるが，保全医学では，野生動物個体群の保全が中心課題となろう。そうなると予防が重要である。予防のためには，寄生虫の生活史（中間宿主の存否や経口・経皮など感染様式など）の理解が前提になるのは，獣医寄生虫学と変わるものではない。しかし，野生動物に固有の寄生虫の多くが生活史不明であるので，家畜の寄生虫との系統的な関係から類推する。系統性が近いなら，その生活史も類似するだろうという前提で，これは概ね正しい。しかし，例えば，ドブネズミ（*Rattus norvegicus*）などの小腸に寄生するヘリグモネラ科線虫では経口感染する *Orientostrongylus* 属と経皮感染する *Nippostrongylus* 属のような事例もあるので油断できない。

生活史どころか，どのような野生動物にどのような寄生虫がいるのかが不明なことも多く，基本的な寄生虫相調査やモニタリングが必要となる。そのための不可欠な技術が，寄生虫（特に蠕虫）の形態を指標にした同定である。この技術は，吐出や糞に混じって排泄された，あるいは剖検により検出された寄生虫の分類学的位置決定で重要な診断技術である。なお，専門家の手元に来るものは，必ずしも完全な形で来ることがないことも，落とし穴の1つとして記憶したい。著者が経験したものでは，水族館内で検疫中に斃死したノコギリエイ体表から得られた扁形動物を検査し，それは結局，単生類ハダムシの一種であったが，吸着盤が欠如していた。そのため，当初，同定に相当苦慮した経験がある。

また，同定精度も分類的階層的には，まず，属あるいは科までで十分で，そのための検索表（英国CABIで出版された検索表も属までである）もある。指標となる形態は，生殖器（特に雄）と固着器（吸盤，鉤，体表突起や乳頭など）であり，寄生虫の適応進化の産物である。また，標本は，70％エタノール液で固定する。この場合，最終

的な濃度が70%であり，寄生虫に含有水分量が多い場合は濃度調整に注意をする。また，ホルマリンであれば5%であるが，分子生物学的な解析をするためには不適である。そのような標本の多くは，ある時空間でその寄生虫が存在したことを示すもので，新種を規定するタイプ標本ではないが，証憑となる。したがって，そのような疫学や診断で得られた標本は，公表後，しかるべき機関に預ける。日本であれば目黒寄生虫館か国立科学博物館であり，公表論文の材料と方法には，当該館の登録番号と共にその保存館名が記されていることが普通である。また，野生動物が宿主であれば，宿主自体の分類が不明確なことも多い。また，爬虫類ペットや異種間交雑をするカモ類では微妙な問題があるので，可能ならば宿主側も証憑標本として保存したい。そうなると寄生虫を扱う施設では専用の自然史博物館が重要なモニタリング上の装置ともなろう。

また，しっかり調べ，結局，狙った寄生虫がいなかったという不在データも疫学では重要である。例えば，日本では離島に生息するアカネズミ類の毛様線虫類の研究が知られるが，ある島では線虫の絶滅が示唆された。線虫も生物なので，絶滅しても何の不思議でもないが，その要因が寄生虫感染の防疫にも応用できるかもしれない。

しかし，"不在"の完全証明は不可能に近いので，このようなモデル研究では手頃なサイズの野生動物を扱う必要がある。野生動物の中には，ヒゲクジラ類のように巨大なものがあり，その体内から微少の寄生虫を探すのは，どうしても見落としがちで，不在証明はほぼ不可能である。

10) 原虫の診断と園館の自主検疫

原虫であれば，間接的な検査，すなわちトキソプラズマ症（血清疫学含む）で用いられるラテックス凝集反応などが使える。当然，直接検査では糞便検査（ショ糖浮遊法など）や血液検査（マラリアなど）を行い，血液原虫やミクロフィラリアなどを検出する。なお，鳥類の中にはEDTAにより血球が破壊される種があり注意をしたい。なお，原虫では蠕虫類とは異なり分子生物学的手法が主流である。詳細は「別添CD 松本・佐藤・久保論文」を参照されたい。

動物園水族館（特に，爬虫類・鳥類・哺乳類）では糞便と皮膚の寄生虫について"自主検疫（1〜4週間）"を行い，必要に応じ血液検査，尿検査，寄生虫駆除を行うところが多い。しかし，園館では業務が立て込むことが多い。一方，獣医学部学生にはそのような動物を好む傾向があるので，卒業論文研究でこのような検査業務を対象にすると双方に利がある。検査手法の詳細は『獣医寄生虫検査マニュアル』（文永堂出版）に個別の検査法が記載されている。特に，同書中の「鼠類に見られる寄生虫とその採集」は実際の野生動物死体から寄生虫を取り出すための手引きとして推奨したい。実際，日本野生動物医学会主催サマー・スチューデント・サマー・コースSSC（実施機関酪農学園大学野生動物医学センター）および道家畜保健所保全医学研修などでテキストとして活用されている。

4. 結　論

野生動物（医）学が獣医学に組み込まれた最大の理由は，単なる対象動物の拡大化ではない。進化・生態という究極要因が生物科学では不偏的であるからである。旧来の獣医学は形態・機能，そしてその延長の個体レベルの治療技術など至近要因の諸科学が中心に構築されていた。もちろん，個体群の予防や時空間の視座が要求された疫学や動物あるいは公衆衛生学も含まれていたが，基本的には人間社会や家畜群に依拠していたので，自然生態系のダイナミクスを解明する進化・生態学の介入は必要ではなかった。しかし，獣医学は医学と伴に保全生態学との学際"保全医学"を志向せざるをえない状況になった。その渦中において，野生動物の寄生虫学はその学問が誕生した時点から，保全医学研究の中心的な課題であったのである。

哺乳類の病理

野生動物の個体あるいは群に疾病が発生した場合，病理学的検査により，速やかに疾病の性格，すなわち，感染症なのか，中毒なのかなどを見極めることが必要である。これにより引き続き起こり得る動物の大量死，さらに人や家畜，さらに生態系への影響を最小限度に食い止めることができる。野生動物の死因や病気の原因を明らかにするためには，斃死あるいは瀕死期の動物の病理解剖（剖検），さらに採取した組織サンプルについて病理組織学的検査を行う必要がある（図7-1）。

野外ではしばしば斃死した動物が，発見される前に他の捕食動物に身体の一部を食べられ欠損していることもまれではないが（図7-2），残された身体の一部あるいは骨などを用いて検査を行うことも可能である。

1. 対象とする動物

病理学的検査の対象とすべき野生動物は，野外に棲息する本来の野生動物，動物園の動物，さらに野生由来のペットである。近年，動物園は，傷病鳥獣の保護と治療の場，あるいは希少野生動物のストックと繁殖の場としての役割を担っており，野生環境と動物園の間で，動物を移動させる機会が増えている。自由生活をおくる野生動物，飼育環境下の野生動物である動物園動物も対象とすべき動物である。また，ペットとして国内に持ち込まれている種々の野生動物も，人獣共通感染症の監視のために斃死例が病理検査の対象となる。

2. 野生動物学における病理検査の意義

野生動物のための病理検査の役割としては，次の4つがあげられる。
① 感染症モニタリング：野生動物保護管理，人獣共通感染症，家畜衛生
② 環境汚染（変動）の指標：大気汚染，オイル流出事故，中毒
③ 生態学の指標：特に寄生虫の多様性研究
④ 比較病理学研究：動物園動物を用いた加齢性変化および腫瘍の研究

1) 感染症モニタリング：野生動物の保護管理

野生動物（動物園動物も含む）における感染症発生の把握は，その保護管理において極めて重要である。野生動物の個体数の増減は，感染症の流行を含む疾病の存在に大きく左右される。斃死例や瀕死期の野生動物の病理検査により，タイムリーに斃死した動物に何が起こっているかを明らかにすることで，その後の個体減少を防ぐ対策を

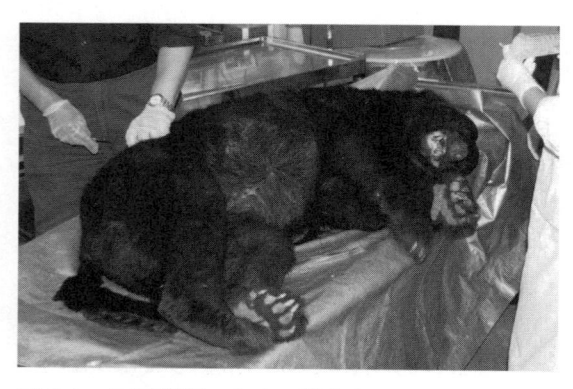

図7-1 死因解明のために搬入されたツキノワグマ
(*Ursus thibetanus*)

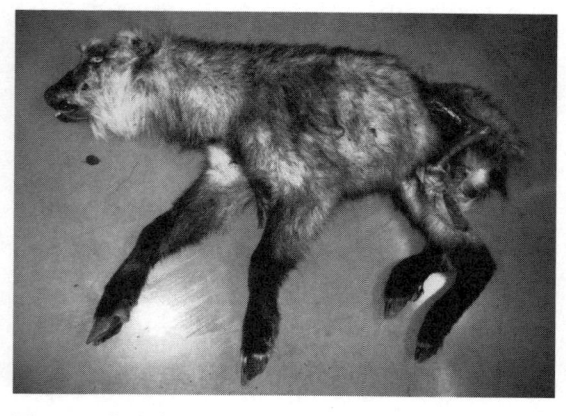

図7-2 発見時には腰部が捕食されていたカモシカ
(*Capricornis crispus*)

第7章　野生動物と疾病と病理

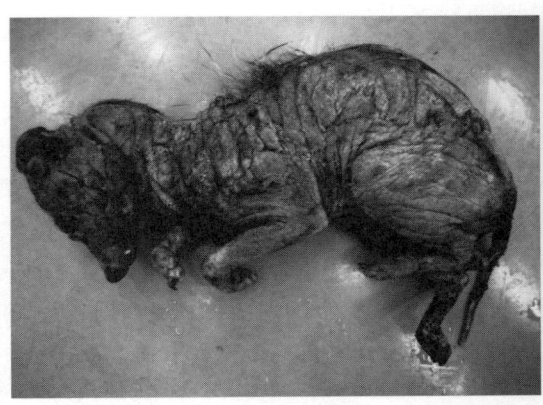

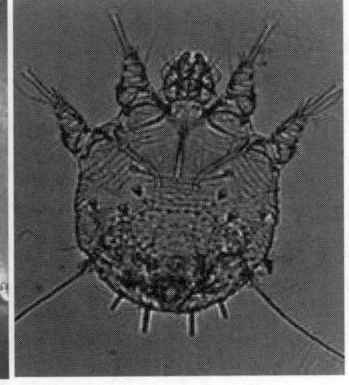

図7-3　ヒゼンダニ（右）の重度の寄生により脱毛し衰弱したタヌキ幼弱個体（左）

たてる際の大きな拠り所となる。

　感染症が発生した動物種が希少種あるいは絶滅危惧種であれば，感染が種の絶滅に繋がる負の要因となり，急激な個体減少と繁殖率の低下から，絶滅に近づける要因となる。希少種であるツシマヤマネコの著しい個体数減少に関しては，交通事故などの直接的な要因以外に，猫免疫不全ウイルス（FIV）などの家猫に由来する感染症の影響も少なくないと考えられている。

　近年，比較的個体数が多い野生動物についても，家畜やペットの感染症が，接触あるいは排泄物を介して野生動物に伝播流行し，保護管理の点からも問題視されることも少なくない。各地の都市近郊に棲息するタヌキ類には，犬由来と考えられるヒゼンダニ（Sarcoptes scabei）の濃厚感染による重度の疥癬がしばしば認められる（図7-3）。重度感染例では，皮膚に無数のトンネルを形成するため，皮膚は著しく肥厚し二次感染を起こし次第に衰弱し，多くは死亡する。

　一方，食肉目の多くの科の動物は，犬ジステンパーウイルス（以下 CDV）に感受性を示すことから，同ウイルスは愛玩犬に加えて，いくつかの野生肉食動物においても最も重要なウイルス感染症の1つである。一般に CDV は呼吸器，中枢神経系および消化器に親和性を示すが，ウイルス株や宿主によってその病原性は異なる。ハクビシン，タヌキ類では，極めて劇症の犬ジステンパーウイルス感染症が，周期的に流行して個体数の増減に大きく関与している。病理組織学的には，肺，腎盂移行上皮，膀胱に大型かつ多数の封入体を形成するのが特徴である。犬ジステンパーウイルスは，イヌ科動物以外の種々の動物にも感受性を示す。タンザニアのセレンゲティ国立公園では，ライオンに爆発的な犬ジステンパーウイルスの感染が認められ，犬と同様な病変を形成し急激な個体数減少を招いた。一方，アザラシ類，アシカ類，イルカ類など海獣類においても犬ジステンパーウイルスと近縁のモルビリウイルス（アザラシジステンパーウイルス）の周期的かつ爆発的流行が認められ，北海やバイカルアザラシの急激な個体数減少を引き起こしている。さらにイルカ類に，マイルカジステンパーウイルス，ネズミイルカジステンパーウイルスが下痢，肺炎，脳炎を引き起こす。

　カモシカでは，東北，関東，中部山岳地帯に

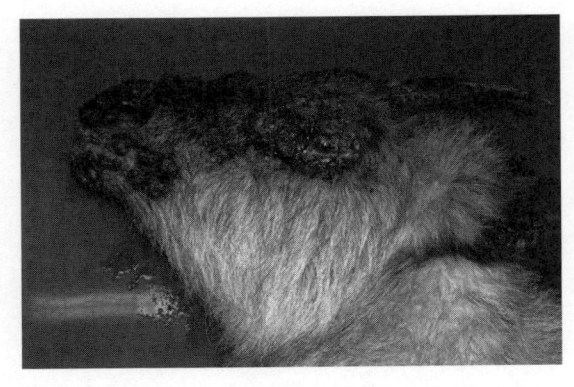

図7-4　パラポックスウイルス感染したカモシカにおける眼および口腔周囲の丘疹性病変

ではパラポックスウイルス感染による唇，舌および外陰部での加疲形成を伴った丘疹が認められる（図 7-4）。この感染症は，本来は羊あるいは牛の感染症であるが，わが国では山岳地帯に棲息するカモシカに完全に定着し，周期的な流行が繰り返されている。雌が罹患すると体力の消耗から繁殖力は著明に低下することで，個体数の減少に関わる大きな要因となっている。一方，流行地内にある山間の羊牧場では，カモシカから伝播したと考えられるパラポックスウイルス感染症の発生が羊群に認められ，カモシカの感染材料から実験的に幼若羊に同様な病変を引き起こすことが確認されている。カモシカの同症は牛など家畜の丘疹性口炎に比較すると，はるかに重篤，かつ二次感染症を併発しやすく，罹患したカモシカは多くは斃死する。

2）野生動物から家畜へ：家畜衛生

野生動物に保持されていた病原体が，家畜に伝播し拡がる可能性もある。病原体のレゼルボアとして，野生動物は家畜の感染症の根絶に大きな障壁となっている。その代表例は，悪性カタール熱（アフリカ型）である。アフリカでは，不顕性感染したヌーが病原ウイルスであるカモシカヘルペスウイルス 1 を牛に伝播している。同感染症は，ウシ科やシカ科の動物園動物に散発性に発生し，致死率は高い。また，アフリカ豚コレラウイルスは，イボイノシシ（*Phacochoerus aethiopicus*）などアフリカ産野生イノシシでは，不顕性感染を示し，レゼルボア（reservoir）となり得るので，検疫上注意が必要である。一方，結核も国外ではいくつかの野生動物に定着し，家畜への感染源として注目されている。ヨーロッパでは英国においてアナグマに結核症が広がり，棲息域の牧場の乳牛に散発性の感染をもたらし，ニュージーランドでは，オポッサムに感染した結核症が全国的な広がりを示している。

ウマ科動物でしばしば問題となる馬ヘルペスウイルスも，しばしば，動物園でウマ科動物および偶蹄類で脳炎および流産を引き起こし，しばしば斃死例も認められる。海外の動物園では，馬ヘルペス 1 型（EHV-1）の感染による斃死例および流産が展示されているオナガなどで報告されている。わが国の動物園で飼育されていたトムソンガゼル（*Gazella thomsonii*）の集団脳炎斃死例から，新種の馬ヘルペスウイルス（EHV-9）が分離され，マウス，ハムスターなど齧歯類，犬や猫，山羊およびマーモセットに劇症の脳炎を引き起こすことが明らかにされた。近年，EHV-9 はアフリカのシマウマ類の多く（約 60％）に高い抗体価が認められ，北米の動物園ではホッキョクグマ（*Ursus maritimus*）やキリンに脳炎を引き起こしたことから，検疫上注意を必要とするヘルペスウイルス感染症の 1 つである。

3）野生動物から人へ：人獣共通感染症

野生動物や動物園動物から人へ伝達される人獣共通感染症の伝播を防止するために，動物側の感染症の定期的モニタリングを実施する必要がある。野生動物の感染症が人に伝播される場合，いくつかのパターンがある。

現在，エキゾチックペットブームにより年間 300 万個体以上の種々の爬虫類，小動物，愛玩鳥類が輸入されている。また，動物園の展示用としても多種多数の動物が輸入されている。飼い主と動物が濃密な接触の増加や開放展示により感染する機会が増えると，感染力の弱い病原体でも感染しやすくなる。また，野生動物が病原体のレゼルボアとなっている場合，外見上健康に見えることも感染の機会を増加させる要因となる。これらエキゾチックペット（齧歯類，鳥類および爬虫類）が，原因と考えられる感染症としては，オウム病（クラミジア），サルモネラ症，カンピロバクター症，仮性結核症，トキソプラズマ症，レプトスピラ症などがあげられる。

また，農業開発やアウトドアブームで，今まで人が入らなかった熱帯雨林や森林，草原地帯に人が踏み込むことによって，未知あるいは既知の病原体に接触し感染することがある。1998 年マレーシアで突然ニパウイルス感染症による集団脳

炎が発生し，患者26名が同年死亡した。翌年はさらに多数の患者が死亡し，ヘンドラウイルス類似のニパウイルスが分離された。人は豚を通じて感染したが，自然宿主はオオコオモリ類のいくつかの種であると推定された。オオコウモリ類は，ニパウイルスだけでなく，リッサウイルスや未知のウイルスの自然宿主となっている可能性が高いとされる。

一方，北米，北欧，北海道の森林地帯では，ボレリア感染により引き起こされるライム病の患者が近年増加傾向にある。ボレリアはマダニ類が媒介し，齧歯類，シカ類などの野生動物も人と共に感染環に入っており，森林の再生に伴いシカなどマダニの吸血源が増えたために，患者が増加傾向にあると考えられている。同症は早期に診断，治療を行えば問題ないが，慢性化すると関節炎，心臓障害，脳神経炎が引き起こされ致命的となる。寄生虫性疾患としては，北海道を中心に多包性エキノコックス（多包虫症）の人への感染が大きな問題となる。同寄生虫は，ネズミ類を中間宿主，キタキツネや犬を終宿主とし，宿主の移動と共に感染地域が拡大し，人へは汚染された水，野菜などを通じて感染する。

一方，本州，四国，九州の河川では，ウエステルマン肺吸虫症の患者の発生が依然として散発している。中間宿主のモクズガニを調理不十分なまま摂取，あるいは待機宿主であるニホンイノシシの生肉を食することで感染する。また，最近，移入動物の1つであるアライグマに寄生するアライグマ蛔虫の異宿主である人への迷入が問題視されている。同寄生虫は，人の脳など様々な組織で幼虫移行症による激甚な障害を引き起こし，しばしば致死的となる。

サル類は進化の点からも人に近く様々な感染症を共有するので，サル類と人が接触する機会が多い動物園では，それらの感染および防御が問題になる。まず，A型肝炎は飼育者からサル類に伝達され，逆に感染サルが人への感染源となる。単純ヘルペスウイルス（HSV-1とHSV-2）は，人から新世界ザルのマーモセットとタマリンに伝達されると，極めて致死的であり，動物側が一方的に被害者となる。同様に人の蟯虫（*Enterobius vermicularis*）は，チンパンジー（*Pan troglodytes*）に感染すると，移行症による激甚な症状を示して斃死する場合がある。マカク属サル類では，依然として人型結核菌（*Mycobacterium tuberculosis*）と牛型結核菌（*Mycobacterium bovis*）による結核症が検疫上重要な感染症で，アカゲザル（*Macaca mulatta*）が最も高い感受性を示すとされている。また，*Entamoeba histolytica*によるアメーバ赤痢および*Shigella*属細菌による細菌性赤痢は，飼育者への感染の点からも目が離せない。Bウイルスに関しては，血清検査で陽性のマカク属サルがしばしば認められているが，動物園での人の発症は欧米，国内とも全くなく，実験室でも発生頻度は極めて低いことから，実際の感染性については多くの疑問を残している。

フィロウイルスでは，ウガンダ産アフリカミドリザルを感染源とする人でのマールブルグウイルス感染が致死的な出血熱として重要であるが，ガボン北部森林で死亡していたチンパンジーから感染したエボラ出血熱でも多くの死亡患者が認められた。一方，米国とフィリピンにおけるカニクイザル（*M. fascicularis*）の飼育群に，エボラウイルスのレストン（Reston）株による集団死亡がみられたが，人ではエボラウイルス抗体陽性にもかかわらず発症例は認められていない。しかし，人への病原性については不明な点が多いので注意を必要とする。

4）環境汚染の指標

環境汚染の程度や規模，あるいは，それが野生動物に与える影響を評価するためには，斃死した魚類，野鳥や水生動物の斃死体を収集し，病理検査を行う必要がある。1997年1月に日本海で発生したナホトカ号重油流出事故では，重油汚染の被害を受けた日本海沿岸の各地から回収されたウミスズメ（*Synthliboramphus antiquus*）やウトウ（*Cerorhinca monocerata*）などの海鳥につい

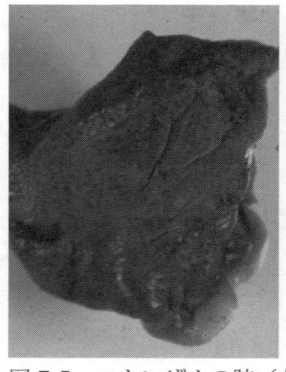

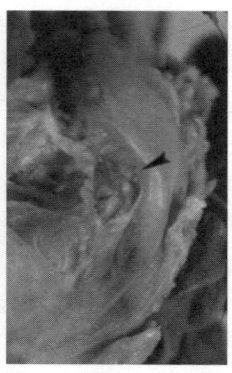

図7-5 ニホンザルの肺（左）および付属リンパ節（右，矢頭）における炭粉沈着症

て剖検を行って，油の摂取状況と生体に与える影響を評価する作業が行われた。汚染の初期に斃死した鳥では，油の付着や誤嚥によるものがほとんどであるが，事故から時間が経過した時期に採集された例では，各臓器への影響が認められた。一方，2011年3月に発生した東日本大震災および津波による東京電力福島原子力発電所事故の影響をモニターするために，野生動物を指標とする長期間の放射線のモニターが提言されている。福島県の鳥獣保護センターを拠点に20kmゾーンの中の野生動物〔ニホンザル（Macaca fuscata），ニホンイノシシ〕の放射線学的および形態学的調査が提言されている。

大気汚染に関しては，肺および肺リンパ節での炭粉沈着症はその指標となり得る。その原因としては，工場からの煤煙，あるいはディーゼルエンジンの排気などが考えられ，重度の症例では，肉眼的に肺表面には黒色斑が密在し，肺リンパ節も黒色を帯びる（図7-5）。組織学的には，肺で気管支周囲に黒色顆粒（炭粉）を貪食したマクロファージが多数集簇し，肺リンパ節においても，同様な炭粉を貪食したマクロファージの高度な集簇が認められる。高度な炭粉沈着症は，生涯飼育される動物園動物でしばしば認められるが，山間に棲息するニホンザルやホンドタヌキにおいても種々の程度に認められる。

5）生態学の情報としての疾病

野生動物がもつ疾病のスペクトラム，特に寄生虫のスペクトラムを調べることで，その野生動物の行動範囲，他の動物個体との接触状況など生態学に有用な情報が得られることがある。中部地方を中心に棲息するホンドテン（Martes masclus melampus）には90%以上の個体で心臓および横隔膜にヘパトゾーン属原虫の寄生が認められる。重度の例では，心臓表面に多数の白色結節が認められ，組織学的にシゾントを中心にマクロファージの集簇と線維化からなる結節形成が認められる。ほぼ同様なヘパトゾーン属原虫がヨーロッパ（ドイツ）に棲息するテン（M. foina および M. martes）でも心臓に高率に寄生し結節病変を形成することが報告されている。同原虫がテンの移動と共に広がったのか，あるいは日本あるいはヨーロッパにおいて独立して感染するようになったのかは今後解明すべき点である。

3. 解剖の実際

僻地の現場での野生動物の解剖では，解剖道具，採取した臓器を容れる容器および固定液の準備がない場合が多く，簡便法で対応する場合が多い。現場での病理解剖と材料採取が不完全としても，実施することで多くの情報が得られる。

感染症が疑われる野生動物を発見現場で解剖し病理材料を採取する際には，野生動物を致死させる感染因子の多くは，人にも感染する可能性があること（人獣共通感染症）を忘れてはならない。斃死した野生動物を取扱うこと，さらにその屍体の剖検は人への危険を含んだ作業であり，危険を避ける解剖手技，防護服，必用な予防接種などの条件を満たしておく必要がある。特に，感染が疑われる野生動物の死体は，決して素手で扱うべきではない。交通事故で斃死した野生動物であっても，必ず防御用の手袋を着用する必用がある。一般に哺乳類は，鳥類に比べ，より高い人獣共通伝染病の危険性を有するが，中でもサル類の剖検は慎重に行う必要がある。また，野生動物に寄生するダニなどの外部寄生虫も，人に感染症を媒介することがある。例えば，野兎病菌は，哺乳類や鳥

類に寄生する感染ダニから分離される。

斃死体の発見状況および周囲の環境は死因を推定するうえで，極めて重要な情報である。記録に際しては，最初に斃死体を発見した日時は，周囲環境で発生していた事象との関連を確定するうえで特に重要である。また，種々の環境の変化は，しばしば野生動物に斃死をもたらす。例えば極度に寒冷な天候が続くと，餌を見つけることが困難な個体は飢餓により死に至ることがある。湿潤な気候が持続すると細菌およびカビの繁殖しやすい環境となり，餌を汚染し中毒が発生することがある。ゴルフ場の近くでは農薬に曝露される機会が増すことから，下水・汚水が湿地に垂れ流しにされてはいないか，藻類に異常発生はなかったか，一定の地域に棲息する野生動物の個体数や種類に，異常に過密な状態はなかったか，などの点をチェックする必要がある。

動物の大量斃死に際しては，疾病要因の毒力の強弱によって斃死の発生速度は左右される。有機リン系農薬のような強い致死因子では，ほとんどの動物が斃死してしまう。これに比べて，ボツリヌスの中毒では，斃死が散発性に認められる。野兎病では，哺乳類と鳥類の両方で広範囲な種類の動物を斃死させることがある。高病原性鳥インフルエンザでは，キンクロハジロ（*Aythya fuligula*）など感受性の高い鳥種で死亡が始まり，次第にハクチョウ類などに広がる。また，同じ感染にかかっても，老齢の動物には抗体があるので，若い動物だけ斃死することがある。

野生動物の病理検査では，採取場所と検査室が大きく離れている場合が普通であるために，標本を様々な手段で送付する必要がある。病理組織検査のためには採取した標本の冷凍処理は避け保冷したまま（4℃）で運搬する必要がある。標本の送付に際して留意すべきことは，次の通りである。① 異なった標本が混ざることを防ぐこと。② 標本の変質を防ぐこと。③ 液状のサンプルは漏出を防ぐこと。④ 標本の個体識別が確保されていること。⑤ 包装のラベルが適切であること。きっちりと密封できて，しかも厚手のビニール袋を用いると，個々の標本の分離と標本間の混交の防止が，簡単かつ効果的にできる。

1）哺乳類の剖検の要領

哺乳類の剖検に際しては，以下の4つの基本的な原則に留意する必要がある。

① 臓器の系統に従い解剖を行い必要な組織サンプルおよび病変を採取する。肉眼病変がある臓器だけでなく，異常が認められない臓器も可能な限り採材しておく。一般に必要な臓器としては，肝臓，腎臓，心臓，肺，脾臓，胃，腸管，副腎，リンパ節および生殖器が挙げられる。

② 観察して内容は全てを簡潔に記録する。例えば色調（赤色，黄色など），外からの感触（透明感など），大きさ（直径），形（楕円形など），硬度，その他の特徴を定まった用語を用いて記載する。

③ 同一症例に関する全てのデータ類（記録，標本，写真類）は，同一の番号を付して集中して保管しておく。

④ 剖検により動物の生息域への微生物汚染を防ぐ。剖検者は，自分自身への感染防御に配慮するだけでなく，解剖後の斃死体の適切な処理とその解剖環境への汚染防止を考慮しなければならない。例えば，結核菌や炭疽菌などの細菌は，自然環境中でもいく年もの間生物活性を示すことから，解剖した場所の汚染を最小限に食い止める配慮が必要である。可能ならば，野外での剖検は，ビニールシートを敷いてその上で行うのがよい。剖検後の斃死体の処理は，解剖した場所での焼却が望ましい。屍体を土中に埋める場合は，腐肉を漁る捕食動物が掘り起こし，感染性の臓器がまき散らされないように十分な深さを確保して埋めるべきである。剖検者の汚染された衣服と体表を介して，感染因子が解剖した場所から他の場所に機械的に伝播する場合もある。

2）斃死状況の記録

剖検における最初のステップは，動物の斃死状況に至る来歴を調べることである。斃死体のすぐ

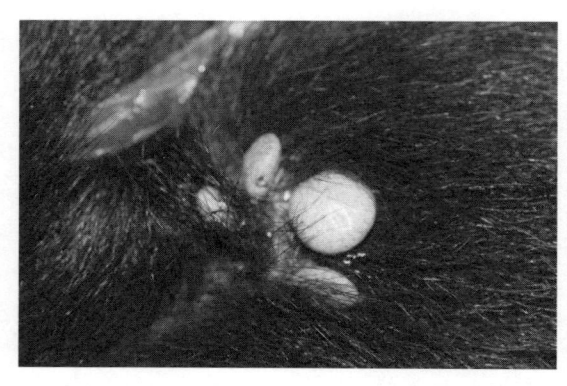

図7-6 野生個体ではしばしばダニ類などの外部寄生虫が被毛に認められる（ツキノワグマ）。

付近の野原を注意深く観察し、どんな些細な観察結果も記録しておく。この情報から死因の解明につながる重要な手がかりが得られることがあるので、最初に記録すべきである。

3）死体の外部検査

剖検の第2のステップは、死体の外部検査を注意深く行うことである。特に口腔、鼻腔および肛門など天然孔の状態を注意深く観察し、そこから吐物や排出物がないかなど細かく調べる。排出物は、量、色および粘稠度などの性状を記録する。四肢は実際に触診し動かして、骨折や関節の異常の有無を調べる。皮膚、鱗、被毛および羽は、火傷、被毛の異常および外傷がないか調べる。外部検査ではしばしばダニ類の寄生を認めるが、二次的感染に注意し、さらに必要に応じて採取する（図7-6）。

4）死体の内部検査

第3のステップは、内部臓器の観察であり、その方法は動物により若干異なる。一般的な方法を以下に示す。

外部観察が終了したら、動物を剖検の位置に置く。その体位は動物型ごとに異なるので、調べる動物種によって決める。ほとんどの場合、片側を下にする側臥位である。食肉目では、右側と左側のどちらを下にしてもよいが、一般には左側を下にする左側臥である。反芻獣の場合は、大きな第一胃が下方になることで腹腔臓器の全部が観察しやすい左側臥にて解剖する。ウマ類は、大型の大腸の解剖学的位置と、それらにしばしば変位がみられることから、右側臥で解剖する。以下に示す解剖の方法は、哺乳類では一般的であり、反芻獣の胃腸管の取扱いにも触れる。

最初に動物の左側を下にして置く（四肢を解剖者に向け、頭部は右手に向かせる）。次に右側の前肢と後肢を切除し、それらを反転させる。すなわち、後肢は、皮膚を切開し、下腿のつけ根部分へと筋肉を切り進み、股関節に達してこれを切除する。この間に、皮下組織、筋肉、関節（関節表面と関節液）および体表リンパ節について注意深く観察する。前肢についても、同様な方法で体幹と脚との間を切断して、術者の反対側に反転させる。前肢の関節は切断する必要はない。

骨盤から下顎部の先端に向かって正中線に沿い皮膚を切開する。その際、陰茎と乳腺部では（正中線を外れて）、少し右側を切開する（陰茎と乳腺は下方に反転する）。解剖刀（ナイフ）を用いて皮膚と皮筋とを分離させ、体幹の右側部の皮膚を頭部に向かって順に剥皮する。皮膚と皮筋の分離が適切であれば、皮膚は簡単に剥せる。次いで、下顎部に沿って剥皮する。頭部の剥皮については、刀を背側からできるだけ頭頂に向けて切り進み、まっすぐに顔の外面沿いに剥皮する。

体幹に沿って正中部の切開より皮膚を少し下方（左）に反転させておく。これは、被毛の混入を防ぐためである。この時点の屍体は、右側全体の剥皮が終了し、四肢は反転させた状態にある。

(1) 開 腹

最初に下顎の外側と舌側の筋肉を切断することにより、下顎の右半分を除去する。右の下顎を後方および上向き（右前肢の方向）に捻ることによって除去すると、口腔内が完全に見渡せる。ここで舌、歯の表面全体、口蓋および扁桃部分を観察する。舌をしっかり掴んで手前に引き、両方の舌骨が各々の側の咽頭に位置するようにする。舌を少し引きながら、舌骨を切り（関節軟骨を切る）、さらに胸口に達するまで気管と食道を含めて引き

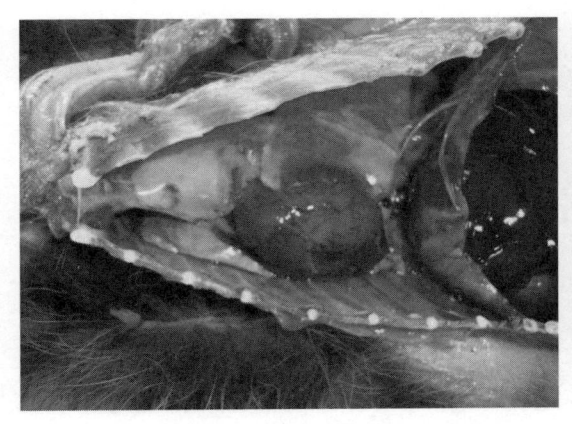

図 7-7　胸郭を取り除き胸腔臓器の露出

図 7-8　腹腔の開腹と臓器の肉眼検査（ツキノワグマ）

出す。反芻獣で膿瘍形成がよく認められる咽頭後にあるリンパ節の観察が可能になる。その他，顎下腺も容易に観察できる。

腹腔では，最後肋骨の後ろにある右側最高点を触って確認する。次いで，この部位に腹腔に通じる小さな切開口をあける。腹腔の観察を行う前に，腹水の増加があるか否かを調べる。もし増加していれば，注射筒で腹水を採取しておく。切開口を上方に切り広げて（脊椎に達するまで），次いで尾の方に向かって切り進み，最終的に陰茎あるいは乳腺に達するまで切り下げる。両方の切開を終えると，腹腔臓器が腹側から観察しやすい状態に広げられている。

最後肋骨の下に触れ，横隔膜を確認し肋骨に沿って切り進み，胸郭から横隔膜を取り除く。その際，左右の胸腔が陰圧になっているかどうかを確認する（胸腔内圧は通常は陰圧）。次いで，右側の胸郭を取り除くために，脊椎と胸骨に近い部分で肋骨を切断する（図 7-7）。胸郭を廃棄する前に，その内側の表面を忘れずに観察すること。ここまで終えると，ほとんどの内部臓器（中枢神経系を除く）が現れているので，さらに手が加わる前に肉眼的に観察する。臓器の位置の異常，特に胃腸管の捻転あるいは胸腔への胃腸管のヘルニアの有無を調べる。

臓器の摘出は，最初の切開の順に行い，微生物学的検索あるいは化学分析のための材料採取は，汚染（コンタミネーション）を避けるために，こ

の時に済ませる（図 7-8）。

(2) 胸腔臓器

胸腔臓器の摘出方法としては，気管・食道を掴んで少し手前に引きながら，脊椎，胸骨および横隔膜との付着を順に切り離して摘出する。食道は胸腔内では横隔膜の位置で切断する。胃あるいは第一胃に胃内容物が詰まっている場合は，その胃内容が胸腔側に洩れ出ないように食道を結紮してから切断する。

食道は，はさみを用いて縦に切開し，粘膜面（内面）を観察する。次に肺は全体を肉眼的に観察し，さらに優しく手で触れて異常部位を触知する。呼吸器系の観察を始める前に，気管を辿って咽頭のすぐ裏にある甲状腺を探して観察する。気道については，ハサミかナイフで咽頭，気管さらに可能な限り細い気管支に至るまで切開する。気道には，

図 7-9　カモシカの肺における膿瘍形成

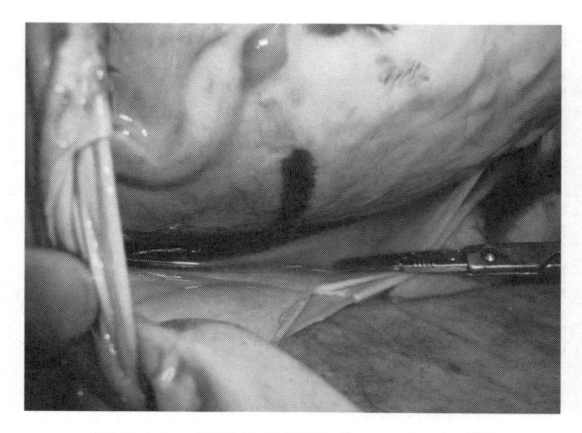

図7-10 心嚢水の増量（シャチの心臓）

図7-11 ホンドタヌキの肝臓における肝膿瘍形成

しばしば肺虫の寄生が認められることがある（カモシカ）。各々の肺葉は横断し，その割面からの滲出液の有無，肺炎による硬結巣および膿瘍など病変の有無を確かめる（図7-9）。組織学的検査のための採材は，できるだけ手が加わらないうちに，しかも手が触れられていない部分から採取した方がよい。一般に，各肺葉および，そこに認められる病変は同質ではないので，異なった肺葉から複数のサンプルを採取する必要がある。

心臓の検査では，まず心臓を包んでいる心嚢を観察し，その中に貯留している液体（心嚢水）の量を測定し記録する（図7-10）。心臓の切開と観察は，右心房と右心室に始まり，肺動脈弁を経て，肺への流れに従って開く。ここでは弁とその付属物を含めた内部の表面（心内膜面）を観察する。次いで，心臓をひっくり返して，左心について心房から心室を開け，大動脈に至る。この方法により，切断されてバラバラになる前に，心臓の全ての部位が確実に観察できる。

（3）肝　臓

肝臓は，横隔膜，胃腸管および腎臓への間膜の付着部をそれぞれ切って摘出する。胆管を切断する前に小腸への開口部を観察する。胆嚢を有する動物では（シカ類と他の数種類の動物では胆嚢を欠く），胆嚢を軽く押して胆管を圧迫し，腸管への胆汁排泄が障害されていないかを確認する。

分葉した肝臓を有する動物では，肝臓の表面と全ての葉の状態を注意深く観察する（図7-11）。さらに，胆嚢がある動物種では，胆嚢を開いた後裏返しにして胆汁の粘度と胆石の有無を注意深く観察する。肝臓は，パンを切るようにスライスし，その割面を観察して，必要な部位から組織検査のためにサンプルを採材する。

（4）胃腸管

胃および腸管では，胃腸管全長にわたり切開し内容と粘膜面を詳細に調べるので，時間がかかるが，いくつかの胃腸疾患（図7-12）や寄生虫症についての有益情報が得られる。胃腸管を腹腔より摘出する前には，腸間膜リンパ節を調べる。このリンパ節の腫大の有無は重要な情報で，腫大，退色および割面における水腫が認められる場合

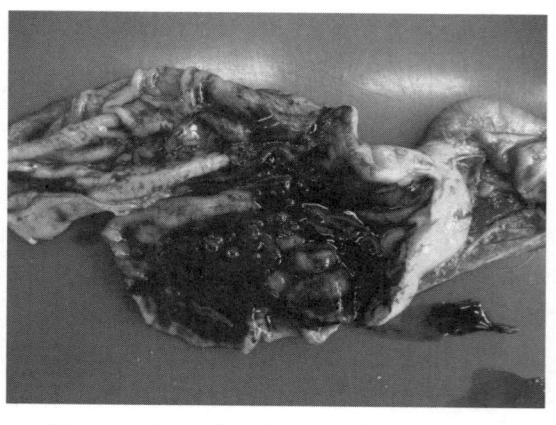

図7-12 ホンドタヌキの胃粘膜における出血

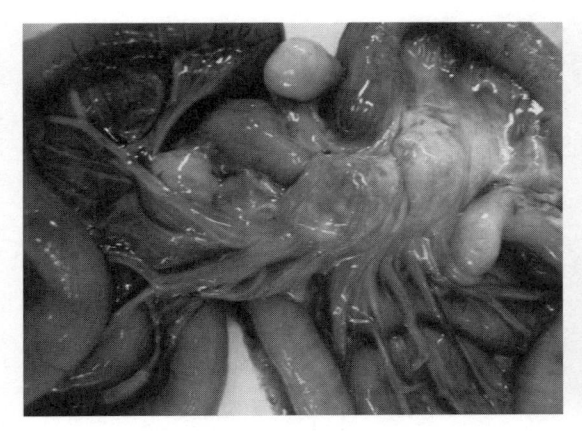

図7-13 腸間膜リンパ節の腫大（ホンドタヌキ）

図7-14 腎臓の割面に認められた多中心性出血巣（ホンドタヌキ）

は，必ず腸管についても詳細に調べる必要がある（図7-13）。

　反芻獣の4つの胃はそれぞれ縦に切開する。特に内容物の量とその固さに注意する。胃により粘膜の配列様式とその機能は大きく異なる。他の研究者の希望により，第四胃（腺胃）は別に分けて切開し，内容物をバケツの中に洗い流し，その中の寄生虫数を計測することもある。

　腸管は，はさみを用いて縦に開き内腔を観察する。腸内容の特徴（色，固さ，臭い，量）は，重要な所見であり必ず記録に残す必要がある。微生物学的検査のための採材では，腸管を開けないまま2か所結紮し，その両端で切断，内容を含む腸管を冷蔵保存，必要ならば冷凍保存する。動物の死因に毒物の関与が疑われる場合，冷凍保存は特に有効である。十二指腸（小腸の最初の分節）に接して膵臓があるので，これを探して，色，固さなど詳細に観察する。

（5）脾　臓

　両表面を観察した後，一定間隔で割を入れその割面を観察する。脾臓は，しばしばウイルス検索のための臓器として採材する。色調あるいは硬度の異常なども記録する。

（6）副　腎

　両側腎臓の前方先端にある両副腎を摘出して詳細に観察する。皮質と髄質の状態に注目する。

（7）尿路系

　尿路系を完全に検査するには，骨盤腔内を走行する尿道を露出させる必要がある。そのためには術者に最も近い側の骨盤（上側の半分）を，付着している軟部組織を切り，切断した骨を取り除くと，尿路系の全体を見渡すことができる。

　雄では，精巣をそれぞれ摘出し観察する。次いで，割を入れ（横断），その割面の状態を調べる。特に液体の滲出に注意して観察する。残りの尿路系臓器は一括して摘出する。

　雌では，卵巣は子宮体部との付着部を切り摘出する。全部の器官（尿管，膀胱，下行結腸および子宮）を一纏めにして軽く引きながら，付着している軟部組織を切り肛門まで引き出す。

　腎臓は縦に割断して観察する。特に皮質，髄質および腎盂の境が明瞭かどうかに着目する。組織検査用の採材には，必ず3層を含める（図7-14）。尿管は，通常外から観察する。膀胱を切開する前に，針を装着した注射筒を用いて尿を吸引し採取する。膀胱は，最初に少し切開し，縦に切り広げて裏返しにする。尿道は切り開き，前立腺に至り注意深く観察する。特に尿の性状には注意する。卵巣はそのまま，あるいは割を入れて固定する。子宮と腟は，縦に切開して調べる。これに付着している下行結腸の一部も同様に縦に切開して内腔を観察する。

5) 鯨偶蹄目（クジラ目）

　海生哺乳類は，一般に陸生哺乳類に比べ後肢と外形が大きく異なっている。鯨偶蹄目では，皮下脂肪層は厚く，コラーゲン基質に富むため，解剖刀はすぐ切れなくなる。腹腔は比較的狭く，臓器の観察がやや困難である（図 7-15）。鯨偶蹄目では，大きく腺部と非腺部に分けられる3つの胃がある。多くは第一胃および第二胃が非腺部で（図 7-16），第三胃は幽門部であり粘膜からなる腺胃に相当する。十二指腸には，しばしば第四の胃と見間違われる拡張部が存在する。

　腸管は一般に長く，腹腔の後部にあって小さな腹腔空間に押し込まれている。鯨偶蹄目の肝臓は比較的大型で，胆嚢を欠く。上部呼吸器系は，頭頂部の外鼻孔に終る。ハクジラ亜目の鯨は，1個の鼻孔あるいは噴水孔を有するが，ヒゲクジラ亜目の鯨は，噴水孔の下に2つの鼻孔を有している。咽頭は，細長い管状の構造で垂直向きになっているが，噴水孔の入り口に対しては水平になっている。食道の開口部は，咽頭の両側に位置している。短くて広い気管は，重い軟骨輪を有し咽頭を越えて間もなく分岐する。肺では，気道の終末に至るまで軟骨輪が認められ，厚い胸膜で被われている。鯨偶蹄目では，胸膜の炎症（胸膜炎）がよくみられる一方，厚い胸膜層はしばしば炎症（肺胸膜炎）と区別が困難である。腎臓は，個別の分節に広く分葉し，それぞれの分節は，皮質，髄質および乳頭部を備えた腎単位を形成している（図7-17）。膀胱は，小型で筋層に富む。

　鯨偶蹄目は，他の哺乳類に比較し，はるかに多い血液を保有し，体重の4分の1（25%）以上に達する種もある。そのため，剖検時に多くの臓器が暗赤調をしている。一般に海生哺乳類の筋肉は，ミオグロビンを多く貯蔵しているので，正常な状態でも暗赤色・深紅色を示す。鯨偶蹄目では，血管網系がよく発達し，互いに織り混ざり吻合することにより，変動しやすい血液量を容れ調整する血管床を形成する。水中に飛び込む際の血液の再配分の調節機構および熱交換の装置としても機能している。その血管網は，胸部大動脈および腰下領域（腎臓までの深部）で最も発達している。その他，小型で円形の脾臓，腹腔内の精巣および大型の副腎も鯨偶蹄目の特徴とされる。

　鯨偶蹄目では，肺で認められる病変として，しばしば細菌性の肺胸膜炎が認められるが（図

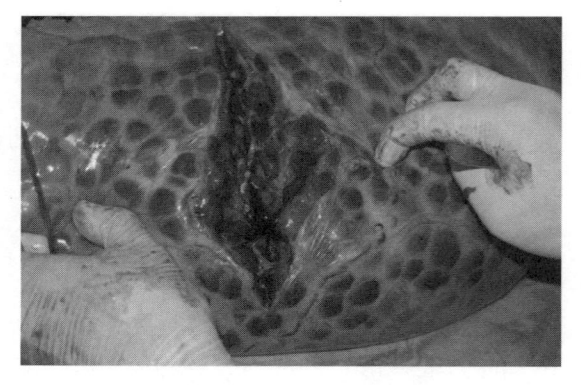

図 7-17　シャチの腎臓
分葉腎を呈する。

図 7-15　シャチの解剖例

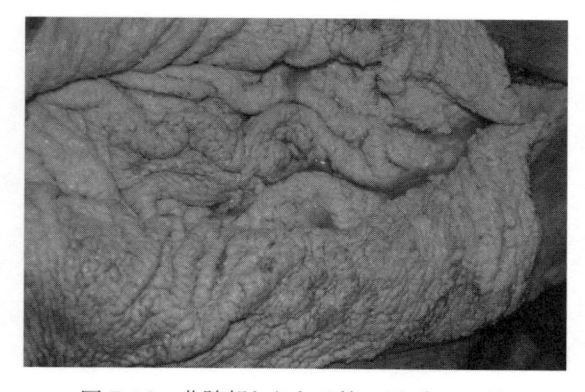

図 7-16　非腺部からなる第一胃（シャチ）

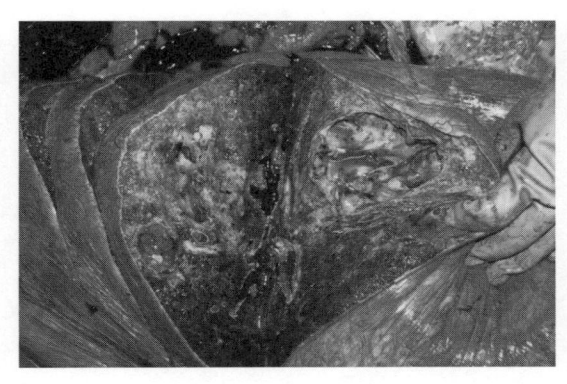

図 7-18 空洞形成を伴う細菌性および真菌性肺炎（シャチの肺）

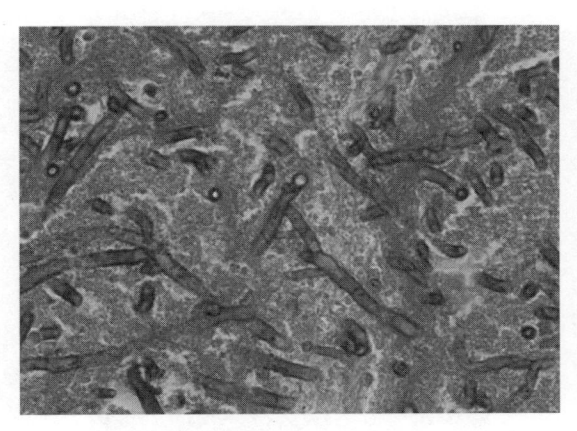

図 7-19 肺の壊死巣内に認められたアスペルギルス属の菌体（シャチ）

7-18），免疫能の低下に伴い，アスペルギルス症（図 7-19）あるいは接合菌症が認められる。接合菌症としてはムコール症が主として認められる。

6）鰭脚亜目

　鰭脚亜目はアザラシ科，アシカ科などが含まれるが，変化した後肢を除き，他の小型哺乳類と同様の解剖学的構造を示す。剖検では仰臥位が適し，肋骨を胸骨の両側で広く切断し，胸腔を露出させる。脂肪層の厚さは，他の哺乳類と同様である。
　鰭脚亜目には，水中に飛び込む際の血量と血圧の変動を処理するための種々の小さな形態変化が認められる。例えば，アザラシ科に認められる大動脈弓の拡張部は，動脈瘤と見間違うことがある。また，特にゾウアザラシ属では，下大静脈と肝類洞はしばしば拡張し鬱血する。捕獲されたキタゾウアザラシは，不用意に興奮させると，鬱血が発生し，それにより死亡することがある。

4. 日本産哺乳類において認められる病理学的変化

1）タヌキ類

　わが国をはじめとする東アジア固有の哺乳類であり，その保護管理において疥癬および犬ジステンパー感染が問題になる。疥癬は，本州に生息するホンドタヌキで流行しており，北海道の一部にも流行が広がっている。疥癬はヒゼンダニ（*Sarcoptes scabiei*）を原因とする皮膚感染症であり，希少種を含めた種々の野生哺乳類がみられる世界的な問題となっている。わが国では1981年頃から流行が報告され，地域によっては60〜70%に罹患が認められる。肉眼的には，局所〜全身性の高度な脱毛および表皮の肥厚により鎧状を呈し，組織学的には高度な角化亢進がみられ，毛包内には多数のヒゼンダニ寄生が認められる。皮膚病変の形成にはⅠ型アレルギー，細胞性免疫あるいは液性免疫の関与が示唆され，体力低下に伴い肺炎など呼吸器疾患を併発すると共に，壊死した皮膚からの細菌感染による敗血症により，腎臓，心臓など多臓器に細菌性塞栓症含む化膿性

図 7-20 タヌキの心臓における犬糸状虫の成虫

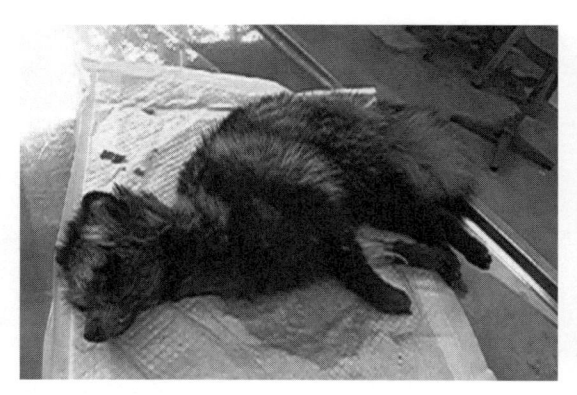

図7-21 犬ジステンパーウイルスに感染したホンドタヌキ

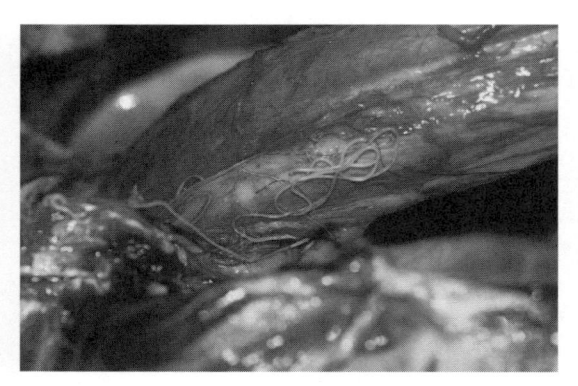

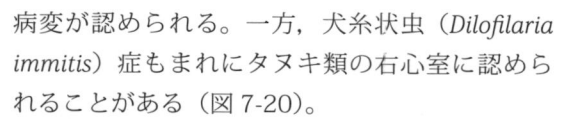

図7-22 ツキノワグマの皮下におけるフィラリア症

病変が認められる。一方，犬糸状虫（*Dilofilaria immitis*）症もまれにタヌキ類の右心室に認められることがある（図7-20）。

タヌキ類では，犬ジステンパーウイルス（CDV）の感染がしばしば認められ致死的となる（図7-21）。臨床的には犬と同様で，チック症状を伴う神経症状，呼吸器症状を示す。病理組織学的にも，気管支，脳，膀胱上皮，腎盂に特徴的な封入体形成が認められる。タヌキ類における犬ジステンパーウイルス感染の特徴は急性で致死性，かつ広範囲な地域に発生する傾向があるので留意すべき感染の1つと言える。

2）ハクビシン

ハクビシン（ジャコウネコ科）は，里山を中心に比較的よくみられる野生哺乳類の1つである。しばしば犬ジステンパーウイルス感染および疥癬の流行が認められる。犬ジステンパーウイルス感染では，肺全葉が赤色〜暗赤色のモザイク状を呈する重度の肺炎が認められ，組織学的に，脳に広範囲なグリオーシスおよび多核巨細胞の浸潤を伴う多発性壊死性脳炎が認められ，しばしば多発性軟化巣を形成する。グリア細胞，多核巨細胞の核内および細胞質内において好酸性の封入体の形成がみられた。

3）ツキノワグマ

しばしば寄生虫性病変が認められる。皮下に

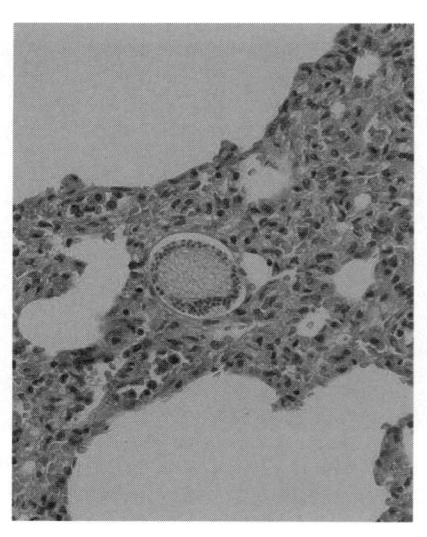

図7-23 ツキノワグマの肺におけるヘパトゾーン症

おいては，頸部皮下組織を中心に高率にフィラリア（*Dilofilaria ursi*）成虫の感染が認められ（図7-22），全身の血管腔内には多数のミクロフィラリア（mf）がみられる。一方，肺ではヘパトゾーン属原虫 *Hepatozoon ursi* のオーシストがしばしば認められ（図7-23），それに関連した多中心性肉芽腫の形成が肺胞壁にみられる。一方，舌や体幹の骨格筋には，人獣共通感染症であるトリヒナ（*Trichinella spiralis*）の寄生があり，クマ肉の生食により狩猟者にトリヒナ症の集団発生が報告されている。腸管には，クマ蛔虫（*Baylisascaris transfuga*）の寄生がまれに認められる（図7-24）。腎臓では，代謝性疾患として，シュウ酸を含有する餌の摂取によると考えられる腎シュウ

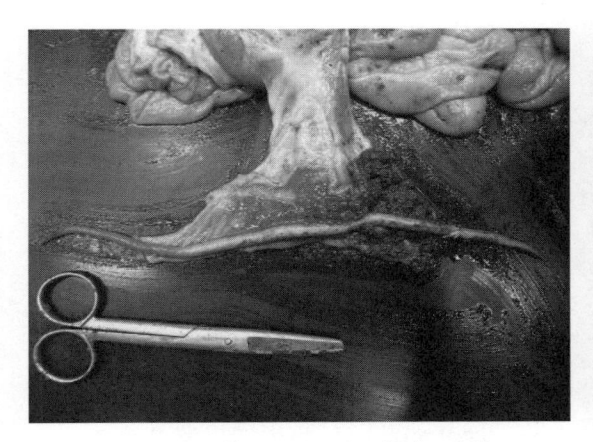

図7-24 腸管におけるクマ蛔虫の寄生

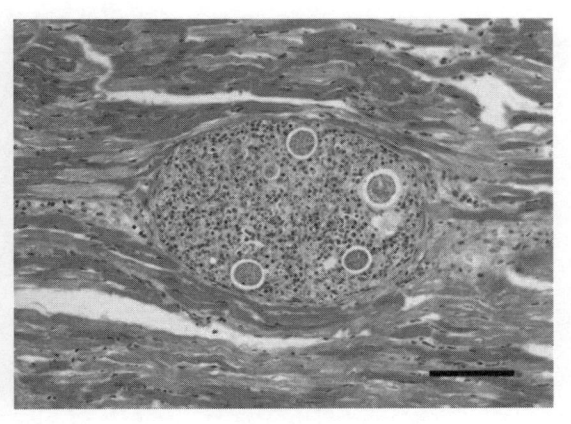

図7-26 ホンドテン心筋のヘパトゾーン寄生性肉芽腫

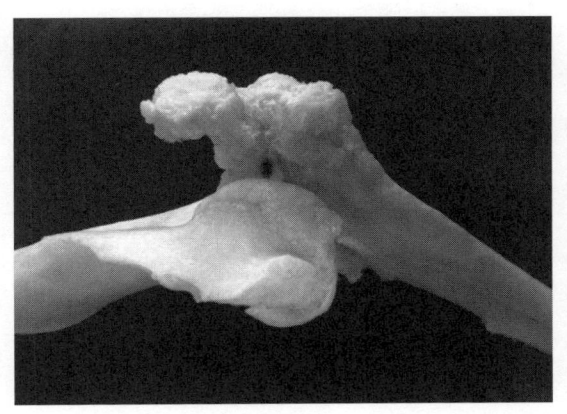

図7-25 ツキノワグマにおける骨端部の粗鬆化
食物不作の年にみられた。

酸沈着症もまれに認められる。近年の気候変動に伴い，しばしば周期性に繰り返される生息域のドングリやシイの実の不作に際しては，飢餓によると考えられる長骨での種々の程度の粗鬆化が認められることがある（図7-25）。

4）ホンドテン

心臓に高率にヘパトゾーン属の原虫の寄生が認められる。同原虫が寄生した心臓では，シゾントを中心に肉芽腫形成や線維化が種々の程度に認められ，個体の寿命に少なからず影響する感染因子と推測される（図7-26）。

5）カモシカ

しばしば周期的に流行するパラポックスウイルス感染症が個体管理に影響する。同ウイルスに感染したカモシカでは，口唇，眼の周囲皮膚，蹄冠部および乳房（雌）には痂蓋を伴う丘疹が認められ，病理組織学的に高度な充血と水腫，有棘細胞の空胞変性を伴う増生および封入体形成が特徴である（図7-27）。雌では，パラポックスウイルス感染症に伴う，摂餌困難や体力低下により出産率が低下し，個体数の減少が認められる。カモシカが生息する山間地の牧場では，パラポックスウイルス感染症に罹患したカモシカと間接的に接触することで，羊にパラポックスウイルス感染症が発生することもあるので，感染源としても重要と考えられる。冬季には，幼弱個体を中心に，肺炎がしばしば認められる。また，気管支および肺胞に高度な肺虫（*Prostrongylus shiozawai*）の寄生を

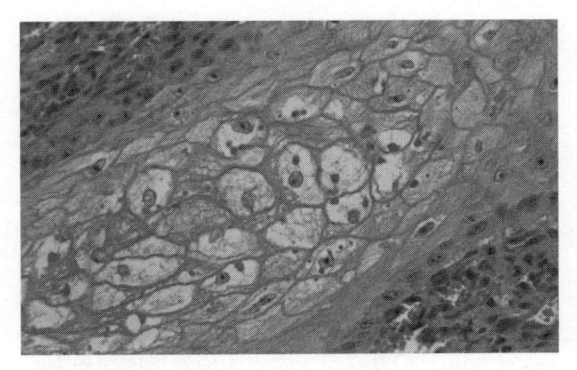

図7-27 パラポックスウイルス感染症における皮膚病変
腫大した有棘細胞内に封入体形成がみられる。

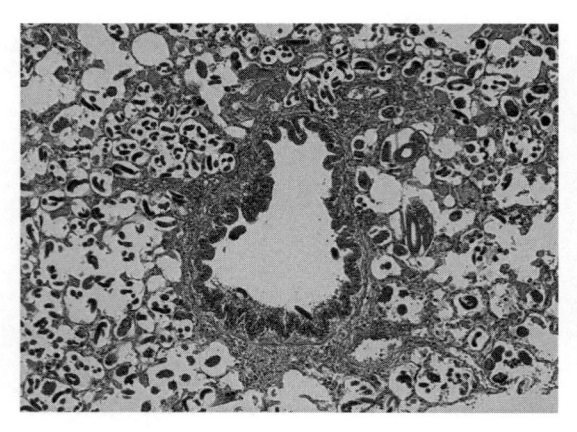

図 7-28 カモシカの肺にしばしば認められる肺虫症

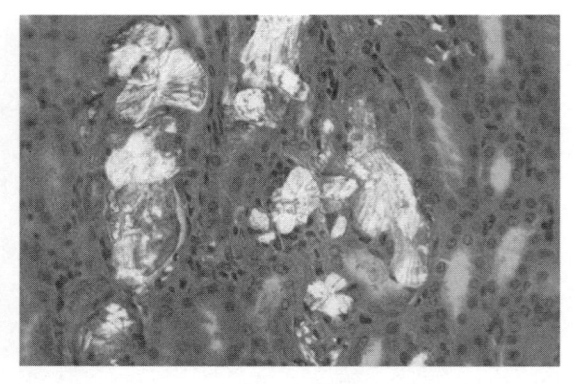

図 7-30 野生ニホンザルの腎臓にしばしば認められるシュウ酸沈着症

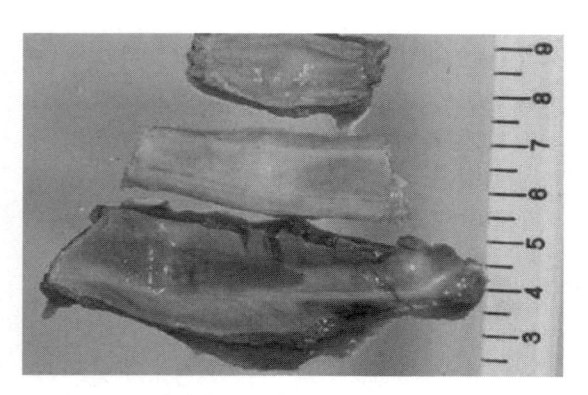

図 7-29 瘢痕化した肋骨の骨折部（カモシカ）

示す個体もしばしば認められる（図 7-28）。また、岩場を生息場所とするために、落下事故による骨折の治癒痕が偶発的に認められることもある（図 7-29）。あるいは急流で流されて水死した例もまれに認められることもある。

6）ニホンイノシシ

前述の疥癬がしばしば問題となる。他の動物と同様に脱毛、皮膚の高度な肥厚が認められる。胃にはドロレス顎口虫（*Gnathostoma doloresi*）の寄生が粘膜に腫瘤状病変の形成が認められる。捕獲時に多数のダニ類の寄生が通常認められる。肺では、ウエステルマン肺吸虫（*Paragomymus westermani*）のサクランボ大の虫嚢形成が多中心性に認められることがある。

7）ニホンザル

野外を移動しているニホンザルでは、比較的異常な所見は乏しく、栄養状態も良好であるが、消化管（腸管）に多数の蠕虫類が認められることがある。腎臓では、ほぼ全年齢層の個体において、種々の程度のシュウ酸沈着症が高頻度に認められるが、この原因としてはイタドリや樹木の芽などシュウ酸に富む食物を摂取するためと考えられる（図 7-30）。動物園で飼育されるニホンザルでは、冬季にはしばしば肺炎を示す個体が認められる。循環器系では、動物園で長期に飼育すると、心臓にしばしば心筋の線維化が認められ、栄養過多で運動不足の生育環境下では、大動脈に粥状硬化症の特徴であるプラック病変が認められることもある。

8）ノウサギ

寄生虫性疾患では、しばしば肝臓、腸間膜および大網に豆状条虫（*Taenia pisifornis*）の豆状嚢（尾）虫が多数認められることがある。ウサギ類は同寄生虫の中間宿主である。東北地方では、野兎病による、壊死性リンパ節炎がまれに認められるので、人獣共通感染症として留意すべきである。

9）ニホンイタチ（*Mustela itatsi*）

食道周囲において、しばしば日本顎口虫（*Gnathostoma nipponicum*）寄生による腫瘤状病

変があり，腫瘤内に同顎口虫の成虫が数隻認められる例が全国的にみられる（図7-31）。

10）ホンドギツネ（Vulpes vulpes japonica）

まれに右心房における犬糸状虫成虫の寄生，肺に肺吸虫が認められることがある。

5. わが国で問題になる可能性のある野生動物感染症

わが国で動物園動物および野生動物で問題となる可能性の高い新興および再興感染症について表7-1に示した。中でも近い将来，海外から侵入し

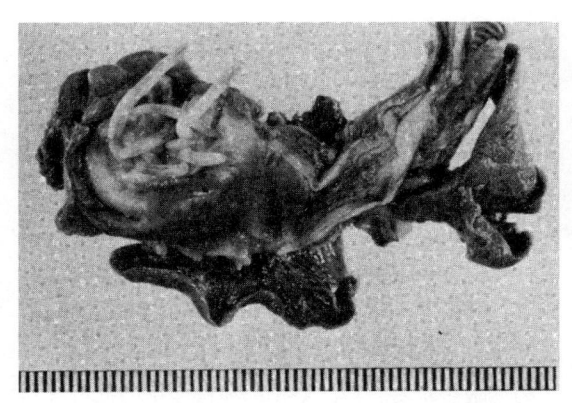

図7-31 食道壁における日本顎口虫寄生に伴う腫瘤形成

表7-1 わが国で問題になる野生動物感染症

1. 野外に棲息する鳥類，哺乳類	
パラポックスウイルス感染症	カモシカ
オーエスキー病	イノシシ
ジステンパー感染症	タヌキ，ハクビシン，アザラシ
ライム病	シカ類，ネズミ類（保菌動物として）
クロストリジウム症	カラス
エキノコックス症	キタキツネ，ネズミ類（感染源として）
トリヒナ	クマ
疥癬	タヌキ
アスペルギルス症	猛禽類，鵜
高病原性トリインフルエンザ	ハクチョウ，キンクロハジロ
2. エキゾチックペットおよび動物園動物における感染症	
馬鼻肺炎（EHV1，EHV4）	ウマ科動物
悪性カタール熱	ウシ科，シカ科動物
Bウイルス	マカク属サル類（感染源）
サーコウイルス感染症（PBFD）	オウム類
結核症（人型，牛型結核菌）	サル類，象，ウシ科動物，シカ科動物
非定型的抗酸菌症（鳥型結核菌）	鳥類，マカク属サル類
ヨーネ病	ウシ科動物
エルシニア症	チンパンジー，リスザル
サルモネラ症	カメ類，トカゲ類
クラミジア症（オウム病）	オウム類，シカ類
クリプトスポリジウム症	トカゲ類，蛇類
トキソプラズマ症	サル類，鳥類，ハイラックス
真菌感染（アスペルギルス，カンジダ）	ペンギン類
3. 将来侵入する可能性のある海外感染病	
ウエストナイル熱（WNV）	ほとんどの鳥類，哺乳類，爬虫類，両生類
ニパウイルス	フルーツ蝙蝠（感染源）
エボラ出血熱レストン株	カニクイザル
口蹄疫	偶蹄類
ペスト	齧歯類（感染源）
牛海綿状脳症（BSE）	野生ネコ科動物，ウシ科動物
狂犬病	蝙蝠類，サル類，小型食肉哺乳類

野生動物の生息環境および社会に大きな影響を与えるウエストナイルウイルスについて以下に述べる。

北米では，野外に生息する小型哺乳類では，コウモリ類，スカンク，リス類などにもウエストナイルウイルスの保有がみられる。また，養殖ワニにもウエストナイルウイルスによる多数の死亡例が認められている。動物園のアシカ類など多種類の哺乳類からもウエストナイルウイルスが見つかっていることから，これらの動物のペットとしての輸入や移動についても，ウエストナイルウイルスに対する適正な知識が必要である。

鳥類の病理

病理学的検査（病性鑑定）の目的は，種々の疾病に罹患した動物の病変を観察して，その所見に基づいて病態を明らかにして，病因や死亡した動物であればその死因を明らかにすることである。通常は病理解剖（剖検）による肉眼的観察，さらに光学顕微鏡を用いた観察を行って診断する。また，必要に応じて，画像診断（X線検査など），微生物学的検査，分子生物学的検査や薬物（毒物）検査などを行う（日本獣医病理学会編 2007）。

1. 病理学的検査の実際

1）病理解剖を行う前に

病理学的検査を行う前に，まず検体に関する情報を十分に入手しておく必要がある。例えば，鳥種，推定年齢（幼若，若齢，成体など），性別，生息状況，食性，場所，地形，植生，発見時の状況，死体発見日時（季節など），当時の気候（急激な気候の変化の有無，酷暑あるいは極寒，豪雪，風雨など），剖検までの保存方法など。

保存方法：病理学的検査には冷蔵保存（4℃前後）が最適であるが，病理学的検査までに時間を要する場合は，さらなる死後変化（腐敗）を防ぐために冷凍保存することがある。なお，冷凍保存された検体では，氷の結晶による細胞・組織の破壊があり，詳細な観察が困難になることが多い。冷凍する場合は，急速冷凍を心がけ，氷の結晶が大きくならないようにする。凍結すると溶血が生じ，組織は赤色調になり（血性浸染），脆弱になる。体腔内に少量の液体（ドリップ）が溜まる。高温（室温）で保存された検体では，死後変化が進み，得られる情報は極めて限られる。特に鳥類の死後変化の進行は哺乳類より早い。これは体温が高いことに一因がある他，羽毛による保温効果もある。特に水禽類の死後変化は早い。

2）鳥類の病理解剖術式

死体を標本として残す場合の術式は，『野生動物救護ハンドブック－日本産野生動物の取り扱い－』（文永堂出版）の 122-126 を参照されたい（齊藤 1996a）。以下に通常の病理解剖術式と観察点を記述する。

(1) 外景検査

外景検査のみで，死因を特定できることもあり，慎重な観察が必要である。まず，計測〔身体計測法は齊藤ら（1996b）を参照のこと〕，体格，体型，栄養状態，体各部の腫大，腫脹の有無，外傷の有無（外傷の形状から密猟などのワナ，銃器の特定ができる），羽毛の異常，羽毛の寄生虫検査（ハジラミ，トリサシダニ，ワクモ，ニワトリアシカイセンダニなど），黄癬，趾瘤，趾端の乾脱疽，関節炎，痘瘡などを観察する。また，死後変化の程度，可視粘膜の観察，天然孔からの滲出物，排泄物や分泌物の有無とその性状，触診による異常の察知などを行う。鳥ポックスウイルス感染症では，足趾端を含む無羽毛部を中心に丘疹，結節が形成される。鳥ポックスウイルスは，232 種類以上の鳥に感染するが，国内では，カラス類，スズメ，ワシ類，フラミンゴ類などで確認されており，カラス類とフラミンゴ類では集団発生している（福井 2008，中村 2008）。ガンカモ目，ワシタカ目の鳥種の鉛中毒では，総排泄孔付近の羽毛

に濃緑色便の付着がみられる。また，オウム病発症個体では，抹茶のような色調の下痢便がみられる。

（2）羽毛の飛散の防止

感染因子の飛散と，内臓への汚染を防ぐため，頭部だけを液外におき，体を消毒液に漬ける。あるいは，剥皮線（切皮線）に沿って，羽毛を消毒薬で濡らす。

（3）開腹前の検査

翼神経叢（前肢神経叢）の観察，胸椎の棘突起に沿って左右に刀を入れ，肩甲骨を左右に押し広げ，神経を観察する。

（4）剥　皮

胸骨竜骨突起に沿って，切皮線を入れる。さらに，腹部皮膚を，総排泄孔を避けて最後尾椎まで切皮する。上腕部・前腕部の前縁に沿って切皮する。

皮膚を剥離して，皮膚，皮下組織，脂肪沈着の有無について観察する。胸筋を露出して，発達程度，筋肉の損傷を観察する（図7-32）。水禽類などでは，脚の骨折などで起立困難になると竜骨部分を中心とした胸筋に広範な壊死や出血がみられる。また，頸部，前胸部の剥皮の際にそ嚢を傷つけないように注意する。幼鳥では頸部気管の両脇に胸腺が発達している。

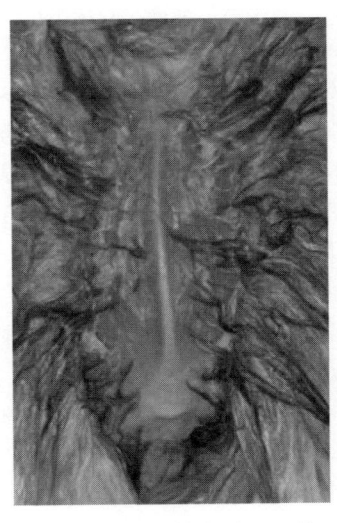

図7-32　胸筋萎縮（ノスリ）

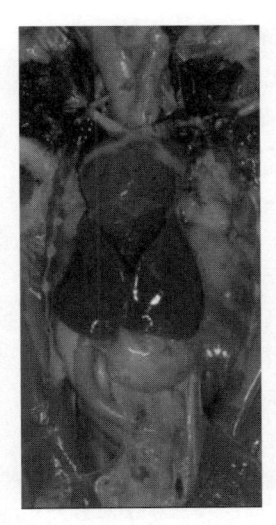

図7-33　ノスリ（*Buteo buteo japonics*）の内臓全景

（5）体腔臓器の露出

胸骨を除去する。左右の肩甲関節を切離し，さらに，胸壁と連絡する翼神経叢，胸骨舌筋，鎖骨下動脈，心嚢靱帯，胸骨気管筋などを切離する。甲状腺，上皮小体などを観察する（図7-33）。

（6）内景検査

臓器を採出しながら，器官系統別に観察をする。例えば，呼吸器系（喉頭，気管，肺，気嚢），泌尿器系（腎臓，尿管，総排泄腔）など。また，実質臓器では，各臓器の位置関係，大きさ，形，色，質を観察する。管腔臓器では，漿膜面，壁の厚さ，粘膜面，内容を確認する。

a．呼吸器系

体腔内諸臓器を検査，採出する前に気嚢（前胸，後胸，腹）の観察を行う。

気嚢は，非常に薄い，滑沢，透明な漿膜よりなっている。不透明化，肥厚，滲出物の貯留に注意する。アスペルギルス症では，肺，気嚢に播種性病変を作りやすい（結節形成，線維素析出）（「4.15）アスペルギルス症」の項参照）。内臓痛風の場合，気嚢や実質臓器の表面に白色のチョークの粉のような物質が付着してみえる（「5.3）痛風」の項参照）。

肺は胸郭肋骨間に密着しているため，これらの臓器の採出には注意を要する。

b. 消化器系

鳥類の消化器の特徴と注意点

① 口腔：歯を欠く。軟口蓋がなく口蓋が完全に形成されていない。
② そ嚢：ワシタカ目の鳥種でよく発達している。壁は非常に薄い。やや右寄りに位置している。サルモネラ症（スズメなどのフィンチ類），カンジダ症（別名 鵞口瘡；幼鳥，免疫能が低下した鳥），トリコモナス症（ハト，飼鳥），毛細線虫症（穿通毛細虫がホロホロ鳥，七面鳥などの口腔，食道，そ嚢粘膜内に寄生）などの疾患では，偽膜性壊死性炎症を起こしやすい。鉛散弾や釣りの錘（おもり）やプラスチックペレットなどの異物（ガンカモ目）の存在にも注意する。
③ 食道→腺胃→筋胃→十二指腸→小腸：筋胃は哺乳類の胃幽門部に当たる。ガンカモ目では，筋胃内にグリット（餌を機械的に擦り潰すための小石類）を入れていることが多い。猟場に生息するこの種の鳥では，グリットに混ざって，散弾が含まれることがあるので注意を要する。また，ときには死因を特定するために，胃内容物を保存する必要がある。毒物の種類によって保存方法は異なるが，一般にアルコールあるいはホルマリン固定する。種子は乾燥させて保存する。空腸と回腸の区別は不能で，空回腸のほぼ中央部にメッケル憩室がある。カラス類などの野鳥のクロストリジウム症で出血性壊死性腸炎が観察される。
④ 盲腸→結腸→直腸→総排泄腔：盲腸は1対あるが，鳥の種類によって発達の程度が異なる。盲腸開口部には盲腸扁桃が発達している。盲腸以下が非常に短く，結腸・直腸は区別しない。総排泄腔には，直腸，尿管，卵管（精管）が開口し，幼鳥では，総排泄腔の背面にファブリキウス嚢が発達しているが，年齢と共に萎縮する。七面鳥トリコモナスは，七面鳥，ホロホロ鳥の他，ウズラ類，キジ類などの盲腸，ときに肝臓に病変を形成する。鳥類には，各種のコクシジウムが感染するが，鳥の年齢やコクシジウムの種類によって病変が異なる。

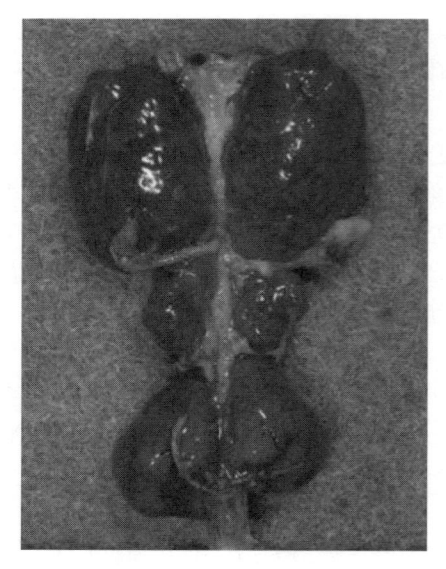

図7-34 ノスリの腎臓

⑤ 肝臓，膵臓：肝臓は深い切痕で左右2葉に分かれる。哺乳類に比較して結合組織の発達が悪いため，軟らかく脆い。組織学的には，特有の中心静脈がみられず，哺乳類のような明瞭な肝小葉は形成しない。膵臓は，通常，十二指腸ワナに挟まれて腸間膜内に存在する。

c. 泌尿・生殖器系

腎臓は3葉からなり体腔背面（仙骨や腸骨からなる窪みに収まっている）に密着しているため，臓器の採出には注意を要する（図7-34）。腎臓の表面には，ときに尿酸を満たした尿管分枝が白色線状構造としてみえる。腎臓の腹側面には，生殖腺と副腎がある。卵巣，卵管は左側のみが発達している。個体の年齢や季節によって形態の変化が著しい。特に精巣の色は鳥種によって異なり，左右で大きさが異なることもある（図7-35）。雌では，卵管炎，卵墜，卵詰まりが多い。

d. 脾臓

鳥種によって形状が異なる。通常，腺胃と筋胃の境界付近の背側に暗赤色の球状体として観察される。スズメなどのフィンチ類では，細長い形状をしている（図7-36）。

e. 心臓

体に比べて大きく，円錐形で，体腔の前位にあ

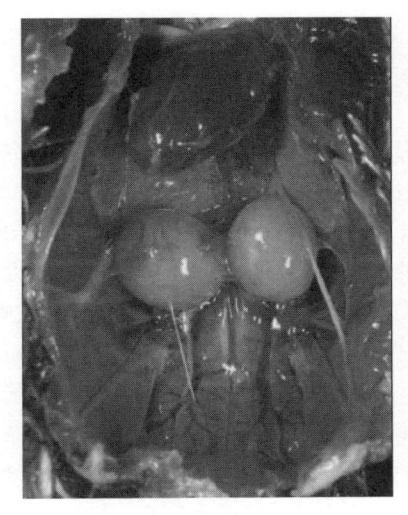

図7-35 精巣

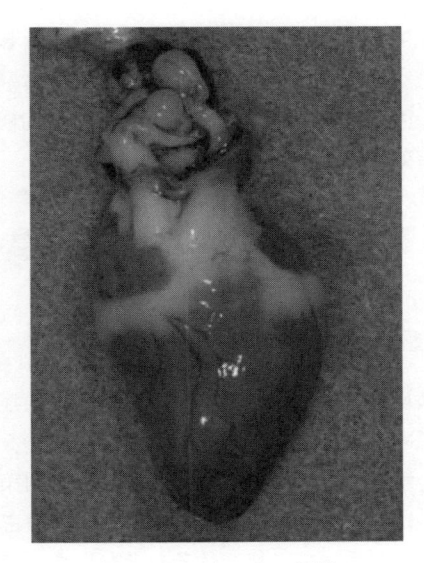

図7-37 ノスリの心臓

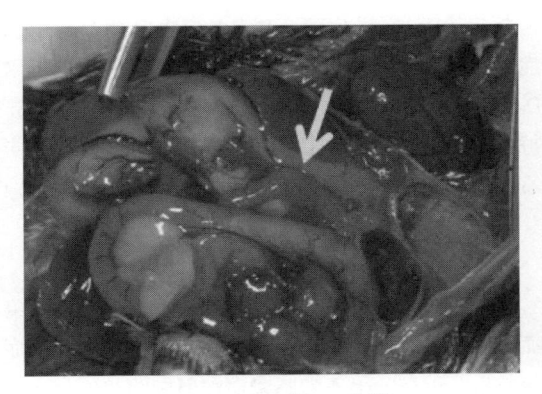

図7-36 スズメの脾臓
矢印は脾臓，貧血色を呈している。

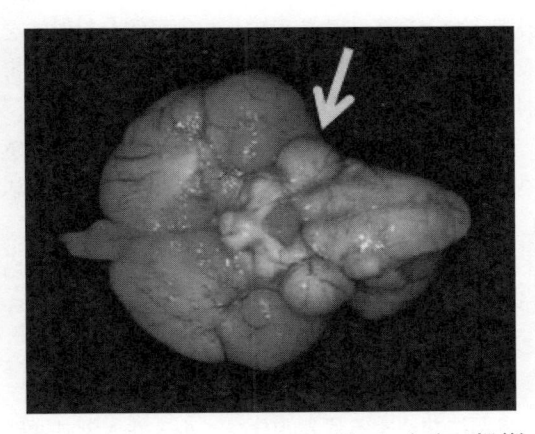

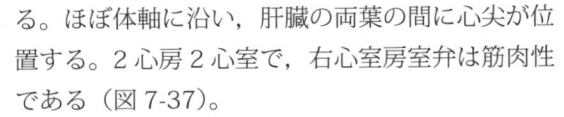

図7-38 オオハクチョウの脳（腹面，矢印は視葉）

る。ほぼ体軸に沿い，肝臓の両葉の間に心尖が位置する。2心房2心室で，右心室房室弁は筋肉性である（図7-37）。

(7) 後肢神経叢（腰神経叢と坐骨神経）の観察
(8) 頭頸部臓器の採出と観察

頭蓋骨を切除し脳を露出する。鳥類の頭蓋骨は，海綿状になっているものが多い。特にフクロウ類では骨が海綿状に厚い。また，眼窩が著しく大きいため，脳の採出に注意する。脳の特徴は平滑脳で，視神経と視葉が発達していて（図7-38），下垂体中葉と海馬がない。バードストライクの場合，衝突した構造物やスピードによって，外傷の程度は異なる。窓ガラスなどへの衝突では，頭部皮下組織や頭蓋骨に出血を認めることが多いが，小型の鳥では，目立った変化がないものもある。

(9) 骨格の観察

解剖前のX線検査結果と外景検査所見とあわせて，観察を行う。骨，関節の変形，骨折，骨質の異常（骨粗しょう症，骨軟症など）を検査する。鳥の骨髄は胸骨と脛骨，大腿骨を観察，採材する。また，上腕骨内の気嚢を観察する。

(10) 病理検査のための材料の処理方法（固定）

「哺乳類の病理」の項を参照。細菌・ウイルス性感染症などを疑う場合は，疑われる病原体に適した方法で保存する。ただちに病原体検査がで

きない場合は，病変部の生材料を冷凍保存しておくことを勧める．冷凍保存ができない場合はアルコール固定をすると，のちの分子生物学的検査などに有効である．

2. 死体の取扱いに関する注意点

1) 感染症

傷病鳥類を取り扱う場合，人獣共通感染症に十分注意すると共に，人が病原体の伝播をしないように心がけなければならない．感染症の対策としては，「感染しない，感染させない，拡散させないこと」が重要で，病原体それぞれについて，感染源，感染経路（感染方法），診断法，消毒法，殺菌法および予防法を周知し，効果的な対処法を取るべきである．各病原体に関する詳細は，本書別項を参照するとよい．

最も注意すべき感染経路は，空気感染，飛沫感染で，次に経皮感染である．病原体の危険度に応じたマスクを着用し，防護メガネ，手袋をする．また，節足動物媒介性の感染症もあるので，病鳥からの節足動物の散逸を防ぎ，吸血されないように十分注意する．

(1) 鳥類に関連する人獣共通感染症

鳥類に関連する代表的なウイルス性人獣共通感染症を表7-2にまとめた．細菌性感染症として，鶏のパラチフス，スズメのサルモネラ症（福井2009，三部2008，Une 2008，中野2011），特に七面鳥で問題となる鳥の豚丹毒症，鳥ビブリオ肝炎（原因：カンピロバクター），エルシニア症（別名：仮性結核），パスツレラ症，鳥型結核（別名：抗酸菌症），ライム病，オウム病，Q熱がある．真菌感染症として，鳥のカンジタ症，皮膚糸状菌症（原因：*Microsporum gallinae*, *Trichophyton simii*），クリプトコッカス症，ヒストプラズマ症（原因：*Histoplasma capsulatum*，一般に鳥類やコウモリの糞便から発見される二形性真菌の一属），原虫性感染症として，トキソプラズマ症（カナリア，九官鳥などのフィンチ類で問題となる．Dubey 2002）やクリプトスポリジウム症がある．寄生虫感染症として，ワクモ（原因：*Dermanyssus gallinae*，通常は，鳥の巣の中にいる．特に9月頃から外に出て，他の動物から吸血する高度の瘙痒感のある丘疹性蕁麻疹を形成する）などがある．

(2) 鳥類の感染症

感染症には，自然界で，鳥類間で伝播する感染症や，家禽などの家畜と野鳥間で伝播する感染症がある．現在，後者の感染症が最も問題になっており，その代表的な病原体が水禽類のインフルエンザウイルスである．野生動物が保有する病原体

表7-2 鳥類に関連するウイルス性人獣共通感染症

疾病名	症状		伝染経路（媒介動物）	病原体
	人	動物		
鳥インフルエンザ	発熱，悪寒，筋肉痛，呼吸器	呼吸器症状	直接	オルトミクソウイルス科インフルエンザ
ニューカッスル病	結膜炎	肺炎，脳炎，胃腸炎，肺炎など	なし，直接	パラミクソウイルス科
クリミアコンゴ出血熱	出血熱	不顕性感染	ダニ	ブニヤウイルス科ナイロウイルス
西部馬脳炎	脳炎，不顕性感染	キジ：中枢神経症状，下痢	蚊，エアロゾル	トガウイルス科アルファウイルス
日本脳炎	脳炎，不顕性感染		蚊	フラビウイルス科フラビウイルス
ウエストナイル熱	発熱，頭痛，咽頭炎，リンパ節炎	鳥/馬：顕性感染	蚊	フラビウイルス科フラビウイルス
セントルイス脳炎	脳炎	不顕性感染	蚊	フラビウイルス科フラビウイルス

表 7-3 OIE リスト（2010 年）に掲載されている鳥類の感染症

1	Avian chlamydiosis	オウム病
2	Avian infectious bronchitis	鳥の伝染性気管支炎
3	Avian infectious laryngotracheitis	伝染性喉頭気管炎
4	Avian mycoplasmosis（*M. gallisepticum*）	鳥マイコプラズマ病（*M. gallisepticum*）
5	Avian mycoplasmosis（*M. synoviae*）	鳥マイコプラズマ病（*M. synoviae*）
6	Duck virus hepatitis	アヒルウイルス肝炎
7	Fowl cholera	鳥コレラ
8	Fowl typhoid	家禽チフス（*Salmonella* Gallinarum）
9	Avian Influenza HPAI	高病原性鳥インフルエンザ
10	Avian Influenza LPAI（Wild birds）	低病原性鳥インフルエンザ
11	Avian Tuberculosis	鳥抗酸菌症
12	Infectious bursal disease（Gumboro disease）	伝染性ファブリキウス嚢病
13	Marek's disease	マレック病
14	Newcastle disease	ニューカッスル病
15	Pullorum disease	ひな白痢（*Salmonella* Pullorum）
16	Turkey rhinotracheitis	七面鳥鼻気管炎
17	Duck Plague（DVE）	アヒルのペスト
18	Q-fever	Q 熱
19	West Nile disease	ウエストナイル熱

のコントロールは極めて困難で，野生動物が感染源となり，家畜での流行を引き起こしている。また，逆に，家畜で流行している感染症が野生動物の大量死の原因にもなり，北米ではアヒルペスト，ニューカッスル病，家禽コレラがガンカモ目，ハクチョウ類，ウ類に大量死を引き起こした。近隣の韓国においても，家禽コレラによってトモエガモが 11,000 羽以上死亡し，生態系への脅威にもなっている。これらのことから，OIE は 2010 年 5 月に野生動物の監視すべき病原体をリストアップして，注意を呼びかけた（OIE 2010，2012 年に改訂：http://www.oie.int/animal-health-in-the-world/oie-listed-diseases-2012/）。表 7-3 は鳥に関連するものをまとめたものである。その他，報告のある感染症としてマレック病，ポックスウイルス感染症（カラス類，スズメ）（福井 2008，中村 2008），ヘルペスウイルス症（ハト科鳥種），クロストリジウム感染症（カラス類）（Asaoka 2004），豚丹毒，野兎病，大腸菌症，ボツリヌス菌感染による中毒（中津 2004），コクシジウム症（多種類），アトキソプラズマ症〔ムクドリ（*Sturnus cineraceus*），スズメ〕，ヒストモナス症（ライチョウ），鳥マラリアなどがある。

2）法に基づいた死体の取扱い

野生動物にかかわる法律には，「鳥獣保護法」，「生物多様性基本法」，「自然再生推進法」，「自然公園法」，「生物多様性条約」，「世界遺産条約」，「絶滅のおそれのある野生動植物の種の保存に関する法律」（以下，種の保存法），「水産資源法」，「文化財保護法」，「鳥獣被害特措法」，「ラムサール条約」，「動物愛護管理法」，「外来生物法」，「ワシントン条約」などがある。このうち，国内で野鳥の死体を発見した場合に関連する法律として，「種の保存法」と「文化財保護法」がある。2 つの法律ともに，生体を対象としており死体の取扱いについて限定はしていない。「種の保存法」においては，死体は無主物として取り扱われ，発見者の所有となる。しかしながら，所有者が変更される場合（譲渡）は環境省への届けが必要になる。また，記念物に指定されている鳥の死体を発見した場合，教育委員会へ連絡して，取扱いについて協議することを勧める。

野鳥は，「家畜伝染病予防法」の対象動物では

ないが，鳥インフルエンザによる死亡例が報告されたこともあって，異常な死亡がみられた場合は，まず，環境省に異常の発生を通報するほか，関係機関（都道府県家畜衛生部局，保健衛生部局等）に通報することになっている。なお，環境省より『野鳥における高病原性鳥インフルエンザに係る対応技術マニュアル』が発行されているので参考にするとよい〔http://www.env.go.jp/nature/dobutsu/bird_flu/manual/pref_0809.html（2011年9月）「Ⅲ．高病原性鳥インフルエンザと野鳥について（情報編）」〕。また，高病原性鳥インフルエンザウイルスに対し，感染リスクの高い日本の野鳥種（9目10科33種）の情報も以下のウェブサイトに掲載されている（http://www.env.go.jp/nature/dobutsu/bird_flu/manual/pref_0809/list_ap1.pdf）。

表7-4　過去，国内で確認された野鳥の大量死，散発死事例　（鉛中毒，鳥インフルエンザを除く）

種類	学名	死亡数（検査数）	日時	場所
ミヤマガラス	Corvus frugilegus	89	2006年3月	秋田県
キレンジャク	Bombycilla garrulus centralasiae	約50羽	2011年3月23〜25日	盛岡市
ヒレンジャク	Bombycilla japonica			
ヒヨドリ	Hypsipetes amaurotis			
シマフクロウ	Ketupa blakistoni	2		北海道
シマフクロウ	Ketupa blakistoni	3		北海道
ムクドリ	Sturnus cineraceus	60	2004年9月	花巻市
カラス，シメ属		43（7事例）	2004〜2006年	岩手県内
キレンジャク	Bombycilla garrulus centralasiae	67	1997年2月	長野県小諸市
スズメ	Passer montanus	多数	2005年度冬季	北海道
スズメ	Passer montanus	多数（15）	2005〜2006年冬季	北海道
スズメ	Passer montanus	多数	2006〜2008年冬季毎	北海道
スズメ	Passer montanus	多数（64）	2005年〜2006年冬季	北海道
スズメ	Passer montanus	202（26）	2008年〜2009年冬季	北海道
スズメ	Passer montanus	多数（61）	2006年7〜8月	関東
カルガモ	Anas poecilorhyncha zonorhyncha	43	2004年9月	兵庫県尼崎市東海岸町の埋め立て造成地
カイツブリ	Tachybaptus ruficollis poggei	3		
ダイサギ	Ardea alba	4		
ヒドリガモ	Anas penelope	2		
カワウ	Phalacrocorax carbo	1		
カモ（各種）		大量死	2004年夏	東京都仙川
カラス類		多数（7）	2006-2007年	北海道
ハシブトガラス	Corvus macrorhynchos japonensis	多数（8）	2002年	群馬県
サギ（各種）		70羽以上	2008年9月〜10月	神奈川県三浦半島

3. 大量死事例

多くの個体は，自然の生活の中で感染症とは無関係に死亡している。野鳥は餌不足や悪天候による衰弱，猛禽類などによる捕食，人工構造物への衝突や交通事故，感電，農薬などによる中毒など，いろいろな原因で死亡する（久保 2005）。

表 7-4 は，国内で報告されている大量死事例である。この他，大量死や散発的死亡が海難事故による油流出で，鉛弾誤飲による鉛中毒，鳥インフルエンザ，アトキソプラズマ症などでも生じる。なお，鳥インフルエンザと鉛中毒は，野鳥の重要な疾患として本書別項にまとめられているので参考にするとよい。

原因	情報源
タリウム　硫酸タリウム（殺鼠剤）	安田ら 2007
クマリン系殺鼠剤（成分：クマテトラリル）	浅野 2004
亜鉛（金網の防錆剤）	梶ヶ谷 2008
水溶性ビタミン	
殺虫剤中毒（有機リンまたはカルバメート）	岩手県中央家畜保健衛生所 2004
有機リン中毒，カーバメート中毒	清宮ら 2007
エチルパラニトロフェニルチオノベンゼンホスホネート（EPN45%）	中沢 1997
融雪剤中毒疑い	Tanaka et al. 2008
サルモネラ症	Une et al. 2008
サルモネラ症	宇根私信
サルモネラ症	中野ら 2011
サルモネラ症	福井ら 2009
サルモネラ症	三部ら 2008
ボツリヌス症	中津 2004
ボツリヌス症	日本小動物獣医師会 HP http://www.jsawa.com/ippan/new/109_1.html
鳥ポックス症	中村ら 2008，福井ら 2008
クロストリジウム症	Asaoka et al. 2004
アオコ？	根上ら 2011

4. 鳥類の代表的感染症の病理学的所見
（Fischer 2007）

1) 野鳥の高病原性鳥インフルエンザウイルス感染症

鳥種によって本ウイルスに対する感受性が異なり，ハクチョウ類，ガン類，キンクロハジロ（*Aythya fuligula*），ホシハジロ（*Aythya ferina*）など感受性が高いとされる鳥種が，死体あるいは発症個体として発見されることが多い。しかし，本疾患には，特異的な臨床症状や肉眼的所見はないとされており，鶏では，突然死することも多く，野外でも死体あるいは衰弱，沈鬱などの非特異的症状で発見されている。このため，臨床症状や剖検で診断することはできない。野鳥を用いた実験感染では，首を傾けてふらついたり，首をのけぞらせて立っていられなくなるような神経症状の他，重度の結膜炎が観察されている。また，肉眼的には，野外発症例では，全身状態のよい個体が多く，一部に軽度の脱水や削痩が確認されている。一般に内臓諸臓器に劇的な変化はみられないとされており，膵臓の多発性褪色斑（壊死巣）や赤褐色斑（出血），肺の軽度から中程度の鬱血，胸膜の水腫性肥厚，中程度の脾腫（ときに多発性白点を伴う）と肝腫大，肝鬱血，肝の脆弱化，脳の充出血などがみられる。組織学的には，壊死性膵炎，非化膿性脳炎・髄膜脳炎が特徴病変とされ，他に肝臓類洞内硝子様物，心筋変性，腸神経叢神経節炎，肺傍気管支間質と小葉間間質の軽度の偽好酸球浸潤などが認められている。ウイルス抗原は，脳，膵臓，上部気道に分布しており，重篤になると下部気道にも観察される。他の組織としては，肝臓，副腎，神経節細胞などにもみられる。

2) ウエストナイル熱

330種類以上の鳥種に感染する。鳥種によって感受性が異なり，最もカラス類の感受性が高く致死的で，ウイルス増幅動物としても重要である。ウエストナイルウイルスによって死亡した鳥では，全身の諸臓器にウイルス抗原が分布している。病変として，脾腫，脳・頭蓋冠の出血，心筋壊死，

図7-39 カラス類のポックスウイルス感染症(福井大祐氏提供)

出血，腎臓の腫脹と混濁などがみられる。組織学的には，リンパ形質細胞性髄膜脳炎，リンパ球組織球性心筋炎や出血と石灰沈着を伴う非炎症性心筋壊死がみられる。脾臓では高度のリンパ球の消失が認められる。個体によっては肝細胞の変性と壊死，様々な程度の膵炎，副腎炎も認められている。

3) 鳥ポックスウイルス感染症

ほとんど全ての鳥種に感染する。国内ではカラス類，スズメ，フラミンゴ類などで報告がある。スズメでは，皮膚型が最も一般的で，通常，無羽毛部（顔面と脚）に多発性の丘疹，結節状の病変を形成する。病変部表面には痂皮形成を伴う。粘膜型（Wet type）では，口腔〜食道の粘膜に病変を形成する。組織学的には，感染を受けた上皮細胞の好酸性細胞質内封入体を伴う風船様変性，壊死，過形成などが観察される（図7-39）。（福井 2008，中村 2008）

4) アヒルペスト，アヒルウイルス性腸炎

アヒルペスト，アヒルウイルス性腸炎（Duck

virus enteritis) の病原体はヘルペスウイルスである。名称のようにアヒルやガチョウとハクチョウ類などで発生しているが，野生のカモ（マガモ，バリケン）でまれにみられる（1973年サウスダコタで，野生のマガモとカナダガンが40,000羽死亡した報告がある）。

　肉眼的には，諸臓器の出血や体腔内出血が特徴的で，消化管全域において，急性，出血性（点状〜斑状），多病巣性の線維素壊死性，潰瘍性腸炎がみられ，しばしば，腸関連リンパ装置に一致した特徴的な環状の帯状病変を形成する。他に，典型的なヘルペスウイルスによる核内封入体形成を伴う多発性壊死性肝炎，口内炎，食道炎，脾炎がみられる。

5）猛禽類のヘルペスウイルス感染症

　タカ類とフクロウ類を含む猛禽類で発生する。ハトヘルペスウイルスに感染したハト類の捕食などに起因する感染症と考えられている。封入体形成を伴う多発性壊死性肝炎，脾炎，線維素壊死性咽頭炎，食道炎や気管炎がみられる。

6）キジ類の大理石脾病，キジのアデノウイルス症

　キジ類の大理石脾病（Marble spleen disease）およびキジのアデノウイルス症は，鳥アデノウイルス（グループⅡ）による感染症である。飼育下のキジ類に発生するが，他の繁殖されている狩猟用鳥種にも発生する可能性がある。近年，韓国で発生している。脾臓は，高度に腫大し，赤色部や白色部が混在し大理石様の紋様を呈する。組織学的には，高度の濾胞壊死や多病巣性の網内系細胞の過形成が観察され，典型的なアデノウイルスによる核内封入体が認められる。肺の鬱血や水腫がみられる。

7）家禽コレラ，鳥パスツレラ症

　Pasteurella multocida による敗血症。七面鳥，水禽類および野鳥は，鶏よりも感受性が高く，カモメ類，カラス類，最近では猛禽類でも報告がある。また，成鳥は幼鳥より感受性が高い。甚急性

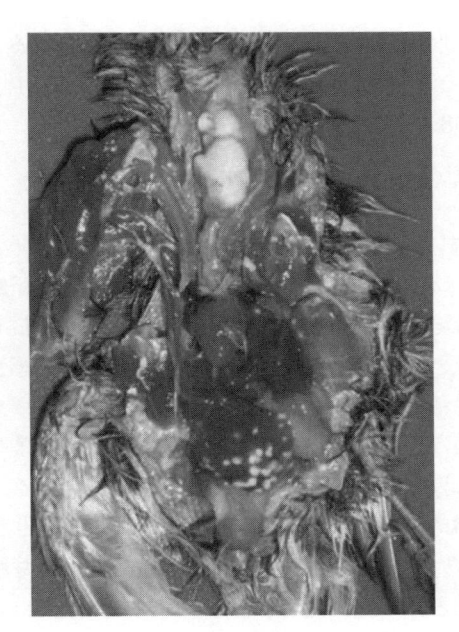

図7-40　スズメのサルモネラ症

の敗血症を引き起こす。急性期を耐過した動物では，その後徐々に病勢悪化し衰弱死するもの，回復するものがある。甚急性例では肉眼的にほとんど病変はなく，急性例では，種々の臓器に多発性点状〜斑状出血，肝腫大や脾腫があり，典型例では多発性肝壊死が観察される。組織学的には，脾臓，肺，脳，腸などに壊死を伴う無数の細菌塊がみられる。

8）鳥類のサルモネラ症

　野鳥のサルモネラ症では，Salmonella enterica Typhimurium を原因とすることがほとんどで，多くの種類の鳥に感染する。特に，フィンチ類の鳥，スズメのサルモネラ症は，世界各地で確認されている。寒冷，悪天候や食糧不足などのストレスにより発生するため，冬季に流行することが多い。実際，北海道でも冬季に流行が繰り返されている。また，サルモネラを保菌している鳥あるいは発症した鳥を捕食した鳥（カラス類，猛禽類など）に感染や発症がみられる。カモメ類でも集団発生の報告がある。フィンチ類のサルモネラ症の病理学的特徴は壊死性偽膜性そ嚢炎で，他の敗血症と同様に多発性白色結節形成を伴う肝腫

大，脾腫がみられ，ときに腹膜炎がみられる（図7-40）。（福井 2009，三部 2008，中野 2011，Une 2008）

9) 鳥結核，抗酸菌症

鳥に抗酸菌症を起こす主な菌種は *Mycobacterium avium* と *M. genavense* で，他の菌種が原因になることはまれである。*M. avium* は，おそらくほとんど全ての鳥種に病原性を示す。高感受性の鳥種として家禽，スズメ，キジ類，ヤマウズラがあげられる。臨床症状は，胸筋の顕著な萎縮と共に衰弱，沈鬱や下痢などで慢性経過をとる。病理学的には，脾臓，肺，腸や肝臓に石灰化を伴わない中心部乾酪壊死（結節）と多発性肉芽腫が観察される。国内では，ウスユキバト（*Geopelia cuneata*）での集団発生が報告されている。

10) オウム病，クラミジア症

Chlamydia psittaci による。野鳥では，最も一般的に水鳥，サギ類，カモメ類やハト類に感染する。肉眼的には脾腫がよくみられ，オウム・インコ類では脾臓が2～10倍に腫大する。しかしながら，フィンチ類では脾腫を欠くことが多い。肝臓の腫大はいずれの鳥種でも認められる。肝臓は褪色，脆弱化し，ときに多発性に灰白色の小壊死巣がみられる。線維素・線維性汎漿膜炎がみられ，心膜や気嚢は粗造化，混濁し，線維素の滲出およびそれによる肥厚がみられる。不顕性感染ないし慢性感染では脾腫がみられる程度である。組織学的には肝臓・脾臓の壊死性病変を特徴とする。

11) ヒストモナス症

Histomonas meleagridis による。原虫を含んだ盲腸虫（鶏盲腸虫）の卵の摂取によって感染する。野生の七面鳥，ライチョウ，ウズラ類，イワシャコ（*Alectoris chukar*），ヤマウズラなどでみられる。キジや鶏が無症状のキャリアになる。肉眼的には，肝臓と盲腸のみに病変が観察され，肝臓に多発性で，中央部が軽度に陥凹する"旳（まと）"様の病変を形成する（壊死性肝炎）。盲腸粘膜には，多病巣性の線維素性盲腸炎，潰瘍性盲腸炎を生じる。

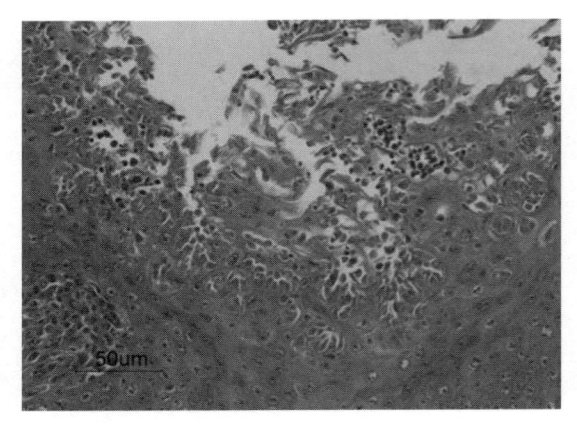

図7-41 スズメのトリコモナス症（そ嚢）

12) トリコモナス症

Trichomonas gallinae（ハトトリコモナス）と *T. gallinarum*（シチメンチョウトリコモナス）が鳥類に感染する。口腔，食道，そ嚢に限局性あるいは広範な乾酪壊死を起こす。また，多発性肉芽腫性肺炎，肝炎，心筋炎がみられることもある。慢性の場合には削痩する。ペットバードから検出されるトリコモナスは，ほとんどハトトリコモナスで，主に上部消化管に感染する。シチメンチョウトリコモナスは七面鳥，鶏，ホロホロチョウなどの盲腸や肝臓に感染する。猛禽類での報告もある（図7-41）。

13) トキソプラズマ症

Toxoplasma gondii による。トキソプラズマは多くの鳥種に感染する。最近では，野生の七面鳥とアメリカフクロウでの報告がある。急性あるいは慢性の経過をとる。実質臓器の腫脹，多発性巣状病変の形成（小壊死巣），肺水腫，多発性出血などがみられる。顕微鏡学的には，肝臓，脾臓，腎臓，肺などに多病巣性壊死や小肉芽腫形成がみられる。

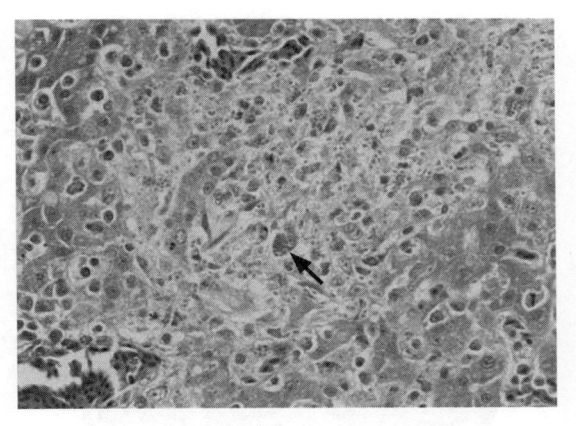

図7-42 ムクドリのアトキソプラズマ症（肝臓）
矢印：偽シスト

14）アトキソプラズマ症

アトキソプラズマ Atoxoplasmosis は，コクシジウム，イソスポーラに分類される原虫で，主としてスズメ目の鳥，特にカナリア（Serinus canaria），ウソ（Pyrrhula pyrrhula），スズメ，アトリ科，ムクドリおよび九官鳥にみられる。ある種の鳥（カンムリシロムク Bali Myna など）を除いて日和見感染的に発症するが，若齢の動物への病原性が強く，ときに死亡率80%を超える。若齢の動物での臨床症状は非特異性で，食欲不振，下痢，膨羽，沈鬱，運動障害などがあり，皮膚を透かして高度に腫大した肝臓が"ブラックスポット"として観察されることがある。血液塗抹や肝臓，脾臓の押捺標本で細胞内に虫体を確認することができる。肉眼的には，肝腫大，脾腫が高度で，肝臓や心臓に白点がしばしば観察される。腸管壁は透明感を増し，腸は拡張する。原虫は，全身諸臓器で観察され，腸上皮，肝臓，脾臓，心筋および骨格筋では，高度の原虫増殖による多発性巣状から塊状の壊死，小肉芽腫がみられ，組織障害が強い。なお，成鳥では，不顕性感染がほとんどである（図7-42）。

15）アスペルギルス症

Aspergillus fumigatus が主たる菌種で，日和見感染する代表的な病原体で，渡り，過密，気候な

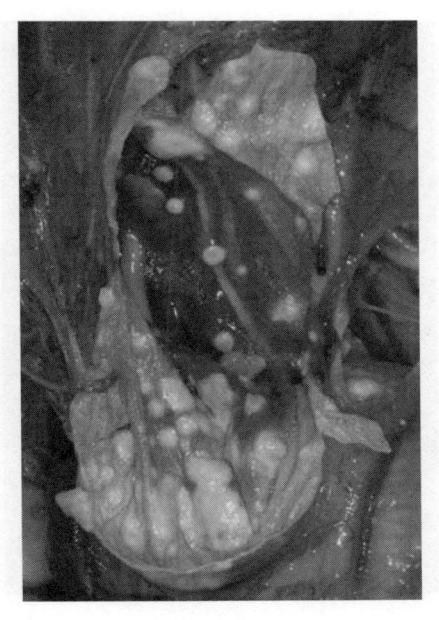

図7-43 ペンギンのアスペルギルス症（気嚢）

どのストレスによる免疫抑制状態に関連して発症する。おそらく全ての種類の鳥に感染し，水鳥，カイツブリ（Tachybaptus ruficollis）でしばしば発生する。飼育下ではペンギン類の発生がよく知られている，また，保護された猛禽類などでは状態悪化の増悪因子になる。肺，気嚢を中心として多発性に白色結節が形成される。組織学的には，菌糸を含んだ乾酪壊死巣，肉芽腫性炎が観察される（図7-43）。

5．その他，鳥類の疾患の病理学的所見

1）鉛中毒

狩猟に用いる鉛弾（散弾銃の弾），釣りの鉛おもりの誤食による。水鳥，ハクチョウ類，ガチョウ，アビ（Gavia stellata）とシギ・チドリ類，コリンウズラ（Colinus virginianus），鉛弾で死亡した動物（シカ，鳥）を食べた猛禽類で，二次中毒が発生している。肉眼的には，迷走神経麻痺による食道，腺胃と筋胃の梗塞，貧血（溶血），緑色下痢，胆のう拡張や筋胃粘膜と肝臓の胆汁着染が認められ，慢性の場合には衰弱する。組織学的には，急

図7-44 ハクチョウの痛風（腹膜）

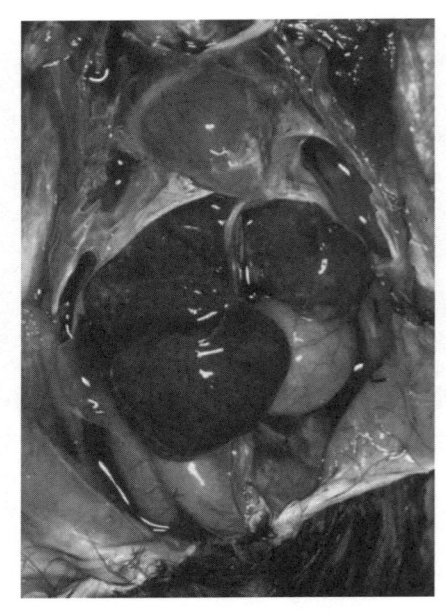

図7-45 キュウカンチョウの鉄貯蔵病（体腔全景）

性腎尿細管壊死，胆汁鬱滞，心膜水腫などがみられる。

2）カーバメート・有機リン系殺虫剤中毒

　カーバメート系殺虫剤と有機リン系殺虫剤（organophospate）はどちらも体内のコリンエステラーゼ活性を可逆的に阻害し，残効性が高い。共に農業用の殺虫剤として用いられている。鳥類では，農薬への偶発的または意図的暴露によって発症する。具体的には，スズメ目の鳥種，特にムクドリモドキ（grackle）とヨーロッパムクドリに多く，他に，芝生の養生時の使用でアメリカンコマドリが暴露されることがある。一般的に肉眼的または顕微鏡的に病変が確認されないとされている。国内におけるこの2種の農薬による野鳥の中毒では，肺，腎臓，肝臓および眼球脈絡膜における顕著な鬱血，中毒性急性尿細管壊死ならびに消化管の粘液腺上皮細胞の分泌亢進がみられている。診断は，消化管内容物の残留農薬分析と共に，脳や血液のコリンエステラーゼ活性を分析する必要がある（岩手2004，清宮2007）。

3）痛風（内臓痛風，内臓尿酸塩沈着）

　尿細管が障害されたり，尿の排泄路が閉塞されて生じる。そのため，腎臓に障害を起こす種々の疾患に随伴するが，一次的原因が不明なものがある。ハクチョウ類で，高蛋白質の餌の給餌で生じた例がある。全ての種類の鳥に発生し得る。体腔漿膜面にチョークのような白色物質が沈着する。腎臓に高度の沈着がみられた場合，腫大，褪色し，硬固感を増す（図7-44）。

4）オオハシ科，ムクドリ科のヘモクロマトーシス

　飼育下のオオハシ類，九官鳥，ケツァールなどに，しばしばみられる疾患で，肝臓に大量の鉄が沈着することにより，色素性肝硬変を引き起こす。肝臓は錆色を呈し，腫大し，進行すると肝表面は結節状になる。心肥大もみられ，頻繁に体腔水腫を伴う（図7-45）。

5）サギの脂肪組織炎

　原因は不明で，ある種の栄養欠乏の可能性がある。主として，オオアオサギ（Great blue heron）

に認められる。重度の多発性脂肪織炎がみられ，特に体腔内の脂肪組織で顕著である。

6) アミロイドーシス

各種病変，特に炎症（趾瘤症，肺炎など）に続発する。全ての種類の鳥に発生し得る。鳥の種類によって，好発沈着部位が異なる。沈着臓器は，腫大し，透明感，硬固感を増す。フラミンゴ類では脾臓，マゼランペンギン（*Spheniscus magellanicus*）では肝臓に沈着しやすい。

7) 鳥空胞髄鞘障害

毒物に起因すると考えられているが，原因は明らかにされていない。ハクトウワシ（*Haliaeetus leucocephalus*），アメリカオオバン，数種のアヒル，カナダガン，アメリカワシミミズク（*Bubo virginianus*）で報告されている。肉眼的に病変は確認できない。組織学的に中枢神経の白質，特に視葉と脳幹に炎症反応を伴わない軽度から中程度の空胞形成（ミエリン内水腫）がみられる。

なお，野鳥の感染症に関してFisher (2007) を参照するとよい。

引用文献

浅川満彦 (2002)：輸入ペットの寄生蠕虫類－宿主-寄生体関係の均衡を乱すエイリアン, 外来種ハンドブック（日本生態学会 編), 220-221, 地人書館.

浅川満彦 (2005)：外来種介在により陸上脊椎動物と蠕虫との関係はどうなったのか？：外来種問題を扱うための宿主－寄生体関係の類型化, 保全生態学研究, 10, 173-183.

浅川満彦 (2006)：クジラ類に住み着く「ふじつぼ」と「しらみ」はどのような悪さをするのだろうか, うみうし通信, 53, 10-12.

浅川満彦 (2010)：我が国における爬虫類および鳥類の野生種と蠕虫の宿主・寄生体関係とその外来種問題, 寄生虫分類形態談話会会報, 26, 1-4.

浅野隆 (2004)：いわての伝染病・中毒症をひもとく（その十三）野鳥に発生したクマリン中毒, 岩獣会報（Iwate Vet.), 30 (4), 132-133.

Asaoka,Y., Yanai,T., Hirayama,H. et al. (2004)：Fatal necrotic enteritis associated with *Clostridium perfringens* in wild crows, *Avian Pathol.*, 33, 19-24.

Dubey,J.P. (2002)：A review of toxoplasmosis in wild birds, *Vet. Parasitol.*, 106, 121-153.

Fischer,J.R. (2007)：Diseases and pathology of wild birds, Symposiumn on Diagnostic Pathology of Diseases of Aerial, Terrestrial and Aquatic Wildlife. www.cldavis.org/cgi-bin/download.cgi?pid=71

福井大祐, 高橋克巳, 久保翠ほか (2009)：上川地域で発生したサルモネラ感染症によるスズメ（*Passer montanus*）の集団死, 平成21年度 日本獣医三学会北海道地区講演要旨集, 486.

福井大祐, 中村眞樹子, 竹中万紀子ほか (2008)：札幌圏のカラス類で大量発症した鳥ポックスウイルス感染症－身近な野鳥の保全医学研究, 第14回 日本野生動物医学会大会講演要旨集, 166.

長谷川英男, 浅川満彦 (1999)：陸上動物の寄生虫相, 日本における寄生虫学の研究 第6巻（亀谷了, 大鶴正満, 林滋生 監), 129-146, 目黒寄生虫館.

Hayama,S., Yamamoto,H., Nakanishi,S. et al. (2010)：Risk analysis of feline immunodeficiency virus infection in Tsushima leopard cats (*Prionailurus bengalensis euptilurus*) and domestic cats using a geographic information system, *J. Vet. Med. Sci.* 72, 1113-1118.

岩手県中央家畜保健衛生所 (2004)：花巻市で発生したムクドリの殺虫剤中毒（有機リンまたはカルバメート）－約60羽が花巻空港前の国道で急死－, www.pref.iwate.jp/download.rbz?cmd=50&cd=2795&tg=3

梶ヶ谷博 (2008)：野生動物の死体を活かす, 日本獣医生命科学大学研究報告, 57, 6-11.

Kennedy,S., Kuiken,T., Jepson,P.D. et al. (2000)：Mass die-off of Caspian seals caused by canine distemper virus, *Emerg. Infect. Dis*, 6, 637-639.

Kitadai,N., Ninomiya,N., Murase,T. et al. (2010) Salmonella isolated from the feces of migrating cranes at the Izumi Plain (2002-2008)：serotype, antibiotic sensitivity and PFGE type, *J. Vet. Med. Sci,* 72, 939-942.

久保正法, 谷村信彦, 後藤義之 (2005)：野鳥の病理, 動衛研研究報告, 111, 9-20.

LaDeau,S.L., Kilpatrick,A.M., Marra,P.P. (2007)：West Nile virus emergence and large-scale declines of North American bird populations, *Nature* 447, 710-713.

Le Gouar,P.J., Vallet,D., David,L. et al. (2009)：How Ebola impacts genetics of Western lowland gorilla populations, *PLoS One.* 4, e8375.

Machida,N., Kiryu,K., Oh-ishi,K. et al. (1993)：Pathology and epidemiology of canine distemper in raccoon dogs (*Nyctereutes procyonoides*), *J. Comp. Pathol.* 108, 383-392.

中野良宣, 菊地直哉, 高橋樹史ほか (2011)：2005‐06年冬季に北海道中央部で見られたスズメの大量死についての検討－サルモネラ症の流行によるものであったのか－, 北海道獣医師会雑誌, 55, 409.

中村眞樹子, 竹中万紀子, 福井大祐ほか (2008)：札幌市および周辺域におけるカラス類の鳥ポックス（Avian Pox）症の大量発症とその拡大状況, 鳥学会2008年度大会 O-B-4.

中津賞 (2004)：ボツリヌス症による野鳥の大量死について, WRV news letter 51, 8.

中沢和夫 (1997)：レンジャク大量死調査報告, 野鳥軽井沢, 171.

根上泰子, 原田健一, 宇田川舞ほか (2011)：脂肪織炎が

認められたサギ類の大量死に関する保全医学的調査事例，獣医畜産新報，64, 9-13.
日本獣医病理学会編（2007）：獣医病理学実習マニュアル，学窓社.
OIE（2010）：http://www.oie.int/international-standard-setting/specialists-commissions-groups/working-groups-reports/working-group-on-wildlife-diseases/2010 new questionnaire on wildlife diseases
Nishimura,Y., Goto,Y., Yoneda,K. et al.（1999）：Interspecies transmission of feline immunodeficiency virus from the domestic cat to the Tsushima cat（*Felis bengalensis euptilura*）in the wild, *J. Virol.* 73, 7916-7921.
Pinto,A.A.（2004）：Foot-and-mouth disease in tropical wildlife, *Ann. N Y Acad. Sci.* 1026, 65-72.
Roelke-Parker,M.E., Munson,L., Packer,C. et al.（1996）：A canine distemper virus epidemic in Serengeti lions（Panthera leo）, *Nature* 379, 441-445.
齊藤慶輔（1996）：病理解剖法（鳥類），野生動物救護ハンドブック（野生動物救護ハンドブック編集委員会 編），122-126, 文永堂出版.
齊藤慶輔, 齊藤さゆり（1996）：データの収集法（鳥類），野生動物救護ハンドブック（野生動物救護ハンドブック編集委員会 編），97-113, 文永堂出版.
三部あすか，仁和岳史，鈴木智ほか（2008）：本州におけるスズメ（*Passer montanus*）の *Salmonella enterica* subsp. *enterica* serovar Typhimurium感染症の集団発生，獣医畜産新報，61, 210-212.
清宮幸男，古川岳大，高橋真紀ほか（2007）：野鳥のコリンエステラーゼ阻害剤中毒，日獣誌，60, 191-195.
Tanaka,T., Tanoue,G., Yamasaki,M. et al.（2008）：Chemical Deicer Poisoning was Suspected as a Cause of the 2005-2006 Wintertime Mortality of Small Wild Birds in Hokkaido（Pathology）, *J. Vet. Med. Sci,* 70, 607-610.
Une,Y., Sanbe,A., Suzuki,S. et al.（2008）：*Salmonella enterica serotype* Typhimurium infection causing mortality in Eurasian tree sparrows（*Passer montanus*）in Hokkaido, *Jpn. J. Infect. Dis.* 61, 166-167.
安田正明，斉藤勝美，世良耕一郎ほか（2007）：タリウム中毒による野鳥の死亡例，日獣会誌，60, 879-883.
Wolfe,N.D., Dunavan,C.P., Diamond,J.（2007）：Origins of major human infectious diseases, *Nature* 447, 279-283.

■付 表

国際獣疫事務局（OIE）がリストした世界で流行している疾病（2012 年）

複数種にみられる疾病

炭疽
オーエスキー病
ブルータング
ブルセラ病（*Brucella abortus*）
ブルセラ病（*Brucella melitensis*）
ブルセラ病（*Brucella suis*）
クリミア・コンゴ出血熱
エキノコックス症
流行性出血熱
東部馬脳炎
口蹄疫
水心嚢
日本脳炎
新世界ラセンウジバエ（*Cochliomyia hominivorax*）
旧世界ラセンウジバエ（*Chrysomya bezziana*）
仮性結核
Q 熱
狂犬病
リフトバレー熱
牛疫
スーラ（トリパノソーマ病）
旋毛虫症
野兎病
水胞性口炎
ウエストナイル熱

牛にみられる疾病

牛のアナプラズマ病
牛のバベシア病
牛カンピロバクター症
牛海綿状脳症
牛の結核病
牛ウイルス性下痢・粘膜病
牛肺疫
流行性牛白血病
牛の出血性敗血症
牛伝染性鼻気管炎／牛伝染性嚢疱性腟炎

牛にみられる疾病

ランピースキン病
牛のタイレリア病
トリコモナス病
牛のトリパノソーマ病（ツェツェバエ媒介性）

羊・山羊にみられる疾病

山羊関節炎・脳脊髄炎
伝染性無乳症
山羊伝染性胸膜肺炎
羊流行性流産（羊のクラミジア症）
マエディ・ビスナ
ナイロビ羊病
羊の副睾丸炎（羊のブルセラ病）
小反芻獣疫
サルモネラ症（*Salmonella* Abortusvis）
スクレイピー
羊痘と山羊痘

馬にみられる疾病

アフリカ馬疫
馬伝染性子宮炎
媾疫
西部馬脳炎
馬伝染性貧血
馬インフルエンザ
馬ピロプラズマ病
馬鼻肺炎
馬ウイルス性動脈炎
鼻疽
ベネズエラ馬脳炎

豚にみられる疾病

アフリカ豚コレラ
豚コレラ
ニパウイルス感染症
豚嚢虫症
豚繁殖・呼吸障害症候群

豚にみられる疾病
豚水胞病
伝染性胃腸炎

家禽および鳥類にみられる疾病
鳥類のクラミジア病
伝染性気管支炎
伝染性喉頭気管炎
鶏の呼吸器性マイコプラズマ病（*Mycoplasma gallisepticum*）
家禽のマイコプラズマ滑膜炎（*M. synoviae*）
あひる肝炎
家禽チフス
高病原性鳥インフルエンザと低病原性鳥インフルエンザ
伝染性ファブリキウス嚢病（ガンボロ病）
ニューカッスル病
ひな白痢
七面鳥鼻気管炎

ウサギにみられる疾病
兎粘液腫
兎ウイルス性出血熱

ミツバチにみられる疾病
アカリンダニ症
アメリカ腐蛆病
ヨーロッパ腐蛆病
ハチノスムクゲケシキスイ症（*Aethina tumida*）
ミツバチトゲダニ症
バロア病

魚にみられる疾病
流行性造血器壊死症
穴あき病
Gyrodactylus salaris による感染症
伝染性造血器壊死症
コイヘルペスウイルス病
マダイイリドウイルス病
コイの春ウイルス血症
ウイルス性出血性敗血症

軟体動物にみられる疾病
アバロンヘルペス様ウイルスによる感染症
Bonamia exitiosa による感染症
Bonamia ostreae による感染症
Marteilia refringens による感染症
Perkinsus marinus による感染症
Perkinsus olseni による感染症
Xenohaliotis californiensis による感染症

甲殻類にみられる疾病
ザリガニかび病（ザリガニペスト）
伝染性皮下造血器壊死症
感染性筋壊死症
伝染性膵臓壊死症
タウラ症候群
白点病
白尾病
イエローヘッド病

両生類にみられる疾病
Batrachochytrium dendrobatidis による感染症
ラナウイルスによる感染症

その他の動物にみられる疾病
ラクダ痘
リーシュマニア症

第8章　野生動物と環境汚染

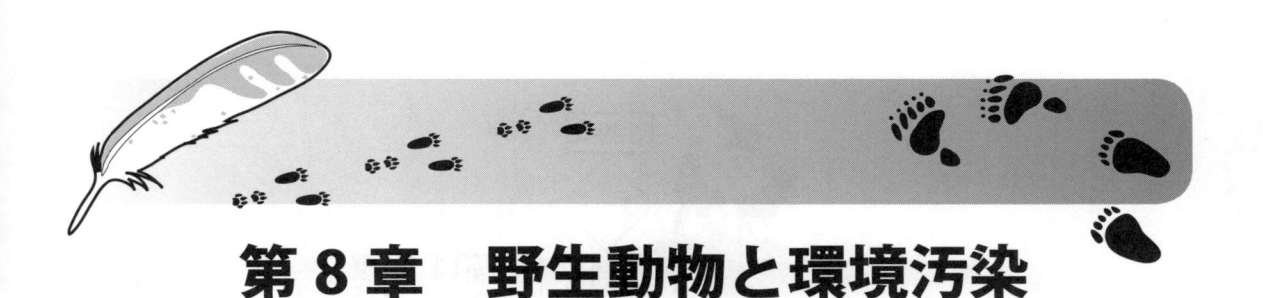

　近年になり，環境化学物質の問題は人への影響評価のみを最終目標とするのではなく，我々，人を取り巻く野生の動植物に対する毒性影響をも考慮した総合的な評価体制へと移行しつつある。これは，我々，人も生態系の一部であり，人類社会の存続には，生態系全体の保全・保護が不可欠であるという社会的な認識によるものである。環境に放出され続ける化学物質の毒性影響は，野生動物において，生物個体レベルにとどまらず，個体群レベルでの絶滅や，間接的に大量死に至っているという指摘もされており，今後種の絶滅や生態系の異常となって現出すると予想されている。しかし，野生動物を対象とした化学物質による生態リスク評価は，多様な生態系構造や，各生物種の化学物質感受性決定機構の複雑さが原因となり，実環境に即した評価を難しくしている。また，野生動物では，正常な生理状態が十分に把握されていないため，対照群の設定が難しく，野生動物における毒性の検出と環境汚染物質との因果関係の洗い出しを困難にしている。野生動物において，化学物質曝露が影響する僅かな行動の変化が生態系では"死"を意味する場合（ecological death）があるが（大嶋 2007），"個体レベル"の変化がどのように"集団レベル"の変化として反映されるのか，を評価することも極めて難しい。

　我々を取り巻く環境は今後も大きく変化すると予想される。野生動物に対する環境毒性学的データの蓄積により，残留性有機汚染物質に関するストックホルム条約や，有害廃棄物の国境を越える移動及びその処分の規制に関するバーゼル条約をはじめとする各種国際法が設置され，化学物質の使用規制の国際的な体制が整いつつある。しかし，新たな資源の開発，次世代エネルギーへの対策，また食料確保といった問題に伴い，今後も環境変動や化学物質の環境流出の増加は避けられないであろう。これからの環境化学物質の生態系への評価体制を構築する上でも，現在の野生動物を取り巻く環境汚染問題を十分に理解する必要がある。本章では，哺乳類，鳥類，爬虫類，両生類について，現在まで特に野外（フィールド）レベルで確認されている環境汚染物質の毒性影響を取り上げると共に，野生動物感受性の種差と生体防御メカニズムについて概説する。

1. 環境汚染物質の環境動態と生物濃縮

　化学物質の環境中での分布は，大気相（気圏），水相（水圏），土壌相（地圏），そして生物相（生物圏）に分けられる（図 8-1）。環境中へ放出された化学物質は，物理化学的特性に依存して，複数の環境相間で平衡状態に達するまで移動すると考えられている（石塚 2009）。環境汚染物質の生物相への移行は，生体の大気相，土壌相，水相への直接曝露のほか，食餌・飲水などの摂取による経路をたどる。環境汚染物質の多くは，化学的に安定で環境中や生物体内において分解されにくく，脂溶性が強い化学物質である。そのため，一度体内に取り込まれると分解・排泄されにくいため，長期に渡って生物に残留・蓄積する。近年，このような物質の特性を，残留性（persistent），生物蓄積性（bioaccumulative），毒性（toxic）の頭文字をとって「PBT」と称し，同特性を有する物質の生産・使用の禁止・規制が進められている（高橋 2011）。

　環境汚染物質は「生物濃縮」により，高次栄養段階の生物に高濃縮されることが知られている。

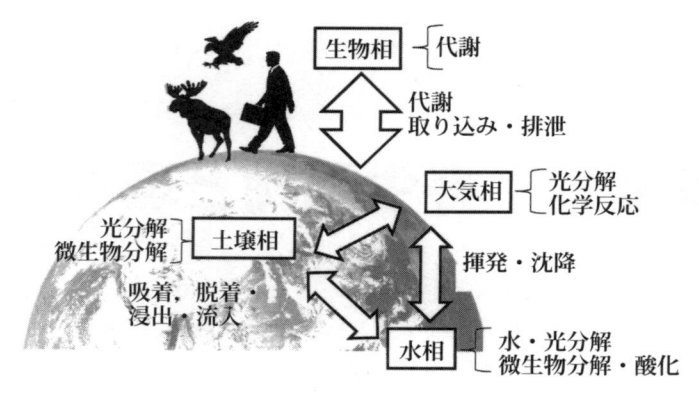

図 8-1　各環境相における化学物質の異動と変換

特に，海洋生態系では，陸上生態系に比べ，食物連鎖がより多段階であるため，海棲哺乳類や海鳥類は，PCBs（ポリ塩化ビフェニル）や DDTs（ジクロロジフェニルトリクロロエタン）などの有機ハロゲン化合物，メチル水銀が極めて高濃度に蓄積している。これら生物濃縮の指標として「生物濃縮係数」である BCF（bioconcentration factor）や BAF（bioaccumulation factor）が一般的に用いられ，脂溶性の指標である log Kow（水-オクタノール分配係数）が高い化学物質では，海棲哺乳類において，数万〜数千万倍の濃縮が確認されている。一方，BCF や BAF は「環境媒体中の汚染物質濃度」と「野生動物に蓄積する汚染物質濃度」との関係であり，生態系全体を介した濃縮過程を包括的に解析しているわけでは無い。そこで，窒素安定同位体比（$\delta^{15}N$）により各生物種の栄養段階（TL）を定量的に把握し，汚染物質の生体内濃度の観測データとの近似曲線を求め，その傾きにより濃縮係数を求める TMF（trophic magnification factor）や FWMF（food web magnification factor）が近年，生態系（食物網）の栄養段階全体に渡って平均的な濃縮倍率を示す指標として用いられている（高橋 2011）。TMFs は，各生物中の汚染物質蓄積量（$\log_{10}$ 変換）と TL の線形近似式の傾き m の逆数として求められる（図 8-2）。

TMFs は，環境汚染物質の物理化学的性質や生態系構造，各生物種の蓄積・代謝特性により変

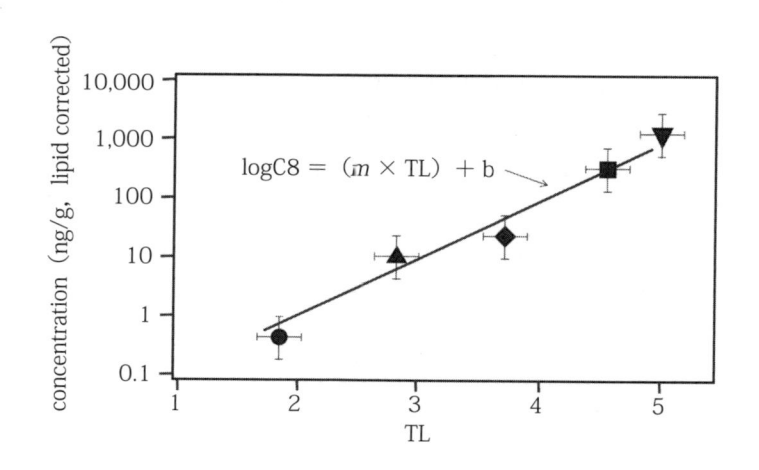

図 8-2　各生物種の栄養段階（TL）と蓄積する汚染物質濃度の関係
●：一次消費者，▲・◆，■，▼：高次消費者。TMFs ＝ 10m で求められる。

化する。例えば，北極域の海洋食物網では，PCB類の異性体の1つであるCB-28（3塩素置換のPCB，log Kow = 5.7）のTMF値は1.29であったのに対し，CB-153（6塩素置換のPCB，log Kow = 6.9）では6.69であり，化学物質の$\log_{10}Kow$に依存して高くなる傾向が報告されている。一方，$\log_{10}Kow$が同程度であるPBDE（ポリ臭素化ジフェニルエーテル：log Kow 5.94〜7.32）とコプラナーPCB（PCBの中でも2つのベンゼン環が平面上にあり，扁平な構造となっているもの：log Kow 6.65-7.71）を比べた結果，TMFsに差があり，PBDEが2.60-7.24に対し，コプラナーPCBでは3.40〜12.26であると報告している。さらに，このTMFsは殺虫剤であるヘキサクロロベンゼン（HCB，TMF 2.96）や多環芳香族炭化水素類（PAHs，TMF 0.11〜0.45），界面活性剤であるノニフフェノールやノニルフェノールエトキシレート（TMF 0.45〜1.15）ではより顕著に低下する傾向が見られ，生物体内からの半減期，すなわち代謝能力の差が化学物質の生態系内動態に大きく関与することが示唆されている。これらの結果は，汚染物質の環境動態を把握する上で，化学物質の物理・化学的性質に加え，各地域の生態系構造や，各動物が持つ化学物質代謝能などの生理機能の把握が重要と言える。また，生態系構造や動物の生理機能は地域ごと，種ごとで大きく異なると言われているが，各要因を考慮した動態解析が今後必要となってくる。

2. 野生動物の環境汚染

ここでは哺乳類，鳥類，爬虫類，両生類を中心に，野生動物が実際にどのような環境化学物質に曝露され，どのような毒性学的影響が報告されているのかについて述べる。

ダイオキシン類（ポリ塩化ジベンゾ-p-ダイオキシン，ポリ塩化ジベンゾフラン，コプラナーPCBの総称），PCBs，DDTsは，脂溶性に富んだ難分解性の有機塩素系化合物である。これらの化学物質は，環境中の残留性が高く，食物連鎖などを通して，野生動物に蓄積しやすいことが問題となっている。また，有機ハロゲン化合物は，近年では，塩素系の化合物に加え，撥水剤に用いられたフッ素化合物や難燃剤に用いられる臭素化合物といった新たな残留性の高い環境化学物質の野生動物への汚染も問題となってきている。農薬では，有機塩素系農薬の生産および使用が各国で禁止され，その代わりに開発・流通されてきた有機リン剤やピレスロイドなどに関しても，新たに野生動物の被害が報告されている。また，鉛や水銀など，野生動物に被害が報告されている金属汚染の状況とその毒性についても記載する。

1）哺乳類における環境化学物質の汚染

（1）有機ハロゲン化合物

魚食性の生物種では，草食の生物種に比べると，特に，有機塩素化合物の蓄積レベルが著しく高いことが報告されており，海棲哺乳類であるアザラシなどの鰭脚類や，イルカの属する歯鯨類は，強毒性の化学物質であるこれら有機塩素系化合物を高濃度に蓄積している。その理由として，①水圏食物連鎖の上位に位置する生物であること，②脂溶性化学物質の蓄積しやすい厚さ数cmの皮下脂肪を有していること，③母乳を介して母親から子獣に汚染化学物質が受け渡され代々蓄積されていくこと，があげられる。また，有機塩素系化合物は，実験動物において甲状腺ホルモンやエストロジェン作用を攪乱することが報告されている。実際，代表的な海棲哺乳類の一種であるアザラシを採集し，脂肪に蓄積するPCB濃度と血中甲状腺ホルモン濃度とを測定したところ，これらが反比例関係にあることが多く報告され，野生動物においてもPCBが甲状腺ホルモン分泌に影響を与えている可能性が示唆されている。哺乳類では，近年，カリフォルニアアシカ（*Zalophus californianus*）のストランディング（何らかの原因で座礁し浜辺に打ち上げられること）個体を調べたところ，高濃度のDDTsやPCBsの蓄積と腫瘍の発症率が関連していることが報告されている。

哺乳類では，環境汚染物質の乳汁排泄が起こる。これは脂溶性の高い環境汚染物質が母体から乳汁に移行し，体外に排泄されるものであり，通常，経産回数の多い雌ほど脂溶性化学物質の蓄積濃度が低くなる。その一方で，新生子は母乳を介して環境汚染に曝露されることになる。母乳の脂肪含有量は動物種によって異なるが，脂肪含有率の高い乳汁ほど有機ハロゲン化合物等の脂溶性の高い環境汚染物質が移行しやすい。また，脂溶性の高い化合物は胎盤関門を通過するため，感受性が高い胎子期にも環境汚染物質に曝露されることになる。

(2) 多環芳香族炭化水素

ベンゾピレン，ベンゾフルオランテンなど，多環芳香族類の多くは変異原性や発がん性を有する。一般的に野生動物の寿命は飼育動物の1/2から1/3程度とされており，野生動物において報告されている腫瘍などの病態はその多くがウイルスによると考えられている。しかし，実際，高レベルで多環芳香族類に汚染された地域に生息する野生動物では，環境汚染物質への曝露が原因と考えられる病理所見が報告されている。魚類では多環芳香族類が原因とされる腫瘍が世界各地で報告されている。セントローレンス川にはシロイルカ（Delphinapterus leucas）が生息しているが，この河口域は世界有数の工業地域の排水が流入する場所であり，この地域に生息するシロイルカは既に50年以上も有機塩素系化合物，多環芳香族類，重金属などの化学物質に慢性的に曝露されている。1983年から1990年の間に死亡したシロイルカのうち，45頭について検死したところ，9検体から悪性腫瘍が見つかり，15検体は肺炎に侵され，17の成熟雌のうち8検体は炎症や癌によって乳腺に異常が見られ，セントローレンス生息のシロイルカからは，北極圏に生息する同種のイルカに比べて高濃度のPCB蓄積が確認されている。また，このときの調査では，多環芳香族類の1つであるベンゾ[a]ピレンのDNA付加体（遺伝子と環境汚染物質の複合体；遺伝子変異の原因となる）がセントローレンス生息群11検体中10検体の脳から検出されている。

(3) 農薬（有機塩素系農薬を除く）

農薬は，昆虫だけではなく，ドブネズミ（Rattus norvegicus）やポッサム類などの外来性の野生動物を駆除するためにも使用されている。哺乳類の駆逐には，ワルファリンなど抗凝血系の殺鼠剤や，モノフルオロ酢酸（1,080剤）などが使用されているが，これらの薬剤は残留による対象生物種以外への影響・被害が懸念されている。特に，抗凝血系殺鼠剤のうち，ブロジファクムなど第2世代殺鼠剤（後述）として開発された殺鼠剤は，クマテトラリル，クマフリル（フマリン），ワルファリンなどの第一世代殺鼠剤に比べると毒性が高く，少量の摂取で効果を発揮するため，大規模な環境中への散布によって，標的動物種以外の種にも被害が出ていることが報告されている。

(4) 有害金属

1950年代，水俣湾において猫が特徴的な神経障害を発症し死亡した"猫踊り病"や，カラス類，カイツブリ（Tachybaptus ruficollis poggei）などの飛行異常（落下）は，人以外の動物で観察された典型的なメチル水銀中毒の症例である。メチル水銀は現在では野生動物における大規模な中毒事故は殆ど報告されていないが，ホッキョクグマ（Ursus maritimus）など食物連鎖上の高次の生物種では高濃度の蓄積が報告されている。一方で，有害金属の哺乳類の汚染は，フィールドにおける観測データが不足していることも事実であり，有害金属類の毒性と野生動物の中毒死の直接の因果関係に対する報告は少ない。イスラエルにおいてバンドウイルカ（Tursiops truncates）が鉛などの重金属類を含むペレットを食し，変死する事故が報告されており，死後解剖の結果，肝臓や脳を中心に鉛が原因と考えられる病変が観察され，鉛の慢性中毒が死因であることが報告されている。また，カリフォルニアで擱座していたゼニガタアザラシ（Phoca vitulina richardsi）で，その検死を行った結果，胃の中に鉛製の釣りおもりが確認され，肝臓中の鉛濃度が84 ppmに達しており，さらに各臓器に急性鉛中毒特有の病変が確認された

ことが明らかになった。

(5) その他の化学物質による中毒

有毒渦鞭毛藻の有する毒素が原因と思われる哺乳類の中毒死が報告されている。1980年代に米国マサチューセッツ州において，ザトウクジラ（Megaptera novaeangliae）で起こった集団ストランディングの原因は，麻痺性貝毒として知られるサキシトキシンによる中毒であると考えられている。また，同じく渦鞭毛藻が有し，ナトリウムチャネルに作用するブレベトキシンは，フロリダのマナティーの集団死を何度も引き起こしている。

ドウモイ酸は記憶喪失性貝毒として知られており，珪藻によって産生されることが報告されている。ドウモイ酸はグルタミン酸受容体のアゴニストとして作用するが，特に，1987年にプリンスエドワードで起こった人の集団食中毒事件が有名である。一方で，近年，ドウモイ酸は人だけではなく，野生動物でも中毒を起こしている可能性が報告されており，アシカをはじめとする海棲哺乳類の行動異常や死亡の原因の1つとなっていることが指摘されている。

2) 鳥類における環境化学物質の汚染

(1) 有機ハロゲン化合物

オオワシ（Haliaeetus pelagicus）やオジロワシ（Haliaeetus albicilla）は，現在絶滅危惧種に指定されている稀少猛禽類であり，その生息数5千羽程度との報告もある。北海道において，事故などで死亡したオオワシ・オジロワシの胸筋に蓄積する有機塩素系化合物の分析を行ったところ，高濃度の有機塩素系農薬やPCBの残留が検出された。その蓄積は，孵化など「繁殖」に影響を及ぼすレベルであることも分かっている。これらの猛禽類は，極東ロシアにその営巣地を持ち，日本に飛来する。これまでの研究から，オオワシ・オジロワシに蓄積していた残留性有機汚染物質（POPs：persistent organic pollutants）の汚染源が，極東ロシアであることが，その大気の有機塩素系化合物の汚染パターンから予想されている。

北米大陸とカナダにまたがる五大湖は，DDTやダイオキシン類など有機塩素化合物による汚染が進み，1970年頃から鳥類で数多くの奇形や卵殻の薄化，胚の死亡率の増加，繁殖異常が報告されるようになった。1979年から1987年にかけて行われた調査によれば，五大湖周辺に生息するミミヒメウ（Phalacrocorax auritus）の雛31,168羽の奇形発生率は0.22％であり，その他の地域に生息する同種の奇形発生率（0.0095％）をはるかに超える値であった。

(2) 農薬

有機塩素系殺虫剤など，環境中での残留性が高い農薬の製造や使用が中止された後，環境中の残留性の低い有機リンやカーバメート，ピレスロイドなどの農薬が使用されるようになった。これらの農薬は，環境への残留性は低いが，時に非対象生物への影響が報告されている。ネオニコチノイドなどでは標的以外の昆虫に被害を及ぼす可能性も報告されている。ダイアジノンやジクロトホスなどの有機リン剤では，アセチルコリンエステラーゼの阻害による神経毒性を起こして鳥類の巣作りや魚類の帰巣行動に影響を及ぼしている可能性が指摘された。

殺鼠剤による鳥類の被害も報告されている。ニュージーランドでドブネズミを撲滅するために，第2世代殺鼠剤ブロジファクムが大量散布された際には，その後の鳥類の生息種や数に影響が出ていることが，事後調査で報告された。従来，第一世代殺鼠剤に対する鳥類の感受性は，哺乳類に比べると顕著に低いとされてきたが，毒性の高い第二世代殺鼠剤の散布では，最終的には，鳥の生息数は多くの種で減少している。また，殺鼠剤を摂取した齧歯類を捕獲する猛禽類にも殺鼠剤の二次中毒が報告されている。

(3) 有害金属

オオハクチョウ（Cygnus cygnus）やコハクチョウ（Cygnus columbianus）の水鳥，猛禽類に関しては，重金属による汚染も問題になっている。鳥類は餌を筋胃ですり潰すため，砂や小石を取りこむ習性があることから，誤って飲み込ん

だ鉛散弾や釣具の重りが胃酸によって溶解し，鉛中毒症を呈する水鳥が報告されてきた。また，猛禽類は散弾を受けた水鳥などを餌とする際に鉛弾を体内に取り込んでしまい，二次的に鉛中毒症となることが報告されている。鉛は，溶血性貧血を引き起こす他，δ-アミノレブリン酸脱水酵素（δ-ALAD）に対する阻害によって，ヘム合成を阻害するため，尿中のδ-ALAD，コプロポルフィリン排泄が増加し，血中δ-ALAD活性が低下する。鳥類における鉛中毒症の主症状として，貧血の他，翼の下垂，行動異常や起立不能，麻痺，体重減少や削痩，食欲不振，衰弱，緑色下痢，嗜眠，などが上げられる。また，病理解剖により，肝臓の黒緑色化，腺胃の拡張，骨髄の水腫化，糞便の緑色化が観察される。日本においても，銃弾由来の鉛によって神経症状を呈するレベルにまで汚染された個体が報告されている。前述したオオワシ・オジロワシは，鉛散弾が残留したシカの死体を食餌することで，体内に鉛が取り込まれ，鉛中毒症状を呈することが分かった。日本では2000年，2001年に鉛ライフル弾，鉛散弾の使用が禁止された。

（4）その他の化学物質による中毒

米国カリフォルニア州では，ブラウンペリカン（*Pelecanus occidentalis*）の集団死がしばしば報告されているが，その原因が記憶喪失性貝毒として知られるドウモイ酸であることが明らかにされている。

一般に鳥類は哺乳類よりもマイコトキシンに対する感受性が高いとされている。鳥類で報告されているマイコトキシンの被害は主に*Aspergillus flavus*等が産生するアフラトキシンや*Fusarium sp.*由来のフザリオトキシンを原因とすることが多い。アフラトキシンは，急性曝露で野生の鳥類に肝傷害や各臓器の出血や炎症性反応を起こし，慢性の曝露で食欲減退，体重減少や，肝臓の委縮，腫瘍の発生を引き起こす。また，フザリオトキシンの中でも，鳥類で中毒が多いのはトリコテセン系のマイコトキシンで，ボミトキシンとして知られるデオキシニバレノールや，T-2トキシンなどである。トリコテセン系のマイコトキシン中毒は，野性鳥類では姿勢異常（首が垂れたり羽が脱力するなど）や，免疫能抑制による二次感染のリスク増加を起こす。

3）爬虫類における環境化学物質の汚染

国際自然保護連合（IUCN）では，現存する8,240種の爬虫類のうち，その30％が危機に瀕しており，この200年で少なくとも22種は絶滅したと予測している。また，爬虫類の中でも重要なグループであるカメは，42％以上が，また，ワニ類では42％が危機的状況のため，絶滅のおそれのある野生動植物の種の国際取引に関する条約（CITES）により保護されている。

（1）有機ハロゲン化合物

野生動物，特に哺乳類以下の両生類，爬虫類，鳥類では，ホメオスタシス機構が哺乳類よりも発達しておらず，これらの内分泌攪乱作用を持つ化学物質に対して比較的感受性が高いと考えられている。爬虫類は卵生時の環境によって性が決定される種類が多く，また孵化時の性ホルモンは生殖器の形成・発育に大きな影響を与える。フロリダのアポプカ湖では1980年代にアリゲーター（*Alligator mississippiensis*）の生息個体数が急激に減少した。孵化率の低下がその主な原因であると考えられているが，幼体の生殖腺の発生異常や血中の性ホルモン濃度の異常も見つかっている。雄のアリゲーターでは，雄性ホルモンであるテストステロン濃度の低下，陰茎の発育不良が観察され，雌では雌性ホルモンである血中のエストラジオール濃度の上昇，多卵性濾胞や多核卵が報告されている。アポプカ湖は生活廃水や肥料，農薬の流入を受けてきたが，1980年にはダイコフォールの流出事故によって，副生成物であるDDTに汚染された。この頃からアリゲーターの個体数異常が報告されており，DDTやその代謝物のDDEは内分泌攪乱作用を持つことから，これがアリゲーターの生殖器異常の原因ではないかと疑われている。

(2) 有害金属

有害金属は，爬虫類に対し免疫，内分泌および生殖，遺伝，臓器毒性等を引き起こすことが示唆されている。しかし，魚類や哺乳類，両生類に比べるとそのデータは非常に限られており，その詳細な影響は未だ明らかになっていない。2000年以降になって，ようやく爬虫類に対する毒性学的な研究が行われるようになってきており，そのデータが蓄積されてきている。例えば，フロリダ・サウスカロライナにおいてアカウミガメ（*Caretta caretta*）の血中水銀濃度と免疫細胞数に負の相関があり，水銀にはB細胞やT細胞数とその活性を抑制する作用が報告された（Day et al. 2007）。また，サバクゴファーガメ（*Gopherus agassizii*）では，蓄積するヒ素濃度と，急性上気道炎に相関性があることが報告され，ヒ素は疾患発生率に寄与することが示唆されている。さらに，カドミウムや鉛，水銀は主に腎障害を引き起こすことが多種生物で明らかになっているが，爬虫類でも同様の障害を引き起こすことも報告されている。一方，ルイジアナのワニ園でワニの変死が確認され，その原因の追究を行った結果，変死以外にも，食欲不振や体重減少，成長抑制，傾眠が確認され，その胃の中から鉛散弾の破片が確認された。しかし，その後に行われた鉛投与実験では，典型的な鉛中毒は観察されず，現在では，爬虫類は鳥類や哺乳類に比べ，鉛に対する感受性は極めて低いと考えられている。さらに，ヘビ類はセレン（Se）をその体内に高濃度に蓄積することが知られている。セレンは母子間移行し，催奇形性を引き起こすことが鳥類や魚類の投与実験から明らかになっている。Hopkins et al.（2004）は，チャイロイエヘビ（*Lamprophis fuliginosus*）にセレンを投与し，その影響を観察した。その結果，多種生物では十分に影響が観察される濃度にも関わらず，チャイロイエヘビでは生存率や成長，他のコンディションに変化は認められず，さらに，その生殖能力や卵の孵化率，奇形の指標であるsnout-vent length（SVL）にも影響は観察されなかった。

このように，爬虫類の金属への応答は，他の生物種とは異なることが示唆されており，今後の詳細な研究が期待されている。

4）両生類における環境化学物質の汚染

多くの場合，両生類は，ダイナミックな変態による独特の生活環を特徴とする。また，両生類の皮膚は化学物質の透過性が高いと考えられており，哺乳類など他の生物種に比べると環境化学物質に対して鋭敏に反応することが知られている。この数十年間で，世界的に両生類の個体数が減少傾向にあることが認識され始め，事実，70％以上の両生類が減少傾向にあると報告されている。また，2004年に，IUCNは，世界の両生類種の約1/3が危機に晒されており，1980年代以降120種以上が絶滅した可能性があると発表した。日本では，62種の両生類のうち21種が絶滅危惧種に指定されている。この減少要因の1つに，環境汚染物質によるストレスが挙げられている。

(1) 有機塩素系化合物の影響

室内投与実験により，PCBやダイオキシン類，DDTなどの有機塩素系農薬は，両生類に変態の遅延や曲尾，水腫，皮膚の色素脱失，免疫攪乱を引き起こすことが明らかになっている。例えば，ヒョウガエル（*Rana pipiens*）のオタマジャクシでは，ダイオキシン類の1つであるCB-77を摂餌により慢性的に投与すると，活動量の減少や主要なストレスホルモンであるコルチコステロン濃度の減少が生じることが明らかになっている。また，PCB曝露により，精巣異常やテストステロン濃度の減少が報告されている。また，有機塩素系農薬は，T細胞の増殖速度を減少させ，両生類に対し，免疫抑制が生じることが明らかになっている。さらに，DDTとその代謝物は，両生類に対し，甲状腺ホルモンを抑制するなどの内分泌攪乱作用を示すことも明らかになっている（Lehman & Williams 2010）。

しかし，一方で，両生類は魚類に比べるとダイオキシン類に対し，100〜1,000倍感受性が低いことも明らかになっており，野外調査における個体数減少と有機塩素系化合物曝露との因果関

係が明らかになっている報告は少ない。ミシガン州を流れるカラモズー川は，製紙工場により，古くからPCBによる汚染が知られているが，調査の結果，河川底質中のPCB濃度と各地点の両生類組織中のPCB濃度には相関が見られたものの，両生類の種多様性には変化は確認されなかった。一方，ミシガン湖に流入するフォックス川でミドリガエルとヒョウガエルに対し行われた調査の結果，生存率やその成長速度に差は観察されなかったが，卵からの孵化率と汚染には負の相関がみられたと報告された。

(2) 農薬の影響

両生類の個体数減少への農薬の関与に対する直接的な因果関係は未だ明らかでない。近年，有機リン系や有機塩素系に代わり，いわゆる「New Generation」農薬が開発されており，その急性毒性の低下や分解性の速さなどから，両生類のような非対象生物への影響は少なくなって来ていると言われている。しかし，一方で，予期しない環境ストレスとの複合影響や長期曝露による次世代影響は未だ十分に把握されていない。McDaniel et al. (2008) は，農業地と非農業地の両生類を比較した結果，雄成体のヒョウガエルで精巣卵（雄性生殖巣内に形成された卵母細胞）の形成に，農薬曝露が重要な要因になることを示した。また，ヒョウガエルで行われた調査では，精巣の奇形とフィールドにおけるアトラジン濃度に相関があることが報告された。ここで，アトラジンは，米国でもっともよく使用されている除草剤の1つであり，年間あたり761,000,000ポンド使用されている。アトラジンは，野生動物への影響は少ないとされてきたが，Hayes et al. (2002) がごく低濃度でもカエルの幼生に毒性影響を与えることを見出した。詳細な影響は未だ議論の最中であるが，両生類の生殖腺にエストロジェン様の影響を与え，0.01μg/Lというごく低濃度で生殖異常を引き起こすことが報告されている。現在，アトラジンが及ぼす生殖腺奇形の発症メカニズムとして，アンドロジェンレベルの減少とエストロジェン生産量の増加であると示唆されている。

近年，農薬や有機塩素系化合物以外にも，難燃剤やフッ素系化合物，界面活性剤等の化学物質が開発され，両生類における毒性影響が懸念されている。しかし，両生類の環境毒性学研究は未だ十分と言えないのが現状である。

3. 環境汚染物質に対する野生動物の生体防御

生物は食餌や環境（大気や水など）を介して，常に様々な化学物質に曝露されている。そのため，日常的な化学物質の摂取に対する生体防御機構を有している。生体に一旦取り込まれた化学物質は，その脂溶性が高いほど，体外に排泄されにくくなり，生物濃縮を受けやすくなる。環境汚染物質の多くは，脂溶性であり，そのままの形では尿中にはほとんど排泄されない。しかし，代謝により構造変換を受け，水溶性になると，尿などを介し体外に排泄されるようになる。また，この過程には，異物代謝酵素群と総称される多くの酵素が関与している。一般に，異物代謝反応は，第Ⅰ相代謝反応（Phase I），第Ⅱ相代謝反応（Phase II）およびトランスポーターによる細胞外への排泄（Phase III）に分類される（図8-3）。ここでは，第Ⅰ相反応で主要な役割を担うシトクロムP450，第Ⅱ相反応で主に寄与する転移酵素（抱合酵素），そしてトランスポーターについて概説する。

1) 第Ⅰ相代謝反応

第Ⅰ相代謝反応には，加水分解，酸化および還元がある。これらの反応により，化学物質の脂溶性が低下すると共に，第Ⅱ相反応の足場（抱合を受けやすい形）を形成する。第Ⅰ相代謝反応には，主にミクロソーム中に存在するシトクロムP450（CYP）と呼ばれる代謝酵素群が関与する。P450は地球上の殆どの生物に存在する，一酸素添加酵素である。P450には様々な分子種が存在し，ステロイドホルモン，ビタミン類，エイコサノイド類などの生理活性物質の生合成や代謝を行ってい

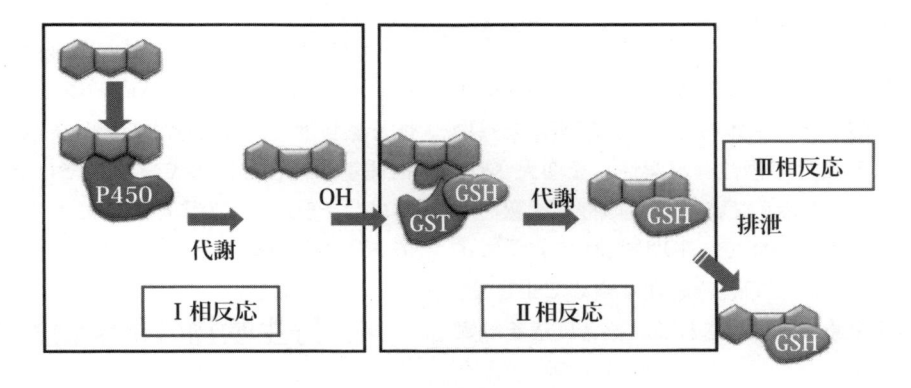

図8-3 環境化学物質の代謝と排泄
細胞内に取り込まれた化学物質は第Ⅰ相反応で酸化，還元，加水分解などの代謝を受け，第Ⅱ相反応で補酵素を利用した抱合やアセチル化，メチル化を受け，第Ⅲ相反応でトランスポーターによって細胞外に排泄される。P450：シトクロム P450，GST：グルタチオン S 転移酵素，GSH：グルタチオン，OH：水酸基

るだけではなく，医薬品や環境汚染物質等など，生体に取りこまれた異物の代謝・排泄に関して，非常に重要な役割を担っている。この酵素は，植物，細菌，昆虫など，様々な生物種に分布しており，哺乳類に分布している P450 分子種だけでも数百種類と言われている。特に，人や実験動物における P450 は，医薬品の代謝的活性化・排泄などに関与する重要な酵素であるため，その分子種や基質特異性などについて詳細な報告がある。一方で，P450 は，PCB や農薬など，多くの環境汚染物質を代謝するため，野生動物の環境汚染に対する適応能を知るためにも，それらの有する異物代謝能を知ることは重要である。

脊椎動物の野生生物種で，環境汚染物質と P450 の研究が最も進んでいるのは魚類であり，その他の野生動物ではあまり研究が進んでいない。哺乳類の P450 は，人や実験動物を中心に，CYP1 ファミリー，CYP2，CYP3，CYP4，CYP5，CYP7，CYP8，CYP11，CYP17，CYP19，CYP20，CYP21，CYP24，CYP27，CYP26，CYP39，CYP46，CYP51 ファミリーがクローニングされている。一方で，野生哺乳類における P450 分子種の解析の報告は少ない。哺乳類に関しては，人，実験動物，家畜のみで P450 の分子進化が系統立てられており，特に野生哺乳類に関しては，まずは，これらの情報を蓄積していく必要がある。しかし，野生動物の P450 の活性測定やクローニング，精製のための試料入手は，野生動物自身の稀少性や生態系の保護といった観点から考えると難しく，野生動物において P450 の基質特異性や年齢，性差による発現パターンなどの情報は乏しい。

一方，P450 が触媒する酸化によって，親化合物よりも反応性の高い代謝産物に変換される場合がある。これは，"代謝的活性化"と呼ばれ，DNA や蛋白質を損傷し，組織の傷害や発がんの引き金になる可能性がある。例えば，物質の燃焼によって発生する代表的な環境汚染物質の1つベンゾ [a] ピレンは，そのもの自体は毒性を持たないが，P450 とエポキシドヒドロラーゼ酵素により反応性の代謝物である 7,8-ジオール-9,10-オキシド体に変換される。この代謝物は，容易にDNAの塩基であるグアニンと結合し，遺伝子変異を引き起こす。また，アフラトキシンなどのマイコトキシンも P450 によって代謝的に活性化され，蛋白質や DNA に結合することで炎症や発がんなどの病態を引き起こす。

2）第Ⅱ相代謝反応

抱合反応は，グルクロン酸，硫酸，グルタチオンやアミノ酸などの生体内分子（補酵素）を異物に付加させることで極性（水溶性）を増大させ，排泄しやすくする反応である。この抱合代謝物は一般にpKa値が3～4で，生理的pHで完全にイオン化し，したがって膜透過性は極めて小さく，尿又は胆汁を通じて排泄される。抱合反応を触媒する酵素には，ウリジン二リン酸（UDP）グルクロノシル転移酵素（脊椎動物ではグルクロン酸転移酵素が主，UGT），硫酸転移酵素（SULT），グルタチオンS転移酵素（GST），アセチル転移酵素（NAT）などが挙げられる。

3）トランスポーターによる排泄（第Ⅲ相反応）

第Ⅰ相および第Ⅱ相反応により生成し，代謝された化学物質は，排出トランスポーターによって細胞外に排泄される。トランスポーターは大きくABC（ATP binding cassette）トランスポーター・ファミリーとSLC（Solute carrier）トランスポーター・ファミリーに大別される。ABCトランスポーターは，細胞内ATPの加水分解により生じるエネルギーを駆動力として細胞内の物質（薬物，毒物，内因性物質）を細胞外に排出する役割を担う蛋白質であり，SLCトランスポーターは，H^+やNa^+などのイオン勾配あるいは膜内外の電位差を駆動力として，栄養素，内因性物質のみならず薬物など生体外異物を細胞内外に輸送する膜蛋白質である。一方，これらトランスポーターにも第Ⅰ相および第Ⅱ相反応と同様，種差が示唆されており，特に代表的なトランスポーターであるMRP（multidrug resistance-associated prctein）やBCRP（breast cancer resistance protein）はトランスポートの基質特異性や活性が動物によって異なることが明らかになっている。

化学物質の体内循環の時間を延長させ，環境汚染物質の感受性を高める原因の1つに腸肝循環があげられる。腸肝循環は，抱合を受けた化学物質がトランスポーターにより胆汁酸排泄されることで腸管内に移行し，細菌のもつβ-グルクロニダーゼによりグルクロン酸が脱抱合化され，再び腸管から再吸収され，体内循環する経路である。胆汁酸排泄される化学物質の分子量には大きな動物種差が存在し，犬やマウスでは350以上，サルでは550以上（参考までに人では500以上）であることが報告されている。

4．野生動物の化学物質感受性

化学物質に対する感受性には大きな動物種差が存在する。前述の通り，感受性の種差は様々な原因が考えられるが，ここでは，①化学物質の標的分子（化学物質が結合する受容体や酵素などの生体内分子など）の違い，②化学物質を代謝する酵素の違い，③食餌や消化など，生理的な種差による違い，について概説する。

1）化学物質の生体内標的分子の違いによる感受性の種差

現在，P450は生物の進化に伴って様々な機能を有するよう分化してきたことが，その塩基配列や基質特異性から明らかにされつつある。P450の中でも，CYP1，CYP2，CYP3，CYP4ファミリーは様々な外来異物によってその発現量が変動することが知られているが，それらのレギュレーターとして，AhR（aryl hydrocarbon receptor）やPXR（pregnane X receptor），CAR（constitutive androstane receptor），PPAR（peroxisome proliferator-activated receptor）が知られている。また，第Ⅱ相反応酵素であるグルクロン酸転移酵素やグルタチオン転移酵素などはNrf2（NF-E2-related factor 2）によっても転写調節を受けている。これらの受容体群は，ダイオキシン類やPCB，フタル酸エステルなどのリガンドによって活性化し，プロモーター領域に応答配列を持つP450をはじめとする異物代謝酵素を誘導する。

多くの化学物質は体内に取り込まれたのち，生体内分子に結合する。ダイオキシン類，DDTな

どの有機塩素系化合物は AhR や CAR などを活性化することが報告されている。中でもダイオキシン類は AhR に結合し，その転写調節を活性化することが知られている。ダイオキシン類の毒性には大きな種差が存在することが知られているが，この種差は AhR とダイオキシン類の結合性の違いに起因すると考えられている。例えば，ダイオキシン類の LD_{50} はハムスターでは 5,000 μg/kg，モルモットでは 0.6 μg/kg と大きな種差があることが報告されている。この原因の1つとして AhR の機能の違いが示唆されている。また鳥類では，鶏が代表的な実験動物として扱われているが，他の鳥類とは AhR の感受性について大きな種差があることが最近の研究で明らかになった。鳥類の AhR には AhR1/AhR2 の2つのアイソフォームが報告されているが，特に AhR1 の Ile324 と Ser380 のアミノ酸がダイオキシンとの親和性を決定する重要な配列となっている。このアミノ酸の変異は系統樹によらないことも報告されており，近縁種などからのダイオキシン類の感受性の予測を難しくしている。

一方，殺鼠剤として野生齧歯類などの駆除を目的に環境に散布される殺鼠剤ではしばしば対象外動物種の二次的中毒が発生していることが知られている。特に，抗凝血系の殺鼠剤は扱いが簡単で比較的他の動物種に被害が出にくい利点から世界中で用いられている殺鼠剤である。この抗凝血系の殺鼠剤の標的分子はビタミンKエポキシド還元酵素（VKOR）であるが，VKOR の殺鼠剤への感受性にも種差が存在することが分かっている。殺鼠剤に関しては，ワルファリンなどの第一世代殺鼠剤に抵抗性を持つ野生齧歯類が繁殖し，そのコントロールが難しくなっているためより強力な第二世代殺鼠剤が用いられている。第二世代殺鼠剤と言われる殺鼠剤は体外に排泄されにくく，第一世代殺鼠剤に比較して感受性の種差が小さいため，野生動物における被害が多く報告されるようになった。

2) 化学物質の代謝経路の違いによる種差

化学物質感受性の種差に関与する重要な因子が，代謝酵素の違いである。これは化学物質の解毒の速さや程度に差が生じるだけではなく，発がん物質の前駆体など，化学物質が代謝的に活性化される場合にも種差を引き起こす要因となっている。化学物質を代謝する酵素については前述しているが，第Ⅰ相反応のみならず，第Ⅱ相反応にも顕著な種差が存在し，これが化学物質の毒性の感受性の種差を起こす主な原因の1つとなっている。

野生動物における第Ⅱ相抱合酵素類の研究はほとんど進められていないが，例えば，食肉目中でもネコ科の動物では，哺乳類で第Ⅱ相抱合酵素の主要代謝経路を担うグルクロン酸転移酵素の一部の分子種が偽遺伝子化し，発現していないことが報告されている。猫では一般にグルクロン酸転移を受ける薬物に対する感受性が高く，他のネコ科でも同様の感受性を持つことが予測される。また，アフラトキシンに対する耐性はマウスではラットよりも高いことが知られているが，これは第Ⅱ相抱合のグルタチオン転移酵素に起因すると考えられている。その他，犬ではアセチル転移酵素，豚では硫酸転移酵素の酵素活性が低く，近縁の動物種では同様の代謝経路の低活性もしくは欠損が予測され，種差による化学物質の感受性が増大している可能性が考えられる。

3) 消化形式の違いによる動物種差

合成された人工の環境汚染物質ではないが，アフラトキシン，オクラトキシンなどのマイコトキシン（カビ毒）は環境中に広く存在する環境汚染物質である。オクラトキシンAは，実験動物では腎毒性や生殖発生毒性などを引き起こすことが知られている。一方，牛などの反芻類では第一胃の腸内細菌によるカビ毒の分解のため，オクラトキシンAの感受性が他の動物種よりも低いことが知られている。同様に，反芻を行う野生動物種では，他の動物種に比較してカビ毒などの毒性に

比較的抵抗性を持つ可能性が考えられる。

　タンニンは植物に広く分布する芳香族化合物であるが，高濃度の摂取は消化管を傷害し，腎障害や肝障害を引き起こす。アカネズミではタンニンの食餌馴化により，唾液中のプロリンリッチ蛋白（PRPs）がタンニンと複合体を形成し，さらに，この複合体が腸内細菌であるタンナーゼ生産細菌の作用で分解されることにより，比較的その毒性に抵抗性を持つことが報告されている（Shimada et al. 2006）。また，タンニンを多く含むユーカリを主食とするコアラ（*Phascolarctos cinereus*）では，腸内細菌によってタンニンを分解しそのタンニンの毒に抵抗性を有することが分かっている。

5. 野生動物の生息汚染環境下への適応

　前節では，野生動物が有する環境化学物質に対する様々な生体防御機構や種独特の化学物質感受性について概説した。ここでは，汚染環境下に生息する野生動物がどのようにその環境に適応していくのか，実際のフィールドにおける適応例について概説する。

1）化学物質を代謝する酵素誘導による環境適応

　人や実験動物では，環境化学物質を代謝するP450や第Ⅱ相反応の酵素群が，汚染物質の曝露によって発現量が増加し，化学物質の体外排泄を促進することが知られている。野生動物の中でも，多くの魚類に加え，カエル類，トカゲ類，ワニ類，アザラシ類，ミンク（*Mustela vison*）など実験室における飼育が可能な動物種では，環境汚染物質の投与実験によって肝臓などでP450が発現誘導を受けることが報告されている。また，実際に野外から海棲哺乳類や魚食性鳥類を採集し，蓄積するコプラナーPCB量と肝臓におけるP450量を比較したところ，TEQ（ダイオキシン等価）値とCYP1Aサブファミリー発現レベルは比例関係にあり，これらダイオキシン類が，野生動物においてもCYP1Aサブファミリーの誘導を引き起こしていることが分かった。

2）汚染環境への応答を利用したバイオマーカー

　野生生物においてもP450と環境汚染物質は，ある一定の汚染濃度範囲では比例関係にあることが分かっている。鳥類や魚類，ラッコなどの哺乳類では，タンカー座礁事故の石油流出後，CYP1Aサブファミリーの発現あるいは依存の代謝活性が上昇していたことが報告され，また，多環芳香族類やダイオキシン類による環境汚染の亢進した地域に生息している魚類ではCYP1A発現が上昇しているなど，P450は生物調査などで実際に環境汚染のバイオマーカーとして用いられている。このような生物の環境汚染への応答を利用し，環境エストロジェンのバイオマーカーとしては，魚類や鳥類のビテロジェニンの有用性が示されている。

　しかし，包括的に環境汚染による生態系の健康診断を行うためには，各種バイオマーカーの生理的な意義や変化を明らかにすると共に，さらに多くのマーカーを確立し，多面的な診断が可能になるようにしなければならない。

3）ゲノムレベルでの汚染環境への適応

　汚染物質による酵素の一時的な誘導といった適応だけではなく，ゲノムレベルでの遺伝子変化によって汚染環境に適応する例も報告されている。昆虫では，殺虫剤の標的分子（ナトリウムチャネルなど）が遺伝子レベルで変異したり，P450が高活性に変異している個体群が，殺虫剤に対して抵抗性を有する等の例が報告されているが，寿命の長い脊椎動物ではその例は多くない。魚類ではダイオキシンに高濃度に汚染されたハドソン川流域でAhRの機能を抑制させることでダイオキシンに対する感受性を低下させているタラ科魚類（*Microgadus tomcod*）の例が報告されている。

　テトロドトキシンは，従来，フグ毒として知られてきたが，実際には*Vibrio* sp. をはじめとする細菌が産生しており，その細菌が存在する環境（土壌や底質など）もしくは生息する生物に蓄積する

ことが分かっている。ゲノムレベルでの変化によるテトロドトキシンへの適応例として、爬虫類では、サメハダイモリ（*Taricha granulosa*）が持つテトロドトキシンに対してナトリウムチャネルの変異により抵抗性を獲得し、その捕食を可能にしたガーターヘビ（*Thamnophis sirtalis*）の例が報告されている。

また、人工的な環境汚染物質に関しては、ヨーロッパをはじめとする地域に生息するドブネズミについて、抗凝血殺鼠剤の標的分子VKORをコードするVKORC1遺伝子の139番目のアミノ酸のチロシンが変異することで殺鼠剤に対して強い抵抗性を獲得していることが明らかとなった。日本国内では、首都圏に生息するクマネズミの8割は抗凝血系殺鼠剤に対する抵抗性を獲得していることが報告されているが、VKORC1の139番目アミノ酸の変異は見つかっておらず、VKORC1のアミノ酸変異に加えてP450機能が亢進する等、ヨーロッパとは異なる変異様式が指摘されている。

これまで、寿命の長い脊椎動物では生息環境に合わせた遺伝子変異の固定化は起こりにくいと考えられてきた。しかし、環境の汚染が進む中、ゲノム情報の蓄積と遺伝子解析技術の発展により、今後、これまで知られていなかった野生動物の環境への適応メカニズムを明らかにすることが期待される。

引用文献

Day, R.D., Segars, A.L., Arendt, M.D. et al. (2007): Relationship of blood mercury levels to health parameters in the loggerhead sea turtle (*Caretta caretta*), Environmental Health Perspectives, 115, 1421-1428.

Hayes, T.B., Collines, A., Lee, M. et al. (2002): Hermaphroditic, demasculinized frogs after exposure to the herbicide atrazine at low ecologically relevant doses, Proceedings of the National Academy of Sciences, 99, 5476-5480.

石塚真由美、岩田久人 (2009)：環境毒性、新版トキシコロジー（日本トキシコロジー学会 編）、330-342、朝倉書店.

Lehman, C.M. & Williams, B.K. (2010): Effects of Current-Use pesticides on Amphibians, Ecotoxicology of Amphibians and Reptiles 2nd ed. (Donald, W.S., Greg, L., Bishop, C.A. et al. eds), 69-104, CRC Press Taylor & Francis Group.

McDaniel, T.V., Martin, P.A., Struger, J. et al. (2008): Potential endocrine disruption of sexual development in free ranging male northern leopard frogs (*Rana pipiens*) and green frogs (*Rana clamitans*) from areas of intensive row crop agriculture, Aquatic Toxicol., 88, 230-242.

大嶋雄治 (2007)：化学物質が魚類の行動に及ぼす影響―生態学的死 (ecological death)、日本水産資源保護協会月報、505, 3-7.

Shimada, T., Saitoh, T., Sasaki, E. et al. (2006): Role of tannin-binding salivary proteins and tannase-producing bacteria in the acclimation of the Japanese wood mouse to acorn tannins, J. Chemical Ecology, 32, 1165-1180.

高橋 真 (2011)：有機汚染物質の生物濃縮、環境毒性学（渡辺 泉、久野勝治 編）、57-63、朝倉書店.

第9章　野生動物のリハビリテーション

哺乳類

1. 傷病野生動物のリハビリテーション

1）人と野生動物の関わりと傷病野生動物

　近年，全国各地で，例えば北海道ではエゾヒグマ（*Ursus arctos yesoensis*）やエゾシカ（*C. nippon yesoensis*）などの野生動物が街中へ出没する「事件」が目立っている。その背景には，自然環境要因に加え，人の生活圏や生活様式の変化に伴い，人と野生動物の関わり方が変化してきたことが指摘されている（日本獣医師会 2011）。中山間地域での少子高齢化・過疎化や耕作放棄地・手入れ不足人工林の増加により奥山の荒廃が起こり，人と野生動物の間に存在していた棲み分けの「境界」が曖昧になり，人の生活に適応した都市型野生動物が繁栄するようになっている。北海道では，牧草地の増加と針葉樹の植林が，エゾシカにとって好適な「餌場」と「越冬場所」を提供することになった。
　さらに，狩猟者が減ったり，駆除が行われなくなったり（例えば，北海道では1990年以降，春グマ駆除を中止），野生動物にとって「人を恐れず」棲みやすい環境要因となっている。それらの結果として，近年，都市部に野生動物が出没して社会混乱を招く機会が増加している。さらに，ゴミの不始末や野生動物への安易な餌付けは人の居住区域に野生動物を誘引し，さらなる軋轢を助長している。

　人と野生動物の間の距離が近くなりすぎることにより，農林水産業被害，生活被害（糞害，交通事故，人身事故など），人獣共通感染症（高病原性鳥インフルエンザ，サルモネラ症，エキノコックス症など），エキゾチックペットの遺棄・逃亡による外来種問題など様々な野生動物問題の発生リスクが高まる。多くが人の生活や生産活動によって起こるとされる傷病野生動物の救護あるいはリハビリテーションもその1つである。

2）傷病野生動物の救護の課題と
リハビリテーションの意義

　傷病野生動物の多くは，一般市民により発見され，命を助けたいという動物愛護の精神に基づいて保護され，診療施設に持ち込まれる。本来は人の手に命を預けられた時点で，野生動物としては「死」に等しい危機に直面したことになるが，人に救護され，もう一度生きるチャンスを与えられることになる。すなわち，傷病野生動物の救護とは，主に人為的な原因で発生したけがや病気の動物に治療や一時的な飼育を行い，適切な生息地に野生復帰させる活動である。この救護活動は，1990年以降国内で活発に行われるようになり，野生動物に関心のある学生に最も人気が高い「野生動物に関われるきっかけ」の活動の1つに発展してきた（野生動物救護ハンドブック編集委員会 1996，森田 2006）。
　救護症例を通して，初めての疾患と診断治療方法，保有病原体や生物学的データなど貴重な情報を収集することができる（福井ら 2005，Fukui et al. 2007）。また，大量死に遭遇する可能性があり（福井ら 2004，2008a），野生動物の感染症や中毒をはじめ，その周辺環境の変化や人と野生

動物の関わりの動向をモニタリングする指標となる。実際，救護現場は，スズメの大量死の原因究明（福井ら 2009, 2010）や高病原性鳥インフルエンザ罹患個体（生体および死体）の収容などを経験している（高見ら 2012）。

しかし，従来行われてきた傷病野生動物の救護は，善意の行為である一方で，個体の命が対象となり，個体群＜生物群集＜生態系＜生物圏＜地球という，より高次の多様性と解離して進められることで様々なリスクが問題化している。家畜衛生および公衆衛生上の課題に加え，時に，放野個体による生態系の攪乱や環境行政のための資金的・人的資源の優先順位の逆転や分散など生物多様性保全の妨げになる可能性がある。また，動物愛護や人道的な理由を優先して救護活動が進められることがあるが，救護個体の救命と生物多様性保全が必ずしも一致しないことを理解しておく必要がある。例えば，人間生活や環境に負荷を与えているニホンジカ（Cervus nippon），カワウ（Phalacrocorax carbo）や外来生物のアライグマ（Procyon lotor），ヌートリア（Myocastor coypus），マングース類などの動物種では，救護と放野を行った場合に人間社会や生態系に負の影響を及ぼす。

したがって，傷病野生動物のリハビリテーションは，個体の救命を目的とする単なる医療行為ではなく，生物多様性や健全な生態系の保全を目指した保全医学的視点を踏まえた対応が求められる（福井 2009a）。すなわち，調査研究，環境モニタリング，普及啓発や環境教育などの要素を加え，生物多様性保全に資する公益性のある活動に展開しなければならない。

傷病野生動物のリハビリテーションに従事する者の心構えとして，「野生動物の命」について正しく理解しておく必要がある。すなわち，野生動物は，生態系の一構成要素として，生命循環の中で機能する本質的役割があり，『野生動物の「死」と「生」は同等の価値がある』（社団法人 日本獣医師会 2011）。

1つの消えゆく命を助けたいという優しい心を地球環境の保全に向かわせるのは，広い視野で生き物の命と地球の未来をバランスよく診られる従事者の心にかかっている。

2. リハビリテーションのための環境整備

1）防疫体制

救護個体が保有する病原体を周囲環境に拡散させてしまうリスク，また逆に施設内の病原体を救護個体に感染させて自然界に持ち出してしまうリスクもある。入院中に，同種間で別の個体由来の病原体を院内感染させてしまうリスクもある（福井ら 2006）。したがって，野生動物間，野生動物⇄家畜・ペット，野生動物⇄人の間で人為的に感染を拡大させないように，動物衛生および公衆衛生に十分留意して対応することが重要である（福井ら 2009, 2010）。

これまでに国内で問題として指摘されている哺乳類での例として，多くの野生動物が保菌すると報告のあるサルモネラやレプトスピラ，「ペット・家畜の共通感染症」となりうるジステンパー（タヌキ）や疥癬（タヌキ，キツネなど），「人と動物の共通感染症」となりうるエキノコックス（キタキツネ）や野兎病菌（Francisella tularensis）（ノウサギ）などがある。

感染症の防疫対策としては，「感染しない，感染させない，拡散させないこと（封じ込め）」が重要で，各病原体について，感染源，感染経路，感染方法，診断法，消毒法，殺菌法および予防法を整理しておき，迅速かつ適切に対処する必要がある。

したがって，対象動物の体内微生物叢のモニタリングと共に，病原体の拡散を防止するための施設と技術，さらには防疫のための指針を備えておく。理想的には，十分な防疫体制が整備された施設に受け入れを限定し，感染防御のための検疫・感染防護・消毒などバイオセキュリティーについて正しく習熟した技術者が対応すべきである。

2) トリアージ

(1) 野生復帰をゴールとしたトリアージ

大災害や大事故の発生時に，限られた設備とスタッフの中で最も効率よく救命活動ができるように，負傷者の重症度に合わせて治療優先順位を設ける必要がある。トリアージとは，「場所・資源・労働力などに制約が大きい災害医療において，最大の救命効果を得るために，傷病者の重症度と緊急性を判定し，治療の優先順位を決定すること」である。これに習い，傷病野生動物のリハビリテーションにおけるトリアージとは，ゴールを「野生復帰」とし，限られた飼育スペース・資源・労働力でできるだけ多くの個体を効率よく野生復帰させるために，その可能性が乏しい個体を可能な限り早期に選別していく手順である。

収容時・治療・野生復帰訓練の段階ごとに救命の見込み，さらには野生復帰の可能性について優先順位を判定していくことで，安易な治療や放野を防ぎ，効率的なリハビリテーションを行う。

(2) 生物多様性保全の観点からのトリアージ

野生鳥獣は，普通種，希少種，有害駆除対象種，特定鳥獣（特定鳥獣保護管理計画制度で個体数調整によって管理される種），狩猟対象種，外来種あるいは押収動物などと「人との関わり」の状況に応じて区分される。また，野生鳥獣を法制度に基づいて区分し，取扱いを区別している。このように，リハビリテーションにおいては，生物多様性保全の観点から，種の優先順位を決定することが必要となる。すなわち，希少種を最優先させた上で，有害駆除対象種や外来種は放野の対象とはしない。

3. 救護される動物種と原因

救護される動物種は，生物相に応じた地域性があるものの，共通して都市型野生動物が多く，鳥類が大半（8割以上）を占めることが多い。

哺乳類では，北海道においては，エゾタヌキ（*Nyctereutes procyonoides albus*），エゾユキウサギ（*Lepus timidus ainu*），コウモリ類やエゾシカ（*C. n. yesoensis*）などが多い（福井ら 2003）。本州では，地域差があるが，ホンドタヌキ（*Nyctereutes p. viverrinus*），アブラコウモリ（イエコウモリ，*Pipistrellus javanicus abramus*），ハクビシン（*Paguma larvata*），ムササビ（*Petaurista leucogenys*）やノウサギ（*Lepus brachyurus*）などが多い。

北海道で見られる主な救護事例とその原因を例に挙げる。エゾタヌキでは，交通事故に伴う外傷や脊椎・四肢の骨折（図9-1），疥癬（図9-2），衰弱が多く見られる。エゾユキウサギでは，草地の地面の上に出産する生態のため，草刈り時に幼獣が保護される例が多い（図9-3）。コウモリ類では，建物に迷入して低体温症や翼の骨折のため動けなくなって保護されることが多い（図9-4）。

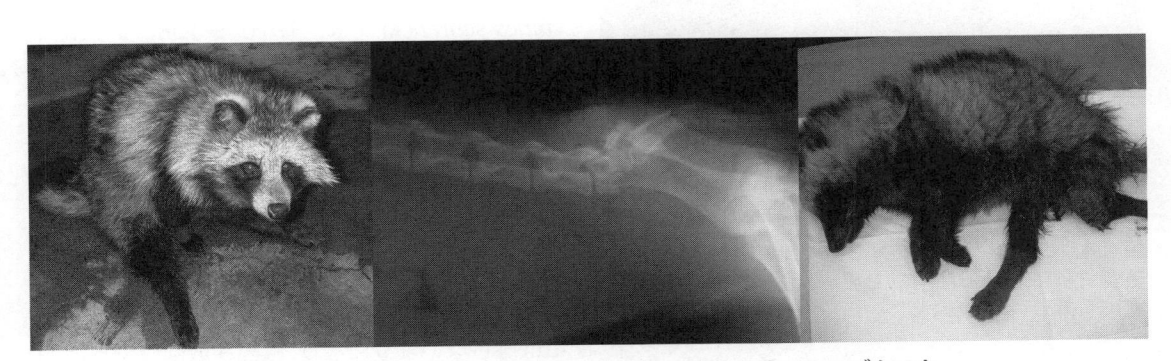

図9-1 交通事故による腰椎骨折のため起立不能に陥ったエゾタヌキ
左：両後肢麻痺のため起立不能，中：X線所見，腰椎骨折，右：後肢の痛覚消失により自咬傷に陥ったため，安楽殺した。

図9-2 疥癬のため衰弱して保護され，その後脱毛が進行したエゾタヌキ

図9-3 草刈り時に母親が逃走して取り残されたエゾユキウサギの幼獣

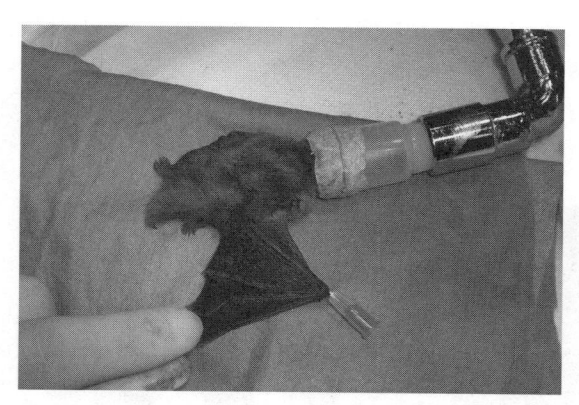

図9-4 コテングコウモリ（*Murina ussuriensis*）の橈骨骨折における注射針を用いたピンニングによる整復手術

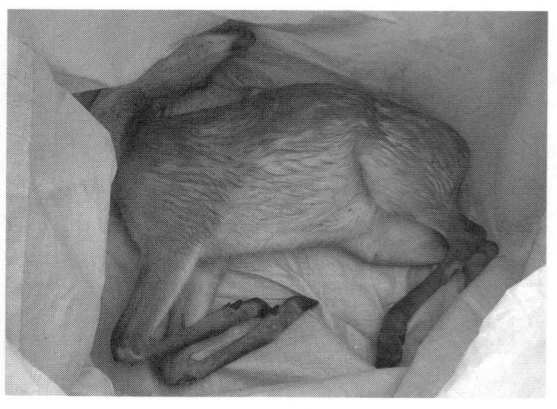

図9-5 交通事故による脊椎損傷のため起立不能，予後不良となったエゾシカ

図9-6 誤認保護された生後数日齢のエゾシカ

エゾシカでは，交通事故（図9-5）の他，母親が授乳時以外は子を草むらに置いて行動する生態のため，誤認保護が起こりやすい（図9-6）。

救護される動物種は，市民感情や社会認識によって影響を受ける。例えば，キタキツネ（*Vulpes vulpes schrencki*）は，1970〜1980年代，北海道のマスコットとして好意的に見られ，餌付けにより，"おねだりギツネ"や"観光ギツネ"などと呼ばれるような人慣れが多発していた（図9-7）。その当時，誤認保護や交通事故の救護件数が増加していたが，エキノコックス症が社会的に認知されるようになると，キタキツネに対する市民感情はマイナスイメージに逆転し，キタキツネには触らないようになり，救護件数は減少した（未発表）。

他には，アライグマ用のワナによる錯誤捕獲や

図9-7 道路に飛び出してくる"おねだりギツネ"（キタキツネ）

非合法なとらばさみなどのワナで捕獲されたキツネ類やタヌキなどの中型哺乳類，巣のある木が伐採されたリス類の幼獣，犬や猫に襲撃された小型哺乳類（リス類やコウモリ類など）が保護される例がある。

4. 救護対象となる動物種

傷病野生動物の保護収容について，各都道府県により，対象動物が規定されている。北海道が行っている委託業務では，原則，「鳥獣の保護及び狩猟の適正化に関する法律（鳥獣保護法）」の対象となっている鳥獣を保護収容するよう指導している。

鳥獣保護法では，「鳥獣」を「鳥類又は哺乳類に属する野生動物」と定義している。「鳥獣」の概念には，平成14年の法改正によりネズミ・モグラ類と海棲哺乳類が含まれるようになった。ただし，鳥獣保護法第80条の規定により，「環境衛生の維持に重大な支障を及ぼす鳥獣又は他の法令により捕獲等について適切な保護管理がなされている鳥獣」として，ニホンアシカ (*Zalophus japonicus*)，ゼニガタアザラシ (*Phoca vitulina*)，ゴマフアザラシ (*Phoca largha*)，ワモンアザラシ (*Phoca hispida*)，クラカケアザラシ (*Histriophoca fasiata*)，アゴヒゲアザラシ (*Erignathus barbatus*)，ジュゴン (*Dugong dugong*) 7種以外の海棲哺乳類，イエネズミ類3種については，鳥獣保護法の対象外とされている。

救護活動を，人との軋轢を起こさず，生物多様性保全に資する公益性のあるものにするため，次のグループの動物は，野生復帰を目指した救護対象としない。①市町村ごとに有害性が高いとして毎年相当数が捕獲駆除されている鳥獣：ニホンジカ，ニホンイノシシ (*Sus scrofa leucomystax*)，キツネなど，②環境衛生の維持に重大な支障を及ぼすおそれがあるイエネズミ（外来ネズミ類）：ドブネズミ (*Rattus norvegicus*)，クマネズミ (*R. rattus*)，ハツカネズミ (*Mus musculus*)，③外来種：アライグマ，アメリカミンク (*Mustela vison*)，ヌートリア，タイワンリス (*Callosciurus erythraeus thaiwanensis*)，ハクビシン，④ペット種：ノイヌ (*Canis lupus familiaris*)，ノネコ（イエネコ，*Felis silvestris catus*)，カイウサギ (*Oryctolagus cuniculus*) などである。しかし，青少年の教育あるいは直接の持ち込みなど人道的な理由で保護する場合が想定されるが，誤認保護などの症例で時間経過なく発見現場に戻せる在来種を除き，放野してはならず，それぞれを規制する法令に従い，安楽殺もしくは終生飼育とする。

また，以下の動物種は，鳥獣保護法の対象から外れるが，それぞれの保護管理を規制している法令に照らし，他の在来種と同様に救護対象となる。①「鳥獣保護法」第80条の規定により，「他の法令により捕獲等について適切な保護管理がなされている鳥獣」として，トド (*Eumetopias jubatus*)，キタオットセイ (*Callorhinus ursinus*)，ラッコ (*Enhydra lutris*) など，②環境省所管の希少鳥獣：ツシマヤマネコ (*Prionailurus bengalensis euptilurus*)，アマミノクロウサギ (*Pentalagus furnessi*)，ゼニガタアザラシ（鳥獣保護法の対象であるが，希少鳥獣であるため環境大臣権限）など。

5. 救護個体の取扱い上の諸注意

1）法　令

「鳥獣保護法」の他,「絶滅のおそれのある野生動植物の種の保存に関する法律（種の保存法）」,「文化財保護法」など野生動物の関連法規に照合し, 取り扱う。傷病野生動物の保護収容に当たっては,「鳥獣保護法」に基づき, 事前に環境大臣または都道府県知事による鳥獣捕獲許可が必要になる。捕獲許可がある場合, 30日以内の収容は登録が不要であるが, 超える場合には都道府県知事による飼養登録が必要となる。また, 救護個体が種の保存法の国内希少動植物種に指定されている場合や「文化財保護法」の天然記念物に指定されている場合, それぞれの法の許可手続きを取らなければならない。したがって, 各都道府県の野生動物保護管理部門に連絡し, 連携を取って対応すべきである。救護個体が国内希少種と国指定の鳥獣保護区内で保護された場合には, 環境省の所管となるため, 取扱いに注意が必要である。

2）記　録

救護の過程や状況および救護個体の状態を, カルテあるいはデータベース資料として記録しておく。第一発見者から, 発見日時, 現場の場所や住所, 救護個体の状況, 電話連絡先などを聴取する。

3）ハンドリング

救護活動に際し, 発見者, 搬送者や従事者および動物の安全に十分留意する必要があり, 適切に指導すべきである。ハンドリングを要する場合には, マスク, グローブ, 専用の着衣を着用する必要がある。

幼獣であったり, 傷ついたり, 弱ったりして活動性が低くても, 人には慣れていない野生動物である以上, 攻撃してくる場合が多い。そのため, 捕獲保定に当たっては, 革手袋, ネットや保定器具を用いると安全かつ便利である。小・中型哺乳類では, 基本的には頚部背側の皮膚あるいは頚椎を掴んで捕獲保定できる（図9-8）。ニホンザル（*Macaca fuscata*）では, 両腕を後ろに回して保定できる（図9-9）。

図9-8　エゾタヌキの用手保定

図9-9　ニホンザルの用手保定

第9章　野生動物のリハビリテーション

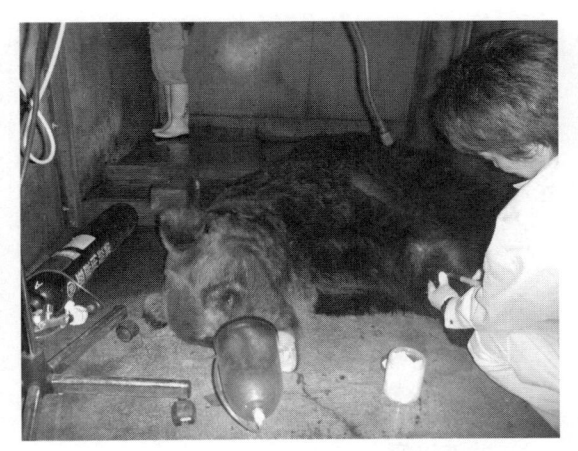

図9-10　エゾヒグマの全身麻酔と橈側皮静脈からの採血

捕獲・保定時に，動物が呼吸困難や虚脱を示すような場合には，用手保定下で短時間で完了する処置かどうかを冷静に判断し，酸素吸入を実施するなどして安全に進める。ただ，動物があまりにも興奮したり，激しく動いたりするなど，動物にも人にも危険が及ぶような場合には，積極的に鎮静薬や麻酔薬などを用い，化学的不動化を行うべきである。また，大型動物や危険動物では，吹き矢や麻酔銃を用いた化学的不動化を行う必要のある症例が多い（図9-10）。ネットや平打ち縄を活用すると安定した保定が可能となる。

4）化学的不動化；鎮静と麻酔

（1）導入までの基本的な考え方

野生哺乳類の麻酔上の留意点は，特に導入と覚醒にあり，ひとたび麻酔状態に入った後の維持麻酔や管理は，一部の特殊な種を除きペットや家畜の類似種と大差ない（福井 2009b）。

現場か診療室か，処置を行う場所によって，麻酔方法は大きく2つに分けられる。診療室の場合，小型の動物種では麻酔ボックスに入れイソフルランなどのガス吸入による麻酔導入が便利であり，中型以上の動物種では現場で塩酸メデトミジン（Me）をベースとする鎮静あるいは塩酸ケタミン（K）をベースとする全身麻酔による不動化後，診療室に搬入してイソフルランによる麻酔維持を行うことができる。診療室に搬入することが困難な大型や危険な動物種では，すべての処置を現場で行うことになり，Kベースの麻酔が基本となる。

著者が食肉類や偶蹄類など多くの動物種に用いる標準的な麻酔前投薬は，①鎮静，鎮痛，筋弛緩作用のあるα_2-作動薬 Me（心疾患を有する個体では使用を控える）と②抗不安，抗痙攣，筋弛緩作用のあるマイナートランキライザーのミダゾラム（Mi）の組合せである。Miは，Meの鎮静・鎮痛・筋弛緩効果を相乗的に増強する作用があり，1時間程度の不動化と軽度な処置が可能となる（Hayashi 1994）。さらに，③オピオイド作動/拮抗薬のブトルファノール（Bu）を組み合わせることにより，先取り鎮痛として鎮痛効果の増強〔神経遮断無痛（NLA）変法〕とMeによる嘔吐発現を抑制できる。これらの麻酔前投薬は，Kの有害反応を抑え，不足する作用を補ってくれ，大変効果的なバランス麻酔状態が得られる。

動物にも人にも安全な不動化状態を得るため，直接的な持続的モニタリングは興奮刺激となりうるため，基本的には，動物が十分に鎮静化されるまでは注意して行う。約10分後，鎮静レベルを評価し，最適なKの量を決定し，用手で確実に筋肉内投与してスムーズに麻酔導入することが望ましい。しかし，フィールド現場では，鎮静薬投与後に個体の抑制が困難な場合があり，その際には最初から麻酔薬を即効的に投与していくことも必要になる。

（2）麻酔管理と麻酔モニタリング

導入後は，バイタルサインを評価しながら，眼瞼反射・痛覚反射の消失や顎筋の十分な弛緩を注意深く確認してから，処置を開始する（福井 2009b）。最初に，口腔内清拭と気道確保を行う。大型種では自重による神経・筋障害や横隔膜圧迫，反芻動物では胃内容物逆流に伴う誤嚥を予防するため頭頸部の保持など適切な体位にする。必要に応じて，気管チューブの挿管と血管確保を行う。支持療法として，酸素吸入，保温，輸液，疼痛管理などを行うことで安全な全身麻酔と処置が可能

となる。覚醒後の順調な回復には，麻酔前投薬に加え，先取り鎮痛や局所麻酔の併用（マルチモーダル鎮痛）など駆使した周術期疼痛管理と麻酔薬の減量などバランス麻酔の実施が必要である。

麻酔モニタリングは，中枢神経系，循環器系および呼吸器系について，五感と機器を調和させて行う。現場で中心となる五感では，主に刺激への反応，体温・心拍数・呼吸数，舌色，可視粘膜，毛細血管再充満時間（CRT），股動脈圧，尿産生量などを診ていく。機器では，特に酸素化と循環の指標としてパルスオキシメータによる経皮的動脈血酸素飽和度（SpO_2）が便利である。可能であれば，呼気終末二酸化炭素濃度（$EtCO_2$）をモニタリングし，換気（肺胞換気量）と循環（心拍出量）および代謝（組織での CO_2 産生量）の指標とする。

6. 救護個体の保護収容とファーストエイド

1) 収容から安静まで

救護個体の施設外への逃亡を防ぎ，生活の質（QOL：Quality of life）を保ちながら，適切な治療やリハビリテーションを施すため，専門的な施設で保護収容する必要がある。また，感染防御のため，検疫の機能を備えた施設および感染防御のためのシステムや指針を整備すべきである。

救護個体の多くは，程度の差はあるが，少なくとも5%以上の脱水，さらにに衰弱に陥っているものとして考える（福井ら 2012）。保護されるまでに時間経過のある場合，脱水はさらに進行し，低体温症，低栄養症や貧血などを伴う衰弱が認められる。また，交通事故や犬による咬傷など外傷症例では，気胸，肺や腹腔内臓器の損傷，出血性ショックなど深刻な病態を伴っている場合がある。

保護収容直後の症例に対しては，第一に安静にして臨床症状をよく観察する。エマージェンシーに際しては，小動物あるいは大動物臨床に習って迅速かつ適切に対応する。呼吸困難を示している症例では，簡易の酸素ボックスでよいので，酸素吸入を行う。特に，小動物では，濡れていたらドライヤーで乾かし，保温マットや湯たんぽなどを用いたり，ケージを段ボールで覆ったりして保温を心がける。

症例の状態に応じて，身体一般検査や臨床検査を行い，診断ごとに必要な処置を加えていく。上述の通り，必要に応じて鎮静や麻酔が必要になることが多いため，種ごとに合わせた化学的不動化プロトコールを整理しておくことが重要である。

2) 輸液治療

脱水を補正するため，皮下輸液や静脈内輸液を行う（福井ら 2012）。ショックや中等度以上の脱水がある場合には，静脈ルートを確保して持続点滴管理を行う（図9-11）。輸液剤は，ショック時など代謝性アシドーシスが認められる症例が多いと考えられ，基本的には乳酸リンゲル液を正常な体温程度に温めて用いる。肝不全や酸素化能に障害が認められる場合には，酢酸リンゲル液を用いる。皮下投与された輸液剤は，体液と電解質濃度で等張になってから吸収されるため，ブドウ糖を含むと一時的な脱水が引き起こされ，吸収が遅れる。また，5%ブドウ糖は投与後すぐに代謝されて自由水として補給することが目的であり，栄養補給にはならず，さらに皮下投与では局所感染を引き起こしうるため，用いる意義は薄い。血

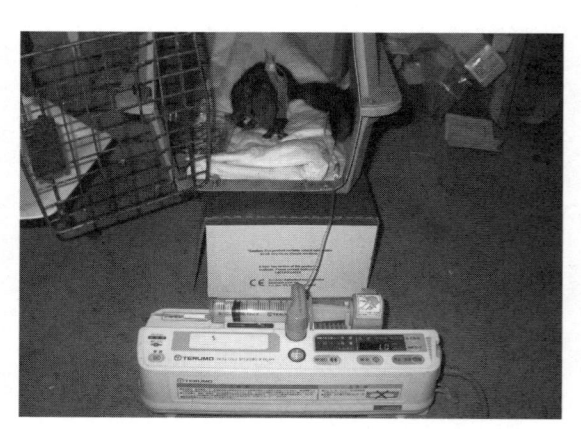

図9-11　エゾリスの骨髄内輸液管理
左大腿骨内にカテーテルを留置

中電解質濃度や血液ガスの測定が可能であれば，K^+補正などさらに綿密な輸液計画を実施できる。元気食欲の有無，身体検査および血液検査などの結果を診ながら，以降の輸液計画を検討して行く。

個体へのストレスを最小限に留め，限られた時間内にできる限りの輸液を行う一方，不足分を皮下輸液で補う。持続点滴，部分静脈栄養，輸血を効果的に実施する。小型哺乳類や新生子では，保温，酸素・カロリー供給に注意し，骨髄内輸液が可能である。救護動物のリリースを目指す場合，拘束期間を最小限にし，運動機能を損なわないよう注意する。

点滴ライン，外固定や包帯などを守るため，ネックカラーが役立つことがある。外傷や神経麻痺などを示す場合にも，患部をなめたり，自己断節したりするのを防ぐため，ネックカラーが有用である。

7. 入院中の管理

救護個体が安静を保ち，快適に過ごせるよう，種ごとの生態に合った飼育環境を整備する。床環境，目隠し，保温，通気および脱出防止にも留意する。従事者は，他の動物や自らへの院内感染を防ぐため，衛生に十分注意して治療や世話を行う。動物種ごとに応じた給餌を行い，適切に栄養管理する。ファーストエイドが奏功し，個体が安定化した後，自力採食がない場合，また幼若個体でエネルギー要求量が高い場合には，積極的な強制給餌あるいは部分静脈栄養によるカロリー補給が必要となる。野生復帰を検討する場合には，人慣れを防ぐ工夫が必要となる。野生復帰までの期間が最短となるよう，適切な治療および野生復帰訓練プログラムを計画する。

8. 野生動物の福祉と安楽殺

傷病野生動物のリハビリテーションにおいて，「動物の愛護及び管理に関する法律（動物愛護管理法）」や「特定外来生物による生態系等に係る被害の防止に関する法律（外来生物法）」に従い，野生復帰をゴールとする，あるいは生物多様性保全の観点からのトリアージと照合し，個体を安楽死させる道義的責任が生じることがある（日本野生動物医学会 2010）。

「安楽死」とは，疼痛，苦痛や不安が最小限の死であり，その実施には動物種ごと，個体ごとに方法が異なる。安楽死では，不安や恐怖を最小限とし，速やかに意識を消失させ，続いて心肺機能の停止および最終的に脳機能の停止を生じる必要がある。人道的に安楽殺を行うための技術として，対象個体の予後判定，薬剤・安楽殺方法の選択，意識・痛覚レベルの評価，死亡の確認を適切に行う必要がある（福井 2010）。動物の尊い生命を奪うとき，畏敬の念をもって可能な限り疼痛や苦痛を伴わずに死に至らしめることは，担当する従事者の責務である。米国獣医学会（鈴木 2005）や米国動物園獣医師協会（Charlotte 2006）では，野生動物の安楽殺についても，ガイドラインを制定して人道的な方法論を紹介している。

著者は，通常の不動化と同様に，鎮静薬および麻酔薬を投与して不動化後，適切な方法で安楽殺（二段階安楽殺）を行っている（福井 2010）。処置に危険を伴う哺乳類に対しては，通常の全身麻酔プロトコールを用い，不動化を確認後，ペントバルビタールナトリウムの急速大量静脈内投与（50～100mg/kg）による呼吸停止（必要であれば，それに続く塩化カリウム飽和溶液の静脈内投与による心臓停止），または二酸化炭素ガスの吸入による呼吸停止を経て死に至らしめる。

9. 野生復帰

1）基　準

先にも述べた通り，傷病野生動物の救護活動が生物多様性保全に資する公益性のあるものとするためには，以下のような野生復帰の基準を規定し，評価が必要である。

(1) 生物多様性・環境保全，公益性の評価～野生復帰させて良いかどうか

地域個体群の地理的特異性を考慮し，遺伝子攪乱が起こらないように，原則，発見現場で放野する。事故の再発を防ぐなどの理由で発見現場とは異なる場所に放野する場合や入院期間が長くなった場合には，救護個体が既存のニッチを占めている他個体と競合する可能性があるため，慎重に判断する必要がある。また，生殖器の不可逆的損傷を伴ったり，不妊手術を実施した場合など繁殖不能な状態にある場合には，単に他個体や他種との競合相手にしかならないため，野生復帰してはならない。

保護収容中，人や他の動物からの病原体による院内感染や治療の際の抗生物質投与による耐性菌の出現を防止しなければならない。病原体や耐性菌を自然界に持ち出す可能性がある場合には，救護個体の放野を避ける。

有害鳥獣や人との軋轢を引き起こす可能性がある場合，地域社会の合意なしに放野してはならない。

(2) 個体の生存性の評価～野生復帰が可能かどうか

放野前に，自然界で生存するのに十分な身体的および行動的健全性が回復している必要がある。すなわち，救護時の病態の回復に加え，自力採食能力，運動能力，警戒心，保温のための被毛，適切な栄養状態が十分備わっていなければならない。個体の観察および身体一般検査に加え，臨床検査の結果なども合わせて，科学的な評価が必要である。

(3) 予後

保護収容から，野生復帰させるべき対象かどうかの判断，さらに治療経過が順調に進み，野生復帰訓練を経て実際に放野される個体の割合は，施設によって差があるが約1～4割，また収容個体の生存率は約3～5割と考えられる（野生動物救護ハンドブック編集委員会 1996，福井ら 2003）。

しかし，放野した個体が「野生復帰できたかどうか」を科学的に追跡して評価される症例は極めて少なく，現実的には予後はかなり悪いものと推測される。一方で，保護施設の収容限界や人的・経済的理由から，野生動物医学的に自活に耐えないと診断される個体を「放野」せざるを得ない現場が多いという課題がある。自然界から授かった救護個体の貴重な命をどのようにすれば生物多様性や健全な生態系の保全に最大限有効活用できるか，その方法論について熟考し，公益性のある事業へとシステムを再整備する必要がある。

(4) 野生復帰不能個体の取扱い

野生復帰が不可能と診断した場合で，動物園などでの飼育展示，研究や教育普及など公益性のある有効活用方法があれば，検討に値する。しかし，活用目的がない，治療による回復の見込みがない，あるいは苦痛を伴うなどQOLを維持できない場合には，安楽殺を検討すべきである（日本野生動物医学会 2010）。

2）野生復帰訓練

野生復帰を成功させるためには，捕食や外敵からの逃避能力が十分発揮できるよう，全身状態・栄養状態・筋力を十分に回復させておかねばならない。特に，狭いケージで飼育されていたり，骨折などの治療のためギプス固定していたり，長期間の入院を要したりすると，筋力の低下が問題となる。機能回復のため，当該種に適合した十分な広さの適切な飼育環境を整備してリハビリテーションを行う。

3）放野（リリース）

(1) 放野方法

放野方法は，野生復帰の成功を高めるための検討に加え，放野後のモニタリング方法と併せて決定する必要がある。

①ハードリリース：最も単純な放野方法で，放野地点で輸送用ケージからそのまま放野する方法である。放野地点でしばらく静置して環境に慣らし，落ち着かせて放野する（図9-12）。利点として，囲いを設置するなどの準備期間が不要で，放

図9-12　ラジオテレメトリー発信機を装着後，放野されるエゾタヌキ

野場所が制約されない。放野後，短時間で遠くに移動する可能性があるため，放野直後の追跡を重点的に行う必要がある。また，放野後の生存率が低いとされる。ハードリリースの際に巣箱のような逃げ込める簡易シェルターを用意する方法（セミハードリリース）もある。

②ソフトリリース：放野地点の自然環境をフェンスで囲って飼育場を整備し，環境への馴化を行って段階的に放野していく方法である。利点として，放野個体の急な移動を防ぎ，放野直後の死亡率低下および定着の可能性が高まることなどがある。

（2）放野の時期と場所の選定

放野は，治療完了後，できるだけ早期に保護された場所付近で実施することが原則である。ただし，その動物種の生態，天候や気温などの気象条件，時間帯などを考慮して行う。例えば，ニホンジカの誤認保護では，数日以内であれば，親子が合流できる可能性があるため，子を迅速に現場に戻す。

人為的な事故に遭う可能性の高い場所や市街地・農耕地など人との軋轢が生じやすい場所は避ける。治療やリハビリが長引き，放野の時期を逸した場合には，季節を考慮して行う。また，個体ごとに行動圏を持つ動物種の場合，定着個体がいる地域で放野することは競合を招くおそれがある。

（3）モニタリング方法

放野した個体が生存しているか，野生復帰が成功したかどうか，をモニタリングするための追跡調査（トラッキング）が必要となる。以下の方法があるが，いずれも長所，短所があり，状況に応じて使い分ける。

個体の位置や活動状況をリアルタイムで確認するためには，テレメトリー法を用いたモニタリング調査が必要である（図9-12）（福井ら 2008b, Kitao 2009）。ラジオテレメトリー（VHF 送信機），GPS テレメトリー，衛星追跡システムあるいは携帯電話応用システムがある。

放野個体の姿や健康状態を確認するため，赤外線自動撮影がある。自動撮影装置を通過や利用が予想される場所に設置する。

個体識別方法として，入れ墨（ニホンザルなど），耳標（イヤータグ，ニホンジカなど），マイクロチップが用いられる。マイクロチップでは，野外に読取機を設置し，自動撮影と組み合わせて個体識別を行い，モニタリング調査が可能である。

他に，食痕・糞・足跡を確認・採取する痕跡調査，糞やヘアートラップにより採取した被毛などの検体を用いた DNA 分析，目視や近隣の住民からの被害等の情報収集，保護個体・死体からの情報収集などがある。

10. 野生復帰不能個体の有効活用

放野することが「生物多様性保全に資する公益性のある救護」に該当しない対象個体は，その意義を持たせるため，積極的に有効活用することが重要である。人工哺育によって成育した個体をはじめ，治療によっても野生復帰を果たせる機能回復に到達しなかった個体や繁殖不能個体などで QOL が維持できる場合に該当する。

動物福祉に配慮した終生飼育が必要となるため，各動物種および個体に適した飼育管理技術が課題となる。

以下のような活用例がある。

図9-13 野生復帰不能と判断された片眼のエゾフクロウ（矢印）の展示と解説パネル

図9-14 傷病個体を用いたインタープリテーション
来園者に生態系におけるカラスの役割を説明。

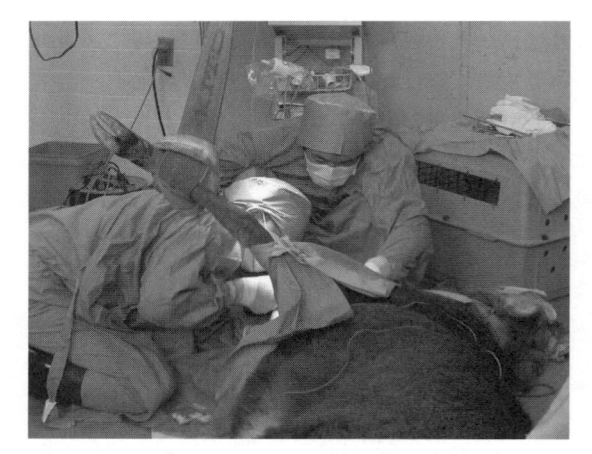

図9-15 エゾシカへのGPS首輪型発信機とデーターロガーの埋込み手術

1）飼育展示と種の保存

　動物園水族館などの動物飼育展示施設で，展示動物および遺伝子資源としての活用例がある（福井 2006）。傷病個体を展示することで，身近な自然環境に生息する野生動物について知り，さらに，人間の生産活動が野生動物に及ぼす影響について学び，考える機会を提供することができる（図9-13）。また，飼育個体を繁殖させ，域外保全，種の保存，としての機能を発揮できる。野生復帰不能個体が個人で里親ボランティアとして飼育される例もあるが，QOLの確保に加え，繁殖，環境教育を目的とした普及啓発および公益性を求めるためには，可能であれば公共施設における終生飼育を目指す。

2）普及啓発

　傷病個体の展示に加え，解説パネルの掲示やガイド説明を通じて環境学習の機会として活用することができる（図9-14）。個体の愛護にとどまらず，生態系や人と野生動物の関わりなど広い視野で学べる機会となるよう，従事者のコンセプトや創意工夫が重要である。

3）調査研究

　野外調査では，解明しにくい野生動物の生態生理などのテーマについて，飼育個体を活用してデータの集積など研究成果を積み上げて行くことができる。例えば，定期的な観察や生体試料の採取が必要な研究，効率的な捕獲，麻酔方法や追跡調査方法の開発に伴う試験などでは，多くの成果が得られている（図9-15）。

11．おわりに

　個体レベルを超えた野生動物問題に対処するため，「人」の要因にも目を向ける必要がある。救護原因の多くは人為的であり，野生動物への社会感情が好意的に変化することによって起こる人慣れや，レジャーの多様化に伴い個体を発見する頻度の上昇などの社会学的要因が，救護件数を増

加させている可能性がある。このため，近年，野生動物そのものを対象とした研究のみならず，人間事象（human dimension）の研究によって，解決の糸口を見出していく必要性が注目されている（Manfredo 2011）。

これまで解説してきたように，傷病野生動物の救護活動は，人間の野生動物との関わり方の社会的状況に大きく影響を受けるものであるが，生物多様性および健全な自然環境の保全につなげて行く必要がある。1つの地球で，人も野生動物も快適な環境を創っていくために，人・家畜・野生動物・そして生態系の健康を目指した活動を意識することが大切である。

したがって，傷病野生動物のリハビリテーションは，「1頭1羽の個体の命を地球の健康に捧げる努力」と言えよう。

鳥　類

野生動物医学における「リハビリテーション」は，飼育下にある個体が，自然界で種本来の生態を取り戻すためのプロセスを意味し，人医領域において一般的な「社会復帰を目的とした身体機能の訓練（狭義のリハビテーション）」のみを指すものではない。展示施設などで長期間飼育されていた個体や飼育下繁殖した個体の計画的な野生復帰もリハビリテーションに含まれるが，ここでは傷病のために救護される野生個体に関する項目に重点を置いて解説する（図9-16）。

1. 傷病野生動物（鳥類）の救護に対する基本的な考え方

人間と野生動物の共存を目指す保全医学の観点から，傷病野生鳥類の救護の意義や理念をしっかりと理解し，目的意識をもってリハビリテーションに取り組むことが極めて重要である。多くの場合，傷病野生動物は一般市民により発見され，診療施設に持ち込まれる。保護者の多くは「可哀想だから」傷ついた野生動物に手を差し伸べていると考えられる。このように，主に愛護思想に基づいて野生動物の命を救おうとする市民の行動は，命の尊さや，計らずとも人間が自然界に与えてしまっている様々な影響を広く社会一般に知らしめる上でたいへん貴重である。他方，自然界において生態系を構成する野生動物の生死を，同じ地球上の一生物種にすぎない人が左右することは，自然環境の攪乱につながるのではないかといった懐疑的な視点も，獣医師や救護に携わろうとする者には必要である。巣から落ちた小鳥の雛に対しては誠心誠意その命を救おうとする一方で，側溝に落ちた爬虫類には愛着がわかないので助けない…など，動物種に対する好き嫌いや個人的な主観が入り込むのでは，科学的な方針に基づいた活動とは言い難い。

傷病鳥の救護活動の意義と是非に関する答えは，単純ではなく一様でもない。この活動は個体の命のバトンリレーに留まらず，発見者，搬送者，通報者の想いも繋ぐものである。それゆえ，それぞれの立場で関わった人間の意志も大切にされるべきであり，アンカーの獣医師だけに命の取扱いに関する全ての判断が委ねられるものではない。結果的に救命に至らなかったとしても，携わった人間に自然保護や野生生物への関心を芽生えさせ，さらにはそれが事故の予防などの社会的な動きにも繋がっていく可能性がある。

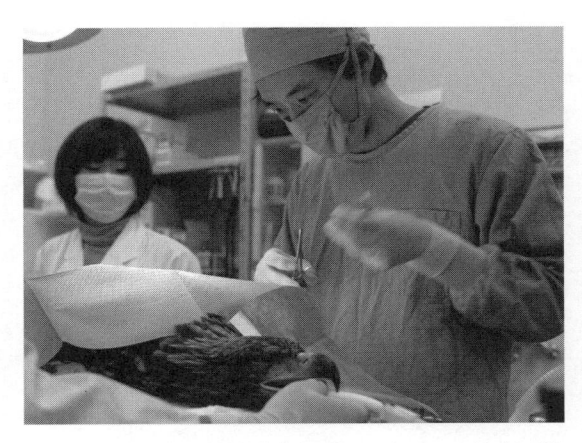

図9-16　釧路湿原野生生物保護センターでの治療風景　ガス麻酔下でのオジロワシの上腕骨整復術。

傷病野生動物の救護に参加する際は，まずその目的と意義を，各々が自分の立場で熟考することが求められる。

1) 救護を行うか否かの判断

野生鳥類の救護活動は，原則的に「自然界のルール」に逆らって行うべきではない。すなわち，弱者衰退と強者繁栄，環境の変化に順応したものが生き残るといった弱肉強食の法則は，食物連鎖や進化といった形で自然界の構成員を選別し，生態系のバランスや質を保っている。

しかし現実には，野生鳥類の救護を行うか否かの判断が様々な場面で求められる。交通事故や野鳥の窓ガラス衝突，ノイヌやノネコを含む外来動物による食害など，人間活動が関与する傷病は頻発している。他方で，生物種としての希少性を考慮して，自然生態系の恒常的な食物連鎖の場面に介入すべきか，判断に苦慮する場合がある。例えば，希少種の捕食行動によって負傷した別の希少種（被捕食者）に対し，人間が救護の手を差し伸べるべきか否か，意見が分かれることも多いと想像される。

また，重篤な後遺症（断翼や断脚など）が残ることが明らかな個体については，結果的に治療や飼育行為が動物に長時間の苦痛を与えることが予想される。このような症例に対しては，救護活動が本当に有意義であるか，科学と動物福祉双方の見地に基づく徹底的な検討が求められると共に，安楽殺の是非を含めた指針の制定が望まれる。

2) 人的な影響によって保護されるものが多くを占める

「自然界のルール」に則っていると思われる死因や傷病原因にも，実は人為的な影響が間接的に関与している場合がある。動物の轢死体を採食中に車や列車と接触する事故や，餌台などへの給餌により蔓延が助長される感染症などがその例である。一見人間の生活とかけ離れた環境に生息していると思われがちな，北海道の希少猛禽類〔オオワシ（*Haliaeetus pelagicus*）やオジロワシ（*Haliaeetus albicilla*），シマフクロウ（*Ketupa blakistoni*）など〕においても，人為的な傷病が判明した原因全体の8割以上を占めている。救護状況から，その多くが死亡もしくは重篤な障害を負っていることが明らかになっており，人間生活が野生生物界に与えている深刻な影響を伺い知ることができる（図9-17）。

ただし，傷病野生動物の多くが人間の生活圏内で発見されていることから，結果的に傷病原因全体における人的要因の割合が高くなっている可能性も否定できない。人間活動による野生生物への影響を可能な限り正確に把握するためにも，傷病の原因を精査することは極めて重要である。

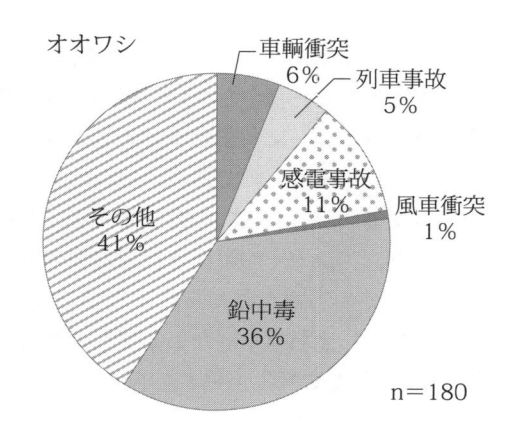

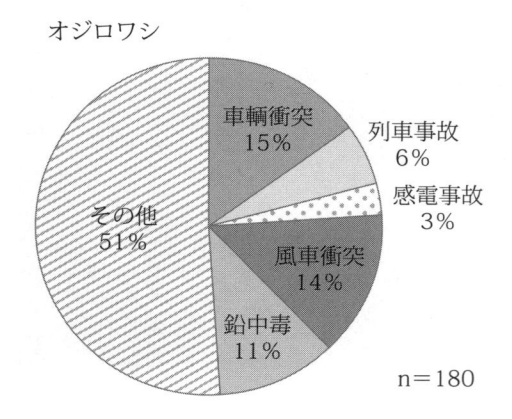

図9-17　オオワシとオジロワシの傷病・死亡原因（2000年1月～2011年1月）

2. 救護活動の意義

1）生息環境の指標

傷病野生動物は，生息環境の状態や健全性を知る上で貴重なバロメーターとなっている。傷病の原因や収容に至った経緯などを明らかにすることで，自然界に潜在する人と野生動物の軋轢，すなわち，事故や大量死を引き起こす可能性のある中毒・感染症などを早期に発見し，保護管理上必要な措置の速やかな実施が可能となる。

傷病野生動物からもたらされる情報は膨大で多岐にわたる。救護に必要な獣医学的データの収集のみならず，自然環境の健全化につながる多角的な情報を関係者間で共有するために，獣医学に加えて様々な分野を横断する連携体制作りが不可欠である。

2）教育・啓発

傷病鳥獣の救護は，生きた野生動物を直接取り扱うことができる数少ない機会である。治療や飼育などを通して，普段は接することが難しい野生動物の生態や生理，形態を直接学習できるほか，通常の動物診療では目にすることがまれな症例を様々な種で経験できることから，臨床獣医学領域における教育の場としても活用できる。また，傷病動物を活用した環境教育や啓発活動は，一般市民の野生動物や環境問題に対する意識の向上にも大きく貢献するものである（図9-18）。

3）生物多様性保全

絶滅の危機に瀕した希少種の傷病個体を，種の保存の取り組みに活用する試みは，以前から世界各国で行われてきた。野生個体数が少ない希少種を飼育下で計画的に繁殖させて野生に帰したり，自然界から脱落しかけた傷病個体を治療し，適切な訓練飼育を経て野生復帰させたりする生息域外保全を，繁殖・採餌環境の改善などの域内保全との両輪で実施することで，効率よい個体数の復元

図9-18 シマフクロウの親善大使「チビ」
先天性の脳疾患により放鳥・繁殖不可能であるが，啓発普及活動に貢献している。

図9-19 保護増殖事業のため，フライングケージ内でリハビリ中のシマフクロウ

図9-20 オオワシの野生復帰
野生に戻れる傷病鳥は一部に過ぎない

を目指すことが可能となる（図9-19，図9-20）。

日本でも，環境省の野生生物保護センターや動物園などの飼育展示施設を中心に，「種の保存法」

図9-21 リハビリ中の個体や終生飼育個体を用いた感電事故防止器具の開発

に基づいた保護増殖事業が進行中である。例えばシマフクロウの場合では、治療によって命を取り留めた傷病個体を、状況に応じて飼育下繁殖のファウンダーや野外つがい形成促進のための移入や人為分散などに活用している。

4) 傷つけた個体への責任

野生動物の傷病・死亡原因に何かしらの人間活動が関与している割合は非常に高い。はからずも人間が傷つけてしまった鳥獣を収容し、責任を持って治療し野生復帰させることは、人間が自然界や野生動物に与えている影響に対する補償的な意味合いを持つ。

個体の救命に努めると共に、1羽の痛みや1つの命を無駄にしないためにも傷病原因の究明を徹底的に行い、再発防止につなげるために考えうる対策を粛々と講じていくことが重要である。特に事故などの人為的な軋轢については、同じ事象を繰り返させないために、その根源を断ち、人間と動物を育む自然環境を健全なものにする活動を、リハビリテーションと共に傷病野生動物に対する保全医学的活動の力点と位置づけるべきである（図9-21）（筆者はこれを「環境治療」と名付け実践している）。

3. 救護活動を行う上での配慮事項

救護活動を行う際は、その行為が自然界へのマイナス要因にならないよう特段の配慮が必要である。まず、救護の必要がない動物を誤って保護収容しないように気をつけなければならない。傷病個体と誤認されやすい正常な巣立ち雛や幼獣には、捕獲行為そのものが悪影響となる。錯誤捕獲などのマイナス行為を防止するためには、獣医学的なスキルと共に、野生動物の生態に関する正確な知識の習得が不可欠である。

また、不用意な野生復帰による生態系や遺伝的多様性への攪乱を防ぐことも重要だ。種本来の地理的分布や季節分布（鳥類では夏鳥、冬鳥など）を十分に考慮し、放野時期や場所を選定すべきである。夏鳥を冬期に放鳥したり、島固有の種を非分布地域に野生復帰させたりすることは避けなければならない。無論、これは得られる餌や気温などの環境対応の面から、放野個体の生存率にも大きく関わる問題である。

さらに、病原性大腸菌や、抗生物質の安易な頻用により生じる特殊な薬剤耐性菌などを飼育下から自然界に持ち出さないための配慮も必要である。そのため、野生復帰に際しては、事前に個体の検査を十分に行うことが求められる。

4. 救護活動の現状

傷病鳥獣の取扱いを所管する官庁は、種や保護地点によって異なる。普通種については、国指定鳥獣保護区内で収容された個体を除き、環境省から地方公共団体に関連する権限が委譲されている。また、国内希少野生動植物種については原則的に環境省の所管となっている。他方、特定外来生物（飼養、保管、運搬、輸入などの規制）を除く野生化した飼育動物（エキゾチックペットなど）については、その由来や種の鑑別と取扱いの体制が未整備の状況にある。

傷病鳥獣の取扱いと救護に携わる施設・機関は、都道府県により大きく異なっている。一般鳥獣の多くが地方公共団体の担当部課を通じて鳥獣保護センターや動物園、大学などへ収容される一方、行政から傷病鳥獣救護の依頼を受けた一般の動

物病院や野生生物非政府系機関（NGO や NPO），獣医師会関連組織，鳥獣保護員などの個人に運ばれ，治療や入院飼育されるケースも多い。また，希少種の場合は環境省の野生生物保護センターや国の保護増殖関連施設（動物園を含む）などで治療を受け，計画的な飼育下繁殖などにも活用されている。

　野生動物救護には様々な立場の人間が関与しており，彼らの協力なくしてこの活動は成り立たない。発見や収容に関しては一般市民が主体になっていることから，収容するか否かの判断，関係機関への通報，適切な取扱いや搬送など，野生動物救護に関する基礎的な知識や技術の普及が大切である。一方，特定の専門分野についてのスキルを持ち合わせた人間が，得意とする技術や知識を生かしながら救護活動に参画できるよう調整することで，より多角的な視点から野生動物の現状と課題を考える，社会的な気運を盛り上げることができるだろう。

5. 問題点と整理すべき課題

　傷病鳥獣の救護活動には，多くの問題点と整理すべき課題が存在する。まず，収容される動物の数量的な問題が挙げられる。多くの鳥獣保護施設などからの情報によると，収容される鳥獣のうち，鳥類の占める割合が圧倒的に高い。傷病個体を受け入れることができるキャパシティーは施設ごとに大きく異なるが，国内における救護の現状に鑑みると決して十分な状況であるとは言えない。また，収容種の質的な問題も無視できない。大型種や危険な種，特殊な生態を有する種など，特に飼育施設の広さや特殊性，飼育管理の難易度，そして取扱いの安全性に対応できる施設や体制が確保されていない現状がある。

　質の高い獣医療や飼育管理を行うには，運営資金や人的資源の確保も重要な課題である。しかし現在，傷病鳥獣の救護活動に潤沢な資金をつぎ込める施設は皆無に等しい。個体の救命のみならず，生物多様性の保全や環境教育にも深く関わる救護活動の意義を一般社会に周知させることも，この問題を改善させる糸口になるものと期待される。

1) 終生飼育と安楽殺

　野生復帰が困難と判断された個体の取扱いは，傷病鳥獣の救護活動において極めて重要な課題である。一命を取り留めたものの，身体的・精神的（人慣れなど）な後遺症により自然界で自活して行くことが困難と思われる個体については，終生飼育や安楽殺を検討せざるを得ないことも多い。野生由来個体の終生飼育には，特に QOL（Quality of life）の観点からの問題も多い。極めて限られた環境の中で，本来の生態とかけ離れた生活を課せられ，さらに狭い施設内で他の生物種と近接して生活しなくてはならない場合も多く，飼育による多大なストレスを負いやすい。また，種によっては極めて長期間の飼育も覚悟しなくてはならず，施設や資金面で救護活動を逼迫する事態も招きかねない。普通種の場合，個体の終生飼育と安楽殺のいずれを選択するのが適切か，個体の QOL や動物福祉の観点も念頭に慎重に検討し，選択の基準と収容施設における実地方針の整理を行うことが必要と思われる。

　国内希少野生動植物種などの希少種の場合，収容個体を飼育下繁殖に用いるなど，種の保存に関わる計画に活用することができる。もっとも，現行法では希少種に安楽殺を行うことが原則認められていないことから，野生復帰させることができない個体については終生飼育する以外の選択肢はない。しかしながら，高病原性鳥インフルエンザなどの重要感染症に罹患した個体や，極めて重度の後遺症が残った個体を，治療や看護を行いながら生かし続けて行くことが，救護施設の管理・運営や個体群管理，さらには動物福祉の観点から適切であるかどうか，行政を交えて十分に検討していくことが今後の課題である。

　安楽殺と同様，傷病鳥獣が同時に多数収容された場合のトリアージについても一定の基準の策定が必要と思われる。このような事態は重要感染症や中毒，石油汚染など，様々なケースで想定され

2）野生鳥類の救護活動に伴うリスクとデメリット

（1）動物の取扱いに関するリスク

伴侶動物や家畜とは異なり、人慣れしていない野生鳥類が対象となるため、攻撃などによる負傷には十分な注意を要する。鍵爪や嘴などから身を守るための防護手袋やゴーグルなどにより十分な防御を行った上で取り扱うことが重要である。傷病が動物の精神状態に影響し、平常では考えられないような行動をとることも多い。特に中・大型鳥や猛禽類を対象とする場合、種の性質やハンドリングに関する知識・技術の習得は必須である。

（2）感染症に関わるリスク

野生動物の救護活動に際し、傷病鳥獣を介しての病原体との接触によるリスクが想定される。このため、日頃より重要感染症や人獣共通感染症の危険性について十分に認識し、人間や他の動物への感染の予防に努めなければならない（図9-22）。

罹患動物から救護関係者への伝搬以外に、入院動物間の院内感染のリスクもある。傷病収容施設等においては、日頃からバイオセキュリティーを意識し、国内外で発生している重要感染症に関する情報と知識の習得に努めることが大切である。さらには新規搬入動物を対象とした検疫体制を構築し、必要に応じて高病原性鳥インフルエンザや西ナイル熱などを対象にした簡易検査を行うなど、十分なリスク対応が望まれる（図9-23）。

図9-23 釧路湿原野生生物保護センターに配備されている移動式のP2検査室

また、収容・搬入の際に不用意な取扱いが行われないよう、重要感染症に関する正確な情報を一般市民に広く浸透させる必要がある。

渡り鳥など、国境を越えて移動する野生鳥類は多く、それに伴い病原体が海外から直接侵入することも想定される。日本ではまだ確認されていない疾病や新興感染症の状況を正確に把握し、本邦への進入をいち早く察知するために、日頃より海外の救護関係者らと情報交換を行い、協調・協力体制を構築しておくことは極めて重要である。

3）生物多様性保全に関わるデメリット

種の保存や遺伝的多様性の保全の観点からみると、救護活動により自然界では通常淘汰されてしまうはずの弱者が生き延びることで個体群の遺伝的な劣化を助長したり、個体の生死に人間の手が加わることで生態系のバランスが崩れたりする可能性もある。また、希少種の保護増殖において、飼育下繁殖のファウンダーを主に傷病由来の個体で構成した場合、結果的に自然界での生存に不利な遺伝子を分散させる可能性もあり、長期的に種

図9-22 高病原性トリインフルエンザに罹患したオオハクチョウ（*Cygnus cygnus*）。頭部反転などの中枢神経症状が認められる。

の保存を考える上では好ましいとは言えない。

6. 重要な傷病原因と救護事例

1) 交通事故

　野鳥の交通事故（ロードキル）は様々な種で頻繁に発生しており，その大半が鳥類の行動生態と密接に関係している。多くの鳥類は道路を餌捕りや移動の場として利用しており，道路自体が危険な場所に個体を誘引し，交通事故の頻発を招く状況をつくりだしている。特にネズミ類やカエル類などを補食する種にとっては，切り開かれた道路は絶好の採餌場となっており，路上で採食中に車と接触する事故が後を絶たない。また，ロードキルに遭った動物の死体に魅せられ，死肉食をする習性のある鳥が二次被害に遭うことも少なくない。北海道で近年頻発しているワシ類の列車事故の場合，エゾシカの轢死体に誘引された猛禽類が接近してくる列車を除けきれず事故を起こしていることが明らかになっている。道路の構造自体が交通事故の誘発原因になっていることもある。例えば平地に盛り土をして造られた道路では，地表に沿って低く飛ぶ小鳥類などが横断する際，高度を稼ぎきれずに出会い頭に車と衝突することが多い。また，川に沿って移動する水鳥などが，橋の上で車と接触する事例も報告されている。

　交通事故に遭った個体の多くは，全身打撲や骨折などの重篤な外傷を負っていることが多い。肝臓や腎臓などの実質臓器に重大な損傷を受けている可能性が高いことから，血液検査やX線検査によって状態を把握することが大切である。X線検査では，長骨の骨折ばかりに気をとられず，胸骨烏口骨関節の脱臼や脊椎（特に胸腰椎間），骨盤の損傷がないかを確認する。身体検査では体表の出血や長骨の骨折などを念頭において実施し，必要に応じて物理的な止血やテーピングなどによる損傷部の応急処置を行う。そ嚢内に多量の餌が入っている場合，吐物による誤嚥を来たす場合があるため，可能な限り口腔経由で取り除くことが

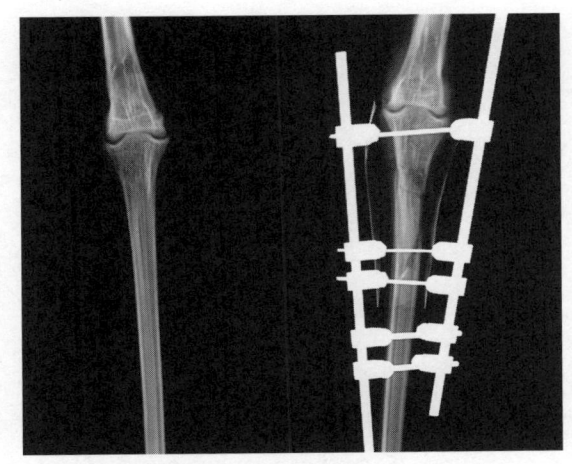

図9-24　列車事故に遭ったタンチョウ
創外固定による中足骨整復後のX線写真。

望ましい。また，輸液や止血剤，鎮痛消炎剤等の投与を行うと共に，状況に応じてO_2インキュベーター内で安静にさせる。頭部外傷により中枢神経症状を来たしている個体については，必要以上に加温しすぎないよう注意すべきである。根治治療のための外科治療は，一般状態が落ち着き，麻酔や手術に耐えられると判断された個体に対してのみ実施することが望ましい（図9-24）。

2) 衝突事故（窓ガラス，電線，灯台，発電用風車）

　人工物への衝突も，多くの種で頻発している重要な事故原因である。衝突する物体は，窓ガラス，送配電線，灯台，発電用風車など極めて多様で，それぞれ事故の経緯や傾向が異なる。窓ガラスへの衝突は，特に小鳥類と小型猛禽類で多い。小鳥類では，窓ガラスに映り込んだ景色を自然の景観と勘違いしたり，対面する壁にある2つの窓ガラスの間を通り抜けようとしたりして衝突することが多い。また，主に小鳥類を捕食するハイタカ（Accipiter nisus）などが，庭の餌台に飛来した獲物を狩る際にガラスへ衝突するケースもある。電線への衝突はツル類やカモ類で多く発生しており，その多くは給餌場や水辺に降り立とうとした際，電線が周辺景色に溶け込んでしまうために衝突が起きているものと思われる。灯台への衝突は特に夜間飛行する渡り性の小鳥類で多く発生して

いる。光に誘引されて近づいた鳥が、間近で強い光線を浴び、目が眩んだために衝突している可能性が高い。発電用の風車との衝突はバードストライクと呼ばれ、動く物体（ブレード）に衝突するという面で他の衝突事故と異なり、特に猛禽類などで多く発生している。北海道では過去5年間で28羽のオジロワシと1羽のオオワシが衝突死しており、絶滅の危機に瀕した種に対する新たな脅威となっている。

衝突事故による外傷とその転帰は、その原因と被害を受けた鳥の特性から、いくつかのパターンに分類することができる。窓ガラスや灯台など、静止物への衝突では、頭部外傷と墜落による全身打撲を来たすことが多い。特に小鳥類の窓ガラスへの衝突では、多くの個体が脳震盪により意識障害を起こす。収容した鳥は酸素濃度を上げたインキュベーターの中で室温程度に温めて安静にするのが望ましい。小型の猛禽類ではそ嚢破裂が比較的よく見られる。採食後、そ嚢が充満した状態でガラスなどに衝突することにより、消化管内の骨などがそ嚢壁を穿孔するものであり、外科的な処置が必要となる。電線との衝突は重篤な結果を招くことが多い。ツル類では脚や翼の骨折と、高所からの墜落による全身打撲が頻発しており、予後不良であることが多い。発電用風車との衝突では、ほとんどの個体が即死している。

3）釣り糸，網

水辺で生活する多くの水鳥が釣り糸や漁網による被害に遭っている。釣り糸が脚に絡まって血行障害を起こし、脚や足指に壊死などの障害を負う事例は、特にカモメ類、ハト類、サギ類で多発している。また、嘴や翼などに複雑に絡みついて、採餌行動などの日常生活に支障を来たし衰弱するケースもある。また、根掛かりした釣りの仕掛けに脚などをとられ、溺れたり低体温症で衰弱したりする例も確認されている。裸出部に絡まった釣り糸なら比較的容易に切除できるが、翼や体躯の羽毛の下に巻き付いた糸は確認しにくいことも多く、診察は慎重に行うべきである。漁網による被害は特に海鳥に多い。潜水性の海鳥類が刺し網により混獲される事例が後を絶たず、深刻な問題となっている。刺し網の網の目に頭部が入り込んで動けなくなるケースがほとんどで、肩甲部に特徴的な蝶型の擦過傷が生じることが多い。大半は溺死体として回収されるが、生きて収容された場合も正羽下のダウンなどに水が浸透し、低体温症になっている可能性が高い。脱水に気をつけながらドライヤーなどで羽毛を乾燥させ、ケージレストにて体力を回復させることが必要となる。日常的に水面に浮いて生活する海鳥類にとっては、一般的な飼育ケージ内では脚に体重による負荷がかかり、趾瘤症等の血行障害を起こすことがよくある。また、脚ヒレの乾燥を防ぐため、ワセリンを塗るなどの処置を行うことも重要である。網による被害は、水鳥以外の鳥類でも発生しており、北海道では漁業者（密猟者を含む）が河川や湖に仕掛けた刺し網にシマフクロウやミサゴ（Pandion haliaetus）が拘束される事件が発生している。また、放置漁網や防鳥網、ニホンジカ防けの網などに鳥類が絡まるケースも多発しており、網の処分や取扱いにも配慮する必要がある。陸上で網や釣り糸に絡まった個体は、宙づりになって衰弱したり、地面に翼などを強く打ち付けて骨折や打撲、脱臼、重篤な擦過傷を負ったりすることが多い。

4）釣り針

釣り針による被害は多くの水鳥で発生している。川岸や水中に放置された釣りの仕掛けに残る針が体表に刺さったり、針掛かりしたまま逃げた魚を魚食性の鳥類が飲み込み、消化管を傷つけたりすることが多い。X線検査により、釣り針の数と位置を確認し、1つずつ取り除く必要があるが、反しのある釣り針の場合は、針をそのまま穿通させて抜く方が容易なことがままある。消化管内の釣り針は、外科手術や内視鏡により取り除くこともあるが、食道や胃壁などに針が刺さり、釣り糸が口腔より確認できる場合、太さが異なる2本の管を用いる方法が知られている。まず、細い管を釣り糸が中を通る形で口腔から消化管の奥へ押

し進め，釣り針の位置までに到達させる。口内から出ている釣り糸は，ある程度の張力を維持しながら細い管の遠位端に固定しておく。次に，細い管が中を通るぐらいの，やや太めの管を，細い管を中に通すようにして消化管内に挿入する。両方の管が釣り針の位置に達したら，細い管の端部が釣り針の湾曲部にはまっていることを確認する。太い管を消化管壁に固定したまま細い管をさらに押し込めば，針をはずすことができる。針が消化管から外れたら釣り糸と細い管を少し引き，全てが太い管の中に納まるようにする。最後に太い管を抜去し，全ての管と針を回収する。これらの作業は，手探りで可能な場合もあるが，X線による透視下で実施することが望ましい。

5) 中 毒

野生鳥類の傷病原因において，多くの中毒が確認されている。その内訳は農薬，重金属，さらには植物性の自然毒など多様である。

有機塩素系化合物の農薬のうち，DDTは1940年代から1950年代後半にかけて殺虫剤として広く使われていたが，1970年代には主な先進国で使用禁止となった。動物に吸収された有機塩素化合物は組織や脂肪に蓄積され，難分解性で生物濃縮する特性があり，多くの野生鳥類（特に猛禽類）で繁殖率の著しい低下をもたらした。有機塩素系殺虫剤は個体を中毒死させることもあり，特にディルドリンは猛禽類に大きな被害を及ぼした。コリンエステラーゼ阻害作用を持つ有機リン系やカーバメート系殺虫剤の多くには，高い急性毒性があり，一般的に分解が早く，生物濃縮しないことが知られている。有機リンやカーバメートの基本的な毒性は，中枢神経系および神経筋接合部におけるコリンエステラーゼ活性の阻害による神経系への障害であり，急性中毒時には，元気消失，呼吸困難，気道分泌の極端な亢進（流涎），嘔吐，下痢，振戦や痙攣などの症状が見られることが多い（図9-25）。日本でも近年タンチョウ（*Grus japonensis*）のフェンチオン中毒による死亡が確認され問題となっている。有機リン系化合

図9-25　後弓反張を示すオジロワシの幼鳥　農薬中毒とチアミン欠乏が疑われた。

物による中毒の治療は，哺乳類と同様に2-PAM（2-pyridine aldoxime methyl chloride）や硫酸アトロピンの注射投与によって行う。猛禽類での治療にあたっては，同様の症状を示すことがあるチアミン欠乏症の診断的治療を兼ねて，ビタミンB1製剤の単独投与を行うことが推奨される。

水鳥の鉛中毒は野生鳥類における古典的な疾患として知られている。釣り錘（おもり）の誤食による鉛中毒は，ハクチョウ類やカモ類を中心に発生している。特にハクチョウ類では餌となるマコモなどの水草に絡んだ釣りの仕掛けを，錘ごと飲み込んで発症する場合が多い。

鉛散弾による水鳥の鉛中毒は時に大量死を招き，世界中で深刻な問題となってきた。カモ類やハクチョウ類の多くは，消化機能を維持するために小石を飲み込み，筋胃内に溜める習性がある。鉛散弾は狩猟のたびに環境中に放出されるが，この散弾を水鳥が小石と誤認して飲み込み，深刻な鉛中毒を発症する。海外では同様の鉛中毒がウズラ類でも確認されている。ヨーロッパや米国では，古くから鉛散弾によるカモ類やハクチョウ類の鉛中毒が社会問題となり，現在では多くの国でオオバン（*Fulica atra*）を含む水鳥猟での鉛散弾の使用が禁止されている。

日本でも近年，北海道の宮島沼などで鉛散弾による水鳥の大量死が発生したのを受け，環境省は国内の水鳥生息地の一部に鉛散弾の使用禁止区域を設置した。このような地域では，鉛散弾に代わりスチール弾を用いて引き続き狩猟が可能で

ある。しかしながら，本邦は鉛の規制がない地域を含む広い範囲を移動する渡り性水鳥が多いことや，違法に鉛弾を使用するハンターが存在することなどにより，現在も水鳥の鉛中毒が多くの場所で発生しているのが実状である。

　猛禽類の鉛中毒は，餌となる動物を採食することで発生する。鉛散弾を誤食した水鳥（消化管内や血液・臓器中に吸収された鉛成分を含む個体）を捕食もしくは死肉食した際，鉛弾や鉛に汚染した肉を摂取することにより発症する。同様に，被弾した動物の死体を採食しても鉛中毒が起きる。北海道ではエゾシカの狩猟残滓の採食による，オオワシやオジロワシの鉛中毒死が相次ぎ，大きな社会問題になっている。狩猟で射止められたエゾシカは通常その場で解体されるが，被弾した部位は食用に適さないため，多くが山野に放置される。これらの死体の被弾部には鉛弾の破片が数多く残っており，これをオオワシやオジロワシが肉と共に摂食することにより重篤な鉛中毒を起こす事例が多発している（図9-26）。エゾシカ残滓由来の鉛中毒死は1996年に最初に発見されて以来，2011年現在までに130例以上も確認されている。北海道は告示として2000年度の猟期からエゾシカ猟における鉛ライフル弾の使用規制を開始し，さらに翌2001年度より，エゾシカ猟用鉛散弾の規制にも踏み切った。また2003年度には，狩猟に伴う獲物の死体放置についても規制が加えられることとなり，さらに2004年度からは，ヒグマ猟を含む全ての大型獣の狩猟に対し，道内での鉛弾が使用禁止となった。しかしながら，いまだに高濃度の鉛に汚染された猛禽類が度々発見されており，鉛弾規制の遵守の不徹底ぶりも明らかになっている。現在の規制が鉛弾の「使用」禁止にとどまり，流通（販売や購入），所有については何も制限がされていないこと，また，現行犯以外での取締りが極めて困難であることなどが，この問題を長引かせる大きな要因になっていると考えられる。鉛中毒の根絶を実現することができる唯一の抜本的な対策は，全国規模で全ての狩猟から鉛弾を撤廃することであり，早急に実現されるよう期待したい。

　鉛中毒症は，消化管における鉛片の存在や特徴的所見とされる緑便の有無だけでは診断できない。重篤な鉛中毒を来たしている場合でも，胃内に鉛片が認められなかった症例も多い。このような例では検査の前に鉛が消化されてしまい，腸管から体内に吸収されたと考えられる。鉛中毒の臨床診断は，血中鉛濃度を測定する方法が一般的である。鳥類での血中鉛濃度の正常値の上限は0.1ppm程度である。血中鉛濃度が0.2ppm以上で0.6ppm未満の症例の場合，高濃度の鉛汚染があることを示し，0.6ppm以上では急性鉛中毒症であると診断される。ただし，末梢血中では鉛成分のほとんどが赤血球の核中に存在するため，慢性鉛中毒などで貧血を発症している場合，鉛濃度は低値を示すことを忘れてはならない。鉛中毒の治療はEDTA製剤等のキレート剤を投与することにより行う。通常は静脈注射もしくは筋肉内注射にて解毒を行うが，経口投与を併用するとより効果的である。EDTA製剤は腎毒性があるため，1週間を1クールとした投・休薬期間を設け，血中鉛濃度をモニタリングしながら慎重に加療することが重要である。X線検査で，胃領域に多量もしくは大型の鉛が確認された場合，外科的に摘出する場合もあるが，ハクチョウなどの大型の水鳥では胃洗浄，猛禽類ではペレットの形成を促し経口的に排泄させる方法をとることが多い。

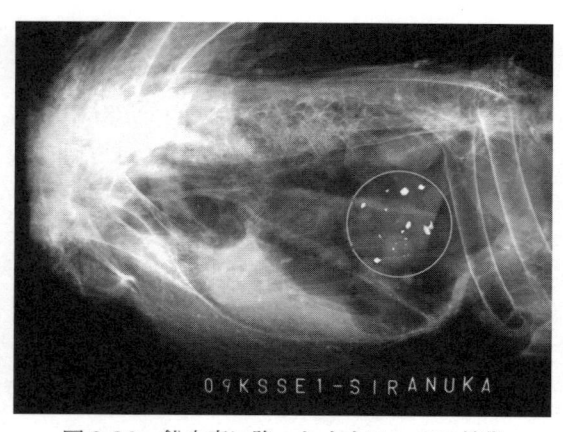

図9-26　鉛中毒に陥ったオオワシのX線像
胃領域に鉛ライフル弾の破片が認められる。

鉛弾を被弾した個体においても，血中鉛濃度の（軽度）上昇が認められることがある。通常，体内の鉛弾は時間の経過とともに結合織により埋包されるため，鉛中毒を引き起こすことはまれであるが，鉛散弾を大量に浴びた個体などについては，必要に応じて外科的に摘出した方がよい場合もある。

6）石油汚染

石油による汚染は，主に船舶や車輌，施設などから，河川や海洋に燃料油や原油などが流出した場合に発生する。タンカー事故などによる大規模な石油汚染は，生態系全体に長期間にわたって多大なダメージを与える恐れがある。石油流出事故が発生した際の，汚染個体の救護を含む対応の仕方については，多くの成書が世に出ている。

大規模な油汚染事故が発生した場合は，個体の状態を適切に診断し，必要に応じてトリアージを行うことが求められる（図9-27）。個体を洗浄する前に，体重測定や血液検査を行い，洗浄に耐えうる健康状態であることを確認する必要がある。個体の洗浄は，41〜42℃の湯槽に2〜3％の濃度になるように液体中性洗剤を混和した後，汚染個体を入れて行う。作業には，1羽につき保定者と術者（洗浄を行う）等の2〜3名体制で行うのが普通である。体躯や翼などは基本的に手で水流を起こすようにして洗浄し，羽毛の構造を壊すことが無いよう，必要以上に羽毛をこすらないように心がける。頭部など短い羽毛が生えている場所については必要に応じて歯ブラシを用い，羽毛を逆立てて念入りに洗浄する。耳孔付近や眼瞼などは特に注意深く作業する。鳥類の洗浄においては，濯ぎの作業が最も重要であると言っても過言ではない。ジェット噴射ができるノズル（園芸用など）をホースの先に取り付け，高圧水流を計画的に当てて個体の全身を念入りに濯ぐ。油分と洗剤が取り除かれると，水滴が羽毛の上でコロコロと弾かれるのが確認できる。完全に濯いだ後，タオルをこすらずに鳥に押し当てて水分を取り除いてから，低温のドライヤーを用いて羽毛を完全に乾燥させる。対象個体が水鳥である場合，一般状態が改善されるまで乾燥した清潔な場所で飼育した後，水を張った水槽に鳥を浮かべて羽毛の防水性能を確認する。水が正羽の下に浸透すると個体の身体は徐々に沈むようになるため，鳥が水の外に出ようとする（スロープ状の上陸場を作っておくのが望ましい）。この場合，油分がまだ付着している様子なら再度個体を洗浄するが，羽毛自体の構造が壊れているなどの場合は，次の換羽まで飼育を続ける必要がある。長期間の飼育中は，餌の成分や必要なカロリー量に気を配る。また，日常的に水上に浮いて生活する海鳥類では特に，脚に体重がかかり褥瘡や趾瘤症を発症することがある。海鳥の飼育の際は，底面全体にトランポリン状の網を張った飼育箱を用いることにより，これらの疾患をある程度予防することができる。

放鳥は油に汚染された地域から離れた，スロープ状の河・海岸のある場所で実施する。浮くことが出来なくなった鳥は，放鳥地付近に上陸することが多いため，放鳥後に適宜パトロールを行うのが望ましい。

7）感　電

最近増加傾向にある中・大型鳥類（とくに猛禽類）の問題として，送・配電設備による感電事故があり，そのほとんどが死に至っていることから深刻な脅威となっている。猛禽類の習性上，見晴

図9-27　2006年，知床半島に流れ着いた重油に汚染された海鳥。生きていればトリアージの対象となったであろう。

らしの良い送・配電柱は絶好のとまり木として多用されることから，感電事故は以前から世界中で問題となっている。

　感電に至った経緯として，送電鉄塔の腕金にとまろうとした際に電線に接近した例や，対張型碍子列へとまる時に両アークホーンと接触した例，腕金上で放出した排泄物を通じて感電するなどのケースが報告されている。感電個体の電流出入部には，皮膚や羽毛に重度の火傷が認められ，通電部には電撃斑（電流斑）と呼ばれる斑状の皮下出血が観察される。電気設備の設置状況と被害鳥から得られた様々な情報を元に，事故の状況や発生場所，鳥の姿勢や通電部位などを把握することは，再発防止策や予防策を考える上で重要な手掛かりとなる。また，感電事故では火傷に加え，高所からの墜落による外傷を負っていることが多い。高圧電線による感電では，ほとんどの被害鳥は即死すると考えられる。配電線における感電の場合は生き延びる個体もいるが，多くは電流の出入部を中心に，重度の火傷を負っている。特に足指などは壊死しやすく，結果的に切断手術を余儀なくされるケースも多い。また，維持療法としての輸液や止血剤，消炎剤の投与，感染症の予防は欠かすことができない。

8）誤認救護

　巣立ち雛の誤認救護は，毎年全国で日常的に発生している。特に巣立ち間もない小鳥類の雛は，まだ親ほどにうまく飛翔などができないため，親とはぐれた，もしくは見捨てられたと勘違いされやすい。誤認救護であるか否かの判断には収容時の状況を情報収集することが大切で，近隣に他の雛（同時期に巣立ちした同腹の雛）が存在していなかったかなどを確認する。また，雛の発育程度も鑑別の手がかりとするが，特に風切り羽や尾羽の伸張具合に着眼する。一般的な鳥類における巣立ち期の moult score（換羽の進行状態による6段階評価）は，風切り羽で score4 以上（伸びきった状態の羽毛と比較して 2/3 以上の長さがあるが，基部がまだ鞘に包まれているもの），尾羽で score3 以上（伸びきった羽毛の 1/3 以上で 2/3 未満の長さがある伸長中の羽毛）である。口を開けて餌をねだる行動は，巣立ち雛でも反射・本能的に行うことが多いので，巣立ち前の雛との鑑別基準にはならない。誤認救護の可能性があると判断される巣立ち雛が収容された場合，基本的には直ちに収容現場の安全な場所（低い木の枝など）に個体を戻し，親鳥が近寄ってくるか否かを十分観察すべきである。特に雛が頻繁に鳴き声を発している場合，比較的短時間のうちに親鳥が現れるケースが多い。巣から落下した雛である場合，可能であれば巣内に戻すことが推奨されるが，種や状況によっては結果的に繁殖妨害を来たし，営巣放棄を来たす恐れがあることから，該当する種の生態に詳しい専門家の指導を仰ぎながら判断する必要がある。保護収容されてからすでに日数が経っている場合など，やむを得ず人工育雛に切り替えざるを得ない場合もある。

引用文献

Charlotte, K.B. ed. (2006)：Guidelines for Euthanasia of Nondomestic Animals, American Association of Zoo Veterinarians (AAZV), USA.

福井大祐（2006）：生物多様性の保全を目指した野生動物の人工繁殖と細胞保存－地球の健康を守るため動物園水族館ができること－，Jpn. J. Zoo. Wildl. Med., 11, 1-10.

福井大祐（2009a）：再考！新時代の傷病野生動物救護－野生動物と人の適正な関わりと生物多様性保全を目指して，モーリー，21, 38-41, 北海道新聞社.

福井大祐（2009b）：野生動物医療におけ麻酔管理「哺乳類の麻酔管理」, 野生動物医療フォーラム会誌, 1, 20-21.

福井大祐（2010）：展示動物の福祉－人を魅了するため野生動物医学を取り入れた健康管理, Jpn. J. Zoo. Wildl. Med., 15, 15-24.

福井大祐, 坂東 元, 小菅正夫（2003）：一動物園5年間の傷病野生動物保護と個体有効活用についての検討～野生動物保護，研究と教育啓蒙のすすめ, 平成15年度日本獣医三学会北海道地区講演要旨集, 89.

福井大祐, 坂東 元, 小菅正夫（2004）：野鳥の大量死を引き起こした3事例－アカエリヒレアシシギの構造物衝突，キレンジャクの窓ガラス衝突およびスズメのアトキソプラズマ症, 平成16年度日本獣医三学会北海道地区講演要旨集, 92.

福井大祐, 坂東 元, 小菅正夫（2005）：関節制動術によるマガンの膝関節脱臼治療例およびドバトを用いた治療試験, Jpn. J. Zoo. Wildl. Med., 10, 49-52.

Fukui,D., Bando,G., Ishikawa,Y., Kadota K.（2007）： Adenosquamous carcinoma with cilium formation, mucin production and keratinization in the nasal cavity of a red fox (*Vulpes vulpes schrencki*), J. Comp. Pathol., 137, 142-145.

福井大祐，坂東 元，横田高志，芝原友幸，門田耕一，浅川満彦，小菅正夫（2006）：7年間のスズメ（*Passer montanus*）救護症例の保全医学的研究～特に大量死を引き起こしたアトキソプラズマ症とその治療試験について，第12回日本野生動物医学会大会講演要旨集，57.

福井大祐，中村眞樹子，竹中万紀子，村上麻美，柳井徳磨，山口剛士，福士秀人（2008a）：札幌圏のカラス類で大量発症した鳥ポックスウイルス感染症〜身近な野鳥の保全医学研究，第14回日本野生動物医学会大会講演要旨集，166.

福井大祐，中村亮平，北尾直也，Osborne,P.G.，橋本眞明，坂東 元，小菅正夫（2008b）：エゾタヌキ（*Nyctereutes procyonoides albus*）の救護症例分析と越冬生態解明をツールにした保全医学研究，第14回日本野生動物医学会大会講演要旨集，75.

福井大祐，中村亮平，佐藤伸高，坂東 元，山下和人（2012）：野生動物および展示動物への輸液，獣畜新報，9, 737-742.

福井大祐，高橋克巳，久保 翠，宇根有美，加藤行男，泉谷秀昌，浅川満彦，寺岡宏樹（2009）：上川地域で発生したサルモネラ感染症によるスズメ（*Passer montanus*）の集団死，平成21年度日本獣医三学会北海道地区講演要旨集，108.

福井大祐，山田智子，黒沢信道，久保 翠，泉 洋江，中村眞樹子，生駒 忍，宇根有美，加藤行男，泉谷秀昌，長谷川 理（2010）：*Salmonella* Typhimurium 感染症によるスズメの連続死とカワラヒワの国内初死亡例，平成21年度日本獣医三学会北海道地区講演要旨集，130.

Hayashi,K., Nishimura,R., Yamaki,A., Kim,H., Matsunaga,S., Sasaki,N., Takeuchi,A.（1994）： Comparison of sedative effects induced by medetomidine, medetomidine-midazolam and medetomidine-butorphanol in dogs, *J. Vet. Med. Sci.*, 56, 951-956.

Kitao,N., Fukui,D., Hashimoto M., Osborne,P.G.（2009）： Overwintering strategy of wild free-ranging and enclosure-housed Japanese raccoon dogs (Nyctereutes procyonoides albus), *Int. J. Biometeorol.*, 53, 159-165.

Manfredo,M.J., Vaske,J.J., Brown,P.J., Decker,D.J., Duke,E.A. eds（2011）：野生動物と社会―人間事象からの科学―（伊吾田宏正，上田剛平，鈴木正嗣，山本俊昭，吉田剛司 監訳），文永堂出版．

森田正治 編（2006）：野生動物のレスキューマニュアル，文永堂出版．

日本野生動物医学会動物福祉委員会 編（2010）：野生動物医学研究における動物福祉に関する指針．

社団法人 日本獣医師会 職域総合部会野生動物対策検討委員会 編（2011）：保全医学の観点を踏まえた野生動物対策の在り方（中間報告）．

鈴木 真，黒澤 努（2005）：米国獣医学会：安楽殺に関する研究会報告 2000（V），日獣会誌，58, 581-583.

高見一利，渡邊有希子，坪田敏男，福井大祐，大沼 学，山本麻衣，村田浩一（2012）：野生動物の感染症管理どのように取り組むべきか，*Jpn. J. Zoo. Wildl. Med.*, 17, 33-42.

齊藤慶輔（2006）：禁止されても無くならない不思議 鉛弾中毒死問，FAURA，26-27，北の国からの贈り物．

Saito, K.（2008）: Lead poisoning of Steller's Sea Eagle (*Haliaeetus pelagicus*) and White-tailed Eagle (*Haliaeetus albicilla*) caused by the ingestion of lead bullets and slugs, in Hokkaido Japan, "Ingestion of spent lead from ammunition" Conference Abstracts, 302-309, The Peregrine Fund, Boise States University.

齊藤慶輔（2009）：北海道における大型希少猛禽類の事故およびその対策―特に交通事故と感電事故について，モーリー，26-29，北海道新聞野生生物基金．

齊藤慶輔（2009）：鉛中毒から猛禽類を守る―オオワシ―，日本の希少鳥類を守る，155-177，京都大学出版．

齊藤慶輔（2010）：獣医師は野生動物の保全に何をすべきか，市民公開野生動物フォーラム 第31回動物臨床医学会年次大会 要旨集．

齊藤慶輔（2011）：傷病希少猛禽類からのメッセージ，JVM. Vol.64. No.6．

齊藤慶輔（2012）：ワシの鉛中毒死，遠望眺望，読売新聞．

Saito, K., Kurosawa, N., Shimura, R.（2000）: Lead poisoning in endangered sea-eagles (*Haliaeetus albicilla*, *Haliaeetus pelagicus*) in eastern Hokkaido through ingestion of shot Sika deer (*Cervus nippon*), Raptor Biomedicine III including Bibliography of Diseases of Birds of Prey, 163-166, Zoological Education Network, Inc.

齊藤慶輔，渡辺有希子（2006）：北海道における希少猛禽類の感電事故とその対策，日本野生動物医学会誌 11, No1, 1-17.

齊藤慶輔，渡辺有希子，黒沢信道（2008）：風力発電施設へのオジロワシの衝突事故―現状とその傾向―，北海道地区三学会 講演要旨集．

野生動物救護ハンドブック編集委員会編（1996）：野生動物救護ハンドブック―日本産野生動物の取り扱い―，文永堂出版．

第10章　動物園・水族館学

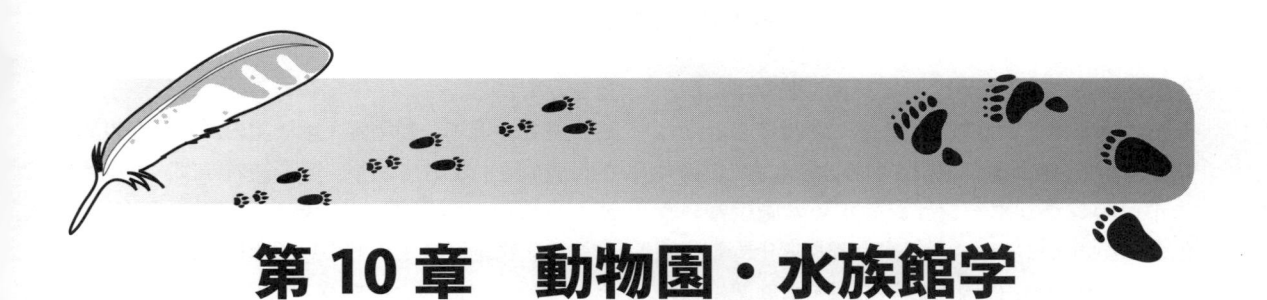

1. 動物園・水族館とは

　動物園・水族館を語るためには，まずどのような施設を動物園・水族館と呼ぶべきであるかを考えなければならない。世界動物園機構（IUDZG-WZO）と保全繁殖専門家集団（CBSG）は，動物園が地球環境保全において果たす役割を明確にするために，「世界動物園保全戦略」を作成している（IUDZG/CBSG 1993）。この中で，動物園は「1種以上の野生動物からなるコレクションを保有，管理し，少なくともこれらの一部を年間の一定期間以上一般に公開する」施設と定義されている。

　『広辞苑第六版』によると，動物園は「各種の動物を集め飼育して一般の観覧に供する施設」であり，水族館は「水生生物を収集・飼育し，それを展示して公衆の利用に供する施設。水生生物に関する調査・研究も行う。」と定義されている。また，『Oxford Dictionary of English』によると，動物園は「学問や保全や公衆への展示のために，収集した野生動物を維持している施設」とされている。一般的な辞書でこのように解説されていることから，動物園・水族館は概して，「動物を集めて飼育し展示することで社会的に利用される施設」と認識されていると考えられる。

　本書では，規模や飼育動物種に関わらず「野生動物を飼育，展示し，公共の利益に資することを目的とする施設」を動物園・水族館と定義する。

2. 動物園・水族館の機能と役割

　はるか昔の動物園は宗教上の目的や珍しいものを見るという娯楽目的のために作られた。権力者が力の象徴として動物園を所有していた時代もある。現存する最古の動物園は1752年に開園したオーストリアのシェーンブルン動物園であるが，これも皇帝が妻のために作ったメナジェリー（menagerie，見世物動物の飼育場）であった。このように，初期の動物園は動物を見世物として利用するための施設であった。一方で，いつの時代においても珍しいものを見たいという知識欲が動物園を利用する人々の根底にあったことは間違いなく，学問的向上心を刺激する施設という側面も持ち合わせていたと思われる。紀元前1100年ごろ中国の周に「知識の園」という動物園が作られたことや，古代ギリシアのアリストテレスが動物園で動物観察を行ったことにも，動物園で学問が行われていたことを見て取ることができる（Dembeck 1961）。

　1828年に開園したロンドン動物園は市民が科学の進歩を目的として設立したため，世界初の近代的動物園と言われている。設立趣意書には，「動物学および動物生理学の進歩，ならびに動物界における新しく珍しいものの紹介」を目的とすると記載されており，動物園開園直後から多くの研究成果が学会誌で発表されている（Vevers 1976）。日本には，福沢諭吉が1866年に刊行した「西洋事情」により動物園が紹介された。生きた様々な動物を飼育している施設のことを説明する際に，初めて「動物園」という言葉を用いている。その後1882年に国内で初めて開園した上野動物園は，農商務省博物局所管である博物館の付属施設であった。そのため博物学や動物学との結び付きが強く，当初は日本の動物学の中心的な人物が動物園を監督していた。まさに，学問のために設立

された施設であったが，その活動は動物学に配慮した動物収集という域を超えることはできなかった。やがて，経営面が重視されるようになり，徐々に市民のレクリエーションのための施設という色合いが強まっていった（東京都恩賜上野動物園1982）。1939年に国内の動物園・水族館の組織化を目指して，日本動物園水族館協会（JAZA）が設立された。その事業内容には，設立当初から動物や動物飼育に関する講演会，座談会を実施すること，ならびに会誌に研究発表を掲載することが規定されていた。翌1940年に加盟施設の園館長を集めて開催された第1回協議会では，研究発表会や座談会が開催された。研究発表会では，獣医学や飼養学，飼育繁殖技術に関する発表が行われたが，これは恐らく国内初の全国的な野生動物研究発表会である。座談会では，飼育員講習会の開催や動物名統一の必要性などに関する協議が行われた（日本動物園水族館協会1941）。動物園・水族館がレクリエーション施設とみなされつつある一方で，園館長は学術面を重視していたことが窺える。

　国内では，1951年に制定された博物館法によって，動物園・水族館が「動物を飼育管理し展示することで教育およびレクリエーションに貢献すると共に動物に関する調査研究を行う機関」であると定義された。法律によって役割が示されたわけである。これに従い，動物園・水族館は自らの社会的機能を，①教育，②レクリエーション，③自然保護，④研究の4項目であると定義した。現在でも，動物園・水族館の機能について語られる際，多くの場合にこの考え方が示されている（斎藤1999）。このように，法律によって教育機関であり調査研究機関であると規定されてもなお，黎明期から今日まで常にレクリエーションの機能が重視され続けてきたためか，国内の動物園・水族館は娯楽施設であるというイメージが定着している。より多くの人に利用されるために楽しく過ごせる施設であるよう，レクリエーションについても重視する必要はある。しかし，実際にレクリエーション以外の機能が軽視されがちであることは確かである。

　一方で，近年，動物園・水族館のあり方が世界的に見直されてきており，その流れが国内の動物園・水族館のあり方にも影響を及ぼしつつある。昨今の生物絶滅スピードの急激な加速は，人類にとって重大な問題と認識されている。そのため，動物を保全する取り組みが様々な角度から進められるようになった。現代の動物園・水族館は動物の飼育施設として，保全の一翼を担う機関であることが求められるようになったのである。1980年に国際自然保護連合（IUCN）と国連環境計画（UNEP），世界自然保護基金（WWF）は共同で「世界環境保全戦略」を発表し，動物園や水族館は種の保存，遺伝子多様性の保存，環境学習の面で環境保全に貢献できると述べた。さらに，1993年に国際自然保護連合の下部機関である保全繁殖専門家集団と世界動物園機構は「世界動物園保全戦略」を発表し，野生生物保護に対する動物園・水族館の責任と使命を著した。この中で，21世紀の動物園・水族館は環境保全センターとしての役割を担う必要があると述べられており，具体的には，①希少種を保存するためのプログラムの推進，②種の保存に必要な科学的情報の収集，③大衆に対する環境教育，という機能を持つことが求められている（IUDZG/CBSG 1993）。言い換えれば，野生動物保全のための研究と実践，および環境教育が動物園・水族館の主たる機能であるとうたわれている。この基本的な考え方は，現在も変わることなく世界中の動物園・水族館の共通の方向性であると認識されているが，より具体的なビジョンを示すために2005年にはその改訂版となる「世界動物園水族館保全戦略」が世界動物園水族館協会〔WAZA：旧世界動物園機構（IUDZG-WZO）〕により出版された。この改訂版では，①総合的な保全活動，②野生個体群の保全，③科学と研究，④個体群管理，⑤教育と研修，⑥コミュニケーション（マーケティングと広報），⑦パートナーシップと政策，⑧持続的な資源利用，⑨動物福祉と倫理，の9項目についてそれぞれのビジョンを示し，その実現に向けた問題点の整理と行動計画

の提示を行っている（WAZA 2005）。世界動物園水族館保全戦略は，現代の動物園・水族館が目指すべき基準として，世界的に認められている。さらに，この内容を水族館の活動に特化させて書き直した「保全と持続的資源利用のための世界水族館戦略」も 2009 年に WAZA から出版された（Penning et al. 2009）。これらの「戦略」は，動物園・水族館に対して常に投げかけられる問い，すなわち，なぜ動物園・水族館は生きた動物を限られた施設の中で飼育しなければならないのかという問いに対する回答となるものである。動物福祉の考え方が普及し，消費社会を見直そうとする動きが加速する中で動物園・水族館の存在意義を問われた時，レクリエーション機能のみを優先する経営上の論理では，もはや説明がつかなくなってきている。つまり，保全活動に積極的に取り組むことは，動物園・水族館の責務とされているのである（高見 2004）。

希少動物の保全を進めるにあたって，動物園・水族館が直接関与しやすい取り組みが域外保全である。域外保全とは，動物を生息域外，すなわち飼育下に移して保護するもので，動物の飼育管理という動物園・水族館の最も基本的な働きをそのまま活かせるためである。野生では絶滅したが，動物園・水族館において生き残っている動物種は，モウコノウマ（*Equus przewalskii*），シフゾウ（*Elaphurus davidianus*），ヨーロッパバイソン（*Bison bonasus*），アラビアオリックス（*Oryx leucoryx*），カリフォルニアコンドル（*Gymnogyps californianus*）など少なくなく，これらは域外保全の成功例であると言える。域外保全が必要とされる事例の多くは，人間の治療による個体の消費や生息環境の悪化が原因となっているものであるが，生息地での感染症の大流行に際して，動物園・水族館が一時的な緊急避難施設として機能している事例も存在しており，感染症から動物を隔離することも域外保全の目的となることが示されている。世界中で両生類に甚大な被害をもたらしたカエルツボカビ病の感染が拡大した時に，感染が及ぶ前の生息地で一定の個体数を採取し，各地の動物園で飼育することにより地域個体群を維持したことは良く知られている。現在，両生類保護の取り組みは，国際自然保護連合（IUCN）両生類専門家グループ下部機関である Amphibian Ark という組織によってより体系的に進められるようになっており，疾病に限らず様々な要因により絶滅スピードが加速している両生類に対して，域外保全を含む様々な対策を打ち出している（http://www.amphibianark.org）。

さらに，将来の動物園・水族館は，生息地との連携を強化して，生息地の保全に直接働きかける機関でなければならないという考えも，欧米を中心として広がってきている（Conway 2003）。もはや，動物園・水族館は希少種を含む様々な動物を生息域外で管理し，市民に対する幅広い教育活動を展開するだけの施設ではなく，希少動物の生息地の生態系保全に携わり，人間と自然環境との関わりまで考慮した活動を行うべき機関であるという考え方である。実際に，多数の施設の協力によって，マダガスカルの生物多様性維持を目的として地元の子供を対象とした環境教育プログラムや森林再生のための農業法開発を進めたり，ポリネシアの固有種であるカタツムリの保全を目的として保護区をつくるなど，他国での希少動物の域内保全に積極的に関わっている例は多い。このように，希少動物の域内保全に乗り出している施設は，そのためにかなりの資金と労力を注ぎ込んでいる。保全活動を施設の中心的な機能として捉え，動物の飼育展示や教育活動もその一環であるという理念に基づいた実践のあらわれであろう。

国内では，1988 年に日本動物園水族館協会が飼育下での希少動物種の保全を目的として種保存委員会（SSCJ）を立ち上げた。ここでは，国内で飼育されている特定の種を「種別調整対象種」に指定し，それぞれの調整種について担当者を任命して個体登録や繁殖計画の策定を行っている。2011 年度時点で哺乳類 60 種（64 亜種），鳥類 46 種，爬虫類 10 種，両生類 5 種，魚類 22 種，計 143 種（147 亜種）を対象種に指定し，飼育下繁殖計画を策定している。この計画は，飼育下

個体群の遺伝的多様性維持に配慮しつつ個体数の管理を行うために，個体の移動，つがい形成，場合によっては産子数の制限を決定するものである。種保存委員会には各施設に対する強制力が無く，実行には経済的な問題も関係するため今後の課題も多い。しかし，この取り組みは国内の動物園・水族館における野生動物保全活動の中心的な事業となっている。

2010年に閣議決定された「生物多様性国家戦略2010」において，動物園・水族館は生息域外保全の中心的役割を果たしており，日本動物園水族館協会が飼育下繁殖において大きな成果を挙げていると述べられている。また，関係省庁が動物園・水族館と連携して，生息域外保全が必要とされる希少野生動物種に対する取り組みを強化するという方針も記載されている。トキ（*Nipponia nippon*）やコウノトリ（*Ciconia boyciana*）は国内では絶滅してしまったが，中国やロシアから導入した個体を飼育下で増殖させ，野生復帰させるに至っている。ツシマヤマネコ（*Felis bengalensis euptilura*）は，野生での生息個体数の減少に伴い飼育下繁殖事業が進められている。これらの種の域外保全は，環境省や自治体が主体となって進められているが，国内の動物園も深く関与しており，3種のそれぞれを複数の動物園が飼育し繁殖を促進することで，野生復帰計画につながる域外保全事業が進められている。分散飼育することにより感染症や震災が発生した場合に全ての個体が一度に影響を受けないようリスク管理を行えることも，動物園で域外保全を進める上でのメリットとなっている。

水族では，ミヤコタナゴ（*Tanakia tanago*），ヒナモロコ（*Aphyocypris chinensis*），オヤニラミ（*Coreoperca kawamebari*）など19種の日本産希少淡水魚の域外保全が，日本動物園水族館協会種保存委員会（JAZA/SSCJ）魚類類別部会を中心に多数の水族館の協力の下で進められている。それぞれの種を複数の施設で増殖し，施設ごとに100個体以上を維持することを目標としており，繁殖個体群の野生復帰も視野に入れていることから，遺伝的多様性の維持ならびに地域ごとの遺伝的特殊性に配慮した繁殖が行われている。対象種の飼育下での増殖，維持のみならず，生息地の水環境の劣化状況を一般に紹介する活動も同時に展開しており，多面的な保全活動の実践例であるといえる。

いずれにしても，動物園・水族館は人間が作った施設であるため，人間が必要とし要求する機能を逸脱して存続することは困難である。すなわち，いつの時代にも社会が望む機能を主要な使命として取り上げてきたとも言える。今の社会は，急速な発展により自然との調和が保てなくなっていることに対して大きな不安を抱いている。生物多様性の減少は調和の乱れによって発生している事象の1つであり，現代の動物園・水族館にはその社会不安解消のために，対策の一翼を担うことが求められているのであろう。

3. 動物園・水族館で取り扱う動物種

動物園・水族館では，哺乳類や鳥類から，節足動物や軟体動物まで多種多様な動物種が飼育されている。世界中の動物園・水族館で現在飼育されている動物の種数，個体数を正確に把握することは難しいが，いくつかの組織がそこで飼育されている動物に関する情報を公開している。日本動物園水族館協会の2009年飼育動物一覧表によると，協会加盟施設で飼育されている動物種数は，哺乳類502種，鳥類704種，爬虫類290種，両生類109種，魚類2,745種，昆虫類100種，昆虫以外の無脊椎類1,879種，合計6,329種であり，飼育個体数は動物園77,494個体，水族館1,325,653個体，合計1,403,147個体である。世界中の約80か国800施設が加盟している国際種情報システム機構（International Species Information System：ISIS）のデータベースには，これまでに加盟施設で飼育された動物約1万種，260万個体の記録が集積されている（http://www.isis.org/）。すなわち，これまでに1万種以上の動物が動物園水族館で飼育されているとい

うことであり，対象動物の幅が非常に広いことがわかる。1つの施設で飼育されている動物の種数や個体数は施設の規模や方針によって大きく異なるが，国内の場合1施設あたりの飼育種数および個体数は，動物園で2～488種14～12,680個体，水族館で1～1,070種9～99,736個体と報告されている。動物園では哺乳類，鳥類，爬虫類，両生類を中心に飼育している施設が多いのに対して，水族館では魚類を中心としつつも哺乳類から無脊椎類まで幅広く飼育している施設が多い。また，魚類や無脊椎類の飼育対象種数は，哺乳類や鳥類と比較してかなり多くなっている。これらのことから，概して水族館は動物園をかなり上回る種数および個体数の動物を飼育しているのが現状である。

多くの動物園・水族館では，その施設の存在する地域に生息している動物のみならず，世界各地の動物を集めて飼育している。熱帯から極地まで，高地から深海まで様々な環境で生息している動物が飼育の対象となっており，その中には詳細な生態が明らかにされている種もあれば，不明な点が多い種も含まれている。このように幅広い条件で集められたそれぞれの動物は，何らかの目的に従って飼育されている。すなわち，社会教育などのために展示を目的として飼育されている場合もあれば，希少種の保存のために生息域外個体群の維持を目的としている場合もあり，調査研究などを目的としている場合もある。多くの場合は，いくつかの目的が複合的に存在している。つまり，動物園・水族館は，人間が何らかの目的を持って主体的に選択した幅広い種類の動物を，多数集めて飼育している施設であると言える。そのため，取り扱う動物種は各施設の運営方針や経済状況などによって大きく左右され，その時々の社会的背景といった要素にも影響される。最近では，自国，地元の動物に力を入れる施設が多いが，これは地域の特色や特性を見直そうというローカリゼーションの流れを受けた動きとも考えられる。動物園・水族館が取り扱う動物種も人間のニーズを反映し，時代と共に変化していくものと考えられる。

4. 飼育下個体群としての管理

1）個体群分析に基づく繁殖計画

動物園・水族館では，保全や教育，研究といった目的のために，動物を長期にわたって経代飼育し，維持していかなければならない。ある種を飼育下という限られた環境の中で維持していくためには，その個体数が減少しないように，あるいは過度に増加しないように管理すると同時に，その遺伝的な多様性が可能な限り失われないよう管理する必要がある。そのため，飼育下にある動物を1つの集団，すなわち個体群とみなして，その個体数ならびに遺伝的多様性を管理する飼育下個体群管理という考え方が広く普及している。個体群の遺伝的多様性を維持するためには，その群を構成する個体数が多いほど効果的である。したがって，1施設で飼育している限られた数の個体のみを群と考えるよりも，その国や地域にある施設で飼育されている全ての個体を一群とみなした方が有効であり，世界中で飼育されている個体を1群とみなすことができればさらに効果的である。したがって，現在では個体群管理は国ごと，あるいはヨーロッパなどのように地域ごと，さらには世界全体といった単位で行われている。

厳密な飼育下個体群管理を行うためには，その個体群に含まれる全ての個体の正確な情報を収集し，個体情報に基づいた分析を行うことで，個体群の状態を把握しておかなければならない。動物は毎年歳をとり，出生や死亡，導入や搬出によって個体群の構成は常に変化するため，個体情報の収集や分析は頻繁に行う必要がある。労力やコストを考えると，動物園・水族館で飼育している全ての種について厳密な個体群管理を行うことは困難であるため，通常は特定の希少種を対象として行われている。国内では日本動物園水族館協会の種保存委員会が中心となり，143種（147亜種）（2011年時点）を種別調整対象種に指定しており，国内血統登録事業として対象種の飼育個体情

報を収集し分析することで，飼育下個体群管理を行っている．世界的には，世界動物園水族館協会（WAZA）が中心となって，118種（159亜種）（2009年時点）を対象として国際血統登録を行っている．このうち，コウノトリ，タンチョウ（*Grus japonensis*），マナヅル（*G. vipio*），ナベヅル（*G. monacha*），カモシカ（*Capricornis crispus*）の5種については，国内から登録担当者が選任されている．

飼育下個体群管理を進めるにあたっては，それぞれの種ごとに選任されている担当者が，個体数を管理するための個体数統計学的分析（demographic analysis）と遺伝的多様性を維持するための遺伝学的分析（genetic analysis）の結果をもとに，ペア形成やおおよその産子数を繁殖期ごとに決定している．対象動物を飼育している施設は，この繁殖計画にしたがって動物を飼育することが求められる．それぞれの分析は，ほとんどの場合専用のコンピューターソフトウエアによって行われている．個体情報の管理には国際種情報システム機構（ISIS）が作成したSPARKS，あるいは米国のリンカーンパーク動物園が作成したPopLinkというソフトウエアが用いられ，そこで整理されたデータをもとにシカゴ動物学協会や米国の動物園が協力して作成したPM2000あるいはその後継のPMxというソフトウエアで個体数統計学的分析や遺伝学的分析が行われる．PM2000やPMxでは，様々な条件を変化させることにより飼育下個体群の将来がどのように変化していくかをシミュレートすることができるため，より的確な繁殖計画の策定に役立つ．

施設を超えての繁殖計画の推進は，個体の施設

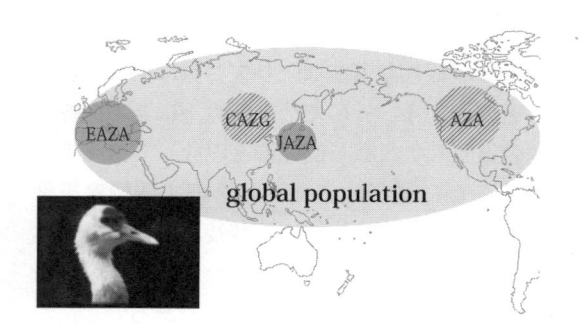

図10-1 ナベヅルのおける国際血統登録の例
日本（日本動物園水族館協会：JAZA），中国（中国動物園協会：CAZG），北米（北米動物園水族館協会：AZA），ヨーロッパ（ヨーロッパ動物園水族館協会：EAZA）の各地域で血統登録が行われており，それらの飼育下地域個体群を取りまとめる形で国際血統登録が行われている．

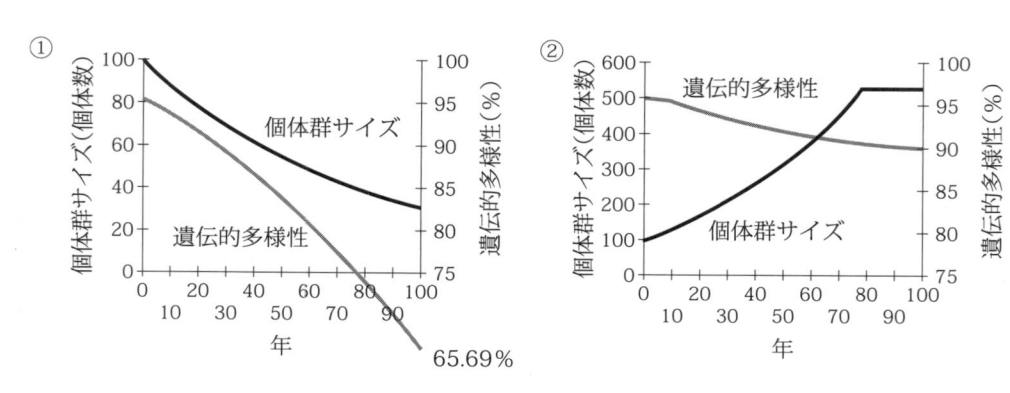

図10-2 飼育下個体群管理のためのデータ分析の例
国際血統登録されているナベヅルを対象とした，今後100年間の個体数と遺伝的多様性の推移に関するシミュレーション（2008年12月31日時点のデータによる）．
①現状のまま推移した場合：〔世代期間（generation length）= 18.20，個体群の最大年変化率（maximum potential population growth rate）= 0.9880，現在の個体数（current population Size）= 99，現在の有効個体群サイズ（current effective size）= 14.80，現在の遺伝的多様性（current gene diversity）= 0.9581〕
②今後10年間にわたり2年ごとに3羽ずつ野生から個体を補充し，かつ繁殖率が上昇すると仮定した場合：〔個体群の最大年変化率 = 1.2000〕

間移動を伴うことが前提となるため，動物の所有権が問題となることが多い。そのため，繁殖のために動物を施設間で貸借するブリーディングローン（breeding loan）という考え方が普及している。

2) 地域収集計画

今日，希少種を飼育下で保全しようとする取り組みが世界的に進められている。国際血統登録種に100種以上が指定されており，さらに各地域で独自に飼育下保全を進める種が設定されているため，個体群管理の対象とされている種の数は非常に多くなっている。しかしながら，動物園・水族館をはじめとする域外保全施設の，動物収容能力，労力，資金といった資源には限度があるため，飼育下保全の取り組みを無制限に拡大することはできない。したがって，限られた資源の中で効率的に取り組みを進めることが必要とされる。そのためには，どこにどれだけの資源を投入するか，すなわちどのような種をどれだけ飼育するかという収集計画（collection plan）を策定しなければならない（Hutchins 1995）。収集計画は，施設ごと，地域ごと，あるいは世界的にといったレベルで策定するものであるが，希少種の域外保全に最も効果を及ぼすと考えられるのは，現状では地域ごとの収集計画である。動物収容能力の観点から例を示すと，日本国内でツル科の鳥が541羽飼育されている（2010年度）ことから，ツル類に関する国内全体の収容能力を550羽程度と推測すると，タンチョウ，マナヅル，ナベヅルなど国内で個体群管理の対象となっているツル科の鳥7種の全てを100羽以上飼育したいと考えても不可能である。そのため，それぞれの種が置かれている状況などを総合的に判断して，例えばタンチョウ200羽，マナヅル100羽，ナベヅル50羽などといったように種ごとの目標飼育数を設定し，展示を主な目的として多数飼育されているホオジロカンムリヅル（*Balearica regulorum*）などについては個体数を減少させて飼育スペースを確保するといった計画が必要となる。あるいは，同様の大型鳥類であるコウノトリ科の鳥の収容スペースまで考慮に入れた調整が必要となるかもしれない。このような地域収集計画（Regional Collection Plan）は，動物種や施設を超えた調整が必要となるため，各地域でルール作りが行われている（AZA 2007）（Eenink 2008）。しかし，優先する種の選定に時間や労力を要し，飼育施設に対して展示方針の変更を説得する必要があるなど，様々な課題を抱えている。

3) 人工繁殖

哺乳類や鳥類をはじめとする様々な種で，精液採取，人工授精，受精卵移植などの人工繁殖技術が用いられており，それらの技術をより効果的に用いるために生殖細胞の保存や性ステロイドホルモンの測定といった試みが幅広い動物種に対して盛んに行われている。そのほとんどは，人や経済動物に対して開発されてきた技術の応用であるが，動物種によって細かな条件が異なることが多く，そのまま野生動物に適用できることはまれである。そのため，数多くの研究が進められている。

飼育下の個体群を適切な状態で維持していくためには，計画的な管理が必要である。個体数の維持のためには一定数の繁殖を継続しなければならず，遺伝的多様性を最大限に維持するためにはより多くの個体が子孫を残さなければならない。飼育下の動物も，野生のものと同様に自然繁殖によって子孫を残すことが望ましいと考えられるが，単性で飼育されている，繁殖を目指しているペアの相性が良くない，身体的な障害あるいは行動や社会性の問題によって交尾ができないなどといった理由で繁殖に貢献できない個体が，多くの種において一定の割合で存在している。そのような個体に対して，人工繁殖技術は非常に有効な手段となる。

人工繁殖技術を適用する利点は，他にも数多くあげられる。繁殖計画を進めるために，異なった施設で飼育されている個体によってペアの形成を行おうとしても，大型の動物であったり，施設間の距離が離れていたり，施設の展示計画との調整が図れなかったりといった様々な理由で，個体の

移動が困難な場合がある。そのような場合に，親となる雄個体の精液を採取して別施設で飼育されている雌個体のもとに送り，人工授精を行うことで個体の移動を伴わずに繁殖させることができる。実際，このような取り組みは頻繁に行われている。また，人工繁殖技術を使用することにより，死亡してしまった個体の生殖細胞から繁殖を図ることも可能となり，繁殖に関与させる個体の選択肢を広げることができる。さらに，生殖細胞を長期間保存できる技術の確立により，過去に飼育していた個体の生殖細胞を用いて，時間を超えたペアによって繁殖を図ることも可能となっている。このように，人工繁殖技術は将来的な遺伝的多様性の維持や，疾病による個体群喪失の回避にも役立つものと考えられるため，様々な動物種の飼育下個体群を維持していくために重要視されている分野の１つである。

4）繁殖制限

前に述べたとおり，動物を飼育するための資源には限りがあるため，適切に維持できる動物の個体数には限界がある。したがって，繁殖が順調な種であっても，永遠に増やし続けることができるわけではない。限界に達した場合には，飼育下個体群全体の繁殖を抑制し，過剰な個体の産出を避けなければならない。

また，個体群の遺伝的多様性を可能な限り維持するためには，できるだけ多くの個体から満遍なく子孫を残すことが必要であり，特定の個体に繁殖が偏ることは避けなければならない。しかし，飼育下の環境では概して個体による繁殖能力の差や設備の差などによって，限られた個体に繁殖が集中しがちである。このような場合には，一定数の子孫を残した個体の繁殖は制限しなければならない。

繁殖制限には，様々な方法が用いられている。最も単純な方法は，繁殖期あるいは通年で雄と雌を隔離して飼育することである。しかし，隔離のための飼育スペースが必要とされたり，動物の社会的行動を制限することになるといったデメリットも存在する。

主に哺乳類では，雌の卵巣，子宮の摘出を行う不妊手術，雄の精巣の摘出や精管の結紮，切断を行う去勢手術が頻繁に行われている。手術による処置は確実な方法であるが，外科処置や麻酔によるリスクが存在し，不可逆的な処置であるため一旦実施すると二度と繁殖させることができないので注意が必要である。また，黄体ホルモン等のホルモン剤投与による方法も用いられている。霊長類などに対しては，人と同様に定期的な経口投与を行う例もあるが，多くの場合はカプセル状の製剤を皮下に埋め込む方法が採られる。製剤を除去することで繁殖能力を回復させることができるため，将来的に繁殖させる可能性がある個体に対しては有効な方法であるが，外科的処置により定期的に製剤を取り替える必要があることや，子宮の疾患や肥満といった副作用が見られる場合があるという点について注意が必要である。

鳥類などでは，卵の取り上げや擬卵との交換による方法が一般的である。鳥は巣の中の卵が割れてしまったり無くなったりすると再び産卵して補充しようとする補卵性という性質を有しているため，取り上げてしまうより擬卵と交換するほうが効果的である。

繁殖制限は，飼育下個体群管理を進めるにあたって避けることのできないものである。したがって，より安全，確実で，可逆的な方法の開発が望まれる。

5. 個体ごとの管理

1）個体管理

動物園・水族館で動物を飼育する際には，健康状態や繁殖状況の管理，教育活動や研究活動への利用，保全への取り組み，飼育施設における財産管理などのために，動物を識別し，把握しておく必要がある。ゾウ類やペンギン類といった個体の識別が容易な動物種が多数存在する一方で，イワシの群などのように個体ごとの識別が不可能な場

合も少なくない。そのような場合には，群ごと，あるいは種ごとのグループとして把握する方法が採られる。個体管理を行うことが望ましいが，不可能な場合あるいは不必要な場合にはグループ管理が行われるということである。

2）個体識別

個体管理を行う際には，それぞれの個体を識別できることが必要である。飼育下での個体識別には，次に示すような様々な方法が用いられる。

(1) 身体の特長による方法

身体の大きさや色，身体的障害などで識別する方法。シマウマを縞模様で見分けたり，過去に負傷した個体を瘢痕で見分けるといったもの。

(2) 烙印や刺青による方法

焼烙や凍烙，刺青によって皮膚に印をつけることで識別する方法。甲殻類や魚類，両生類，爬虫類，哺乳類など広範な種で用いられている。

(3) 身体の一部を切除する方法

耳や角，カメの甲羅などに切り込みを入れたり穴を開けるノッチング，指の一部を切断するクリッピングなどで識別する方法。クリッピングは両生類や爬虫類に用いられることが多いが，動物園・水族館ではあまり利用されない。

(4) マイクロチップによる方法

体内に米粒程の大きさのマイクロチップを埋め込み，専用装置（リーダー）によって読み取ることで識別する方法。水族を含む広範な種に利用できるが，リーダーを数十センチまで近づけないと読み取ることができない。

(5) 標識を装着する方法

首輪や足環（リング），耳標（イヤータグ），翼帯，ビーズといった標識を装着することで識別する方法。首輪や耳標は哺乳類，足環や翼帯は鳥類，ビーズは爬虫類や両生類，魚類でよく利用される。

(6) 体毛カットや着色による方法

被毛や羽毛を部分的にカットしたり，皮膚や被毛，羽毛，カメの甲羅，昆虫の外骨格などに着色することで識別する方法。比較的簡単に実施できるが，被毛や羽毛が伸びたり色が落ちたりするため短期間しか利用できない。

身体の特徴や一部を切除する方法などは，時間経過による変化が少なく長期間利用できる識別法であるが，体毛カットや着色による方法は前述のとおり短期間の方法である。比較的長期間利用できそうな標識による方法は，標識の劣化や脱落の危険性を考慮する必要がある。また，身体の特徴や標識の装着といった方法は離れた場所からでも識別可能であるが，烙印や刺青による方法などはある程度接近しないと識別困難であり，マイクロチップの場合は外見上確認できず手の届く範囲内でしか読み取ることができない。このように，識別方法ごとに様々な条件が存在するため，対象動物や飼育環境により適切な方法を選択する必要がある。

3）飼育動物情報

飼育動物の個体管理あるいはグループ管理を行うにあたっては，その個体あるいはグループに関する情報を収集し，記録しておかなければ，健康管理や教育，研究，保全活動への利用，施設財産の管理などに役立てることはできない。収集，記録すべき情報として以下のような内容が考えられる。

①**基本情報**：分類（種，亜種，品種など），性別，両親の識別情報など。

②**個体識別情報**：愛称，登録情報（施設内登録番号や血統登録番号など），個体識別方法，識別コード（足環番号，マイクロチップ番号など）など。

③**履歴情報**：出生情報（場所や日など），移動履歴（施設間移動，捕獲，放野などに関する場所や日など），死亡情報，死体の処理方法（焼却，博物館等への寄贈など）など。

④**繁殖情報**：交尾情報（対象や日など），産卵・出産情報（産子数や産卵数，日など），孵化情報（孵化日数や孵化個体数，孵化日など），子の識別情報など。

⑤**医療情報**：病歴，医療処置記録（治療，健康診断，疾病予防などの処置），検査記録（性判別や種判定などの検査の方法と結果），剖検記録な

⑥**飼育情報**：成育方法（自然繁殖か人工繁殖かなど），計測値（体重，体長など），飼料（内容や量など），飼育施設（獣舎や水槽の変更など），行動観察結果，飼育作業記録など。

これらの情報を効果的に活用するためには，利用しやすい状態に整理，保管されていなければならず，情報を必要とする人や組織の間で共有されていなければならない。特に，研究や保全活動に役立たせる場合には，情報量が多いほど有益な結果が得られる場合が多いため，情報を集積し共有することが重要となる。例えば，ある種において雌が繁殖可能となる年齢を知りたい場合に，3個体の初産年齢から判断するより300個体の情報に基づいたほうが，その種の実情をより正確に反映する結果が得られると考えられる。

実際に，各施設や地域，あるいは世界レベルで飼育動物の情報を有効に利用するための様々な取り組みが行われている。多くの動物園・水族館では，動物台帳や医療カルテ，識別簿，飼育日誌といったものを作成し，記録の整理，保管を行っている。様々な分野の記録を統合して管理するための電子化されたシステムを導入している施設も少なくない。地域レベルでは，日本動物園水族館協会が中心となって，加盟施設で飼育されている全ての動物の種と個体数を毎年調査し公表している。また，繁殖計画の策定を行う種別調整対象種について，それぞれの種の担当者が個体情報を収集し，血統登録簿を作成している。世界的には，国際種情報システム機構（ISIS）が，およそ80か国800か所の加盟施設で現在飼育されている，もしくは過去に飼育されていた1万種260万個体の情報を集積し，加盟施設が利用できるような形で提供している。国際血統登録および地域ごとの血統登録の情報も可能な限り収集しており，希少種の保全活動を進めるにあたっての貴重な情報源となると同時に，血統登録担当者が万一の事故で情報を失ったときのためのバックアップの役割も果たしている。国際種情報システム機構は，血統登録担当者や各施設の個体情報担当者，医療担当者などがそれぞれの分野の情報を整理，保管するためのツールとなるコンピューターソフトウエアの開発も行っており，それらが動物園・水族館で取り扱われるデータの管理ツールにおける世界標準となっている。言葉の問題や運営費負担が障壁となって，世界中の全ての施設が国際種情報システム機構に加盟できる状態にはなっていないが，社会のグローバル化に伴い海外を中心に加盟施設数は着実に増加している。個体記録に基づく飼育動物情報は，組織化による共有促進と管理ツールの発達によって，より効果的に活用されつつある。

4）検　疫

感染症の病原体が特定の場所に侵入するのを防ぐために，そこに持ち込まれる動物を検査し，必要に応じて持ち込みを制限したり，隔離したり，病原体を除去したりすることを検疫という（検疫は，動物に限らずあらゆるものを対象として行われるが，ここでは動物のみを対象とする）。動物を輸入する際には，海外から国内に病原体が持ち込まれないよう，国の責任において輸入検疫が行われる。動物園や水族館が動物を導入する場合には，その施設に病原体が持ち込まれないよう，施設の責任において検疫が行われる。

わが国における輸入検疫の対象動物や実施内容は，「家畜伝染病予防法」，「狂犬病予防法」，「感染症の予防及び感染症の患者に対する医療に関する法律（感染症予防法）」，「水産資源保護法」といった法律や，その他の通知により定められている。また，検疫対象となる動物を輸入する際には，その動物が一定の衛生条件を満たしているという輸出国の証明が必要とされる。この証明内容は「家畜衛生条件」として，輸出国と動物種によって細かく規定されている。

各国が定める輸入検疫の対象動物や内容は，主に人や家畜の健康に大きな影響を及ぼすものを対象として考えられており，全ての動物種の様々な疾患を想定して規定されているものではない。したがって，国レベルの検疫の対象に含まれない

様々な動物種を取り扱う動物園・水族館では，国の規定を超える対策が求められる。また，輸出入を伴わない国内での動物の移動の際にも疾病の蔓延を防ぐ対策は必要であるため，動物園・水族館で独自の検疫を行うことが必要とされる。環境省告示の「展示動物の飼養及び保管に関する基準」においても，「捕獲後間もない動物又は他の施設から譲り受け，若しくは借り受けた動物を施設内に搬入するに当たっては，当該動物が健康であることを確認するまでの間，他の動物との接触，展示，販売又は貸出しをしないようにすると共に，飼養環境への順化順応を図るために必要な措置を講じること」という文面で，各施設が自主的な検疫を行うよう定めている。

施設ごとの具体的な検疫実施内容については特に規定されてはいないが，一般的に拘留期間や検査項目などに関して哺乳類や鳥類といった動物の分類群ごとの基準を設けている例が多い。特定の疾病が問題視されている種については，それらの疾病に特異的な検査が追加されることがある。検疫実施内容については，北米動物園水族館協会（AZA）のプロトコール（Miller 1996, AZA 2011）や，国際自然保護連合（IUCN）や国際獣疫事務局（OIE）などが共同で作成しているプロトコール（Woodford 2000）などが網羅的で参考になる。

近年，希少種の域外保全を進めるにあたって，飼育動物をグローバルな視点で施設間移動させる必要性が高まっている。一方で，重篤な感染症の世界的流行が問題視されており，輸入検疫の条件は年々厳しくなりつつある。一般的に動物が病原体を内包している可能性が存在している以上，動物の移動に伴って病原体が移動するリスクは少なからず存在する。したがって，動物の移動を停滞させず広域的な域外保全計画をスムーズに推進させるためには，リスク管理をより確実にできる検疫体制をそれぞれの地域および施設ごとに確立することが必要であると考えられる。

6. 栄養管理

飼育下に置かれている動物は，自ら食物を見つけ自由に選んで食べられる状況にあることは少ない。多くの場合，全ての食物を飼育する人間から与えられている。飼育下の動物に，野外で生息している場合と全く同じ種類，同じ量の食物を与えることができれば理想的であるが，野外で食べているものの種類と量を動物種ごとに完全に把握することは非常に困難であり，たとえ把握できたとしても，その全てを用意することは不可能に近い。したがって，その動物が必用とする熱量や栄養素を全て摂取できるような飼料内容を考えて給餌する必要がある。飼料管理は飼育動物の健康維持にとって大変重要な要素である。

1）家畜・コンパニオンアニマル用飼料

家畜あるいはコンパニオンアニマルとして多数飼育されている牛や豚，犬や猫といった動物については，どのような飼料をどれだけ与えれば健康を維持できるか，順調に繁殖するかといった情報がすでに明らかにされており，多種多様な飼料が用意されている。しかし，野生動物については，概してそのような情報が不足している。そのため，家畜やコンパニオンアニマルに対する情報をもとに給餌内容が考えられる場合が多いが，慎重な判断が必要とされる。例えば，全ての大型草食動物が牛と同様の給餌内容で健康を維持できるわけではない。キリン（*Giraffa camelopardalis*）は主に枝葉を食べるブラウザー（browser）に分類される動物であるため，地面の草を食べるグレーザー（grazer）である牛と同じようにイネ科の乾草を餌の主要品目とした場合に，歯の重度の磨耗や胃石の形成を引き起こすことがある。また，穀類由来の濃厚飼料を多給した場合にアシドーシスを引き起こし，尿路結石や蹄葉炎の要因となることもある（EAZA 2006）。また，ネコ科動物はタウリンの合成能力が低い上に胆汁中に多く排出するため，食物からの適切な補給が行えなければタウリ

ン欠乏症による網膜中枢の変性や急性の心筋疾患を発生することがあるが，イエネコに対して十分な量のタウリンが含まれているキャットフードでも，ベンガルヤマネコ（Felis bengalensis）に与えた場合にタウリン欠乏症を引き起こすことが知られている（Howard et al, 1987）。動物園で飼育されている野生動物は，全般的にビタミンEが欠乏している状態であり，家畜などに比べて多量のビタミンEを飼料によって補給しなければならないという報告もある（Dierenfeld 1994）。

2）動物園・水族館用市販飼料，エキゾチックペット用飼料

一部の野生動物については，家畜と同様に専用の人工飼料が市販されている。乾燥したペレットタイプのものが中心で，国内の複数のメーカーから，霊長類用，各種草食獣用，水禽用，フラミンゴ用，ダチョウ用，ツル用，トキ用，カメ用，各種魚類用，昆虫用といった幅広い動物を対象とした製品が販売されている（http://www.oyc-bio.jp/sample/pages/animal_products/zoo_feed/index　http://lt.nosan.co.jp/horse/commodity/conts02.html）。また，リーフイーター用ペレット（葉食いサル用ペレット），ゾウ用ビタミンE添加剤，ハチドリ用ネクター，フトアゴヒゲトカゲ幼体用ペレットといったように，用途がかなり限定された特殊な飼料も輸入されている（http://www.mazuri.com/　http://www.zoofood.com/）。これらの人工飼料は，他の飼料と組み合わせて用いられることが多い。容易に入手することができ，品質も安定していて長期保存できることから，ほとんどの動物園や水族館で使用されている。便利で使いやすい飼料ではあるが，与える動物が必要とする栄養素や栄養要求量に見合ったものであるか，嗜好性や採餌行動に問題を生じないかといった点に注意して用いる必要がある。

3）代用食

野外で生息している動物が口にしている食物と同じものが入手できない場合には，それに代わる代用食を利用する場合がある。単孔目ハリモグラ科，貧歯目アリクイ科，有鱗目センザンコウ科の動物はいずれも歯を持たず，長い舌でアリやシロアリの仲間を舐めとるようにして採食するが，飼料として大量のアリを確保することは容易ではないため，飼育下ではミンチ，牛乳，ヨーグルト，ドッグフードなどを混ぜ合わせたものを使用している。土中のミミズを探して食べるダチョウ目キーウィ科の鳥には，牛の心臓肉を細く切ったものにビタミンやミネラルを添加して与えている。

4）成長に伴う飼料の変更

多くの種で，動物の年齢によって食物の内容が変化する。幼齢期の哺乳類は一般的に母乳で育ち，鳥類でもハト類やフラミンゴ類に見られるピジョンミルクやフラミンゴミルクのように母体による分泌物で育つ種がある。母体由来のものを必要としない場合でも，幼齢個体と成体では代謝が異なるため，必要とされる栄養素や熱量には違いがあり，成長に伴って食物の種類が変わる。非常にわかりやすい例では，カエルの場合には幼生は雑食性で藻類やプランクトンなどを食べているが，成体になると虫や小動物などしか食べず，完全な肉食性になる。また，ツル類やレンジャクやスズメのような雑食性の鳥類では，孵化直後は昆虫を中心とした肉食性の食物を採るが，成長に伴

図10-3　動物園動物用に市販されている様々な人工飼料

って果実や種子など草食性のものの割合が増えていく。成体は草食性が強いアオウミガメ（Chelonia mydas）も，幼齢期は肉食性であると考えられている（Balazs 1980）。このような動物種では，成長段階に合わせて給餌内容を変化させていく必要がある。

5）飼料特性への配慮

餌の特性にも注意する必要がある。鳥類や爬虫類の餌として使用されるミールワーム（ゴミムシダマシ科の甲虫の幼虫）やコオロギはペットショップなどで市販されており，安定して確保できるため利用しやすいものではあるが，カルシウムの含有量が少なく，リンとカルシウムの比率が適切ではないため，特に成長期の動物に長期間多給すべきではないとされている（Anderson 2000）。魚食性の動物に魚を与える場合に，入手しやすく保存が容易であるため冷凍されたものを用いることが多いが，チアミン（ビタミンB1）分解酵素であるチアミナーゼを比較的多く含んでいるため，哺乳類や鳥類，爬虫類などに冷凍魚を多給するとチアミン欠乏症による神経系の異常を引き起こす可能性がある。そのため，冷凍魚を飼料として用いるためのビタミン添加剤も市販されている。

6）中　毒

食物を自由に選択できず，かつ食物の種類が限られている飼育下の状況においては，中毒についても十分に注意を払う必要がある。動物種によっては特定の食物が有害となる場合もあり，給餌飼料に中毒原因物質が含まれていなくても身の回りにごく普通に自生している植物，あるいは植栽用として一般的に用いられる植物，さらには各種の化学物質によって中毒が引き起こされる場合もある。タマネギやネギ，ニラ，ニンニクなどネギ属の植物を摂取することにより，反芻動物や犬，猫，ウサギなど広範な動物で溶血性貧血が起こることは衆知の事実である。イカや貝類などの軟体動物，淡水魚，ワラビやゼンマイなどの山菜にも前述のチアミナーゼが多く含まれているため，注意が必要である。栄養価が高いとされるアボカドにも，心筋や乳腺に壊死を起こすペルシンという毒素が含まれており，特に鳥類で感受性が高く，ダチョウの大量死なども報告されている（Handl 2010）。自生している，あるいは植栽されている植物の例では，キョウチクトウやフクジュソウ，スズランなどには強心配糖体が含まれており，広範な動物種で中毒を引き起こすことが知られている。葉が食用に用いられているモロヘイヤも，種子には強心配糖体が含まれているため，飼料として用いる場合には注意が必要である。ニセアカシアは各地の動物園でよく見かけ，キリンなどが葉を食べることも多い樹木であるが，反芻動物が比較的高い抵抗性を示す一方で，馬が樹皮を食べることにより中毒を起こす。そのほか，ソテツ，アジサイ，センダン，スイセンといった，どこにでも見られる植物も中毒の原因物質となる。化学物質の摂取による中毒の例としては，飼育動物が，農薬散布を行った施設内の樹木を口にしてしまう場合，殺虫剤や殺鼠剤を誤飲してしまう場合，飼育施設の建材などに用いられている鉛含有塗料を舐め取ってしまう場合など，様々な可能性が考えられる。

7）骨代謝性疾患

くる病や骨粗鬆症などの代謝性骨疾患（metabolic bone disease：MBD）は，飼育下の動物で比較的よくみられる疾病である。紫外線露光不足，腎機能不全，ホルモン（カルシトニンやパラソルモンなど）の分泌異常など様々な要因によって発症するが，不適切な飼料を給餌することが原因となっている場合が多い。飼料中にカルシウムやビタミンDが不足している場合や，カルシウムとリンの比率が不適当である場合に発生する。肉食動物においては，カルシウム濃度が低くリンがカルシウムの倍量含まれている骨格筋のみを継続的に給餌された場合に発生しやすい。また，紫外線露光による皮膚でのビタミンD合成ができない一部のイヌ科やネコ科動物などにおいて，ビタミンDが不足した飼料を使用した場合

にも発生する。一方で，グリーンイグアナ (*Iguana iguana*) では腸管からビタミンDを吸収する能力が限られていて体内合成が優先されるため，紫外線露光が重要となる。コオロギやミルワームなども前述のとおりカルシウムとリンの比率が適切ではないため，これらを多く与える食虫動物などは注意が必要である。

7. 行動管理

1) 異常行動

動物の行動は，動物行動学（ethology）的視点から，個体を存続するための維持行動，自己の遺伝子を残すための生殖行動，ストレスへの反応として出現する失宜行動の3つに大別できる。失宜行動は，心理的に混乱した状態時に起こる葛藤行動と，混乱状態が長期化した際そのストレス環境に適応するために正常行動が変化して起こる異常行動に細分される。しかし，異常行動という用語は様々な分野で用いられており，分野によって用語の定義にも多少の差異が存在している。Mason (1991) は，飼育下の動物に関する異常行動を，「野生の状態の動物には見られず，機能を欠いており，異常と考えられる行動」と定義している。

失宜行動には，常同行動，過剰な攻撃性，転位行動，真空行動，沈鬱，適応による異常といった様々なタイプが見られるとされている（Ley 2004）。常同行動は，目的無く同じ動作を繰り返すもので，頭を振り続けたり放飼場の決まった場所を回り続けるといった行動などがこれにあたる。過剰な攻撃性は，欲求不満の結果生じる場合が多いと考えられており，自らを咬んだり羽毛を引き抜くといった自虐症や自咬症などがこれに含まれる。転位行動は，二者択一の葛藤状態や高揚状態となったときに突然無関係な動作を行うもので，闘争中の個体が急に穴掘り行動を起こすといったものである。真空行動は，行動が引き起こされるための刺激が無いにもかかわらず突然本能的な行動を発現するもので，ハタオリドリが，巣材がないのに巣作り行動を行うといった例が挙げられる。沈鬱は，周囲からの刺激に極端に反応しなくなるもので，肉体的な不調が原因となることが多い。適応による異常は，環境に適応しようとした結果，異常と考えられるような行動を起こすもので，飼育下において無防備であったり人に餌を媚びるといった行動などがあげられる。このような事例については飼育環境に順応したために生じた行動であるため，飼育下の動物にとっての正常な維持行動ということができるかもしれない。転位行動や真空行動は葛藤行動のレパートリーであり，狭義の異常行動には分類されない。飼育下の動物で問題となる異常行動は，常同行動や過剰な攻撃性，重度の沈鬱，場合によっては糞食や吐き戻しなどであり，飼育動物の健康を維持するために，これらの行動の発現を防止しなければならない。

2) 環境エンリッチメント

近年「動物福祉（animal welfare）」という考え方が取り上げられる機会が増えている。松沢（1999）は，動物福祉とは「ヒト以外の動物の生命を尊重するだけでなく，生きている暮らしそのものを尊重する」という理念であり，「ヒトに利用ないし飼育される動物の側の立場からみて幸福な暮らし（心理学的幸福：psychological well-being）を実現する」ことであると述べている。また，幸福な暮らしを実現するために「その動物種がもっている本来の行動レパートリーをできるだけ満たすようにし，そのそれぞれの行動レパートリーの時間配分をできるだけ本来のそれに近づけるようにする」ことを提案している。飼育下で，動物種本来の行動レパートリーやその時間配分を引き出すための具体的な方策が環境エンリッチメント（environmental enrichment）と呼ばれるものである。

環境エンリッチメントの具体的方法は，①飼料エンリッチメント：給餌方法や飼料の品目を変更，追加したり，採餌にかかわる行動上の選択肢を増加させるといった方法，②構造物エンリッチメン

図10-4 環境エンリッチメント
ホッキョクグマ（Ursus maritimus）に対する認知エンリッチメントの例。塩化ビニルのパイプを，届かない場所に設置してある肉に対して投げつけて取得する。

ト：動物舎の構造や設備を変更，追加して，物理的に行動上の選択肢を増加させる方法，③感覚エンリッチメント：獣舎の色を変えたり，匂いのする物質を与えたり，音を聞かせるなど，五感に訴える刺激を補う方法，④社会的エンリッチメント：個体の年齢や性別，個体数などを考慮して飼育群を構成するなど，適切な社会関係を構築させる方法，⑤認知エンリッチメント：環境認知能力が高く複雑な事柄を探索して利用できる動物に対して，道具などを与えて能力を引き出す方法，といったように分類される（堀 2011）。寝室内や放飼場のあちこちに餌を隠して動物に探させたり，高いところや箱の中といった簡単にとることができない場所に餌を用意したり，生き餌を与えるなどによって，採餌にかかる時間を延長しようとする飼料エンリッチメントはもっとも頻繁に用いられており，隠れ場所をつくったり，樹上生活をする種のために高い櫓を設置するなどによって自然な行動を引き出そうとする構造物エンリッチメントもよく用いられる手法である。

環境エンリッチメントは，不適切な方法で実施すると動物の健康を害することにつながる場合もあるため，実施前に十分な検討を行う必要がある。飼料エンリッチメントを実施する場合には，用いる飼料に病原微生物が含まれていないか（特に生餌を用いる場合など），栄養管理の項目でも触れているようにその動物にとって病因となる物質が含まれていないかを考慮しなければならない。構造物エンリッチメントや認知エンリッチメントでは，構造物や道具により動物が負傷することのないよう気をつける必要がある。土や砂，ウッドチップなどを用いることによって病原微生物の増殖を促進することになる例もある。また，空間利用についての配慮も必要である。1頭の雄が優位なブタオザル（Macaca nemestrina）の群に2室を利用させるようにしたところ，優位な雄の目が届かないところができたため，雌の闘争が3倍に増えたという報告もある（Erwin 1979）。社会的エンリッチメントにより群れを構成する場合にも，なわばりや餌，繁殖行動に伴う闘争を予防し，感染症をコントロールできる状態にしておかなければならない。

適切な環境エンリッチメントは動物福祉の実現に寄与すると共に，種の本来の行動を引き出すことによって，異常行動を減少させることにもつながるものである。したがって，飼育動物の健康管理のためにも重要な取り組みであるといえる。

3）トレーニング

飼育下にある動物の行動管理を行う際に，トレーニングの手法が用いられることもある。以前は馴致や調教という言葉が使われ，海棲哺乳類やゾウなど一部の動物種を主な対象として行われていたため，ショーのための取り組みというイメージが強かったが，最近では「行動の強化」（ある行動をより起こしやすくなるように仕向けること）を行うという視点に立ってトレーニングという言葉が使われており，幅広い動物種を対象として行われている。

英国の環境食料農業省（DEFRA）が定めた動物園業務基準（Standards of Modern Zoo Practice）には，トレーニングを実施する理由が示されている。その主要な理由は，①飼育管理を助けるため，②動物福祉を向上させるため，③教育を目的とした説明やデモンストレーションのため，の3点

とされている。また，トレーニングの方針は，①動物福祉，②飼育担当者の安全，③来園者の安全を常に考慮したものである必要があり，全てのトレーニングプログラムは動物に福利をもたらすものでなければならないと規定されている（DEFRA 2004）。

トレーニングは，飼育動物に特殊な動作をさせるためだけに行われるものではない。放飼場と寝室の間を行き来する，あるいは体の各部を飼育担当者に見せるといった動作を自発的に行うように仕向けることもできるため，飼育動物の日常管理のためにも有効な手段である。また，飼育管理上の特定の目的のためにも用いられる。動物を他施設へ移動させる際には輸送箱に収容する必要があるが，通常その作業は動物にも飼育担当者にも危険が伴う。トレーニングにより輸送箱に誘導することができれば，双方の安全度は非常に高まる。さらに，体重計に乗るようにトレーニングすることで簡単に体重を測定できるようになり，一定時間姿勢を変えないようにトレーニングすることで，麻酔を使わずに蹄など身体の手入れを行ったり，簡単な検査や治療を行ったりすることができるようになる。海棲哺乳類やゾウ，霊長類などで，この方法により採血が行われていることは良く知られている。トレーニングは，健康管理に必要な作業を進める際に，動物のストレスを軽減させることができ，同時に麻酔のリスクも回避することができる。したがって，動物の健康管理にとっても有益な手段であると言える。デモンストレーション（ショー）においては，トレーニングによって通常の展示ではあまり見ることができないような動物の行動を発現させることができるため，教育プログラムとしての効果を高めることができる（日橋 2011）。「正の強化」（後述）によるトレーニングは，動物に行動を強要するものではなく，やり方によっては動物に自然な行動の発現を促すものともなるため，環境エンリッチメントにもなり得る。

トレーニングは，一般的にオペラント条件付けの手法によって行われる。動物が行動を起こした後に刺激を与えたり取り去ったりすることで，動物の行動を増やしたり減らしたりするという方法である。動物の行動後に刺激を与えて，その行動を増やすことを「正の強化」と言う。例えば，イルカがジャンプした後に餌という刺激を与えると，ジャンプ行動が発現する確率が上がるといったもので，トレーニングのほとんどはこの方法による。動物の行動後に刺激を取り去ることで，その行動を増やすことを「負の強化」と言う。動物が放飼場から寝室に移動した後で，騒音が止まる（不快な刺激を取り去る）と寝室に移動するという行動が増えるといったものである。動物の行動後に刺激を与えて，その行動を減らすことを「正の罰」と言う。吼えると電気が流れる犬用の首輪などはこれにあたる。動物の行動後に刺激を取り去ることで，その行動を減らすことを「負の罰」と言う。水浴びの好きな動物に飼育担当者が水をかけている最中に，攻撃的な行動を示したら水掛を止めるといった例が挙げられる。前述した英国の動物園業務基準では，トレーニングは「正の強化」の方法に基づいて行うべきであると規定されている。

トレーニングは，飼育動物の行動管理のために大変有益な手段であるが，その方法を考える際には慎重な検討が必要とされる。

図 10-5　治療のためのトレーニング
アミメキリン（*Giraffa camelepardalis reticulate*）に対する蹄の治療のためのターゲットトレーニング。

8. 施設管理

放飼場や収容室，水槽，プールといった動物飼育施設には，様々な条件が要求される。飼育動物に安全で快適，飼育担当者に安全で機能的，来園館者に安全で魅力的でなければならず，環境に負担をかけないものであることも必要とされる。これらの条件を満たすために，大きさや構造，付帯設備など様々な要素を考慮しなければならない。中には法的に規定されている，あるいは様々な組織によって基準が設けられている要素もある。

1) 展示手法

動物飼育施設には，一般の来園館者に公開されている部分と，非公開の部分が存在する。公開部分では，来園館者に対して飼育動物に関する情報を伝えるための様々な展示手法が考えられている。

施設内での動物の配置という観点では，霊長目・ワシタカ目といったように系統分類学的に近縁の動物をまとめて配置する分類学的展示，日本の動物・オセアニアの動物といったように動物の生息位置によってまとめる地理的展示，熱帯多雨林・サバンナといった気候区分によってまとめるバイオーム展示（気候区分別展示），砂漠・森林といった生息場所によってまとめるハビタット展示（生息場所別展示），さらにはアルマジロ類とセンザンコウ類など形態的に似ている動物をまとめる形態学的展示などの手法がある。また，干支の動物・家畜の品種といった人文学的なテーマに基づく展示も行われている。

動物の見せ方という観点では，動物が本来生息している地域の景観や植生などを含む環境を再現し，生息地での動物の生活や環境とのかかわりを展示する生態的展示，動物の生態や習性に基づいた施設構造や飼育方法を導入することで動物の行動を引き出す行動展示などの手法がある。

図10-6 飼育動物の逸出防止のために設置された電気柵とアクリルパネル
マングースの展示施設での事例を示す。アクリルパネルはフェンスの登攀防止のため。

2) 逸出防止

動物の逸出防止といった安全面に直結するような要素は，動物飼育施設の最も重要な部分であり，準拠すべき法や基準が多数存在している。国内では，「動物の愛護及び管理に関する法律（動物愛護管理法）」に基づいて，環境省により「展示動物の飼養及び保管に関する基準」が告示されており，これが動物園・水族館の飼育施設を全般的に規定するものとなっている。その内容は，「展示動物の飼養及び保管に関する基準の解説」（環境省作成）に具体例と共に詳しく解説されている。また，動物愛護管理法によって，特定動物（人に危害を加える恐れのある危険な動物として約650種が指定されている）を飼育する場合には，動物種ごとに定められた構造の施設で飼育しなければならないことが規定されている。さらに，「特定外来生物による生態系等に係る被害の防止に関する法律（特定外来生物法）」によって，特定外来生物（13章参照）を飼育する場合には，一定の構造を持った施設を用いるよう定められている。動物園・水族館は，動物愛護管理法における動物取扱業者の登録業種にも該当するため，「動物取扱業者が遵守すべき動物の管理の方法の細目」に定められた構造の施設を使用しなければならない。このように多くの法的な規定が設けられているが，いずれも最低限の基準に関するアウトラ

ンを示したものであり，動物園・水族館の施設基準として十分なものというわけではない。様々な組織で，多様な動物種あるいは分類群ごとに，具体的に必要とされる飼育施設のガイドラインが作成されており（Grisham 2007，永井 2011 など），施設を建設する際には信頼できる組織が作成したガイドラインを参考にして安全を確保する必要がある。動物の逸出防止用設備としては，檻や堀（モート），電気柵，セカンドキャッチ（複数の扉を経ないと動物が施設外に出られない構造），監視カメラなどが挙げられるが，それぞれの動物種に必要とされる構造や寸法などがそれらのガイドラインに記載されている。

3）害獣の侵入防止

飼育施設からの動物逸出を防止すると同時に，施設内への動物侵入も防がなければならない。野外の動物の侵入を許すことによって，飼育動物やその卵が捕食されたり，餌が盗食されたり，感染症が持ち込まれたりする危険性が生じる。特に，犬，猫，イタチ類，ネズミ類，アライグマ（Procyon lotor），猛禽類，カラス類，ハト類，スズメ類，ヘビ類などは飼育施設の立地条件にかかわらず警戒すべき動物である。侵入防止策として，網目の細かいフェンスやネット，電気柵などが用いられることが多い。ヘビ類やネズミ類など小動物のフェンス登攀を防止するために，アクリル板を設置したり，忍び返しを設けたりすることもある。イタチ類などのように地面を掘る動物への対策としては，腐食しない材質のフェンスを地中深くまで埋め込んでおく必要がある。

4）傷病予防

動物や人に対する安全を考える上で，衛生管理に配慮した施設とすることも重要である。施設の材質や給排水などの設備を検討して衛生的な飼育環境を整えることにより，飼育動物が疾病に罹患することを予防しなければならない。ネズミや野鳥などの侵入により感染症が持ち込まれる可能性も存在するため，ペストコントロールも重要で

ある。また，隔離飼育施設の設置などにより飼育動物間での感染症蔓延を防止したり，人と動物の間に適切な距離やバリアを設けることで，人獣共通感染症が飼育動物と人の間で相互に伝播する危険性を低減させるといった措置を講じる必要がある。

動物飼育施設の物理的構造により動物が負傷する事例は，比較的多くみられる。建築部材を固定する釘やネジなどの突起物が動物の行動範囲に存在すると裂傷や擦過傷の原因となり得る。透明なアクリルやガラスを鳥類の施設に用いると，鳥が激突する事故が起こり得る。フェンスの網の目や柵の隙間などに，四肢や嘴，翼などが入ってしまい，骨折したり折損することも比較的多い。このような危険性が存在することを予め把握しておき，施設の設計段階で対策を講じることが最も望ましいが，すでに完成した施設で改修が難しい場合には，柔軟なネットなどを設置して動物を危険箇所に近づけない，あるいはガラスにシールなどを貼って動物に構造物の存在を認識させるといった対応が必要である。

一見問題がないように思われる施設においても，動物が長期間利用することで身体に不調を来たすこととなる場合がある。有蹄類の蹄は運動によって摩耗することで適当な長さや形に保たれるが，十分に運動ができない施設で飼育されると

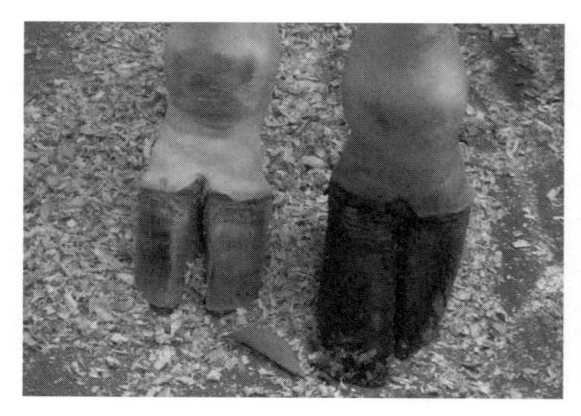

図 10-7　アミメキリンに見られた過長蹄
左前肢の蹄（写真右）が，右前肢に比べて異常に長く伸びており，蹄冠の上部が化膿し，腫脹している。

過長蹄となってしまうことがある。削蹄が容易ではない野生動物が過長蹄になると、起立不能となり致死的な転帰をとることもある。そのため、一般的に放飼場の面積を確保し、砕石を敷くなどの対策が行われている。他の哺乳類や鳥類の爪に関しても同様で、爪を使うことのできる適切な環境が用意されなければ過長爪となり、伸びすぎた爪で自らを傷つけてしまうこともある。対策として、ネコ科動物の放飼場に爪とぎ用として倒木を設置するようなことが、広く行われている。鳥類の嘴も同じく、食物や枝など硬いものを噛む、あるいは食物を探して土中を突くといったことができない環境におかれると、過長嘴となってしまうことがある。この場合も、木片を与える、あるいは地面を土にするといったことで解決できる場合がある。また、様々な動物種で塗料が原因とみられる鉛中毒の発生が報告されているため（Zook 1972）、飼育施設の塗装に鉛を含む塗料を用いてはならない。動物園において、真菌を原因とするシックハウス症候群が飼育動物の健康や繁殖率に影響を及ぼしているという報告もあり（Wilson 2002）、注意が必要である。

飼育施設の構造が原因となる疾患で、動物園・水族館で数多くみられるものとして、趾瘤症（bamblefoot）が挙げられる。飼育下の鳥類特有の疾患で、大型の種が罹患しやすいため猛禽類やペンギン類などで多く見られるが、それ以外にも水禽類やツル類、インコ類など幅広い種で認められる。体重過多、施設の不備などにより運動量が少ない場合や、足の障害、不適切な止まり木や床材が原因で足底部への負重が増加する場合などに、血行障害が発生し患部が腫脹する。ペンギンにおいては、コンクリート床での飼育により足が常に湿った状態となることも、誘因の1つと考えられている。進行すると、擦過傷などの外傷や、血行障害により生じた微細な壊死部分から細菌感染がおこり、乾酪様の化膿巣や肉芽腫が形成されて腫脹が拡大していく。放置すると感染が骨に達し、致死的な経過をたどることもある。適切な飼育環境を整え、十分な運動量が確保できれば予防できる疾患であるが、重症化した場合には抗生物質の投与や、化膿性物質や壊死組織などの外科的除去が必要となる。

5）飼育水管理

水棲動物を飼育する場合には、健康管理の面から、その動物の生育に適した水質を維持しなければならない。また、展示の面から、透明度の高い水質を維持しなければならない。したがって、飼育水管理が重要な要素となる。水槽に新たな水を追加し、その分をオーバーフローなどにより排水する「開放式」が最も単純な飼育水の管理方法であるが、ほとんどの施設では循環濾過設備を利用している。

循環濾過設備では、濾過、硝化細菌による酸化、各種薬品の注入といった物理的、生物的、化学的方法が複合的に用いられ、飼育水の浄化が行われる。循環濾過設備によって、水中の残餌などのごみが取り除かれ、飼育動物から排泄される二酸化炭素や、アンモニア等の窒素化合物が除去され、オゾンや塩素、紫外線などによって殺菌され、水温やpH、溶存酸素の量が適切に保たれるように調節されている。海生生物を飼育している場合には、塩分濃度の調節も行われている。魚類や軟体動物など、水棲動物の多くは生息環境となる水に依存して生活しているため、水温やpHなど水質の要因が一部変化しただけで大きな影響を受ける場合がある。したがって、多岐にわたる循環濾過設備の機能の一部にでも不調が生じると、その設

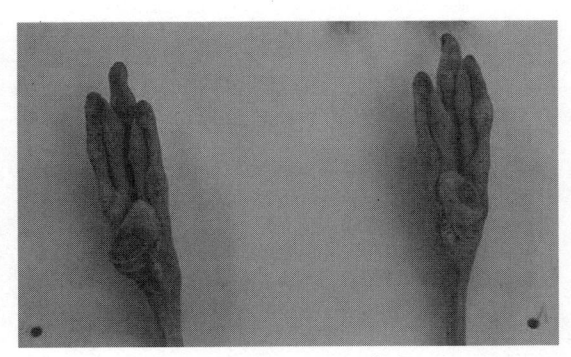

図10-8　ベニイロフラミンゴ（*Phoenicopterus ruber*））に見られた趾瘤症

備が繋がっている水槽やプールの全ての動物が生命の危険にさらされることになる。

　水族館など水棲動物を飼育している今日の大型施設においては，飼育水管理といえば機械設備の管理という側面が大きいが，動物の健康管理上大変重要な要素であるため，その仕組みは理解しておかなければならない。

9. 専門的な施設としての動物園・水族館の課題

　これまで述べてきたとおり，現代の動物園・水族館には，野生動物の飼育を通して域外保全，調査研究，社会教育といった多様な分野に貢献することが求められている。したがって，そこでは，獣医学や分類学，生態学といった一般的に動物に直接結び付くと考えられる分野のみならず，野生動物を取り巻く環境に関する分野や，野生動物と人との関わりに関する分野といったように，幅広い学問分野を網羅することが要求されている。まさに，学際的な取り組みに対応できることが必要とされているが，これに応えるには施設や分野を越えて様々な専門家が協力できる体制を作り上げることが重要であると思われる。

引用文献

Anderson,S.J. (2000)：Increasing calcium levels in cultured insects, Zoo Biol., 19, 1-9

AZA（Association of zoos and aquariums）(2007)：Regional collection plan (RCP) handbook, pp20, AZA.

AZA（Association of zoos and aquariums）(2011)：The accreditation standards and related policies, 2011 edition, pp66, AZA

Balazs,G.H. (1980)：Synopsis of biological data on the green turtle in the Hawaiian Islands, NOAA Technical Memorandum NMFS, NOAA-TM-NMFS-SWFC-7, 141pp., The National Oceanic and Atmospheric Administration.

Conway,W. (2003)：The role of zoos in the 21st century, Int. Zoo Yb., 38, 7-13.

DEFRA（Department for Environment Food and Rural Affairs）(2004)：Secretary of State's Standards of Modern Zoo Practice, DEFRA, UK.

Dembeck,H. (1961)：Animals and men〔小西正泰，渡辺清 訳 (1980)：動物園の誕生，築地書館.〕

Dierenfeld,E.S. (1994)：Vitamin E in Exotics: Effects, Evaluation and Ecology, J. Nutr., 124, 2579S-2581S.

EAZA Giraffe EEPs (2006)：EAZA Husbandry and Management Guidelines for Giraffa camelopardalis, Burgers' Zoo, Arnhem.

Eenink,D., Jong,J., Papies,M. et al. (2008)：Regional collection planning; a shared responsibility?, EAZA News, 64, 20-21.

Erwin,J. (1979)：Aggression in captive macaques：Interaction of social and spatial factors, Captivity and Behavior (Erwin,J., Maple,T.L. & Mitchell,G. eds), 139-171, Van Nostrand.

Grisham,J., Smith,R. & Brady,C. (2007)：Minimum AZA guidelines for keeping medium and large canids in captivity, Captive management husbandry manuals, AZA

Handl,S. & Iben, C. (2010)：Foodstuffs toxic to small animals – a review, EJCAP, 20, 36-44.

堀　秀正 (2011)：環境エンリッチメント（総論），新飼育ハンドブック動物園編第5集 危機管理・感染症対策・トレーニング・環境エンリッチメント，73-77，日本動物園水族館協会.

Howard,J., Rogers,Q.R., Koch,S.A. et al. (1987)：Diet-induced taurine deficiency retinopathy in leopard cats (Felis bengalensis), Proceedings of the Annual Meeting of the American Association of Zoo Veterinarians, 496-98. American Association of Zoo Veterinarians.

Hutchins,M., Willis,K. & Wiese,R.J. (1995)：Strategic collection planning: Theory and practice, Zoo Biol., 14, 5 – 25.

IUDZG/CBSG (IUCN/SSC) (1993)：The world zoo conservation strategy; the role of the zoos and aquaria of the world in global conservation, Chicago Zoological Society.

Ley,N. (2004)：Time budget analysis of Asiatic black bears with a focus on stereotypic behaviour, MSc. Thesis. pp.54, Institute of Zoology, University of London.

Mason, G.J. (1991)：Stereotypies: a critical review, Animal Behaviour, 41, 1015-37,

松沢哲郎 (1999)：動物福祉と環境エンリッチメント，どうぶつと動物園，51, 4-7.

Miller,R.E. (1996)：Quarantine protocols and preventive medicine procedures for reptiles, birds and mammals in zoos, Rev. sci. tech. Off. int. Epiz., 15, 183-189

永井　清 (2011)：動物園における脱出防止，新飼育ハンドブック動物園編第5集 危機管理・感染症対策・トレーニング・環境エンリッチメント，23-31，日本動物園水族館協会.

日本動物園水族館協会 (1941)：第1回理事会報告，動物園と水族館（古賀忠道 編），1, 2-12，日本動物園水族館協会.

日橋一昭 (2011)：トレーニング（総論）：動物園におけるトレーニング，新飼育ハンドブック動物園編第5集 危機管理・感染症対策・トレーニング・環境エンリッチメント，53-57，日本動物園水族館協会.

Penning,M., Reid,Mc G., Koldewey,H. et al. eds (2009)：Turning the tide: A global aquarium strategy for conservation and sustainability, World Association of Zoos and Aquariums.

齋藤　勝 (1999)：新・飼育ハンドブック 動物園編 第3集

概論・分類・生理・生態, pp.1-31, 日本動物園水族館協会.

高見一利（2004）：動物園の研究への取り組み, 生物科学, 55, 144-148.

東京都恩賜上野動物園（1982）：上野動物園百年史（上野動物園 編), pp.593, 東京都.

Vevers,G.（1976）：London's Zoo, The Bodley Head Ltd. London.〔羽田節子 訳（1979）：ロンドン動物園150年, 築地書館.〕

WAZA（2005）：Building a future for wildlife – The world zoo and aquarium conservation strategy, WAZA, pp72.

Wilson,S.C. & Straus,D.C.（2002）：The presence of fungi associated with sick building syndrome in North American zoological institutions, *J. Zoo Wildl. Med.*, 33, 322-327.

Woodford,M.H. ed.（2000）：Quarantine and Health Screening Protocols for Wildlife prior to Translocation and Release into the Wild, pp87, IUCN Species Survival Commission's Veterinary Specialist Group, the Office International des Epizooties（OIE), Care for the Wild and the European Association of Zoo and Wildlife Veterinarians.

Zook,B.C., Sauer,R.M. & Garner,F.M.（1972）：Lead poisoning in captive wild animals, *J Wildl. Dis.*, 8, 264-272

第11章　絶滅危惧種の保全

1. 絶滅危惧種とは何か

1）絶滅危惧種の定義

「絶滅危惧種（threatened species）」とは，狭義には，IUCN レッドリスト（IUCN Red list）において"深刻な危機（critically endangered：CR）"，"危機（endangered：EN）"および"危急（vulnerable：VU）"に分類されている種のことである（図11-1）。また，IUCN 基準による絶滅危惧種の指定に準拠するかたちで各国政府は国別のレッドリストも作成している。日本版レッドリストは環境省が作成している。日本版レッドリストにおける絶滅危惧種の分類名称は IUCN のものと一部異なっており，IUCN における"深刻な危機（critically endangered：CR）"は"絶滅危惧ⅠA（critically endangered：CR）"，"危機（endangered：EN）"は絶滅危惧ⅠB（endangered EN）"，"危急（vulnerable）"は"絶滅危惧Ⅱ（vulnerable）"となっている（図11-1）。レッドデータブック（Red data book）とはレッドリストに掲載中の生物について情報を集約して取り纏めたファイルのことで，IUCN が 1996 年に初めて発行した。現在はファイルの発行は行われておらず，IUCN が Red List に記載した種に関する情報は全てインターネットで入手することが可能となっている（http://www.iucnredlist.org/）。

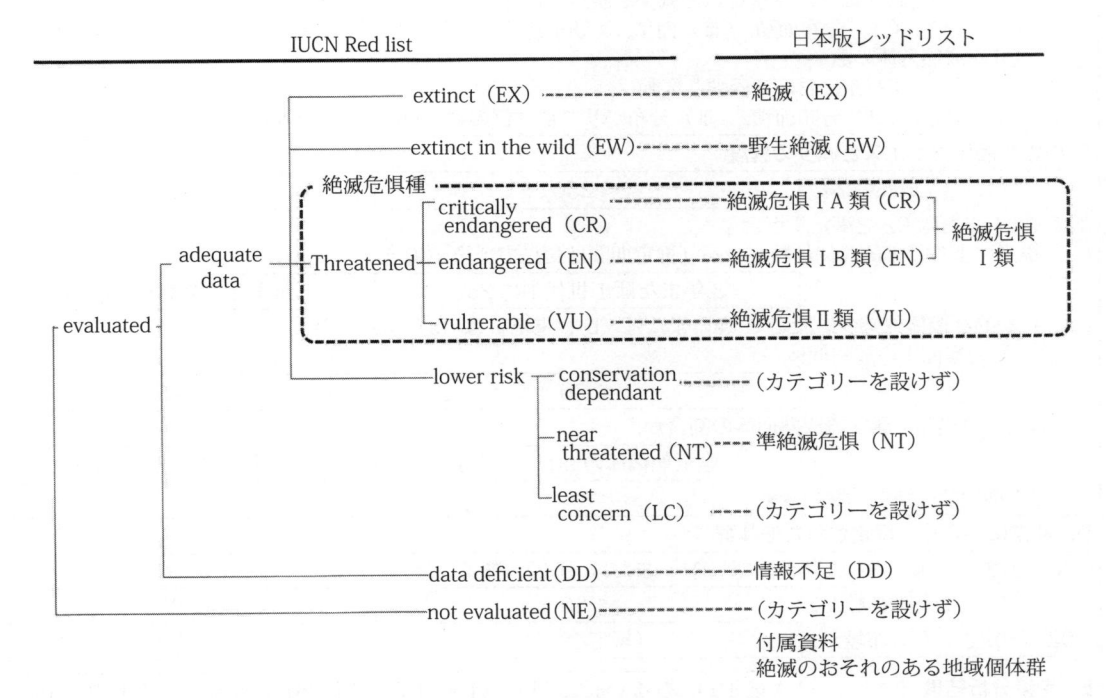

図 11-1　IUCN Redlist のカテゴリー分類と日本版レッドリストのカテゴリー分類との対応

表 11-1　IUCN Red list における絶滅危惧種の分類基準

カテゴリー分類基準	深刻な危機（critically endangered：CR）	危機（endangered：EN）

A．個体群サイズの縮小（10 年間あるいは 3 世代の間に生じた個体群サイズ縮小の程度）

A1	≥ 90 %	≥ 70 %
A2，A3，A4	≥ 80%	≥ 50 %

A1：以下のいずれかに基づき，これまでに個体群サイズが縮小していることが，観察，推定，推量，あるいは疑われている。かつ縮小の原因が明らかに可逆的で，解明されており，縮小の原因がなくなっている場合
　（a）直接の観察
　（b）当該分類群にとって適切な個体数レベルをあらわす指標
　（c）出現範囲，占有面積，あるいは生息環境の質のいずれか（あるいは全て）の減少
　（d）実際の，あるいは想定される捕獲採取レベル
　（e）侵入生物，雑種形成，病原体，汚染物質，競争者あるいは寄生者の影響
A2：A1 の（a）から（e）に基づき，これまでに個体群サイズが縮小していることが，観察，推定，推量，あるいは疑われている。かつ縮小の　原因が消失していない，または解明されていない，または可逆的でない場合
A3：A1 の（b）から（e）に基づき，今後 100 年間に個体群サイズの縮小が予測あるいは疑われる
A4：A1 の（b）から（e）に基づき，過去および将来を合わせた期間（最長 100 年間）に個体群サイズの縮小が観察，推定，推量，予測あるいは疑われ，かつ縮小の原因が消失していない，または解明されていない，または可逆的でない場合

B．B1（出現範囲）と B2（占有面積）のうちどちらかあるいは両方による地理的範囲

B1，出現範囲	＜ 100km²	＜ 5,000km²
B2，占有面積	＜ 10km²	＜ 500km²

加えて以下の少なくとも 2 つがあてはまる
　（a）非常に断片化しているもしくは生息地地域が，

	1 か所のみ	≤ 5 か所

　（b）以下のどれかにおける連続した減少が観察，推理あるいは予測されている
　　（ⅰ）分布，（ⅱ）分布面積，（ⅲ）面積，範囲または，および生息地の質，（ⅳ）分布かサブ個体群の数，（ⅴ）成熟個体の数
　（c）以下のいずれかにおける極端な変動
　　（ⅰ）分布，（ⅱ）分布面積，（ⅲ）分布かサブ個体群の数，（ⅳ）成熟個体の数

C．小さな個体群サイズと減少の程度

成熟個体数	＜ 250	＜ 2,500

加えて C1 または C2 を満たす場合
C1，推定による持続的な個体数減少が（推定期間は最長で今後 100 年）

	3 年または 1 世代中に 25%	5 年または 2 世代中に 20%

C2，持続的な個体数減少に加えて（a）または（b），あるいは（a）（b）の両方
　（aⅰ）分集団中の成熟個体が，

	＜ 50	＜ 250

　（aⅱ）分集団に属する成熟個体の割合が，

	全成熟個体の 90 ～ 100%	全成熟個体の 95 ～ 100%

　（b）極度な成熟個体数の変動

D．非常に小さく，限定された個体群

非常に小さく，限定された個体群で（D1）または（D2），あるいは（a）（b）の両方

D1，成熟個体数が，	＜ 50	＜ 250
D2，限定された分布域が，	（規定なし）	（規定なし）

E．定量分析結果

	今後 10 年あるいは 3 世代（100 年が上限）の間に絶滅する確率が 50％以上	今後 20 年あるいは 5 世代（100 年が上限）の間に絶滅する確率が 20％以上

IUCN レッドリストにおいて評価対象種を絶滅危惧種に分類する際の基準を表 11-1 に示した（IUCN 2001）。

"深刻な危機（critically endangered：CR）"に分類となる種は、「最善の利用できる証拠が基準 A-E のどれかに合致することを示しており、それゆえ野生で極度に高い（extremely high）絶滅のリスクに直面していると考えられる分類群」、"危機（endangered：EN）"に分類となる種は、「…野生で非常に高い（very high）絶滅のリスクに直面していると考えられる分類群」、"危急（vulnerable：VU）"に分類となる種は、「…野生で高い（high）絶滅のリスクに直面していると考えられる分類群」となっている。

IUCN レッドリスト（version 2011.1）では哺乳類 5,494 種、鳥類 10,027 種、爬虫類 3,004 種および両生類 6,312 種を対象に絶滅の危険性を評価している（表 11-2）。絶滅危惧種に分類されたのは、哺乳類 1,134 種（評価対象種の 21％）、鳥類 1,240 種（評価対象種の 12.5％）、爬虫類 664 種（データ不十分で絶滅危惧種の割合は評価できない）および両生類 1,910 種が（評価対象種の 30％）となっている（日本国内に分布しているのは、哺乳類 28 種、鳥類 40 種、爬虫類 12 種および両生類 19 種）。地域別では哺乳類の絶滅危惧種はインドネシアに、鳥類はブラジルに、爬虫類はメキシコに、両生類はコロンビアに主に分布している。

2）日本の絶滅危惧種

2006〜2007 年に改訂された環境省レッドリストでは哺乳類 202 種・亜種、鳥類約 700 種、爬虫類 98 種、両生類 62 種を対象に絶滅の危険性を評価している。この中で哺乳類 42 種（評価対象種の 23.3％）、鳥類 92 種（評価対象種の 13.1％）、爬虫類 31 種（評価対象種の 31.6％）両生類 21 種（評価対象種の 24.1％）が絶滅危惧種（絶滅危惧ⅠA、絶滅危惧ⅠB および絶滅危惧Ⅱ）となっている（表 11-3）。

日本の絶滅危惧種の保全を進めるうえで中核となっているのが「絶滅のおそれのある野生動植物の種の保存に関する法律」（以下、「種の保存法」）である（1992 年制定、1993 年施行。詳細については第 14 章参照）。「種の保存法」では日本版レッドリストを基礎資料として「国内希少野生動植物種」を指定している。現在、国内希少野生動

表 11-2　IUCN Red List（version 2011.1）の概要

	評価対象種数	絶滅危惧種数（CR＋EN＋VU）	主な絶滅危惧種の分類群（種数）	絶滅危惧種が生息している主な環境（Vié, J.-C., 2009）	主な絶滅危惧種の分布地域（分布種数）
哺乳類	5,494	1,134 (191＋447＋496)	齧歯目（351）霊長目（204）翼手目（172）	森林 内陸の湿地	インドネシア（183）メキシコ（99）インド（94）〔日本（28）〕
鳥類	10,027	1,240 (190＋372＋678)	スズメ目（580）オウム目（96）キジ目（72）	森林	ブラジル（123）インドネシア（119）ペルー（96）〔日本（40）〕
爬虫類	3,004	664 (121＋234＋309)	有鱗目（519）カメ目（134）	（評価中）	メキシコ（94）オーストラリア（43）フィリピン（38）〔日本（12）〕
両生類	6,312	1,910 (495＋761＋654)	無尾目（1,632）有尾目（272）	森林 河川	コロンビア（213）メキシコ（211）エクアドル（171）〔日本（19）〕

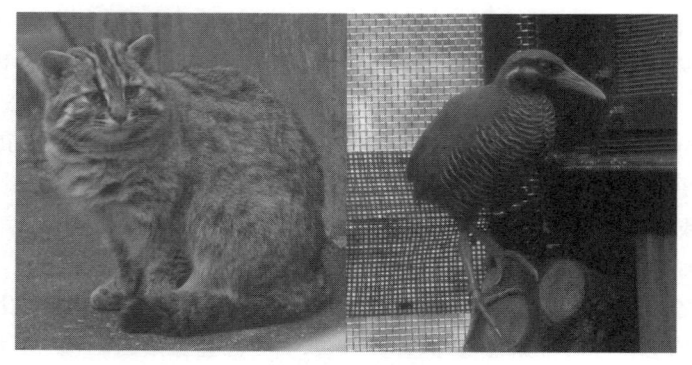

図 11-2　日本の絶滅危惧種
左：ツシマヤマネコ（*Prionailurus bengalensis euptilurus*），絶滅危惧ⅠA。
右：ヤンバルクイナ（*Gallirallus okinawae*），絶滅危惧ⅠA。

植物に指定されている哺乳類は 5 種，鳥類は 38 種，爬虫類は 1 種，両生類は 1 種となっている。指定種の中で特に個体の繁殖の促進，生息地等の整備等の事業を実施する必要がある場合に，環境省は保護増殖事業計画を策定している。これまでのところ哺乳類 4 種，鳥類 14 種，両生類 1 種を対象に保護増殖事業が行われている。

「種の保存法」ではワシントン条約付属書Ⅰと二国間渡り鳥等保護条約・協定通報種をもとに「国際希少野生動植物」も指定している。指定を受けた外国産の希少野生生物は日本国内における販売，頒布目的の陳列および譲渡等が規制されている（詳細については第 14 章参照）。

2. 野生動物が絶滅危惧種となる原因

1）絶滅危惧種になりやすい野生動物種

どのような生物で個体数減少が生じやすく，絶滅危惧種になりやすいのだろうか。Kattan（1992）は，生物が絶滅する可能性を 8 段階に分類した。この分類は①生物の地理的分布範囲，②生息地の特殊性，③個体群サイズ，を基準にした生物の希少性分類をもとにしている（Rabinowitz 1981）。すなわち，最も絶滅の可能性がある生物種の特徴は，地理的分布が限定的で，特殊な生息地に低密度で生息している種となる。例えばオランウータンはこの具体例である。すなわち，生息域はスマトラ島およびボルネオ島の熱帯雨林で主に樹上で単独生活している。

また，鷲谷（1999）は人との係わりで特に絶滅の危険にさらされやすい種の特徴を四つ挙げている。

・人の生息場所と重なる空間に生息・生育場所をもつ種
・人の関心を引きやすい種
・大きな生息面積要求性を持つ種
・適応能力の小さい種

2）絶滅危惧種となる原因

野生動物の絶滅は，最初に個体数が短期間に大規模に減少することから始まり，次に個体数が減少したこと自体で働く要因により発生する。この 2 つの要因が複合的に作用して野生動物が絶滅する過程を「絶滅の渦（extinction vortex）」（Gilpin and Soule' 1986）と呼ぶ。

（1）個体数が短期間に大規模に減少する要因

哺乳類，鳥類，爬虫類および両生類の絶滅危惧種が減少している原因を IUCN が分析した結果を表 11-4 に示した（Vié et al. 2008）。哺乳類の絶滅危惧種に対して脅威となっている要因は生息域の破壊，食糧・薬として利用および外来種である。鳥類に対しては農業・伐採活動および外来種，爬虫類に対しては生息域の減少と主に商取引を目的

第11章　絶滅危惧種の保全

表 11-3　日本の絶滅危惧種

和名	学名	「種の保存法」による対応		
		希少種指定	保護区指定	保護増殖事業
哺乳類				
絶滅危惧 IA 類（CR）				
エラブオオコウモリ	*Pteropus dasymallus dasymallus*			
オガサワラオオコウモリ	*Pteropus pselaphon*	○		○
オキナワトゲネズミ	*Tokudaia osimensis muenninki*			
セスジネズミ	*Apodemus agrarius*			
センカクモグラ	*Nesoscaptor uchidai*			
ダイトウオオコウモリ	*Pteropus dasymallus daitoensis*	○		
ツシマヤマネコ	*Felis bengalensis euptilura*	○		○
ニホンアシカ	*Zalophus californianus japonicus*			
ニホンカワウソ（北海道個体群）	*Lutra lutra whiteleyi*			
ニホンカワウソ（本州以南個体群）	*Lutra lutra nippon*			
ミヤココキクガシラコウモリ	*Rhinolophus pumilus miyakonis*			
ヤンバルホオヒゲコウモリ	*Myotis yanbarensis*			
絶滅危惧 IB 類（EN）				
アマミトゲネズミ	*Tokudaia osimensis osimensis*			
アマミノクロウサギ	*Pentalagus furnessi*	○		○
イリオモテヤマネコ	*Felis iriomotensis*	○		○
エゾホオヒゲコウモリ	*Myotis ikonnikovi yesoensis*			
オキナワコキクガシラコウモリ	*Rhinolophus pumilus pumilus*			
オリイジネズミ	*Crocidura orii*			
カグラコウモリ	*Hipposideros turpis*			
クビワコウモリ	*Eptesicus japonensis*			
クロホオヒゲコウモリ	*Myotis pruinosus*			
ケナガネズミ	*Diplothrix legata*			
コヤマコウモリ	*Nyctalus furvus*			
シナノホオヒゲコウモリ	*Myotis ikonnikovi hosonoi*			
ゼニガタアザラシ	*Phoca vitulina*			
ヒメホオヒゲコウモリ	*Myotis ikonnikovi ikonnikovi*			
ヒメホリカワコウモリ	*Eptesicus nilssonii parvus*			
ホンドノレンコウモリ	*Myotis nattereri bombinus*			
モリアブラコウモリ	*Pipistrellus endoi*			
ヤエヤマコキクガシラコウモリ	*Rhinolophus perditus perditus*			
リュウキュウテングコウモリ	*Murina ryukyuana*			
リュウキュウユビナガコウモリ	*Miniopterus fuscus*			
絶滅危惧 II 類（VU）				
イリオモテコキクガシラコウモリ	*Rhinolophus perditus imaizumii*			
ウスリードーベントンコウモリ	*Myotis daubentonii ussuriensis*			
ウスリホオヒゲコウモリ	*Myotis mystacinus gracilis*			

表 11-3　日本の絶滅危惧種（つづき）

和名	学名	「種の保存法」による対応		
		希少種指定	保護区指定	保護増殖事業
哺乳類				
絶滅危惧Ⅱ類（VU）　つづき				
オリイコキクガシラコウモリ	*Rhinolophus cornutus orii*			
カグヤコウモリ	*Myotis frater kaguyae*			
チチブコウモリ	*Barbastella leucomelas darjelingensis*			
ツシマテン	*Martes melampus tsuensis*			
トウキョウトガリネズミ	*Sorex minutissimus hawkeri*			
トド	*Eumetopias jubatus*			
ニホンウサギコウモリ	*Plecotus auritus sacrimontis*			
ニホンコテングコウモリ	*Murina ussuriensis silvatica*			
ニホンテングコウモリ	*Murina leucogaster hilgendorfi*			
ヒナコウモリ	*Vespertilio superans*			
フジホオヒゲコウモリ	*Myotis ikonnikovi fujiensis*			
ヤマコウモリ	*Nyctalus aviator*			
鳥類				
絶滅危惧ⅠA類（CR）				
ウスアカヒゲ	*Erithacus komadori subrufus*	○		
ウミガラス	*Uria aalge inornata*	○		○
ウミスズメ	*Synthliboramphus antiquus*			
エトピリカ	*Lunda cirrhata*	○		○
オオトラツグミ	*Zoothera dauma major*	○		○
カラフトアオアシシギ	*Tringa guttifer*	○		
カンムリワシ	*Spilornis cheela perplexus*	○		
クロツラヘラサギ	*Platalea minor*			
コウノトリ	*Ciconia boyciana*	○		
コシャクシギ	*Numenius minutus*			
シジュウカラガン	*Branta canadensis leucopareia*	○		
シマフクロウ	*Ketupa blakistoni blakistoni*	○		○
ダイトウノスリ	*Buteo buteo oshiroi*	○		
チシマウガラス	*Phalacrocorax urile*			
ノグチゲラ	*Sapheopipo noguchii*	○		○
ミユビゲラ	*Picoides tridactylus inouyei*	○		
ワシミミズク	*Bubo bubo*	○		
絶滅危惧ⅠB類（EN）				
アカアシカツオドリ	*Sula sula rubripes*			
アカオネッタイチョウ	*Phaethon rubricauda rothschildi*			
アカガシラカラスバト	*Columba janthina nitens*	○		○
アマミヤマシギ	*Scolopax mira*	○		○
イヌワシ	*Aquila chrysaetos japonica*	○		○

表 11-3 日本の絶滅危惧種（つづき）

和名	学名	「種の保存法」による対応		
		希少種指定	保護区指定	保護増殖事業
鳥類				
絶滅危惧 IB 類（EN） つづき				
オーストンオオアカゲラ	*Dendrocopos leucotos owstoni*	○		
オオセッカ	*Locustella pryeri pryeri*	○		
オオヨシゴイ	*Ixobrychus eurhythmus*			
オガサワラカワラヒワ	*Carduelis sinica kittlitzi*	○		
オガサワラノスリ	*Buteo buteo toyoshimai*	○		
オジロワシ	*Haliaeetus albicilla albicilla*	○		○
キンバト	*Chalcophaps indica yamashinai*	○		
キンメフクロウ	*Aegolius funereus magnus*			
クマタカ	*Spizaetus nipalensis orientalis*	○		
コアホウドリ	*Diomedea immutabilis*			
サンカノゴイ	*Botaurus stellaris stellaris*			
シマハヤブサ	*Falco peregrinus furuitii*	○		
セイタカシギ	*Himantopus himantopus himantopus*			
チシマシギ	*Calidris ptilocnemis kurilensis*			
ツクシガモ	*Tadorna tadorna*			
ヘラシギ	*Eurynorhynchus pygmeus*			
モスケミソサザイ	*Troglodytes troglodytes mosukei*			
ヤイロチョウ	*Pitta brachyura nympha*	○		
ヤンバルクイナ	*Gallirallus okinawae*	○		○
ヨナクニカラスバト	*Columba janthina stejnegeri*	○		
絶滅危惧 II 類（VU）				
アオツラカツオドリ	*Sula dactylatra personata*			
アカアシシギ	*Tringa totanus ussuriensis*			
アカコッコ	*Turdus celaenops*			
アカヒゲ	*Erithacus komadori komadori*	○		
アホウドリ	*Diomedea albatrus*	○		○
アマミコゲラ	*Dendrocopos kizuki amamii*			
イイジマムシクイ	*Phylloscopus ijimae*			
ウチヤマセンニュウ	*Locustella pleskei*			
オオアジサシ	*Thalasseus bergii cristatus*			
オオクイナ	*Rallina eurizonoides sepiaria*			
オーストンウミツバメ	*Oceanodroma tristrami*			
オーストンヤマガラ	*Parus varius owstoni*			
オオタカ	*Accipiter gentilis fujiyamae*	○		
オオワシ	*Haliaeetus pelagicus pelagicus*	○		○
オリイヤマガラ	*Parus varius olivaceus*			
カンムリウミスズメ	*Synthliboramphus wumizusume*			

表 11-3　日本の絶滅危惧種（つづき）

和名	学名	「種の保存法」による対応		
		希少種指定	保護区指定	保護増殖事業
鳥類				
絶滅危惧Ⅱ類（VU）				
クロウミツバメ	*Oceanodroma matsudairae*			
クロコシジロウミツバメ	*Oceanodroma castro*			
ケイマフリ	*Cepphus carbo*			
コアジサシ	*Sterna albifrons sinensis*			
コクガン	*Branta bernicla orientalis*			
コジュリン	*Emberiza yessoensis yessoensis*			
サンショウクイ	*Pericrocotus divaricatus divaricatus*			
シマクイナ	*Coturnicops noveboracensis exquisitus*			
シラコバト	*Streptopelia decaocto decaocto*			
ズグロカモメ	*Larus saundersi*			
タネコマドリ	*Erithacus akahige tanensis*			
タンチョウ	*Grus japonensis*	○		○
チゴモズ	*Lanius tigrinus*			
チュウヒ	*Circus spilonotus spilonotus*			
ツバメチドリ	*Glareola maldivarum*			
トモエガモ	*Anas formosa*			
ナベヅル	*Grus monacha*			
ナミエヤマガラ	*Parus varius namiyei*			
ハハジマメグロ	*Apalopteron familiare hahasima*	○		
ハヤブサ	*Falco peregrinus japonensis*	○		
ヒシクイ	*Anser fabalis serrirostris*			
ヒメクロウミツバメ	*Oceanodroma monorhis*			
ブッポウソウ	*Eurystomus orientalis calonyx*			
ホウロクシギ	*Numenius madagascariensis*			
ホントウアカヒゲ	*Erithacus komadori namiyei*	○		
マナヅル	*Grus vipio*			
ライチョウ	*Lagopus mutus japonicus*	○		
リュウキュウオオコノハズク	*Otus lempiji pryeri*			
リュウキュウツミ	*Accipiter gularis iwasakii*			
ルリカケス	*Garrulus lidthi*			
爬虫類				
絶滅危惧ⅠA類（CR）				
イヘヤトカゲモドキ	*Goniurosaurus kuroiwae toyamai*			
キクザトサワヘビ	*Opisthotropis kikuzatoi*	○	○	
絶滅危惧ⅠB類（EN）				
オビトカゲモドキ	*Goniurosaurus kuroiwae splendens*			
タイマイ	*Eretmochelys imbricata*			

表 11-3　日本の絶滅危惧種（つづき）

和名	学名	「種の保存法」による対応		
		希少種指定	保護区指定	保護増殖事業
爬虫類				
絶滅危惧IB類（EN）つづき				
マダラトカゲモドキ	*Goniurosaurus kuroiwae orientalis*			
ヤマシナトカゲモドキ（クメトカゲモドキ）	*Goniurosaurus kuroiwae yamashinae*			
絶滅危惧II類（VU）				
アオウミガメ	*Chelonia mydas*			
アカウミガメ	*Caretta caretta*			
キノボリトカゲ	*Japalura polygonata polygonata*			
クロイワトカゲモドキ	*Goniurosaurus kuroiwae kuroiwae*			
セマルハコガメ	*Cuora flavomarginata evelynae*			
バーバートカゲ	*Eumeces barbouri*			
ミヤコトカゲ	*Emoia atrocostata atrocostata*			
ミヤコヒバァ	*Amphiesma concelarum*			
ミヤラヒメヘビ	*Calamaria pavimentata miyarai*			
ヨナグニシュウダ	*Elaphe carinata yonaguniensis*			
リュウキュウヤマガメ	*Geoemyda japonica*			
両生類				
絶滅危惧IA類（CR）				
アベサンショウウオ	*Hynobius abei*	○	○	○
絶滅危惧IB類（EN）				
イシカワガエル	*Rana ishikawae*			
コガタハナサキガエル	*Rana utsunomiyaorum*			
ハクバサンショウウオ	*Hynobius hidamontanus*			
ホクリクサンショウウオ	*Hynobius takedai*			
絶滅危惧II類（VU）				
アマミハナサキガエル	*Rana amamiensis*			
イボイモリ	*Tylototriton andersoni*			
オオイタサンショウウオ	*Hynobius dunni*			
オキサンショウウオ	*Hynobius okiensis*			
オットンガエル	*Babina subaspera*			
ダルマガエル	*Rana porosa brevipoda*			
ナミエガエル	*Rana namiyei*			
ハナサキガエル	*Rana narina*			
ホルストガエル	*Babina holsti*			

とする乱獲，両生類に対しては生息域の減少と汚染が主な脅威となっている。このように各動物分類群で脅威となっている要因は，生息地の破壊，乱獲および外来種に集約することができる。

(2) 個体数が減少したことによって生じる要因
個体数が減少すると，①遺伝的多様性の減少，②人口学的変動，③環境変動の影響，によって個体数減少がさらに加速する。これらは全ての動物

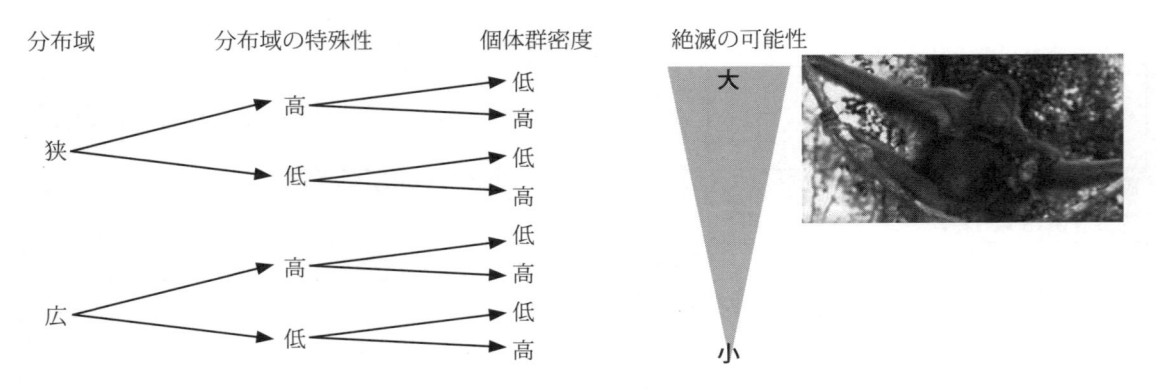

図11-3　生物の希少性分類と絶滅危険性との関係

分類群に共通して生じる現象である。

①遺伝的多様性の減少

ここで，全ての個体が繁殖に参加し，ランダム交配を行う集団を想定する。その総個体数を Ne（有効集団サイズ）とする。この集団の1世代あたりのヘテロ接合度の減少率（$\triangle F$）は以下の式で表すことができる（Wright 1931）。

$\triangle F = 1/2Ne$

したがって，1世代後のヘテロ接合度は，

$H_1 = 1 - (\triangle F) H_0 = [1 - (1/2Ne)] H_0$

となる（Frankham 2002）。ここで H_1 は1世代経過後のヘテロ接合度，H_0 は1世代前のヘテロ接合度である。

この式から，t世代後のヘテロ接合度を求める式を得ることができる。

$H_t = [1 - (1/2Ne)] H_{(t-1)}$
$= [1 - (1/2Ne)][1 - (1/2Ne)] H_{(t-2)}$
$= [1 - (1/2Ne)][1 - (1/2Ne)][1 - (1/2Ne)] H_{(t-3)}$
$\quad\vdots$
$\quad\vdots$
$= [1 - (1/2Ne)]^t H_0$

したがって，最初のヘテロ接合度に対するt世代経過後に残るヘテロ接合度の割合は，

$H_t/H_0 = [1 - (1/2Ne)]^t \approx e^{-t/2Ne}$

と表すことができる（Frankham 2002）。$H_0 = 1$ として有効集団サイズの違いによるヘテロ接合度減少の様子を示したのが図11-5である。この図が示すのは遺伝的多様性の減少は有効集団サイズ（総個体数ではない）と世代数（年数ではない）の影響を受けるということである。すなわち，有

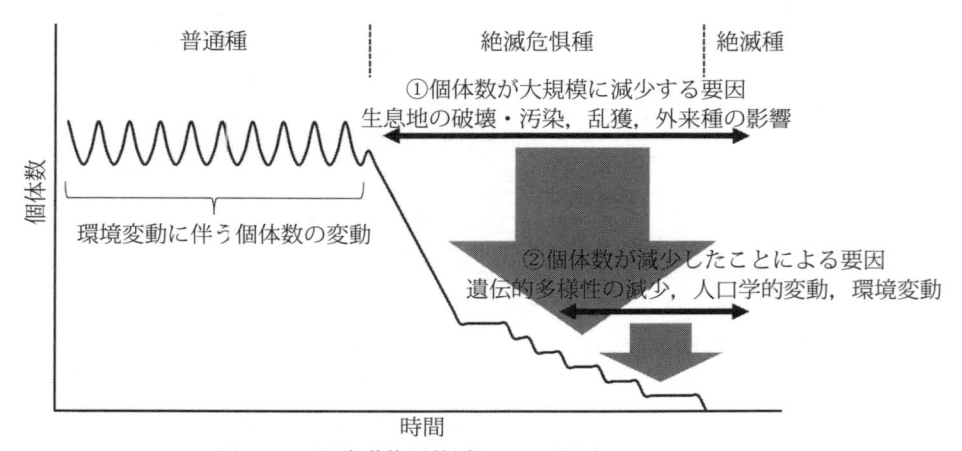

図11-4　野生動物が絶滅していく過程

表11-4 各分類群の絶滅危惧種の存続に脅威となっている要因
個体数が大規模に減少する原因（IUCN 2008）

哺乳類		爬虫類	
	1．生息域の破壊		1．生息域の破壊
	2．食物や薬としての利用		2．固有の要因
	3．外来種		3．捕獲（特に商取引のため）
	4．火災		4．生息域の汚染
	5．人間活動		5．外来種

鳥類		両生類	
	1．農業活動		1．生息域の破壊
	2．伐採活動		2．生息域の汚染
	3．外来種		3．火災
	4．捕獲（銃やワナによる）		4．外来種
	5．住宅や商業地開発		5．病気（特にツボカビ）

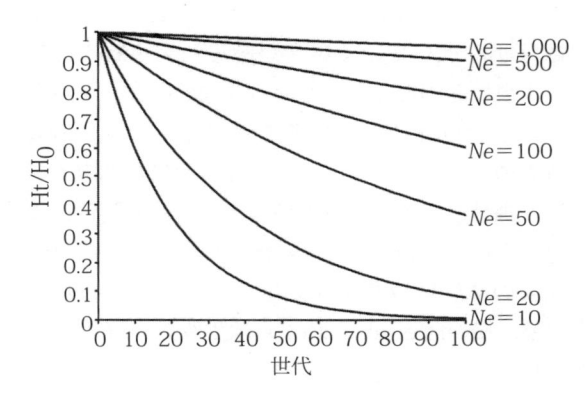

図11-5 有効集団サイズの違いによる遺伝的多様性減少の違い

効集団サイズが大きければ大きいほど，世代時間が長ければ長いほど遺伝的多様性は減少しにくい。

遺伝的多様性が減少すると有害な突然変異遺伝子がホモ接合する可能性が増加し，産子数の減少や幼齢個体の死亡率上昇といった近交弱勢が生じる。また，遺伝的多様性が減少すると環境汚染，感染症の流行，地球規模の気候変動といった環境変化に適応する能力が低下する。

②人口学的変動

人口学的変動とは性比，産子数，生存率が偶然に変化することをいう。個体は常に性比1：1で出産するわけではなく，年によっては雄または雌しか出産しない場合もある。また，出産後の子が全て性成熟に達し，次世代を産むわけで

はない。これらは全て変動し，特に個体数が40〜50個体以下になると個体数の増減に影響するようになる（Gilpin and Soule' 1986, Primack 1993, Ryan and Siegried 1994）。人口学的変動によって絶滅した動物種としてハイイロハマヒメドリ（Dusky Seaside Sparrow, *Ammodramus maritimus nigrescens*）を挙げることができる。この種は最後に残った6羽が全て雄だったため最終的に絶滅している（Avise and Nelson 1989）。

③環境変動

雨量や気温といった環境要因も毎年一定ではなく偶然に変化する。環境変動の極端な例が大洪水，火山の噴火や感染症の流行といった事象でカタストロフと呼ばれる。環境変動の影響は個体数が増加しても極端に減少することはない。つまり，個体数が多い場合でも環境変動の影響で個体数が激減する場合がある。環境要因によって絶滅した種としてハワイのレイサン島に生息していたレイサンミツスイ（Laysan honeycreeper, *Himatione sanguinea freethii*）を挙げることができる。この種は1923年の砂嵐によって最後の3羽が死亡し絶滅した（Caughley and Gunn 1996）。

3．絶滅危惧種の保全方法

絶滅危惧種の保全方法には，生息地の保全，新規個体群の確立，飼育下繁殖，遺伝資源保存バン

```
┌─────────────生息域内保全─────────────┐  ┌─────────────生息域外保全─────────────┐
│        生息地の保全                    │  │                                      │
│  （保護区の設定，外来種対策，乱獲防止等） │  │                                      │
│                         新規個体群                                              │
│  ┌─────────────────────────┐          │  │  ┌─────────────────────────┐        │
│  │ 生息域内における新規個体群の確立 │   │  │  │ 生息域外における新規個体群の確立 │   │
│  └─────────────────────────┘          │  │  └─────────────────────────┘        │
│                          飼育下繁殖                                             │
│  ┌─────────────────────────┐          │  │  ┌─────────────────────────┐        │
│  │ 生息域内における飼育下繁殖      │      │  │ 生息域外における飼育下繁殖      │   │
│  └─────────────────────────┘          │  │  └─────────────────────────┘        │
│                                      │  │        遺伝資源バンク                 │
└──────────────────────────────────────┘  └──────────────────────────────────────┘
```

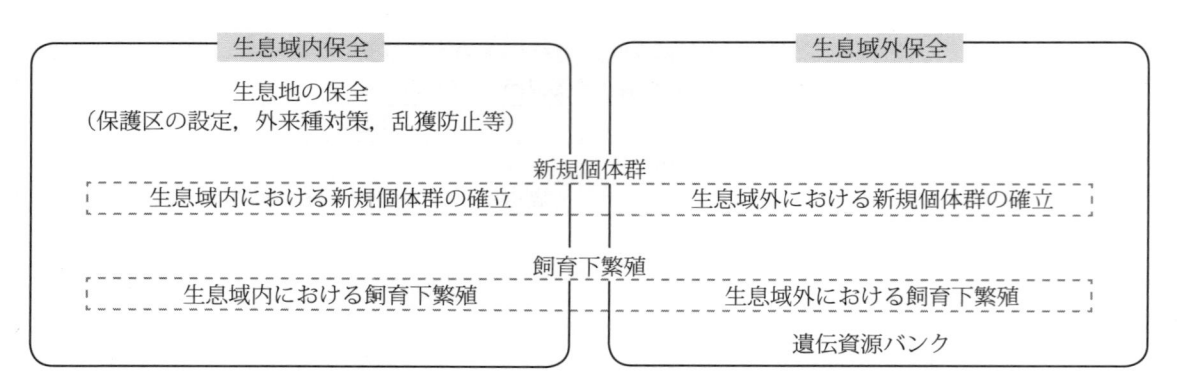

図11-6　絶滅危惧種を保全する方法の選択肢

クの設立，といったものがある（図11-6）。また，これらの方法を実施する場所によって，生息域内保全（*in situ* conservation）と生息域外保全（*ex situ* conservation）に大きく2つに分類する場合もある。

1）生息地の保全

　個体数を回復するには最初に生息域において個体数が減少する要因が何なのかを特定する必要がある。すでに述べたとおり，生息域の破壊は哺乳類，鳥類，爬虫類および両生類に共通で最も深刻な脅威となっている。したがって，絶滅危惧種の個体数回復を目指す際，最初に生息地を保護管理することに取り組まなくてはいけない。この中には生息環境を再生する作業，自然再生も含まれる。国内ではトキやコウノトリの生息環境を整備するために水田および河川の自然再生が実施されている（http://www.env.go.jp/nature/saisei/network/env/）。加えて外来種の個体数コントロール，商取引を目的とする捕獲の規制や狩猟の適切な管理も同時に進める必要がある。絶滅危惧種の鳥類では渡りを行う場合もあるため，繁殖地，中継地，越冬地といった地域も保全する必要がある。この場合には多国間で連携した生息地域の保全が必要となる。

　生息地の中で特に重要な地域は保護区に指定する必要がある。この際には遺伝的な多様性の減少を可能な限り防止するための個体数を維持できる広さとする必要がある。これによって対象種が今後の環境変化へ適応し，進化的なポテンシャルを維持するためである。また，絶滅危惧種の生息域は断片化している場合があるため，断片化した生息域をつなぐ，いわゆる「緑の回廊」を設定する場合もある。これまでの調査によって絶滅危惧種が主に分布しているのは中南米と東南アジアの森林，つまり熱帯雨林であることが明らかになっている（表11-1）。熱帯雨林のように保護優先度の高い地域をリスト化する試みが行われている。Myers et al.（2000）は生物の多様性，固有種の割合，環境の破壊の程度といった指標をもとに生物多様性保全の重要地域，25地点を「生物多様性ホットスポット」とした。この総面積は地球の表面積の1.4%である。この地域に全鳥類種の28%，全哺乳類種の30%，全爬虫類種の38%，全両生類種の54%が分布している。その後，2005年にConservation International（http://www.conservation.org/Pages/default.aspx）はこのリストの見直しを行い，現在の「ホットスポット」は日本も含む34の地域，地球の表面積の2.3%となっている。この地域には全鳥類種の83%，全哺乳類種の79.3%，全爬虫類種の70.3%，全両生類種の74.6%が分布している。したがって，「ホットスポット」に対して保全対策をとることで地球規模での絶滅危惧種保全を効率的に進めることが可能となる。

2）飼育下繁殖

　IUCNは絶滅危惧種の保全を実施する場合の飼

第11章　絶滅危惧種の保全

育下繁殖の重要性を認め，野生個体が1,000個体になった時点で飼育個体群を創設することを勧めている（IUCN 1987）。

Conway（1980）は飼育個体群の役割として以下の4つを挙げている。

① 集団生物学や社会生物学に関連した基礎研究の実施。
② 飼育管理技術の開発。
③ 人口学的，遺伝学的なストック。
④ 現状で野生下における存続が不可能である種の生息場所。

飼育下繁殖は個体数の変化をもとに，"創始段階"（野生集団からファウンダーを確保する），"成長段階"（目標個体数まで飼育個体数を増大させる）そして"維持段階"（遺伝学的な問題を避けながら目標個体数を維持する）という3段階に分けることができる（図11-7）（Lacy 1994）。

"創始段階"において野生集団からファウンダーとして個体を導入する場合には何個体が必要だろうか？ここで野生集団のヘテロ接合度をH_w，飼育下繁殖のファウンダーとして導入する個体数をNとすると，ファウンダーが保持する平均ヘテロ接合度H_fは，

$H_f = [1 - (1/2N)] H_w$

$H_f/H_w = 1 - (1/2N)$　　　　　（Lacy 1994）

となる（図11-8）。よってファウンダーが20個

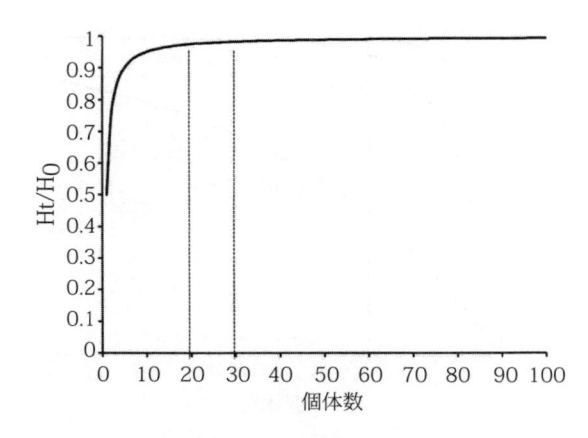

図11-8　野生集団の平均ヘテロ接合度がファウンダーに確保される割合

体の場合は野生集団が保持するヘテロ接合度の97.5%が，10個体でも95%を維持できることを示している。

また，野生集団が保持する対立遺伝子を可能な限り維持するという観点でファウンダーの最低必要数を算出する方法も提案されている（Marshall and Brown 1975）。これは出現頻度が5%以上の対立遺伝子を95%の確率で確保できる個体数をファウンダーとするというものである。2つの対立遺伝子（A1，A2）が存在する遺伝子座において無作為に選択したN個体中に少なくともどちらか一方を保持している確率P（A1，A2）は，

P（A1，A2）= 1 - (1 - p) 2n - (1 - q) 2N

ただし，pはA1の頻度，qはA2の頻度である（図11-9）。Marshall and Brown（1975）の基準である頻度5%の対立遺伝子が95%の確率で集団中に含まれるためには30個体が必要である。

野生集団のヘテロ接合度および対立遺伝子を95%以上の確率で確保できることからファウンダーを20～30個体にするのが飼育下繁殖を開始する際の理想的な条件となる。

"成長段階"においてはファウンダーが持つ遺伝的多様性を可能な限り維持しながら効率的に繁殖させ，目標とする個体数まで飼育個体数を増加させる。次世代は親の世代の遺伝子を半分受け継ぐことから，n個体の子をもつ場合，親世代の対

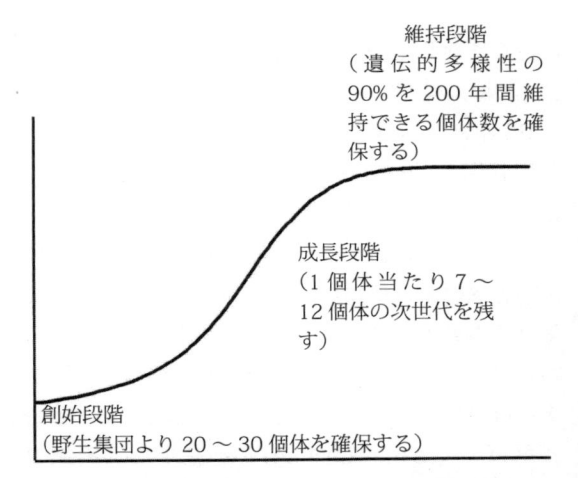

図11-7　飼育下繁殖における3段階と各段階での重要事項

維持段階（遺伝的多様性の90%を200年間維持できる個体数を確保する）

成長段階（1個体当たり7～12個体の次世代を残す）

創始段階（野生集団より20～30個体を確保する）

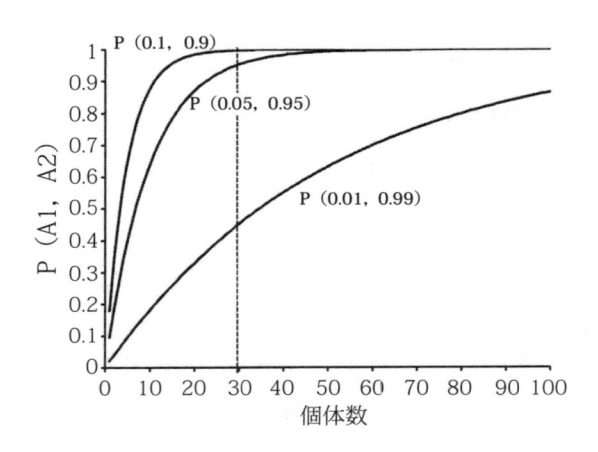

図11-9 野生集団の出現頻度が異なる対立遺伝子がファウンダーに確保される確率

立遺伝子が次世代で失われる確率は $(0.5)^n$ となる（Lacy 1994）。そのため，親世代の対立遺伝子を次世代に99%の確率で残すためには生涯7個体，連鎖や組み換えを考慮すれば12個体の次世代を残す必要がある（Lacy 1994）。また，この段階では飼育個体群の生存率は常に死亡率を上回っている必要がある。そのためには対象種の生物学的な特徴を飼育繁殖の早い段階で把握し，飼育方法を確立しておく。また，人工授精，人工孵化，場合によっては胚移植といった人工繁殖技術の適用も考慮する。

"維持段階"での一般的な目標は野生個体群の平均ヘテロ接合度の90%を200年間維持するというものである（Soule' et al. 1986）。ファウンダーを20〜30個体，それらが生涯に7〜12個体の次世代を残したとすると，その飼育個体群には野生個体群とほぼ同等の遺伝的多様性が維持できていることになる。したがって，維持段階に達した飼育個体群の平均ヘテロ接合度の減少が200年間で10%になるように個体数を維持しなければならない。具体的な個体数は以下の式で計算することができる。

$$H_t/H_0 = [1-(1/2N_e)]^t \approx e^{-t/2N_e}$$
$$0.9 = e^{-(200/L)/2N_e}$$
$$\ln 0.9 = \ln e^{-(200/L)/2N_e}$$
$$-0.1054 = -(200/L)/2N_e$$

$$N_e \approx 949/L$$

このときLは年で表した世代時間（初めて繁殖に参加する年齢あるいは繁殖に参加する平均年齢）である。N_eは有効集団サイズである。ここで注意が必要なのは，有効集団サイズは総個体数より少ないという点である。これまでの報告によると総個体数（N）に対する有効集団サイズ（N_e）の割合（N_e/N比）は，成功している飼育個体群で約0.3である（Frankham et al. 2002）。そのため，飼育個体群を維持する場合には，計算した有効集団サイズの3倍の個体数を維持する。例えば世代時間が5年の絶滅危惧種を飼育下で維持するために必要な個体数（N_c）は，

$$N_c = 3(949/L) = 3(949/5) \approx 570 \text{個体}$$

したがって，570個体を維持可能なスペースを確保し，その中で190個体（理想的には雄95個体，雌95個体）が繁殖に参加している状態を維持すると，平均ヘテロ接合度の減少が200年間で10%になる。

3）新たな野生個体群の確立

野生動物に対して本来の生息地域あるいは生息していなかった地域へ野生個体群を新たに確立することが実行されている。本来の生息地域へ野生個体群を確立する場合には生息域内保全，生息地以外の地域へ確立する場合には生息域外保全と見なすことができる。野生個体群を新たに確立する行為に対して国際自然保護連合・種の保存委員会・再導入専門家グループ（IUCN/SSC/RSG）は，1995年に「再導入ガイドライン」（以下，IUCNガイドライン）を策定した（IUCN 1988）。また，日本野生動物医学会ではこのIUCNガイドラインを日本の実情にあうよう加筆，編集し，日本産野生哺乳類および鳥類を対象に「日本産野生動物における再導入ガイドライン」を策定した。これらのガイドラインでは新たに野生個体群確立に関連する行為を以下のように分類し，定義している。

再導入（re-introduction）：絶滅または絶滅のおそれにある種（以下，種）が過去に分布し，かつ現在は絶滅している生息地に，この種を再び定

着させようとすることである。

移住（translocation）：野生の個体または個体群を，その種の分布域内において，意図的かつ人為的に別の生息地に移動させること。

補強（re-enforcement/supplementation）：野生の個体群に同種の個体を加えること。

保全的導入（conservation/benign introduction）：過去の分布域内に存続可能な生息地が残されていない場合に限り，分布域外で生息地および生態地理学的に適切な地域に，保全を目的として種を定着させようとすること。

新たな野生個体群を確立する行為の中で特に注目を集めるのは飼育下繁殖した個体による新たな野生個体群の確立である。これまでにゴールデンライオンタマリン（*Leontopithecus rosalia*），クロアシイタチ（*Mustela nigripes*），アラビアオリックス（*Oryx leucoryx*）などにおいて飼育下繁殖個体の野生復帰，新たな個体群の定着が成功している。国内においても飼育下繁殖個体によるトキとコウノトリの再導入が実施されている。Beck et al.（1994）は，115種（哺乳類39種，鳥類54種および両生爬虫類22種）を対象に実施した134の飼育下繁殖―野生個体群確立事業について成功率を評価した結果を報告している。その報告によると134事業中成功したのは16事業（哺乳類5事業，鳥類11事業）であった（"成功"の基準は人間の補助なしに野生集団の個体数が500個体に達した場合）。この成功した事例を分析した結果，成功した飼育下繁殖―野生個体群確立事業では，平均して11.8年間の間に726個体を野外へリリースしていた。また，リリース前の訓練，野生環境への馴化，リリース後のモニタリング，地域における雇用創出，大学院生による研究，地域住民への教育といった事項を実施していた。

RSGは2008年と2010年に野生個体群確立事業（再導入，移住および補強）の成否について報告書をまとめている。この中で哺乳類34事業，鳥類33事業，爬虫類15事業，両生類13事業について評価を行っている。その結果，哺乳類24事業，鳥類14事業，爬虫類8事業，両生類6事業が「大いに成功」あるいは「成功」という評価となっている。このように新しい野生個体群を確立する行為は実際に成功しているため，絶滅危惧種の保全策の1つとして今後一層重要性が増すと考えられる。しかしながら，予算が巨額になる，野生個体群へ感染症を持ち込む可能性がある，遺伝的な攪乱が生じる，など今後も解決しなくてはならない多くの問題点があるのも事実である。なお，国内における飼育個体を活用した野生個体群の確立については環境省が「絶滅のおそれのある野生動植物の野生復帰に関する基本的な考え方」として指針を発表している。

4）遺伝資源バンク

遺伝資源バンクとは様々な生物の組織，生殖細胞，体細胞，胚などを長期に凍結保存する施設のことである。サンディエゴ動物園，オーデュボン動物園の"Frozen zoo"，ロンドン動物学会を中心にした"Frozen Ark"などが知られている。国内においては多摩動物公園野生動物保全センター，神戸大学，独立行政法人国立環境環境研究所などにおいて野生動物を対象にした遺伝資源保存バンクが稼働している。特に国立環境研究所のバンクは国内の絶滅危惧種に特化したものである。2010年12月までに絶滅危惧哺乳類18種106個体，絶滅危惧鳥類40種1,064個体，絶滅危惧爬虫類1種1個体および絶滅危惧魚類33種

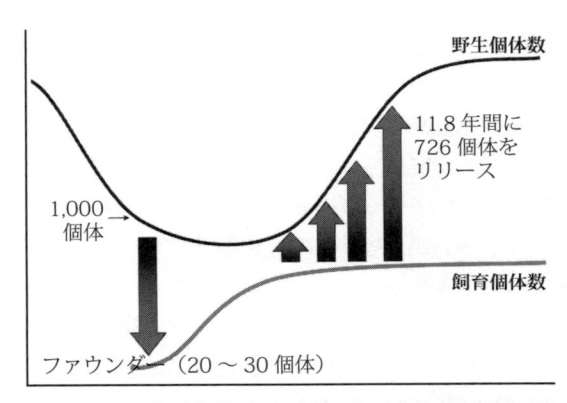

図11-10　飼育下繁殖を活用して新規野生個体群を確立する場合の概要

図11-11 国立環境研究所における絶滅危惧種の遺伝資源保存の流れ

517個体から組織（卵巣，精巣を含む），培養細胞，DNA等を31,285サンプル凍結保存した。この中には野生絶滅した日本産トキの臓器や培養細胞も含まれている。

遺伝資源バンクが凍結保存されている試料はこれまでに人工繁殖学的用途に使用されている。今後はDNAについては全ゲノム解析，培養細胞については絶滅危惧種の生理機能解析に活用できる可能性がある。

4. 絶滅危惧種を絶滅させないためには何個体を維持する必要があるのか

絶滅危惧種が長期間存続する（個体数が維持あるいは回復する）ためには何個体を維持する必要があるだろうか。Shaffer（1981）はある種が人口学的変動，環境学的変動，遺伝的変動およびカタストロフがある状態で1,000年間99％の確率で個体群が存続できる個体数を最小生存可能個体数（minimum viable population：MVP）とした。

しかしながら，この存続可能年数や生存確率は種の状況に応じて弾力的に変更することが可能である。MVPを推定する方法としてここでは，①有効集団サイズを基準にする方法と，②個体群存続可能性分析による方法を紹介する。

1）有効集団サイズを基準にする方法

有効集団サイズを推定するためには遺伝学的なデータを指標とする方法と人口学的なデータを指標とする方法がある。

遺伝学的なデータを指標とする方法としては，まず，家畜の系統維持に関する経験とショウジョウバエの突然変異に関する研究から提案された50/500則がある（Franklin 1980）。有効集団サイズが50個体というのは短期間において近交弱勢の影響を回避できる個体数であり，500個体というのは世代を経ることで減少する遺伝的多様性を新たに発生する突然変異によって補うことが可能とされる個体数である。さらに新しく生じる突然変異の多くが有害突然変異であるため，進化

的に有用な変異を維持するためには5,000個体が必要という提案もある（Lande 1995）。前述したように，ここでも有効集団サイズは総個体数より少ないという点に注意が必要である。これまでの報告によると総個体数（N）に対する有効集団サイズ（Ne）の割合（Ne/N比）は野生個体群で約0.1である（Frankham et al. 2002）。そのため，先の有効集団サイズの10倍がMVPの目安となる。この基準に基づくと500～5,000個体が絶滅危惧種野生個体群におけるMVPの目安となる。

有効集団サイズNeは人口学的データからも計算することが可能である。まず，繁殖に参加する雌雄の個体数に偏りがある場合は，

　Ne = 4NemNef/（Nem + Nef）

ここで，Nemは繁殖に参加している雄の個体数，Nefは繁殖に参加している雌の個体数となる。

個体により次世代を残す子の数に大きな違いがある場合には，

　Ne =（4N − 2）/（Vk + 2）

ここで，Nは総個体数，Vkは繁殖時まで生き残る子の数の分散である。

世代間で集団サイズが変動する場合は，

　1/Ne =（1/t）（1/N1 + 1/N1 + 1/N1 +…+ 1/Nt）

ここでNtはt世代のときの個体数である。

これらの方法で有効集団サイズを計算した場合でも，遺伝学的データに基づいた方法と同様に得られたNeの10倍がMVPの目安となる。

2）個体群存続可能性分析による方法

有効集団サイズを基準にMVPを求める際に考慮するのは遺伝学的情報または人口学的情報の一方のみである。そのため，両者が複合的に関連する場合や環境要因がからむ場合の個体数変動には対応できない。実際の野生下，あるいは飼育下の個体数は遺伝学的要因，人口学的要因および環境要因が複合的に関連して変動する。したがって，これらの要因を全て考慮することでより正確な個体数予測が可能となり，絶滅危惧種のMVPを推定することが可能となる。この個体数推定作業は個体群存続可能性分析（population viability analysis：PVA）と呼ばれ，絶滅危惧種の個体数予測および絶滅リスクを評価するのに有効な手法である（Brook et al. 2000）。

これまでにPVAを実施するためのコンピュータープログラムが開発されている（例えばGAPPS, RAMAS, VORTEX等）。ここではIUCN Conservation Breeding Specialist GroupがPVAを実施する際に使用しているVORTEX（Lacy 2005）をタンチョウ（*Grus japonensis*）に応用した例を紹介する。VORTEXは個体群動態に関連するパラメーター（妊娠率，死亡率など），環境変動に関連するパラメーター（気象条件，森林火災による生息地の破壊など）および遺伝学的パラメーター（近交弱勢の影響）を設定することが可能であり，各パラメーターをある範囲内でランダ

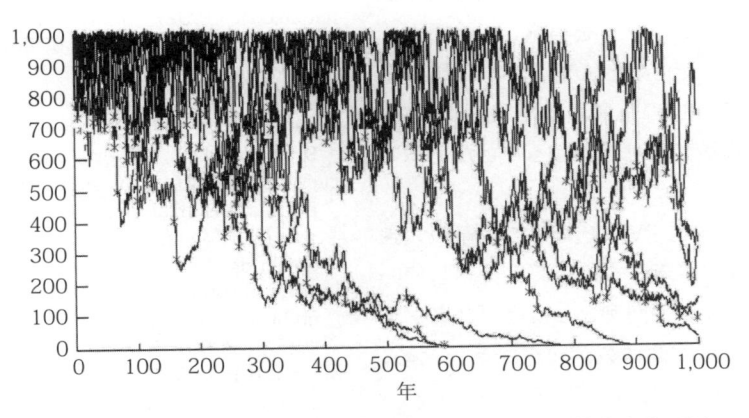

図11-12　VORTEXによる1,000年間のタンチョウ個体数変動予測

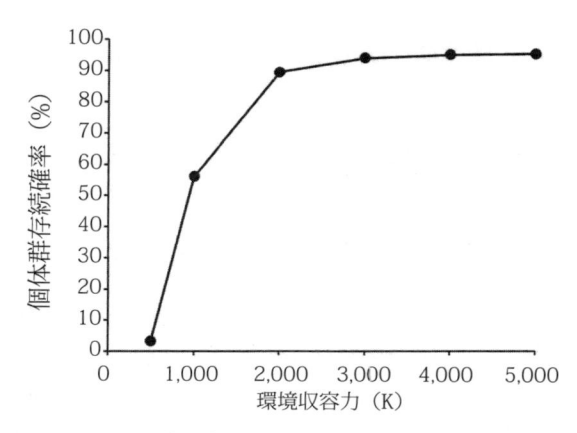

図11-13 環境収容力の違いによるタンチョウ個体群の存続確率の変化

ム変動させながら将来の個体数を推定していく。

タンチョウのPVAを実施する際の入力データは正富（2000）のデータを使用した。現在のタンチョウ個体数は約1,000個体である。この1,000個体がMVPとして十分であるのか、すなわち、野生下で1,000年後まで存続できるのかシミュレーションを実施した。このときカタストロフが起きる確率を15%とし、環境収容力を500個体から5,000個体まで変動させた。

結果として現在の1,000個体が国内におけるタンチョウのMVPとなるには環境収容力が3,000個体以上である必要があるという結果となった。現在の環境収容力は1,000個体と推定されている。そのため、生息環境を復元し、生息域を約3倍まで増やすことが必要である。タンチョウの主な生息地である釧路湿原では環境省が釧路湿原自然再生プロジェクトを実施している（http://kushiro.env.gr.jp/saisei/）。この自然再生事業によりタンチョウの生息環境が回復すれば、タンチョウ個体群が存続可能となることが期待できる。

絶滅危惧種を対象にPVAを実施する際の大きな問題点に入力すべきデータの多くが欠落していることが挙げられる。今回例として挙げたタンチョウは1953年からの個体数データがあるため、各種のパラメーターの設定が可能であった。PVAに必要なデータは絶滅危惧種の保全計画を立案す る場合に必須となるものである。したがって、今後、絶滅危惧種の研究を進めていく際には「PVAを実施できるようにデータ収集を進める」という体制が必要である。

引用文献

Avise, J.C., Nelson, W.S. (1989): Molecular genetic relationships of the extinct dusky seaside sparrow. *Science.* Feb 3;243(4891):646-8. PubMed PMID: 17834232.

Beck, B.B., Rapaport, L.G., Stanley, M.R. et al. (1994): Reintroduction of captive-born animals, Creative Conservation (Olney, P.J.S, Mace, G.M., Feistner, A.T.C. eds., 265-286, Chapman & Hall.

Brook, B.W., O'Grady, J.J., Chapman, A.P. et al. (2000): Predictive accuracy of population viability analysis in conservation biology, *Nature*, 404, 385-387.

Caughley, G. & Gunn, A. (1996): Conservation Biology in Theory and Practice. Blackwell Science.

Conway, W.G. (1980): An overview of captive propagation. In, Conservation Biology (Soule', M.E. & Wilcox, B.A. eds.), 199-208, Sinauer Associates Inc.

Frankham, R., Ballou, J.D., Briscoe, A. (2002): Loss of genetic diversity in small populations, In, Introduction to Conservation Genetics, 227-253, Cambridge University Press.

Franklin, I.R. (1980): Evolutionary change in small population. In, Conservation Biology (Soule', M.E., Wilcox, B.A. eds.), 135-149, Sinauer Associates.

Gilpin, M.E. & Soule', M.E. (1986): Minimum viable populations: processes of species extinction. In Conservation Biology:_The Science of Scarcity and Diversity_ (Soule', M.E. ed.), Sinauer Associates. Massachusetts, 19-34.

IUCN (1987): The IUCN Policy Statement on Captive Breeding, IUCN.

IUCN (1998): Guidelines for Re-introductions, IUCN.

IUCN (2001): IUCN Red List Categories and Criteria: Version 3.1. IUCN Species Survival Commission. IUCN.

Kattan, G.H. (1992): Rarity and vulnerability ― the birds of the Cordillera central of Columbia, *Conservation Biology*, 6, 64-70.

Lacy, R.C., Borbat, M. & Pollak, J.P. (2005): VORTEX: A Stochastic Simulation of the Extinction Process.Version 9.50. Brookfield, Chicago Zoological Society.

Lacy, R.C. (1994): Managing genetic diversity in captive population of animals, Restoration of endangered species (Bowles, M.L. and Whelan, C.J. eds), 63-89, Cambridge University Press.

Lande, R. (1995): Mutation and conservation.Conservation Biology, 9, 782-792.

正富宏之（2000）：タンチョウ そのすべて、北海道新聞社.

Marshall, D.R. & Brown, A.H.D. (1975): Optimum sampling strategies conservation, In, Crop Genetic Resources for Today and Tomorrow (Frankel, O.H. and

Hawkes,J.G. eds.), 53-80. Cambridge University Press.
Menges,E.S.（1992）：Stochastic modeling of extinction in plant population. In Conservation Biology: The Theory and Practice of Nature Conservation and Management (Fiedler,P.L. & Jain,S.K.), 253-275, Chapman and Hall, New York.
Myers,N., Mittermeier,R.A., Mittermeier,C.G., da Fonseca, G.A.B. & Kent,J.（2000）：Biodiversity hotspots for conservation priorities. *Nature* 403, 853-858.
Primack,R.B.（1993）：Essentials of Conservation Biology, Sinauer Associates.
Rabinowitz,D.（1981）：Seven forms of rarity, In The Biological Aspects of Rare Plant Conservation (Synge,H. ed.), 205-217, Wiley.
Ryan,P.G. & Siegried,W.G.（1994）：The viability of small population of birds : an empirical investigation of vulnerability. In Minimum Animal Populations (Remmert, H. ed.), 3-22, Springer-Verlag.

Shaffer,M.L.（1981）：Minimum population sizes for species conservation. *BioScience*, 31, 131-134.
Soorae,P.S. ed.（2008）：Global Re-Introduction Perspectives: re-introduction case-studies from around the globe, IUCN/SSC Re-introduction Specialist Group.
Soorae,P.S. ed.（2010）：Global Re-Introduction Perspectives: Additional case-studies from around the globe, IUCN/SSC Re-introduction Specialist Group.
Soule',M., Gilpin,M., Conway,W. & Foose,T.（1986）：The milleum ark: how long a voyage, how many staterooms, how many passengers? *Zoo biology* 5, 101-113.
Vié,J.-C., Hilton-Taylor,C. & Stuart,S.N. eds.（2009）：Wildlife in a Changing World？An Analysis of the 2008 IUCN Red List of Threatened Species, IUCN.
鷲谷いづみ（1999）：希少性と絶滅，生物保全の生態学，86-88，共立出版株式会社.
Wright,S.（1931）：Evolution in Mendelian populations. Genetics, 16, 97-159.

第12章　野生動物の管理

1. 野生動物管理[注] とは

1) 野生動物管理の究極目標

　野生動物の管理とは，種や個体群の存続のみを目的とする取り組みではなく，ましてや個体レベルの生命を過度に偏重するものでもない。それは，生物多様性の保全を重視しつつ，関係者や地域社会の利害関係を科学的な情報に基づき調整するプロセスと言える。

　そのため，岸本（1997）は野生動物管理について「一部の人間の欲求のみを偏重した無制限な狩猟や，センチメンタルな愛護精神に基づく保護でもなく，被害対策の名を借りた政治的な個体数調整でもない。Wildlife management は，それぞれの国や地域の野生動物を健全な状態で維持することを究極的な目的とし，野生動物の情報はもとより生息地に関する生態学的情報，人間側の社会学的情報という科学的データをもとにそれぞれの要求を調和させていくことである。地域に生息する野生動物の健全で恒久的な存続を究極の目的とし，農業，林業，水産業など人間の生産活動をも存続させるために，両者を調整し，折り合いをつける苦肉の策が野生動物保護管理なのである」と表現し，野生動物管理の精神とプロセスとを凝縮させている。

　また，野生動物管理においては，「人間と野生動物との相互関係から生み出される価値や有益性の増強」（Decker ら 2009）も重要な要素となる。野生動物の存在や管理活動により何らかの望ましくない影響（被害など）が生じる場合，この影響を被る関係者や地域社会の「野生動物に対する許容度」は上述の価値や有益性に左右されるためである。そのため，Enck et al.（2006）は，野生動物管理とは「人間と野生動物との相互関係から，最適かつ最終的にプラスとなる効果を提供する過程」との見解を提示している。

　ただし，岸本（1997）も指摘するとおり，野生動物管理の究極的な目的は野生動物を健全な状態で維持すること，すなわち生物多様性を大きく損なわないよう留意すべきであることは言うまでもない。価値や有益性を引き出す過程においては，野生動物を「人間にとって経済的，栄養的，娯楽的，審美的などの面で有用性を持つ自然資源」（鈴木 2012）の一部と認識し，資源管理としての発想に基づく活用が不可欠である。そして，生物多様性条約の目的でもある「生物多様性の構成要素の持続可能な利用」や「遺伝資源の利用から生ずる利益の公正かつ衡平な配分」への十分な配慮が必要となる。

2) 展示動物を対象とする管理との相違

　本章で言及する野生動物とは，動物園・水族館等で人間の飼育管理下に置かれている展示動物ではなく，野外で自由生活をしている野生動物を指す。英語においては，前者はズー・アニマル（zoo animal），後者はフリー・レンジング・ワイルドライフ（free-ranging wildlife）あるいは単にワイ

[注]：近年では，「保護管理」ではなく単に「管理」と記される場合も増えており，羽山ら（2012）が編集した教科書も「野生動物管理」という書名を採用している。そこで本章においても，原則として「管理」を用いることとした。しかし，法制度もしくは引用として記す場合には，原典に従い「保護管理」を用いた。

ルドライフと表現され明確に区分されている。

しかし，わが国においては両者間に混同があり，動物園・水族館等のズー・アニマルも野生動物と認識され，それに適用されるべき個体レベルの対応や生命に対する考え方（展示のみならず保護増殖の目的からも終生飼養を原則としており，環境省告示として「展示動物の飼養及び保管に関する基準」も定められている）が，フリー・レンジングの野生動物にも適用される（適用すべき）との市民感情が生まれがちである。このような市民感情は，前述の「センチメンタルな愛護精神に基づく保護」（岸本 1997）に直結する可能性が高い。したがって，フリー・レンジングの野生動物を主たる対象とする野生動物管理に関する普及啓発活動においては，展示動物との違いを明確化し，必要に応じ「生物多様性の保全や被害管理，個体数管理に関わるプロセスは，個体の生命より優先度が高い」ことを明示しなければならない。

なお，絶滅危惧種などの希少種においては，展示動物を活用した飼育下繁殖や野生復帰（再導入）への取り組みもある。このような取り組みは生息域外保全とよばれ，広い意味では野生動物管理の一環として位置づけられる。しかし本書では，生息域外保全に関連する詳細は第 11 章に記され，環境省（2009）も「生息域内保全の補完としての生息域外保全は，生息・生育状況の悪化した種を増殖して生息域内の個体群を増強すること，生息域内での存続が困難な状況に追い込まれた種を一時的に保存することなどに有効な手段」と位置づけている。以上を踏まえ，本章は，フリー・レンジングの野生動物や生息環境の保全を目的とする生息域内保全の観点に絞り，解説することとした。

2. 管理の 3 本柱

野生動物の管理においては，「個体数管理（個体群管理とも呼ばれる）」，「生息環境管理（生息地管理とも呼ばれる）」，「被害管理」の 3 つのアプローチをバランス良く進めることが求められる。環境省による「鳥獣の保護を図るための事業を実施するための基本的な指針（2011）」にも「今日，種によっては全国的又は地域的に生息分布の減少や消滅が進行している一方で，特定の鳥獣による生活環境，農林水産業及び生態系に係る被害が一層深刻な状況にあることから，これら鳥獣の個体数管理，生息環境管理及び被害防除対策の実施による総合的な鳥獣の保護管理の一層の推進が必要となっている」と謳われている。

1）個体数管理

個体数管理とは，生息密度の低減や被害防止を目的に，捕獲により過剰な個体を個体群から除去する行為をよぶことが多い。狭義の個体数調整は後述する特定鳥獣保護管理計画に基づく捕獲であり，狩猟や有害鳥獣捕獲とは区別される（表12-1）。なお，生息数の少ない種や地域個体群の増殖についても，広い意味での個体数管理に含まれる。しかし，この問題は本書第 11 章の「絶滅危惧種の保全」に記された内容と重複するため，本章では割愛した。

「鳥獣の保護及び狩猟の適正化に関する法律」（以下，鳥獣保護法）により，野生動物の捕獲（卵の採取も含む）は原則として禁止されている。したがって，表 12-1 に示した捕獲行為は，いずれも例外的に認められたものと認識しなければならない。とくに有害鳥獣捕獲と個体数調整とを含む許可捕獲（許可主体は環境大臣か都道府県知事であるが，都道府県によっては，権限の一部もしくは全部が市町村長に委任されている場合もある）は，厳にその目的の達成を念頭に置いて実施されなければならない。

しかし，現状では全ての捕獲行為が，趣味として狩猟に従事する個人ハンターや狩猟者団体に依存して行われるため，地域社会や行政機関等からのニーズに合致しない形で捕獲が計画される場合もある。例えば，農家は被害対策として 7 月〜9 月頃の捕獲を望んでいるにも関わらず，ハンターは狩猟として可猟期間に捕獲を行いたがるという事例も認められる（安田 2005）。また，趣味の

表 12-1　狩猟と有害鳥獣捕獲，個体数調整の関係と相違点

区分	狩猟	許可捕獲	
		有害鳥獣捕獲	個体数調整
定義	狩猟期間に，法定猟法により狩猟鳥獣の捕獲等（捕獲または殺傷）を行うこと	農林水産業または生態系等に係る被害の防止の目的で鳥獣の捕獲等または鳥類の卵採取等を行うこと	特定鳥獣保護管理計画に基づく鳥獣の捕獲等または採取等を行うこと
対象鳥獣	狩猟鳥獣 49 種（鳥類のひなを除く）	狩猟鳥獣以外の鳥獣も可能（鳥獣類および鳥類の卵も含む）	特定鳥獣保護管理計画で定められた鳥獣
捕獲および採取の事由	問わない	農林水産業等の被害防止	地域個体群の長期的にわたる安定的な維持
個別の手続き	不要（狩猟免状の取得，毎年度の登録が必要）	許可申請が必要 申請先：都道府県知事（権限移譲している場合は，市町村長）	許可申請が必要 申請先：都道府県知事（権限移譲している場合は，市町村長）
資格要件	狩猟免状および狩猟者登録を受けた者	原則として狩猟免状を受けた者	原則として狩猟免状を受けた者
方法	法定猟法（網猟・わな猟・銃猟）	法定猟法以外の方法も可能（危険猟法等については制限あり）	法定猟法以外の方法も可能（危険猟法等については制限あり）

（農林水産省 2009）

ハンターには「獲物を減らしたくない」という心理もはたらくため，捕獲努力が被害等への対策としては不十分なレベルに留まってしまう傾向も認められる。

ハンター依存の捕獲体制は，過去 30 年の間に急速に進んだハンターの減少と高齢化により，担い手不足という問題を生み出している。この問題は，同時に進行した各種野生動物の分布拡大（表 12-2）や生息数の増加と相まって年々深刻さを増している。そのため，プロフェッショナルとして捕獲に従事する「専門的捕獲技術者」の育成と導入が求められるようになった（梶 2010）。カワウにおいては，その生態や行動，個体群動態等に関する知識を有するプロフェッショナルの従事により，従来のハンター依存体制では成し得なかった高効率捕獲が達成されている（須藤 2010）。

米国では，個体数管理による生息密度の低減に伴い，交通事故（シカ類と自動車との衝突事故）の発生件数やライム病の症例数が顕著に減少した事例も示されている（De Nicola and Williams 2008, Connecticut Department of Environmental Protection 2007）。個体数管理には，このような社会科学的・公衆衛生学的な意義がある点も忘れてはならない。

最近では，捕獲個体から得た肉等を対象に資源

表 12-2　各種大型哺乳類の分布拡大状況（1978 年と 2003 年の比較）

	ニホンザル（群れおよびハナレザル）		ニホンジカ		クマ類		ニホンイノシシ		カモシカ	
調査年	1978	2003	1978	2003	1978	2003	1978	2003	1978	2003
生息区画数	4,141	5,988	4,220	7,344	5,751	6,735	5,188	6,663	2,947	5,010
増加率（％）		44.6		74.0		17.1		28.4		70.0

（環境省 2004）

的な活用を試みる動きが広がっている。これには，捕獲に対する経済的インセンティブの賦与，廃棄処分に必要となる経費の低減，特産品等と位置づけることによる地域経済の活性化等の意義がある。しかし，食品として利用するには厳密な衛生管理が必要であり，わが国にはその体制や仕組みが整えられていない。野生動物に対してはと畜場法は適用されないため，代替として都道府県ではマニュアルやガイドラインが策定されている。しかし，それらはあくまでも自主基準であり，遵守を強制する性格のものではない。

英国では，シカ肉の処理・流通に HACCP（ハサップ）の原則に基づく法規が適用され，捕獲においても基本的な衛生管理のトレーニングを受けた者の従事が推奨されている（松浦・伊吾田 2012）。本来，野生動物に由来する肉等の利用は，このような衛生管理の徹底を前提に検討すべきものであり，「まず利用ありき」で推進されているわが国の状況を憂慮する声は少なくない。

2）生息環境管理

生息環境管理には，生物多様性保全ならびに被害提言の2つの観点からの目的がある。後者については，農林業被害が発生している地域もしくはその周辺地域における環境整備が相当するため，ここでは前者を中心に言及する。

生息環境は，各種野生動物の生活基盤であり，それに対する保全上の努力が行われない限り，動物側の保全も成立し得ない。生息域外保全との関わりにおいては，増殖させた個体の野生復帰に適切な場所が確保されないことにもなる。そのため，林野庁などにより，景観や野生動物の生息環境の保全を念頭に，人工林の広葉樹林化や針広混交林化を目指す取り組みも始まっている（須藤 2012）。

生息地やその環境に対しては，人間が手を加えるべきではないとの考え方が根強く残っている。しかし近年，ニホンジカ（Cervus nippon）の増加に起因する生息環境の破壊が全国的に頻発するようになった（図12-1）。ニホンジカの摂食によ

図12-1 ニホンジカによる採食で不嗜好性植物以外の下層植生が消失した森林

る樹木の枯死や下層植生の消失が起こり，森林の更新が阻害されるためである。地域によっては，希少な植物群落の消失や土壌流出による地形の変化（山腹崩壊など）も発生している。このような不可逆性が想定される事態が発生した場合には，生息環境管理の一環として個体数管理が適用される場合もある。

ただし，本来の生息環境はダイナミックに変動するものであり，人間の価値観によって一定の状態に誘導したり留め置いたりすることを目的とする場合には，科学的な検討に基づく慎重な方針決定が不可欠となる。世界自然遺産に指定されている知床半島では，エゾシカ（Cervus nippon yesoensis）による強度の植生への影響が確認されているため，人為的管理の是非や方法が議論された。その結果，最近のニホンジカの増加は過去にも繰り返されてきた生態的過程に含まれるのか，あるいはニホンジカの増加が植物種の絶滅をもたらすほどの不可逆的な影響を生じさせ得るのかについては不明としつつも，植物の絶滅リスクを考慮した予防原則の観点から，個体数管理を含む人為的介入を行うとの方針が定められた（梶 2010）。

できるだけ多くの種の保全を目指す生息環境管理においては，アンブレラ種という概念の導入が有用な場合もある。アンブレラ種とは，その種の保全を重視した対応や施策等が，同時に他の多く

の種の保全につながり得る生物種のことである。一般に，猛禽類など食物連鎖の頂点に位置し，広大な生息地が必要な種がアンブレラ種として位置づけられることが多い（須藤 2012）。この種を保全しようとすれば，食物連鎖の下位にある餌となる生物種の量と質を，広域で守る必要が生じるためである。

管理や保全の対象となる生息環境として，近年は里地里山の重要性が指摘されるようになっている。里地里山は，環境省により「奥山と都市の中間に位置し，集落とそれをとりまく二次林，それらと混在する農地，ため池，草原等で構成される地域概念」と説明される人工的な環境ではあるが，サンショウウオ類やメダカ，ゲンゴロウなどの希少種の多くがこのような環境に生息するためである。近年の中山間地域における過疎高齢化は，里地里山の荒廃を招き，耕作放棄地や再造林放棄地を増加させている。耕作放棄地や再造林放棄地は，ほどなく「藪」となり，ニホンジカやニホンイノシシ（Sus scrofa leucomystax）などの野生動物に食物や隠れ場所，人里への接近ルートを提供し，農林業被害増加の一因ともなっている。生息環境管理が被害管理の側面を有するのは，このようなプロセスが存在するためである。

3）被害管理

野生動物に起因する農林水産業被害の軽減は，わが国における野生動物管理の主要課題の1つとなっている。図12-2に示すとおり，農業被害に限っても被害額は239億円に達し，ニホンザル（Macaca fuscata），ニホンイノシシ，ニホンジカによるものが全体の7割を占めている。また，被害は，金額のみならず地域に与える社会的影響も加味して考えねばならない。営農意欲を減退させ，耕作放棄地等の増加を誘発するためである。前述のとおり，耕作放棄地等の増加は被害増加の一要因となっており，この問題は悪循環に陥っている感がある。

近年になって被害が深刻化した要因は複合的である。一般的には，「人間の開発行為が原因で野生動物の生息環境が悪化し，食物と生息場所を奪われた動物たちが人里に現れ被害を起こす」と考えられがちである。しかし，この説明は必ずしも適切とは言えず，国レベルの方針が関わっている可能性すらある。例えば，ニホンイノシシの分布域拡大の要因として指摘されている耕作放棄地の増加には，1970年に国が打ち出した減反政策が深く関わり，エネルギー革命に起因する木炭需要の減少は，薪炭林管理を後退させて下層植生の回

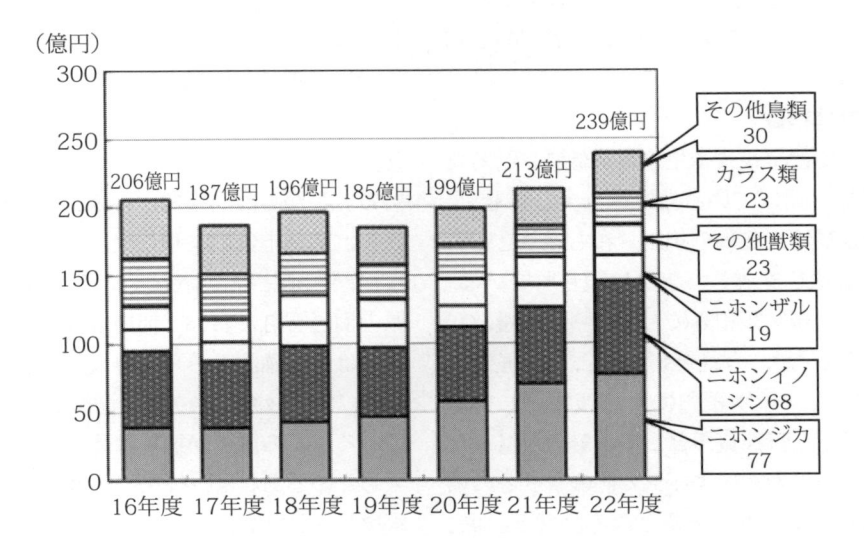

図12-2 全国における農林業被害額の推移（農林水産省 2012）

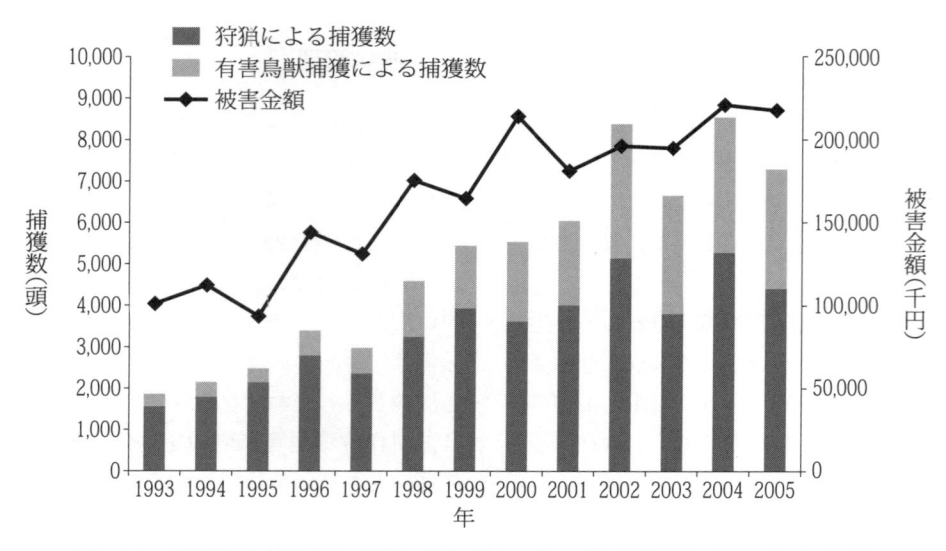

図12-3 捕獲数と被害額とが共に増加傾向にある例〔愛媛県（2008）を改変〕

復を促し，野生動物の生息に好適な環境を生み出したとされる（小寺2011）。

有害鳥獣捕獲などの捕獲行為は，一般に被害管理策として真っ先に検討される手法である。しかし，捕獲のみでは被害の軽減につながらない場合が多い。図12-3は，愛媛県におけるニホンイノシシの捕獲数と被害額との関連を示したグラフであり，捕獲数と被害額とが共に増加傾向にある状況を示している。

図12-3のような状況が生じる理由として，被害額算出方法の問題（大井2012）が反映されている可能性のほか，捕獲に関しては下記の3点が想定される。

(1) 過小な捕獲数

ニホンジカでは，被害や生息数を低減させるための捕獲目標を掲げている自治体も少なくない。狩猟期間の延長等，各種の規制緩和も盛り込まれているが，目標を達成した事例は限られている。エゾシカでは，規制緩和等にも関わらず捕獲数が思うように伸びなかった要因として，「狩猟者の減少と高齢化」，「規制緩和により獲物としての希少価値が低下し狩猟資源としての魅力が減ったこと」，「捕獲圧の増大によるシカ側の警戒心の増強」，「捕獲個体の処理に必要となる経費と手間」などが挙げられている（北海道2007）。

(2) 不適切な捕獲方法

被害管理を目的とする場合に重要なのは，被害の原因となる個体を優先して捕獲することである。そのため小寺（2011）は，ニホンイノシシの被害対策として，集落周辺に接近してくる個体を捕獲する重要性を指摘している。また，捕獲の担い手たる狩猟者は，可猟期に狩猟として捕獲したいという意向が強く，被害の多い7月〜9月の捕獲意欲は必ずしも高くないとの問題もある。このような狩猟者の意識を，被害管理の場に影響させないようにする仕組み作り（安田2005）も検討課題の1つである。

(3) 不正確な捕獲頭数

多くの自治体において，捕獲従事者に対し，捕獲実績に応じた報奨金を支払う体制が採用されている。しかし，捕獲個体の確認は困難であることから，虚偽申告により報奨金が受給された複数の事例が報道されている。安田（2005）は，島根県の旧邑智町において捕獲個体の現地確認（それまでは尾の確認のみ）を導入したところ，捕獲実績が732頭から299頭に激減したことを報告している。この減少が捕獲個体確認の厳格化により生じたのであれば，従来の捕獲頭数は2倍以上に水増しされた数値であったことになる。捕獲頭数は生息状況モニタリングの際の最重要パラメータ

の1つであり，これが不正確では個体数管理や被害管理の大きな支障となる。したがって捕獲個体確認の厳格化は，各自治体における必須の課題と考えられる。

捕獲が被害軽減に結びつかない場合は，これら3点の可能性を踏まえ，捕獲のみに依存する発想を改めると共に，実施に関わる体制や手法の適否についても改善を加える必要がある。

一方で，捕獲依存とは逆に，効果が現れないことを根拠に捕獲不要論もしばしば展開される。しかし，たとえ個体数削減や被害軽減に直結しなくとも，重要なオプションとして捕獲が位置づけられるケースもある。ニホンザルにおける問題個体への対応は，その1例である。問題個体による人に対する威嚇は，住民による組織的な「追い払い」の参加者に恐怖心を起こさせ，その結束や連携プレーを乱すことにつながる。捕獲による選択的な問題個体の除去は，追い払い隊の組織的な展開力を高め，間接的な被害防止効果を向上させることも忘れてはならない。

被害発生の要因として最も留意すべき点は，農地や人里における無意識の餌付けとされる。前述のとおり，「人間の開発行為が原因で野生動物の生息環境が悪化し，食物と生息場所を奪われた動物たちが被害を起こす」という考えは必ずしも正しくはない。むしろ，「無意識の餌付けにより，動物を農地や人里に誘引して被害を発生させている」という構図が目立つためである。このような状況においては，食害を受けたと認識される農作物は，集落に存在する豊富な餌の一部とすら位置づけられる。無意識の餌付けと認識すべきものとして，兵庫県森林動物研究センターのウェブサイト（http://www.wmi-hyogo.jp/measures/bait.html）で下記を挙げている。

①収穫残渣：ハクサイやキャベツの外葉，取り残しのダイコンなど。
②生ごみ：土作りのために畑に撒く生ごみなど。
③放棄果樹：収穫せず放ったらかしの，カキやクリなど。
④ひこばえ：稲刈り後にはえてくるひこばえ，二番穂。
⑤冬場の青草：冬場の山に青草がないときの，田んぼや畦に生える青草。

加えて，耕作放棄地や再造林放棄地，生ゴミ，捕獲用のわなの餌，墓地の供え物なども野生動物を誘引する要因となり得る。これらの無意識の餌付けへの対策としては，普及啓発活動による地域住民の意識改革に加え，餌となる誘引物の管理徹底や除去が有効である。被害管理の一環として，管理者がおらず収穫されないクリやカキの果樹の伐採を進めている地域も存在する。

侵入防止柵の設置は，適切に行うことができれば最も効果的な方法とされる。しかし，不適切な設置ではその効果も激減もしくは消失する。そのため，対象とする動物種や地形などに応じ，場所や素材の選定を含む種々のノウハウを適切に導入することが不可欠である。柵の設置方法については，江口（2003），井上・金森（2006），井上（2002），小寺（2011）等による成書に詳しい解説があるため，これらを参照されたい。なお，柵に関しては，設備そのもののみならず周辺環境の整備にも留意する必要がある。定期的な巡回等による破損箇所のチェックと補修が不可欠なことも言うまでもない。電気柵においては，伸張した植物が電牧線に接すると漏電の原因になるため，周辺の草刈りを欠かすことができない。なお，忌避剤（化学物質等）や音などによる心理的な侵入防止策は，一時的な効果しか期待できないとされている（江口2003，小寺2011）。

被害管理においては，農業者等の個人が単独で対応するのではなく，地域社会の構成員が連携・共同して対応する仕組み，すなわち「地域ぐるみ」で取り組む必要性が強調されている。1戸の農家が効果的な侵入防止柵を設置して被害を防いだとしても，加害動物は近隣の農地で別の被害を発生させるためである。したがって，このような「点としての対応」では，集落全体としての被害軽減は達成し得ない。しかし多くの地域社会には，前例踏襲主義や多数派に同調しがちな群集心理が根

強く，新たな発想である「地域ぐるみ」の体制の導入は困難とされる（寺本 2012）。そのため寺本（2012）は，様々な住民からなる組織を一定の方向に誘導する役割を担う地域コーディネータ（農業普及指導員などの指導者）の役割を重視している。

3. 野生動物管理における科学性と計画性

1）科学的・計画的な野生動物管理

適切な法規制や秩序を伴わない野生動物の捕獲（乱獲）は，しばしば種や地域個体群の激減や絶滅を招く。米国のアメリカバイソン（Bison bison）やリョコウバト（Ectopistes migratorius）などは，その例として有名である。一方，生息数の増加等に対応しない過度な保護政策も，農林業被害や生息環境へのインパクトを激化させ，ときに後手に回った対応に追われる状況を招く。雌ジカの全国的な捕獲禁止解除は 2007 年に施行されたが，それ以前から各地で生息数や被害の増加が確認されており，この捕獲禁止解除については機を逸した対応との批判もある。被害管理の場では，効果検証が行われないまま漫然と継続されている対策も少なくない。このような状況に陥った事業は，被害の軽減効果は期待できず，「税金の無駄遣い」と認識される可能性もある。科学的・計画的な野生動物管理，すなわち科学的なデータと解析とを基盤に計画的に行われる野生動物管理とは，これらのリスクを回避するために不可欠なプロセスなのである。

2）科学的・計画的な野生動物管理に必要なプロセス（順応的管理）

科学的・計画的な野生動物管理の遂行には，下記 5 段階のプロセスの導入が不可欠とされる。

（1）科学的手段による現状把握

最初のプロセスとして，対象とする野生動物種に関する基礎情報の収集・整理を行う必要がある。基礎情報には，生息状況などの生態学的情報のみならず，農林業被害など人間生活との関わりなど社会科学的情報も含まれなければならない。ただし，基礎情報の収集・整理に，過度の時間と労力とを費やすべきではない。例えばニホンジカの場合，生息数は 4〜5 年で倍増すると言われ，初動の遅れに起因する悪影響が想定されるためである。情報不足による「見切り発車」のリスクも生じるが，モニタリング（後述(4)）や施策の柔軟な修正（後述(5)）により回避することは可能である。

（2）地域の合意形成に基づく管理目標の設定

生息状況や被害発生状況を勘案し，目標とすべき生息数や生息密度，被害量等を決めるプロセスである。これは，後述する(5)の施策評価の際の基準となり，目標達成のためのルートマップを検討する上でも不可欠とされる。

生息数や生息密度は，正確な算出が困難で大きな誤差を含む可能性のある数値である。そのため，被害軽減が課題となっている地域における管理目標は，被害量など確実性が高く市民への説得力を備えた数値として示す方が有利な場合がある。

なお，「新・生物多様性国家戦略」に謳われた野生動物管理の究極的な使命は，侵略的外来生物を除き「農林水産業等への被害と地域個体群の絶滅という 2 つの相反するリスクを，可能な限り最小化させる」ことにある。管理目標を設定する際には，この原則に則り絶滅の忌避等も含め考慮しなければならない。

（3）施策の立案と実施

このプロセスでは，管理目標を達成するための具体的な手法や手段，スケジュールを定め，それを実行に移すことになる。したがって，実施できる見込みのない手法や手段の採用は厳に避けるべきである。

手法・手段を投入する事象は，管理目標や対象種の現状や生態学的特性を考慮したものでなければならない。被害軽減を目指す管理であっても，ニホンジカによる森林被害においては，生息数との関わりが深いため個体数管理のウエイトが高まる。一方，兵庫県のニホンザルのように地域的な

絶滅が心配される場合は，捕獲よりも侵入防止柵や追い払い体制の強化等を重視しなければならない。ただし，ここで定める施策は固定的なものではなく，初期の段階では必ずしも完璧を求める必要もない。(5)のプロセスによる修正を受けることを前提としているためである。

(4) モニタリング調査による施策の評価

モニタリングとは「監視」を意味するが，そこには「継続的に行う」という前提条件が含まれる。すなわち，このプロセスにおいては，導入された施策の効果を継続的にチェックし，その妥当性の評価が実施されることになる。

チェック項目は管理目標に即して設定する必要があり，被害軽減を目標とする場合であれば，被害の内容や質，被害面積，被害金額等が重視される。個体数の削減を目指す施策の場合は，その推定に関わる調査が選択されることになる。しかし，一般的に個体数（絶対数）の算出は極めて困難であることから，モニタリングには個体数の増減に連動すると考えられる相対密度指標が使われる。中・大型哺乳類の相対密度指標としては，下記が用いられることが多い（宇野 2012）。

①単位時間・単位距離あたりの動物個体のカウント数
②足跡や糞等の痕跡のカウント数
③捕獲努力量あたりの目撃数(sighting per unit

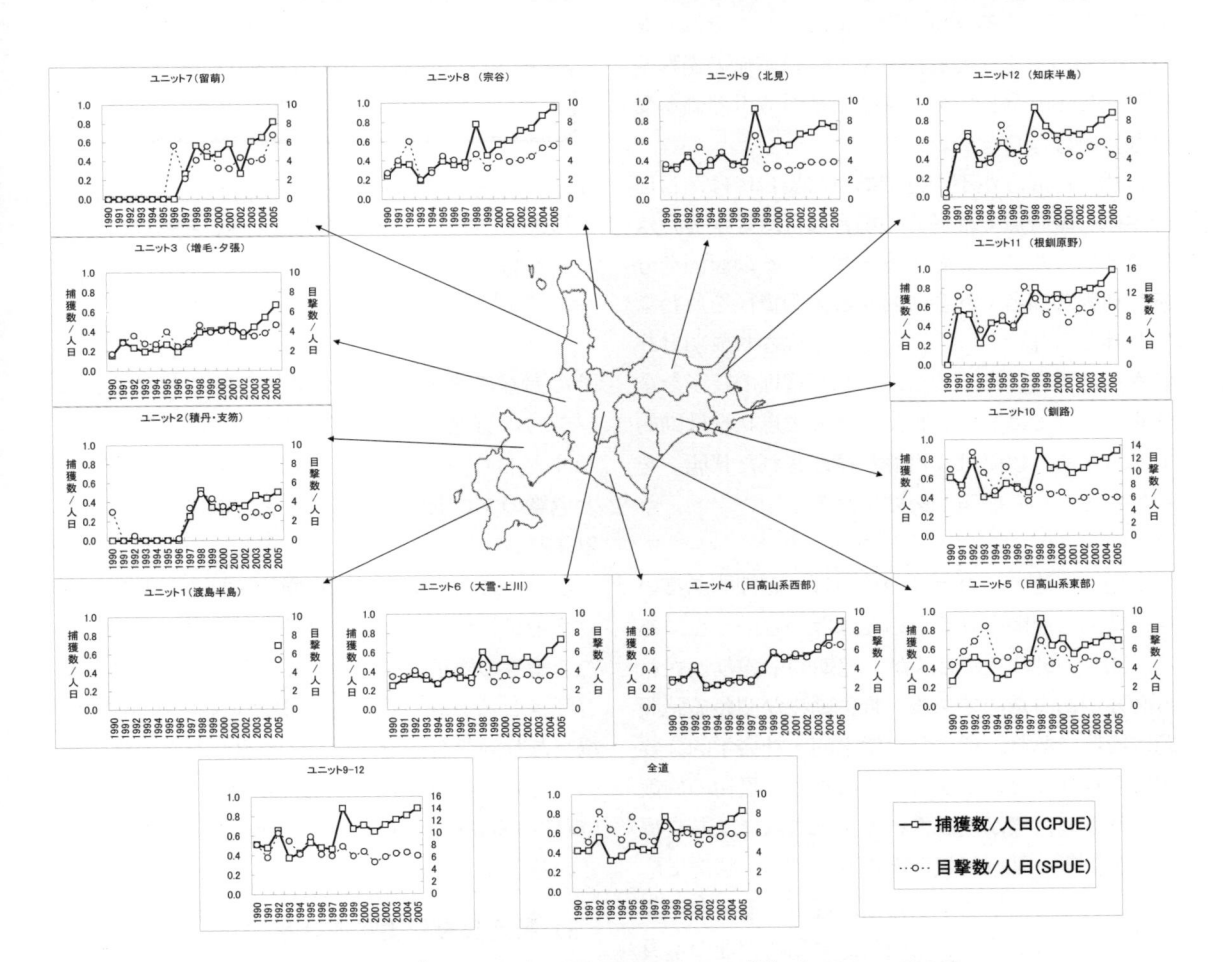

図 12-4 エゾシカにおける CPUE と SPUE の変化（1990～2000）
最近の5年間，ユニット9，10，12ではほぼ一貫した緩やかな増加傾向が見られ，ユニット4と8では著しい増加傾向が伺われる。（北海道ホームページ http://www.pref.hokkaido.lg.jp/ks/skn/grp/02/HPCPUE-chosa0708.pdf より転載）

effort：SPUE）や捕獲数（catch per unit effort：CPUE）（図12-4）

その他の指標として，自動撮影装置による撮影頻度，下層植生衰退度，稚樹や枝葉の食痕率，被害量などの有用性も示されている。いずれの指標も個体数の絶対数ではなく，観測誤差やバイアス等が含まれることを認識しておく必要がある（宇野 2012）。しかし，毎回の実施条件を揃えるなどの点に留意すれば，個体数の増減傾向（トレンド）の把握は可能である。

(5) 評価の結果に立脚する柔軟な施策の修正

モニタリング結果と管理目標との比較により両者の乖離度を明確化し，必要に応じ施策の内容や強度等を修正するプロセスである。ここで修正を受けた施策であっても，将来的には実施の過程や終了後に(4)のモニタリングに基づく再評価を受けなければならない。

目標の達成度が不十分であった場合には，管理の主体（現時点では多くの場合は行政となる）は失敗であったことを認めると共に，その原因を分析し利害関係者や社会に対する説明責任を負わなければならない。一方，目標が達成され成功と評価された場合であっても，これが管理の終了を意味するわけではない。野生動物の生息状況は動的であるため，以降は「目標が達成された状態」を維持するための施策が必要になる。

上記の一連のプロセスの特徴は，直線的あるいは一時的に展開させるものではないという点にある。(4)と(5)のプロセスが，定期的に繰り返される必要があるためである。野生動物が関わる諸問題は複雑であり，様々な生態学的・社会学的な要因により刻々と変化する。そのため，最初の施策により管理目標が達成されるケースはほぼあり得ず，むしろ「試行錯誤を繰り返しつつ，状況に応じて施策を修正しながら目標に近づける努力をすること」が科学的・計画的な野生動物管理の本質と認識すべきである。また，施策の修正や決定にあたっては，地域住民や市民団体等に対し，根拠とした科学的な情報の公開と説明を行うと共に，

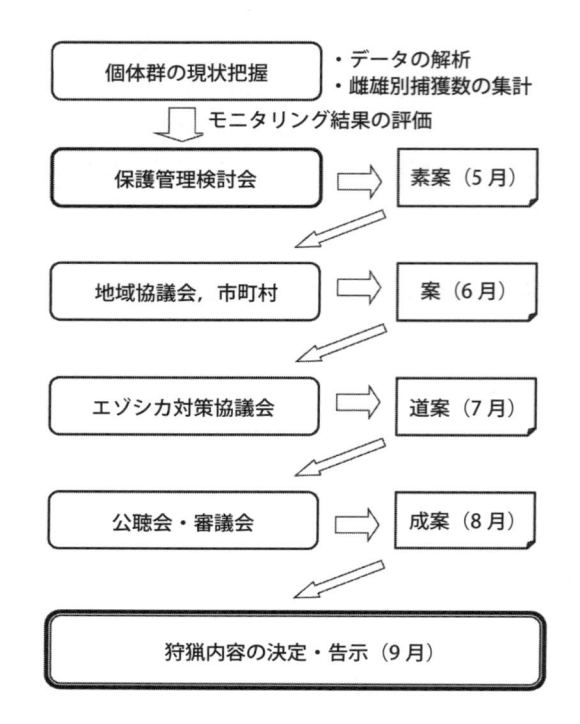

図12-5 エゾシカの狩猟内容決定に関わる合意形成と協議のプロセス〔宇野（2012）より転載〕

その合意を得ることが不可欠の条件となる。エゾシカの狩猟内容の決定においては，図12-5に示すとおり，素案の策定以降に複数の合意形成と協議のプロセスを経ることとされている（宇野 2012）。

なお，ここで解説した科学的・計画的な野生動物管理システムは，モニタリングの結果に順応した施策等の修正を前提とすることから順応的管理と呼ばれる。繰り返しを前提とする試行錯誤は，場当たり的なものではなくモニタリングと修正の努力ならびに社会に対する説明責任を伴うため，「責任ある試行錯誤（三浦 1999）」とも表現されている。

3）特定鳥獣保護管理計画

日本の鳥獣行政においては，「特定鳥獣保護管理計画（鳥獣保護法の第7条）」が科学的・計画的な野生動物管理を遂行する基盤とされている。

そのため環境省は特定鳥獣保護管理計画について「専門家や地域の幅広い関係者の合意を図りながら，科学的で計画的な管理目標を設定し，これに基づいて，鳥獣の適切な個体数管理の実施，鳥獣の生息環境の整備，鳥獣による被害の防除等，様々な手段を講じる必要があります」と記している（http://www.env.go.jp/nature/choju/plan/plan3-1a.html）。また同省は，対象とする鳥獣の種ごとに計画作成のためのガイドライン（技術マニュアル）を公開し，その普及をサポートしている（http://www.env.go.jp/nature/choju/plan/plan3.html）。

特定鳥獣保護管理計画の対象となる鳥獣は，次の2つが想定される。

①生息数の増加や分布域の拡大等により，深刻な農林水産業被害や生態系に対する悪影響などを引き起こしている種〔ニホンジカやニホンイノシシ，カワウ（*Phalacrocorax carbo*）など〕

②生息地の分断や生息環境の悪化などにより，地域個体群の存続が危ぶまれている種〔ツキノワグマ（*Ursus thibetanus*）など〕

表12-3に2012年4月1日現在の特定鳥獣保護管理計画の作成状況を示す。ニホンジカ，ツキノワグマ，ニホンザル，イノシシ，カモシカ，カワウの6種を対象に，46都道府県による計120計画に達している。すでに計画を終了させた都府県も存在するが，福井県のニホンジカや和歌山県のニホンザル等では，その趣旨を踏襲した管理が続けられている。ただし，後述するように有効に機能していない計画もあり，単純に計画数のみをもってこの制度を評価することは危険である（羽澄 2010）。

特定鳥獣保護管理計画の作成主体は都道府県とされ，ゾーニングによりさらに細分化した区域ごとの管理も求められている。図12-4で示されたエゾシカの管理ユニットも，ゾーニングによる区分の一環である。このような地域区分体制により，当該地域の生息状況や人間側の産業構造等に応じたきめの細かい管理が期待される。ただし，多くの対象種は複数の行政区域にまたがって分布しているため，計画の立案や実施等については，近隣の都府県間での協議と連携による広域管理の体制が不可欠となる。

前述のとおり野生動物管理は，個体数管理と生息環境管理，被害管理を3本柱とする。しかし多くの自治体で，鳥獣担当部局は生息環境管理や被害管理に関わる業務を直接的に担当しておらず，ときに鳥獣担当部局と被害管理を担当する農林系部局との間で足並みが揃わない事例が発生する。そのため，自治体間のみならず，自治体内での協議と連携も不可欠な条件とされている。

特定鳥獣保護管理計画は，原則として5年間を1期として区切られている。そのため，計画を続けるのであれば，1期ごとにその効果測定と修正等を行わなければならない。したがって計画の策定と実施は，野生動物管理の場における順応的管理を周知徹底させる効果も持ち合わせている。

前述のとおり，特定鳥獣保護管理計画は，科学的・計画的な野生動物管理を推進するための基盤的な制度である。しかし，現実的には多くの自治体で以下に示す複数の課題が指摘されており，必ずしも順調に推進されているとは言い切れない（羽澄 2010）。

①モニタリング調査に関わる実施体制が欠如している。

②得られた情報を科学的に評価するチームの専門性が担保されていない。

③野生動物が生息する土地は，様々な法律により重層的に規定されているため，鳥獣保護法のみを拠り所とする特定鳥獣保護管理計画の書き込みが効力を発揮できない。

④自治体内での部局間連携に加え，広域管理の基盤となる自治体間の連携も円滑には進んでいない。

これらの課題を発生させている最大の要因は，「自治体の財政難に起因する野生動物関連の資金不足と役職の欠如」と「野生動物管理を専門とする人材の不足」とに集約される。前者については，各種の行政課題の中で野生動物に関わる施策のプライオリティーが必ずしも高くはないことが原因

表12-3 特定鳥獣保護管理計画の作成状況（平成24年4月1日現在）

	ニホンジカ	ツキノワグマ	ニホンザル	イノシシ	カモシカ	カワウ
北海道	◎					
青森			◎			
岩手	◎	◎			◎	
宮城	◎	◎	◎	◎		
秋田		◎	◎		◎	
山形		◎	◎			
福島		◎	◎	◎		◎
茨城				◎		
栃木	◎	◎	◎	◎		
群馬	◎	◎	◎	◎	◎	
埼玉	◎			◎		
千葉	◎		◎			
東京	◎					
神奈川	◎		◎			
新潟		◎	◎			
富山		◎	◎			
石川		◎	◎	◎		
福井	(◎)	◎				
山梨	◎			◎		
長野	◎	◎	◎	◎	◎	
岐阜	◎	◎		◎	◎	
静岡	◎			◎	◎	
愛知	◎		◎	◎	◎	
三重	◎			◎		
滋賀	◎	◎	◎			◎
京都	◎	◎	◎	◎		
大阪	◎			◎		
兵庫	◎	◎	◎	◎		
奈良	◎			◎		
和歌山	◎		(◎)	◎		
鳥取	◎	◎		◎		
島根	◎	◎		◎		
岡山	◎	◎		◎		
広島	◎	◎		◎		
山口	◎	◎		◎		
徳島	◎			◎		
香川	(◎)			◎		
愛媛	◎			◎		
高知	◎			◎		
福岡	◎			◎		
佐賀				◎		
長崎	◎（3地域）			◎		
熊本	◎			◎		
大分	◎			◎		
宮崎	◎		◎	◎		
鹿児島	◎			(◎)		
沖縄						
計画数	37	21	19	34	7	2

注）1　46都道府県，120計画が作成されている。
　　2　福井県のニホンジカ，和歌山県のニホンザル，香川県のニホンジカおよび鹿児島県のイノシシについては，特定鳥獣保護管理計画の計画期間は終了しているが，その趣旨を踏まえた保護管理が継続されている。

（環境省 2012）

の1つである。しかし，今や野生動物は農林水産業被害のみならず，植生破壊や山腹崩壊等の国土保全上の諸問題を引き起こしている。この状況については，関係諸機関への積極的な働きかけ等を通じ，野生動物関連の課題の深刻さを社会に周知させる努力が不可欠である。後者については，大学等における野生動物管理学教育の体制強化がキーとなる。教育の過程においては，科学的情報の収集や解析に関わる知識・技術のみならず，対人関係を円滑に進めるためのコミュニケーション能力の育成も重要であろう。しかし，現状では野生動物の専門家の需要は限られているため，教育機関における体制の強化と充実は容易ではない。したがって，教育・人材育成面での課題については，前者の課題である「役職の欠如」と抱き合わせで解決を図る努力が必要となる。

引用文献

Connecticut Department of Environmental Protection (2007)：Managing Urban Deer in Connecticut. Connecticut Department of Environmental Protection, Hartford.

Decker,D.J., Siemer,W.F., Leong,K.M. et al. (2009)：Conclusions: What is wildlife management?, In Wildlife and Society (Manfredo,M.J., Vaske,J.J., Brown,P.J. et al. eds.), 315-327. Island Press.〔石崎明日香，鈴木正嗣，山本俊昭 訳（2011）：まとめ：野生動物管理とは何か?，野生動物と社会―人間事象からの科学―，321-334，文永堂出版.〕

DeNicola,A.J., and Williams,S.C. (2008)：Sharpshooting suburban white-tailed deer reduces deer-vehicle collisions. Human-Wildlife Conflicts, 2, 28-33.

江口祐輔（2003）：イノシシから田畑を守る，農山漁村文化協会.

愛媛県（2008）：第2次愛媛県イノシシ適正管理計画 平成19年3月（平成20年10月変更）. (http://www.pref.ehime.jp/h15800/inosisi2/inosisi_ALL.pdf#search='イノシシの捕獲頭数と被害額の推移 %20 愛媛 'http://www.pref.ehime.jp/h15800/inosisi2/inosisi_ALL.pdf#search='イノシシの捕獲頭数と被害額の推移 %20 愛媛 ')

Enck,J.W., Decker,D.J., Riley,S.J. et al. (2006)：Integrating ecological and human dimension in adaptive management of wildlife-related impacts, Wildlife Society Bulletin, 34, 698-705.

羽山伸一，三浦慎悟，梶光一，鈴木正嗣 編（2012）：野生動物管理―理論と技術―，文永堂出版.

羽澄俊裕（2010）：特定鳥獣保護管理計画の現状と課題，改訂・生態学からみた野生生物の保護と法律（日本自然保護協会 編），154-164，講談社.

北海道（2007）：前エゾシカ保護管理計画の総括（本文）. (http://www.pref.hokkaido.lg.jp/ks/skn/grp/01/05sokatsu-honbun.pdf)

井上雅央・金森弘樹（2006）：山と田畑をシカから守る．農山漁村文化協会.

井上雅央（2002）：山の畑をサルから守る．農山漁村文化協会.

梶光一（2010）：知床におけるシカの影響低減のための生態系管理について，植生情報, 14, 18-19.

梶光一（2010）：野生生物の保護管理と狩猟の現状と課題．改訂・生態学からみた野生生物の保護と法律（日本自然保護協会 編），147-153，講談社.

環境省（2004）：種の多様性調査・哺乳類分布調査報告書. (http://www.biodic.go.jp/reports2/6th/6_mammal/index.html)

環境省（2009）：絶滅のおそれのある野生動植物種の生息域外保全に関する基本方針 (http://www.env.go.jp/press/file_view.php?serial=12843&hou_id=10655)

環境省（2011）：鳥獣の保護を図るための事業を実施するための基本的な指針 (http://www.env.go.jp/nature/choju/plan/plan1-1b.pdf)

環境省（2012）：特定鳥獣保護管理計画の作成状況 (http://www.env.go.jp/nature/choju/plan/plan3-1b.pdf)

岸本真弓（1997）：日本における保護管理活動と獣医学，日本野生動物医学会誌，2, 3-8.

小寺祐二（2011）：イノシシを獲る．農山漁村文化協会.

松浦友紀子・伊吾田宏正（2012）：英国の一次処理と資格制度，獣医畜産新報，65, 451-454.

三浦慎悟（1999）：野生動物の生態と農林業被害―共存の理論を求めて―．全国林業改良普及協会.

農林水産省（2009）：野生鳥獣被害防止マニュアル イノシシ，シカ，カラス―捕獲編―，農林水産省. (http://www.maff.go.jp/j/seisan/tyozyu/higai/index.html)

農林水産省（2012）：鳥獣被害対策の現状と課題. (http://www.maff.go.jp/j/seisan/tyozyu/higai/pdf/meguzi_2404.pdf)

大井徹（2012）：農林業被害と野生動物管理，野生動物管理―理論と技術―（羽山伸一，三浦慎悟，梶光一，鈴木正嗣編），79-93，文永堂出版.

須藤明子（2010）：カワウの被害と対策．改訂・生態学からみた野生生物の保護と法律（日本自然保護協会 編），182-183，講談社.

須藤明子（2012）：猛禽類の個体群と生息地の管理技術，野生動物管理―理論と技術―（羽山伸一，三浦慎悟，梶光一，鈴木正嗣編），433-444，文永堂出版.

鈴木正嗣（2012）：野生動物の価値と利用，野生動物管理―理論と技術―（羽山伸一，三浦慎悟，梶光一，鈴木正嗣 編），123-134，文永堂出版.

寺本憲之（2012）：地域社会と野生動物被害の防除，野生動物管理―理論と技術―（羽山伸一，三浦慎悟，梶光一，鈴木正嗣 編），135-141，文永堂出版.

宇野裕之（2012）：野生動物管理におけるモニタリング，野生動物管理―理論と技術―（羽山伸一，三浦慎悟，梶光一，鈴木正嗣 編），155，文永堂出版.

安田亮（2005）：鳥獣害対策に係る取組事例（島根県および同県美郷町）. (http://www.maff.go.jp/j/seisan/tyozyu/higai/h_kento/02/pdf/ref_data.pdf)

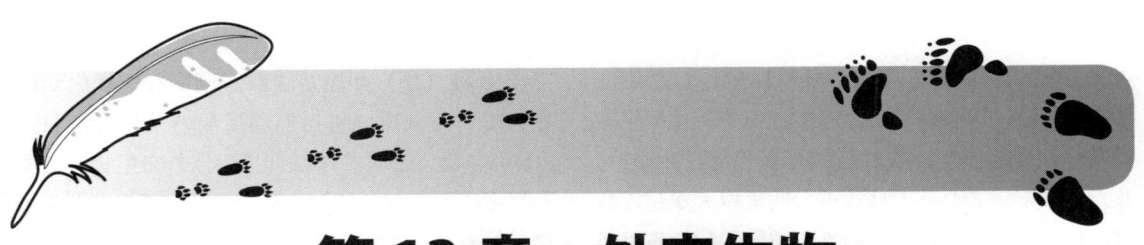

第 13 章　外来生物

1. 外来種とは

　外来種とは,本来は生息していなかった場所に,意図的・非意図的を問わず,人為的に運ばれた生物のことである。厳密には,IUCN(国際自然保護連合)のガイドラインにおいて「"外来種"(非在来,非土着,外国,異国)とは,(過去または現在の)自然分布域あるいは潜在分布域(つまり,自然に生息生育する分布区域,若しくは直接あるいは間接的な人為的導入なしに定着し得ない分布域)の外に存在する種,亜種,若しくは下位分類群を意味し,その種が存続しその後繁殖するようないかなる部分,配偶子や胎芽も含む」と定義されている。特に,導入もしくは拡散が生物多様性を脅かす生物を侵略的外来種という(村上・鷲谷 2002a,村上 2002a)。

　「外来種」と「外来生物」は同義で使われることが多い。「種」という用語は生物分類の基本単位として用いる場合は定義が明確である。しかし「生物」という用語は,ウイルスなどのように生物との関連性があるものの,生物を定義する全ての特徴を持たない存在を含めるかどうかが曖昧であること,英語では invasive species のように「種」を用いることから,「外来種」とするのが一般的である。通常は「外来種」に「種」より下位の「亜種」または「変種」を含む。ただし,外来生物法は一般市民が理解しやすいということで,動物と植物をまとめた意味で「外来生物」という用語を用いている。

　また,「外来」に対応する用語として「帰化」や「移入」という用語が用いられてきたが,「帰化」は人間社会ですでに制度化された用語として,「移入」は個体の移出・移入や個体群の自然分布の拡大を指す用語として,それぞれ第一義をもつため(村上・鷲谷 2002a,村上 2007)今後は用いないようにすべきである。

　日本には外国起源の外来種だけでも 2,000 種以上が定着している。このうち,本書で取り扱う分類群で,導入の事実と年代が明確である,あるいは明治時代以降に導入された外来種は,哺乳類 35 種,鳥類 39 種,爬虫類 21 種および両生類 13 種(亜種)である。また,これらの種のうち野外に定着した一部の哺乳類や動物園動物において,外国起源の寄生生物の随伴が報告されている(村上・鷲谷 2002b)。

　外来種の導入の経緯は様々で,展示,飼育あるいは食料生産の目的で導入した動物を野外へ逃亡させたり放逐する,あるいは天敵や狩猟獣として放逐するといった意図的導入だけでなく,非意図的導入として,例えば資材にカタツムリ類が付着して運ばれたり,植物に紛れてカエル類が運ばれる場合もある。このように何らかの人為によって本来の分布域から分布域ではない場所に導入された生物を外来種というが,風や海流などを利用して自らの分散能力で本来の分布地から分布を拡大した生物は外来種ではない。

　外来種の由来は国外起源と国内起源に分けられ,それぞれ国外外来種あるいは国内外来種として区別されることがある。外来種は海外起源と捉えられがちであるが,導入元が国内であっても,ある島にだけ生息している種を別の島に導入したり,島内であっても,局所的に生息している種の地域個体群の一部を同じ島の別の地域の個体群に導入すれば,これらはいずれも外来種とされる。例えば,移動能力のそれほど大きくない生物では,

同一種や同一亜種の中にも様々に分化した集団が存在し，地域個体群によって遺伝的特性や生態的特性が異なっていることがある（太田 2002）。したがって，これらの個体群の間に導入が起これば，個々の個体群が持つ特性の攪乱が起こる可能性がある。同一種でも形態的，遺伝的に区別ができる集団や，進化的歴史が異なる生物集団は進化的重要単位とみなされ，保全の単位として重要視されつつある（自然環境研究センター，2008）。

外来種に関連する用語のより詳しい定義と英語表記は村上・鷲谷（2002a），村上（2002a），自然環境研究センター（2008），池田（2011）に的確に整理されている。

2. 外来生物法

特定外来生物による様々な被害を防止して，生物の多様性を確保すること等を目的に「特定外来生物による生態系等に係る被害の防止に関する法律（通称：外来生物法）」が 2005 年に施行された（第 14 章参照）。法律では，問題を引き起こす海外起源の外来種を特定外来生物（図 13-1）として指定して，それらの飼養，保管，運搬などの取扱いを規制し，特定外来生物の防除等を行うこととしている。2005 年に施行された第一次指定では，特定外来生物としてマングース（*Herpestes javanicus*）をはじめ，哺乳類 11，鳥類 4，爬虫類 6，両生類 1（種）など 8 分類群の 1 科 4 属 32 種など計 37 種類の動植物が指定された。その後，随時追加指定が行われ，2010 年に施行の第六次指定までに 1 科 15 属 81 種（97 種類）が指定されている。

指定された特定外来生物は，学術研究などの目的で確実に飼育管理ができる施設があれば飼養等が許可されるが，原則的に，飼養（飼育・栽培・保管・運搬），輸入，譲渡し等が禁止されている。特定外来生物のほかにも「未判定外来生物」および「種類名証明書の添付が必要な生物」が指定され，それぞれ輸入における規制がかけられ，さらに法の規制対象以外に「要注意外来生物」とし
て 148 種（類）が選定され，適切な取扱いが促されている（環境省自然環境局外来生物法 HP, 2011）。しかし，この法律でいう外来生物とは国外起源に限られ，しかも明治以降に導入された生物を対象としていることは問題である。国内起源の外来種〔例えば，琉球列島等へ導入されたニホンイタチ（*Mustela itatsi*）〕や明治よりも前に導入された種でも由来が明らかな外来種（例えば，ノネコやノヤギ）は，深刻な影響を及ぼす可能性があれば法の規制対象とすべきで，改善が期待される。外来生物法に関する制定の経緯や背景，既成の仕組み，有効性，今後の課題などは，村上（2011）に詳しく解説されている。

3. 外来種が及ぼす影響

例えば，沖縄島に近い渡名喜島やいくつかの離島に導入されたフイリマングース（*Herpestes auropunctatus*）のように，外来種は野外に放逐されても定着できないことがある。また，定着できても，全てが侵略的外来種になるわけではない。しかし，これは，現在の調査・研究の手法や精度ではその影響が把握できないこと，あるいは個体数や分布範囲を拡大させる環境要因が整っていないことによるのかも知れず，条件が整えば将来的に負の影響を及ぼす可能性がある。また，外来種が定着に成功しても，はじめは少数個体であるため目撃されることは少なく，被害も顕在化しない。人間が新たな外来種やその被害に気づくのは，相当の期間を経て悪影響が認識された頃で，その時には排除が困難な個体数に達している場合が多い。

したがって第一義的には，外来種の野外への遺棄や逸出等を予防することが重要であり，特定外来種であれば，予防的な観点から侵入の防止，早期発見・早期対応，防除（影響緩和）を図らねばならない。

図13-1 外来生物法において指定された特定外来生物
外来生物法では，特定外来生物81種および要注意外来生物148種（類）が指定されている．写真はその代表的な種で，上段左から時計回りに，アライグマ，ウシガエル（*Rana catesbeiana*），カミツキガメ（*Chelydra serpentina*），ブラウンアノール（*Anolis sagrei*），クリハラリス（*Callosciurus erythraeus*），ミシシッピアカミミガメ（*Trachemys scripta elegans*，要注意外来生物），ミナミオオガシラ（*Boiga irregularis*），ジャワマングース，アキシスジカ（*Axis axis*），中央はカニクイザル，その右下はカオジロガビチョウ（*Garrulax sannio*）．
（写真：ジャワマングース以外の外来種は環境省提供）

1） 生態系への影響

（1）捕食や競合などの生物間にみられる相互作用

外来種が侵入したときに生じる最も深刻な問題は，在来種や生態系への影響である．特に，生態系における高次の捕食者が導入されると，在来種の捕食による減少・絶滅，生態的地位の競合による在来種の排除等の影響が起こることがある．後述するフイリマングースおよびイエネコは，在来種を捕食することによって在来種で構成される生態系に深刻な影響を及ぼす典型的な外来種である．例えば西インド諸島やハワイ諸島などでは，マングースは小型の哺乳類，地上棲の鳥類，爬虫類，両生類および陸ガニなど多くの脊椎動物の減少や絶滅に関与した（自然環境研究センター 1998）．北海道野幌森林公園では，アライグマ（*Procyon lotor*）が侵入し定着した地域において，同様の生態的地位にあるキタキツネ（*Vulpes vulpes schrencki*）やエゾタヌキ（*Nyctereutes procyonoides albus*）が排除されている（Ikeda et al. 2004）．

また，ニュージーランドの無人島スティーブン島では，飼い猫が捕まえてきた見慣れない鳥が，新種スティーブンイワサザイ（*Xenicus lyalli*，図13-2）として1894年に記載された．しかし，その猫は，その後もこの鳥を捕まえ続け，やがてこの鳥の目撃は途絶えてしまった．捕食性の肉食動物がいない島で進化を遂げたこの鳥は，無飛翔性であったために，導入された猫に簡単に捕殺されたのである．スティーブンイワサザイは発見されたその年のうちに，詳しい形態や生態が不明のまま猫1頭によって絶滅させられた．

図13-2 ノネコによって発見され,ノネコによって絶滅させられたスティーブンイワサザイ
類似の事例はいくつもあり,例えば,トカラ列島悪石島のトカゲ1種は,固有の未記載種である(あった)可能性を残しながら,外来種により完全に消滅してしまった(Hikida et al. 1992)。原因は外来種ニホンイタチによる捕食と思われる。
(元図:John Gerrard Keulemans)

このように,生態系の上位に位置する捕食性の動物の導入は,下位の種の生息地や個体数を減らすだけではなく,ときには種を絶滅に追いやる。失われた遺伝的多様性や種の多様性は不可逆的で決して復元できない。これは,長期的に見れば生息地の破壊よりも重大な問題である(村上・鷲谷 2002)。

(2) 遺伝的攪乱

在来種と遺伝的に近縁な外来種が導入されると,両種が交雑して雑種が生まれる場合がある。さらに,その雑種が繁殖可能であれば,在来種の個体群に外来種の遺伝子が入り込む。そうなると外来種と雑種を在来種の個体群から駆除しない限り,個体群に導入された遺伝子は除去できない。外来種の遺伝子が集団内に広がると,在来種の遺伝的特性が失われて,種の存続に遺伝的な攪乱という深刻な影響が及ぶ。

例えば,和歌山県日高郡では,1998年に在来種ホンドザル(*Macaca fuscata fuscata*)と外来種タイワンザル(*Macaca cyclopis*)の交雑個体が発見された(川本ら 1999)。マカク属のサルは別種であっても交配が可能な場合があり,この2種は地理的な隔離障壁でそれぞれの遺伝的独自性を維持してきたが,タイワンザルの導入により交雑が生じた(川本ら 2001)。

伴侶動物に由来する交雑では,沖縄島産のリュウキュウヤマガメ(*Geoemyda japonica*)と石垣島・西表島産のヤエヤマセマルハコガメ(*Cuora flavomarginata evelynae*)の属間雑種が沖縄島の野外で確認されている(大谷 1995)。先述のとおり,外来種とは外国から運ばれた種だけを指すのではなく,国内間の移動であっても元来その種が生息しない地域や島嶼に新たに種を持ち込めば,その種は外来種となることを忘れてはならない。

これらのほかにも,外国産の毒蛇として初めて定着したタイワンハブ(*Protobothrops mucrosquamatus*)は,沖縄島に導入された個体が野外に定着しており,在来種のハブ(*P. flavoviridis*)との交雑が懸念されるなど,外来種による遺伝的攪乱の事例は増えつつある。

(3) 植生の破壊

山羊やカイウサギは,純植物食で,導入されると時として植物が全く存在しない状態にまで植生が破壊される。植生破壊は土壌の流出に繋がり,流出した土壌は沿岸の沿岸生態系を物理的に攪乱し,影響は生態系のなかで連鎖する。海洋までの距離が短く,流域の高低差が大きな島嶼の河川では,流出土壌は,少量の降水であっても短時間で沿岸に到達するので影響はより深刻となる。

(4) 感染症の媒介

一般的に感染は,感染源,感染経路,感受性のある宿主およびこれらを取り巻く環境要因が整うと成立する。外来種が宿主として寄生虫,細菌あるいはウイルス(病原体)を保持して導入され,病原体を排出していれば,顕性・不顕性にかかわらず,外来種は感染源となり,導入先で新たな感染を起こす可能性がある(福士 2007)。

日本に持ち込まれる動物による感染源の侵入防止については,「家畜伝染病予防法」,「狂犬病予防法」,「感染症予防法」,「植物防疫法」,「外来生物法」,「ワシントン条約」等によって,輸入の禁止,輸入時の検疫あるいは検査に基づく処置がと

られ，各法律で指定された種（類）について，特定の感染源の侵入防止が図られている。しかし，指定されていない種はわが国で検疫されることはなく，家畜，犬および猫を除いた陸棲哺乳類45万個体（2010年）が，定められた感染症にかかっていないことを記載した輸出国政府発行の証明書と共に輸入されている（厚生労働省動物の輸入届出制度HP平成22年輸入動物統計）。また，爬虫類と両生類は，「外来生物法」や「ワシントン条約」で指定された一部の種以外は規制の対象になっていない。これらはほとんどがエキゾチックアニマルとよばれる種で，生態自体が不明なものも多く，動物固有の病気や病原体の保有状況はほとんど未知なままである（浅川2004）。

このような背景のなかで，例えば，外来種の導入に伴う寄生蠕虫類の侵入については，7種の外来哺乳類から7種の外来寄生蠕虫類が検出され，さらに4種の外来哺乳類から14種の在来か外来かが不明の外来寄生蠕虫類が検出されている。特にアライグマ蛔虫（図13-3）は，飼育個体では約40％に寄生がみられ，人で幼虫移行症の原因になり重篤な症状を呈することがあるため，野外への定着が懸念されている（横畑2002）。また，同じアライグマにおいて，北海道中西部で捕獲された個体の Babesia microti 様原虫の18S rRNA遺伝子の塩基配列は，米国のアライグマから検出された同じ原虫の塩基配列と一致した（Kawabuchi et al. 2005）。これは，北海道のアライグマに検出された B. microti 様原虫は米国から持ち込まれて，アライグマの野生化によって短期間のうちに日本で新たな媒介ダニを得て，完全な感染環を獲得し定着したことを示している（浅川・池田2007）。

外来種が持つウイルスの在来種への感染も確認されており，長崎県の対馬に生息する在来種のツシマヤマネコ（Prionailurus bengalensis euptilura）には，イエネコに起因する猫免疫不全ウイルスの感染が3例確認されている（Nishimura et al. 1999）。このウイルスの感染経路は接触感染で，全ての感染個体が発症するわけではないが，身体的あるいは精神的なストレスがきっかけとなって発症すると，呼吸器疾患や貧血などが慢性的に推移し，数年にわたって徐々に衰弱して死亡することがある。森林の伐採による営巣地の破壊，交通事故，農薬の使用による餌動物の減少などに加えて，このような外来種による病原体のもちこみは，脆弱なツシマヤマネコの個体群への新たな負の影響として危惧されている（Izawa & Nakanishi 2009）。

外来種がもたらす感染症の導入によって危惧されることは，在来種あるいはすでに侵入した外来種の個体群が感受性のある宿主で，持ち込まれた感染源に対して感受性宿主が免疫を獲得していない場合，大規模で重篤な感染症が起こる可能性があることである（福士2007）。言い換えれば，普段は感染が成立しない感染源と感受性宿主の地理的な障壁が，外来種によって破られ，未知の感染源が外来種と共に侵入することとなる。また，

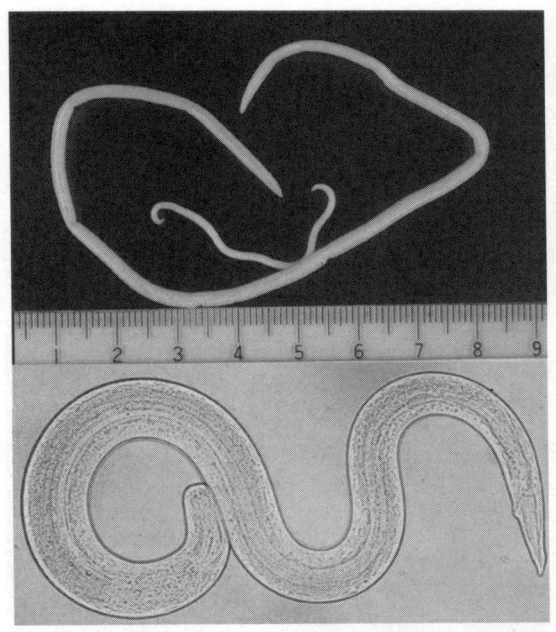

図13-3 アライグマによって持ち込まれたアライグマ蛔虫 Baylisascaris procyonis の成虫（左上）と幼虫（左下）
外来種は日本にいない寄生虫を随伴して導入されることがある。
（写真：近畿大学先端技術総合研究所宮下 実博士提供）

導入された外来種が感受性宿主あるいは増幅能力の高い動物で，導入後に個体数が著増し分布域が拡大すれば，その外来種を宿主として病原体が短期間に広範囲に媒介される可能性があり，在来種の個体群だけではなく，公衆衛生や家畜衛生あるいはその他の農林水産業において深刻な影響を及ぼすことになりかねない。

2) 人間生活への影響

(1) 産業への影響

草食や雑食の外来種は穀物や果実などの農作物に食害を及ぼすことがあり，肉食の外来種では養鶏や養魚に対する食害が報告されている。ヌートリア（*Myocastor coypus*）（図13-4）は南米原産で草食の齧歯類である。第二次世界大戦の頃には全国各地で毛被を得るために飼育されていたが，その後，野外に放逐され，現在は西日本の陸水系を中心に野生化している（Iwasa 2009）。特に水辺の近くで栽培されているイネや根菜類などの農作物に大きな被害を与えており，各地で有害鳥獣駆除による捕殺が行われている（村上 2002b）。京都府では，水稲の被害が多く，畦の破壊も併発し，ニンジン，サツマイモ，キャベツなどもあわせて年間約1,000万円の農業被害が発生しており，2001年から2006年までに150～300頭以上が毎年捕獲されてきた。なお，英国に1920年代に導入された本種は，一時20万頭以上にまで増加したが，大規模で徹底的な捕獲が行われて1989年に根絶に成功した（Gosling & Baker 1989）。

このほかにも，外来種による産業への被害としては，キョン（*Muntiacus reevesi*），タイワンリス（*Callosciurus erythraeus thaiwanensis*），イノブタ，ハクビシン（*Paguma larvata*），養鹿用シカ類，アライグマやマングースなどによる作物被害や林業被害が認められている。主な種による農業被害の内容や対策方法がハンドブック（農林水産省 2006・2007・2008・2009・2010）と農林水産省ホームページに取りまとめられており，被害の概要把握と現場対応の参考となる。

(2) 生活環境・人身への被害など

哺乳類の中でも人間活動と接して生息できる種は，様々な影響を及ぼしている。例えば全国的に分布が広がったアライグマは，民家への侵入（図13-5），屋根裏での営巣繁殖による天井裏の糞尿汚染および腐敗，鯉や金魚の捕食などの被害を及ぼしている。また神社や寺院では，文化財が傷つけられる事例が増えている。

沖縄島北部では，台湾・中国原産でハブ（ホンハブ，*Protobothrops flavoviridis*）より毒性が強く，攻撃的で敏捷なタイワンハブ（*Protobothrops mucrosquamatus*）が分布を拡大しつつある。名

図13-4 河川敷で採食中のヌートリア
ヌートリアは水系を中心に移動するので，水路等を中心に周囲の在来植生および農作物へ影響を及ぼす。
（写真：曽根啓子博士提供）。

図13-5 民家の庭に侵入したアライグマ
2000年夏ころ，北海道江別市野幌森林公園近くの住宅の庭に侵入した個体。
（写真：家主撮影，浅川満彦博士に提供）

護市内の観光施設で飼育されていた個体が逃げ出して野生化したとみられ，サトウキビに紛れて分布がなかった製糖工場の近くまで運搬された例もあり，人身被害や生態系への影響が危惧されている。分布拡大を抑えるネットの設置や捕獲が行われているが，2002～2008年に1,519匹が捕獲され，5名が咬傷を受けている（阿部 2009，琉球新報 2005/10/18・2005/7/8・2006/2/28・2007/9/1）。なお，タイワンハブやサキシマハブ（*Protobothrops elegans*）（いずれも沖縄島では外来種）には，ハブ抗毒素（血清）が使用され，治療効果があることが報告されている。また，ハブ抗毒素は，これらの外来ヘビ類とハブ（沖縄島では在来種）の雑種の毒を良好に抑えることが確認されている（沖縄県衛生環境研究所 2009）。

4. 日本の外来哺乳類対策

外来種が人間活動や生態系に深刻な影響を及ぼすことが認識され，外来種の防除が国や地方自治体によって行われるようになった。しかし，たとえ限られた範囲であっても野生化した外来種を全て除去することは容易ではなく，防除事業において生じる新たな課題を解決しながら対策が進められている。こうした中で小笠原諸島のいくつかの島ではノヤギの完全排除に成功し，沖縄島や奄美大島ではマングースを極めて低密度にできた結果，在来種の回復がみられるなど，各地で成果が上がりつつある。

1）沖縄島に導入されたフイリマングース

フイリマングースは食肉目マングース科（15属34種）のうちの1種で，本来はイランからインド，バングラデシュを経て中国南部および海南島に分布している（Gilchrist et al. 2009）。本種は19世紀後半から20世紀初頭にかけて沖縄島，西インド諸島，ハワイ諸島など多くの島嶼に，毒ヘビや野鼠対策のために意図的に導入された（Nellis 1989，Long 2003）。沖縄島を含めて多くの島嶼に導入されたマングース（図13-6）は，

これまでマングースとされてきた。しかし，DNA分析により分類が見直され，これらのマングースはフイリマングースとされ，この見解が受け入れられつつある（Gilchrist et al. 2009, Patou et al. 2009, Yamada et al. 2009）。したがって，本書でも日本に導入されたマングースをフイリマングースとして扱う（以下，マングースと表記）。

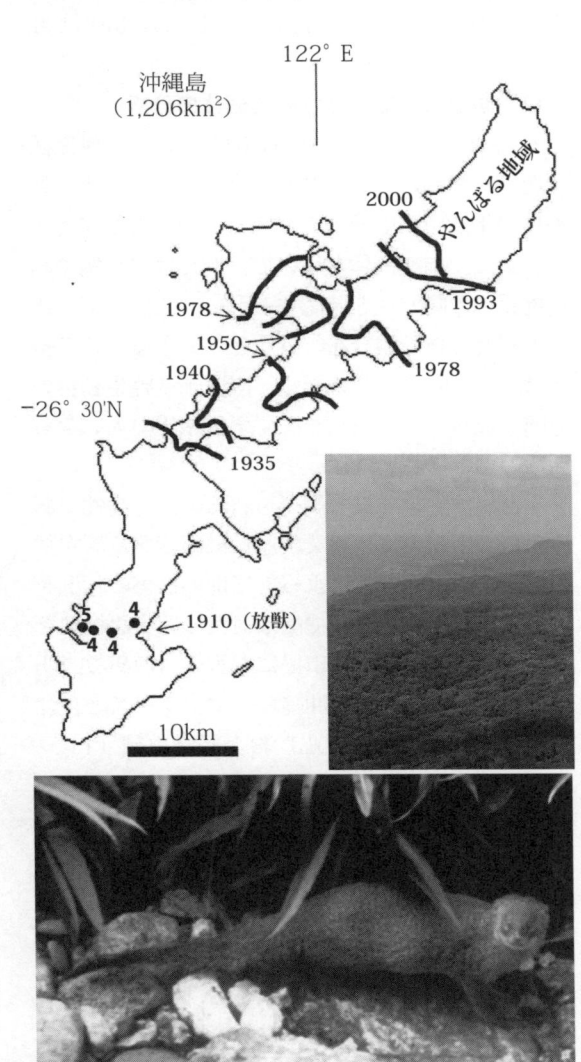

図13-6 沖縄島に導入されたフイリマングースと沖縄島における分散
マングース（下）は1910年に島の南部（上地図中の●。数字は放獣頭数）で放獣され，1993年に固有の生態系が残るやんばる地域（右中）に侵入し（藤枝 1980，阿部 1994，小倉ら 1998），現在はほぼ全島に生息している。

沖縄島には，1910年にガンジス川河口の三角州で捕獲された個体が，ハブ咬傷とサトウキビの野鼠の被害を防ぐために導入され（記者不明，1910），そのうち最大で17頭が放逐された。また，本種は1979年には沖縄島から奄美大島へ導入され（Yamada et al. 2009），さらに鹿児島市喜入町には，今からおよそ30年前に定着したと考えられる個体群が存在している（Watari et al. 2010）。

(1) 防除事業で捕獲された個体の分析

有害鳥獣捕獲や外来種対策の初期に，捕獲個体を獣医学的に分析すれば，当地におけるその外来種の生活史や影響の内容などを知ることができる。また，捕獲個体を用いて，例えばワナ餌や誘引物質への嗜好性を確認するといった，対策のための様々な技術開発を行うことができる。この機会は生態学者だけではなく，獣医師や野生動物の専門家ならびにそれらを志す学生諸氏の大いなる活躍の場となる。

捕獲個体分析でまず調べられるのは，食性である。特に，在来種や農業生産物に影響を及ぼす種の場合は，食性分析によって当地の被害の状況を把握することで，行政機関は対策の確実な根拠を得ることができ，一般市民にも説得力のある説明が可能となる。例えば沖縄島のマングースの食性調査では，昆虫類（70%）および爬虫類（11～23%）が高い頻度で餌動物としてマングースの消化管から検出され，餌動物は7つの分類群（綱）に及んだ。この結果から，沖縄島のマングースは，原産地や他の導入地とほぼ同様に（例えばPrater 1971, Gorman 1975, 阿部 1992），肉食中心の広食性で，餌に対する選択性はほとんど無く，沖縄島の生態系において小型の陸棲動物のほとんどを捕食できる高次捕食者であることが推察された（小倉ら 2002）。

また，生活史の一端を知ることは防除計画の一助となることから，繁殖学的特性の分析も欠かせない。捕獲個体の生殖器系臓器の肉眼観察や組織観察によって，各個体が捕獲時にどのような繁殖状態にあったかを知ることができる。沖縄島のマングースの繁殖学的特性の分析では，多くの雌は6月を中心に年に1回2～3頭を出産し，当歳子は翌年には繁殖に参加することが推定された（Ogura et al. 2001）。繁殖学的特性に加えて，性比，齢構成，死亡率などが推定できれば，個体群の動態を知ることができるので，どの程度の捕獲圧をかければ個体数が減少に転じるかを推察することが可能となる。

これらの他にも，外部形態計測，頭骨形態およびDNA分析による種の同定，飼育下における成長記録の分析，終日連続の行動観察，寄生虫や感染症の原因菌などの保有調査などが行われてきた（小倉ら 1998, Ogura et al. 2000）。

(2) マングースによる影響

1910年に沖縄島の南部で放逐されたマングースの分布域は，1993年に沖縄島北部の通称・やんばる地域に達した（阿部 1994）（図 13-6）。やんばる地域は，希少種や固有種の生息種数の割合が高い森林地帯である。マングースは，やんばる地域に数百頭から1000頭ほどが生息し，沖縄島全体には約3万頭が生息していると推定されている（自然環境研究センター 2003, 環境省 2010a）。

① 在来種および生態系への影響

マングースの食性は上述の通り肉食性の広食性で，やんばる地域に侵入したマングースは，希少性と固有性の高い多くの在来種を捕食していた（表 13-1）

特に，侵入初期においてマングースは爬虫類へ大きな影響を及ぼした。例えば，2001年の食性調査（小倉ら 2003）では，マングースの分布の北端地域で消化管から検出された爬虫類の出現頻度は約48%であった（図 13-7）。分布北端の中でも最も北（当時の謝名城林道付近）では，爬虫類の出現頻度は59%を示した。しかし，マングースが侵入して約15年が経過した地域では，マングースは餌動物として昆虫類などの地上徘徊性の小動物に餌資源の多くを依存しており，爬虫類の検出頻度は10～20%であった（小倉ら 2002）。このことから，マングースは，侵入当初は爬虫類

第13章 外来生物

表 13-1 沖縄島やんばる地域で捕獲されたマングースの消化管から検出された主な固有種, 希少種（脊椎動物）

餌動物の種名	検出数	備考
哺乳類		
ワタセジネズミ	19	南西諸島固有種, 準絶滅危惧種
鳥類		
ホントウアカヒゲ	2	沖縄島固有種, 絶滅危惧Ⅱ類, 国指定天然記念物
リュウキュウハシブトガラス	1	琉球列島固有亜種
リュウキュウメジロ	1	琉球列島固有亜種
爬虫類		
ガラスヒバァ	2	奄美・沖縄諸島固有亜種
ハイ	2	徳之島・沖縄諸島固有亜種, 準絶滅危惧
ハブ	1	奄美・沖縄諸島固有種
リュウキュウアオヘビ	8	奄美・沖縄諸島固有種
オキナワキノボリトカゲ	104	奄美・沖縄諸島固有亜種, 絶滅危惧Ⅱ類
オキナワトカゲ	1	琉球列島固有種
ヘリグロヒメトカゲ	3	琉球列島固有種
小型スキンク科	47	
アオカナヘビ	48	琉球列島固有種
両生類		
ハナサキガエル	5	沖縄島固有種, 絶滅危惧Ⅱ類

検出数：表記した餌動物を検出したマングースの頭数。全調査頭数は 384 頭（小倉ら 2003）。
小倉ら（2003）および小倉・山田（2011）を改変。

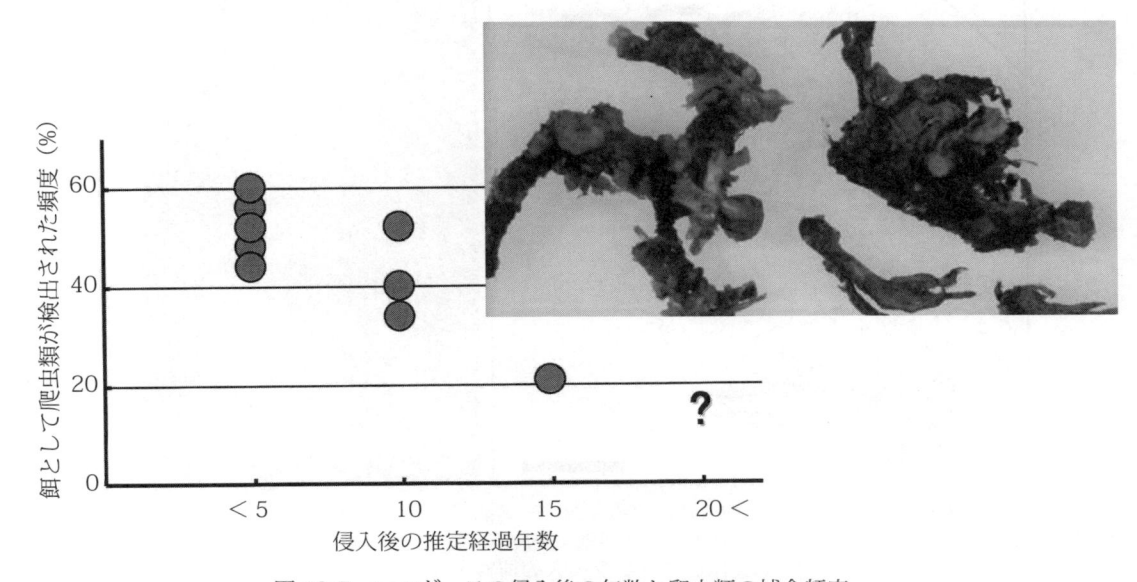

図 13-7　マングースの侵入後の年数と爬虫類の捕食頻度
マングースは，侵入当初は餌資源を高い頻度で爬虫類に依存するが，その頻度は経年的に低下する。写真はマングースの胃から検出されたオキナワキノボリトカゲ（*Japalura polygonata polygonata*）の断片（右上）
（写真：環境省提供，小倉・山田 2011 を改変）

に著しい捕食圧を及ぼし，数年後には爬虫類の生息密度を低下させ，その結果，マングースが侵入して約15年が経過した地域では，爬虫類を相当の低密度にするものと推察された。

このような特定の分類群の動物への影響は，それらの種が捕食されて減少するという直接的な影響だけに留まらず，生態系における食物連鎖のより下位の種の増加につながることもある（Watari et al. 2008）。

西インド諸島やフィジー諸島では，マングースによって多くの爬虫類が減少し，絶滅した種もある（山田 2011）。琉球列島は大陸島として孤立した期間が比較的長く，動物相は固有種のなかでも遺存固有の割合が高い。このような遺存種で構成される生態系は，肉食哺乳類のような上位捕食者を欠き，規模が小さく，構成要素が少ないので，外来種が持ちこまれると短時間に特に大きな影響が及ぶことが経験則として示されている（太田 1995）。

②その他の影響

病原性のレプトスピラは，経皮的または経口的に動物に侵入し，発熱，黄疸，出血などを主徴とする症状を引き起こす人獣共通感染症の原因菌である。沖縄島北部地域におけるマングースのレプトスピラ保菌率は約30%で，ほかの導入地のマングースよりも高く，沖縄島北部ではマングースが環境のレプトスピラ汚染を，より高位に維持している可能性が示唆されている（石橋ら 2006）。

また近年では，沖縄島北部の106戸の養鶏農家の約20%にマングースによる被害がみられている（与儀ら 2006）ほか，北部地域ではマンゴーや柑橘類への食害もあるようだが，詳しい調査は行われていない。

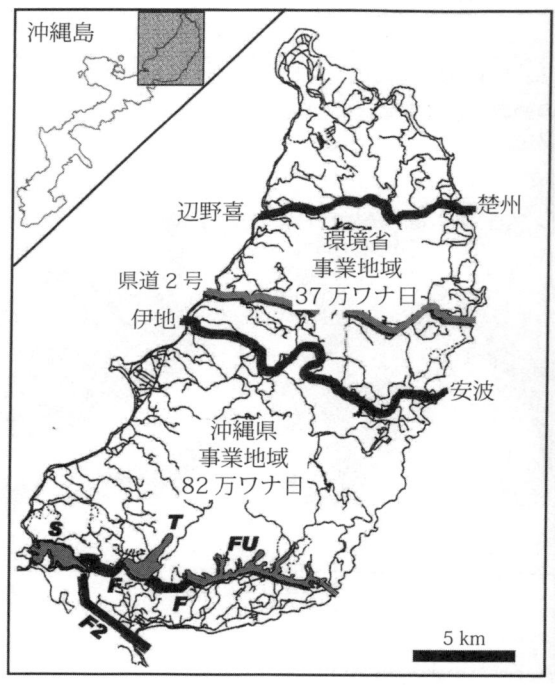

図13-8 沖縄島やんばる地域におけるマングース防除事業の区分と最前線のSFライン

沖縄島のやんばる地域（左）では，2010年度は伊地-安波ラインより北部を環境省が，南部を沖縄県が，カゴワナ（右上）と捕殺ワナ（右下）を用いてマングースの捕獲を行っている。やんばる地域（左）の南端は，西から塩屋湾（S），マングース北上防止柵（F），大保ダム（T），マングース北上防止柵（F）およびダム湖（FU）によって，それ以南と区分されている。このラインはSFラインと呼ばれ，やんばる地域における防除事業の南端・最前線である。間もなく第2マングース北上防止柵（F2）が設置され，SFラインの直南に緩衝地帯が確保される。

（小倉・山田 2011を一部改変）

(3) 対策の現状

沖縄島では，沖縄開発庁沖縄総合事務局北部ダム事務所が1993年から（2010年で終了），沖縄県が2000年から，また環境省が2001年から，いずれもやんばる地域の生態系の保全を目的としてマングースの捕獲を行っている（環境省 2006）。さらに，2005年に「外来生物法」が施行されたことを受け，沖縄島北部地域におけるマングース防除実施計画が策定され，現在では沖縄県と環境省が協働でマングース防除事業を行っている（図13-8）。

①対策の現状－ワナによる捕獲・捕殺－

マングースの平均行動圏面積は4.46haで，これを正円とした場合の半径は119mとなり，これがワナの有効範囲の半径119mとなる。2000年から始まった防除事業では，やんばる地域の車両が走行できる林道沿いに，約100m間隔でカゴワナ（図13-8）が配置された。その結果，やんばる地域の単位捕獲努力量あたりの捕獲数（CPUE：capture per unit effort，捕獲頭数 / ワナ日 × 100）は，捕獲開始当初に高く，その後低下したが（沖縄県 2003）ゼロにはならず低値を維持した。このことは，林道沿いに100m間隔でワナを配置してマングースを捕獲しても，ワナの有効範囲が及ばない林内のマングースは完全に排除できないことを示していた。

そこで2005年から，林道沿いに加えて林内への生け捕りワナの設置（図13-8）がはじまり（環境省那覇自然環境事務所 2006），2007年には林内におけるワナ地点が本格的に増やされた。その結果，やんばる地域の単位面積あたりのワナ有効面積（ワナ占有率）は，9～18%（2006年度）から50～62%（2009年度）に著増した（環境省那覇自然環境事務所 2009・2010a）。

また，それまで使われてきた生け捕りワナに加えて，捕殺式の筒式ワナ（捕殺ワナ）（図13-8）が2008年から本格的に導入された。捕殺ワナは，地上棲の在来哺乳類がいないニュージーランドにおいて，外来イタチ類の防除で使われている主要なワナである（Parkes & Murphy 2004）。日本では在来の哺乳類や地上を生活空間の一部とする鳥類の混獲による捕殺が懸念されるが，これら非標的種がワナに入りにくい改良が環境省によって重ねられた。むしろ，今回のマングース防除においては，非標的種の遺伝的多様性の保全も含めて個体群の存続に影響がなければ，混獲は深刻な問題ではなく，混獲をなくすためにマングースを効率的に捕獲できないことの方が問題である。混獲で死亡する在来種の数は，捕殺ワナを使わない場合に捕獲できないマングースによって捕食される在来種の数よりも少ないと思われるからである。捕殺ワナは点検が月に1回程度で，毎日点検が必要なカゴワナに比べてワナ点検の労力は少ないので，遙かに多くの捕殺ワナを設置・管理できることとなり，これが在来種の回復につながった（後述の在来種の回復）。沖縄島では，以上のような精緻な捕獲戦略のマネジメントが，専門知識と経験が豊富な環境省の担当官によって行われている。

②防除地域を有限化するマングース北上防止柵

外来種を特定の地域から完全に排除するときには，排除地域へ標的種を新たに侵入させないことは定石で，外来種侵入防止柵の設置は多くの対策において適用されている（Perkes 1993, Merton 2002）。やんばる地域におけるマングースの防除事業では，やんばる地域南端（図13-8）でマングースの侵入を防ぐことが重要な課題であった（阿部 1994，大島ら 1997）。そこで沖縄県は，15種類の柵を試作してマングースの侵入を防ぐ効果を検証し（Ichise et al. 2005，仲松ら 2006，Ogura et al. 2008），高さ120cmの3種類の柵をSFラインに設置した（図13-9）。このマングース侵入防止柵の設置によって，島を横切って，塩屋湾・マングース侵入防止柵・福上湖（福地ダム）がマングースのやんばる地域への侵入を防ぐSFラインとして2006年に完成した。また，2007年と2009年には，柵の機能を評価するために，柵の北側と南側でマングースの捕獲試験が行われ，いずれの年もCPUEは柵の南側で明らかに高く，柵の北側では経年的に大幅に減少し，柵が機能して

図 13-9　やんばる地域の南端に設置されたマングース北上防止柵
SF ラインには，高さ 120cm・付属パネル幅 30cm の柵をはじめ 3 形状のマングース北上防止柵が総延長 4168m にわたって設置された。柵には地元の小学生の絵が掲示されている。
（小倉・山田 2011 を一部改変）

図 13-10　マングースの痕跡を捜すマングース探索犬とハンドラー
探索犬は，マングースの糞や痕跡を捜して，その場所をハンドラーに知らせる。この写真の探索犬ランディー（ジャーマン・シェパード，雌）は，マングースの糞を 97% の精度で発見し，発見した場合は 100% の割合でハンドラーに告知し，マングース以外の糞はほぼ 100% の割合で告知しない高い探索精度を持つ（Fukuhara et al. 2010）。写真は糞をみつけたことを探索犬がハンドラーに告知をしているところ。
（写真：株式会社南西環境研究所・福原亮史博士提供）

いることが示された（環境省那覇自然環境事務所 2010a）。

沖縄県では，マングースのやんばる地域への侵入圧をさらに低減するために，現在のマングース北上防止柵の南に新たな侵入防止柵を設置する。新たな侵入防止柵が完成すれば，2 つの柵に挟まれた地域は，やんばる地域と高密度地域に挟まれた緩衝地帯として位置づけられ，ここでもマングースの捕獲が行われることとなる。

③マングース探索犬

沖縄島と奄美大島のマングース防除事業では，マングース探索犬が開発され 2009 年から事業に導入され，マングースの分布状況の把握に寄与している（図 13-10）。導入前の探索犬の探索精度の評価では，探索犬は第三者によって設置されたマングースの糞の探索において糞発見率は 97% で，告知動作率は 100% であり，逆に糞を設置していない 130 地点で反応を示したのは 1 地点のみで，信頼性の高い探索能力が示された（Fukuhara et al. 2010）。

2010 年度には，417km の探索を行い，マングース 1 件，痕跡として糞 320 件と臭い 33 件を発見した。マングースが捕獲されない地域で痕跡を発見したり，痕跡を発見した場所でマングースが捕獲されている。また，発見したマングースの糞からオキナワトゲネズミ（*Tokudaia muenninki*）やケナガネズミ（*Diplothrix legata*）の被毛が検出され，在来の齧歯類がマングースに捕食されていることを初めて証明するなど，探索犬の導入の成果が得られている（環境省那覇自然環境事務所 2011）。探索犬が発見した糞が，すでに捕獲された個体の糞か否かが確認できれば，その地点にワナや駆除剤を設置するべきか否かが判断できるので，マイクロサテライトの多型による個体識別，性判別領域の塩基配列比較による雌雄判別，ミトコンドリア DNA による種判別の技術確立が進められている。

(4) 防除事業の成果

①捕獲数と捕獲努力量あたりの捕獲数

防除事業において，開始後数年間のマングースの捕獲地域は経年的に北に拡大した。しかし，ワナの林内設置と捕殺ワナの導入によって捕獲努

表13-2　沖縄島 SF ライン以北（約 280km2）の環境省と沖縄県の防除事業における捕獲努力量と捕獲結果の推移

事業年度	2000	2001	2002	2003	2004	2005
ワナ日	78,576	126,675	106,756	119,734	189,037	279,481
捕獲頭数	123	208	284	519	543	572
CPUE	0.16	0.16	0.27	0.43	0.29	0.20
事業年度	2006	2007	2008	2009	2010	
ワナ日	292,743	355,769	902,740	1,181,581	1,193,092	
捕獲頭数	551	587	544	390	199	
CPUE	0.19	0.16	0.06	0.03	0.02	

ワナ日：設置したワナ数×設置日数，CPUE：capture per unit effort の略（捕獲頭数 / ワナ日 × 100）．数値と定義は，環境省（2010）および沖縄県（2010）による．　（小倉・山田 2011 を改変）

力量（ワナの設置個数×設置日数）とワナ占有率は飛躍的に増加し，近年はマングースが捕獲される地域の連続性が抑制された．さらに，捕獲努力量が飛躍的に増えているにもかかわらず，捕獲頭数と CPUE は 2005 年から減少傾向にあり，2010 年には 2005 年の 1/10 にまで減少した（表 13-2）．これらのことから，マングースの密度はやんばる地域において大幅に減少したと考えられている（環境省那覇自然環境事務所 2010a，沖縄県 2010）．

②在来種の回復

防除事業の成果は，遺伝的多様性を確保した種の多様性の回復と保全，および生態系の回復である．成果を図るために，やんばる地域では在来種の回復モニタリングが開始されている（小高ら 2009，沖縄県 2009）．経年変化はまだ明らかでないが，例えばヤンバルクイナ（*Gallirallus okinawae*）は，2000〜2007 年の生息南限のさらに南で 2009 年に自動撮影によって確認された（尾崎ら 2002，尾崎 2009，沖縄県 2010）．また，2007 年から 2009 年にかけて，ヤンバルクイナ

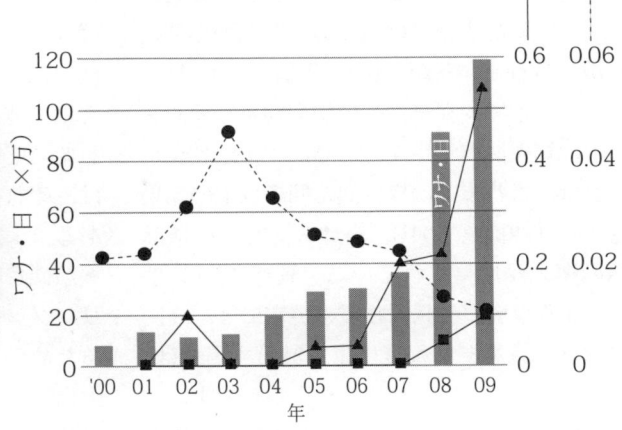

図 13-11　捕獲努力量の著増によるマングースの低密度化と在来齧歯類の回復
2000 年から開始された防除事業の捕獲努力量（ワナ個数×設置日数）は，ワナの林内設置および捕殺式ワナの導入によって 2008 年から飛躍的に増加した．2003 年をピークに減少していた単位捕獲努力量あたりのマングース捕獲数（M-CPUE）もさらに減少した．これに伴って，オキナワトゲネズミやケナガネズミ（写真）の単位捕獲努力量あたりの混獲延べ頭数（NR-CPUE）は著増し，在来種の生息数と生息域の回復が示唆された．
●：M-CPUE（マングース），▲：N-CPVE（ケナガネズミ），■：R-CPUE（オキナワトゲネズミ）
（写真：岡山理科大学・城ヶ原貴通博士提供）（小倉・山田 2011 を一部改変）

の生息確認地域は，断続的であった分布がより連続的になり，推定個体数も増加傾向にあるなど（環境省 2010b），マングースの防除事業の成果を示す事例が確認されはじめている。

やんばる地域には，マングース防除事業によって数千個の捕獲ワナが道路沿いと林内に設置され，2009 年度の延べワナ数は約 120 万ワナ日にのぼった（図 13-11）。ワナにはマングースだけでなく在来種も混獲され，在来種の生息情報を得ている。このなかでケナガネズミの混獲延べ頭数は，2000～2006 年度は 2 頭以下であったが，2007 年には 7 頭が，2009 年度には 63 頭と著増し（図 13-11），さらに 2010 年には 164 頭となり，生息数と生息範囲の回復が認められている。

(5) 対策の課題とそれを解決するための技術開発

マングースを対象地域から完全に排除するためには，捕獲・捕殺，移動制限，生息確認など，標的種の動物学的特性に応じた多様な技術が必要で，これらを防除事業の進捗に先がけて開発・準備し，適時に導入する必要がある。

①ワナ餌

飼育下のマングースは，個体によって餌の嗜好が異なることがあり，野生の個体でも嗜好性の幅がある可能性を考慮すれば，ワナ餌は数種類あるほうがよい。防除事業ではスルメと豚肉の塩漬けが主に用いられているが，他のワナ餌として，様々なワナ餌候補のマングースへの誘引効果が検討された。その結果，塩サンマ，缶詰のツナ，乾燥ネズミなどは，これまでのワナ餌と同等以上の効果が確認され（沖縄県 2010，小倉ら 2010），防除事業への導入が期待されている。延べ 120 万個のワナに使うワナ餌や誘引物質の選定には，高密度のマングースをある程度にまで減らす場合は，安価で，日持ちし，扱いやすく，入手しやすいことが望まれる。しかし，根絶を目前にして，残存個体の捕獲を行う場合には，効果が最も優先され，他の要因は考慮されなくてもよいだろう。

②毒　餌

ニュージーランドでは，モノフルオロ酢酸ナトリウム，Potassium cyanide あるいはダイファシノンなどを含む毒餌を外来種のポッサム，ウサギおよび齧歯類に汎用しており（Parkes & Murphy 2003），ハワイ諸島でもダイファシノンがマングースや齧歯類に用いられている（Keith et al. 1990，Smith et al. 2000）。日本でも，沖縄島や奄美大島のマングース防除事業への導入を視野に入れて，ダイファシノンや p-アミノプロピオフェノンを含む毒餌のマングースに対する薬効量の確認が行われている（小倉ら 2009）。

沖縄島や奄美大島には，ニュージーランドやハワイ諸島と異なり，マングースと地上棲の在来哺乳類が同所的に生息している。しかし，防除事業の終盤に残存しているマングース 1 頭を除去することの意義は極めて大きく，非標的種に毒餌の影響が及ぶという理由だけで毒餌を使用しないという考え方は安直である。在来種に影響が及んでもその個体群が遺伝的多様度を保ちながら存続でき，残存する少ないマングースを排除できるなら，一般には受け入れられにくい印象があるが，毒餌を用いたマングースの除去も選択されるべきである。

③マングースの探索技術と根絶の確認

防除事業が終盤になって，マングースが低密度になればなるほど，的確な場所にワナを設置せねばならない。そのためには，マングースの生息場所を把握するモニタリング技術が必要である。例えば，先述のマングース探索犬，すでに設置され始めているヘアトラップ，センサーカメラなどは，それぞれの特性を持つモニタリングツールである。一定の面積において，マングースの生息状況が低密度からゼロに変化する過程と，各モニタリングツールの検出力の変化と精度との関係を知るためのフィールド試験（Sasaki 2010）が奄美大島で行われている。これらの結果から，各モニタリング方法がどのような結果を示せばマングースが生息していないこと（根絶）を証明できるのかが明らかになる。

2）最も身近な伴侶動物であり外来種であるイエネコ

イエネコは古代エジプト時代に，リビアヤマネコ（*Felis silvestris lybica*）から家畜化されたものである。わが国では犬と並んで 1,000 万頭以上が飼育されている代表的な伴侶動物である反面，2009 年度には年間 17 万頭以上が殺処分されている。特定の飼い主によって飼育管理されていれば問題はないが，人間生活に依存しつつも特定の飼い主によって飼育管理されていないイエネコ（ノラネコ）や，人間生活にまったく依存しない野生化したイエネコ（ノネコ）は，在来種を捕食し，日本だけではなく多くの島嶼において，在来種および生態系に深刻な影響を及ぼしている（大島ら 1997，城ヶ原ら 2003，堀越ら 2009）。IUCN（国際自然保護連合）は，イエネコを世界の侵略的外来種ワースト 100 にリストアップしているが，わが国の外来生物法では，イエネコは特定外来生物に指定されていない。また，ノネコは「鳥獣の保護及び狩猟の適正化に関する法律」において狩猟鳥獣に該当し，ノラネコは「動物の愛護及び管理に関する法律」において愛護動物に該当し，法的に取扱いが異なる。しかし，ノネコとノラネコを見分けることは難しく，様々な影響を防ぐために行われるイエネコの捕獲やその後の取扱いは混乱している（長嶺 2011）。

(1) ノネコによる影響

イエネコは，狩猟能力を残したまま飼育され続けたために野生化しやすく，高い繁殖力を持つ。さらに，係留されずに飼育されるので制限なく繁殖しがちで，増えすぎた子ネコが遺棄されることも多い。これらのことが外来種としてのイエネコを増やす要因となっている（長嶺 2011）。

イエネコが侵略的外来種とされる最大の理由は，在来種を捕食・捕殺することで，遺伝的および種の多様性を低下させ，生態系へ不可逆的な影響を及ぼすことである。沖縄島やんばる地域の調査（城ヶ原ら 2003）では，林道周辺におけるノネコの餌動物は，昆虫類（出現頻度 89％），哺乳類（46％），鳥類（32％），爬虫類（32％）を中心に多岐にわたっていた。特に，林道周辺のノネコは集落周辺のノラネコよりも高い割合でこれらの動物を餌とし，逆に，キャットフードなど人工食を餌とする割合は低くなり，野生化しても餌資源の変化に対処できる能力を持つ。沖縄島のやんばる地域は，前述の通り，多くの固有種や希少種が生息しており，このような環境にノネコが侵入すれば，当然これらの種も捕食される。

また，イエネコから在来種ツシマヤマネコへの猫免疫不全ウイルスの感染が 1996 年に確認され（Nishimura et al. 1999），陽性率はヤマネコで 3.5％，イエネコで 10.6 〜 13.6％であることが報告されている（羽山 2009）。ほかにも，ノネコやノラネコは住宅への侵入による食料被害，糞尿被害，小型伴侶動物の捕食，寄生虫や人獣共通感染症の伝播など，多くの影響を及ぼしている。

(2) 在来種および生態系への影響

沖縄島のやんばる地域では，採取されたノネコの糞から，オキナワトゲネズミ（宮城 1976，大島ら 1997），ヤンバルクイナ（大島ら 1997），ケナガネズミ（城ヶ原ら 2003）といった固有性と希少性の高い在来種の組織片が検出されている。小笠原諸島では，オナガミズナギドリ（*Puffinus pacificus*）やカツオドリ（*Sula leucogaster*）（堀越ら，2009）など多くの海鳥とオガサワラカワラヒワ（*Carduelis sinica kittlitzi*）などの陸鳥類（Kawakami & Higuchi 2002，川上・益子 2008），オガサワラオオコウモリ（*Pteropus pselaphon*）（鈴木ら 2010），オガサワラトカゲ（*Cryptoblepharus boutonii nigropunctatus*），オガサワラゼミ（*Meimuna opalifera*）（川上・益子 2008）などが，ノネコに捕食あるいは捕食されずに捕殺されている。また，アカガシラカラスバト（*Columba janthina nitens*）など個体数の極めて少ない地上採餌性の鳥類はノネコによる捕食が危惧されている（川上・益子，2008）。このようにノネコによる在来種の絶滅や生態系に対する影響は，ノネコが導入されるまで捕食性の哺乳類が生息しなかった多くの島嶼ですでに認められており，沖縄島や小笠原諸島では捕獲や侵入防止柵を

(3) 小笠原諸島におけるノネコ対策

小笠原諸島のノネコは，1830年に入植と同時期に導入されたイエネコに由来し，現在は父島，母島，硫黄島，弟島において生息が確認されている（小笠原諸島世界遺産推薦書 2010）。各島の生息数は不明であるが，母島では，原生林の残る地区や最高標高地を含めて全頭で約100頭が生息すると推定されている（川上 2003）。

小笠原諸島をはじめ海洋島には，もともと鳥類を捕食するような肉食性の陸棲捕食者が生息していなかったため，地上棲の在来種はこれらの捕食者から回避する能力をほとんどもたない。すでに小笠原諸島では，ノネコによってオガサワラマシコ（*Chaunoproctus ferreorostris*）およびオガサワラガビチョウ（*Cichlopasser terrestris*）など4種（亜種）の鳥類が絶滅した。今後も，メグロ（*Apalopteron familiare*），オガサワラカワラヒワ，アカガシラカラスバトなど地上を生活空間とする鳥類ならびにミズナギドリ類等の海鳥類などが，ノネコによって捕食されることが危惧されている（川上 2003）。

①獣医師会の協働と条例の制定

このようなノネコによる天然記念物の鳥類の捕食および衛生管理を目的として，小笠原村では1996年から父島と母島でノネコの捕獲・不妊化を開始した。不妊去勢手術は，1994年から同地域を巡回診療している東京都獣医師会（小笠原動物医療派遣団）が全面的に協力・施術し，術後の猫は再放逐された（川上 2003，高橋 2011）。また，1999年には，全国で初めてイエネコの登録を義務づける「小笠原村飼いネコ適正飼養条例」が施行され，飼い主は猫を登録して，猫に飼養者を記したペンダントと首輪をつけて適正飼養に努めることなどが求められた。この条例は2010年に改正され，現在ではマイクロチップを装着した登録が義務化されている。

②持ち寄り式役割分担によるノネコ対策

母島（南崎）では2005年に海鳥の繁殖地がノネコによって壊滅的な被害を受け（図13-12），関係機関の協議のもとで地元住民ボランティアの協力も得てノネコの捕獲を開始し，翌年にはノネコの侵入を防ぐ海鳥繁殖地保護柵が設置された。また，父島（東平）でもアカアシカラスバトを襲おうとしたノネコが目撃された（関東森林管理局 2010）ことを契機に，2005年冬期にアカアシカラスバト繁殖営巣地においてノネコの捕獲が始まり，2009年より繁殖営巣地を囲むノネコ侵入防止柵が設置されつつある。捕獲されたノネコは，両島共に避妊去勢のあとで放逐されていたが，母島で捕獲されたノネコは東京都獣医師会が小笠原諸島の世界自然遺産登録に協力するという観点から，捕獲されたノネコの引き取りを開始した。また，父島で捕獲されたノネコにも母島の協働事例の枠組みが拡大して適用され，捕獲，一時飼養，搬送，引き取り・馴化などの全ての業務が，多くの関係機関のボランティアワークによって実施された（表13-3）（中山 2009）。捕獲されたノネコは，当初は安楽殺が検討されたが，その全てを東京都獣医師会が引き取って家庭で飼育できるよう馴化され（図13-12），新たな飼い主をみつけるという，前代未聞の取り組み（鈴木 2011）が継続され，これまでに200頭以上のノネコが東京で新しい飼い主に譲渡された。

図13-12 ノネコ・マイケルとイエネコ・マイケル
小笠原諸島の母島（南崎）のカツオドリ繁殖地で撮影されたカツオドリを捕食するノネコ（左）。翼開長1.5mにもなる大型海鳥の捕食事例は世界でもまれで，イエネコ由来の外来種が，警戒心のない海洋島の野生動物にいかに脅威となるかを示すものである。このノネコは後に捕獲され，獣医師のもとで馴化ののち新しい飼い主のもとで飼い猫（名前はマイケル）として飼育されている（右）。
（写真：左は小笠原自然文化研究所提供，右は東京都獣医師会提供）

表13-3 父島（東平）のノネコ緊急捕獲事業の持ち寄り式役割分担

事業内容	国	都	村	民間	担当機関の名称など
捕獲関連					
ハト繁殖調査	○			○	環境省，小笠原自然文化研究所
捕獲作業の調整	○				小笠原総合事務所国有林課
捕獲位置決定				○	小笠原自然観察指導員連絡会
捕獲作業	○	○	○	○	環境省，国有林課，東京都，小笠原村，小笠原村教育委員会，小笠原自然観察指導員連絡会，住民ボランティア
捕獲後・搬送まで					
捕獲飼養基地の提供	○				小笠原総合事務所国有林課
ワナ・ケージの購入・餌の確保	○		○		環境省・小笠原村
ボランティア交通費・保険代				○	自然保護助成基金
飼い主照会			○		小笠原村
健康管理		○		○	東京都島しょ保健所，どうぶつたちの病院
一時飼養				○	小笠原自然文化研究所，住民ボランティア
搬送・馴化など					
搬送手続	○				環境省
東京都獣医師会への搬送		○		○	小笠原海運，東京都
引き取り・馴化				○	東京都獣医師会
ケージの返送			○		小笠原村

（中山　2009 を改変）

③みえはじめた成果

こうした取り組みによって，2007 年には母島（南崎）でオナガミズナギドリの営巣・繁殖が確認され，海鳥繁殖地が復活し（中山 2009），父島（東平）ではアカガシラカラスバトの繁殖地が維持されて若鳥の目撃が続いている（鈴木 2011）。

イエネコは最も身近な伴侶動物であり，外来種でもある。わが国および外来種対策を積極的に進める国において，外来種対策で捕獲された外来種の帰結は安楽殺である。小笠原諸島のノネコ対策のように，ノネコの捕獲・島外搬出・譲渡という帰結は，ほかにも取り組みがありはするが，まれな事例である。最も大切なことは，ノネコの発生源を封じるため，集落における適正な飼養管理を各飼い主が責任を持って行うことであり，それが可能となる地域での新たな仕組み作りが必要である。この場面における獣医師や伴侶動物に関わる専門家の役割は不可欠かつ重要である。

小笠原村の他にも，沖縄県竹富町（西表島）や沖縄県国頭村（安田区）ではイエネコの飼養条例を制定し，地元住民，行政，獣医師，NPO 等が協力してイエネコ対策の基本である，繁殖制限，捕獲排除，遺棄の防止への取り組みを推進している。これらの詳細は長嶺（2011）に詳しい。

3）タイワンザルによる遺伝的攪乱

タイワンザルは特定外来生物で，在来種のニホンザルと同じマカク属のサルである。日本では，飼育施設から放逐あるいは逃亡したタイワンザルが，和歌山県，静岡県，東京都（伊豆大島）で野生化している。青森県（下北半島）で野生化していた個体群は，2004 年に完全な除去が完了した。なお，同じマカク属で特定外来生物のアカゲザル

も千葉県に定着している。

(1) タイワンザル（和歌山）による影響

和歌山県のタイワンザルは，1954年に閉鎖された観光施設における飼育個体の逃亡に由来し，和歌山市と海南市にまたがる地域で群れとして野生化している。当初は，外来種としてではなく農業被害を低減させるために捕獲されたこともあったが，次第に個体数を増加させた。1970年代になって，タイワンザルらしきサルが分布することが初めて報告されたが，対策が講じられることはなかった。しかし，1990年代になって，タイワンザルの特徴の1つである尾の長いサルの群れの存在が明らかとなり，1998年4月に日高川町で，尾がニホンザルよりも長くタイワンザルより短いサルが捕獲された。この個体は，遺伝子分析からタイワンザルの交雑個体であることが確認され，雄個体の分散が起きていることがわかった（川本ら 1999，白井 2011）。その後も，和歌山市と海南市において，タイワンザルにしては尾が長くない個体が複数目撃されるなど，交雑はかなり進んでいると推察された。1999年の実態調査では，分布域は約14km^{2}で，生息数は2群合計で約200頭（約14頭/km^2）と推定され，ホンドザル（*Macaca fuscata fuscata*）の約3倍の密度となっていた（白井 2011）。

①ホンドザルとタイワンザルの交雑

ニホンザル，タイワンザル，アカゲザル（*Macaca mulatta*），カニクイザル（*Macaca fascicularis*）は，マカク属の中の4つのグループのうち，がっしりとした体格で赤顔のfascicularisグループに属す。マカク属のサルのように進化的に種の分化が未熟な哺乳類では，別種に分類されながらも近縁であるため，種間交雑により繁殖力のある雑種が生まれ，遺伝子の浸透（交雑）が容易に生じるので注意が必要である。

和歌山市と海南市のタイワンザルと交雑個体の群れの目視では，尾の長さが，長い個体は約36％，短い個体は約9％，中間の個体は約55％の割合で生息し，この結果は遺伝的な分析結果とも一致し，交雑はかなり進んでいることが明らかになった（図13-13）。紀伊半島のホンドザル個体群は日本アルプスの個体群と共にホンドザル分布の中核を担っているため，交雑が拡大すると種の存続への影響は計り知れない（川本ら 1999・2001，白井 2011）。

②農業被害

タイワンザルおよびその交雑個体は，ホンドザルと同様にコナラ，アケビ，イヌビワ，ヤマモモなどの果実，ヤマイモの種子やムカゴ，タケの葉などを採食していた。ホンドザルと食性が類似していたため，在来の植物相に影響が及んでいるか否か不明である。一方，この地域は有田ミカンと

図13-13 捕獲されたホンドザルとタイワンザルの交雑個体
和歌山県で捕獲された，尾の長さがタイワンザルとホンドザルの中間の長さの個体（左：交雑個体），尾が短いがホンドザルよりは長い個体（中：交雑個体），尾の一番短い個体（右：ホンドザル）。
（写真：野生動物保護管理事務所・白井啓博士提供）

タケノコの産地であり，サルによる食害が発生し，100頭近い群れが出没するなど，被害は甚大であった（白井 2011）。

（2）対策の実施

和歌山県は，以上の事態を重視し，2000年8月にサル保護管理計画対策検討会を設置して議論を重ね，タイワンザルと交雑個体の全頭捕獲および安楽殺を原則とするサル保護管理計画を2000年12月に和歌山県自然環境保全審議会鳥獣部会に提出した。しかし，安楽殺をすることについて動物愛護団体などから反対意見が殺到し，計画は保留された（岸本 2001）。県は，安楽殺の代替案として，無人島への放獣，県有林への放獣，避妊・去勢して元の生息地に放獣といった案を比較検討した。また，2001年4月には無作為に抽出した県民1000人に，安楽殺（費用約1,200万円）か，去勢・避妊手術後終生隔離飼育（費用約11億円）か，二者択一のアンケートを実施した。その結果，約2/3が安楽殺を選択したことで，この結果もふまえて2002～2004年の3年間の対策が実施された。さらにこの後は，有害鳥獣駆除による県事業として，対策が継続されている（村上 2007, 白井 2011）。

対策では，大型オリを設置してサルを捕獲している。交雑の防止が目的であるので，捕獲されたサルは外部形態と遺伝子分析によって種（雑種）を判定し，捕獲されたホンドザルは放逐されている（白井 2011）。

（3）対策の進捗と課題

捕獲が始まった1999年に2群・約200頭であった対象の個体群は，2003年に最大となり3群・約300頭にまで増加した。しかし，その後2010年3月までに356頭が捕獲され，約20頭が残るのみとなった（白井 2011）。交雑個体群の全頭除去は，頭数だけをみれば目前のようであるが，捕獲されにくいが故に残存した低密度の個体群を完全に除去するには，300頭を20頭にまで減じた以上に多大な捕獲努力を要するであろう。残存個体がどこに何頭生息するのかを知るモニタリング手法の開発，およびモニタリングによって得た情報をもとに，ワナに入ることを忌避しがちな残存個体を如何に除去するかは，外来哺乳類の完全除去の過程の終盤に共通する大きな技術課題である。

4）ノヤギによる植物相を中心とした生態系の攪乱

山羊（*Capra aegagrus*）は，ウシ目ウシ科ヤギ属の1種で，本来は日本に生息しておらず，ノヤギは導入された家畜山羊が野生化したものである。世界各地で野生化していて，ハワイ諸島，ガラパゴス諸島，オーストラリアやニュージーランドでは，ヨーロッパ系の移民と共に持ち込まれた山羊が野生化し，島々の植生を破壊するなどの影響が生じている。日本では，本州周辺，八丈島，五島列島，トカラ列島，奄美諸島，沖縄諸島，八重山諸島，魚釣り島など多くの島で野生化している。小笠原諸島には1830年にハワイから移住した人たちによって，初めて山羊が持ち込まれたといわれているが，それ以前に，捕鯨船の乗組員たちによって持ち込まれていたものが繁殖していたという記録もある。また，戦後の米軍統治下の時代には，帰島が認められた欧米系住民によって聟島と嫁島の山羊が父島に放され，本土からザーネン種が持ち込まれたという。1968年に小笠原諸島が日本に返還された時には，約20の島に山羊が生息していた。しかし，返還後に排除が進められて1990年代の初めにはノヤギの生息は7島に限られた。さらに1997～2002年には聟島，媒島および嫁島からノヤギが完全排除され，生物多様性を保全する目的の外来種対策において，大型外来哺乳類を排除する初めての成功事例となった。現在ノヤギは，父島と弟島に分布しているだけである（常田 2006, 滝口 2007, Takiguchi 2009）。

（1）ノヤギによる影響

山羊は繊維の消化能力が高く，繊維質に富む資源を効率的に生産物へ変換することができる。また，傾斜地の移動に適した副蹄をもち，蹄の外側は堅く内側は柔らかいので，急峻な岩場などでも

往来が可能である。これらの特性から，ノヤギの導入による影響は，植物への広範囲に及ぶ壊滅的な影響とそれから派生する二次的な影響がある。

小笠原諸島では，ノヤギによって，ほとんどの島で摂食や踏圧による植物の固有種などの個体数の減少および地域的な絶滅が生じている。例えば，父島・兄島・弟島では，各島で 22～145 種（生育種の 25～57％）が食害を受けていた。食害種に占める固有種の割合は 31～47％で，オガサワラアザミなどの 3 種と絶滅の危険性が高い種ではオガサワラグワなどが著しい食害を受けており，地域によっては稚樹が消滅して更新不能になった種もあった。また，森林の破壊による陸産貝類や昆虫類などの森林棲動物の個体数の減少および絶滅，一部の島では，クロアシアホウドリ（*Diomedea nigripes*）やカツオドリなどの営巣地の破壊が認められた。さらに，植生への壊滅的な影響によって裸地化した土壌が沿岸海域へ流出し，サンゴの死滅や漁業対象種の減少が認められた（日本森林技術協会 2005，常田 2004）。

(2) 対策の実施

ハワイ島やサンタ・カタリナ島（米国），ニュージーランドの国立公園などの対策では，囲い込みによる捕獲，ヘリコプターや地上からの射殺，猟犬を利用した狩りや射殺，フェンスで島を区分して段階的な排除を進める，発信器を付けたノヤギを放逐してこの山羊が入り込んだ群れを発見して捕獲する，といった方法が併用されてきた（日本森林技術協会 2005）。

小笠原諸島におけるノヤギの排除は，1997 年からの聟島列島（媒島，聟島，嫁島および西島）の排除と，2004 年度からの父島列島（兄島，父島および弟島）の排除に大別される。

聟島列島では，影響の深刻な媒島から排除が始まった。この島は草原や裸地が多いことから，初年度の 1997 年には，仮設柵にノヤギを追い込んで 310 頭が捕獲された。

しかし，生体のまま島外へ搬出する方針であったので，捕獲された 310 頭のうち雄を中心に 136 頭が搬出され，船に乗せられなかった残りは再放逐された。一夫多妻型の繁殖形態をもつ山羊において雌が再放逐されたのである。これは，捕獲したノヤギを引き取る業者がその山羊を販売する予定で，価格の高い雄が最初に選択・搬出されたからであった。翌年は，雌を主体に搬出が行われたが，捕獲した 211 頭のうち 74 頭は再放逐された。しかし，3 年目には 142 頭のうち 60 頭が搬出され，再放逐という無駄をなくすため，残りは現地で獣医師が安楽殺に関する指針（日本獣医師会 1996）を基に安楽殺し，さらに，柵に追い込めなかった 2 頭を射殺して，媒島でのノヤギ排除は完了した。3 年間に排除された総数は 417 頭だが，再放逐をしたために捕獲数は延べ 665 頭で，生体搬出という方法を採用したために媒島における排除作業は非効率的であった。その後，排除を行った聟島と嫁島では，柵に追い込んだノヤギは現地で薬殺され，残された少数個体は射殺された。また，西島では，島がヒョウタン型であったので，草原からなる島の半分にノヤギを追い込んで射殺する方法で排除に成功した（常田 2003）。

媒島では，初年度には生け捕り個体を安楽殺せずに島外に搬出することに固執したため，捕獲個体の多くを再放逐する無駄が繰り返された。排除したノヤギ 1 頭当たりの経費を生体搬出が中心となった媒島と，捕獲後薬殺を行った聟島で比較すると，媒島は約 15 万円，聟島は約 3.5 万円で，生体搬出には 4 倍以上の経費を要した。

なお，父島列島でもすでに兄島におけるノヤギの根絶に成功し，弟島でもノヤギは半減している。父島では，ノヤギ（ノネコ兼用）侵入防止柵が整備されつつあり，2012 年までに柵内からのノヤギの完全排除を目指しているほか，全島根絶に向けた排除が 2010 年から開始されている。

(3) 植生の回復と外来植物の侵入

聟島列島では，ノヤギ排除前は，食害と踏圧によって森林植生と草地植生は大幅に減少し裸地面積は増加していたが，排除が完了したことで，まず草本の草丈や被度が回復した。また，モモタマナ，シャリンバイ，タコノキなど，木本類の稚樹

が出現し，オガサワラアザミなどの固有種も認められるようになった。

しかし，ギンネムやヤダケなどの外来種の侵入も確認され，在来種の回復を抑制する可能性が危惧されている。また，ノヤギと餌の一部が競合関係にあるクマネズミ（*Rattus rattus*）が増加して，種子が捕食されるために発芽が抑制される種が増えること，陸産貝類への捕食圧が増加することなども指摘されている（常田 2006，畑・可知 2009）。ノヤギの排除により数十年ぶりに生態系の種の構成と相互関係が変化することとなるので，回復状況のモニタリングに基づいた順応的管理が求められている。

なお，小笠原諸島の現状に即した外来種侵入防止システムの構築と必要な調査が環境省によって進められており，その詳細は，環境省関東地方環境事務所（2007）に取りまとめられている。また，環境省の小笠原自然情報センターにおいて，本章で引用した内容を含む小笠原諸島に関する様々な事業報告書が，電子媒体で公開されており，最前線での取り組みを知ることができる。

5. 外来種問題にかかわる課題

1）捕獲個体の殺処分

防除事業で捕獲された個体は，よほどの社会的な理解と体制が整わない限り殺処分されている。外来種対策の関係者も含めて人間の動物への生死観は様々で，外来種の捕殺や殺処分が正当な理由のもとに適切な手順で行われていても，賛否両論が存在する。とくに外来種対策における捕獲個体の殺処分については，一般的に哺乳類のうち霊長類やイエネコなど感覚的に身近な種に反対意見が寄せられることが多い。

外来種対策において捕獲個体を殺処分する必要がある場合は，専門的な知識と技術を有していて，不測の事態にも対応できる獣医師がこれにあたることが望ましい。しかし実際には，獣医師が常駐できない，あるいは臨機応変に獣医師が派遣されないことがあり，あらかじめ一連の手順について訓練を受けた者が殺処分を行うという現実的な選択が図られている場合もある。殺処分は，動物に可能な限り不安および苦痛を与えない方法を選択して実施すべきで，このような殺処分の方法を安楽殺という。

安楽殺の具体的な方法は，日本獣医師会が推奨する考え方とそれに基づく方法を「特定外来生物の安楽殺処分に関する指針」として，「外来生物に対する対策の考え方」の中で示している。これによれば，命への尊厳の気持ちを基に人道的な方法をとるといった規範をはじめ，用いてはならない方法や薬剤が具体的に列挙され，特定外来生物の安楽殺処分基準として，安楽殺の順序，不動化薬剤および安楽殺用薬剤の種類・濃度・投与経路などが外来種ごとに詳細に記されている。例えば，アライグマの場合には，不動化後に安楽殺用薬剤を投与することが求められ，1例として，不動化にはケタミン 10〜30 mg/kg の筋注，安楽殺にはペントバルビタール（200mg/ml）140mg/kg の静脈内または腹腔内投与を基準として示している。ただし，実験動物とは異なり野生動物には薬剤に対する反応に著しい個体差がみられることもあるので，注意が必要である。また，このように不動化の後に安楽殺を行うことが理想であったとしても，前述のように獣医師の帯同性，大量に捕獲される場合の予算や労力の問題から，二酸化炭素の過量吸入のみによる安楽殺がアライグマやフイリマングースにおいて実施されている。

安楽殺を実施する者は，受け入れから死亡確認に至る一連の過程において，自らの安全を確保しながら，動物に不必要なストレスを与えずに処置が円滑に行えるよう，訓練を積んでおく必要がある。また，安楽殺処分した個体は，防除対策に必要な科学的データを得るために関係機関に提供されることが望ましい。また，事業によっては供養のために慰霊碑の設置や慰霊祭が執りおこなわれている。外来種に対しても，在来種と同じ方法と精神を持って死後の処置までを行うことは当然のことである。

なお，家畜由来の外来種，特に家庭で飼育されていた伴侶動物などについては，本来人間の管理下に置かれた動物であることから，市民感情等を配慮し，可能な限り新たな飼い主への譲渡を推進する考えもある（日本獣医師会「特定外来生物の安楽殺処分に関する指針」）。ただし，このことが「捨てても誰かが飼育してくれる」という伴侶動物の安易な遺棄に繋がらないよう，留意しなくてはならない。獣医師や動物科学の専門家は，マイクロチップの利用をはじめ適正飼育の普及を強く推進する義務がある。

2）対策における効果と副作用
－特に混獲をどう考えるか－

2010年度の沖縄島マングース防除事業では，延べ約120万個（設置個数×設置日数）のワナが設置され，199頭のマングースが除去された。その結果マングースの生息密度は低下し，在来種の個体数と生息域は回復の傾向にある（表13-2，図13-11）。しかし同時に，最も絶滅が危惧される絶滅危惧種IA類に該当するオキナワトゲネズミ5頭，絶滅危惧IB類のヤンバルクイナ34羽とケナガネズミ164頭，絶滅危惧II類のアカヒゲ（*Erithacus komadori komadori*）50羽などがマングース捕獲用のワナで捕獲され，これらのうち捕殺式ワナで捕獲されたケナガネズミ5頭とホントウアカヒゲ1羽が死亡した（環境省那覇自然環境事務所2011）。新しく導入された捕殺式ワナによって，マングースだけでなく在来種が捕獲され，その一部が死亡したのである。このことはどう捉えるべきであろうか。

やんばる地域の捕殺式ワナは，2008年から希少種のケナガネズミとオキナワトゲネズミの生息しない地域に設置された。このワナは，捕獲された動物が即死することから，点検は月に1回でよく，低減できた点検の労力をワナ数の増加へ転じることができた。導入によって延べワナ数は導入前の約3倍になり，単位面積あたりのワナ占有率（有効範囲）が著増して，マングースの低密度化に成功したのである。さらに成果として，例

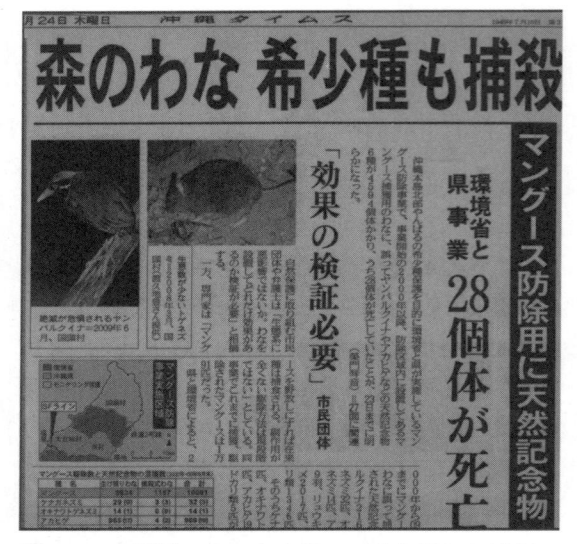

図13-14 混獲による在来種の死亡を報じた沖縄の地元新聞の記事

えばケナガネズミの混獲は，前述のように数頭から2010年には164頭に著増し，非標的種は混獲にさらされながらも，マングースが減少したことによって，個体群を回復させた。捕殺式ワナの導入は，やんばる地域南部のマングースを低密度にし，在来種に回復傾向をもたらした最大の要因である。同様の傾向は奄美大島のマングース防除事業でも認められている（深澤ら2010）。

このように技術の適否は，その効果と副作用を両面から見極めて論じるべきで，とかく課題に捕らえがちな副作用のみに判断基準を偏重してはならない。例えば沖縄島では，混獲による在来種の死亡を地元新聞が大きく報じたが（図13-14），これは表面的な報道であった。野生動物学は，その舞台である地域の社会科学と両輪をなして実効を発揮する。行政，研究者ならびに野生動物学を志す者は，常に本質を見極めて，そのことを客観的かつ平易に一般市民に伝えなくてはならず，この混獲にまつわる一連の出来事は良い教訓となった。

外来種対策の技術開発や防除事例で先進的なニュージーランドでも，外来種を駆除しようとするときに，例えば在来の鳥類に影響があっても，その種が絶滅しなければ問題ではなく，外来種を完

全に駆除あるいは制御できたときに，在来種の個体群は回復する，という姿勢を堅持している。

　研究者は，まず効果のある技術，次いで副作用のない技術の確立をめざすことが求められる。しかし副作用がない技術はないので，副作用を極力低く抑える工夫をしつつ，開発途上で副作用の質と量を予測する。その技術が実用化された後は，効果と副作用を常に監視し，その結果を新たな技術の改良へ反映させていくことになる。この繰り返しが，外来種対策の目標である在来種のみで構成される生態系の復元につながるのである。

引用文献

阿部慎太郎（1992）：マングースたちは奄美で何を食べているのか？，チリモス，3，1-18.
阿部慎太郎（1994）：沖縄島の移入マングースの現状，チリモス，5，34-43.
阿部慎太郎（2009）：沖縄の外来爬虫・両生類対策の現状，しまたてい，（50），48-53.
浅川満彦（2004）：エキゾチック・アニマルの輸入状況とその感染症・寄生虫症に関する最近の動向，酪農学園大学紀要，28，221-231.
浅川満彦・池田透（2007）：北海道で野生化したアライグマの病原体疫学調査：外来種対策における感染症対策の一具体例として開始12年の総括，野生生物保護学会ワイルドライフ・フォーラム，12，25-29.
深澤圭太，橋本琢磨，山室一樹ほか（2010）：奄美大島におけるマングース防除に伴う在来哺乳類の回復，第16回野生生物保護学会・日本哺乳類学会2010年度合同大会（岐阜大学）プログラム・講演要旨集，156.
Fukuhara,R., Yamaguchi,T., Ukuta,H. et al. (2010): Development and Introduction of Detection Dogs in Surveying for Scats of Small Indian Mongoose as Invasive Alien Species, J. Vet. Behavior, 5, 101-111.
福士秀人（2007）：外来動物による感染症-人獣共通感染症の基礎知識，緑の読本，43，90-97.
Gilchrist,J.S., Jennings,A.P., Veron, G. et al. (2009): Family Herpestidae (mongooses), Handbook of the Mammals of the World. Vol. 1. Carnivores (Wilson,D.E. & Mittermeier,R.A. eds.), 262-328, Lynx Editions.
Gorman,M.L. (1975): The diet of feral Herpestes auropunctatus (Carnivora: Viverridae) in the Fijian islands, Journal of Zoology (London), 175, 273-278.
Gosling,M.L. & Baker, J. S. (1989): The eradication of muskrats and coypus from Britain, Biological journal of the Linnean Society, 38, 39-51.
羽山伸一（2009）：GIS（地理情報システム）を用いたツシマヤマネコ（Prionailurus bengalensis euptilura）野生個体群へのイエネコFIV（ネコ免疫不全ウイルス）感染リスク分析と予防対策について，獣医疫学雑誌，13，22-23.
畑　憲治，可知直毅（2009）：小笠原諸島における野生化ヤギ排除後の外来木本種ギンネムの侵入，地球環境，14，65-72.
堀越和夫，鈴木　創，佐々木哲郎ほか（2009）：外来哺乳類による海鳥類への被害状況，地球環境，14，103-105.
Ichise, T., Ogura, G., Yamashita, K., Hamada, M. & Iijima, Y. (2005): Experimental design of fences for the exclusion of introduced mongoose on the islands of Okinawa, Abstracts of Plenary, Symposium, Poster and Oral Papers presented at IX International Mammalogical Congress, p276
池田透（2011）日本の外来哺乳類－その現状と問題点，日本の外来哺乳類（池田透・山田文雄・小倉剛 編），印刷中（年内刊行予定），東京大学出版会.
Ikeda,T., Asano,M.,, Matoba,Y. et. al. (2004): Present Status of Invasive Alien Raccoon and its Impact in Japan, Global Environmental Research, 8, 125-131.
石橋　治，阿波根彩子，中村正治ほか（2006）：沖縄島北部のジャワマングース（Herpestes javanicus）及びクマネズミ（Rattus rattus）におけるレプトスピラ（Leptospira spp.）の保有調査，日本野生動物医学会誌，11，35-41.
Izawa,M. & Nakanishi,N. (2009): Prionailurus bengalensis euptilurus (Elliot, 1871), The Wild Mammals of Japan, 226-227.
Iwasa,M. (2009): Myocastor coypus (Molina, 1782), The Wild Mammals of Japan, 182-183.
城ヶ原貴通，小倉　剛，佐々木健志ほか（2003）：沖縄島北部やんばる地域の林道と集落におけるネコ（Felis catus）の食性および在来種への影響，哺乳類科学 43，29-37.
環境省那覇自然環境事務所（2006）：平成17年度やんばる地域外来種対策事業および希少野生生物生息地域外来種対策事業報告書.
環境省那覇自然環境事務所（2006）：平成17年度やんばる地域外来種対策事業および希少野生生物生息地域外来種対策事業報告書.
環境省関東地方環境事務所（2007）：平成18年度小笠原国立公園生態系特定管理手法検討調査業務報告書.
環境省那覇自然環境事務所（2009）：平成20年度沖縄島北部地域ジャワマングース等防除事業報告書.
環境省那覇自然環境事務所（2010a）：平成21年度沖縄島北部地域ジャワマングース等防除事業報告書.
環境省那覇自然環境事務所（2010b）：平成21年度ヤンバルクイナ生息状況調査業務報告書.
環境省那覇自然環境事務所（2011）：沖縄島北部地域におけるジャワマングース防除事業の平成22年度の実施結果と平成23年度の実施計画について（お知らせ），関東森林管理局.
環境省自然環境局外来生物法HP（2011）：http://www.env.go.jp/nature/intro/index.html，2011年6月4日閲覧確認.
Kawabuchi,T., Tsuji,M., Sado,A. et al. (2005): Babesia microti-Like Parasites Detected in Feral Raccoons (Procyon lotor) Captured in Hokkaido, Japan (Parasitology), J. Vet. Med. Sci. 67, 825-827.
川上和人（2003）：ノネコが生態系に与える影響，平成14年後小笠原地域自然再生推進調査報告書（日本林業

技術協会 編).
Kawakami,K. & Higuchi,H.（2002）：Bird Predation by domestic cats on Hahajima Island, Bonin Islands, Japan, Ornithological Sci. 1, 143-144.
川上和人, 益子美由希（2008）：小笠原諸島母島におけるネコ Felis catus の食性, 都大学東京 小笠原研究年報, (31), 41-48.
川本 芳, 大沢秀行, 和 秀雄ほか（2001）：和歌山県におけるニホンザルとタイワンザルの交雑に関する遺伝学的分析, 霊長類研究, 17, 13-24.
川本芳・白井啓・荒木伸一・前野恭子（1999）：和歌山県におけるニホンザルとタイワンザルの混血の事例, 霊長類研究, 15, 53-60.
Keith,J.O., Hirata,D.N., Espy,D.L. et al.（1990）：Field evaluation of 0.00025% diphacinone bait for mongoose control in Hawaii Unpublished report. Denver Wildlife Research Center, Denver, Colorado, Available from the Denver Wildlife Research Center.
岸本真弓（2001）：公開シンポジウム「移入種問題とは何か－タイワンザルを取り上げて」開催, Zoo and Wildlife News, (12), 4-6.
記者不明（1910）：マングース輸入記録, 動物学雑誌, 22, 359.
厚生労働省 HP（2011）：動物輸入届出制度平成 22 年輸入動物統計, http://www.mhlw.go.jp/bunya/kenkou/kekkaku-kansenshou12/pdf/04d_07.pdf, 2011 年 6 月 17 日閲覧確認.
Long,J.L.（2003）：Introduced Mammals of the World：Their History, Distribution and Influence. CSIRO Publishing.
Merton,D.G.C., Laboudallon,V., Robert,S. et al.（2002）：Alien mammal eradication and quarantine on inhabited islands in the Seychelles,Turning the Tide: the Eradication of Invasive Species（Veitch,C.R. & Clout,M.N. eds.）, 182-198, IUCN SSC Invasive Species Specialist Group.
村上興正（2002a）：IUCN ガイドライン 外来侵入種（侵略的外来種とほぼ同意）によってひきおこされる生物多様性減少防止のための IUCN ガイドライン, 外来種ハンドブック初版（日本生態学会 編）, 279-295, 地人書館.
村上興正（2002b）：ヌートリア, 外来種ハンドブック初版（日本生態学会 編）, 69, 地人書館.
村上興正, 鷲谷いづみ（2002a）：1．外来種と外来種問題, 外来種ハンドブック初版（日本生態学会 編）, 3-4, 地人書館.
村上興正, 鷲谷いづみ 監（2002b）：外来種ハンドブック初版（日本生態学会 編）, 地人書館.
村上興正（2007）：外来哺乳類による自然環境への影響と問題点, 緑の読本, 43, 8-16.
村上興正（2011）外来生物法？現行法制での対策と課題, 日本の外来哺乳類（池田 透, 山田文雄, 小倉 剛 編）, 東京大学出版会.
長嶺 隆（2011）：イエネコ－最も身近な外来哺乳類, 日本の外来哺乳類（池田 透, 山田文雄, 小倉 剛 編）, 東京大学出版会.
仲松陽子, 角 和也, 小倉 剛ほか（2006）：ジャワマングースの移動阻止をする柵の最適な形状, 野生生物保護学会第 12 回（沖縄）大会プログラム・講演要旨集, 97-98.
中山隆治（2009）：小笠原の外来種対策事業：行政・島民・研究者の協働, 地球環境, 14, 107-114.
Nellis,D.W.（1989）：Herpestes auropunctatus, Mammalian Species, 342, 1-6.
日本森林技術協会（2005）：平成 16 年度小笠原地域自然再生推進計画調査（その 1）業務報告書.
日本獣医師会小動物臨床部会野生動物委員会 HP（2007）：外来生物に対する対策の考え方（特定外来生物の安楽殺処分に関する指針, 外来生物法に基づく防除実施計画策定指針を含む）, http://nichiju.lin.gr.jp/kousyu/pdf/h19_07_yasei.pdf, 2011 年 6 月 12 日閲覧確認.
Nishimura,Y., Goto,Y., Yoneda,K. et al.（1999）：Interspecies Transmission of Feline Immunodeficiency Virus from the Domestic Cat to the Tsushima Cat（Felis bengalensis euptilura）in the Wild, J. Virology, 73, 7916-7921.
農林水産省（2006）：野生鳥獣被害防止マニュアル －生態と被害防止対策（基礎編）－, 生産局農業生産支援課鳥獣被害対策室.
農林水産省（2007）：野生鳥獣被害防止マニュアル－イノシシ, シカ, サル（実践編）－, 生産局農業生産支援課鳥獣被害対策室.
農林水産省（2008）：野生鳥獣被害防止マニュアル－ハクビシン－, 生産局農業生産支援課鳥獣被害対策室.
農林水産省（2009）：野生鳥獣被害防止マニュアル－捕獲編－, 生産局農業生産支援課鳥獣被害対策室.
農林水産省（2010）：野生鳥獣被害防止マニュアル－アライグマ, ヌートリア, キョン, マングース, タイワンリス（特定外来生物編）－, 生産局農業生産支援課鳥獣被害対策室.
小倉 剛, 川島由次, 坂下光洋（1998）：沖縄島に棲息するマングースの外部形態による分類, 哺乳類科学, 38, 259-270.
Ogura,G., Kawashima,Y., Nakamoto,M. et al.（2000）：Postnatal Growth in the Javan Mongoose, Herpestes javanicus auropunctatus, Raised in Captivity on Okinawa, Jpn J. Zoo Wildl. Med., 5, 77-85.
Ogura,G., Nonaka,Y., Kawashima,Y. et al.（2001）：Relationship between Body Size and Sexual Maturation, and Seasonal Change of Reproductive Activities in Female Feral Small Asian Mongoose（Herpestes javanicus）on Okinawa Island, Jpn J. Zoo Wildl. Med. 6, 7-14.
小倉 剛, 佐々木健志, 当山昌直ほか（2002）：沖縄島北部に生息するジャワマングース（Herpestes javanicus）の食性と在来種への影響, 哺乳類科学, 42, 53-62.
Ogura,G., Iijima,Y., Kishimoto,Y. et al.（2008）：Development of mongoose-proof fences from 15 prototypes, CSIAM2008 International Symposium on Control Strategy of Invasive Alien Mammals 2008 Abstracts Book.
小倉 剛, 飯島康夫, 尾崎清明ほか（2009）：ヤンバルクイナの生息域外保全と野生復帰環境整備技術開発, 環境技術開発等推進費平成十八～二十年度最終報告書.
小倉 剛, 山田文雄, 池田 透ほか（2010）：侵略的外来中型哺乳類の効果的・効率的な防除技術に関する技術開発, 生物多様性関連技術開発等推進費平成 21 年度進

捗状況報告書.

小倉 剛, 山田文雄（2011）：フイリマングース―日本の最優先対策種, 日本の外来哺乳類（池田 透, 山田文雄, 小倉 剛 編), 東京大学出版会.

沖縄県（2009）：平成20年度沖縄島北部地域生態系保全事業（マングース対策事業）報告書（概要版), 1-71.

沖縄県（2010）：平成21年度沖縄島北部地域生態系保全事業（マングース対策事業）報告書（概要版）.

沖縄県衛生環境研究所（2009）：ハブ抗毒素（血清）は外来種とハブとの雑種の毒を中和します, 衛環研ニュース,（18）

大島成生, 金城道男, 村山 望ほか（1997）：沖縄島北部における貴重動物と移入動物の生息状況調査及び移入動物による貴重動物への影響, 日本野鳥の会やんばる支部.

太田英利（2002）：琉球列島の爬虫・両生類と外来種, 外来種ハンドブック初版（日本生態学会 編), 245-247, 地人書館.

大谷 勉（1995）：沖縄島で保護されたリュウキュウヤマガメとセマルハコガメの異属間雑種と思われる個体について, Akamata,（11), 25-26.

尾崎清明, 馬場孝雄, 米田重玄ほか（2002）：ヤンバルクイナ生息域の減少, 山階鳥類研究所報告, 34, 136-144.

尾崎清明（2009）：「飛べない鳥」の絶滅を防ぐ―ヤンバルクイナ―, 日本の希少鳥類を守る（山岸 哲 編), 51-70, 京都大学出版会.

Parkes,J.P.（1993）：Feral Goats：Designing solutions for a designer pest, New Zealand J. Ecol., 17, 71-83.

Parks,J. & Murphy,C.E.（2003）：Management of introduced mammals in New Zealand, New Zealand J. Zoology, 30, 335-359.

Parks,J. & Murphy,C.E.（2004）：Risk assessment of stoat control methods for New Zealand, Science for Conservation 237, Department of Conservation, Wellington.

Patou,M.L., Mclenachan,P.A., Morley,C.G. et al.（2009）：Molecular phylogeny of the Herpestidae（Mammalia, Carnivora）with a special emphasis on the Asian Herpestes, Molecular Phylogenetics Evolution, 53, 69-80.

Prater,S.H.（1971）：The Book of Indian Animals 3rd ed., Oxford University Press, New York, 324 pp.

Sasaki, S., Yamada, F., Hashimoto, T., Fukasawa, K., Kobayashi, J. & Abe, S.（2010）：An attempt of the surveillance sensitivity comparison in Amami-ohshima Island, Japan, Abstracts of Island Invasives：Eradication and Management Conference, 60-61.

自然環境研究センター（2003）：平成14年度マングース対策事業（沖縄島マングース生息調査）報告書.

Smith,D.G., Polhemus,T.J. & Vander Werf,A.E.（2000）：Efficacy of fish-flavored Diphacinone bait blocks for controlling small Indian mongoose（Herpestes auropunctatus）populations in Hawai'I, Elepaio, 60, 47-51.

白井 啓, 川本 芳（2011）：タイワンザルとアカゲザル―交雑回避のための根絶計画, 日本の外来哺乳類（池田 透, 山田文雄, 小倉 剛 編), 東京大学出版会.

自然環境研究センター 編著（2008）：日本の外来生物初版（多紀保彦 監修), 平凡社.

鈴木 創, 稲葉 慎, 鈴木直子ほか（2010）：オガサワラオオコウモリの生息状況と絶滅回避のための課題, 第16回野生動物保護学会・日本哺乳類学会2010年度合同大会（岐阜大学）プログラム・講演要旨集, 15.

高橋恒彦（2011）：動物医療による世界自然への貢献, 都民公開シンポジウム「いのちつながれ小笠原」（東京都獣医師会 編), 13-15.

Takiguchi,M.（2009）：Capra Hircus（Linnaeus, 1758), The Wild Mammals in Japan（Ohdachi,S.D., Ishibashi,Y., Iwasa,M.A. et al. eds), 310-311, Shokadoh Book Sellers.

常田邦彦（2004）：小笠原諸島におけるノヤギ問題, 平成14年度小笠原地域自然再生推進調査報告書添付資料（日本森林技術協会 編）.

常田邦彦（2006）：小笠原のノヤギ排除の成功例と今後の課題, 哺乳類科学, 46, 93-94.

Watari,Y., Takatsuki,S. & Miyashita,T.（2008）：Effects of exotic mongoose（Herpestes javanicus）on the native fauna of Amami-Oshima Island, southern Japan, estimated by distribution patterns along the historical gradient of mongoose invasion, Biological Invasion, 10, 7-17.

Watari,Y., Nagata,J. & Funakoshi,K.（2010）：New detection of a 30-years old population of introduced mongoose Herpestes auropunctatus on Kyusyu Island Japan, Biological Invasions, 13, 269-276.

Yamada,F., Ogura,G. & Abe,S.（2009）：Herpestes Javanicus（E.Geoffroy Saint-Hilaire, 1818), The Wild Mammals in Japan（Ohdachi,S.D., Ishibashi,Y., Iwasa,M.A. et al. eds), 264-266, Shokadoh Book Sellers.

山田文雄（2011）：各国のマングース対策とわが国の対策, 日本の外来哺乳類（池田 透, 山田文雄, 小倉 剛 編), 東京大学出版会.

与儀元彦, 小倉 剛, 石橋 治ほか（2006）：沖縄島の養鶏業におけるマングースの被害, 沖縄畜産,（41), 5-13.

第14章 野生動物の法制度と政策論

1. はじめに

法制度とは，それぞれの時代で社会が持つ最低限のモラルを具現化したものである。社会の価値基準は，時代と共に変化するため，法制度はその変化に応じて形成されてきた。

わが国は，長い歴史の中で，殺生を嫌う仏教の影響や刀狩にはじまる武器所持の厳しい規制などもあって，近代まで野生動物を絶滅させなかった稀有な国家である。しかし，明治政府の成立以降，急激な社会変革や繰り返された世界大戦，さらにはその復興に伴う経済至上主義の席巻などによって，生息地の破壊と乱獲の果てに，多くの野生動物が絶滅の危機にさらされることとなった。一方で，わが国では野生動物や自然を保全するという思想の発達が比較的遅く，法制度の整備が本格化したのは21世紀に入ってからに過ぎない。

本章では，こうした歴史的背景をたどりながら，おもに1990年代以降のわが国における野生動物に関わる法制度や政策（表14-1）を概説したい。

2. 規制的手法による保護政策

明治開国の頃に来日した欧米人たちの多くは，自然や野生生物の豊かさに驚嘆し，その感動を記録に残している。しかし，その後，銃の自由化や富国強兵政策による開拓などによって，平野部から野生動物は次々と姿を消すことになる。また，第二次世界大戦による食糧難は，野生動物の密猟を増長したとみられる。さらに，その後の経済成長時には未曾有の量の人工化学物質を環境中に放出し，公害問題や農薬問題などを生み出し，結果的にコウノトリ（*Ciconia boyciana*）やトキ（*Nipponia nippon*）が絶滅していった。

こうした状況を打開するため，1975年に時の政府は環境庁を設置し，人間の行為を規制することで自然環境や野生生物を守ろうとした。この"手つかずの自然"的な手法は，すでに乱獲が始まった明治政府からはじまり，20世紀の自然保護政策の基本的な思想となっていった。本項で概説する4つの法律は，こうした背景で制定された，わが国における自然保護政策の骨格をなすものである。

1) 鳥獣の保護および狩猟の適正化に関する法律（鳥獣保護法）

明治期の開国に伴って，銃の自由化に対応するため，1873年（明治6年）に鳥獣猟規則が制定された。しかし，乱獲が進んだため，1892年（明治25年）に狩猟規則を制定し，保護鳥獣を指定し，この狩猟を禁止した。これが1895年（明治28年）に「狩猟法」となり，現在の「鳥獣保護法」の原型となる。

「狩猟法」の制定にも関わらず，乱獲がやむ気配も無く，結果的に明治後期には平野部から多くの野生動物が姿を消した。この背景から1918年（大正7年）には「狩猟法」を全面改正し，狩猟鳥獣を指定すると共に，それ以外の鳥獣の捕獲を禁止する現行法の基盤が整備された。しかし，その後，第二次世界大戦を経るまで大きな制度改革はなく，カモシカの密猟が横行するなどしたため，さらに捕獲の規制を強める政策が検討された。

1963年（昭和38年）に，「狩猟法」を「鳥獣保護及狩猟ニ関スル法律」に改名し，鳥獣保護事業計画制度を導入し，都道府県を単位とした捕獲

表 14-1　わが国における野生動物関連法政策史

年	野生動物・環境法政策の動き
1992	生物多様性条約締結，世界遺産条約加入
1993	環境基本法，種の保存法施行，白神山地・屋久島世界自然遺産登録
1994	
1995	COP2・遺伝子組換え規制合意，生物多様性国家戦略制定
1996	
1997	環境影響評価法成立
1998	
1999	鳥獣保護法改正（特定鳥獣保護管理計画制度創設）
2000	カルタヘナ議定書採択，動物愛護管理法施行（環境庁へ移管・動物取扱い業規制開始）
2001	環境庁が環境省へ昇格
2002	COP6・外来生物指針原則，環境省移入種対応方針，鳥獣保護法全面改正（哺乳類・鳥類全種が保護対象に）
2003	自然再生推進法施行
2004	遺伝子組換え生物規制法（カルタヘナ法）施行
2005	外来生物法施行，動物愛護管理法改正（動物取扱い業の登録制・特定動物のマイクロチップ登録制），知床世界自然遺産登録，コウノトリの試験放鳥開始（兵庫県豊岡市）
2006	農林水産省農作物野生動物被害対策アドバイザー登録制度
2007	
2008	生物多様性基本法，鳥獣被害対策特別措置法施行，トキの試験放鳥開始（新潟県佐渡市）
2009	環境省鳥獣保護管理人材登録制度，自然公園法改正（生物多様性の確保が目的に）
2010	第 10 回生物多様性条約締約国会議（COP10）・名古屋開催，口蹄疫特措法（野生動物の監視）施行
2011	家畜伝染病予防法改正（野生動物の検査を知事が指示），環境省野生復帰の基本的な考え方公表

規制中心の法制度が出来上がっていった。しかし，計画制度は導入されたとはいえ，すでにこの当時には欧米諸国で始まっていた科学的なデータに基づく管理（ワイルドライフマネジメント）の思想や体制整備は 1999 年の法改正まで見送られることとなる。

また，現在の「鳥獣保護法」を所管するのは環境省であるが，もともと本法は林野庁が所管していた歴史的経緯から，明文化された規定が無いにも関わらず，わが国では水産動物を法の対象種から除外し，「漁業法」で扱うという解釈をしてきた。ようやく 2002 年，「改正鳥獣保護法」で，全ての鳥類と哺乳類を対象とすることとなったが，結果的にはジュゴン（*Dugong dugon*），ニホンアシカ（*Zalophus japonicus*），アザラシ 5 種のみが対象となっただけで，それ以外の海棲哺乳類は水産関係の法令等で適切に管理されているという理由で，全て法の適用除外とされた。

現行法の体系については，図 14-1 に示す。

2）水産資源保護法

わが国では，水産動物を所管するのは水産庁とされ，水産基本法や漁業法によってその捕獲規制が行われてきた。しかし，これらの法体系には水産業の健全な発展や水産物の安定供給が主目的であり，水産物にならない野生動物については法の狭間に置かれ続けてきた。

第二次世界大戦後，水産資源が枯渇する現状を懸念した GHQ（連合国司令部）の勧告を受け，1951 年（昭和 26 年）に議員立法された「水産資源保護法」は，水産生物種を定め，その捕獲制限や生息地の保全などができるようにした画期的な法律であった。しかし，結果的に明治期の「狩猟法」と同様に，種の指定を受けなければ対策が

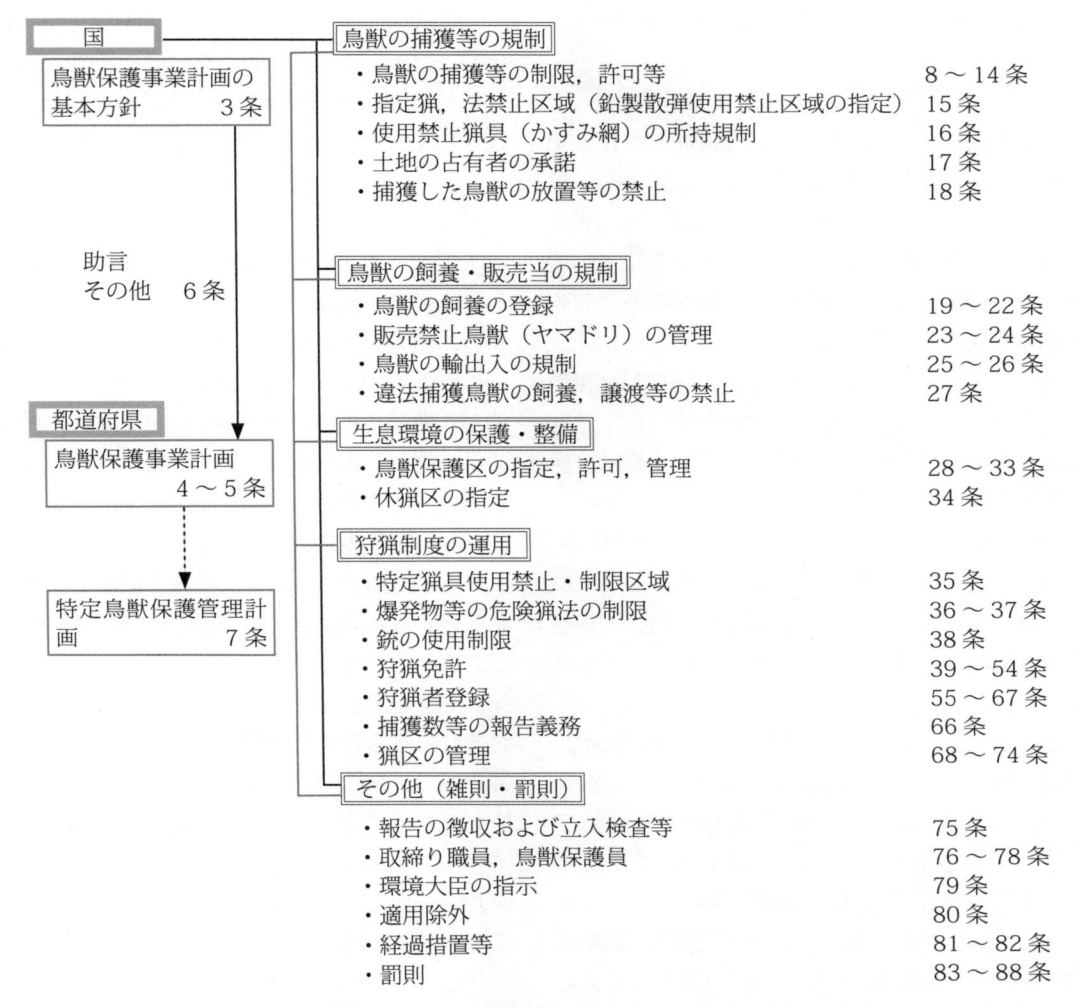

図 14-1 「鳥獣の保護及び狩猟の適正化に関する法律」のしくみ（環境省資料より）

国
- 鳥獣保護事業計画の基本方針　3条
- 助言その他　6条

都道府県
- 鳥獣保護事業計画　4～5条
- 特定鳥獣保護管理計画　7条

鳥獣の捕獲等の規制
- 鳥獣の捕獲等の制限，許可等　8～14条
- 指定猟，法禁止区域（鉛製散弾使用禁止区域の指定）　15条
- 使用禁止猟具（かすみ網）の所持規制　16条
- 土地の占有者の承諾　17条
- 捕獲した鳥獣の放置等の禁止　18条

鳥獣の飼養・販売当の規制
- 鳥獣の飼養の登録　19～22条
- 販売禁止鳥獣（ヤマドリ）の管理　23～24条
- 鳥獣の輸出入の規制　25～26条
- 違法捕獲鳥獣の飼養，譲渡等の禁止　27条

生息環境の保護・整備
- 鳥獣保護区の指定，許可，管理　28～33条
- 休猟区の指定　34条

狩猟制度の運用
- 特定猟具使用禁止・制限区域　35条
- 爆発物等の危険猟法の制限　36～37条
- 銃の使用制限　38条
- 狩猟免許　39～54条
- 狩猟者登録　55～67条
- 捕獲数等の報告義務　66条
- 猟区の管理　68～74条

その他（雑則・罰則）
- 報告の徴収および立入検査等　75条
- 取締り職員，鳥獣保護員　76～78条
- 環境大臣の指示　79条
- 適用除外　80条
- 経過措置等　81～82条
- 罰則　83～88条

行われないため，水産物としての価値がない（あるいは害がある）動物種は無視され続けている。現在でも，本法の指定対象種の哺乳類は，ジュゴンやシロナガスクジラ（*Balaenoptera musculus*）など5種にとどまる。

3) 文化財保護法

「文化財保護法」は，1919年に制定された史跡名勝天然記念物保存法などを前身として，1950年に議員立法で成立した。本法では，わが国にとって学術上価値が高い野生生物を天然記念物と指定し，捕獲，流通，などの現状変更に関わる一切を規制した。

1993年に「絶滅のおそれのある野生動植物の種の保存に関する法律（種の保存法）」が施行されるまで，絶滅危惧種の保護制度としては，「文化財保護法」しかなかったため，保護政策史上では一定の役割を果たしてきたと評価される。一方で，天然記念物に指定されたサルやカモシカなどが農作物被害などを発生させた場合の対策について，法律上の規定が定まらず，科学的な管理を行うための計画制度もない。

後述するように，「種の保存法」にも大きな問題点が多いため，「文化財保護法」を含め，絶滅

危惧種の保護政策を抜本的に見直す必要がある。

4）自然公園法

「自然公園法」は，1931年に制定された「国立公園法」を起源とする。その後，1957年に「自然公園法」として抜本改正され，わが国を代表する風景の保護と国民の保健休養および教化を目的として，国定公園や都道府県立自然公園を合わせて指定や管理を行う制度となった。

前述してきた法制度とは異なり，特定の動物種を対象とした制度ではなく，比較的広域の生息地を保全することが可能となるもので，生態系を保全する法制度として期待された。しかし，実際には2009年の改正によって「生物多様性の維持」が目的に加わるまで，法の目的にそのような概念は無く，シカ問題なども含めて野生動物管理や絶滅危惧種の保護対策などに十分対応できなかった。

現在，国立公園29か所（総面積20,875km^2），国定公園56か所（総面積13,620km^2），都道府県立自然公園312か所（総面積19,685km^2）であり，その合計面積は国土の14.3％に達する（2011年現在）。しかし，自然公園の指定と土地所有との関係がないため（地域制公園），地域の実情や土地所有者の意向により行為規制を変える地種区分制度（ゾーニング規制）を導入してきた。この結果，厳格な開発規制が行える特別保護地区の面積は3,449km^{2}となり，自然公園全体のわずか6.4％（国土の0.8％）にすぎず，この法制度で手付かずの生態系を維持することは不可能である。

3. 賢明な利用と保全へ

20世紀は人類史上，未曾有の自然破壊の世紀であった。だからこそ，前述のような規制的手法の法制度が必要とされてきた。しかし，一方で人口の増加による土地の開発や生物資源への依存は年々大きくなり，規制的手法のみで野生動物の保全は困難な時代となった。

そこで考え出されたのが，賢明な利用（wise use）という基本原則である。ここでは，この原則に基づいて地球規模で共存思想という新しい潮流をつくった3つの国際条約について概説する。

1）ワシントン条約

人間が利用する野生生物には絶滅のおそれがある種も多い。また，その希少性のために密猟が行われ，結果的に絶滅した野生生物種もいる。これらの野生生物は，原産が発展途上国，消費されるのが先進国であることが多い。とくにこの消費国の代表格が日本であり，希少な野生生物の輸入件数だけでも年間約35,000件にのぼり，国民1人あたりの野生生物消費量は世界最大である。

こうした消費的利用による希少野生生物の絶滅を回避するためには，国際商取引を規制する必要がある。そこで考え出されたのが，いわゆる「ワシントン条約」である。正式な名称は，「絶滅のおそれのある野生動植物の種の国際取引に関する条約」で，1973年に米国の首都ワシントンで締結された。英名の頭文字を取って，「CITES（サイテス）」と略されることが多い。「ワシントン条約」は，現在では151か国が加盟し，条約としては世界最大規模のものである。

「ワシントン条約」では，まず，絶滅のおそれのある野生生物の種の生息状況を科学的に評価して，その絶滅の危険度から3ランクに分ける。そして，国際取引されることによって絶滅するおそれが現実にある種を，条約の附属書Ⅰにリストして，ここに掲載されたものは原則的に国際取引を禁止した。附属書Ⅱには，商業的な国際取引によって絶滅のおそれが生ずる種がリストされ，これらは厳格な規制の元に国際取引を認める。また附属書Ⅲには，現在のところ絶滅のおそれはないが，自国での捕獲規制が必要で，しかもその取締に締約国の協力が必要な種がリストされ，これらは一定の規制の元に国際取引を認めるというものだ。

2) ラムサール条約

　湿原や干潟などの湿地は多様な生物を育み，また重要な漁場などとして人間に利用されてきた。一方，埋め立てによって農地や工場用地などに改変しやすいことから，湿地の面積は20世紀に激減した。これにより多くの水鳥が生息地を奪われることになった。

　こうした水鳥は地球規模の渡り鳥が多く，個別の国での湿地保全対策では効果が低く，国際条約として保全に取り組む必要がある。そこで，提案されたのが「ラムサール条約」だ。正式名称は，「特に水鳥の生息地として国際的に重要な湿地に関する条約」であるが，1971年に条約が採択されたイランの町名にちなんで「ラムサール条約」と呼ばれる。

　この条約では，対象とする湿地を「天然か人工か，永続的か一時的か，滞水か流水か，淡水，汽水，鹹水かを問わず，沼沢地，湿原，泥炭地または水域をいい，低潮時の水深が6mを超えない海域を含む」と定義している。このため，水田も条約の対象湿地に含まれ，アジア地域では保全すべき対象地域を増やすことが可能となっている。

　本条約は，国際協力により湿地の保全や賢明な利用を進めることが目的であり，締約国には，国際的に重要な湿地の登録や，登録地の保全と国内湿地の適正利用促進計画の作成，湿地管理者への研修の促進，国際協力の推進などが求められる。

　1975年に条約は発効し，現在，締約国数は162か国，登録された国際的重要湿地数は2,040件，総面積約1億9千万ha（2012年現在）に及ぶ。日本は1980年に署名し，合計46か所の湿地が登録されている。

3) 世界遺産条約

　野生動物の生息地として重要な自然生態系は，それぞれの国が国立公園などの制度によって保全に取り組んできた。しかし，国によっては財政が厳しく，自然保護へ十分な予算が確保できない場合や制度設計が不十分で保全の効果が出ないことも多い。しかし，そこが世界的に貴重な場所であれば，国際的に保全していくべきである。

　そこで，1972年の第17回ユネスコ総会では，人類にとって普遍的な価値を有する世界の文化遺産や自然遺産を，特定の国や民族のものとしてだけでなく，人類のかけがえのない財産として，各国が協力して守っていくことが合意され，「世界遺産条約」が採択された。正式名称は「世界の文化遺産および自然遺産の保護に関する条約」で，1975年に発効した。現在の締約国数は186か国（2009年現在），日本は1992年に加入している。

　締約国は，登録候補地を「世界遺産委員会」に申請し，世界遺産として相応しいと認定されると「世界遺産リスト」に登録される。また，途上国の世界遺産の保全のため，先進国などの拠出金による世界遺産基金が設立されている。

　世界遺産は「文化遺産」，「自然遺産」，「複合遺産」に分類され，世界遺産リストに登録された文化遺産は745，自然遺産は188，複合遺産は29であり，その総計は962となっている（2012年現在）。日本における自然遺産は，「屋久島」，「白神山地」，「知床」，「小笠原諸島」の4か所が登録されている。

　ただし，世界遺産リストに登録されていても，定期的に保全対策の状況を審査され，不十分と判断された場合には，リストから削除されることもある。世界で最初に世界自然遺産に登録されたガラパゴス諸島（チリ）は，外来生物やオーバーユースなどの影響が深刻化していることから，危機遺産リストに入れられることになった。また，アラビアオリックスのサンクチュアリ（オマーン）は，希少動物の保護区として世界自然遺産に登録されていたが，管理がずさんであることから，リストから史上初めて削除されてしまった。

　このような定期的な現状把握と見直しの仕組みは，上記の3つの国際条約に共通するもので，非定常性という特性をもつ自然や野生動物の管理には不可欠なシステムであり，このシステムはその後の様々な法制度に踏襲されるようになった。

4. 生物多様性の時代

　1970年代から80年代にかけて，自然や野生動物は人類共有の財産であり，国際的な保全対策が必要であるという認識から，前項のような国際条約が生まれてきた。しかし，人口増加に伴う開発や生物資源の搾取により，さらに野生生物の絶滅は加速していった。さらに，バイオテクノロジーの発展に伴って，製薬や種苗などの分野で，多国籍企業が発展途上国に生息する多様な野生生物を遺伝子資源として商業利用することが盛んとなり，莫大な富を得る一方で，原産国には何も還元されないことへの不満が爆発していた。

　個別の希少動植物や保護区を保全するだけの法制度では，こうした課題を解決することが困難となり，あらゆる野生生物を包括的に保全する戦略的な思想が求められていた。そこで考え出されたのが「生物多様性」(biodiversity) という概念である。生物多様性は，永い生命の進化史上で育まれた，あらゆる生物の階層（遺伝子，生物種，生態系など）が連続性を持って生きている有様を概念化したものである。つまり，生物多様性とは，いわば生物世界の本質的な性質であり，これこそが人類が保全すべき対象といえる。

　一方で，生物多様性を保全する意義を人々に理解させるためには，野生生物が資源的な高い価値をもつことを普及させる必要がある。さらに，その利益配分を公平に行うことで，原産国では保全対策の進展が期待される。そこで国際社会では，生物多様性を保全することを共通認識として，新たな社会の枠組みをつくる取り組みがはじまった。

1) 生物多様性条約

　こうした背景から，1992年にリオ・デ・ジャネイロ（ブラジル）で開催された国連環境開発会議（地球サミット）で生物多様性条約は採択された。正式名称は「生物の多様性に関する条約」で，1993年に発効した。

　この条約では，生物の多様性を「生態系」，「種」，「遺伝子」の3つのレベルで捉え，生物多様性の保全，その構成要素の持続可能な利用，遺伝資源の利用から生ずる利益の公正な配分を目的としている。この目的を達成するために，締約国に対し，その能力に応じて，保全や持続可能な利用の措置をとることを求めると共に，各国の自然資源に対する主権を認め，資源提供国と利用国との間での利益の公正かつ公平な配分を求めている。現在，190か国および欧州共同体（EC）が締結しているが，米国は未だに締結を拒んでいる。これは，この条約が遺伝子資源から得る利益配分について規定しており，多国籍企業が集中する米国の利害に反するからである。

　また，生物多様性に悪影響を及ぼすおそれのある外来生物の対策やバイオテクノロジーによって改変された生物（LMO/GMO）の取扱いについても条約は締約国に適切な管理を求めている。その後，遺伝子組換え生物に関する利用の手続き等については，「カルタヘナ議定書」が採択されている。

2) 種の保存法

　「生物多様性条約」では，締約国における野生生物種の現状を科学的に把握しながら保全対策を進めるように求めている。この当時，ほとんどの先進諸国ではレッドリストがつくられ，絶滅のおそれのある種の回復事業を積極的に取り組む国も多かった。

　しかし，日本では1989年に日本自然保護協会とWWF-Japan（世界自然保護基金日本委員会）が協同で植物のレッドリストを公表しているだけだった。日本政府としては，「生物多様性条約」の締結を前に，少なくともレッドリストを整備して，野生生物種の現状把握だけでも行う必要があり，ようやく2001年に環境庁（当時）が動物版レッドリストを公表した。

　この結果，多くの野生生物種が絶滅のおそれがあると評価されたため，史上初となる野生生物の絶滅回避を目的とした法律が1992年に制定された。正式名称は，「絶滅のおそれのある野生動植

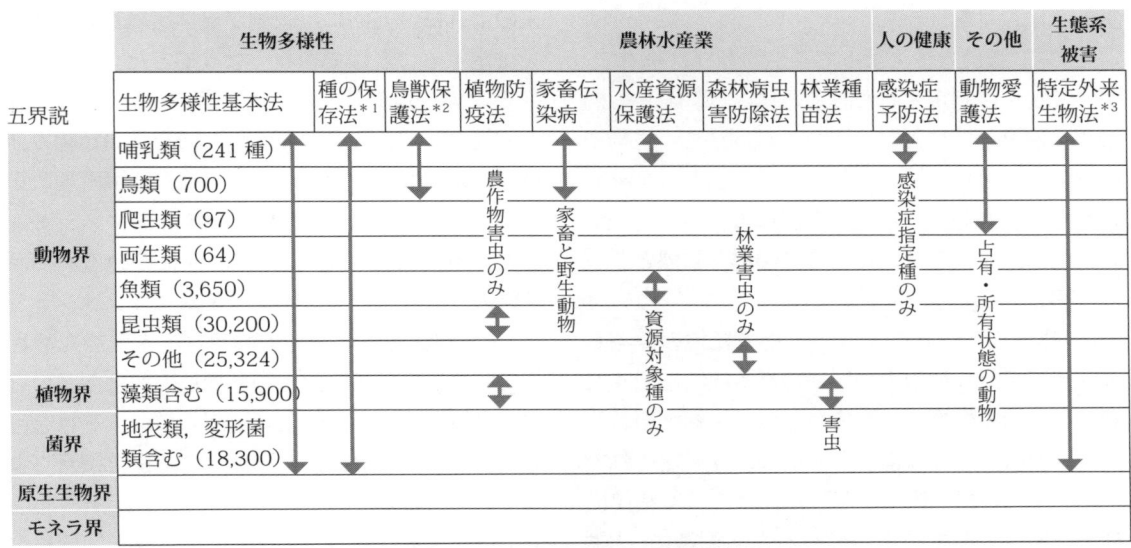

五界説	生物多様性			農林水産業					人の健康	その他	生態系被害
	生物多様性基本法	種の保存法*1	鳥獣保護法*2	植物防疫法	家畜伝染病	水産資源保護法	森林病虫害防除法	林業種苗法	感染症予防法	動物愛護法	特定外来生物法*3
動物界 哺乳類（241種）	↕	↕	↕	農作物害虫のみ	家畜と野生動物	資源対象種のみ	林業害虫のみ		感染症指定種のみ	占有・所有状態の動物	↕
鳥類（700）			↕								
爬虫類（97）											
両生類（64）											
魚類（3,650）					↕						
昆虫類（30,200）							↕				
その他（25,324）											
植物界 藻類含む（15,900）				↕				↕			
菌界 地衣類，変形菌類含む（18,300）							害虫				
原生生物界											
モネラ界											

図 14-2 各法令における野生生物の対象範囲について

*1 絶滅のおそれのある種（3,155種）の一部のみ対象（RDB記載種の3%）
*2 一部の海棲哺乳類を除く。狩猟鳥獣・非狩猟鳥獣（有害鳥獣捕獲は可能）
*3 一部（約80種）の特定外来生物のみ対象

出典：野生生物保護法制定をめざす全国ネットワーク資料を改変

物の種の保存に関する法律」（種の保存法）で，1993年から施行されている。この法律によって，政府は国内希少野生動植物種を指定し，保護増殖事業計画を策定することで絶滅の回避や保全対策を実施することとなった。

また，「種の保存法」は，「ワシントン条約」に対応する国内法としての内容も備え，同条約の付属書Ⅰに掲載されている種を国際希少野生動植物種として指定し，国内における流通や所持を規制することができる。

しかし，本法は制定されて久しいにも関わらず，国内希少動植物種に指定されたのは未だに90種のみである（2012年4月現在）。これは環境省のレッドリストに掲載された3,155種（2007年8月現在）の約3%にすぎない。

これらの指定種のうち，保護増殖事業計画が策定されているのは48種にとどまり（2011年9月現在），しかもその内容は，ほとんどがA4版3〜4ページ程度に関係省庁が合意した「方針」レベルの事項が記載されているだけで，およそ行動計画と呼べるものではない。ただ，いくつかの種については保護増殖事業計画に基づく事業実施計画が策定され始めており，具体的な事業展開が図られているものもある。

これを，1976年に制定された「米国絶滅危惧種法」と比較すると問題点は明確である。「米国絶滅危惧種法」は，原則として全ての絶滅危惧種に対する回復計画の策定を連邦政府に義務付け，現在までに1,000種を超える回復計画が公表されている。この回復計画は，連邦政府が種毎に任命した専門家によって構成される回復チームが策定にあたり，科学的なデータと共に実務レベルの具体的な事業内容が予算を含めて記載されているものである。日本でも，同様の計画制度を導入すると同時に，全ての絶滅危惧種が法律の対象種に指定できる制度改革が必要である。

3）生物多様性基本法

「生物多様性条約」で規定された対策については，「種の保存法」や「外来生物法」などの制定で徐々に体制整備が進んできた。しかし，条約の理念である，あらゆる生物の階層を対象とした包

括的な法律はなかった。

そこで，議員立法によって「生物多様性基本法」が2008年に制定された。これは，「環境基本法」の下位法として位置付けられる基本法で，生物多様性に関する個別法に対しては上位法として枠組みを示す役割を果たす。この法律によって，一応野生生物におけるほとんどの分類群が対象となった（図14-2）。

「生物多様性基本法」は，生物多様性の保全および持続可能な利用についての基本原則を示すと共に，生物多様性条約に定められた締約国の義務に則り閣議決定等により三次にわたり策定されてきた「生物多様性国家戦略」が，ようやく法律に基づく戦略として位置付けられた。同時に，「生物多様性地域戦略」として地方自治体に対しても戦略策定に向けての努力規定が置かれている。「基本的施策」の中では，「事業計画の立案の段階等での生物の多様性に係る環境影響評価の推進（第25条）」として，いわゆる戦略的環境アセスメント推進のための措置を国が講ずることを明記したことが特筆される。

5. 順応的管理と生態系の復元

前項で述べたように，保全すべき対象が生物多様性であるということは国際的な合意となってきたが，どのような方法でその適切な管理を行えばよいのかは，科学的にも政策的にも未だに発展途上の分野である。

生態系や野生動物を含む自然環境を適切に管理するためには，少なくとも科学的データが不可欠である。また，不可知性と非定常性という自然の持つ特性によって，実際には自然環境を十分科学的に解明することは不可能である。そのために，これらに関連する政策では，不確実性を排除することはできない。

従来の行政手法では，こうした不確実性が前提となっていないために政策が硬直化し，行き詰るケースが出ているのも事実である。また一方で，自然生態系に対する社会のニーズは多様化し，従来のように一方的に行政側が自然環境管理の政策を決定することはできなくなってきた。

そこで，自然環境管理の政策では，不確実性を前提として，政策の硬直化を回避する仕組み作りが必要となってきた。米国の自然環境管理政策では，90年代に入ってエコシステムマネジメントというしくみの導入が試みられている。柿澤（2000）によると，エコシステムマネジメントとは，「自然資源管理思想のパラダイム転換をめざしているものであり，生物多様性の保全など今日的な自然資源管理への要求に応えつつ，それを可能とさせる新たな社会と自然との関係を模索しようというもの」である。

エコシステムマネジメントでは，科学的情報の開示と説明責任を行政に義務付け，さらに政策決定に市民参加を保証することで，常に政策評価と見直しを行うしくみが提案されている。これを順応的管理と呼ぶ。

本項では，この順応的管理が導入された2つの法政策について概説する。

1) 1999年改正鳥獣保護法

第1項で概説したように，野生動物に関わるもっとも古い法律であった「鳥獣保護及狩猟ニ関スル法律」（以下，「鳥獣保護法」）の改正案が1999年に衆議院で成立した。各地で野生鳥獣による被害問題が深刻化する中で，自民党の国会議員連盟が捕獲の規制緩和を求めた末の改正であった。

しかし，法改正では，捕獲の規制緩和を打ち出す一方で，日本の法制度で初めてとなる順応的管理が法定計画として導入された。これは，都道府県知事が科学的なデータに基づいて計画を策定すれば，法に定められた捕獲規制を強化あるいは緩和することができるというもので，「特定鳥獣保護管理計画制度」と名づけられた（図14-3）。この改正に先立つ自然環境保全審議会の答申（1998年）では，「…欧米において定着している，目標の明示，合意形成及び科学性をキーワードとしたワイルドライフ・マネジメントに相当する野生鳥

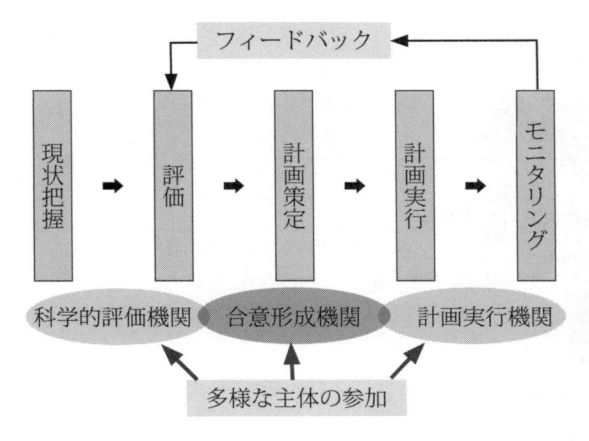

第14章　野生動物の法制度と政策論

図 14-3　特定鳥獣保護管理計画制度のしくみ

獣の科学的・計画的な保護管理を，わが国においても推進する必要があると考えられる。」と述べられている。

しかし，従来の「鳥獣保護法」のもとでは，科学的な調査に基づいた捕獲規制といったものは基本的に存在しなかったため，行政内部に専門の研究者や技術者はほとんど配置されていなかった。1999年の改正法が国会に提出された際に，多くの批判が噴出し，異例ともいえる長時間にわたる国会審議の末，人材の育成と確保や十分な科学的データによる計画の策定などの付帯決議によって成立した。

「特定鳥獣保護管理計画制度」は，科学的な法定計画制度として期待された。しかし，あくまでも計画策定は自治体の意思に任されているため，全ての地域で科学的な管理が行われるわけではない。また，日本の地理的な特性として，多くの自治体の境界は山地であるが，一方，そこは同時に野生動物の棲みかとなっている。つまり，一般的に野生動物の地域個体群は複数の都府県にまたがって存在しているため，特定計画制度は隣接県との協議なしにはうまく機能しないものとなっている。こうした広域調整なしに，地域個体群の健全な維持は困難であるが，これを義務付ける制度がないことが現行法の大きな課題である。

2) 自然再生推進法

国政レベルで明確に「自然再生」が打ち出されたのは，自民党の小泉政権による「21世紀『環（わ）の国』づくり会議」による報告書である（2001年）。この中で，自然と共生する社会を実現させる取り組みとして「自然再生型公共事業を国民の協力を得て展開」することが提案された。ここでは，「衰弱しつつあるわが国の自然生態系を健全なものに蘇らせてゆくためには，環境の視点からこれまでの事業・施策を見直す一方，順応的生態系管理の手法を取り入れて積極的に自然を再生する公共事業，すなわち『自然再生型公共事業』を，都市と農山漁村のそれぞれにおいて推進することが必要」と主張された。

その後に策定された2002年生物多様性国家戦略では，重点を置くべき施策の基本的方向として，保全の強化，自然再生，持続可能な利用の3つを掲げた。この中の「自然再生」の項では，これまでの開発によって大きく自然を破壊してきたという認識から，「自然地域の保全と自然の再生，修復が組み合わさることによって，より質の高い地域の生態系が形成される」として，自然再生事業に着手することを宣言している。

2003年，こうした政権与党の思い入れにより，自然再生推進法は議員立法により制定された（図14-4）。しかし，「自然再生」という肝心の言葉の定義が不明確であったため，この法律によって重要な自然を破壊する公共事業が正当化されるのではないかという危惧を自然保護関係者に与えることとなってしまった。実際，市民参加が謳われている一方で，こうした事業を主導するのは実質的には企業や行政であり，市民による事業コントロールが保証されているわけではない。さらに，「国の行政機関及び関係地方公共団体の長は，自然再生事業実施計画に基づく自然再生事業の実施のため法令の規定による許可その他の処分を求められたときは，当該自然再生事業が円滑かつ迅速に実施されるよう，適切な配慮をするものとする」（法案第12条）とまで規定されており，不適切

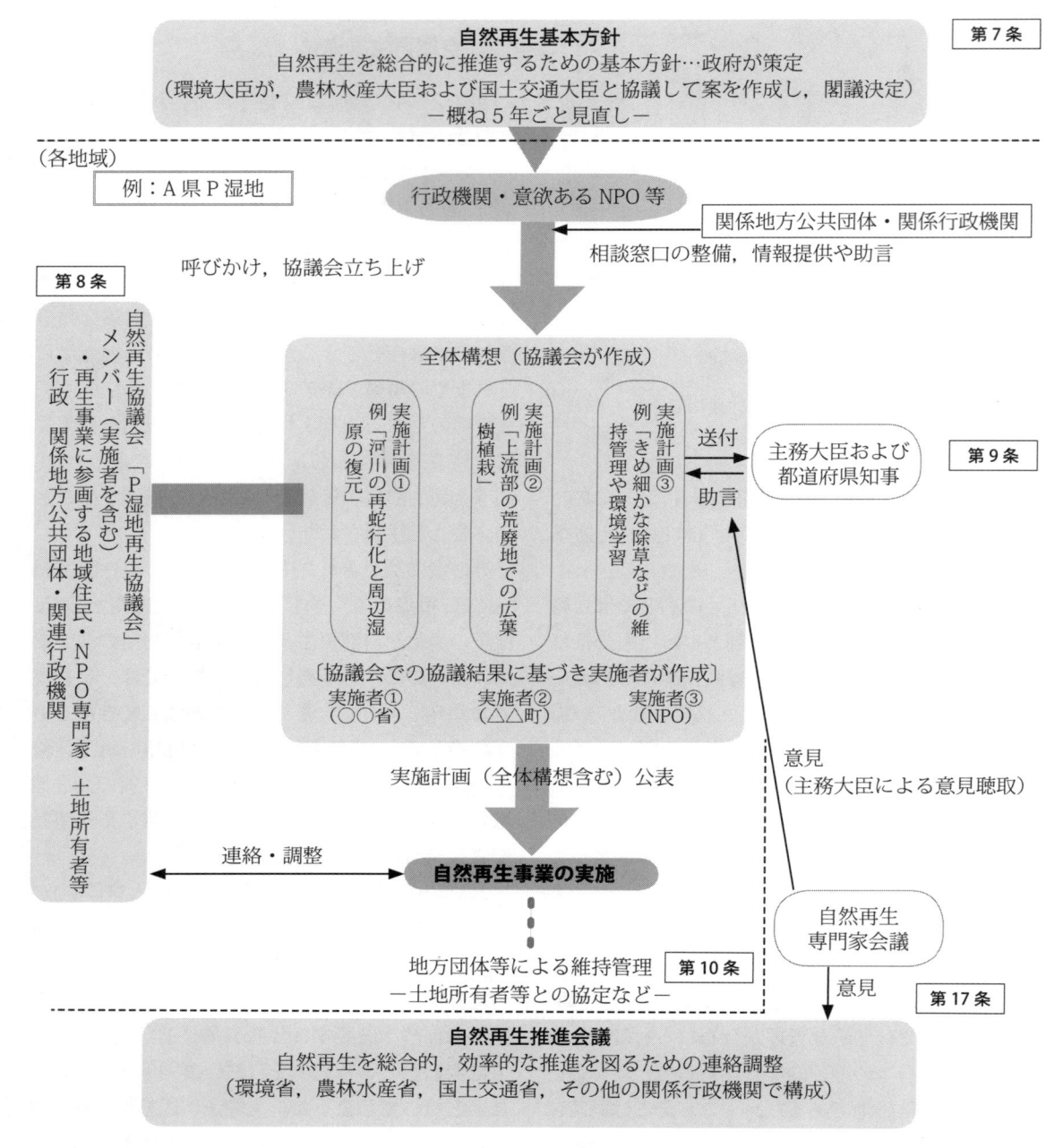

図 14-4 自然再生推進法のしくみ

自然再生基本方針（第7条）
自然再生を総合的に推進するための基本方針…政府が策定
（環境大臣が，農林水産大臣および国土交通大臣と協議して案を作成し，閣議決定）
―概ね5年ごと見直し―

（各地域）　例：A県P湿地

行政機関・意欲あるNPO等　← 関係地方公共団体・関係行政機関（相談窓口の整備，情報提供や助言）

呼びかけ，協議会立ち上げ

自然再生協議会（第8条）
「P湿地再生協議会」
メンバー（実施者を含む）
・再生事業に参画する地域住民・NPO専門家・土地所有者等
・行政　関係地方公共団体・関連行政機関

全体構想（協議会が作成）
- 実施計画①　例「河川の再蛇行化と周辺湿原の復元」
- 実施計画②　例「上流部の荒廃地での広葉樹植栽」
- 実施計画③　例「きめ細かな除草などの維持管理や環境学習」

〔協議会での協議結果に基づき実施者が作成〕
実施者①（○○省）　実施者②（△△町）　実施者③（NPO）

送付／助言 → 主務大臣および都道府県知事（第9条）

実施計画（全体構想含む）公表

連絡・調整 ←→ **自然再生事業の実施**

地方団体等による維持管理（第10条）
―土地所有者等との協定など―

意見（主務大臣による意見聴取）

自然再生専門家会議（第17条）→ 意見

自然再生推進会議
自然再生を総合的，効率的な推進を図るための連絡調整
（環境省，農林水産省，国土交通省，その他の関係行政機関で構成）

出典：環境省資料

な事業であってもその許認可を大幅に緩和すると解釈されるおそれがある。

こうした懸念を払拭するには，NPOなどが主体となった自然再生事業を実施できる仕組みを整備することである。日本のNPOの多くは財政的に脆弱で，むしろ政府が積極的に財政的に自立できるように支援する必要があるため，自然再生事業の資金メカニズムを法制度化すべきである。例えば，「米国連邦野生生物回復援助法」のように，地域の絶滅危惧種を回復させるための計画を策定した都道府県に国が資金を交付する制度を創設し，直接的または間接的に運用して，NPOへ

の資金メカニズムを整備することなどが考えられる。

6. 外来動物問題と動物福祉

「生物多様性条約」（1992年）を批准して以降，野生生物に関わる法制度が徐々に整備されるようになった。この条約で締約国に義務付けられたものに外来生物対策があった。日本でも，このころから外来生物による生態系や人間活動への影響が深刻化していたため，各地で捕獲を中心とした対策が実施されるようになった。

これらの対策は，ほとんどがブラックバス類など釣魚とアライグマ（*Procyon lotor*）など飼育動物由来の哺乳類を対象としたものだが，捕獲された個体のほとんどが殺処分されることから，とくに対象が飼育動物由来の場合，動物福祉の立場からの批判が事業主体である行政に寄せられた。また，飼育動物由来の外来生物を捕獲する場合，逸走などによって所有権が消滅していない個体を識別することは困難で，捕獲しても処分できずに放逐する自治体も多かった。

さらに，欧米の動物福祉系NGOは，大きな社会的影響力などを背景に，外来生物対策に動物福祉への配慮を強く主張し，インターネットなどの普及によって，日本の国内問題でも政府に圧力をかけるようになってきた。

当時の法制度では，こうした外来生物対策に必要な対応が困難であり，条約締結時から新たな法制度の確立が不可欠と考えられるようになっていたが，法制度整備はその後2005年まで遅れることとなる。

この背景には，「生物多様性条約」の第2回締約国会議（1995年）で「遺伝子組換え生物規制」が合意され，その後，この規制が「カルタヘナ議定書」（2000年）として採択されたため，日本政府としても世論としても一般の外来生物問題より遺伝子組換え生物に関心が集中していたことが挙げられる。この流れは締約国会議の進捗も同様で，実際に条約に基づく対策の大綱を定めた「外来生物指針原則」が合意されたのは2002年のことだった。

結局，外来生物としての遺伝子組換え生物を規制する法律（「遺伝子組換え生物等の使用等の規制による生物の多様性の確保に関する法律」）が2003年に制定され，ようやく一般の外来生物対策への議論が本格化することになった。また，飼育動物由来の外来生物問題の元凶となった80年代からのペットブームを背景に，動物福祉に関する国民の関心が高まり，新たな法制度の必要性も議論されるようになった（図14-5）。

本項では，このような背景で制定された2つの法律について概説する。

1）外来生物法

この法律の正式名称は，「特定外来生物による生態系等に係る被害の防止に関する法律」であり，2005年から施行された。本法は，特定外来生物による生態系，人の生命・身体，農林水産業への被害を防止し，生物多様性の確保，人の生命・身体の保護，農林水産業の健全な発展に寄与することを通じて，国民生活の安定向上に資することを目的としている。

このため，日本にすでに定着している2,000種以上の外来生物について，全てを規制するものではない。現在，この特定外来生物に指定されて

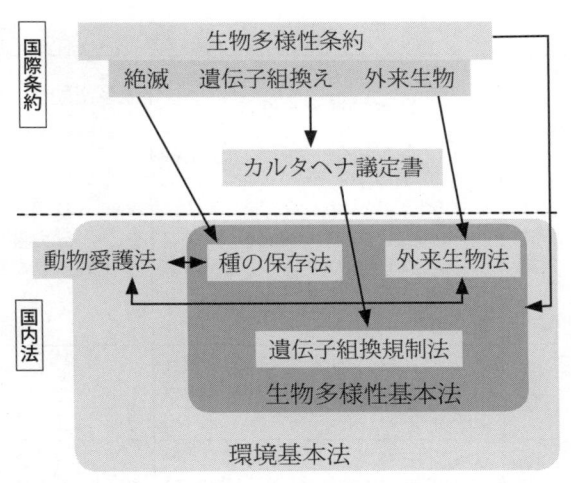

図14-5 生物多様性条約に対応した国内法の体系

表14-2 特定外来生物の侵入原因別リスト

	飼育（愛玩,展示等）動物の遺棄・逸走	産業用動物の遺棄・逸走	天敵利用のための放逐	貨物等への混入
哺乳類	タイワンザル,カニクイザル,アカゲザル,アライグマ,カニクイアライグマ,クリハラリス（タイワンリスも含む）,トウブハイイロリス,キョン,ハリネズミ属,キタリス,タイリクモモンガ	ヌートリア,アメリカミンク,シカ亜科,マスクラット,フクロギツネ	ジャワマングース	
鳥類	ガビチョウ,カオグロガビチョウ,カオジロガビチョウ,ソウシチョウ			
爬虫類	カミツキガメ,グリーンアノール,ブラウンアノール,タイワンスジオ	タイワンハブ		ミナミオオガシラ
両生類		ウシガエル	オオヒキガエル	シロアゴガエル,コキーコヤスガエル,キューバアマガエル

いる生物は88種（種群を含む）で，これにはアライグマやブラックバス類などが含まれる（表14-2）。指定された特定外来生物は，その飼養，栽培，保管，運搬，輸入等が規制され，また生態系からの排除（防除）を行うことが可能となった。

特定外来生物の指定にあたっては，法律に基づく基本方針で種の選定基準を定めることとなった。現在の選定基準は以下のとおりである。
① 生態系，人の生命・身体，農林水産業へ被害を及ぼすか及ぼすおそれがある生物。
② 生きているものに限られ，卵・種子・器官などを含む。
③ 明治以降に海外から持ち込まれたもの。
④ 目視可能であり，また微生物類（菌類を含む）は除く。
⑤ 感染症（人および家畜）に係る被害は含まない。

この選定基準により，ハクビシン（*Paguma larvata*）のように農作物被害等が深刻化している一方で移入時期がはっきりしないものや，在来種でありながら，他地域では外来生物として問題となっているチョウセンイタチ（*Mustela sibirica coreana*）やコウライキジ（*Phasianus colchicus*）（いずれも長崎県対馬では在来種）などが特定外来生物に指定できないままである。

また，家畜動物や病原体は他の法律で規制されているとして，本法の対象とはなっていない。例えば，野生化したイエネコがヤンバルクイナ（*Gallirallus okinawae*）などの希少動物を捕食し，各地で深刻な問題となっているが，飼育動物である場合は「動物愛護管理法」で，また野生化している場合（ノネコ）では「鳥獣保護法」で対処することになっている。しかしイエネコは，国際的には最も生態系へ悪影響を与えている外来生物（IUCN　外来生物世界のワースト100）としてリストされ，世界各国で対策に苦慮している生物である。現在でも，こうした法の狭間に置かれて問題解決が進まないものもいる。

特定外来生物に指定され，生態系からの排除が必要と判断された場合には，国は，その対策（防除）手法を公示し，それに基づいた防除計画を策定して生態系からの排除を進めることになる（図14-6）。対象が鳥獣の場合は，防除計画を策定した場合に限って，「鳥獣保護法」に基づく捕獲許可が不要となるなど，生態系からの排除を進めやすくする仕組みだ。

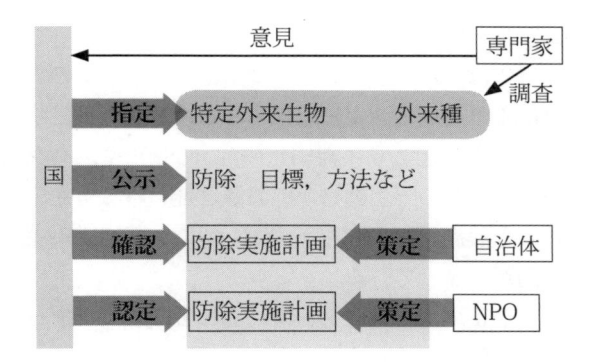

図 14-6 外来生物法のしくみ
自治体および NPO は国が公示した防除の方法等に即して防除実施計画を策定しなければならない。なお，自治体が策定した計画は国から確認を，また NPO が策定した計画は国から認定を得る必要がある。

この法律の特徴は，特定外来生物を指定する際に科学者が関与することと，法定計画である防除計画を民間団体でも策定することができる点である。いずれも，外来生物対策が多様な主体の参画なしに進められないという前提に立っているためで，従来の規制的手法にはない新たな制度設計となっている。

2) 動物愛護管理法

この法律は時に「動愛法」と略称されるが，正式名称は「動物の愛護及び管理に関する法律」であり，1973 年に議員立法で制定された「動物の保護及び管理に関する法律」が 1999 年に大幅に改正された際に名称も変更された。当初，本法は総理府の所管だったが，2001 年の中央省庁再編に伴い，環境省に移管され，自然環境局に設置された動物愛護管理室が所掌している。この法律は，野生鳥獣や外来生物の管理等の施策と密接に関わるため，環境省が所管するメリットは大きい一方で，実際の現場の担当は主に保健衛生行政（保健所等）であることから，その実効性を問題視する意見もある。

本法は，人と関わりのある動物（ただし野生状態の野生動物は含まない）を対象として，虐待の防止や適切な取扱い（愛護）と，人の身体・財産に対する危害や迷惑の防止等（管理）について，社会的な枠組みを定めている。この法律の特徴は，「旧動物保護管理法」と較べて，動物の飼い主など管理者の責務が強化されたこと，動物取扱業者に都道府県知事等への登録（1999 年改正当時は届出）が義務づけられたこと，虐待や遺棄に対する罰則が強化されたことなどである。その後，2005 年の一部改正では，国の基本指針の策定および都道府県による動物愛護管理推進計画の策定が行われ，動物取扱業の適正化（届出制から登録制の変更や，動物取扱責任者設置の義務化など），また政令で定める特定動物への個体識別措置の義務化などが定められた。

しかし，虐待の定義があいまいであるため，現行犯以外での取締りが厳しいことや，殺処分する際の基準が定められないなどの課題が残る。特に，殺処分は，有害捕獲や外来動物対策では必須となるものだが，現場の判断に任されているため，しばしば動物福祉団体等から行政が批判を受けることになる。こうした事態を避けるため，関連学会や獣医師会などが独自に策定した基準が準用されているのが現状である。

また，本法の対象動物が哺乳類，鳥類，爬虫類に限定されるため，魚類や昆虫のみを扱う業者については営業方法や流通の実態の把握すらできず，当然のことながら営業停止等の規制もかけられない。この結果，販売された動物が新たな外来生物問題を引き起こしている。

一方で，飼い主責任を明確化するため，特定動物（旧法の危険動物）への個体識別措置が義務化されたため，マイクロチップの普及が期待されている。しかし，犬や猫等の家庭動物全般に義務化されていないため，とくに猫では遺棄される動物の数が減少していない。なお，「外来生物法」で特定外来生物に指定された動物種は，特定動物から除外されることになった。

上述したように，野生化したイエネコの対策は，外来生物対策上も極めて重要であるため，マイクロチップによる個体識別が求められていた。これは，飼育されていた動物（愛護動物）をみだりに処分することができず，また所有者に許可無く第

三者に移譲することもできないからである。現状では、本法によりイエネコへのマイクロチップ義務化ができないため、沖縄県やんばる地域（国頭村、東村、大宜味村）、沖縄県西表島（竹富町）、長崎県対馬市、東京都小笠原村では、それぞれ条例を制定し、マイクロチップの義務化に踏み切って、対策を進めている。

7. 新興感染症の拡大と One Health

20世紀後半から、それまで風土病と考えられていた感染症が地球規模で発生するようになった。これは、外来生物を含む多くの動物と人間が、経済のグローバル化に伴い、飛躍的に発達した輸送網によって地球規模かつ大量に移動し始めたからだ。とくに近年問題となっている人と動物の共通感染症は、人の健康や経済に悪影響を及ぼすだけではなく、希少野生動物を絶滅に追いこむ可能性もあり、生物多様性保全の観点からも感染症対策は重要となってきた。

一方で、これらの感染症の病原体を保有あるいは伝播する野生動物も多いため、高病原性鳥インフルエンザの地球規模での発生を受けて、人と家畜のみならず野生動物を含めた地球の生命系の健康維持という視点が生まれた。「One World, One Health」という合言葉ではじまった取り組みは保全医学（conservation medicine）という新たな学問分野に発展してきた。もはや、人間だけ、家畜だけが健康で過ごせる環境など存在せず、全ての動物の健康を守るには生態系の保全が欠かせない時代に入ったということだ。

人と動物の共通感染症は、1975年に世界保健機関（WHO）で「脊椎動物と人間の間で通常の状態で伝播しうる疾病（感染症）」と定義されている。日本では主なものとして30種類以上が、また世界中では数百種類が知られている。病原体は、細菌、ウイルス、寄生虫、リケッチア、原虫、真菌など様々で、診断・治療も病原体により異なる。代表例として、狂犬病、日本脳炎、オウム病、トキソプラズマ症、エボラ出血熱、鳥インフルエンザなどがある。

近年は、体内蛋白質の一種であるプリオンの異常により発症し、人に感染すると急速な痴呆症状などを引き起こす牛海綿状脳症（BSE）や、ハクビシンなどの野生動物が感染源と疑われる重症急性呼吸器症候群（SRAS）など、新たな共通感染症が問題となっている。

しかし、永らく野生動物に関わる法政策を担ってきた環境行政では、こうした感染症問題の拡大は想定外であった。それでも、2002年の改正動物愛護管理法において、動物の所有者等の責務として、「動物に起因する感染性の疾病について正しい知識を持ち、その予防のために必要な注意を払うよう努めること」が追加された。これは、動物が飼養保管されるあらゆる局面で、人と動物の共通感染症の予防措置に積極的に取組まれる必要があることからである。今後は、生物多様性保全の観点から、飼育動物にとどまらず野生動物を含めた感染症対策を環境政策の重要課題と位置づけ、人の健康を担う厚生労働省や家畜の健康を担う農林水産省と連携した新たな法政策を展開することが強く求められる。

本項では、こうした背景から改正された2つの法律について概説する。

1）感染症予防法

感染症予防法は、正式名称を「感染症の予防及び感染症の患者に対する医療に関する法律」と呼び、1999年に施行された。その後、2003年には野生動物に関わる重要な改正が行われた。

この改正の背景には、SARSを代表とする新興感染症の出現があった。さらに、海外での人と動物における狂犬病の多発、共通感染症に罹患したペット動物の日本への輸入事例、国内の動物展示施設における共通感染症の集団発生の事例など、人と動物の共通感染症に関わる事件が続発し、その予防対策が求められるようになったからだ。

この改正では、緊急時の感染症対策における国の役割の強化、人と動物の共通感染症に対する対策の強化と整理、「感染症予防法」の対象疾患お

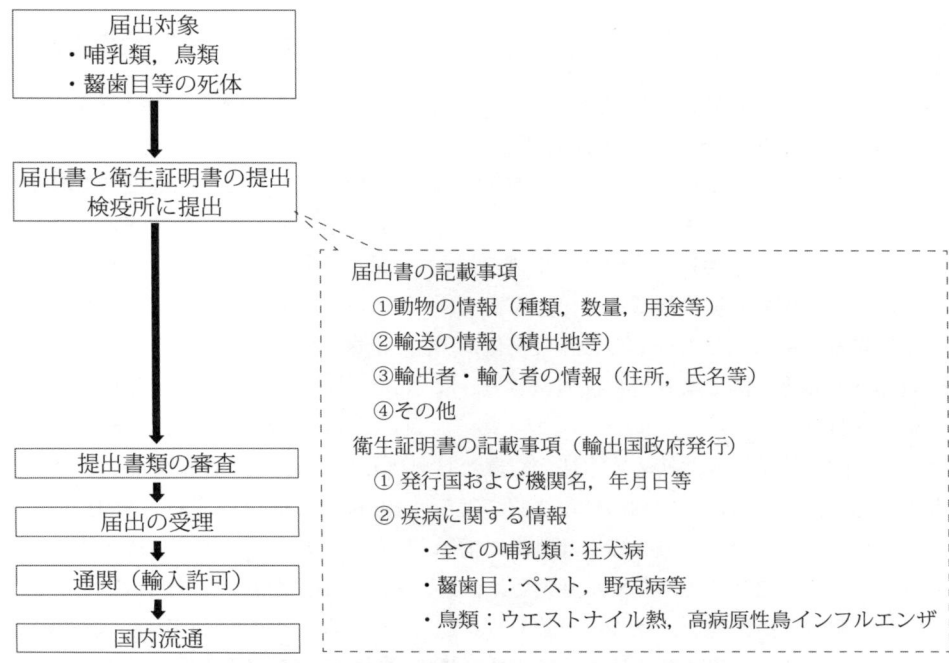

第14章　野生動物の法制度と政策論

```
┌─────────────────────┐
│ 届出対象             │
│ ・哺乳類，鳥類       │
│ ・齧歯目等の死体     │
└──────────┬──────────┘
           ↓
┌─────────────────────┐
│ 届出書と衛生証明書の提出 │
│ 検疫所に提出         │
└──────────┬──────────┘
           ↓
┌─────────────────────┐
│ 提出書類の審査       │
└──────────┬──────────┘
           ↓
┌─────────────────────┐
│ 届出の受理           │
└──────────┬──────────┘
           ↓
┌─────────────────────┐
│ 通関（輸入許可）     │
└──────────┬──────────┘
           ↓
┌─────────────────────┐
│ 国内流通             │
└─────────────────────┘
```

届出書の記載事項
　①動物の情報（種類，数量，用途等）
　②輸送の情報（積出地等）
　③輸出者・輸入者の情報（住所，氏名等）
　④その他
衛生証明書の記載事項（輸出国政府発行）
　①発行国および機関名，年月日等
　②疾病に関する情報
　　・全ての哺乳類：狂犬病
　　・齧歯目：ペスト，野兎病等
　　・鳥類：ウエストナイル熱，高病原性鳥インフルエンザ

図14-7　動物の輸入届出制度の概要（2005年9月より開始）
出典：厚生労働省資料

よび感染症類型の見直し，が主に行われた。法制定時には1～3類感染症を対象に，媒介動物を指定し輸入禁止・輸入検疫などが行われ，また1～3類感染症を対象に蚊の駆除などの対物措置が行われるようになっていた。しかし，その後発生した，ウエストナイル熱への対応時には，蚊の駆除等の対物措置はとれず，ペスト・野兎病に関連したプレーリードッグ類への対応の際には，輸入後の流通の把握が困難であった。

そこで，以下の点を改正することになった。
① 感染症を感染させる恐れのある動物およびその死体を輸入するものは，輸出する側の国による検査により，感染症に感染していない旨の証明書を添付することが義務となり，動物の種類・数量・輸入の時期などについて届け出ることが定められた（図14-7）。
② 感染症の発生状況等の調査において，感染症を感染させるおそれがある動物またはその死体の所有者に対して質問・調査ができることが明確になった。
③ 獣医師，獣医療関係者については，国および地方公共団体が講ずる施策に協力するように努めなければならないこと，また動物取扱業者については，動物の適切な管理その他の必要な措置を講ずるよう努めなければならないこととなった。

なお，この改正により，人への重篤な感染症を媒介させるおそれのある，コウモリ類，プレーリードック類，ヤワゲネズミ，イタチ類，アナグマ（*Meles meles anakuma*），タヌキ類，ハクビシン，サル類（ただし，試験研究および展示用に限り，一部地域から輸入検疫を経れば輸入可能）が輸入禁止となった。

2）2011年改正家畜伝染病予防法

2010年4月に宮崎県で口蹄疫が発生し，牛，水牛，豚の29万頭近くが殺処分され，約1,400億円の直接的な経済被害に発展した。口蹄疫は，「家畜伝染病予防法」の法定伝染病に指定されていたが，蔓延（まんえん）防止措置，費用負担，生産者の経営・生活の再建支援などが実態に即していないことなどから，「口蹄疫対策特別措置法」

を同年6月に制定し，対応にあたった。

しかし，同じ年に高病原性鳥インフルエンザの国内における流行も発生し，家畜のみならず野生動物も含めた法制度や体制の整備が必要となり，抜本的な法改正に踏み切った。こうして改正法は2011年4月から施行された。

改正のポイントは，海外からのウイルスの侵入を防ぐため，水際での検疫措置を強化，家畜の所有者に対する衛生対策およびその報告義務化，予防的殺処分の実施と国による全額補償の導入，などが挙げられる。

とくに今回の改正では，初めて本法の対象として野生動物を含む家畜以外の動物種が位置づけられ，その感染症に関わる検査を知事は職員に指示できるようになった。また，農林水産大臣は，必要に応じて環境大臣に対し，感染症予防の観点から適切な野生動物の監視や個体群管理を求めることができるようになった。

今後は，家畜と野生動物の双方を対象に，地域の生息地の管理も視野に入れた保全医学的対策が必要となる。

8. 共存のための体制整備と人材育成

多様化かつ複雑化しつつある野生動物問題の対策には，諸外国の例を引くまでもなく，野生動物に関わる専門知識と技術を有した専門職が必要である。しかし，わが国では先進国で例外的といえるほど，こうした専門職が対策の実施主体である行政機関や民間団体にほとんど配置されていない。これでは問題の解決が望めないのは当然であるため，こうした人材の育成はかねてより必要性が指摘されてきた。しかし，専門職の育成教育課程を有する大学がわが国にはほとんど見当たらないのが現状である。この背景には，野生動物専門職を必要とする社会的制度の欠如があげられる。

本項では，不十分とはいえ，現行の制度上で位置づけられている人材育成のための法制度を概説する。

1）野生動物専門技術者の人材登録制度

野生動物専門職の人材育成や確保には，こうした専門職に対する社会認知が欠かせない。ようやく最近になって，深刻化する農作物被害の対策を進めるため，野生動物保護管理分野の専門職を確保する必要性が認識されるようになった。

農林水産省では，2006年度より専門家を人材登録し，地域に紹介する制度（農作物野生鳥獣被害対策アドバイザー登録制度）を創設した。さらに，2007年度からは，国家資格化した普及指導員（旧・農業改良普及員）の試験科目に「鳥獣被害対策」が採用され，全国で約8,000名いる農業普及関係の公務員が業務として野生動物対策に関われる制度がスタートした。しかし，人材不足は否めず，2011年現在，前述のアドバイザーは全国で158名しか登録されていないのが実情だ。

一方，都道府県では，「鳥獣保護法」で1999年に創設された「特定鳥獣保護管理計画制度」によって，科学的な調査に基づいて個体数管理等を実施することとなった。この計画を遂行するために野生動物対策の専門的な知識や技術を持った技術者が必要となったが，こうした職員を配置している自治体は極めて限定的である。また，野生動物保護管理に関わる自治体の試験研究機関は，北海道，岩手，神奈川，兵庫などに限られ，多くの自治体における調査などは民間調査会社への委託に依存しているのが実態で，専門技術者の不足は深刻である。

環境省では，2007年より野生動物保護管理に関わる知識や技術を有する専門家の認定制度を検討しはじめ，2009年度から認定人材登録事業を創設した。これは，おもに「特定鳥獣保護管理計画」の実効性を高めるため，計画立案，モニタリング，捕獲の各分野におけるエキスパートを登録するしくみだ。しかし，まだ制度がスタートしたばかりということもあり，登録する審査基準が緩いなど，今後も検討が必要な状況である。これまでに，鳥獣保護管理プランナー43名，鳥獣保護管理捕獲コーディネーター11名，鳥獣保護管理調査コー

ディネーター22名が登録されている（2012年現在）。

2008年に環境省が実施した都道府県における鳥獣行政担当職員の配置状況調査によると，鳥獣行政の専任職員はわずかに326名しか配置されておらず，兼任職員を含めても1,000名に満たない。しかも，その3割以上が事務職であてられ，技術のスキルが維持されない実態となっている。

2）鳥獣被害対策特別措置法

このような背景から，野生動物による農作物被害等の問題解決が進まないため，議員立法により制定された「鳥獣被害対策特別措置法（以下，「特措法」）」（農林水産省所管）が2008年1月に施行され，わが国で初めて野生動物対策専門家の人材育成を国や自治体に義務付けた。この特措法は，市町村が被害防止計画を策定して主体的に被害対策を促すことが主眼に置かれている。すでに1,300あまりの市町村が被害防止計画を策定しており（2011年度現在），今後は国や都道府県だけではなく，市町村の職員や地域の指導者といった立場での専門職の必要性が高まると予想される。

一方，米国では，すでに野生生物に関わる様々な分野の専門家を学会（The Wildlife Society）が認定する制度があり，審査体制や基準など日本は及ぶべくも無い。

3）人材育成にかかわる課題と今後の展開

諸外国では，野生動物保護管理に関わる専門職の育成は大学が行っている。しかし，わが国の大学では，主に就職先がないという理由から，ほとんど人材育成を行ってこなかった。一方で，わが国でこうした専門職の社会的認知が遅れた大きな理由は，このような大学の姿勢にこそあったのかもしれない。ただ，前述したような社会的認知が進む中，いくつかの大学では人材育成への取り組みをはじめている。

野生動物問題の解決には，野生動物の生態や生理などに関する基盤的な科学はもとより，人間や家畜動物との医学的関わりを解明する応用的な保全医学研究，さらには社会科学を含め人間社会との適切な関係を構築することを目指した野生動物管理学研究など，広範な学問的背景が必要となる。したがって，単独の大学で急速に多様化する野生動物問題の各専門分野に対応できる教育研究体制を確保しているところはほとんどないのが現状である。

医療の現場に医師などの専門職が不可欠なように，野生動物保護管理の現場にはその専門職が必要である。しかし，わが国では野生動物保護管理の専門職に必要とされるスキルや知識についての基準が無いために，大学等での人材育成や行政等での人材確保が進まない原因となっている。

そこで，大学等の人材育成機関が連携し，専門職の資格化が求められる。わが国は幸か不幸か資格社会であるため，野生動物管理士（仮称）といった資格が誕生することで，社会認知を図ることも期待できる。また，行政機関でも，たとえその有資格者の必置義務が無くても，行政職員の中に一定の有資格者集団が生まれれば，これらの人材を活かす流れが期待できる。

野生動物専門職が活躍する場の多くは行政の現場であることから，諸外国でも大学と自治体の連携は活発である。今後，わが国においても，野生動物対策の研究や野生動物専門職の育成を進めるためには，自治体との連携は不可欠と考えられる。この理由は，この分野における人材育成では，on the job training がもっとも効果的だからだ。こうした試みは，すでに，いくつかの自治体と大学間ではじまっている。

2009年に，日本獣医生命科学大学と群馬県，さらに東京農工大学，宇都宮大学と栃木県は，それぞれ野生動物対策を目的とした包括連携協定を締結し，人材育成に共同で取り組むこととなった。

日本獣医生命科学大学は，2007年に学部学科を横断した野生動物教育研究機構を設置し，群馬県と連携した研究や全国の自治体担当者等を対象とした人材育成に取り組んできた。2010年度から群馬県が設置する鳥獣被害対策支援センターと

連携して，県内の人材育成や野生動物対策に必要な調査研究を行っている．

また，宇都宮大学は，農学部附属の里山科学センターを核として，2009年から栃木県と連携した里山鳥獣管理士を育成する大学院修士課程を開設した．ここで資格を取得した卒業生たちが，県内各地で野生動物対策や地域おこしなどのリーダーとなることが期待されている．

今後は，こうした大学と自治体との連携による人材育成と，前述の資格制度とが相乗し，わが国の野生動物問題を解決する専門職が確保される必要がある．

引用文献

羽山伸一（2001）：野生動物問題，地人書館．
羽山伸一，坂元雅行（2000）：鳥獣保護法改正の経緯と評価，環境と公害，29（3），33-39．
羽山伸一（2003）：外来種対策のための動物福祉政策について，環境と公害，33（2），29-35．
羽山伸一（2003）：神奈川県丹沢山地における自然環境問題と保全・再生，自然再生事業（鷲谷いづみ，草刈秀紀 編），地人書館．
羽山伸一（2003）：自然再生推進法案の形成過程と法案の問題点，環境と公害，32（3），52-57．
羽山伸一（2005）：外来種対策元年，森林環境2005（森林文化協会 編），築地書館．
羽山伸一（2005）：自然再生事業はどうあるべきか，環境と公害，35，15-18．
羽山伸一（2006）：自然再生事業と再導入事業，地域再生の環境学（淡路剛久 監修），97-123，東京大学出版会．
羽山伸一（2008）：野生動物の保護管理，野生生物保全事典（野生生物保全論研究会 編），75-84，緑風出版．
羽山伸一（2008）：外来動物問題とその対策，外来生物のリスク管理と有効利用（日本農学会 編），125-146，養賢堂．
日本自然保護協会編（2010）改訂・生態学からみた野生生物の保護と法律，講談社．
磯崎博司・羽山伸一（2005）：欧州における生態系の保全と再生，環境と公害，34（4），15-20．
柿澤宏昭（2000）：エコシステムマネジメント，築地書館．
草刈秀紀（2008）：市民立法による生物多様性基本法の成立と今後の課題，環境と公害，38（2），59-65．
吉田正人（2008）：世界遺産条約の自然保護上の意義と課題，環境と公害，38（2），2-8．

日本語索引

あ

愛護　4
愛護精神　274
愛知目標　16
アイマスク　141
アカガシラカラスバト　303
アカントステガ　29, 30
悪性カタール熱　160
アシドーシス　241
アスペルギルス症　169, 175, 185
アセチル転移酵素　200
アデノウイルス症　183
アトキソプラズマ症　185
アトラジン　198
アニマルウェルフェア　133
アヒルウイルス性腸炎　182
アヒルペスト　182
アブミ骨　29, 33
アフリカ獣上目　36
アフリカ獣類　36
アフリカ豚コレラウイルス　160
網　224
アミノ酸　12
アミロイドーシス　187
アライグマ　292, 324
アライグマ蛔虫　153, 291
アルファ雄　81, 98
アンキオルニス　33
安全域　133
アンドロジェン　82
アンブレラ種　102, 276
アンモニア　77
安楽殺　213, 221, 306, 307
安楽殺処分　141

い

E型肝炎　144
飯島 魁　151
イエネコ　289, 301, 324, 325
域外保全　1, 233, 234, 237, 241, 250
育子嚢　78
イクチオステガ　29, 30
生け捕りワナ　297
維持行動　244
移住　267
異常行動　244
異性間淘汰　37
異節上目　35, 36
異節類　36
胃前動物　74
遺体科学的アプローチ　61
イタチ　172
胃腸管　166
一妻多夫　98
一夫一妻　97
一夫多妻　98
遺伝学的分析　236
遺伝子　12
　―の多様性　14
遺伝子型　12
遺伝資源　15
遺伝的攪乱　290
遺伝的多様性　234〜238
遺伝的浮動　37, 46
遺伝的変異　12, 14
移動　105
医動物学　151
犬ジステンパーウイルス　159, 170
犬ジステンパーウイルス感染症　148
イノシシ　112, 172
異物代謝反応　198
イベルメクチン　153
イヤータグ　239
陰茎骨　78
インヒビン　82

う

ウイルス進化説　37
ウエステルマン肺吸虫症　161
ウエストナイルウイルス　174
ウエストナイルウイルス感染　144
ウエストナイル熱　178, 182, 327
ウォレス線　43
牛結核　146
馬ヘルペスウイルス　160
羽毛恐竜　33
運動器の解析　59

え

衛生動物学　151
栄養膜細胞　85
A型肝炎　161
エオマイア・スカンソリア　35
エキゾチックアニマル　291
エキゾチックペット　160
エキノコックス　155, 161, 206, 208
エコーロケーション　116
エストロジェン　82
エゾシカ　226
エゾタヌキ　207
エゾヒグマ　109, 136
枝角　68
餌付け　143
エッジ効果　107
エディアカラ生物　24
エナメル質　72
エボラウイルス　161
エボラウイルス感染症　144
エマージェンシー　212
エルギネルペトン　30
塩基配列　12
塩酸アチパメゾール　134, 135
塩酸キシラジン　134

塩酸ケタミン　134
塩酸ゾラゼパム　135
塩酸チレタミン　135
塩酸トラゾリン　135
塩酸メデトミジン　134

お

オウム病　184
オオワシ　226
小笠原諸島　301，305
小笠原村飼いネコ適正飼養条例　302
オキシトシン　87
オジロワシ　226
オナガミズナギドリ　303
帯状胎盤　85
オペラント条件付け　246
温室効果ガス　20

か

カーバメート系殺虫剤　186
海牛類の生態　118
外景検査　174
疥癬　155，169，172，206，207
海南市　304
外部環境　65
開腹　164
外部検査　164
解剖　162
回遊　105
外来種　19，287
外来種侵入防止柵　297
外来生物　3，141，287
外来生物法　213，288，323
外来動物問題　323
カエルツボカビ病　233
科学的・計画的な野生動物管理　280
化学的不動化　133，211
鍵刺激　94
家禽コレラ　179，183
顎口上綱　25
顎口類　27
核酸　12
囲いワナ　127

ガス交換　69
家畜衛生　160
家畜衛生条件　240
家畜伝染病予防法　145，240，290，327
過長嘴　249
過長爪　249
過長蹄　249
褐色脂肪組織　93
葛藤行動　244
カモシカ　112，130，138，171
カモシカヘルペスウイルス　160
カルタヘナ議定書　318
環境エンリッチメント　244，245
環境汚染　161，191
環境収容力　103
環境食料農業省　245
環境適応　64
関節　60
関節骨　33，34
汗腺　67
感染症　222
　　―の媒介　290
感染症の予防及び感染症の患者に対する医療に関する法律（感染症予防法）　145，240，290，326
感染症モニタリング　158
肝臓　166
間椎心　28，31
間椎体　28
肝蛭　155
感電　227
カンブリア大爆発　25
管理目標　280

き

キーストーン種　102
飢餓　163
鰭脚亜目　169
鰭脚類　117
気候区分別展示　247
記載論文　40
基準系列　40

基準標本　40
寄生　11，149
季節繁殖性　83
基礎情報　280
擬態　102
キタキツネ　208
拮抗薬　134，135
キツネ　115，173
気嚢　71
機能形態学　56
キノドン類　33，34
基盤サービス　15
偽膜性壊死性炎症　176
キャプチャーミオパチー　127
宮阜性胎盤　85
究極要因　153
救護　143
救護活動　156，222
　　―の意義　219
救護対象　209
吸入麻酔薬　135
教育　219
供給サービス　15
胸腔臓器　165
狂犬病　144，326
狂犬病予防法　145，240，290
競合　289
胸骨稜　33
狭小生息地　45
共進化　102，153
強心配糖体　243
共生　11，149
競争　10
蟯虫症　154
棘魚綱　25
棘魚類　27
局所個体群　104
ギルド　102
ギルド内捕食　102
記録　210
筋胃　76
キンカジュー　154
筋組織　65
近代水族館　151
近代動物園　151
禽痘ウイルス感染症　147

筋肉　60

く

偶発寄生　154
くくりワナ　126
クジラヒゲ　72
クジラ目　168
クチクラ　76
首輪　239
クライバーの規則　95, 106
クライン　46
クラスター　111
クラミジア症　184
グリコーゲン　90
グリット　76, 176
クリッピング　239
クリミアコンゴ出血熱　178
グルカゴン　81
グルクロノシル転移酵素　200
グルタチオンS転移酵素　200
くる病　243
グレーザー　96, 241
グレリン　81
群集　8, 101

け

鯨偶蹄目　36, 168
形質置換　102
系統発生的　154
鯨類の生態　116
結核　160
結核菌　161
結合組織　64
血糖値　88
血統登録　235〜237, 240
血統登録簿　240
ケラマギャップ　48, 50
検疫　153, 240, 290
検索表　156
原獣亜綱　34, 41
原獣類　34

こ

コアエリア　104
小泉 丹　151
後基準標本　40

抗原虫剤　150
耕作放棄地　277
交雑　290, 304
抗酸菌症　184
後獣下綱　34, 41
光周性　118
後獣類　34, 35
口唇　72
抗生物質耐性菌　155
甲冑魚　26
後腸動物　74, 75
交通事故　223
口蹄疫　147, 327
好適宿主　153
行動展示　247
行動の強化　245
高病原性鳥インフルエンザウイルス　144, 146
高病原性鳥インフルエンザウイルス感染症　182
甲皮類　26
呼吸器官　69
呼吸器系　175
呼吸商　93
国際希少野生動植物　256
国際自然保護連合　232, 233, 241
国際獣疫事務局　3, 146, 189, 241
国際種情報システム機構　234, 236, 240
国際動物命名規約　39
国内希少野生動植物種　255, 319
国立公園　316
個体群　8, 101
　飼育下—　238
個体群管理　237
　飼育下—　235, 236
個体群存続可能性分析　268
個体識別　215, 239
個体数管理　274
個体数統計学的分析　236
個体登録　233
骨　60
骨格筋　56

骨さらし　62
骨粗鬆症　243
誤認救護　228
コプラナーPCB　193
コルチゾル　87
コレシストキニン　81
混獲　297, 308

さ

再興感染症　173
最小生存可能個体数　268
採食行動　81
採食遷移　97, 106
再導入　266
細胞　64
細胞共生説　150
錯誤捕獲　220
殺処分　307
殺鼠剤　194
里地里山　18, 277
サルモネラ　206
サルモネラ症　143, 148, 183
砂礫　76
散在性胎盤　85
3名法　40
残留性有機汚染物質　191, 195

し

飼育下個体群　238
飼育下個体群管理　235, 236
飼育下繁殖　221
CTスキャナー　61
シカ肉　276
自虐症　244
鰓弓　26
至近要因　153
軸上筋　57
ジクロロジフェニルトリクロロエタン　192
視交叉上核　83
自咬症　244
歯骨　34
施策　280, 282
歯式　72
四肢の構造　58
自主検疫　157

視床下部　81
視床下部－脳下垂体－性腺軸　81，82
耳小柱　29，33
歯床板　72
ジステンパー　206
脂腺　67
自然公園法　316
自然再生推進法　321
自然選択　12，13，46
自然選択説　37
自然淘汰説　37
持続可能な利用　15，16，18
始祖鳥　32，33
舌　73
死体　178
失宜行動　244
シックハウス症候群　249
湿地保全対策　317
自動撮影装置　215
シトクロム P450　198
シノデルフィス・スザライイ　35
ジビエ　154
耳標　239
脂肪組織炎　187
ジャーマン・ベル原理　106
ジャブスティック　135
獣弓目　33
獣弓類　33
シュウ酸沈着症　172
収集計画　237
終生飼育　221
従属栄養生物　9
重複子宮　78
重油汚染　161
種間相互作用　101
宿主転換　154
種子撒布　101，108
受精　82
受精卵移植　237
種の多様性　14
種の保存法　210，219，255，318
種の命名　40
種別調整対象種　233，235，240
種保存委員会　233
ジュラマイア・シネンシス　35
狩猟法　313
循環器官　68
循環濾過　249
春機発動　82
順応的管理　282
消化器官　71
消化器系　176
松果体　83
条鰭綱　25
条鰭類　27
上恥骨　35
常同行動　244
消毒薬　146
衝突事故　223
消費者　8，9
上皮組織　64
証憑標本　157
傷病野生鳥類　217
傷病野生動物　205
食性　294
植生の破壊　290
食鳥検査法　155
食肉衛生法　154
食肉利用　154
食糞　75，96
食物網　102
食物連鎖　101
ショ糖浮遊法　157
鋤鼻器　85，97
趾瘤症　224，249
進化　11，12
真核生物　24
真空行動　244
神経組織　65
新興感染症　5，173，326
人工授精　237，238
人工繁殖　237，238
真獣亜綱　34，41
人獣共通感染症　160，178，248，296
真獣類　34，35
真主歯類　36
新・生物多様性国家戦略　16

心臓　166
　鳥類の－　176
シンタイプ　40
侵入防止策　279
腎門脈系　156
心理学的幸福　244

す

水産資源保護法　240，314
水生適応　116
垂直交換　72
水平交換　72
スティックシリンジ　135
ステップクライン　46
ストックホルム条約　191
ストランディング　193，195
ストレス　139
ストロマトライト　23
スニーカー　99
スネア　132

せ

精液採取　237
正基準標本　40
性行動　97
生産者　8，9
精子間競争　98
正獣下綱　34
正獣類　34～37
正獣類ジュラマイア　36
生殖行動　244
生殖細胞　237，238
性ステロイドホルモン　237
性成熟　82
性腺刺激ホルモン放出ホルモン　82
性選択説　37
生息域外保全　219，264，274
生息域内保全　108，264
生息環境　120，219
生息環境管理　276
生息地　102，104
生息場所別展示　247
生態学　7，101
生態学的地位　10
生態学的二型　106

生態系 1, 8, 101
　―の多様性 14
生態系サービス 15
生態的地位 102
生態的展示 247
生態的動物地理学 44
生態ピラミッド 9, 102
性的二型 98
性淘汰 37, 98
生得的解発機構 94
正の強化 246
正の罰 246
西部馬脳炎 178
生物間相互作用 9
生物群系 14
生物資源 15
生物多様性 13, 318
生物多様性基本法 16, 20, 319
生物多様性国家戦略 16, 17, 234
生物多様性条約 15, 318
生物多様性地域戦略 18, 20
生物多様性保全 219, 222, 276
生物多様性ホットスポット 264
生物地理 153, 154
生物的環境 7
生物濃縮 191
生物濃縮係数 192
生物の多様性に関する条約 318
生理学的筋断面積 60
世界遺産条約 317
世界環境保全戦略 232
世界動物園水族館協会 232, 236
世界動物園水族館保全戦略 232
世界の文化遺産および自然遺産の保護に関する条約 317
セカンドキャッチ 248
脊索動物門 25
脊椎動物 56
脊椎動物亜門 25
石油汚染 227
赤痢 161
接合菌症 169

摂食行動 81
摂食中枢 81
絶滅危惧種 18, 253, 315
絶滅の渦 256
絶滅のおそれのある野生動植物の種の国際取引に関する条約 316
絶滅のおそれのある野生動植物の種の保存に関する法律 210, 255, 318
セメント質 72
セルロース 89
腺 66
腺胃 76
前胃動物 74
扇鰭類 28, 29, 30
前恥骨 35
蠕虫 150
セントルイス脳炎 178
旋毛虫 155
専門的捕獲技術者 275

そ

双角子宮 78
双弓亜綱 31
双弓類 31
総鰭類 28
象牙質 72
総排泄腔 76
足環 239
促進効果 97
側椎心 28, 31
側椎体 28
側頭窓 31, 34
咀嚼運動 61
蘇生薬 135
そ嚢 76, 176
ソフトキャッチ 126
ソフトリリース 215
ソマトスタチン 81
存続可能性 14

た

ダイオキシン類 193, 195, 197, 200, 201
体幹 56

体幹運動 57
対交流熱交換システム 69, 78
第三次生物多様性国家戦略 16
体軸運動 57
体軸筋 57
代謝性骨疾患 243
代謝的活性化 199
第Ⅱ相反応 198
胎盤 85
体表 65
タイプ標本 157
大理石脾病 183
大量死 181
大量斃死 163
タイワンザル 303
タウリン欠乏症 241
多環芳香族炭化水素 194
多胎盤 85
タヌキ 115, 169
多夫多妻 98
たも網 132
多様性
　遺伝子の― 14
　種の― 14
　生態系の― 14
単一子宮 78
単弓亜綱 31
単弓類 33, 57
単孔類 34, 35
短日性季節繁殖動物 83
単腎 77
タンチョウ 225
タンニン 202
蛋白質 12
炭粉沈着症 162

ち

チアミン欠乏症 243
地域ぐるみ 279
地域収集計画 237
澄江（チェンジャン）動物群 25, 26
地球温暖化 19
畜産学 2
腟栓 78
窒素安定同位体比 192

着床　82
着床遅延　87
注射用麻酔薬　134
中途覚醒　91
中毒　186, 225, 243
中立進化説　37
鳥綱　25, 26, 32
長日性季節繁殖動物　83
鳥獣行政担当職員　329
鳥獣の保護及び狩猟の適正化に関する法律　209, 274
鳥獣の保護を図るための事業を実施するための基本的な指針　274
鳥獣被害対策特別措置法　329
鳥獣保護及狩猟ニ関スル法律　313
鳥獣保護法　3, 209, 210, 313, 320
調整サービス　15
鳥盤目　26, 31, 32
重複子宮　78
鳥類　25, 31〜33, 118, 174
貯食　108
地理的変異　41, 45
地理的隔離　45
地理的展示　247
地理的変異　14
沈鬱　244
鎮静薬　134

つ

追跡調査　215
痛風　186
ツキノワグマ　109, 130, 136, 170
ツシマヤマネコ　291
角　68
釣り糸　224
釣り針　224

て

ディアライン　111
ティクターリク　29
低体温症　224
蹄葉炎　241

定留性　105
デオキシリボ核酸　12
適応　12
適応度　10, 12, 94
適応放散　25, 26, 30, 31, 34〜36, 116
テレメトリー法　215
転位行動　244
電気柵　248
電気ショック法　142
展示動物　273
展示動物の飼養及び保管に関する基準　241, 247
転写　12
天然記念物　210, 315

と

等価基準標本　40
涙角　68
東京都獣医師会　302
頭索動物亜門　25, 26
豆状条虫　172
動静脈吻合　69
同性内淘汰　37
同定　156
導入　287
動物遺体　61
動物園業務基準　245, 246
動物行動学　244
動物地理　41
動物取扱業者　247
動物取扱業者が遵守すべき動物の管理の方法の細目　247
動物の愛護及び管理に関する法律（動物愛護管理法）　213, 247, 325
動物標本　40
動物福祉　133, 233, 244, 245, 323
冬眠　91, 109
ドキサプラム　135
トキソプラズマ　155
トキソプラズマ症　184
毒餌　300
特定外来生物　288
特定外来生物による生態系等に係る被害の防止に関する法律　213, 247, 288, 323
特定鳥獣保護管理計画　282, 283, 320, 328
特定動物　247
特に水鳥の生息地として国際的に重要な湿地に関する条約　317
特別保護地区　316
特用家畜　154
独立栄養生物　8
突然変異　12, 13
突然変異説　37
トップダウン効果　103
共食い　10
トラッキング　215
トランスポーター　200
トランスミッターダーツ　130
トリアージ　207, 221, 227
鳥インフルエンザ　178
鳥インフルエンザウイルス感染症　146
鳥空胞髄鞘障害　187
鳥結核　184
トリコモナス症　184
鳥パスツレラ症　183
トリパノソーマ　155
トリヒナ症　170
トリボスフェニックス型臼歯　35, 72
鳥ポックスウイルス感染症　147, 174, 182
トレーニング　245, 246
ドロップネット　127

な

内景検査　175
内在性レトロウイルス　37
内部検査　164
内分泌かく乱作用　197
鉛中毒　185, 194, 225, 249
なわばり　104
軟骨魚綱　25
軟骨魚類　27
南西諸島　50
軟部構造　63
軟部組織　63

日本語索引

軟部立体構造　63
南米獣類　35

に

肉鰭綱　25, 26, 28
肉鰭類　26, 27
二国間渡り鳥等保護条約　256
二段階麻酔　141
ニッチ　10, 102
ニパウイルス感染症　143, 160
ニホンイノシシ　131, 138
ニホンザル　113, 131, 138, 172
ニホンジカ　110, 130, 138, 276
日本自然保護協会　318
日本住血吸虫　155
日本動物園水族館協会　232, 233, 235, 240
日本動物園水族館協会種保存委員会　234
日本脳炎　178
日本野生動物医学会認定専門医制度　152
ニューカッスル病　178
尿酸　77
尿素　77
尿路系　167
尿路結石　241
妊娠　82

ぬ

ヌートリア　292

ね

ネオニコチノイド　195
猫免疫不全ウイルス　159, 301
猫免疫不全ウイルス感染症　148
ネット　132
年齢査定　72

の

ノウサギ　172
農作物野生鳥獣被害対策アドバイザー登録制度　328
膿瘍　166
農林水産業被害　277
ノッチング　239
ノヤギ　305

は

歯　72
バージェス頁岩動物群　25, 26
バードストライク　177
ハードリリース　214
肺炎　166
バイオーム　14
バイオーム展示　247
肺吸虫　155
肺胸膜炎　168
バイトブロック　140
胚盤胞　85
排卵　82
剥皮　175
ハクビシン　170, 324
博物館法　232
箱ワナ　125
爬虫綱　25, 26
爬虫類　25, 31〜33, 119
ハビタット展示　247
パラタイプ　40
パラポックスウイルス感染　160
パラポックスウイルス感染症　147, 171
パラレクトタイプ　40
バルビツール酸誘導体　134
バレルトラップ　125
反響定位　117
半減期　193
盤状胎盤　85
繁殖　118
繁殖計画　233, 236, 237, 240
繁殖制限　238
繁殖成功　12
ハンター　274
パンデリクティス　29
ハンドリング　210
板皮綱　25
板皮類　27

ひ

ビーズ　239
被害管理　277
尾索動物亜門　25
被食者　10
ピジョンミルク　242
ヒストモナス症　184
ヒゼンダニ　159, 169
脾臓　167, 176
人と動物の共通感染症　5
泌尿器官　76
泌尿・生殖器系　176
被毛　66
表現型　12
病理解剖　174
病理組織学的検査　158
ピロプラズマ　155

ふ

ファーストエイド　212
ファウナ　41
フィードバック機構　81
フィードバック調節　82
フィラリア　170
フイリマングース　289
風土病　155
フェロモン　97
フェンサイクリジン系麻酔薬　134
フェンチオン中毒　225
吹き矢　128, 136
副基準標本　40
副後基準標本　40
副作用　133
副腎　167
副腎皮質ホルモン　87
豚コレラ　146
2つの呼吸周期　71
豚肺虫　155
腹腔臓器　164
物理的環境　7
物理的不動化　132
物理的保定　132
不動化　131
不動化薬　133

不妊去勢手術　302
負の強化　246
負の罰　246
ブラウザー　96, 241
ブラキストン線　47, 48
プラジカンテル　156
ブラックバス類　324
フラミンゴミルク　242
ブリーディングローン　237
フリー・レンジング・ワイルドライフ　273
フレーメン　97
プロジェステロン　82
プロスタグランジン　87
プロラクチン　82, 87
分解者　8, 9
文化財保護法　210, 315
文化的サービス　15
分散　105
分娩　82
分類学　37
分類学的展示　247
分類体系　39

へ

ヘアトラップ　300
米国絶滅危惧種法　319
斃死状況　163
ペスト　327
ペストコントロール　248
ヘテロ接合度　262
ヘパトゾーン属　171
ヘパトゾーン属原虫　162
ペプチド YY　81
ヘモクロマトーシス　186
ベルグマンの規則　46
ヘルペスウイルス　161
ヘルペスウイルス感染症　160, 183
ベンゾジアゼピン誘導体　134
ベンゾピレン　194
ベンゾ [a] ピレン　199
片利共生　150

ほ

哺育　82

防疫　153
防疫体制　206
包括適応度　95
方形骨関節　33, 34
剖検　163
放射線　162
法制度　313
放野　214
ホームレンジ　104
捕獲　123
捕獲柵　127
捕獲数　278
捕獲体制　275
捕獲の三原則　123
捕獲不要論　279
捕獲方法　278
補強　267
北米動物園水族館協会　241
保護増殖事業　256
保護増殖事業計画　319
捕殺ワナ　297
捕食　10, 95, 101, 102, 289
捕食者　10
保全　3
保全医学　4, 149, 206, 326
保全生態学　4
保全生物学　4
保全的導入　267
保全繁殖専門家集団　231
北海道　48
北方獣上目　36
北方獣類　36
ボツリヌス　163
ボディプラン　57
保定ロープ　140
ボトムアップ効果　103
哺乳形類　34, 35
哺乳綱　25, 34
哺乳類　31, 33～37, 41, 158
骨　60
骨さらし　62
補卵性　238
ポリ塩化ジベンゾ-p-ダイオキシン　193
ポリ塩化ジベンゾフラン　193

ポリ塩化ビフェニル　192
ポリゴンデータ　63
ボレリア感染　161
ホロタイプ　40
本州　49
ホンドテン　171
翻訳　12

ま

マーキング　105
マイクロサテライト　298
マイクロチップ　239, 302, 325
マイコトキシン　196, 201
マクロ機能形態学　55
マクロ形態学　62, 64
麻酔管理　211
麻酔銃　128, 136
麻酔モニタリング　211
ママリアフォルムス　34
マングース探索犬　298
満腹中枢　81

み

ミールワーム　243
水-オクタノール分配係数　192
3つの危機　16
密度効果　10, 103
緑の回廊　264
ミレニアム生態系評価　15

む

無意識の餌付け　279
無顎上綱　25
無顎類　26
無弓亜綱　31
無鉤嚢虫　155
群れ　98, 102

め

目隠し　141
メタ個体群　104
メチル水銀　192, 194
メラトニン　83

も

モニタリング 215
モニタリング調査 281
モルビリウイルス 159
門脈 88

や

野生動物学 1
野生動物管理 4, 273
　科学的・計画的な— 280
野生動物管理士 329
野生動物寄生虫学 153
野生動物相 46
野生動物問題 154
野生復帰 213
野生復帰訓練 214
野鳥における高病原性鳥インフルエンザに係る対応技術マニュアル 180
野兎病 162, 327
野兎病菌 206
ヤンバルクイナ 299
やんばる地域 294, 301

ゆ

ユーアルコントグリレス類 36
有害金属 197
有機ハロゲン化合物 192, 193, 196
有機リン系殺虫剤 186
有機リン系農薬 163
有効集団サイズ 262
有鉤嚢虫 155
ユーステノプテロン 29
遊走腎 77

有袋類 34, 35, 36, 78
有蹄類 35
遊動域 113
輸液 212
輸入検疫 327
ユネスコ 317

よ

用手保定法 132
葉状腎 77
幼虫移行症 153
翼帯 239
4つの危機 16, 18
ヨヒンビン 135
予防原則 19

ら

ライオン 44
酪農学園大学野生動物医学センター 155
ラテックス凝集反応 157
ラムサール条約 317
乱婚 98

り

利他行動 94
リハビリテーション 205
リボ核酸 12
竜骨突起 33
硫酸アトロピン 135
硫酸転移酵素 200
竜盤目 26, 31, 32
両生綱 25, 29
両生類 28～30, 33, 119
両分子宮 78
リラキシン 87

リリース 214
林縁 107
リング 239
鱗状骨関節 34

る

ルーメン 74

れ

歴史的動物地理学 44
レクトタイプ 40
レック 111
レッドデータブック 253
レッドリスト 253, 318
裂肉歯 72, 96
レトロトランスポゾン 37
レプチン 81
レプトスピラ 206, 296

ろ

ロードキル 223
ロープを用いた保定 132
ローラシア獣類 36
ロコモーション 57
ロジスティック曲線 103

わ

和歌山市 304
ワクチン 145
ワシントン条約 256, 290, 316
渡瀬線 47
渡り 118
ワナ 125
ワナ餌 300
ワルファリン 194

外国語索引

$\delta^{15}N$　192

A

ABC　200
Acanthodii　25
Acanthostega　29
Actinopterygii　25
Afrotheria　36
Agnatha　25
AhR　200, 201
Amphibia　25
Amphibian Ark　233
Anchiornis　33
animal welfare　244
Archaeopteryx　32
aryl hydrocarbon receptor　200
Aves　25
AZA　241

B

bamblefoot　249
BCF　192
blastocyst　85
Boreoeutheria　36
breeding loan　237
browser　241
BSE　326

C

CAR　200
carring capacity　103
CBSG　231
Cephalochordata　25
character displacement　102
Chondrichthyes　25
Chordata　25
CITES　316
coevolution　102
collection plan　237
community　101
conservation　3

conservation biology　4
conservation ecology　4
conservation medicine　4
constitutive androstane receptor 200
CPUE　282, 297
Cynodontia　33

D

DDT　195, 197, 200
DDTs　192
DEFRA　245
demographic analysis　236
density effect　103
dispersal　105
DNA　12

E

ecology　7, 101
ecosystem　101
edge　107
EDTA　157
Elginerpeton　30
environmental enrichment　244
Eomaia scansoria　35
ethology　244
Eusthenopteron　29
Eutheria　34
extinction vortex　256

F

food chain　101
food network　102
food web magnification factor
　192
FSH　82

G

genetic analysis　236
Gnathostomata　25
grazer　241

grazing succession　106
group　102
GRP　81

H

habitat　102, 104
hoarding　108

I

Ichthyostega　29
ICZN　39
International Code of Zoological
　Nomenclature　39
IPCC　20
ISIS　234, 236, 240
IUCN　232, 241, 253

J

JAZA　232
Juramaia sinensis　35

K

keystone species　102

L

Laurasiatheria　36
LH　82
Linn　40
log *Kow*　192

M

Mammalia　25
Mammaliaformes　34
MBD　243
metabolic bone disease　243
Metatheria　34
migration　105
mimicry　102
minimum viable population　268
MVP　268

O

OIE 3, 146, 179, 189, 241
One Health 5, 326
Ostracoderm 26

P

P450 202
Pandericthys 29
PCB 197〜199
PCBs 192
PCSA 60
peroxisome proliferator-activated receptor 200
philoparty 105
photoperiodicity 118
physiological cross sectional area 60
Placodermi 25
PM2000 236
PMx 236
PopLink 236
population 101
PPAR 200
predation 102
pregnane X receptor 200
preservation 3
Prototheria 34
psychological well-being 244
PXR 200

Q

QOL 212
Quality of life 212

R

Regional Collection Plan 237
Reptilia 25
Rhipidistia 28
RNA 12

S

Sarcopterygii 25
seed dispersal 108
Sinodelphys szalayi 35
SLC 200
SPARKS 236
SPUE 282
SRAS 326
Standards of Modern Zoo Practice 245
stromatolite 23

T

territory 104
Therapsida 33
Theria 34
Tiktaalik 29
trophic magnification factor 192
trophoblast 85

U

umbrella species 102
Urochordata 25

V

Vertebrata 25

W

WAZA 232
wildlife 3
wildlife management 4
wild animal 2
WWF-Japan 318

X

Xenarthra 35

Z

Zoletil 135
zoogeography 41
zoonosis 5

| 獣医学・応用動物科学系学生のための **野生動物学** | 定価（本体 8,000 円＋税） |

2013 年 2 月 1 日　第 1 版第 1 刷発行	＜検印省略＞
2013 年 11 月 1 日　第 1 版第 2 刷発行	
2014 年 11 月 1 日　第 1 版第 3 刷発行	

編集者	村 田 浩 一，坪 田 敏 男
発行者	永　　井　　富　　久
印　刷	㈱ 平　河　工　業　社
製　本	㈱ 新　里　製　本　所

発行　**文 永 堂 出 版 株 式 会 社**

〒113-0033　東京都文京区本郷 2 丁目 27 番 18 号
TEL　03-3814-3321　FAX　03-3814-9407
振替　00100-8-114601 番

Ⓒ 2013　村田浩一

ISBN　978-4-8300-3244-8

文永堂出版

野生動物管理 －理論と技術－

羽山伸一・三浦慎悟・梶　光一・鈴木正嗣　編

B5 判，517 頁　2012 年発行
定価（本体 6,800 円＋税）　送料 530 円

日本の状況に即した日本オリジナルの野生動物管理の書籍がついに完成しました。野生動物管理の道しるべとなる 1 冊です。

Manfredo et al./Wildlife and Society The Science of Human Dimensions

野生動物と社会 －人間事象からの科学－

伊吾田宏正，上田剛平，鈴木正嗣，
山本俊昭，吉田剛司　監訳

A5 判，366 頁　2011 年発行
定価（本体 7,800 円＋税）
送料 420 円

野生動物と人社会のあり方についての道筋をつけてくれる 1 冊で，野生動物に関わるあらゆる分野の方にとって必読の書です。

Devra G. Kleman, Katerina V. Thompson, and Charlotte Kirk Baer/Wild Mammals in Captivity Principles & Techniques for Zoo Management 2nd ed.

動物園動物管理学

村田浩一，楠田哲士　監訳

A4 判変形，658 頁　2014 年発行
定価（本体 16,800 円＋税）　送料 680 円

飼育下哺乳類の生物学や行動学に関する最新情報を集めて，現代の動物園でそれらを最大限活用するために編纂された秀逸な書です。動物の飼育に関わる方々の必携の 1 冊です。

Bird & Bildstein/Raptor Research and Management Techniques

猛禽類学

山﨑　亨　監訳

A4 判変形，512 頁
2010 年発行
定価（本体 18,000 円＋税）
送料 530 円

猛禽類の研究，保全，医学に関するバイブルといえる関係者必携の 1 冊です。

Geoff Hosey, Vicky Melfi, Sheila Pankhurst/
Zoo Animals Behavior, Management, and Welfare

動物園学

村田浩一，楠田哲士　監訳

B5 判，641 頁　2011 年発行
定価（本体 9,000 円＋税）　送料 530 円

本書は動物園を体系的にまとめた 1 冊です。膨大な量の動物園に関する知識と技術が網羅されて記載されています。関係者のみならず，広く動物に携わる方々に役立ちます。

ご注文は最寄りの書店，取り扱い店または直接弊社へ

文永堂出版　検索　click !

文永堂出版　〒113-0033　東京都文京区本郷 2-27-18
TEL 03-3814-3321
FAX 03-3814-9407

付録 CD-ROM について

使い方 CD-ROM の中の，Contents.PDF をダブルクリックして頂くとご覧いただけます。

動作環境 AdobeReader が動作する WindowsPC または Macintosh．

ご利用に際しての注意点 この CD-ROM をご利用頂くには，無償の AdobeReader が必要です。AdobeReader はこの CD-ROM の AdobeReader フォルダにおさめられておりますが，インターネットに接続できる環境では，http://get.adobe.com/jp/reader/ から，最新版の AdobeReader をダウンロードすることをお勧め致します。収載内容を無断で複写，複製することを禁じます。

収載内容
写真　序章，3～7 章，9～13 章の写真
コラム　雑誌「獣医畜産新報」に掲載された以下の論文

コラムの内容（敬称略）

■動物園動物の疾患を考える（Vol.59 No.10，2006 年 10 月号）
緒言（村田浩一）／動物園動物における感染症とその研究（村田浩一）／動物園の感染防御（成島悦雄）／動物園展示のデザインと動物の健康管理（本田公夫）／"保全医学拠点"動物園発の感染症研究 －楽しい動物観察・学習をサポートし，生態系の健康を守るために－（福井大祐）／よこはま動物園における鳥マラリアの発生と対策（松本令以ほか）／あとがきに代えて　動物園で遭遇した感染症あれこれ（中川志郎）

■ライチョウの保全医学－ニホンライチョウ保全のための獣医学－（Vol.61 No.5，2008 年 5 月号）
緒言（村田浩一）／ライチョウの現状と獣医学的保護管理（村田浩一）／ライチョウの細菌およびウイルス感染症（山口剛士，福士秀人）／ニホンライチョウの原虫感染症（佐藤雪太）／野外および飼育下ニホンライチョウにおける背景病変（柳井徳磨ほか）／ニホンライチョウの発生工学的繁殖技術（桑名　貴）

■ペンギンの保全医学（Vol.62 No.7，2009 年 7 月号）
緒言（村田浩一）／ペンギン保全のための獣医学（村田浩一）／ペンギンの飼育史考（森角興起）／ペンギンの臨床　－予防医学と治療学の現状，次の高度医療を目指して－（福井大祐ほか）／ペンギン目の病理学的背景（柳井徳磨ほか）／ペンギンのマラリア（佐藤雪太）／野生ペンギンの生理と生態　－繁殖期に見られる血中電解質の変動を中心として－（坂本健太郎ほか）

■クマの保全医学の研究動向（Vol.63 No.5，2010 年 5 月号）
緒言（柳井徳磨，坪田敏男）／ニホンツキノワグマにおける繁殖と母体栄養状態の関連性（中村幸子ほか）／ニホンツキノワグマにおける冬眠前の脂肪蓄積メカニズム（加味根あかりほか）／ニホンツキノワグマにおける精子形成の季節変化の制御機序（飯渕るり子ほか）／ツキノワグマ精液の採取および凍結保存（岡野　司）／Hepatozoon ursi －ツキノワグマにおける新種の住血原虫－（久保正仁ほか）

■野生動物の感染症（Vol.63 No.11，2010 年 11 月号）
緒言（望月雅美）／野生動物，伴侶動物，生産動物，昆虫，人が関与する日本脳炎ウイルス（前田　健）／伴侶動物・野生動物のインフルエンザ（堀本泰介）／野生動物における E 型肝炎サーベイランスとその課題（松浦友紀子ほか）／野生動物のレプトスピラ感染（奥田　優）／外来野生動物の寄生蠕虫　－アライグマ回虫ほか－（佐藤　宏）

■獣医学における保全医学の展開－生物多様性と野生動物感染症－（Vol.64 No.1，2011 年 1 月号）
緒言（村田浩一，坪田敏男）／脂肪組織炎が認められたサギ類の大量死に関する保全医学的調査事例（根上泰子ほか）／環境および生態系保全指標としての鳥類住血原虫感染症（佐藤雪太）／マガンなどの野生水禽の疾病抵抗性とマレック病ウイルスの分布（大橋和彦ほか）／両生類の新興感染症カエルツボカビの起源は日本か（五箇公一）

■野生動物における寄生虫症の現状（Vol.60 No.7，2007 年 7 月号）（浅川満彦）